#상위권_정복
#신유형_서술형_고난도

일등
전략

Chunjae
Makes
Chunjae

▼

[일등전략] 중학 수학 3-2

개발총괄 김덕유
편집개발 마영희, 정광혜, 서진원
디자인총괄 김희정
표지디자인 윤순미
내지디자인 박희춘, 안정승
제작 황성진, 조규영
조판 어시스트 하모니

발행일 2022년 5월 15일 초판 2022년 5월 15일 1쇄
발행인 (주)천재교육
주소 서울시 금천구 가산로9길 54
신고번호 제2001-000018호
고객센터 1577-0902
교재 내용문의 02)3282-8851

※ 정답 분실 시에는 천재교육 교재 홈페이지에서 내려받으세요.

시험에 잘 나오는

대표 유형 ZIP

특목고 대비

일등 전략

중학 수학 3-2

BOOK 1

중 간 고 사 대 비

시험에 잘 나오는

대표 유형 ZIP

중학 수학

3-2

중간고사 대비

이 책의 차례

시험에 잘 나오는
대표 유형을
기출 문제로 확인해 봐.

01 삼각비의 값

오른쪽 그림과 같이 $\angle B=90^\circ$인 직각삼각형 ABC에서 점 D는 $\overline{BC}$의 중점이고 $\overline{AB}=1$, $\overline{AC}=3$이다. $\angle DAB=x$라 할 때, $\cos x$의 값은?

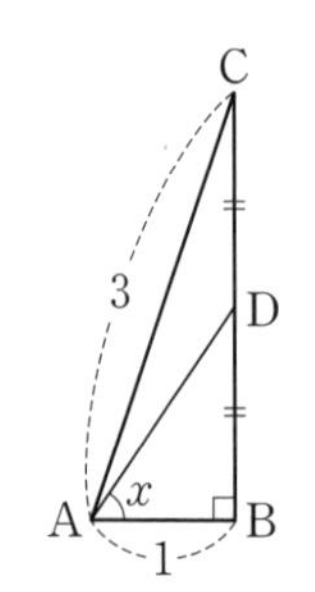

① $\frac{1}{3}$ ② $\frac{\sqrt{3}}{3}$ ③ $\frac{\sqrt{6}}{3}$
④ $\sqrt{2}$ ⑤ $\sqrt{3}$

Tip

피타고라스 정리를 이용하여 $\overline{BC}$, $\overline{AD}$의 길이를 차례대로 구한다.

이때 $\cos x=\frac{\overline{AB}}{\overline{AD}}$이다.

기준각에서 시작해서
Sin
높이를 타고 내려와.
빗변에서 시작해서
Cos
기준각을 끼고 돌아.
직각을 끼고 돌아.
tan
기준각에서 시작해서

풀이 답 | ②

$\triangle ABC$에서 $\overline{BC}=\sqrt{3^2-1^2}=2\sqrt{2}$이므로 $\overline{BD}=\frac{1}{2}\overline{BC}=$ ❶ □

$\triangle DAB$에서 $\overline{AD}=\sqrt{1^2+(\sqrt{2})^2}=\sqrt{3}$이므로 $\cos x=\frac{\overline{AB}}{\overline{AD}}=\frac{1}{\sqrt{3}}=$ ❷ □

답 ❶ $\sqrt{2}$ ❷ $\frac{\sqrt{3}}{3}$

02 삼각비를 이용하여 변의 길이 구하기

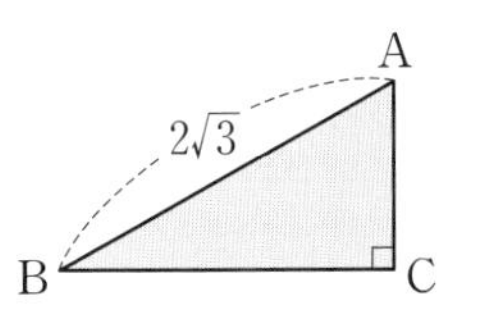

오른쪽 그림과 같이 $\angle C=90°$인 직각삼각형 ABC에서 $\overline{AB}=2\sqrt{3}$, $\cos A=\frac{1}{2}$일 때, $\triangle ABC$의 넓이는?

① $\sqrt{3}$　② $\frac{3\sqrt{3}}{2}$　③ $3\sqrt{3}$

④ $\frac{3}{2}$　⑤ 3

Tip

주어진 삼각비의 값을 이용하여 변의 길이를 구한다.

피타고라스 정리를 이용하여 나머지 한 변의 길이를 구한다.

풀이 답 | ②

$\cos A=\frac{❶\boxed{\quad}}{2\sqrt{3}}=\frac{1}{2}$이므로 $2\overline{AC}=2\sqrt{3}$　$\therefore \overline{AC}=\sqrt{3}$

이때 $\overline{BC}=\sqrt{(2\sqrt{3})^2-(\sqrt{3})^2}=$ ❷$\boxed{\quad}$ 이므로

$\triangle ABC=\frac{1}{2}\times\overline{BC}\times\overline{AC}=\frac{1}{2}\times3\times\sqrt{3}=\frac{3\sqrt{3}}{2}$

답 ❶ $\overline{AC}$ ❷ 3

03 한 삼각비의 값을 알 때, 다른 삼각비의 값 구하기

$\angle C=90^\circ$인 직각삼각형 ABC에서 $\tan B=\frac{3}{5}$일 때, $\sin B\times\cos B$의 값은?

① $\frac{15}{34}$ ② $\frac{15\sqrt{34}}{34}$ ③ $\frac{\sqrt{34}}{15}$

④ $\frac{24}{15}$ ⑤ $\sqrt{34}$

Tip

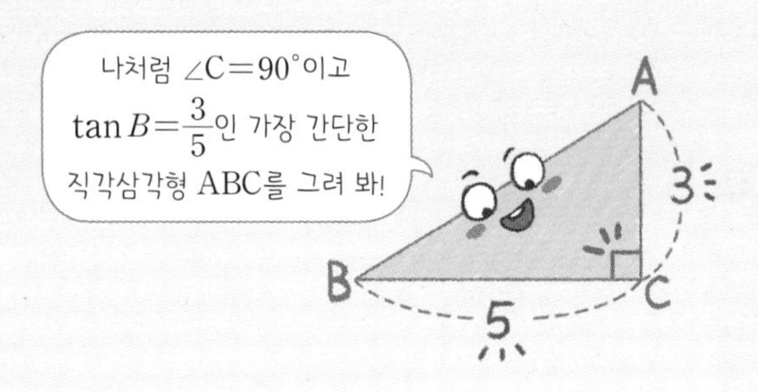

풀이 답 | ①

$\tan B=\frac{3}{5}$이므로 오른쪽 그림과 같이 $\angle C=90^\circ$, $\overline{BC}=$ ❶ ____, $\overline{AC}=3$인 직각삼각형 ABC를 생각할 수 있다.

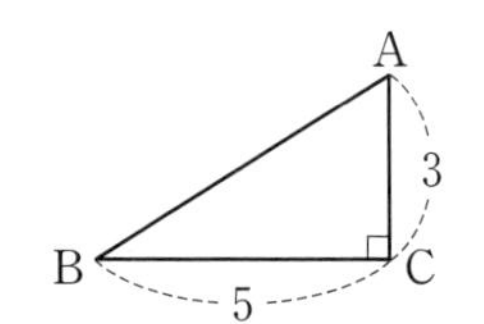

이때 $\overline{AB}=\sqrt{5^2+3^2}=\sqrt{34}$이므로

$\sin B=\frac{3}{\sqrt{34}}=\frac{3\sqrt{34}}{34}$, $\cos B=\frac{5}{❷\ \_\_\_\_}=\frac{5\sqrt{34}}{34}$

$\therefore \sin B\times\cos B=\frac{3\sqrt{34}}{34}\times\frac{5\sqrt{34}}{34}=\frac{15}{34}$

답 ❶ 5 ❷ $\sqrt{34}$

04 닮음을 이용한 삼각비의 값 – 공통각을 갖는 경우

오른쪽 그림과 같이 $\angle A=90°$인 직각삼각형 ABC에서 $\overline{DE}\perp\overline{BC}$이다. $\angle CDE=x$라 할 때, $\sin x\times\cos x$의 값은?

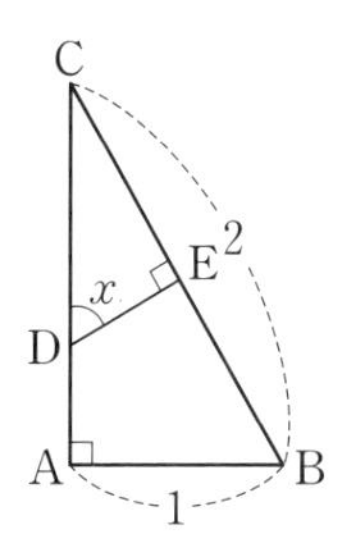

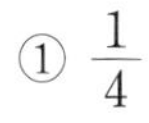

① $\frac{1}{4}$　② $\frac{1}{2}$　③ $\frac{\sqrt{3}}{4}$

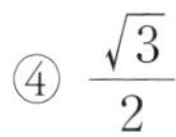

④ $\frac{\sqrt{3}}{2}$　⑤ $\sqrt{3}$

Tip

$\triangle ABC \backsim \triangle DBE$ (AA 닮음)이므로

$\angle A=\angle BDE=x$

➡ $\sin x=\sin A$, $\cos x=\cos A$,
$\tan x=\tan A$

풀이 답 | ③

$\triangle ABC \backsim \triangle EDC$ (❶ ☐ 닮음)이므로

$\angle B=\angle CDE=x$

$\triangle ABC$에서 $\overline{AC}=\sqrt{2^2-1^2}=\sqrt{3}$이므로

$\sin x=\sin B=\frac{\sqrt{3}}{2}$, $\cos x=\cos B=$ ❷ ☐

$\therefore \sin x\times\cos x=\frac{\sqrt{3}}{2}\times\frac{1}{2}=\frac{\sqrt{3}}{4}$

답 ❶ AA ❷ $\frac{1}{2}$

05 닮음을 이용한 삼각비의 값 - 직각인 꼭짓점에서 수선을 그은 경우

오른쪽 그림과 같이 $\angle A=90°$인 직각삼각형 ABC에서 $\overline{AH}\perp\overline{BC}$이다. $\angle BAH=x$, $\angle CAH=y$라 할 때, $\sin x+\sin y$의 값을 구하시오.

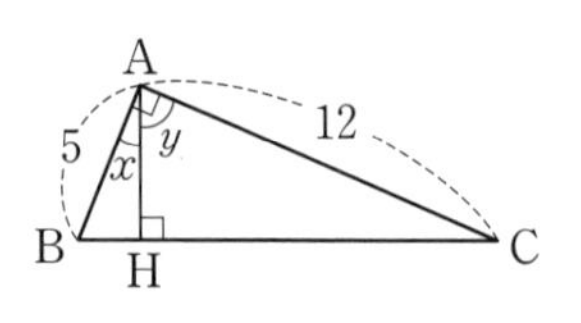

Tip

직각삼각형 ABC에서 $\overline{AH}\perp\overline{BC}$일 때, $\triangle ABC \backsim \triangle HBA \backsim \triangle HAC$ (AA 닮음)이므로 $\angle B=\angle CAH$, $\angle C=\angle BAH$

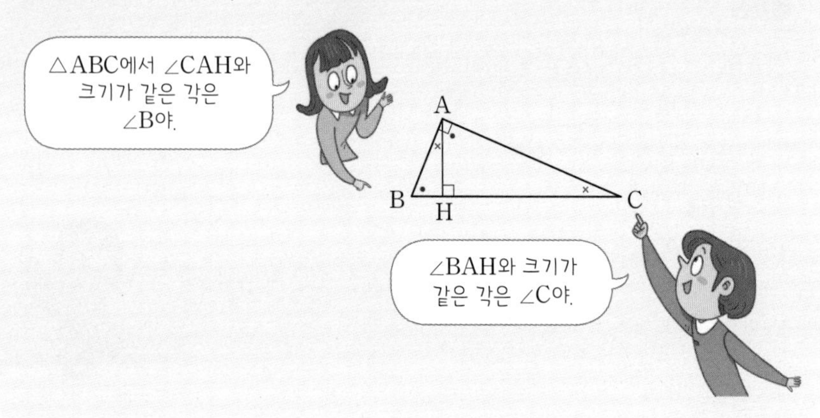

△ABC에서 ∠CAH와 크기가 같은 각은 ∠B야.
A
B
H
C
∠BAH와 크기가 같은 각은 ∠C야.

풀이 답 | $\frac{17}{13}$

$\triangle ABC \backsim \triangle HBA \backsim \triangle HAC$ (AA 닮음)이므로

$\angle B=\angle CAH=y$, $\angle C=\angle$ ❶ $\square$ $=x$

$\triangle ABC$에서 $\overline{BC}=\sqrt{5^2+12^2}=13$이므로

$\sin x=\sin C=\frac{5}{13}$, $\sin y=\sin B=$ ❷ $\square$

$\therefore \sin x+\sin y=\frac{5}{13}+\frac{12}{13}=\frac{17}{13}$

답 ❶ BAH ❷ $\frac{12}{13}$

06 직선의 방정식과 삼각비의 값

오른쪽 그림과 같이 일차방정식 $3x-5y+15=0$의 그래프가 x축의 양의 방향과 이루는 각의 크기를 α라 할 때, $\cos\alpha\times\tan\alpha$의 값을 구하시오.

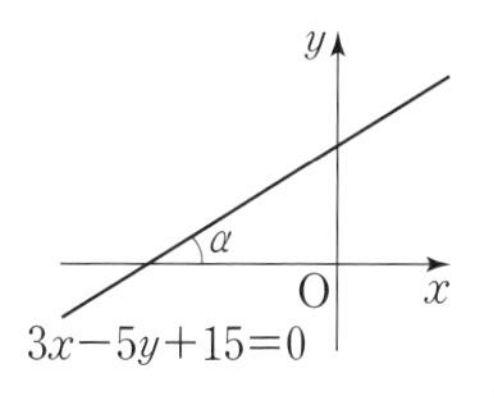

Tip

직선 l이 x축의 양의 방향과 이루는 각의 크기를 α라 할 때

1. x축, y축과의 교점 A, B의 좌표를 구한다.
2. 직각삼각형 AOB에서 삼각비의 값을 구한다.

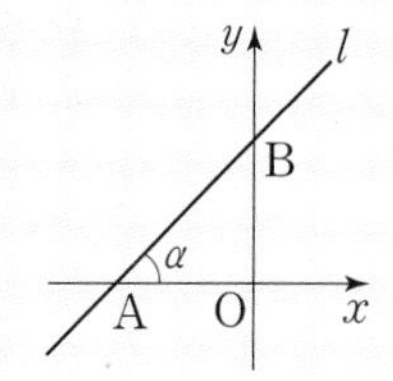

풀이 답 | $\frac{3\sqrt{34}}{34}$

일차방정식 $3x-5y+15=0$의 그래프가 x축, y축과 만나는 점을 각각 A, B라 하자. $3x-5y+15=0$에서

$y=0$일 때 $x=$ ❶ [　　], $x=0$일 때 $y=$ ❷ [　　]이므로

A$(-5, 0)$, B$(0, 3)$

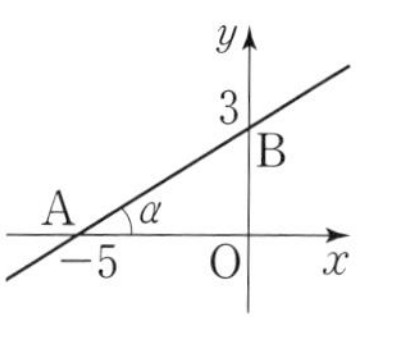

따라서 직각삼각형 AOB에서 $\overline{AO}=5$, $\overline{BO}=3$, $\overline{AB}=\sqrt{5^2+3^2}=\sqrt{34}$이므로

$$\cos\alpha\times\tan\alpha=\frac{5}{\sqrt{34}}\times\frac{3}{5}=\frac{3}{\sqrt{34}}=\frac{3\sqrt{34}}{34}$$

답 ❶ -5 ❷ 3

여기서 발견한 사실!
(직선의 기울기)$=\tan\alpha$

07 입체도형에서 삼각비의 값

오른쪽 그림과 같이 한 모서리의 길이가 5인 정육면체에서 $\angle \mathrm{BHF}=x$라 할 때, $\cos x$의 값은?

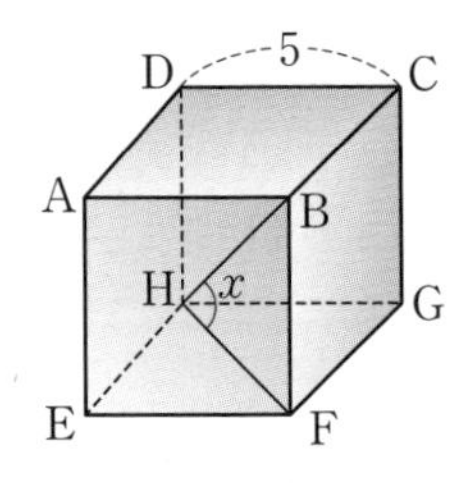

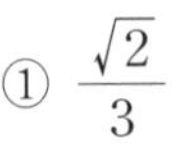

① $\frac{\sqrt{2}}{3}$　② $\frac{\sqrt{3}}{3}$　③ $\frac{\sqrt{6}}{3}$

④ $\frac{\sqrt{2}}{2}$　⑤ $\frac{\sqrt{6}}{2}$

△HEF는 직각삼각형이니까 $\overline{\mathrm{HF}}$의 길이를 구할 수 있겠다.
맞아. 그리고 △BHF도 직각삼각형이야.

Tip

입체도형에서 삼각비의 값은 다음과 같은 순서로 구한다.

1 입체도형에서 직각삼각형을 찾는다.

2 피타고라스 정리를 이용하여 변의 길이를 구한다.

3 삼각비의 값을 구한다.

풀이 답 | ③

$\triangle \mathrm{BHF}$는 $\angle \mathrm{HFB}=90^{\circ}$인 직각삼각형이다.

이때 $\triangle \mathrm{HEF}$에서 $\overline{\mathrm{HF}}=\sqrt{5^2+5^2}=5\sqrt{2}$

$\triangle \mathrm{BHF}$에서 $\overline{\mathrm{BH}}=\sqrt{(5\sqrt{2})^2+5^2}=$ ❶ [　　　]

$\therefore \cos x=\frac{❷\ [\quad]}{\overline{\mathrm{BH}}}=\frac{5\sqrt{2}}{5\sqrt{3}}=\frac{\sqrt{6}}{3}$

답 ❶ $5\sqrt{3}$ ❷ $\overline{\mathrm{HF}}$

08 30°, 45°, 60°의 삼각비의 값

다음 중 옳지 않은 것은?

① $\sin 60° + \cos 30° = \sqrt{3}$

② $\sin 45° + \cos 45° = \sqrt{2}$

③ $\sin 45° \times \cos 45° - \tan 45° = -\frac{1}{2}$

④ $(\cos 30° + \tan 60°)(\cos 45° - \sin 45°) = 0$

⑤ $\tan 45° \times (\cos 60° + \sin 30° - \cos 45°) = \sqrt{2}$

Tip

삼각비 \ A	30°	45°	60°
$\sin A$	$\frac{1}{2}$	$\frac{\sqrt{2}}{2}$	$\frac{\sqrt{3}}{2}$
$\cos A$	$\frac{\sqrt{3}}{2}$	$\frac{\sqrt{2}}{2}$	$\frac{1}{2}$
$\tan A$	$\frac{\sqrt{3}}{3}$	1	$\sqrt{3}$

풀이 답 | ⑤

① $\sin 60° + \cos 30° = \frac{\sqrt{3}}{2} + \frac{\sqrt{3}}{2} = \sqrt{3}$

② $\sin 45° + \cos 45° = \frac{\sqrt{2}}{2} + \frac{\sqrt{2}}{2} = \sqrt{2}$

③ $\sin 45° \times \cos 45° - \tan 45° = \frac{\sqrt{2}}{2} \times \frac{\sqrt{2}}{2} -$ ❶ $\boxed{}$ $= -\frac{1}{2}$

④ $(\cos 30° + \tan 60°)(\cos 45° - \sin 45°) = \left(\frac{\sqrt{3}}{2} + \sqrt{3}\right) \times \left(\frac{\sqrt{2}}{2} - \frac{\sqrt{2}}{2}\right) =$ ❷ $\boxed{}$

⑤ $\tan 45° \times (\cos 60° + \sin 30° - \cos 45°) = 1 \times \left(\frac{1}{2} + \frac{1}{2} - \frac{\sqrt{2}}{2}\right) = \frac{2-\sqrt{2}}{2}$

따라서 옳지 않은 것은 ⑤이다.

답 ❶ 1 ❷ 0

09 특수한 각의 삼각비를 이용하여 각의 크기 구하기

$\cos(3x-30^\circ)=\frac{1}{2}$일 때, $\sin x+\tan 2x$의 값은? (단, $20^\circ<x<40^\circ$)

① $\frac{1}{2}+\frac{\sqrt{3}}{2}$ ② $\sqrt{3}$ ③ $\frac{1}{2}+\sqrt{3}$
④ $1+\sqrt{3}$ ⑤ $2+\sqrt{3}$

Tip

예각에 대한 삼각비의 값이 30°, 45°, 60°의 삼각비의 값으로 주어지면 그 예각의 크기를 구할 수 있다.

예 x가 예각일 때

(1) $\sin x=\frac{1}{2}$이면 $\sin x=\sin 30^\circ$ $\therefore x=30^\circ$

(2) $\cos x=\frac{\sqrt{2}}{2}$이면 $\cos x=\cos 45^\circ$ $\therefore x=45^\circ$

(3) $\tan x=\sqrt{3}$이면 $\tan x=\tan 60^\circ$ $\therefore x=60^\circ$

풀이 답 | ③

$20^\circ<x<40^\circ$에서 $60^\circ<3x<120^\circ$

$\therefore 30^\circ<3x-30^\circ<90^\circ$

$\cos$ ❶ $\boxed{}^\circ=\frac{1}{2}$이므로 $3x-30^\circ=60^\circ$

$3x=90^\circ$ $\therefore x=30^\circ$

$\therefore \sin x+\tan 2x=\sin 30^\circ+\tan 60^\circ$

$=$ ❷ $\boxed{}+\sqrt{3}$

$\cos A=\frac{1}{2}$을 만족하는 예각 A의 크기를 구해야 돼.

답 ❶ 60 ❷ $\frac{1}{2}$

10 특수한 각의 삼각비를 이용하여 변의 길이 구하기

오른쪽 그림과 같이 $\angle C=90^\circ$인 직각삼각형 ABC에서 $\angle B=30^\circ$, $\angle ADC=45^\circ$이고 $\overline{CD}=3$일 때, 다음 중 옳은 것을 들고 있는 학생을 모두 찾으시오.

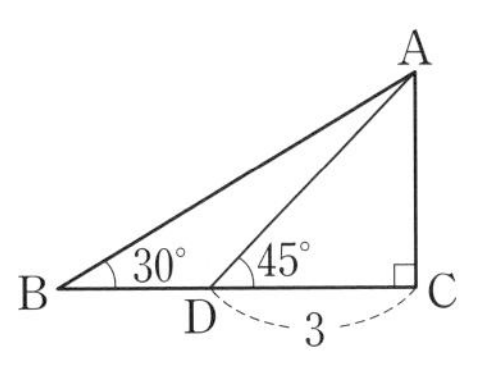

$\angle BAC=45^\circ$

성재

$\overline{BC}=\sqrt{3}$

Tip

한 예각의 크기가 30°, 45°, 60°인 직각삼각형을 찾아 삼각비의 값을 이용하여 삼각형의 변의 길이를 구한다.

예 오른쪽 그림의 직각삼각형 ABC에서

$\sin 30^\circ=\dfrac{\overline{AC}}{10}=\dfrac{1}{2}$ $\quad\therefore \overline{AC}=5$

$\cos 30^\circ=\dfrac{\overline{BC}}{10}=\dfrac{\sqrt{3}}{2}$ $\quad\therefore \overline{BC}=5\sqrt{3}$

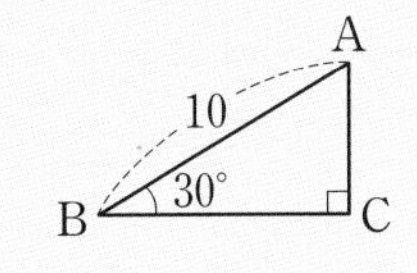

풀이 답 | 현민, 아린

현민 : $\tan 45^\circ=\dfrac{\overline{AC}}{3}=1$이므로 $\overline{AC}=$ ❶

윤아 : $\angle BAC=180^\circ-(30^\circ+90^\circ)=60^\circ$

성재 : $\tan 30^\circ=\dfrac{3}{\overline{BC}}=\dfrac{\sqrt{3}}{3}$이므로 $\sqrt{3}\,\overline{BC}=9$ $\quad\therefore \overline{BC}=$ ❷

아린 : $\overline{BD}=\overline{BC}-\overline{DC}=3\sqrt{3}-3$

따라서 옳은 것을 들고 있는 학생은 현민, 아린이다.

답 ❶ 3 ❷ $3\sqrt{3}$

11 특수한 각의 삼각비를 이용하여 다른 삼각비의 값 구하기

다음 그림과 같이 $\angle C=90^\circ$인 직각삼각형 ADC에서 $\angle ABC=45^\circ$이고 $\overline{AB}=\overline{DB}=4$일 때, $\tan 22.5^\circ$의 값을 구하시오.

Tip

이등변삼각형의 성질과 삼각형의 외각의 성질을 이용한다.

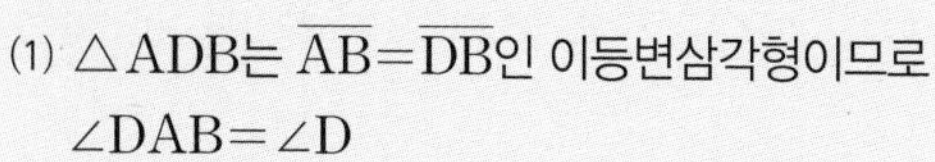
(1) $\triangle ADB$는 $\overline{AB}=\overline{DB}$인 이등변삼각형이므로
$\angle DAB=\angle D$

(2) $\triangle ADB$에서 $\angle ABC=\angle DAB+\angle D$

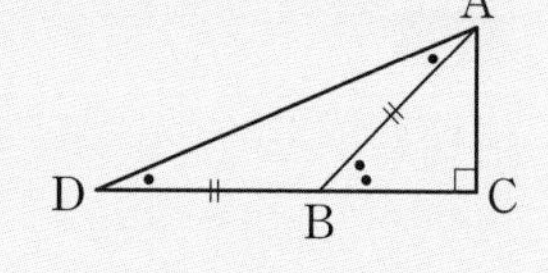

풀이 답 | $\sqrt{2}-1$

$\triangle ABC$에서 $\sin 45^\circ=\dfrac{\overline{AC}}{4}=\dfrac{\sqrt{2}}{2}$이므로 $\overline{AC}=$ ❶ ☐

$\cos 45^\circ=\dfrac{\overline{BC}}{4}=$ ❷ ☐ 이므로 $\overline{BC}=2\sqrt{2}$

$\triangle ADB$는 $\overline{AB}=\overline{DB}=4$인 이등변삼각형이므로

$\angle D=\angle DAB=\dfrac{1}{2}\times 45^\circ=22.5^\circ$

$\therefore \tan 22.5^\circ=\dfrac{\overline{AC}}{\overline{DC}}=\dfrac{\overline{AC}}{\overline{DB}+\overline{BC}}=\dfrac{2\sqrt{2}}{4+2\sqrt{2}}=\sqrt{2}-1$

답 ❶ $2\sqrt{2}$ ❷ $\dfrac{\sqrt{2}}{2}$

12 사분원에서 삼각비의 값 구하기

오른쪽 그림과 같이 좌표평면 위의 원점 O를 중심으로 하고 반지름의 길이가 1인 사분원에서 $\sin 35^\circ + \tan 55^\circ$의 값은?

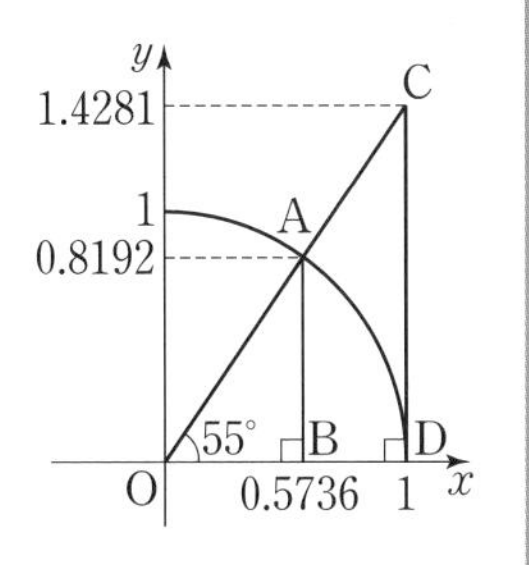

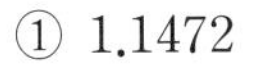

① 1.1472　② 1.3928
③ 1.6384　④ 2.0017
⑤ 2.2473

Tip

반지름의 길이가 1인 사분원에서 예각 x에 대하여

(1) $\sin x = \dfrac{\overline{AB}}{\overline{OA}} = \dfrac{\overline{AB}}{1} = \overline{AB}$

(2) $\cos x = \dfrac{\overline{OB}}{\overline{OA}} = \dfrac{\overline{OB}}{1} = \overline{OB}$

(3) $\tan x = \dfrac{\overline{CD}}{\overline{OD}} = \dfrac{\overline{CD}}{1} = \overline{CD}$

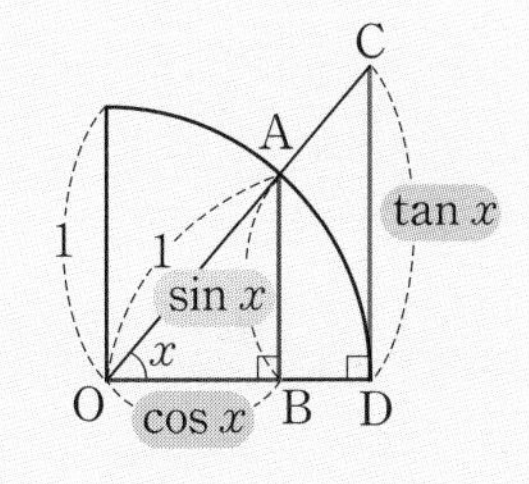

풀이 답 | ④

△AOB에서

$\angle OAB = 180^\circ - (55^\circ + 90^\circ) = 35^\circ$

이므로

$\sin 35^\circ = \dfrac{\boxed{❶\quad}}{\overline{OA}} = \dfrac{0.5736}{1} = 0.5736$

$\tan 55^\circ = \dfrac{\overline{CD}}{\overline{OD}} = \dfrac{1.4281}{1} = 1.4281$

$\therefore \sin 35^\circ + \tan 55^\circ = 0.5736 + \boxed{❷\quad} = 2.0017$

답 ❶ $\overline{OB}$ ❷ 1.4281

13 0°, 90°의 삼각비의 값

다음 중 옳은 것은?

① $\sin 90° \times \cos 90° = 1$

② $\sin 0° \times \cos 0° = 1$

③ $(\sin 90° + 9)(\cos 0° - 9) = -80$

④ $(\sin 0° + \cos 0°)(\sin 90° - \cos 90°) = -1$

⑤ $(\sin 0° + \tan 45°) \times \cos 90° = 1$

Tip

A \ 삼각비	$\sin A$	$\cos A$	$\tan A$
0°	0	1	0
90°	1	0	정할 수 없다.

∠A의 크기가 0°에 가까워지면

우리 둘의 길이가
점점 비슷해지고
윽, 살려 줘!
나는 없어지려고 해.
A

풀이 답 | ③

① $\sin 90° \times \cos 90° = 1 \times$ [❶] $= 0$

② $\sin 0° \times \cos 0° = 0 \times 1 = 0$

③ $(\sin 90° + 9)(\cos 0° - 9) = (1+9) \times (1-9) = -80$

④ $(\sin 0° + \cos 0°)(\sin 90° - \cos 90°) = (0 +$ [❷]$) \times (1-0) = 1$

⑤ $(\sin 0° + \tan 45°) \times \cos 90° = (0+1) \times 0 = 0$

따라서 옳은 것은 ③이다.

답 ❶ 0 ❷ 1

14 삼각비의 값의 대소 관계

다음 삼각비의 값 중 가장 큰 것은?

① $\cos 0^\circ$ ② $\sin 50^\circ$ ③ $\cos 20^\circ$

④ $\sin 80^\circ$ ⑤ $\tan 50^\circ$

cos 0° 말고는 값을 모르겠는데?
그래도 범위는 알 수 있잖아. 1보다 큰 것과 작은 것을 찾아봐.

Tip

(1) $0^\circ \le x \le 90^\circ$인 범위에서 x의 크기가 커지면

① $\sin x$의 값은 0에서 1까지 증가 → $0 \le \sin x \le 1$

② $\cos x$의 값은 1에서 0까지 감소 → $0 \le \cos x \le 1$

③ $\tan x$의 값은 0에서 한없이 증가 $(x \ne 90^\circ)$ → $\tan x \ge 0$

(2) $\sin x$, $\cos x$, $\tan x$의 대소 관계

① $0^\circ \le x < 45^\circ$일 때, $\sin x < \cos x$

② $x = 45^\circ$일 때, $\sin x = \cos x < \tan x$

③ $45^\circ < x < 90^\circ$일 때, $\cos x < \sin x < \tan x$

풀이 답 | ⑤

① $\cos 0^\circ =$ ❶ ____ ② $\sin 50^\circ < \sin 90^\circ = 1$ ③ $\cos 20^\circ < \cos 0^\circ = 1$

④ $\sin 80^\circ < \sin 90^\circ = 1$ ⑤ $1 = \tan$ ❷ ____ $^\circ < \tan 50^\circ$

따라서 가장 큰 것은 ⑤ $\tan 50^\circ$이다.

답 ❶ 1 ❷ 45

15 삼각비의 값의 대소 관계를 이용한 식의 계산

$45^\circ < A < 90^\circ$일 때, $\sqrt{(\cos A - \sin A)^2} + \sqrt{(-\cos A)^2}$을 간단히 하면?

① $-\sin A$ ② $\sin A$ ③ $-2\cos A - \sin A$
④ $2\cos A - \sin A$ ⑤ $2\cos A + \sin A$

Tip

$45^\circ < A < 90^\circ$일 때, $\cos A$와 $\sin A$의 크기를 비교한 후 제곱근의 성질을 이용하여 주어진 식을 정리한다.

근호를 없애고 싶다고? 먼저 ●랑 ▲ 중에서 누가 큰지 따져봐야 해.
● > ▲ 이면 ● − ▲ > 0
● < ▲ 이면 ● − ▲ < 0

풀이 답 | ②

$45^\circ < A < 90^\circ$일 때, $0 < \cos A < \sin A$이므로

$\cos A - \sin A$ ❶ [ ] 0, $-\cos A < 0$

$\therefore \sqrt{(\cos A - \sin A)^2} + \sqrt{(-\cos A)^2}$

$= -(\cos A - \sin A)$ ❷ [ ] $(-\cos A)$

$= -\cos A + \sin A + \cos A$

$= \sin A$

답 ❶ < ❷ −

16 삼각비의 표를 이용하여 변의 길이 구하기

오른쪽 그림과 같이 $\angle C=90^\circ$인 직각삼각형 ABC에서 $\overline{AB}=10$, $\angle B=48^\circ$일 때, 다음 삼각비의 표를 이용하여 $x+y$의 값을 구하시오.

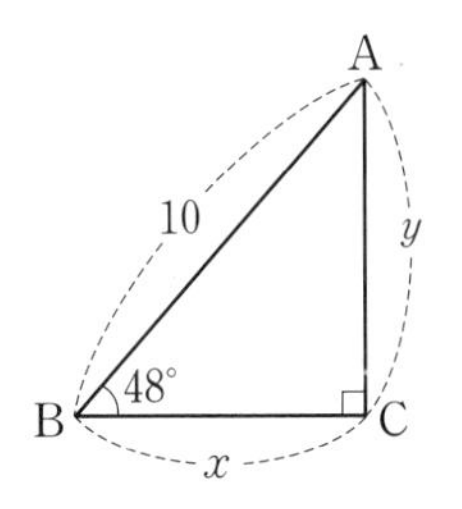

각도	sin	cos	tan
47°	0.7314	0.6820	1.0724
48°	0.7431	0.6691	1.1106
49°	0.7547	0.6561	1.1504
50°	0.7660	0.6428	1.1918

Tip

직각삼각형에서 직각이 아닌 한 각의 크기와 한 변의 길이가 주어지면 삼각비의 표를 이용하여 나머지 두 변의 길이를 구할 수 있다.

풀이 답 | 14.122

$\cos 48^\circ=\frac{x}{10}=$ ❶ [ ] 에서 $x=10\times 0.6691=6.691$

$\sin 48^\circ=\frac{y}{10}=0.7431$에서 $y=10\times$ ❷ [ ] $=7.431$

$\therefore x+y=6.691+7.431=14.122$

답 ❶ 0.6691 ❷ 0.7431

17 직각삼각형의 변의 길이

오른쪽 그림과 같이 $\angle C=90°$인 직각삼각형 ABC에서 $\overline{AB}\perp\overline{CH}$이고 $\overline{AB}=10$, $\angle A=27°$일 때, $\overline{CH}$의 길이는? (단, $\sin 63°=0.89$, $\cos 63°=0.45$로 계산한다.)

① 3.6　② 3.995　③ 4.005
④ 4.5　⑤ 8.9

Tip

(1) $\sin B=\frac{b}{c}$ ➡ $b=c\sin B$, $c=\frac{b}{\sin B}$

(2) $\cos B=\frac{a}{c}$ ➡ $a=c\cos B$, $c=\frac{a}{\cos B}$

(3) $\tan B=\frac{b}{a}$ ➡ $b=a\tan B$, $a=\frac{b}{\tan B}$

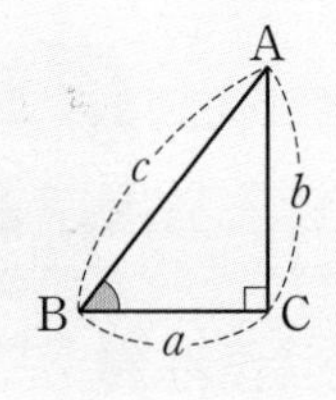

풀이 답 | ③

$\triangle$ABC에서 $\angle B=180°-(27°+90°)=63°$

$\therefore \overline{BC}=10\cos 63°=10\times$ ❶ $\boxed{}$ $=4.5$

따라서 $\triangle$BCH에서

$\overline{CH}=\overline{BC}\sin$ ❷ $\boxed{}$ $°=4.5\times 0.89=4.005$

답 ❶ 0.45 ❷ 63

18 입체도형에서 직각삼각형의 변의 길이의 활용

오른쪽 그림과 같은 직육면체에서 $\angle \mathrm{DFH}=60°$이고 $\overline{\mathrm{FG}}=4\ \mathrm{cm}$, $\overline{\mathrm{GH}}=3\ \mathrm{cm}$일 때, 이 직육면체의 부피는?

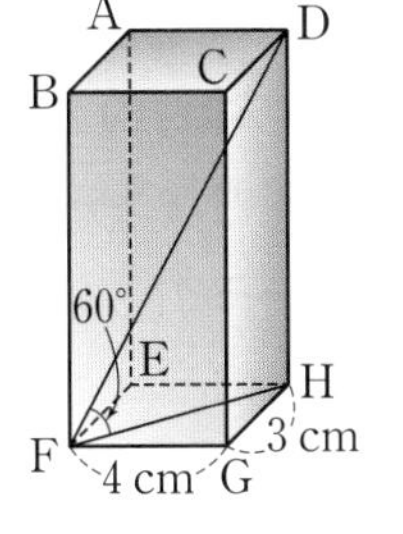

① $20\sqrt{3}\ \mathrm{cm}^3$　② $30\sqrt{3}\ \mathrm{cm}^3$
③ $40\sqrt{3}\ \mathrm{cm}^3$　④ $50\sqrt{3}\ \mathrm{cm}^3$
⑤ $60\sqrt{3}\ \mathrm{cm}^3$

높이를 모르는데 부피를 어떻게 구해?
△DFH에서 60°의 삼각비의 값을 이용하면 돼.

Tip

1 입체도형에서 주어진 각을 포함하는 직각삼각형을 찾는다.
2 삼각비를 이용하여 각 변의 길이를 구한다.

풀이 답 | ⑤

$\triangle \mathrm{HFG}$에서 $\overline{\mathrm{FH}}=\sqrt{4^2+3^2}=5\ (\mathrm{cm})$

이때 $\triangle \mathrm{DFH}$는 $\angle \mathrm{DHF}=90°$인 직각삼각형이므로

$\overline{\mathrm{DH}}=5\tan$ ❶ ____ $°=5\sqrt{3}\ (\mathrm{cm})$

$\therefore$ (직육면체의 부피)$=4\times3\times5\sqrt{3}=$ ❷ ____ (cm^3)

답 ❶ 60 ❷ $60\sqrt{3}$

19 실생활에서 직각삼각형의 변의 길이의 활용

다음 그림과 같이 지수가 버스 정류장이 있는 A 지점에서 경사각이 20°인 비탈길을 따라 매분 40 m의 속력으로 10분 동안 걸었더니 학교가 있는 C 지점에 도착하였다. 학교는 버스 정류장보다 몇 m 더 높은 곳에 있는지 구하시오. (단, $\sin 20^\circ = 0.34$, $\cos 20^\circ = 0.94$로 계산한다.)

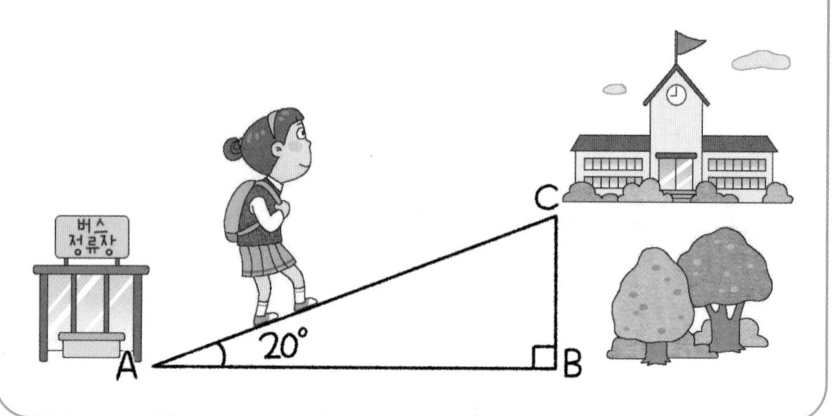

Tip

(거리)=(속력)×(시간)임을 이용하여 $\overline{AC}$의 길이를 구한다.

이때 $\sin 20^\circ = \dfrac{\overline{BC}}{\overline{AC}}$임을 이용한다.

풀이 답 | 136 m

$\overline{AC} = 40 \times$ ❶ $\boxed{\quad}$ $= 400$ (m)

$\sin 20^\circ = \dfrac{\overline{BC}}{\overline{AC}} = \dfrac{\overline{BC}}{400} = 0.34$이므로

$\overline{BC} = 400 \times$ ❷ $\boxed{\quad}$ $= 136$ (m)

따라서 학교는 버스 정류장보다 136 m 더 높은 곳에 있다.

답 ❶ 10 ❷ 0.34

20 일반 삼각형의 변의 길이 - 두 변의 길이와 그 끼인각의 크기를 알 때

오른쪽 그림과 같이 $\overline{AC}=2\sqrt{2}$ cm, $\overline{BC}=6$ cm, $\angle C=45^\circ$인 $\triangle ABC$에서 $\overline{AB}$의 길이는?

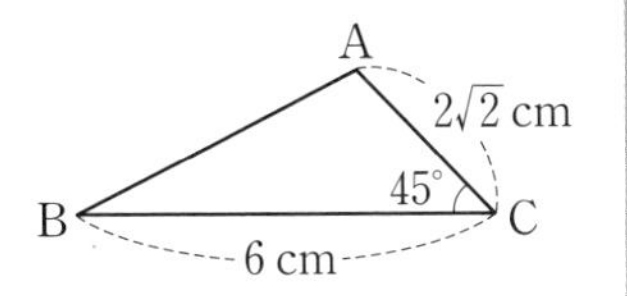

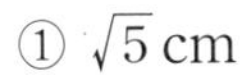
① $\sqrt{5}$ cm
② $2\sqrt{5}$ cm
③ $3\sqrt{5}$ cm
④ $4\sqrt{5}$ cm
⑤ $5\sqrt{5}$ cm

Tip

두 변의 길이 a, c와 그 끼인각 $\angle B$의 크기를 알 때, 꼭짓점 A에서 $\overline{BC}$에 내린 수선의 발을 H라 하면

$$\overline{AC}=\sqrt{\overline{AH}^2+\overline{CH}^2}$$
$$=\sqrt{(c\sin B)^2+(a-c\cos B)^2}$$

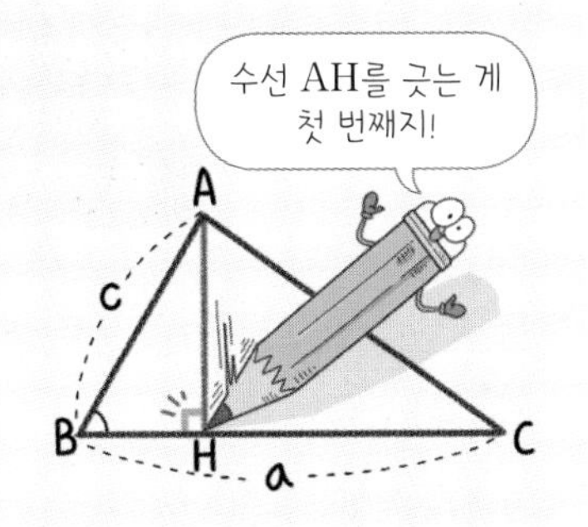

풀이 답 | ②

오른쪽 그림과 같이 꼭짓점 A에서 $\overline{BC}$에 내린 수선의 발을 H라 하면

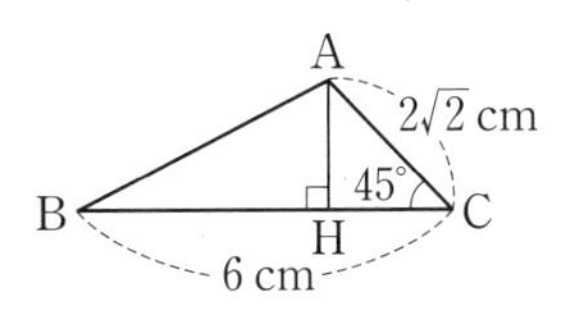

$\overline{AH}=2\sqrt{2}\sin 45^\circ=2\sqrt{2}\times\dfrac{\sqrt{2}}{2}=2$ (cm)

$\overline{CH}=2\sqrt{2}\cos 45^\circ=2\sqrt{2}\times$ ❶ $\boxed{}$ $=2$ (cm)

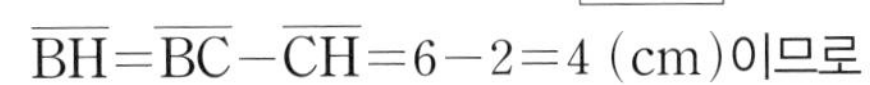
$\overline{BH}=\overline{BC}-\overline{CH}=6-2=4$ (cm)이므로

$\triangle ABH$에서

$\overline{AB}=\sqrt{\overline{AH}^2+\overline{BH}^2}=\sqrt{2^2+\boxed{❷}^2}=2\sqrt{5}$ (cm)

답 ❶ $\dfrac{\sqrt{2}}{2}$ ❷ 4

21 일반 삼각형의 변의 길이 - 한 변의 길이와 그 양 끝 각의 크기를 알 때

다음 그림과 같이 계곡을 사이에 두고 두 휴게소 A, B가 마주 보고 있다. 휴게소 A, B 사이의 거리를 구하기 위하여 측량하였더니 $\overline{AC}=400$ m, $\angle A=70°$, $\angle B=53°$이었다. 이때 $\overline{AB}$의 길이를 구하시오.

(단, $\sin 53°=0.8$, $\sin 57°=0.84$로 계산한다.)

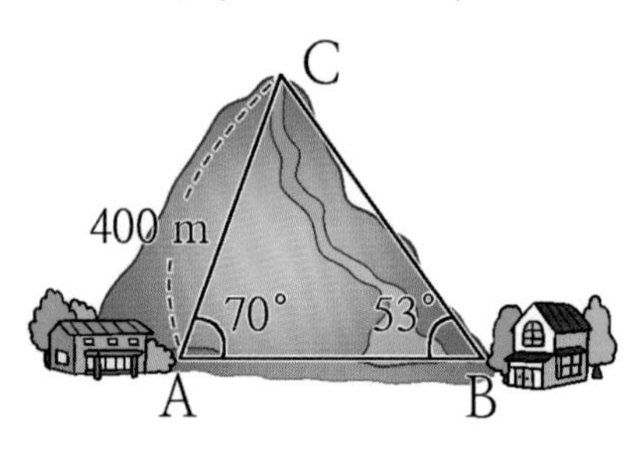

Tip

한 변의 길이 a와 그 양 끝 각 $\angle B$, $\angle C$의 크기를 알 때, 꼭짓점 B, C에서 대변에 내린 수선의 발을 각각 H, H′이라 하면

(1) $\overline{AB}=\dfrac{\overline{BH}}{\sin A}=\dfrac{a\sin C}{\sin A}$

(2) $\overline{AC}=\dfrac{\overline{CH'}}{\sin A}=\dfrac{a\sin B}{\sin A}$

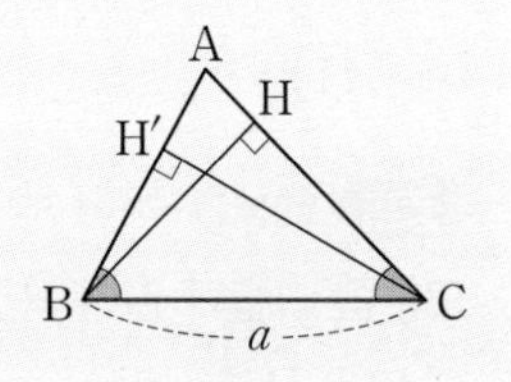

풀이 답 | 420 m

오른쪽 그림과 같이 꼭짓점 A에서 $\overline{BC}$에 내린 수선의 발을 H라 하면 $\angle C=57°$이므로

$\overline{AH}=$ ❶ $\square$ $\sin 57°=400\times0.84=336$ (m)

$\therefore \overline{AB}=\dfrac{\overline{AH}}{❷\ \square}=\dfrac{336}{0.8}=420$ (m)

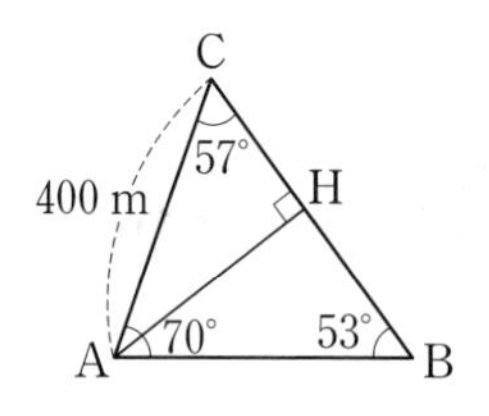

답 ❶ 400 ❷ $\sin 53°$

22 예각이 주어질 때, 삼각형의 높이 구하기

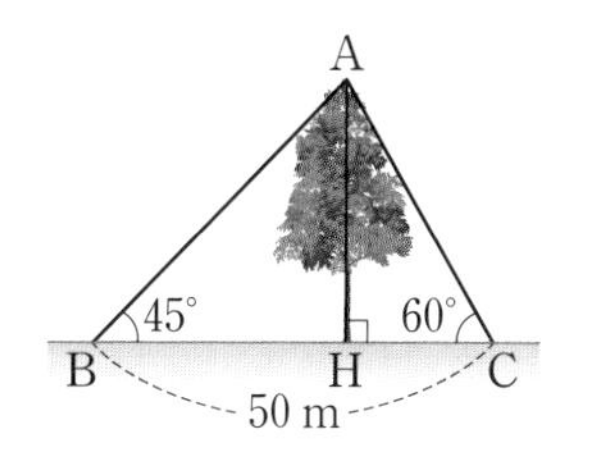

오른쪽 그림과 같이 나무를 사이에 두고 두 지점 B, C에서 나무의 꼭대기 A를 올려다본 각의 크기가 각각 45°, 60°이었다. 두 지점 B, C 사이의 거리가 50 m일 때, 나무의 높이인 $\overline{AH}$의 길이는?

① $25(3-\sqrt{3})$ m　② 25 m　③ $25(1+\sqrt{3})$ m
④ $25\sqrt{3}$ m　⑤ $25(3+\sqrt{3})$ m

Tip

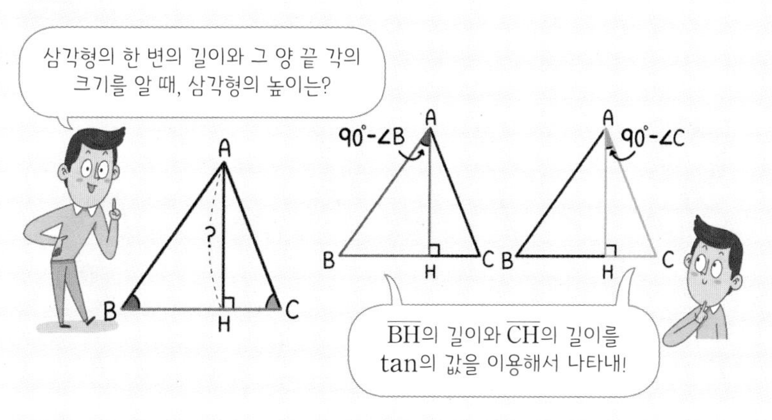

삼각형의 한 변의 길이와 그 양 끝 각의 크기를 알 때, 삼각형의 높이는?
A
?
B
H
C
90°-∠B
A
B
H
C
90°-∠C
A
B
H
C
$\overline{BH}$의 길이와 $\overline{CH}$의 길이를 tan의 값을 이용해서 나타내!

풀이 답 | ①

$\overline{AH}=h$ m라 하면 $\angle BAH=45°$, $\angle CAH=$ ❶ ______ 이므로

$\overline{BH}=h\tan 45°=$ ❷ ______ (m), $\overline{CH}=h\tan 30°=\frac{\sqrt{3}}{3}h$ (m)

$\overline{BC}=\overline{BH}+\overline{CH}$이므로 $50=h+\frac{\sqrt{3}}{3}h$　　$\therefore h=\frac{150}{3+\sqrt{3}}=25(3-\sqrt{3})$

따라서 나무의 높이인 $\overline{AH}$의 길이는 $25(3-\sqrt{3})$ m이다.

답 ❶ 30° ❷ h

23 둔각이 주어질 때, 삼각형의 높이 구하기

오른쪽 그림과 같이 점 A에서 $\overline{BC}$의 연장선에 내린 수선의 발을 H라 하자. $\overline{BC}=8$ cm, $\angle B=30^\circ$, $\angle ACH=45^\circ$일 때, $\overline{AH}$의 길이는?

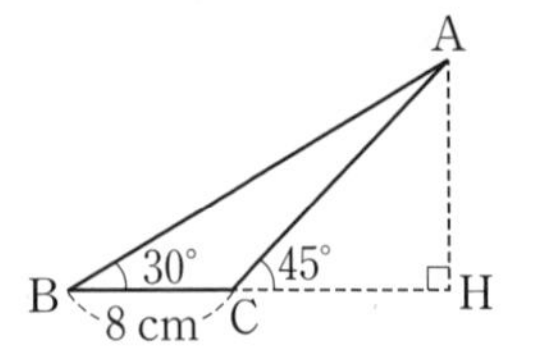

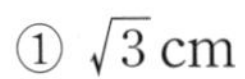

① $\sqrt{3}$ cm ② $(\sqrt{3}+1)$ cm
③ $2(\sqrt{3}+1)$ cm ④ $(4\sqrt{3}+1)$ cm
⑤ $4(\sqrt{3}+1)$ cm

Tip

삼각형의 한 변의 길이와 한 내각과 한 외각의 크기를 알 때, 삼각형의 높이는?

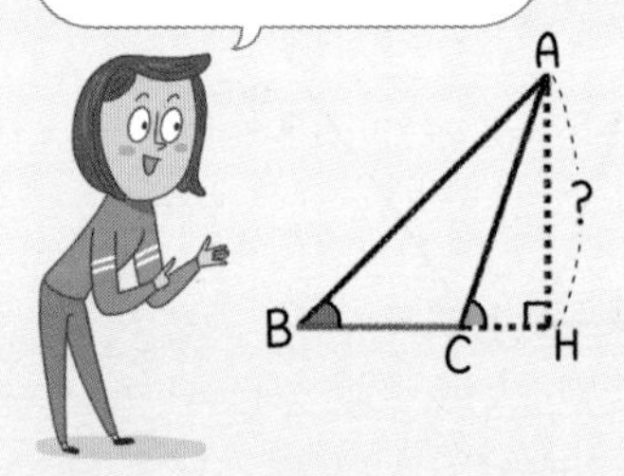

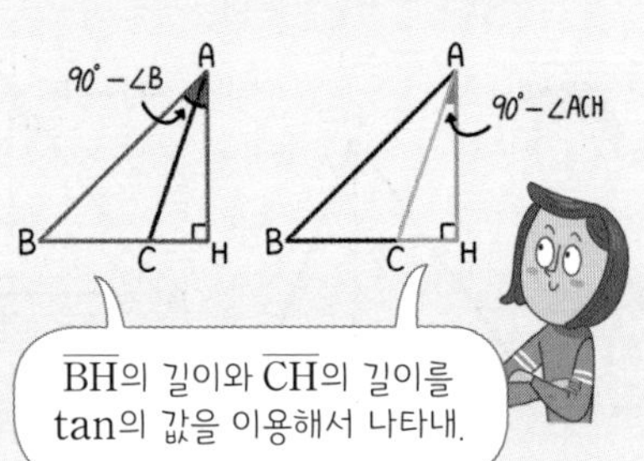

풀이 답 | ⑤

$\overline{AH}=h$ cm라 하면 $\angle BAH=$ ❶ ______, $\angle CAH=45^\circ$이므로

$\overline{BH}=h\tan 60^\circ=\sqrt{3}h$ (cm), $\overline{CH}=h\tan$ ❷ ______ $=h$ (cm)

$\overline{BC}=\overline{BH}-\overline{CH}$이므로 $8=\sqrt{3}h-h$ $\therefore h=\dfrac{8}{\sqrt{3}-1}=4(\sqrt{3}+1)$

따라서 $\overline{AH}$의 길이는 $4(\sqrt{3}+1)$ cm이다.

답 ❶ 60° ❷ 45°

24 예각이 주어질 때, 삼각형의 넓이 구하기

오른쪽 그림과 같이 $\overline{AB}=7$, $\overline{AC}=6$인 $\triangle ABC$에서 $\cos A=\frac{\sqrt{2}}{3}$일 때, $\triangle ABC$의 넓이는?

(단, $0^\circ < A < 90^\circ$)

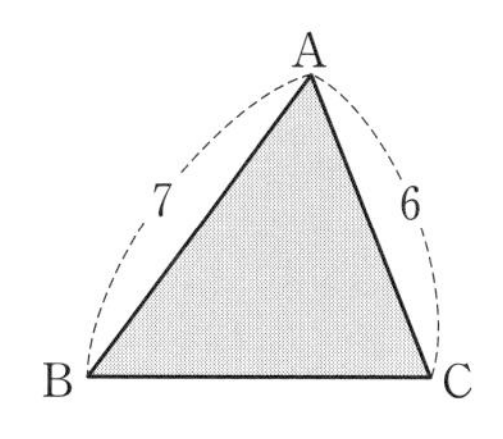

① $7\sqrt{7}$ ② $14\sqrt{7}$ ③ $21\sqrt{7}$
④ $28\sqrt{7}$ ⑤ $42\sqrt{7}$

∠A의 크기를 모르는데, 넓이를 어떻게 구해?

cos A의 값을 이용하여 sin A의 값을 구하면 되지.

Tip

$\triangle ABC$에서 $\angle B$가 예각일 때 $h=c\sin B$이므로

$\triangle ABC=\frac{1}{2}ah=\frac{1}{2}ac\sin B$

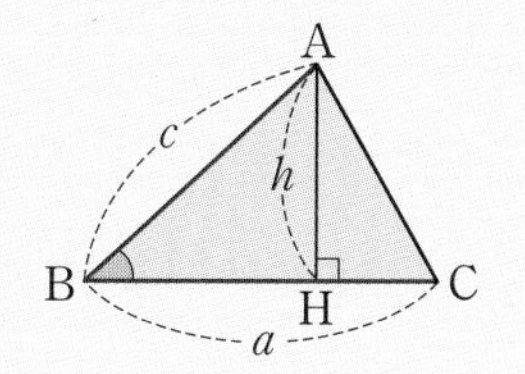

풀이 답 | ①

$\cos A=\frac{\sqrt{2}}{3}$이므로 오른쪽 그림에서 $\overline{DE}=\sqrt{3^2-(\sqrt{2})^2}=\sqrt{7}$

따라서 $\sin A=$ ❶ ☐ 이므로

$\triangle ABC=\frac{1}{2}\times$ ❷ ☐ $\times 6\times\sin A=\frac{1}{2}\times 7\times 6\times\frac{\sqrt{7}}{3}=7\sqrt{7}$

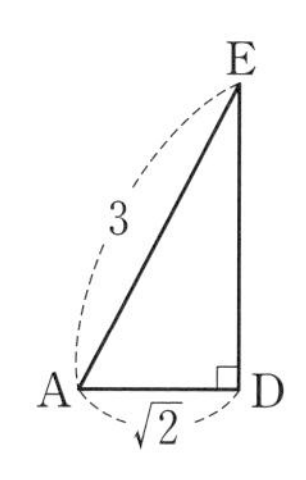

답 ❶ $\frac{\sqrt{7}}{3}$ ❷ 7

25 둔각이 주어질 때, 삼각형의 넓이 구하기

오른쪽 그림에서 □ABCD는 한 변의 길이가 4 cm인 정사각형이고 △ADE는 ∠E=90°인 직각삼각형이다. ∠ADE=60°일 때, △ABE의 넓이는?

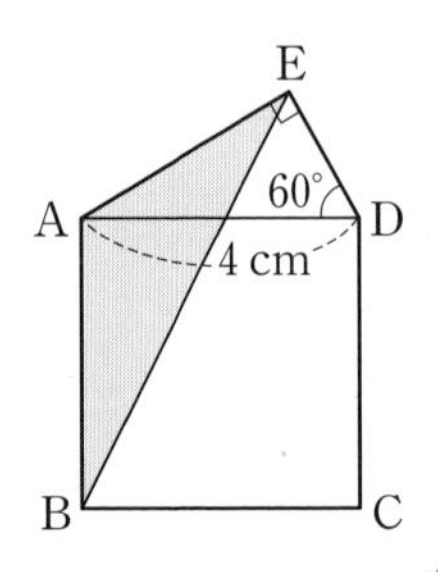

① $2\sqrt{3}$ cm² ② 6 cm² ③ $4\sqrt{3}$ cm²
④ $8\sqrt{3}$ cm² ⑤ 12 cm²

Tip

△ABC에서 ∠B가 둔각일 때
$h=c\sin(180°-B)$이므로
$\triangle ABC=\frac{1}{2}ah=\frac{1}{2}ac\sin(180°-B)$

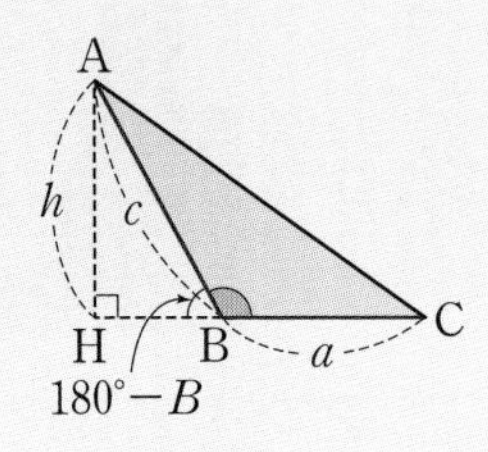

풀이 답 | ②

$\overline{AE}=4\sin$ ❶ $\boxed{}$ $=4\times\frac{\sqrt{3}}{2}=2\sqrt{3}$ (cm)

∠EAB=30°+90°=120°이므로

$\triangle ABE=\frac{1}{2}\times4\times$ ❷ $\boxed{}$ $\times\sin(180°-120°)$

$=\frac{1}{2}\times4\times2\sqrt{3}\times\frac{\sqrt{3}}{2}=6$ (cm²)

$\triangle ABE=\frac{1}{2}\times\overline{AB}\times\overline{AE}\times\sin(180°-\angle EAB)$

답 ❶ 60° ❷ $2\sqrt{3}$

26 다각형의 넓이

오른쪽 그림과 같은 □ABCD의 넓이는?

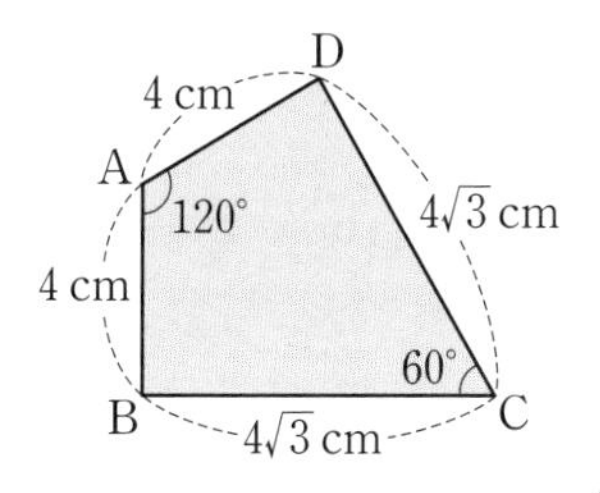

① $4\sqrt{3}\,\text{cm}^2$ ② $8\sqrt{3}\,\text{cm}^2$
③ $12\sqrt{3}\,\text{cm}^2$ ④ $16\sqrt{3}\,\text{cm}^2$
⑤ $20\sqrt{3}\,\text{cm}^2$

Tip

대각선 BD를 그어 넓이를 구할 수 있는 삼각형 두 개로 나눠 보자.

풀이 답 | ④

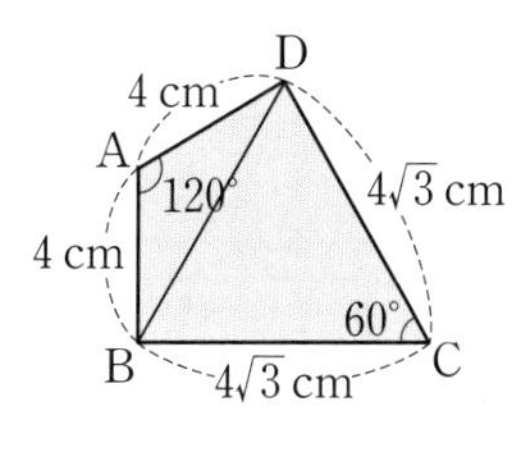

$$\square ABCD = \triangle ABD + \triangle BCD$$
$$= \frac{1}{2} \times 4 \times 4 \times \sin(\text{❶}\boxed{\quad} - 120^\circ)$$
$$+ \frac{1}{2} \times 4\sqrt{3} \times 4\sqrt{3} \times \sin 60^\circ$$
$$= \frac{1}{2} \times 4 \times 4 \times \text{❷}\boxed{\quad}$$
$$+ \frac{1}{2} \times 4\sqrt{3} \times 4\sqrt{3} \times \frac{\sqrt{3}}{2}$$
$$= 4\sqrt{3} + 12\sqrt{3} = 16\sqrt{3}\ (\text{cm}^2)$$

답 ❶ 180° ❷ $\frac{\sqrt{3}}{2}$

27 평행사변형의 넓이

오른쪽 그림과 같은 평행사변형 ABCD에서 $\angle BCD=60^\circ$, $\overline{AD}=6\text{ cm}$, $\overline{AB}=4\text{ cm}$일 때, $\triangle APD$의 넓이는?

(단, 점 P는 두 대각선의 교점이다.)

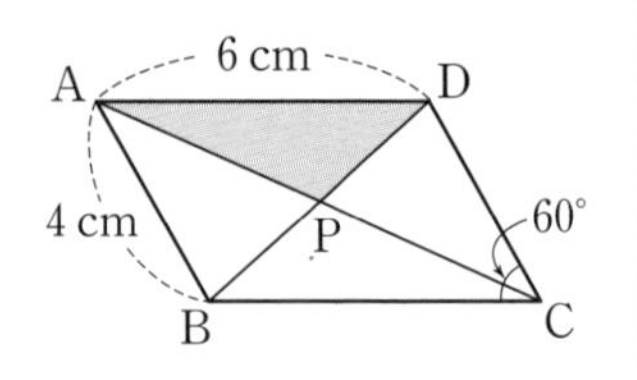

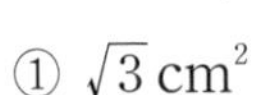

① $\sqrt{3}\text{ cm}^2$　② $2\sqrt{3}\text{ cm}^2$

③ $3\sqrt{3}\text{ cm}^2$　④ $4\sqrt{3}\text{ cm}^2$

⑤ $5\sqrt{3}\text{ cm}^2$

Tip

평행사변형 ABCD의 이웃하는 두 변의 길이가 a, b이고 그 끼인각 x가 예각일 때

(평행사변형 ABCD의 넓이)$=ab\sin x$

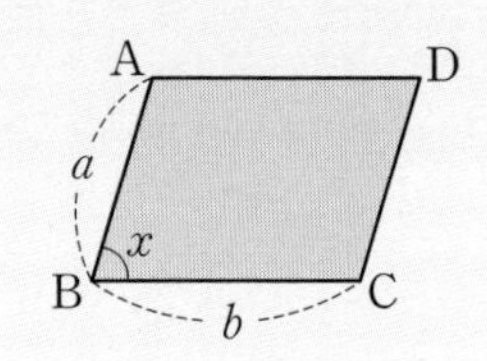

풀이 답 | ③

평행사변형에서 두 쌍의 대각의 크기는 각각 같으므로 $\angle BAD=\angle BCD=60^\circ$

$$\triangle APD=\boxed{❶\quad}\square ABCD$$

$$=\frac{1}{4}\times(4\times6\times\sin\boxed{❷\quad})$$

$$=\frac{1}{4}\times\left(4\times6\times\frac{\sqrt{3}}{2}\right)$$

$$=3\sqrt{3}\,(\text{cm}^2)$$

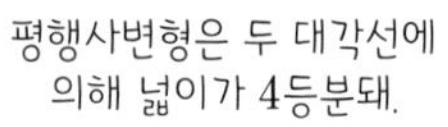

답 ❶ $\frac{1}{4}$ ❷ 60°

28 사각형의 넓이

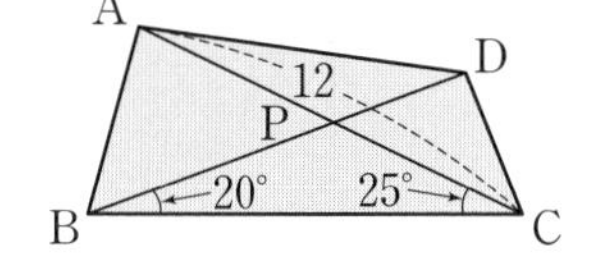

오른쪽 그림과 같은 □ABCD에서 $\angle DBC=20^\circ$, $\angle ACB=25^\circ$이고 $\overline{AC}=12$이다. 이 사각형의 넓이가 $33\sqrt{2}$일 때, $\overline{BD}$의 길이는?

① 10 ② 11 ③ 12 ④ 13 ⑤ 14

Tip

□ABCD의 두 대각선의 길이가 a, b이고 두 대각선이 이루는 각 x가 예각일 때, 넓이 S는

$S=\frac{1}{2}ab\sin x$

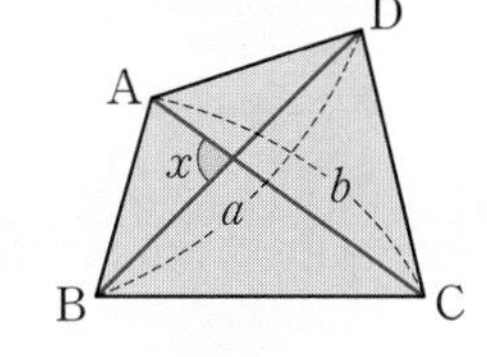

풀이 답 | ②

△PBC에서 $\angle BPC=180^\circ-(20^\circ+25^\circ)=$ ❶ ______ 이므로

$$\square ABCD=\frac{1}{2}\times 12\times \overline{BD}\times \sin(180^\circ-135^\circ)$$
$$=\frac{1}{2}\times 12\times \overline{BD}\times \frac{\sqrt{2}}{2}=3\sqrt{2}\,\overline{BD}$$

$3\sqrt{2}\,\overline{BD}=33\sqrt{2}$이므로 $\overline{BD}=$ ❷ ______

답 ❶ 135° ❷ 11

29 원의 중심과 현의 수직이등분선

오른쪽 그림의 원 O에서 $\overline{AB}\perp\overline{OC}$이고 $\overline{AB}=12$, $\overline{CM}=2$일 때, 원 O의 반지름의 길이는?

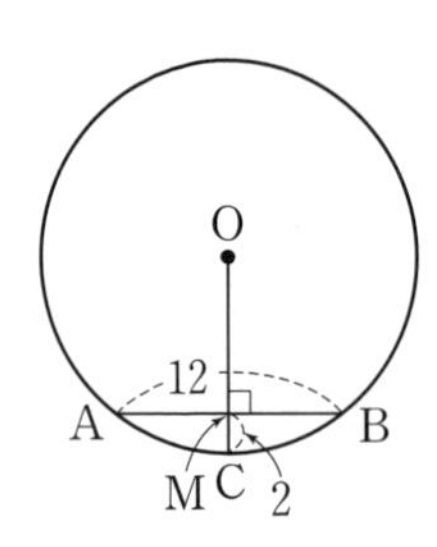

① 2 ② 4 ③ 6
④ 8 ⑤ 10

Tip

원의 중심에서 현에 내린 수선은
그 현을 이등분함을 이용해.
O

풀이 답 | ⑤

$\overline{OM}\perp\overline{AB}$이므로

$\overline{AM}=\frac{1}{2}\overline{AB}=\frac{1}{2}\times 12=$ ❶ [ ]

$\overline{OA}$를 긋고 원 O의 반지름의 길이를 r라 하면

$\overline{OM}=r-2$이므로 $\triangle OAM$에서

$r^2=6^2+($ ❷ [ ] $)^2$

$4r=40$ $\therefore r=10$

따라서 원 O의 반지름의 길이는 10이다.

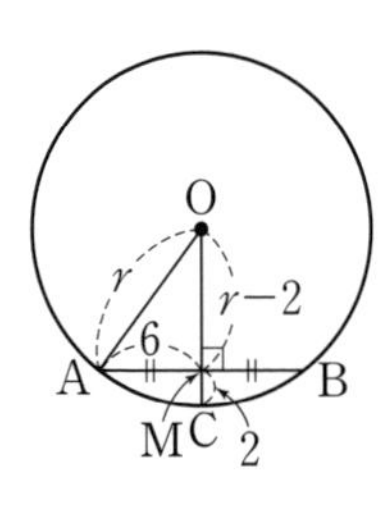

답 ❶ 6 ❷ $r-2$

30 일부분이 주어진 원의 중심과 현의 수직이등분선

오른쪽 그림에서 $\overset{\frown}{AB}$는 원의 일부분이다. $\overline{AD}=\overline{BD}$, $\overline{AB}\perp\overline{CD}$이고 $\overline{AD}=8$ cm, $\overline{CD}=2$ cm일 때, 이 원의 반지름의 길이는?

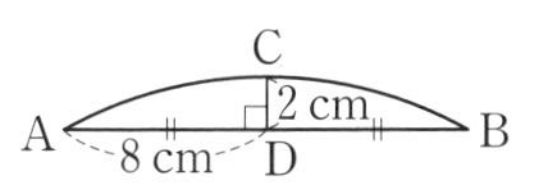

① 13 cm ② 14 cm

③ 15 cm ④ 16 cm

⑤ 17 cm

Tip

1. 현의 수직이등분선은 그 원의 중심을 지남을 이용하여 원의 중심을 찾는다.
2. 반지름을 빗변으로 하는 직각삼각형에서 피타고라스 정리를 이용한다.

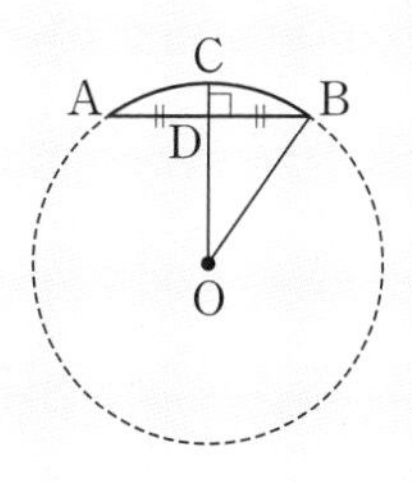

풀이 답 | ⑤

$\overline{AB}\perp\overline{CD}$, $\overline{AD}=\overline{BD}$이므로 $\overline{CD}$의 연장선은 오른쪽 그림과 같이 원의 중심 O를 지난다.

원의 반지름의 길이를 r cm라 하면

$\overline{OD}=($ ❶ $\quad)$ cm이므로 △AOD에서

$r^2=8^2+(r-2)^2$, $4r=68$

$\therefore r=$ ❷

따라서 원의 반지름의 길이는 17 cm이다.

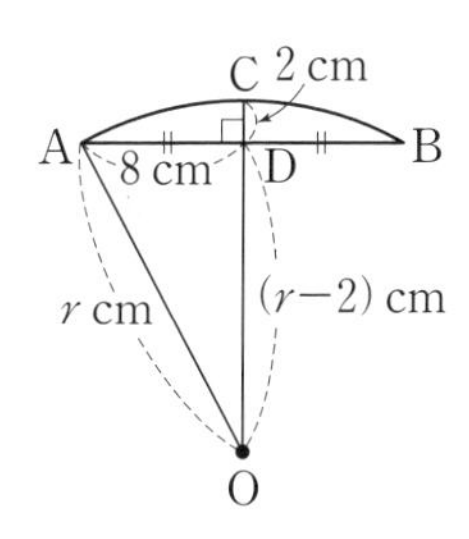

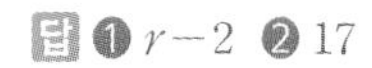
답 ❶ $r-2$ ❷ 17

31 접힌 원의 중심과 현의 수직이등분선

오른쪽 그림과 같이 반지름의 길이가 4 cm인 원 모양의 종이를 원 위의 한 점이 원의 중심 O와 겹치도록 접었다. 이때 $\overline{AB}$의 길이는?

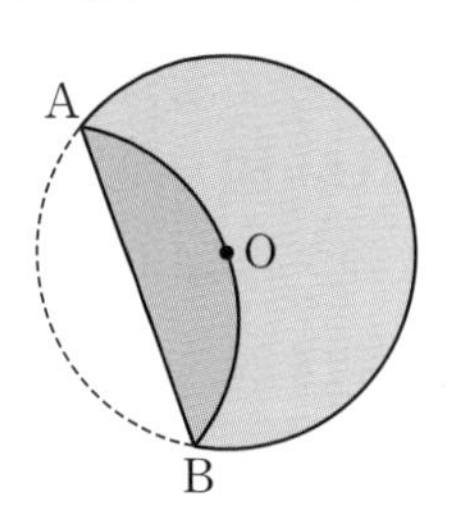

① $2\sqrt{3}$ cm ② $3\sqrt{3}$ cm ③ $4\sqrt{3}$ cm

④ $5\sqrt{3}$ cm ⑤ $6\sqrt{3}$ cm

Tip

원 위의 점이 원의 중심 O에 오도록 원의 일부분이 접힌 경우

(1) $\overline{OM}\perp\overline{AB}$이면 $\overline{AM}=\overline{BM}$

(2) $\overline{OM}=\overline{CM}=\frac{1}{2}\overline{OC}$

(3) △OAM에서 $\overline{OA}^2=\overline{AM}^2+\overline{OM}^2$

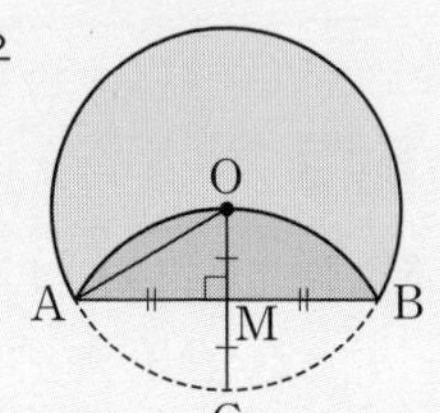

풀이 답 | ③

오른쪽 그림과 같이 원의 중심 O에서 $\overline{AB}$에 내린 수선의 발을 M, $\overline{OM}$의 연장선이 $\widehat{AB}$와 만나는 점을 C라 하면

$\overline{OA}=\overline{OC}=4$ cm이므로

$\overline{OM}=\overline{CM}=\frac{1}{2}\overline{OC}=\frac{1}{2}\times$ ❶ $=2$ (cm)

△OAM에서 $\overline{AM}=\sqrt{4^2-2^2}=2\sqrt{3}$ (cm)

$\therefore \overline{AB}=2$ ❷ $=2\times2\sqrt{3}=4\sqrt{3}$ (cm)

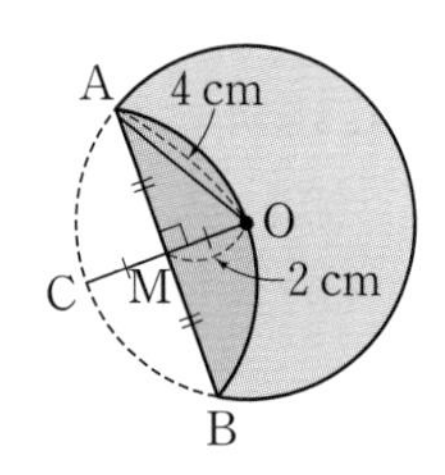

답 ❶ 4 ❷ $\overline{AM}$

32 원의 중심과 현의 길이 (1)

오른쪽 그림과 같이 원의 중심 O에서 $\overline{AB}$, $\overline{CD}$에 내린 수선의 발을 각각 M, N이라 하자. $\overline{OM}=\overline{ON}=2\sqrt{3}$, $\overline{OB}=3\sqrt{2}$일 때, $\overline{CD}$의 길이는?

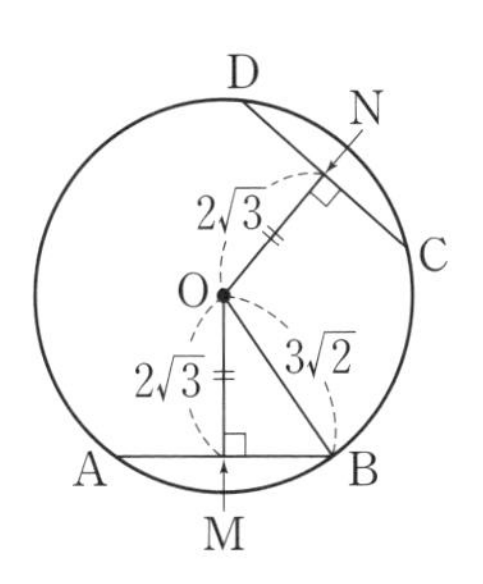

① $\sqrt{6}$ ② $2\sqrt{3}$ ③ $4\sqrt{3}$
④ $2\sqrt{6}$ ⑤ $4\sqrt{6}$

Tip

풀이 답 | ④

$\triangle$OMB에서 $\overline{BM}=\sqrt{(3\sqrt{2})^2-(2\sqrt{3})^2}=\sqrt{6}$

$\therefore$ $\overline{AB}=2$ ❶ $=2\sqrt{6}$

이때 $\overline{OM}=\overline{ON}$이므로

$\overline{CD}=$ ❷ $=2\sqrt{6}$

답 ❶ $\overline{BM}$ ❷ $\overline{AB}$

33 원의 중심과 현의 길이 (2)

오른쪽 그림과 같이 원 O에 내접하는 △ABC에서 $\overline{OM}=\overline{ON}=2$이고 $\angle BAC=70^\circ$일 때, $\angle x$의 크기는?

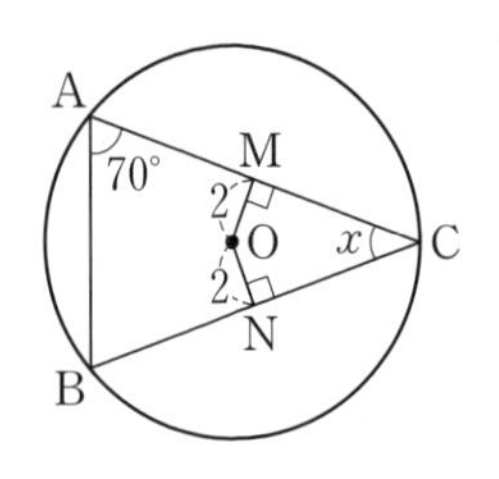

① 30° ② 35° ③ 40°
④ 45° ⑤ 50°

Tip

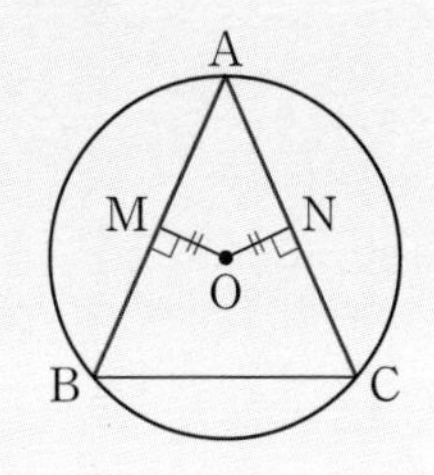

풀이 답 | ③

$\overline{OM}=\overline{ON}=2$이므로 $\overline{AC}=$ ❶ [　　]

즉 △ABC는 ❷ [　　] 삼각형이므로

$\angle ABC=\angle BAC=70^\circ$

$\therefore \angle x=180^\circ-(70^\circ+70^\circ)=40^\circ$

답 ❶ $\overline{BC}$ ❷ 이등변

34 원의 접선과 반지름

다음 그림에서 $\overline{PT}$는 원 O의 접선이고 점 T는 접점이다. 점 P가 원 O의 지름 AB의 연장선 위의 점이고 $\overline{PA}=6$, $\angle TPA=30^\circ$일 때, $\overline{PT}$의 길이를 구하시오.

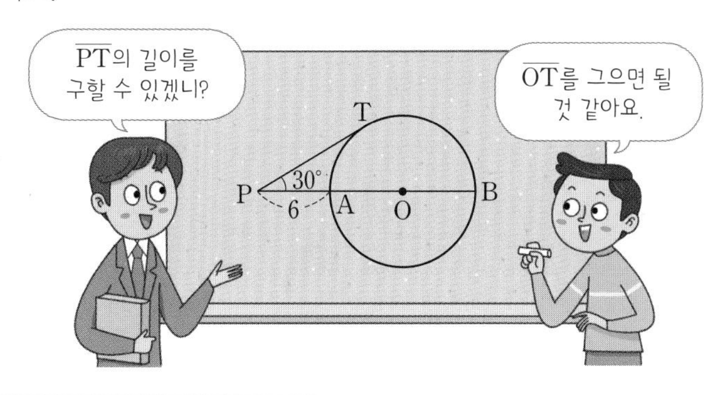

Tip

$\overrightarrow{PA}$는 원 O의 접선이고 점 A는 접점일 때

(1) $\angle PAO=90^\circ$

(2) 직각삼각형 OPA에서 $\overline{OP}^2=\overline{PA}^2+\overline{OA}^2$

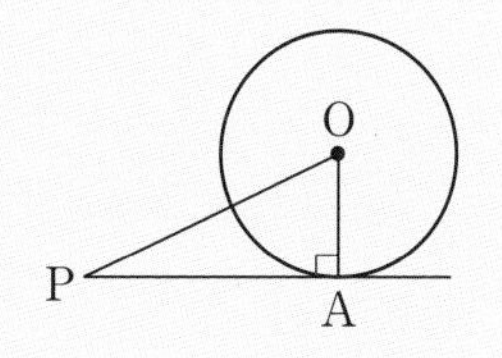

풀이 답 | $6\sqrt{3}$

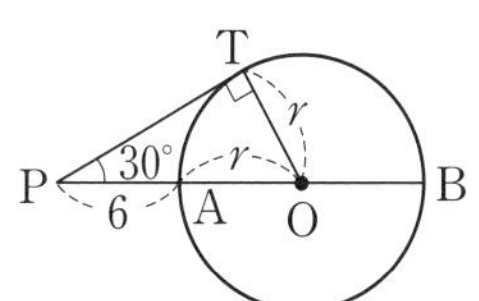

오른쪽 그림과 같이 $\overline{OT}$를 그으면 $\angle OTP=$ ❶

원 O의 반지름의 길이를 r라 하면

$\triangle POT$에서

$\tan 30^\circ=\dfrac{r}{\overline{PT}}$이므로 $\dfrac{\sqrt{3}}{3}\overline{PT}=r$ $\therefore \overline{PT}=$ ❷

$\triangle POT$에서 $(6+r)^2=(\sqrt{3}r)^2+r^2$, $r^2-4r-12=0$

$(r-6)(r+2)=0$ $\therefore r=6$ ($\because r>0$)

$\therefore \overline{PT}=\sqrt{3}\times 6=6\sqrt{3}$

답 ❶ 90° ❷ $\sqrt{3}r$

35 원의 접선의 성질 (1)

오른쪽 그림에서 $\overrightarrow{PA}$, $\overrightarrow{PB}$는 원 O의 접선이고 두 점 A, B는 접점이다. $\angle P=60^\circ$일 때, $\angle x$의 크기는?

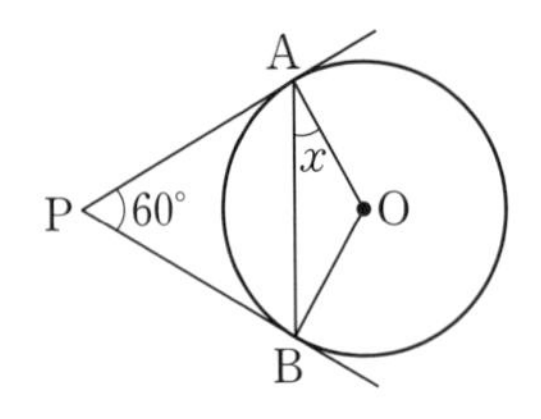

① 30° ② 35° ③ 40°
④ 45° ⑤ 50°

Tip

풀이 답 | ①

$\overline{PA}=\overline{PB}$이므로 $\triangle PBA$는 이등변삼각형이다.

$\therefore \angle PAB=\frac{1}{2}\times(180^\circ-60^\circ)=$ ❶ ____

이때 $\angle PAO=$ ❷ ____ 이므로

$\angle x=\angle PAO-\angle PAB$

$=90^\circ-60^\circ=30^\circ$

답 ❶ 60° ❷ 90°

36 원의 접선의 성질 (2)

오른쪽 그림에서 $\overline{PA}$, $\overline{PB}$는 원 O의 접선이고 두 점 A, B는 접점이다. $\overline{PA}=9$ cm, $\angle APB=60^\circ$일 때, 다음 중 옳지 않은 것을 들고 있는 학생을 찾으시오.

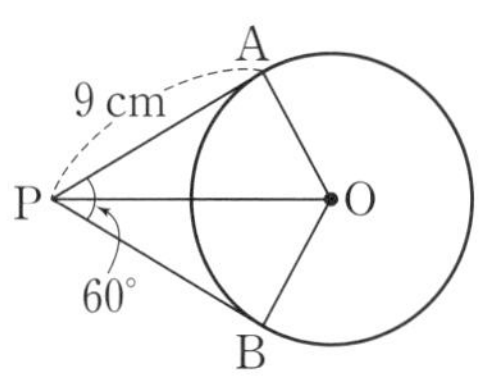

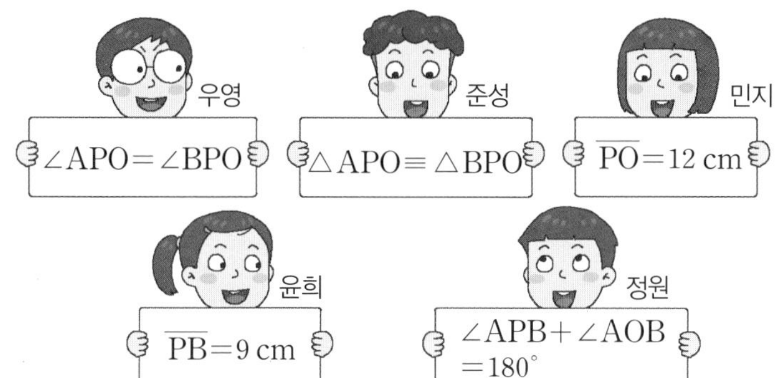

Tip

원 밖의 점 P에서 원 O에 그은 두 접선의 접점을 A, B라 하면 $\triangle PAO \equiv \triangle PBO$ (RHS 합동)

➡ $\overline{PA}=\overline{PB}$, $\angle APO=\angle BPO$

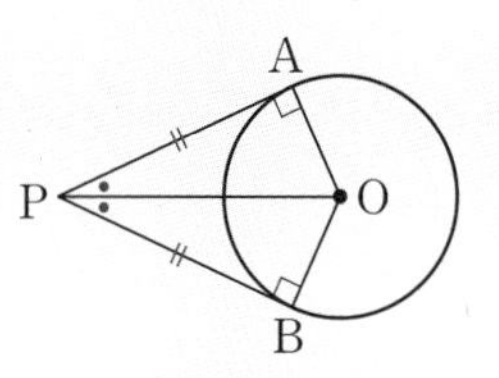

풀이 답 | 민지

우영, 준성, 윤희 : $\triangle APO \equiv \triangle BPO$ (RHS 합동)이므로

$\angle APO=\angle BPO$, $\overline{PA}=\overline{PB}=$ ❶ ☐ cm

민지 : $\triangle PAO$에서 $\angle PAO=90^\circ$이고 $\angle APO=\frac{1}{2}\times 60^\circ=30^\circ$이므로

$\cos 30^\circ=\frac{9}{\overline{PO}}=\frac{\sqrt{3}}{2}$ $\quad \therefore \overline{PO}=$ ❷ ☐ (cm)

정원 : $\angle PAO=\angle PBO=90^\circ$이므로 □APBO에서

$90^\circ+\angle APB+90^\circ+\angle AOB=360^\circ$ $\quad \therefore \angle APB+\angle AOB=180^\circ$

따라서 옳지 않은 것을 들고 있는 학생은 민지이다.

답 ❶ 9 ❷ $6\sqrt{3}$

37 중심이 같은 두 원의 접선의 성질

오른쪽 그림과 같이 점 O를 중심으로 하는 두 원에서 큰 원의 현 AB는 작은 원의 접선이다. 두 원의 반지름의 길이가 각각 6 cm, 3 cm일 때, $\overline{AB}$의 길이는?

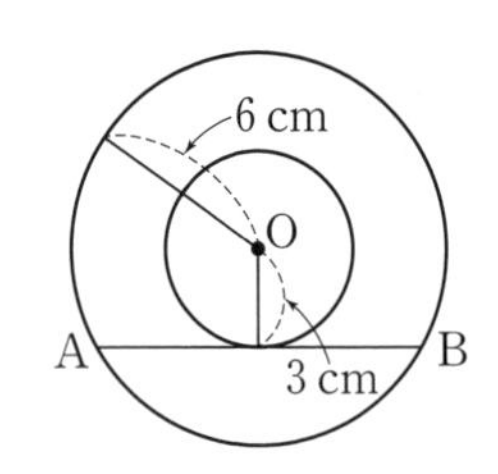

① $3\sqrt{3}$ cm ② $4\sqrt{3}$ cm ③ $5\sqrt{3}$ cm
④ $6\sqrt{3}$ cm ⑤ $8\sqrt{3}$ cm

Tip

중심이 같은 두 원에서 큰 원의 현 AB가 작은 원의 접선이고 점 H는 접점일 때

(1) $\overline{AB}\perp\overline{OH}$, $\overline{AH}=\overline{BH}$

(2) △OAH에서 $\overline{OA}^2=\overline{AH}^2+\overline{OH}^2$

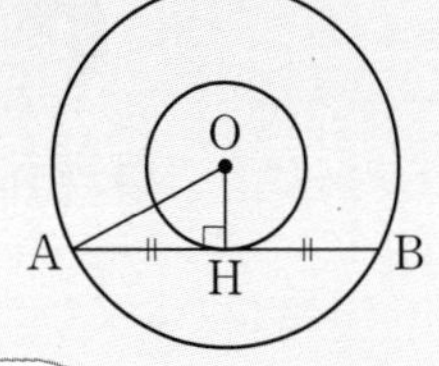

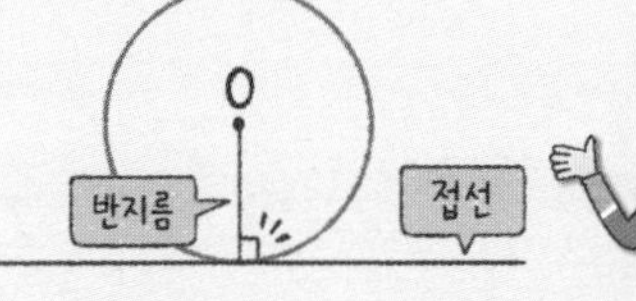

풀이 답 | ④

작은 원과 $\overline{AB}$의 접점을 H라 하면 $\overline{AB}\perp\overline{OH}$이므로

△OAH에서

$\overline{AH}=\sqrt{6^2-3^2}=$ ❶ ______ (cm)

$\therefore$ $\overline{AB}=$ ❷ ______ $\overline{AH}=2\times3\sqrt{3}=6\sqrt{3}$ (cm)

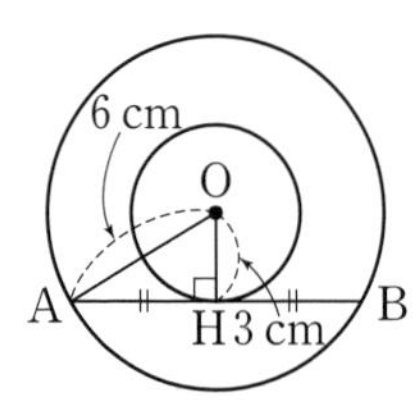

답 ❶ $3\sqrt{3}$ ❷ 2

38 원의 접선의 성질의 활용

오른쪽 그림에서 $\overrightarrow{PX}$, $\overrightarrow{PY}$, $\overline{AB}$는 원 O의 접선이고 점 X, Y, C는 접점이다. $\overline{PX}=12$ cm, $\overline{PA}=8$ cm, $\overline{PB}=9$ cm일 때, $\overline{AB}$의 길이는?

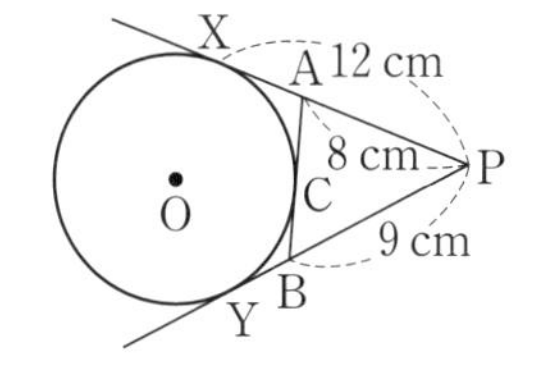

① 3 cm ② 4 cm ③ 5 cm
④ 6 cm ⑤ 7 cm

$\overline{PX}=\overline{PY}$임을 이용해서 $\overline{BY}$의 길이를 구해.

Tip

$\overrightarrow{AD}$, $\overrightarrow{AF}$, $\overline{BC}$가 원 O의 접선이고 점 D, E, F가 접점일 때

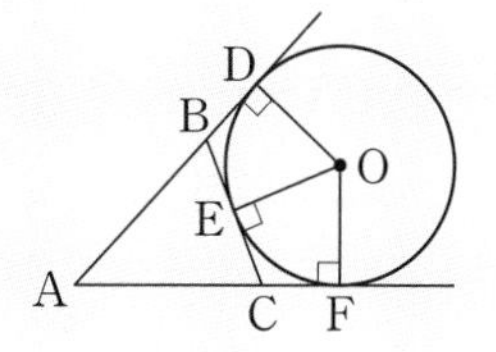

(1) $\overline{AD}=\overline{AF}$, $\overline{BD}=\overline{BE}$, $\overline{CE}=\overline{CF}$

(2) △ABC의 둘레의 길이는

$\overline{AB}+\overline{BC}+\overline{CA}=\overline{AD}+\overline{AF}=2\overline{AD}$

$\overline{AB}+\overline{BE}+\overline{CE}+\overline{AC}=(\overline{AB}+\overline{BD})+(\overline{CF}+\overline{AC})$

풀이 답 | ⑤

$\overline{PY}=\overline{PX}=12$ cm이므로

$\overline{BY}=12-9=3$ (cm) $\therefore \overline{BC}=$ ❶ $=3$ cm

$\overline{AX}=12-8=4$ (cm) $\therefore \overline{AC}=$ ❷ $=4$ cm

$\therefore \overline{AB}=\overline{AC}+\overline{BC}=4+3=7$ (cm)

답 ❶ $\overline{BY}$ ❷ $\overline{AX}$

39 반원에서의 접선

다음 그림에서 $\overline{AD}$는 반원 O의 지름이고 $\overline{AB}$, $\overline{BC}$, $\overline{CD}$는 반원 O에 접한다. $\overline{AO}=5$, $\overline{CD}=10$일 때, $\overline{AB}$의 길이를 구하시오. (단, 점 E는 접점이다.)

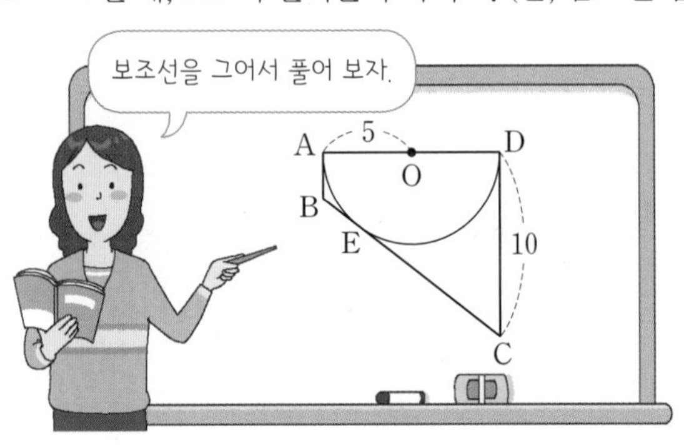

Tip

$\overline{AB}$, $\overline{DC}$, $\overline{AD}$가 반원 O의 접선이고 점 B, C, E가 접점일 때

(1) $\overline{AB}=\overline{AE}$, $\overline{DC}=\overline{DE}$이므로 $\overline{AD}=\overline{AB}+\overline{DC}$

(2) 점 A에서 $\overline{DC}$에 내린 수선의 발을 H라 하면 직각삼각형 AHD에서 $\overline{BC}=\overline{AH}=\sqrt{\overline{AD}^2-\overline{DH}^2}$

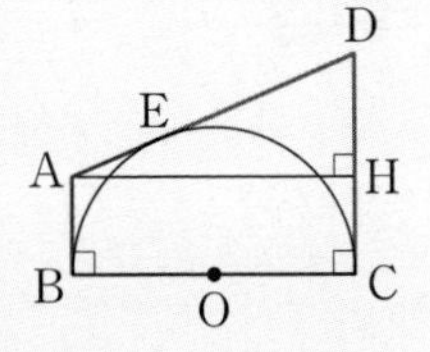

풀이 답 | $\frac{5}{2}$

오른쪽 그림과 같이 점 B에서 $\overline{DC}$에 내린 수선의 발을 H라 하면 $\overline{BH}=\overline{AD}=2\times5=10$

$\overline{AB}=\overline{BE}=x$라 하면 $\overline{CE}=$ ❶ $\square$ $=10$이므로

$\overline{BC}=x+10$

$\triangle$BCH에서 $\overline{CH}=10-x$이므로

$(x+10)^2=10^2+(10-x)^2$, $40x=100$ $\quad\therefore x=$ ❷ $\square$

따라서 $\overline{AB}$의 길이는 $\frac{5}{2}$이다.

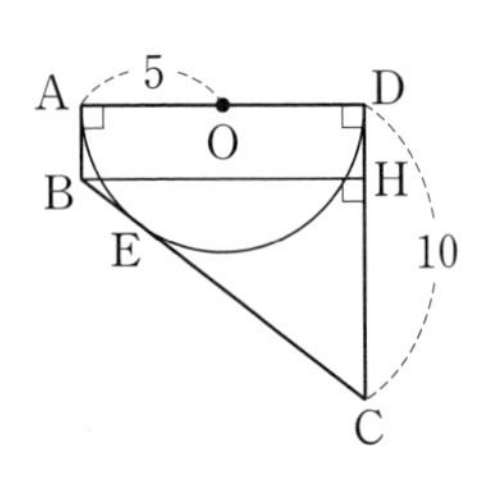

답 ❶ $\overline{CD}$ ❷ $\frac{5}{2}$

40 삼각형의 내접원

오른쪽 그림에서 원 O는 △ABC의 내접원이고 점 D, E, F는 접점이다. $\overline{AB}=11$ cm, $\overline{BC}=14$ cm, $\overline{CA}=13$ cm일 때, $\overline{AD}$의 길이는?

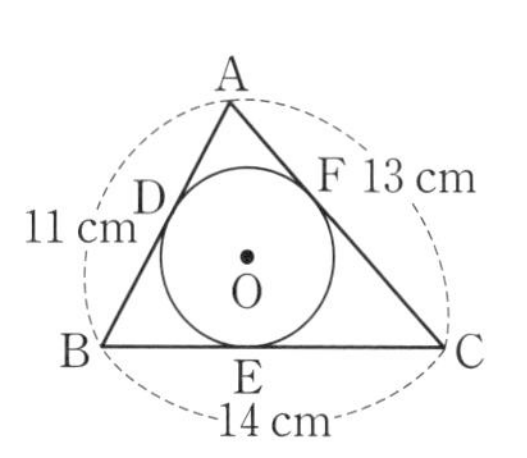

① 2 cm ② 3 cm ③ 4 cm
④ 5 cm ⑤ 6 cm

Tip

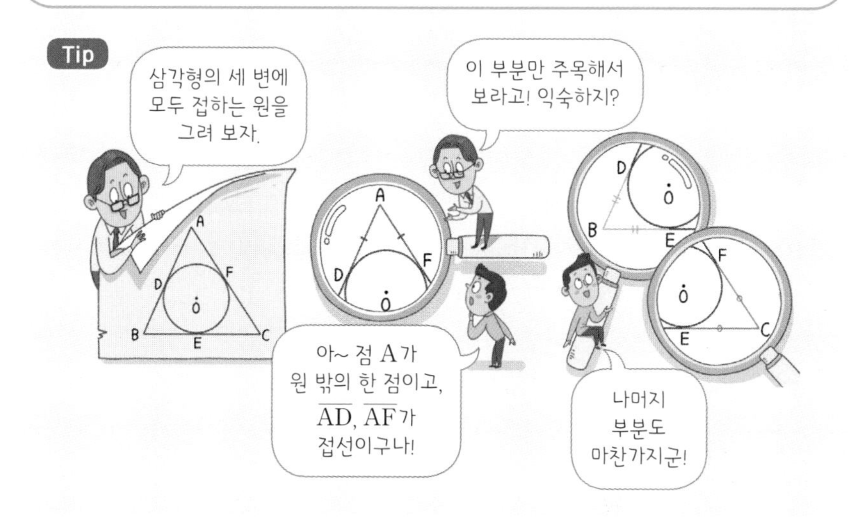

삼각형의 세 변에 모두 접하는 원을 그려 보자.
이 부분만 주목해서 보라고! 익숙하지?
아~ 점 A가 원 밖의 한 점이고, $\overline{AD}$, $\overline{AF}$가 접선이구나!
나머지 부분도 마찬가지군!
A
D
F
O
B
E
C

풀이 답 | ④

$\overline{AD}=\overline{AF}=x$ cm라 하면

$\overline{BE}=$ ❶ [   ] $=11-x$ (cm), $\overline{CE}=$ ❷ [   ] $=13-x$ (cm)

$\overline{BC}=\overline{BE}+\overline{CE}$이므로 $14=(11-x)+(13-x)$

$2x=10$ $\therefore x=5$

따라서 $\overline{AD}$의 길이는 5 cm이다.

답 ❶ $\overline{BD}$ ❷ $\overline{CF}$

41 직각삼각형의 내접원

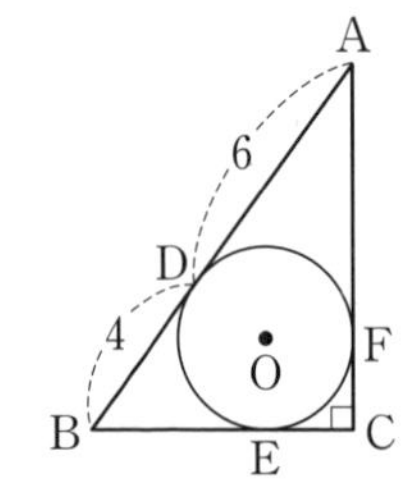

오른쪽 그림에서 원 O는 직각삼각형 ABC의 내접원이고 점 D, E, F는 접점이다. $\overline{AD}=6$, $\overline{BD}=4$일 때, 원 O의 반지름의 길이는?

① 2　　② 3　　③ 4

④ 5　　⑤ 6

Tip

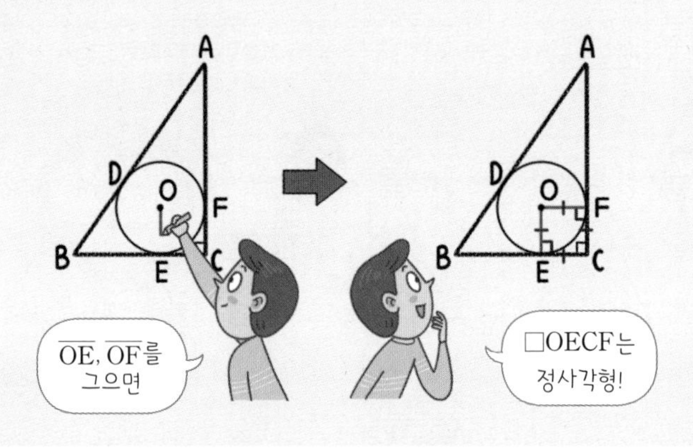

풀이 답 | ①

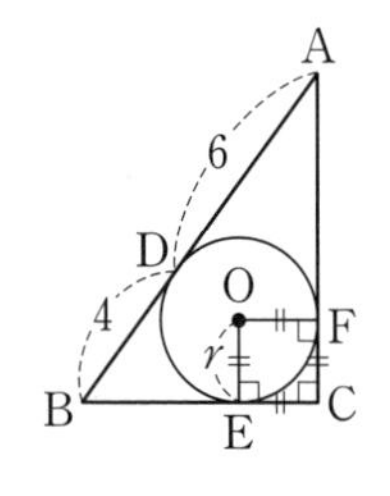

오른쪽 그림과 같이 $\overline{OE}$, $\overline{OF}$를 긋고 원 O의 반지름의 길이를 r라 하면

$\overline{CE}=\overline{CF}=r$, $\overline{AF}=$ ❶ $=6$, $\overline{BE}=\overline{BD}=4$

$\triangle$ABC에서 $\overline{AC}=6+r$, $\overline{BC}=$ ❷ 이므로

$(4+r)^2+(6+r)^2=10^2$, $r^2+10r-24=0$

$(r+12)(r-2)=0$　　$\therefore r=2\ (\because r>0)$

따라서 원 O의 반지름의 길이는 2이다.

답 ❶ $\overline{AD}$ ❷ $4+r$

42 원에 외접하는 사각형의 성질

오른쪽 그림과 같이 반지름의 길이가 6 cm인 원 O에 외접하는 사다리꼴 ABCD가 있다. $\angle C=\angle D=90^\circ$이고 $\overline{AB}=15$ cm일 때, □ABCD의 넓이는?

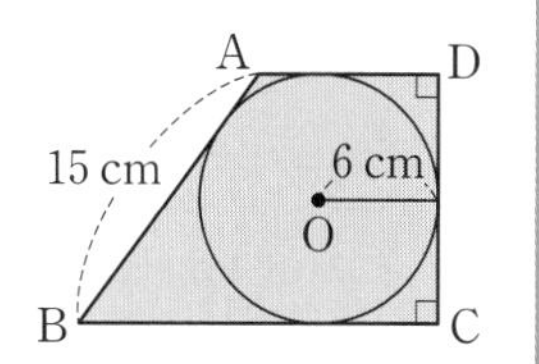

① 146 cm² ② 150 cm² ③ 154 cm²
④ 158 cm² ⑤ 162 cm²

Tip

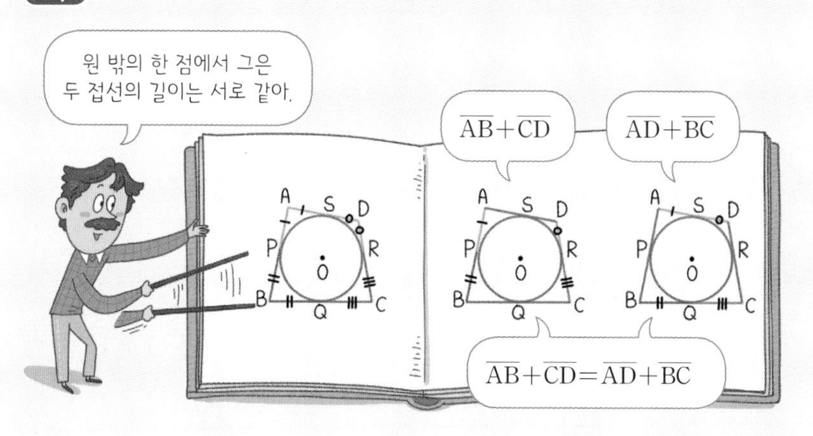

풀이 답 | ⑤

원 O의 반지름의 길이가 6 cm이므로 $\overline{CD}=2\times6=12$ (cm)

$\overline{AB}+\overline{CD}=$ ❶ ______ $+\overline{BC}$이므로 $\overline{AD}+\overline{BC}=15+12=27$ (cm)

따라서 사다리꼴 ABCD의 넓이는

$\frac{1}{2}\times(\overline{AD}+\overline{BC})\times\overline{CD}=\frac{1}{2}\times27\times12=$ ❷ ______ (cm²)

답 ❶ $\overline{AD}$ ❷ 162

43 원에 외접하는 사각형의 성질의 활용

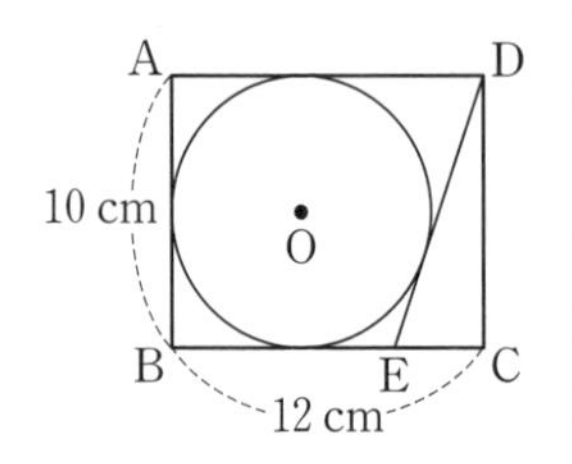

오른쪽 그림과 같이 원 O는 직사각형 ABCD의 세 변과 $\overline{DE}$에 접한다. $\overline{AB}=10$ cm, $\overline{BC}=12$ cm일 때, $\overline{DE}$의 길이는?

① 7 cm ② $\frac{64}{7}$ cm

③ $\frac{74}{7}$ cm ④ 12 cm

⑤ 14 cm

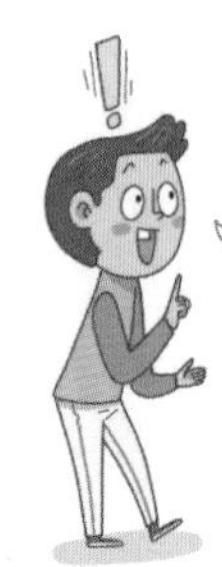

주어진 그림에서 다음 두 가지가 보여.
(1) □ABED는 원 O에 외접한다.
(2) △DEC는 직각삼각형이다.

Tip

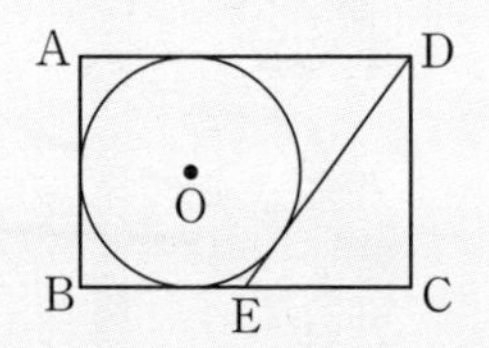

원 O가 직사각형 ABCD의 세 변과 $\overline{DE}$에 접할 때

(1) □ABED는 원 O에 외접하므로
$\overline{AB}+\overline{DE}=\overline{AD}+\overline{BE}$

(2) △DEC에서 $\overline{DE}^2=\overline{CE}^2+\overline{CD}^2$

풀이 답 | ③

$\overline{DE}=x$ cm라 하면 □ABED가 원 O에 외접하므로

$10+$ ❶ $\boxed{}$ $=12+\overline{BE}$ $\quad\therefore \overline{BE}=x-2$ (cm)

$\overline{CE}=\overline{BC}-\overline{BE}=12-(x-2)=$ ❷ $\boxed{}$ (cm)

△DEC에서 $x^2=(14-x)^2+10^2$, $28x=296$ $\quad\therefore x=\frac{74}{7}$

따라서 $\overline{DE}$의 길이는 $\frac{74}{7}$ cm이다.

답 ❶ x ❷ $14-x$

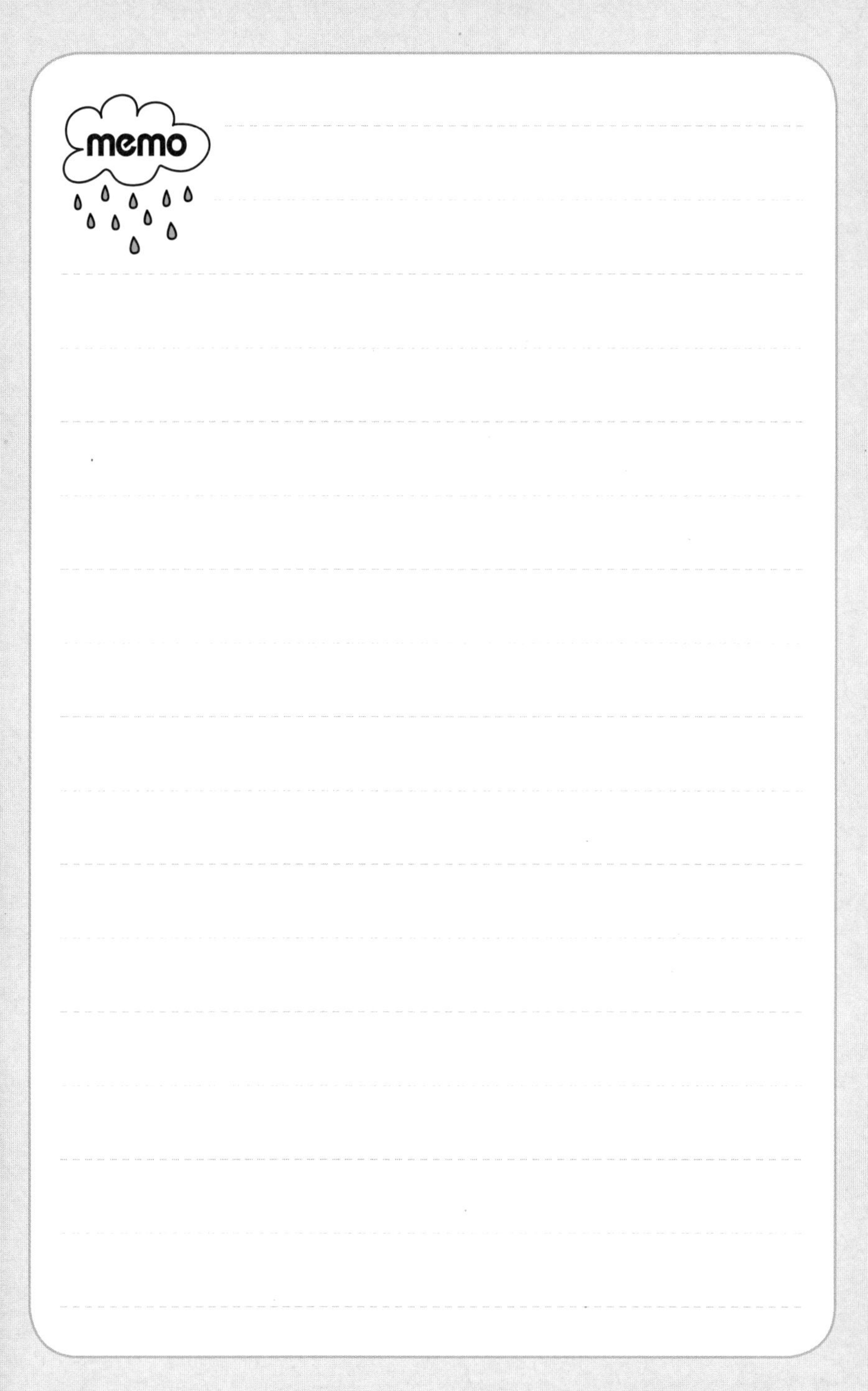
memo

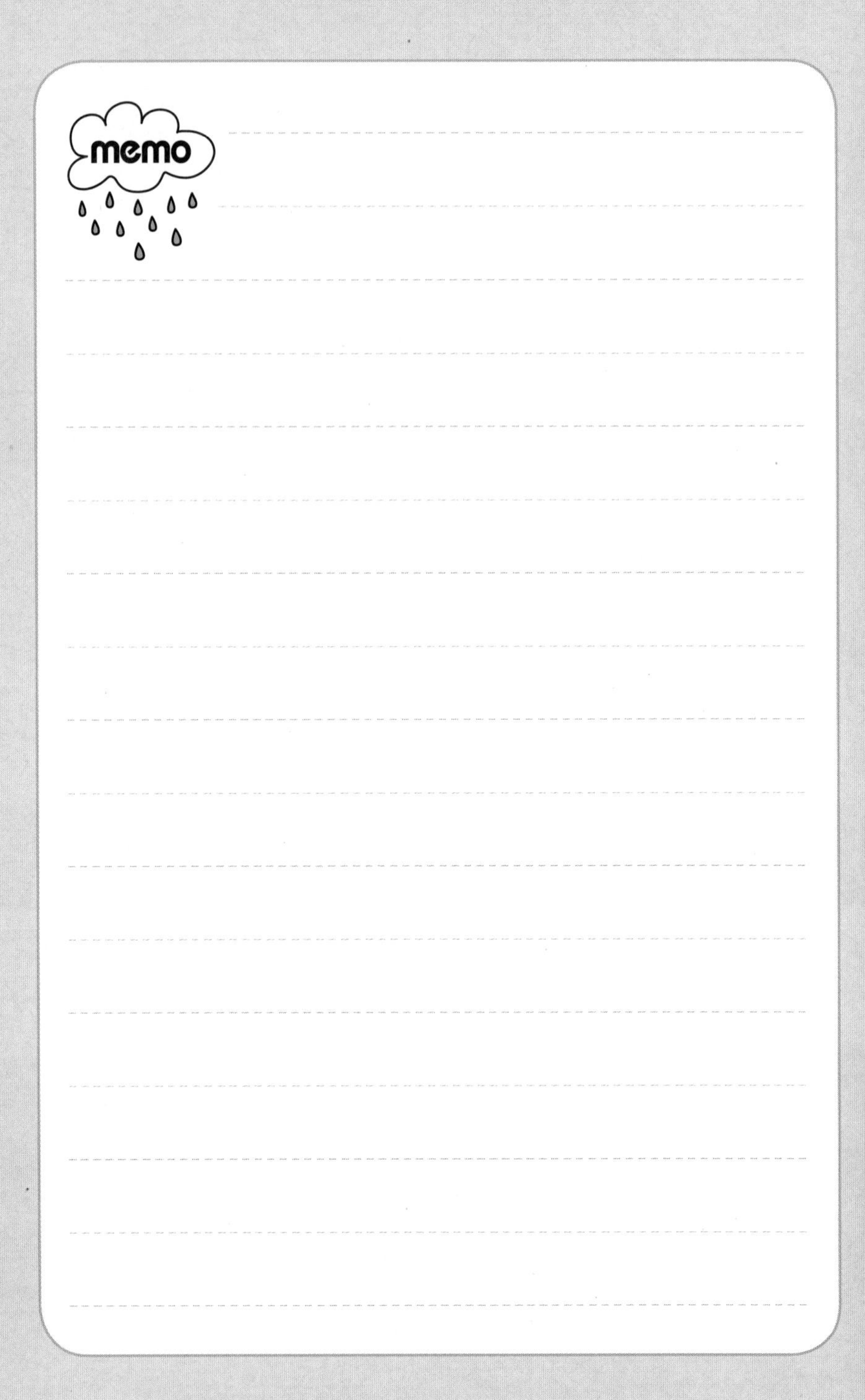
memo

시험에 잘 나오는

대표 유형 ZIP

중 간 고 사 대 비

중학 수학 3-2

BOOK 1

중간고사 대비

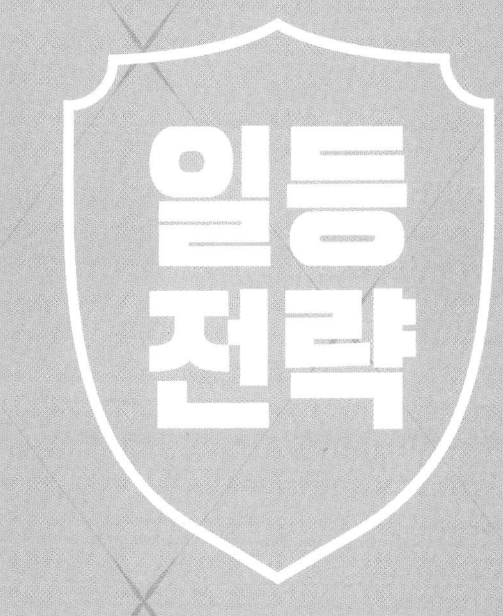

이 책의 구성과 활용

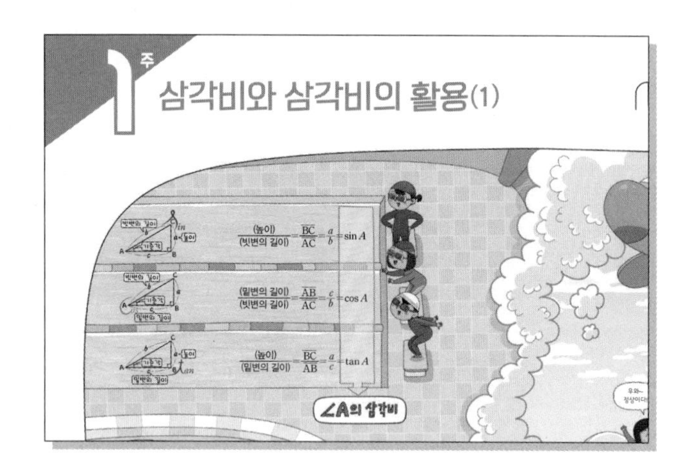

주 도입

이번 주에 배울 내용이 무엇인지 안내하는 부분입니다. 재미있는 만화를 통해 앞으로 배울 학습 요소를 미리 떠올려 봅니다.

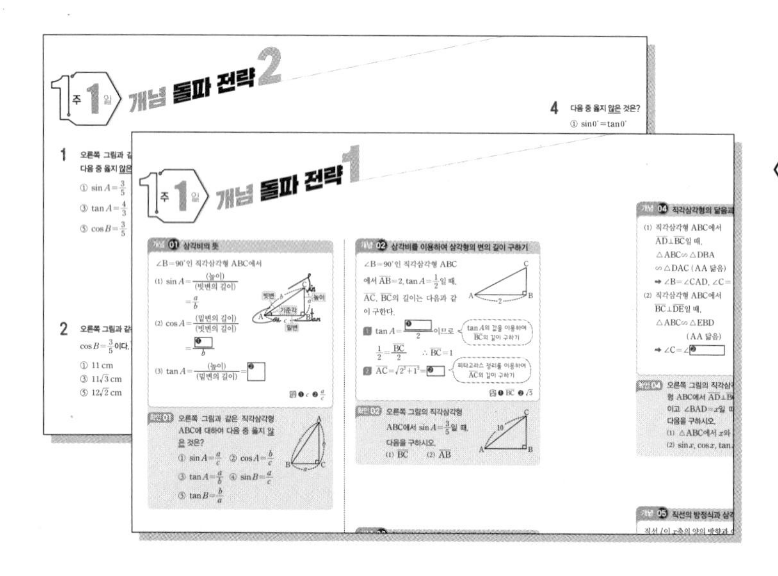

1일 개념 돌파 전략

성취기준별로 꼭 알아야 하는 핵심 개념을 익힌 뒤 문제를 풀며 개념을 잘 이해했는지 확인합니다.

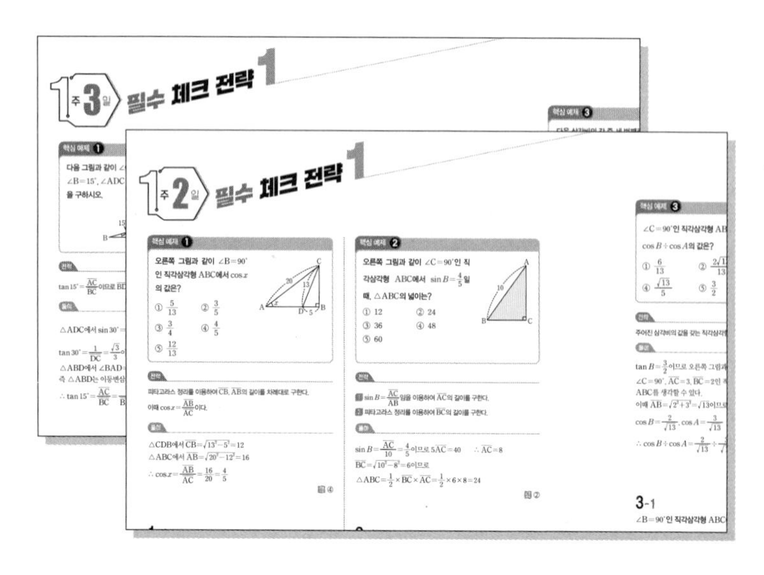

2일, 3일 필수 체크 전략

꼭 알아야 할 대표 유형 문제를 뽑아 쌍둥이 문제와 함께 풀어 보며 문제에 접근하는 과정과 방법을 체계적으로 익혀 봅니다.

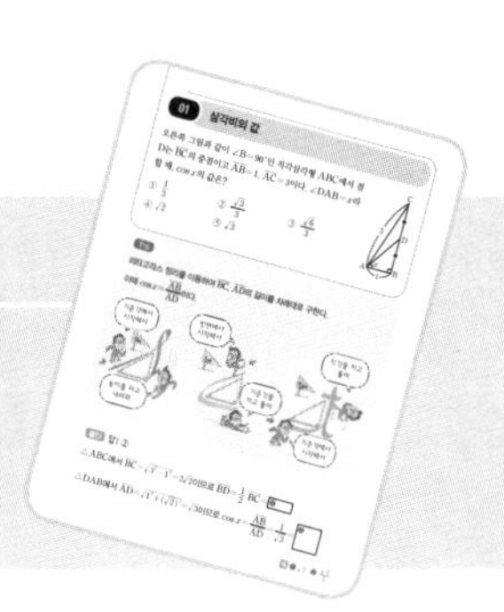

부록 시험에 잘 나오는 대표 유형 ZIP

부록을 뜯으면 미니북으로 활용할 수 있습니다. 시험 전에 대표 유형을 확실하게 익혀 보세요.

주 마무리 코너

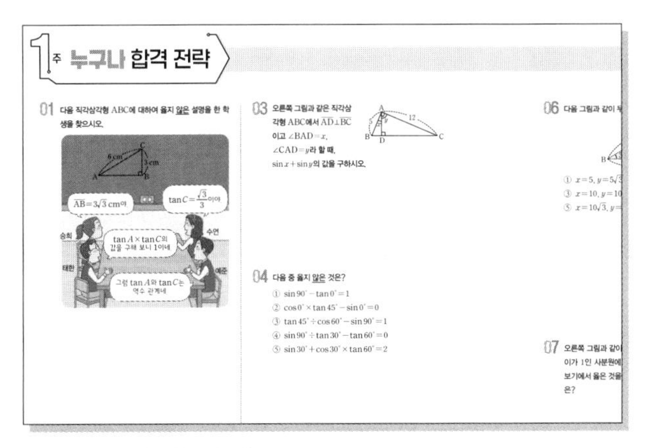

누구나 합격 전략

중간고사 종합 문제로 학습 자신감을 고취할 수 있습니다.

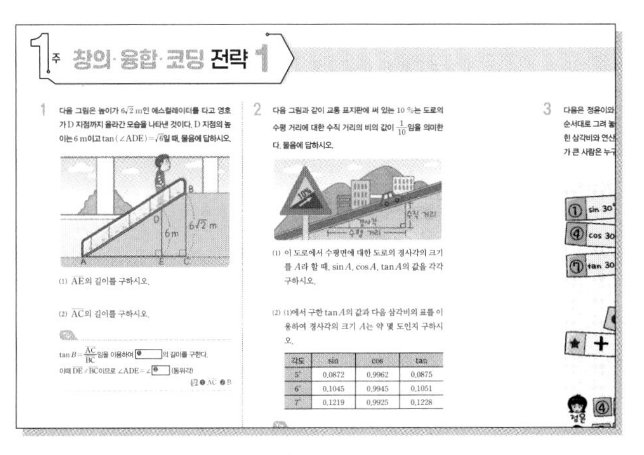

창의·융합·코딩 전략

융복합적 사고력과 문제 해결력을 길러 주는 문제로 구성하였습니다.

중간고사 마무리 코너

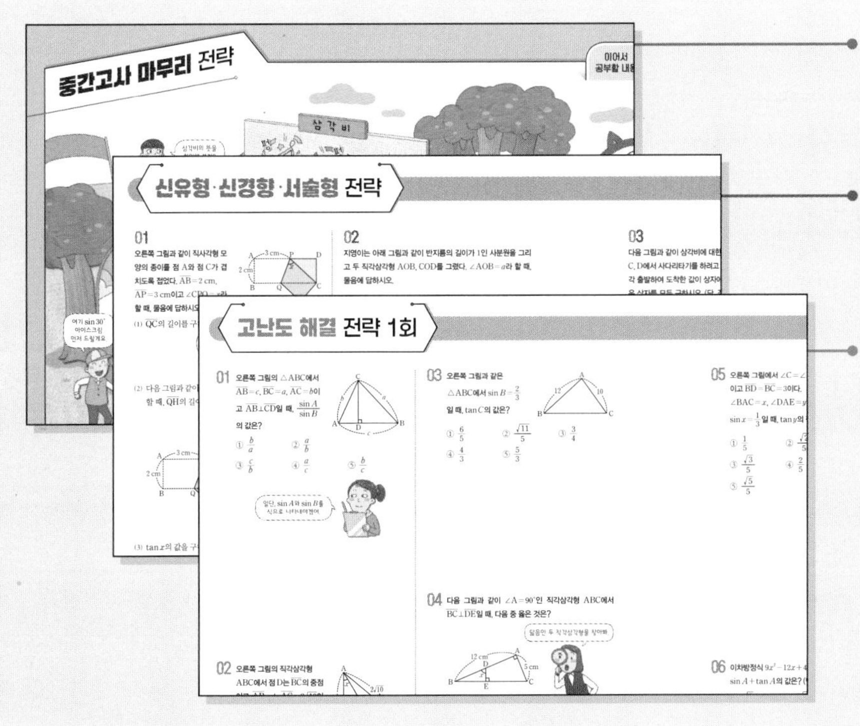

중간고사 마무리 전략

학습 내용을 만화로 정리하여 앞에서 공부한 내용을 한눈에 파악할 수 있습니다.

신유형·신경향·서술형 전략

신유형 · 서술형 문제를 집중적으로 풀며 문제 적응력을 높일 수 있습니다.

고난도 해결 전략

실제 시험에 대비할 수 있는 고난도 실전 문제를 2회로 구성하였습니다.

이 책의 차례

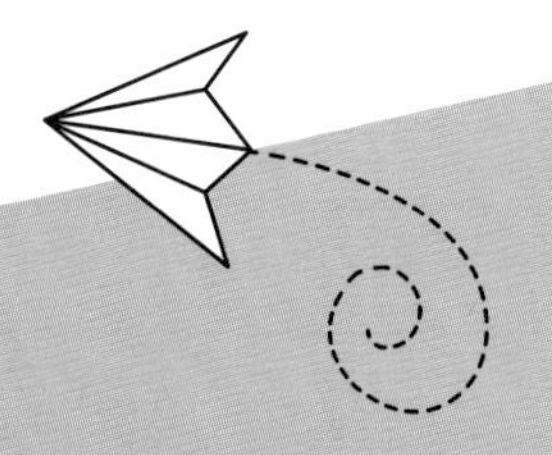

1주 삼각비와 삼각비의 활용(1)

빗변의 길이
높이
기준각
밑변의 길이
$\frac{(\text{높이})}{(\text{빗변의 길이})}=\frac{\overline{BC}}{\overline{AC}}=\frac{a}{b}=\sin A$
$\frac{(\text{밑변의 길이})}{(\text{빗변의 길이})}=\frac{\overline{AB}}{\overline{AC}}=\frac{c}{b}=\cos A$
$\frac{(\text{높이})}{(\text{밑변의 길이})}=\frac{\overline{BC}}{\overline{AB}}=\frac{a}{c}=\tan A$
∠A의 삼각비
삼각비의 값이 주어질 때, 다른 삼각비의 값을 구하는 문제가 시험에 많이 나와.
$\cos A=\frac{4}{5}$일 때, $\tan A-\sin A$의 값을 구하시오. (단, $0^\circ<A<90^\circ$)
이런 문제는 그 삼각비의 값을 갖는 가장 간단한 직각삼각형만 잘 그리면 돼요.

공부할 내용

❶ 삼각비의 뜻
❷ 특수한 각의 삼각비의 값
❸ 예각의 삼각비의 값
❹ 삼각비를 이용하여 변의 길이 구하기

특수한 각의 삼각비의 값이 기억나지 않으면 이 그림을 기억해 둬.

$\sqrt{2}$, $45°$, 1, $45°$, 1

2, $30°$, $\sqrt{3}$, $60°$, 1

삼각비 \ A	$0°$	$30°$	$45°$	$60°$	$90°$
$\sin A$	0	$\frac{1}{2}$	$\frac{\sqrt{2}}{2}$	$\frac{\sqrt{3}}{2}$	1
$\cos A$	1	$\frac{\sqrt{3}}{2}$	$\frac{\sqrt{2}}{2}$	$\frac{1}{2}$	0
$\tan A$	0	$\frac{\sqrt{3}}{3}$	1	$\sqrt{3}$	

우와~ 정상이다!

저기 배가 보여.

해발 800 m

저 배까지의 거리가 얼마나 될까?

저 배를 내려다본 각의 크기를 측정하면 구할 수 있겠다.

그렇지.

1주 1일 개념 돌파 전략 1

개념 01 삼각비의 뜻

$\angle B=90^\circ$인 직각삼각형 ABC에서

(1) $\sin A=\dfrac{(\text{높이})}{(\text{빗변의 길이})}=\dfrac{a}{b}$

(2) $\cos A=\dfrac{(\text{밑변의 길이})}{(\text{빗변의 길이})}=\dfrac{❶}{b}$

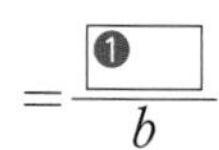

(3) $\tan A=\dfrac{(\text{높이})}{(\text{밑변의 길이})}=$ ❷

답 ❶ c ❷ $\dfrac{a}{c}$

확인 01 오른쪽 그림과 같은 직각삼각형 ABC에 대하여 다음 중 옳지 않은 것은?

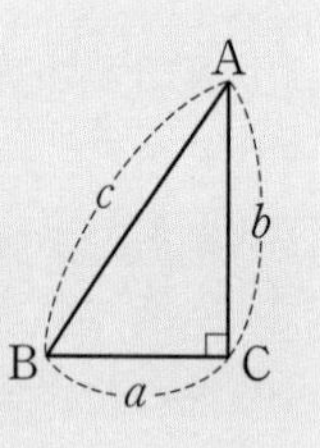

① $\sin A=\dfrac{a}{c}$ ② $\cos A=\dfrac{b}{c}$

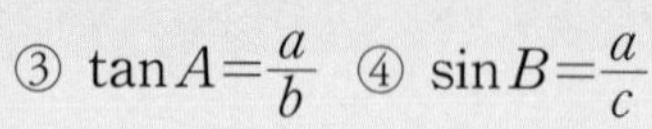

③ $\tan A=\dfrac{a}{b}$ ④ $\sin B=\dfrac{a}{c}$

⑤ $\tan B=\dfrac{b}{a}$

개념 02 삼각비를 이용하여 삼각형의 변의 길이 구하기

$\angle B=90^\circ$인 직각삼각형 ABC에서 $\overline{AB}=2$, $\tan A=\dfrac{1}{2}$일 때, $\overline{AC}$, $\overline{BC}$의 길이는 다음과 같이 구한다.

1 $\tan A=\dfrac{❶}{2}$이므로 (tan A의 값을 이용하여 $\overline{BC}$의 길이 구하기)

$\dfrac{1}{2}=\dfrac{\overline{BC}}{2}$ $\therefore \overline{BC}=1$

2 $\overline{AC}=\sqrt{2^2+1^2}=$ ❷ (피타고라스 정리를 이용하여 $\overline{AC}$의 길이 구하기)

답 ❶ $\overline{BC}$ ❷ $\sqrt{5}$

확인 02 오른쪽 그림의 직각삼각형 ABC에서 $\sin A=\dfrac{3}{5}$일 때, 다음을 구하시오.

(1) $\overline{BC}$ (2) $\overline{AB}$

개념 03 한 삼각비의 값을 알 때, 다른 삼각비의 값 구하기

$\angle B=90^\circ$인 직각삼각형 ABC에서 $\sin A=\dfrac{2}{3}$일 때, $\cos A$의 값은 다음과 같이 구한다.

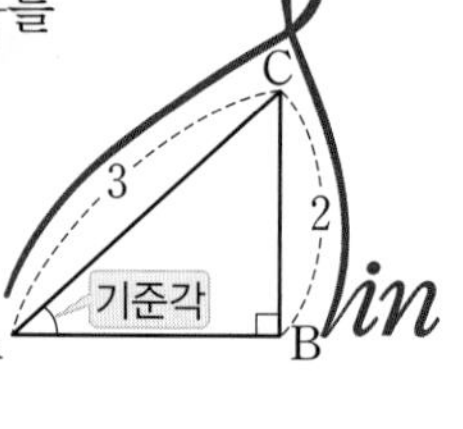

1 오른쪽 그림과 같이 $\sin A=\dfrac{2}{3}$를 만족하는 가장 간단한 직각삼각형 ABC를 그린다.

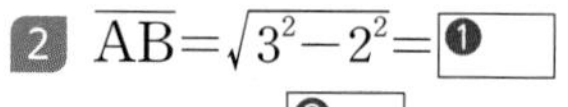

2 $\overline{AB}=\sqrt{3^2-2^2}=$ ❶

3 $\cos A=\dfrac{❷}{3}$

답 ❶ $\sqrt{5}$ ❷ $\sqrt{5}$

확인 03 오른쪽 그림과 같이 $\angle C=90^\circ$인 직각삼각형 ABC에서 $\tan B=\dfrac{\sqrt{3}}{2}$일 때, $\sin B$의 값을 구하시오.

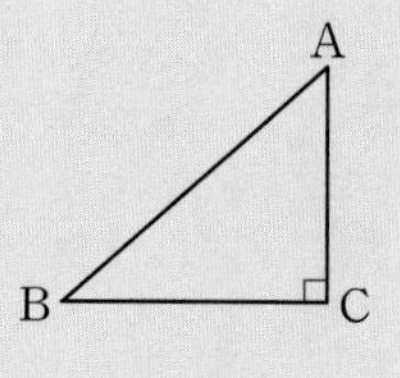

기준각에서 시작해서
높이를 타고 내려와.
빗변에서 시작해서
기준각을 끼고 돌아.
직각을 끼고 돌아.
기준각에서 시작해서

개념 04 직각삼각형의 닮음과 삼각비의 값

(1) 직각삼각형 ABC에서
$\overline{AD}\perp\overline{BC}$일 때,
$\triangle ABC \backsim \triangle DBA$
$\backsim \triangle DAC$ (AA 닮음)
➡ $\angle B=\angle CAD$, $\angle C=\angle$ ❶ [ ]

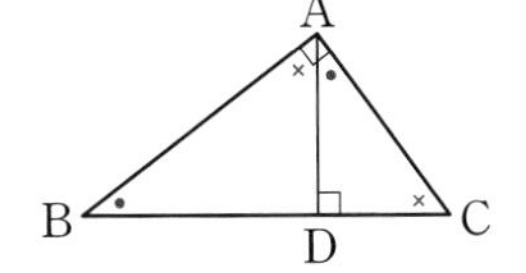

(2) 직각삼각형 ABC에서
$\overline{BC}\perp\overline{DE}$일 때,
$\triangle ABC \backsim \triangle EBD$
(AA 닮음)
➡ $\angle C=\angle$ ❷ [ ]

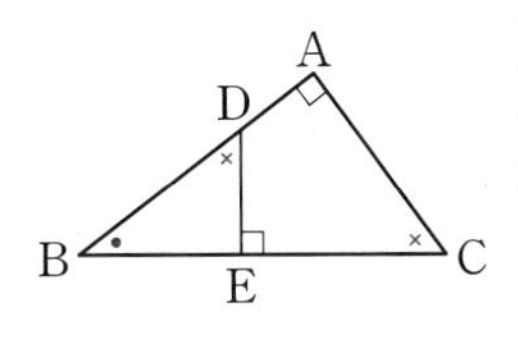

답 ❶ BAD ❷ BDE

확인 04 오른쪽 그림의 직각삼각형 ABC에서 $\overline{AD}\perp\overline{BC}$이고 $\angle BAD=x$일 때, 다음을 구하시오.

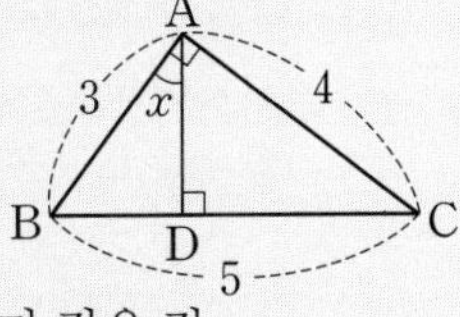

(1) $\triangle ABC$에서 x와 크기가 같은 각
(2) $\sin x$, $\cos x$, $\tan x$

개념 05 직선의 방정식과 삼각비의 값

직선 l이 x축의 양의 방향과 이루는 각의 크기를 α라 하면 $\sin\alpha$, $\cos\alpha$, $\tan\alpha$의 값은 다음과 같이 구한다.

1 두 점 A, B의 ❶ [ ]를 구한다.
2 직각삼각형 AOB에서 삼각비의 값을 구한다.

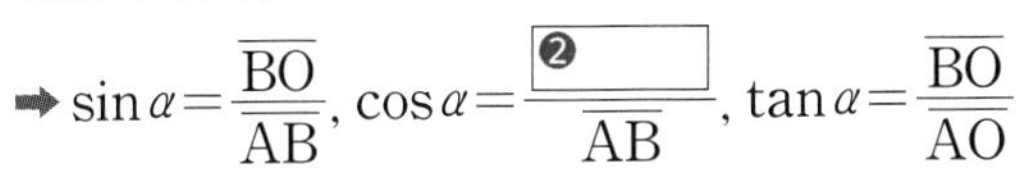

➡ $\sin\alpha=\dfrac{\overline{BO}}{\overline{AB}}$, $\cos\alpha=\dfrac{❷\ [\quad]}{\overline{AB}}$, $\tan\alpha=\dfrac{\overline{BO}}{\overline{AO}}$

답 ❶ 좌표 ❷ $\overline{AO}$

확인 05 오른쪽 그림과 같이 직선 $y=\dfrac{3}{5}x+3$이 x축의 양의 방향과 이루는 각의 크기를 α라 할 때, 다음을 구하시오.

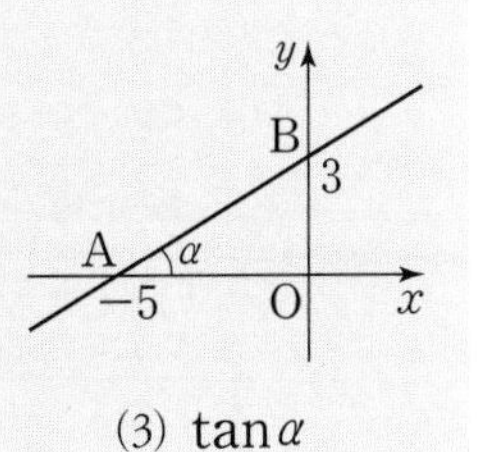

(1) $\sin\alpha$ (2) $\cos\alpha$ (3) $\tan\alpha$

개념 06 30°, 45°, 60°의 삼각비의 값

삼각비 \ A	30°	45°	60°
$\sin A$	$\frac{1}{2}$	$\frac{\sqrt{2}}{2}$	$\frac{❶\ [\ ]}{2}$
$\cos A$	$\frac{\sqrt{3}}{2}$	$\frac{\sqrt{2}}{2}$	$\frac{1}{2}$
$\tan A$	$\frac{\sqrt{3}}{3}$	❷ [ ]	$\sqrt{3}$

← 각의 크기가 커질수록 증가 (sin A)
← 각의 크기가 커질수록 감소 (cos A)

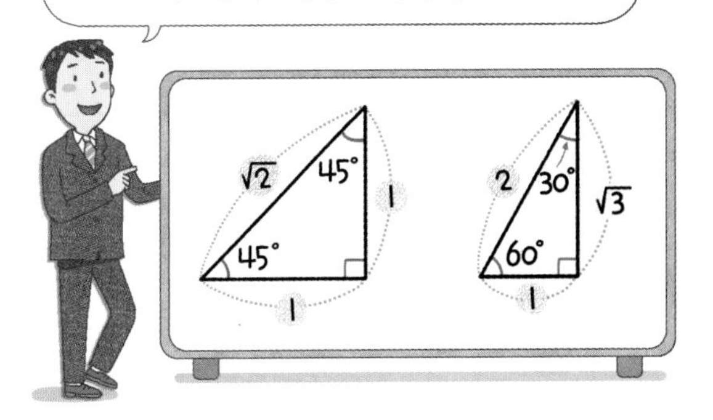

답 ❶ $\sqrt{3}$ ❷ 1

확인 06 다음을 계산하시오.
(1) $\sin 60°+\cos 30°$ (2) $\tan 45°-\cos 60°$

개념 07 특수한 각의 삼각비의 값의 활용

(1) 예각에 대한 삼각비의 값이 30°, 45°, 60°의 삼각비의 값으로 주어지면 그 예각의 크기를 구할 수 있다.

예 x가 예각일 때, $\sin x=\dfrac{\sqrt{2}}{2}$

➡ $\sin x=\sin$ ❶ [ ]° ∴ $x=45$

(2) 직각삼각형의 한 예각의 크기가 30° 또는 45° 또는 60°이면 30°, 45°, 60°의 삼각비의 값을 이용하여 변의 ❷ [ ]를 구할 수 있다.

답 ❶ 45 ❷ 길이

확인 07 오른쪽 그림과 같은 직각삼각형에서 x, y의 값을 각각 구하시오.

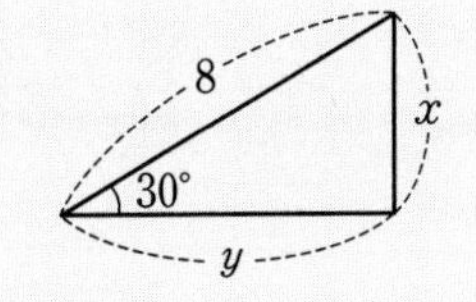

개념 08 직선의 기울기와 삼각비의 값

직선 $y=mx+n$이 x축의 양의 방향과 이루는 각의 크기를 a라 할 때

(직선의 기울기)=❶ ☐

$=\dfrac{(y의\ 값의\ 증가량)}{(x의\ 값의\ 증가량)}$

$=\dfrac{❷\ ☐}{\overline{AO}}=\tan a$

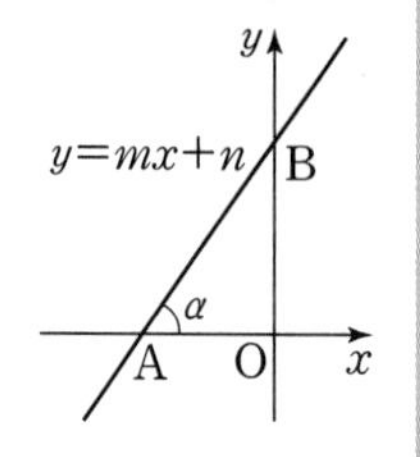

답 ❶ m ❷ $\overline{BO}$

확인 08 오른쪽 그림과 같이 y절편이 2이고 x축의 양의 방향과 이루는 각의 크기가 45°인 직선의 방정식을 구하시오.

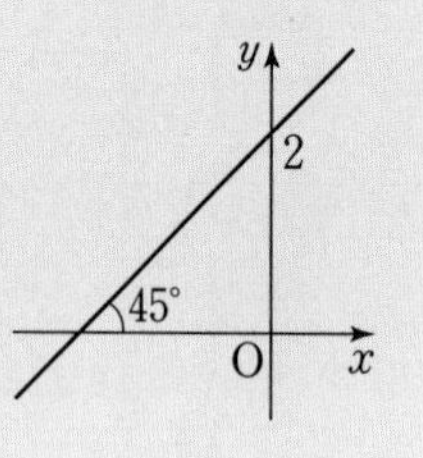

개념 09 예각의 삼각비의 값

반지름의 길이가 1인 사분원에서 예각 x에 대하여
$0°<x<90°$

(1) $\sin x=\dfrac{\overline{AB}}{\overline{OA}}=\dfrac{\overline{AB}}{1}=\overline{AB}$

(2) $\cos x=\dfrac{\overline{OB}}{\overline{OA}}=\dfrac{\overline{OB}}{1}=$ ❶ ☐

(3) $\tan x=\dfrac{\overline{CD}}{\overline{OD}}=\dfrac{\overline{CD}}{1}=\overline{CD}$

분모가 ❷ ☐ 이 되도록!

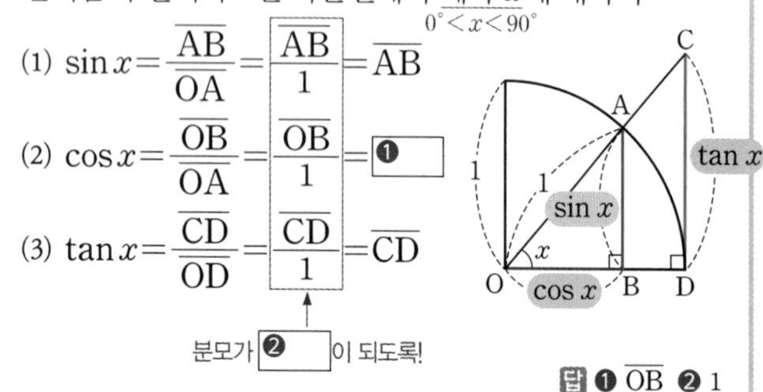

답 ❶ $\overline{OB}$ ❷ 1

확인 09 오른쪽 그림과 같이 반지름의 길이가 1인 사분원에서 다음 중 옳지 않은 것은?

① $\sin x=\overline{AB}$
② $\cos y=\overline{AB}$
③ $\tan x=\overline{CD}$
④ $\sin z=\overline{OB}$
⑤ $\cos z=\overline{CD}$

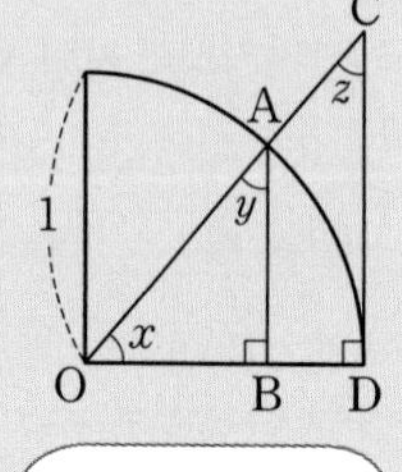

$\overline{AB}/\!/\overline{CD}$이므로
$y=z$ (동위각)

개념 10 0°, 90°의 삼각비의 값

삼각비 / A	$\sin A$	$\cos A$	$\tan A$
0°	0	1	❶ ☐
90°	❷ ☐	0	정할 수 없다.

∠A의 크기가 0°에 가까워지면

우리 둘의 길이가 점점 비슷해지고
윽, 살려 줘! 나는 없어지려고 해.
A

답 ❶ 0 ❷ 1

확인 10 다음을 계산하시오.

(1) $\sin 90°+\cos 0°$

(2) $\tan 0°-\cos 90°$

개념 11 삼각비의 값의 대소 관계

(1) $0°\le x\le 90°$인 범위에서 x의 크기가 커지면

① $\sin x$의 값은 0에서 1까지 증가 → $0\le\sin x\le 1$

② $\cos x$의 값은 1에서 ❶ ☐ 까지 감소 → $0\le\cos x\le 1$

③ $\tan x$의 값은 0에서 한없이 증가 $(x\ne 90°)$ → $\tan x\ge 0$

(2) $\sin x$, $\cos x$, $\tan x$의 대소 관계

① $0°\le x<45°$일 때, $\sin x<\cos x$

② $x=45°$일 때, $\sin x$ ❷ ☐ $\cos x<\tan x$

③ $45°<x<90°$일 때, $\cos x<\sin x<\tan x$

답 ❶ 0 ❷ =

확인 11 다음 ☐ 안에 >, < 중 알맞은 것을 써넣으시오.

(1) $\sin 50°$ ☐ $\sin 80°$

(2) $\cos 10°$ ☐ $\cos 40°$

(3) $\tan 35°$ ☐ $\tan 65°$

개념 12 삼각비의 표를 이용하여 삼각비의 값 구하기

각도	sin	cos	tan
⋮	⋮	⋮	⋮
15°	0.2588	0.9659	0.2679
16°	0.2756	0.9613	0.2867
⋮	⋮	⋮	⋮

tan 16° = 0.2867

➡ $\tan 16°$의 값은 삼각비의 표에서 각도 16°의 ❶ [ ] 줄과 탄젠트(tan)의 세로줄이 만나는 곳에 있는 수인 ❷ [ ] 이다.

답 ❶ 가로 ❷ 0.2867

확인 12 위의 삼각비의 표를 보고 다음 삼각비의 값을 구하시오.

(1) $\sin 15°$ (2) $\cos 16°$

개념 13 직각삼각형에서 변의 길이 구하기

$\angle C=90°$인 직각삼각형 ABC에서

(1) $\angle B$의 크기와 빗변 AB의 길이 c를 알 때, $a=c\cos B$, $b=c\sin B$

(2) $\angle B$의 크기와 변 BC의 길이 a를 알 때, $b=a\tan B$, $c=\dfrac{❶\ [\ ]}{\cos B}$

(3) $\angle B$의 크기와 변 AC의 길이 b를 알 때

$a=\dfrac{b}{\tan B}$, $c=\dfrac{b}{❷\ [\ ]}$

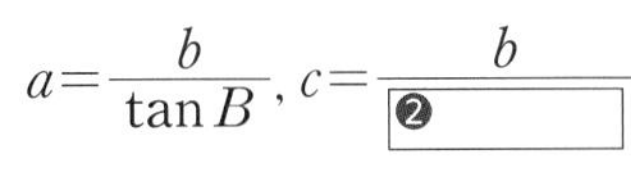

답 ❶ a ❷ $\sin B$

확인 13 오른쪽 그림과 같은 직각삼각형 ABC에서 $\angle B=55°$, $\overline{AC}=6$일 때, 다음 중 $\overline{AB}$의 길이를 나타내는 것은?

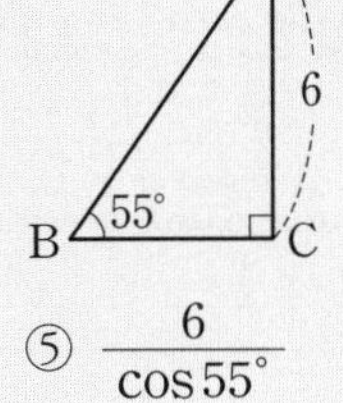

① $6\sin 55°$ ② $6\cos 55°$ ③ $6\tan 55°$ ④ $\dfrac{6}{\sin 55°}$ ⑤ $\dfrac{6}{\cos 55°}$

개념 14 일반 삼각형에서 변의 길이 – 두 변의 길이와 그 끼인각의 크기를 알 때

두 변의 길이 a, c와 그 끼인각 $\angle B$의 크기를 알 때, 꼭짓점 A에서 $\overline{BC}$에 내린 수선의 발을 H라 하면

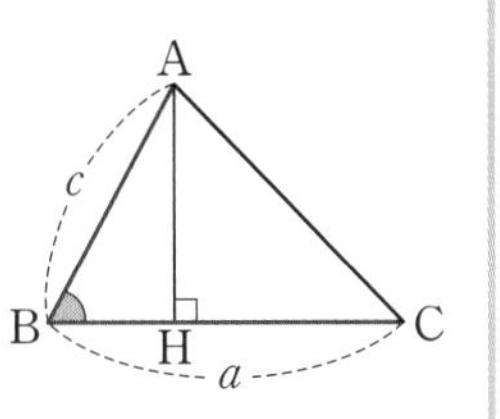

$\overline{AC}=\sqrt{\overline{AH}^2+\overline{CH}^2}$

$=\sqrt{(c❶\ [\ ])^2+(a-c❷\ [\ ])^2}$

답 ❶ $\sin B$ ❷ $\cos B$

확인 14 오른쪽 그림과 같은 △ABC에서 꼭짓점 A에서 $\overline{BC}$에 내린 수선의 발을 H라 할 때, 다음 선분의 길이를 구하시오.

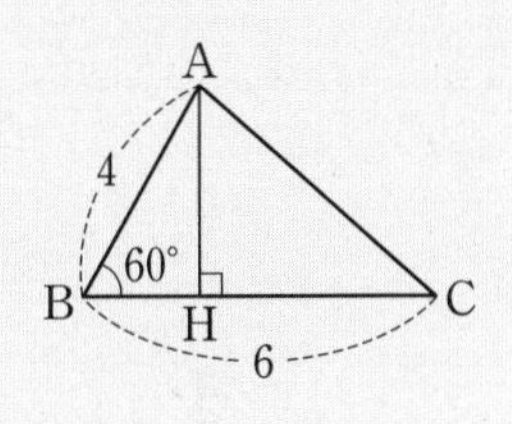

(1) $\overline{AH}$ (2) $\overline{BH}$ (3) $\overline{CH}$ (4) $\overline{AC}$

개념 15 일반 삼각형에서 변의 길이 – 한 변의 길이와 그 양 끝 각의 크기를 알 때

한 변의 길이 a와 그 양 끝 각 $\angle B$, $\angle C$의 크기를 알 때, 꼭짓점 B, C에서 대변에 내린 수선의 발을 각각 H, H′이라 하면

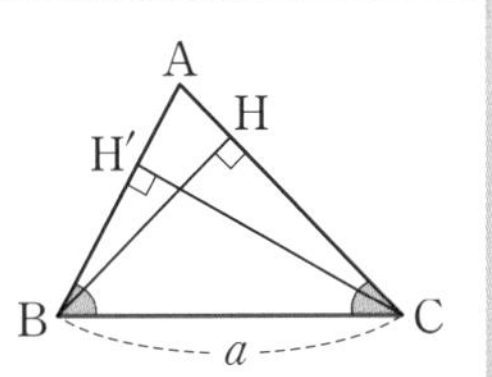

(1) $\overline{AB}=\dfrac{\overline{BH}}{\sin A}=\dfrac{a\sin ❶\ [\ ]}{\sin A}$

(2) $\overline{AC}=\dfrac{\overline{CH'}}{\sin A}=\dfrac{a\sin ❷\ [\ ]}{\sin A}$

답 ❶ C ❷ B

확인 15 오른쪽 그림과 같은 △ABC에서 꼭짓점 B에서 $\overline{AC}$에 내린 수선의 발을 H라 할 때, 다음 선분의 길이를 구하시오.

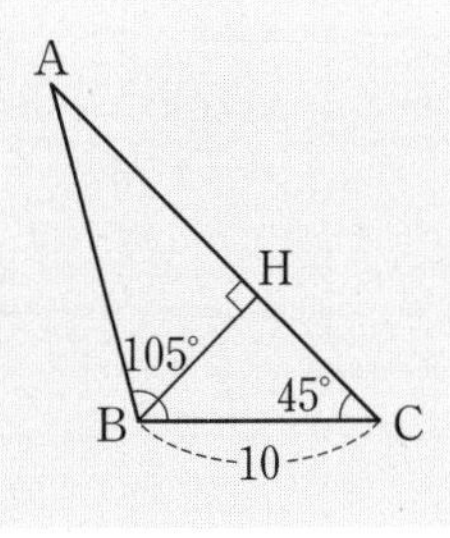

(1) $\overline{BH}$ (2) $\overline{AB}$

1주 1일 개념 돌파 전략 2

1 오른쪽 그림과 같은 직각삼각형 ABC에 대하여 다음 중 옳지 않은 것은?

① $\sin A=\frac{3}{5}$　　② $\cos A=\frac{4}{5}$

③ $\tan A=\frac{4}{3}$　　④ $\sin B=\frac{4}{5}$

⑤ $\cos B=\frac{3}{5}$

A, B, C, 5, 4

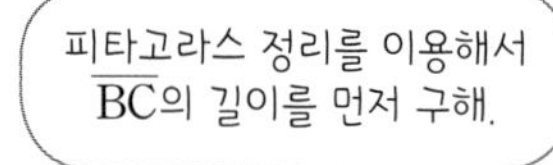

문제 해결 전략

- 피타고라스 정리를 이용하여 $\overline{BC}$의 길이를 구한다. 이때 ∠B의 삼각비의 값은 다음과 같다.

➡ $\sin B=\frac{\overline{AC}}{\overline{AB}}$, $\cos B=\frac{\boxed{❶\quad}}{\overline{AB}}$, $\tan B=\frac{\boxed{❷\quad}}{\overline{BC}}$

답 ❶ $\overline{BC}$ ❷ $\overline{AC}$

2 오른쪽 그림과 같은 직각삼각형 ABC에서 $\cos B=\frac{3}{5}$이다. $\overline{BC}=9$ cm일 때, $\overline{AC}$의 길이는?

① 11 cm　　② $11\sqrt{2}$ cm

③ $11\sqrt{3}$ cm　　④ 12 cm

⑤ $12\sqrt{2}$ cm

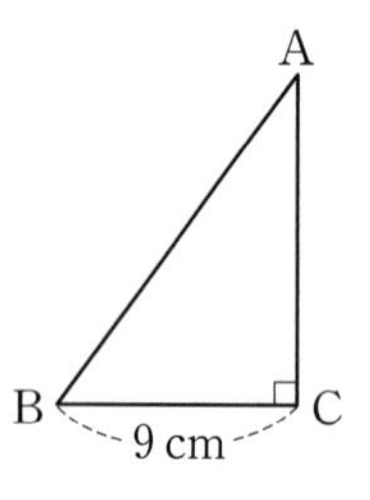

문제 해결 전략

1 $\cos B$의 값을 이용하여 $\boxed{❶\quad}$의 길이를 구한다.

2 피타고라스 정리를 이용하여 $\overline{AC}$의 길이를 구한다.

➡ $\overline{AC}=\sqrt{\overline{AB}^2-\boxed{❷\quad}^2}$

답 ❶ $\overline{AB}$ ❷ $\overline{BC}$

3 오른쪽 그림과 같은 직각삼각형 ABC에서 $\overline{DE}\perp\overline{BC}$일 때, $\sin x$의 값은?

① $\frac{3\sqrt{2}}{7}$　　② $\frac{4\sqrt{2}}{9}$

③ $\frac{7}{9}$　　④ $\frac{5\sqrt{2}}{9}$

⑤ $\frac{4\sqrt{2}}{7}$

문제 해결 전략

- △ABC∽△EBD (AA $\boxed{❶\quad}$)이므로 △ABC에서 x와 크기가 $\boxed{❷\quad}$은 대응각을 찾는다.

답 ❶ 닮음 ❷ 같

>> 정답과 풀이 3쪽

4

다음 중 옳지 않은 것은?

① $\sin 0^\circ = \tan 0^\circ$

② $\sin 30^\circ = \cos 60^\circ$

③ $\cos 60^\circ > \tan 60^\circ$

④ $0^\circ \le x < 45^\circ$일 때, $\sin x < \cos x$

⑤ $45^\circ < x < 90^\circ$일 때, $\tan x > 1$

문제 해결 전략

• $0^\circ \le x \le 90^\circ$인 범위에서 x의 크기가 커지면
(1) $\sin x$의 값은 0에서 ❶ [　　] 까지 증가
(2) $\cos x$의 값은 1에서 0까지 ❷ [　　]
(3) $\tan x$의 값은 0에서 한없이 증가 $(x \ne 90^\circ)$

답 ❶ 1 ❷ 감소

5

$\sin x^\circ = 0.3907$, $\cos y^\circ = 0.9397$일 때, 다음 삼각비의 표를 이용하여 $x+y$의 값을 구하시오.

각도	sin	cos	tan
20°	0.3420	0.9397	0.3640
21°	0.3584	0.9336	0.3839
22°	0.3746	0.9272	0.4040
23°	0.3907	0.9205	0.4245

문제 해결 전략

• 삼각비의 값 0.3907은 ❶ [　　] °의 가로줄과 ❷ [　　] 의 세로줄이 만나는 곳에 있는 수이다.

답 ❶ 23 ❷ sin

6

길이가 5 m인 사다리가 오른쪽 그림과 같이 건물 벽에 걸쳐 있다. 사다리와 지면이 이루는 각의 크기가 55°일 때, 사다리는 지면에서 몇 m 되는 곳에 걸쳐 있는지 구하시오.
(단, $\sin 55^\circ = 0.82$, $\cos 55^\circ = 0.57$, $\tan 55^\circ = 1.43$으로 계산한다.)

문제 해결 전략

• 주어진 그림에서 직각삼각형을 찾은 후 ❶ [　　] 를 이용하여 $\overline{BC}$의 길이를 구한다.

➡ $\sin 55^\circ = \dfrac{❷ \ \square}{\overline{AC}}$

답 ❶ 삼각비 ❷ $\overline{BC}$

1주 2일 필수 체크 전략 1

핵심 예제 1

오른쪽 그림과 같이 $\angle B = 90°$인 직각삼각형 ABC에서 $\cos x$의 값은?

① $\frac{5}{13}$ ② $\frac{3}{5}$

③ $\frac{3}{4}$ ④ $\frac{4}{5}$

⑤ $\frac{12}{13}$

전략

피타고라스 정리를 이용하여 $\overline{CB}$, $\overline{AB}$의 길이를 차례대로 구한다.

이때 $\cos x = \frac{\overline{AB}}{\overline{AC}}$이다.

풀이

$\triangle CDB$에서 $\overline{CB} = \sqrt{13^2 - 5^2} = 12$

$\triangle ABC$에서 $\overline{AB} = \sqrt{20^2 - 12^2} = 16$

$\therefore \cos x = \frac{\overline{AB}}{\overline{AC}} = \frac{16}{20} = \frac{4}{5}$

답 ④

핵심 예제 2

오른쪽 그림과 같이 $\angle C = 90°$인 직각삼각형 ABC에서 $\sin B = \frac{4}{5}$일 때, $\triangle ABC$의 넓이는?

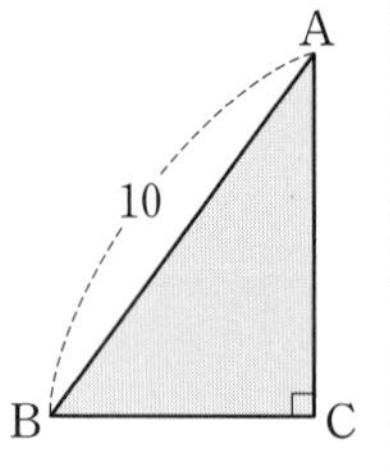

① 12 ② 24

③ 36 ④ 48

⑤ 60

전략

1 $\sin B = \frac{\overline{AC}}{\overline{AB}}$임을 이용하여 $\overline{AC}$의 길이를 구한다.

2 피타고라스 정리를 이용하여 $\overline{BC}$의 길이를 구한다.

풀이

$\sin B = \frac{\overline{AC}}{10} = \frac{4}{5}$이므로 $5\overline{AC} = 40$ $\therefore \overline{AC} = 8$

$\overline{BC} = \sqrt{10^2 - 8^2} = 6$이므로

$\triangle ABC = \frac{1}{2} \times \overline{BC} \times \overline{AC} = \frac{1}{2} \times 6 \times 8 = 24$

답 ②

1-1

오른쪽 그림의 직각삼각형 ABC에서 $\overline{AB} : \overline{BC} = 3 : 2$일 때, $\sin B$의 값을 구하시오.

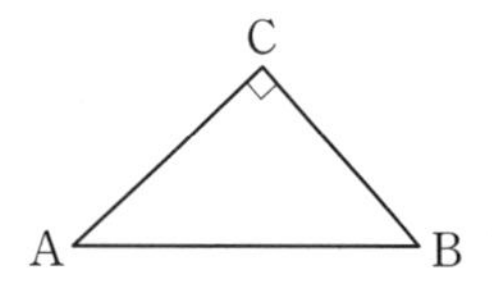

1-2

오른쪽 그림과 같은 직사각형 ABCD에서 $\angle ABD = x$라 할 때, $\sin x - \cos x$의 값을 구하시오.

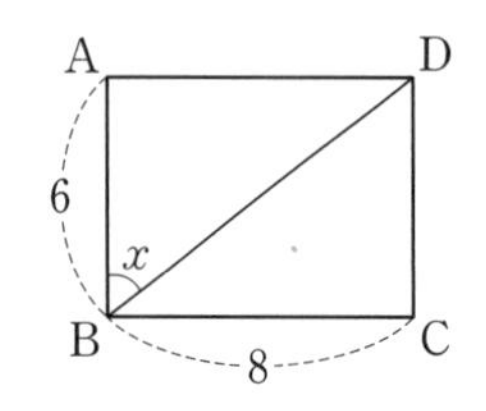

2-1

다음 그림과 같이 옆에서 본 모양이 직각삼각형인 미끄럼틀이 있다. 직각삼각형 ABC에서 $\overline{AB} = 4$ m이고 $\cos A = \frac{\sqrt{2}}{3}$일 때, $\sin A$의 값을 구하시오.

핵심 예제 3

$\angle C=90^\circ$인 직각삼각형 ABC에서 $\tan B=\frac{3}{2}$일 때, $\cos B \div \cos A$의 값은?

① $\frac{6}{13}$　② $\frac{2\sqrt{13}}{13}$　③ $\frac{2}{3}$　④ $\frac{\sqrt{13}}{5}$　⑤ $\frac{3}{2}$

전략

주어진 삼각비의 값을 갖는 직각삼각형을 그려서 다른 삼각비의 값을 구한다.

풀이

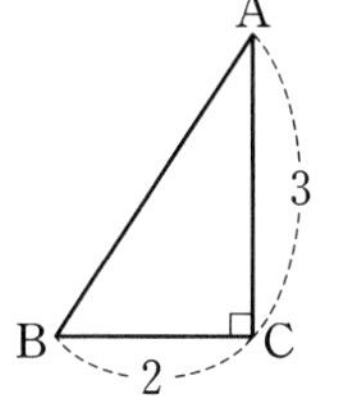

$\tan B=\frac{3}{2}$이므로 오른쪽 그림과 같이 $\angle C=90^\circ$, $\overline{AC}=3$, $\overline{BC}=2$인 직각삼각형 ABC를 생각할 수 있다.

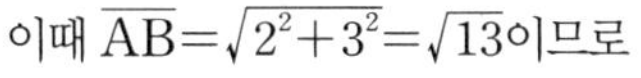
이때 $\overline{AB}=\sqrt{2^2+3^2}=\sqrt{13}$이므로

$\cos B=\frac{2}{\sqrt{13}}$, $\cos A=\frac{3}{\sqrt{13}}$

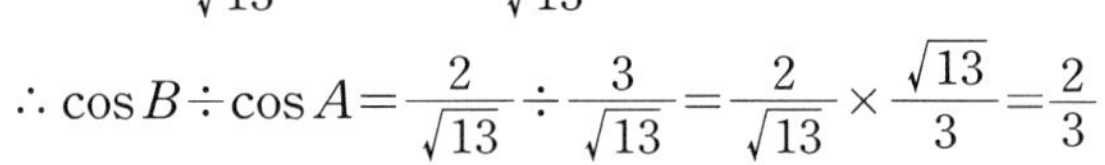
$\therefore \cos B \div \cos A=\frac{2}{\sqrt{13}} \div \frac{3}{\sqrt{13}}=\frac{2}{\sqrt{13}} \times \frac{\sqrt{13}}{3}=\frac{2}{3}$

답 ③

핵심 예제 4

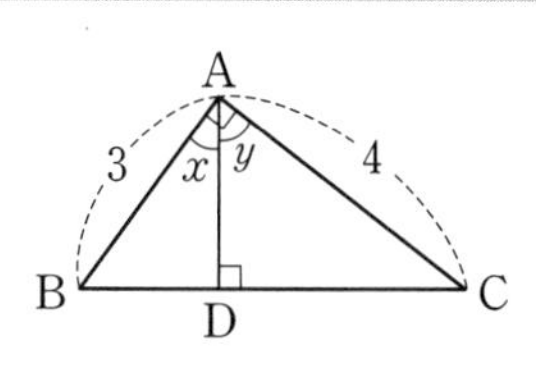

오른쪽 그림과 같이 $\angle A=90^\circ$인 직각삼각형 ABC에서 $\overline{AD}\perp\overline{BC}$이다. $\angle BAD=x$, $\angle CAD=y$일 때, $\sin x \times \tan y$의 값을 구하시오.

전략

$\triangle ABC \backsim \triangle DBA \backsim \triangle DAC$ (AA 닮음)임을 이용하여 크기가 같은 각을 찾는다.

풀이

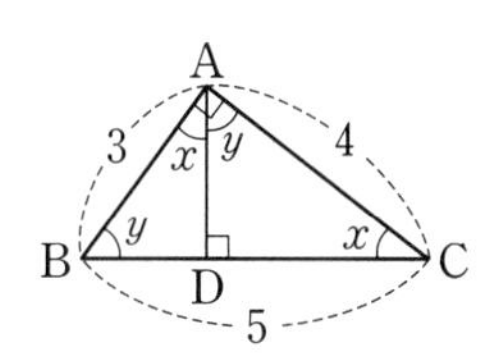

$\triangle ABC \backsim \triangle DBA \backsim \triangle DAC$

(AA 닮음)이므로

$\angle C=\angle BAD=x$,

$\angle B=\angle CAD=y$

$\triangle ABC$에서 $\overline{BC}=\sqrt{3^2+4^2}=5$이므로

$\sin x=\sin C=\frac{3}{5}$, $\tan y=\tan B=\frac{4}{3}$

$\therefore \sin x \times \tan y=\frac{3}{5}\times\frac{4}{3}=\frac{4}{5}$

답 $\frac{4}{5}$

3-1

$\angle B=90^\circ$인 직각삼각형 ABC에서 $\sin A=\frac{2}{3}$일 때, $\cos A \times \tan A$의 값은?

① $\frac{\sqrt{3}}{4}$　② $\frac{\sqrt{3}}{3}$　③ $\frac{2}{3}$　④ $\frac{3}{4}$　⑤ $\frac{\sqrt{5}}{2}$

3-2

$0^\circ < A < 90^\circ$이고 $7\cos A-5=0$일 때, $\sin A$의 값을 구하시오.

4-1

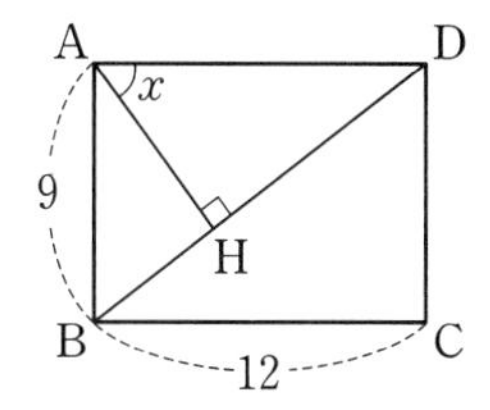

오른쪽 그림과 같이 직사각형 ABCD의 꼭짓점 A에서 대각선 BD에 내린 수선의 발을 H라 하자. $\overline{AB}=9$, $\overline{BC}=12$이고 $\angle DAH=x$라 할 때, $\sin x+\cos x$의 값은?

① $\frac{4}{5}$　② 1　③ $\frac{6}{5}$　④ $\frac{7}{5}$　⑤ $\frac{8}{5}$

직사각형은 네 내각의 크기가 모두 90°로 같고, 두 쌍의 대변의 길이가 각각 같아.

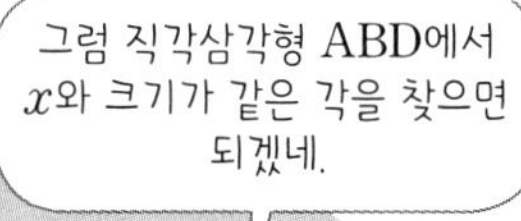

그럼 직각삼각형 ABD에서 x와 크기가 같은 각을 찾으면 되겠네.

핵심 예제 5

오른쪽 그림과 같이 직선 $y=\frac{1}{2}x+2$가 x축의 양의 방향과 이루는 각의 크기를 a라 할 때, $\sin a$의 값을 구하시오.

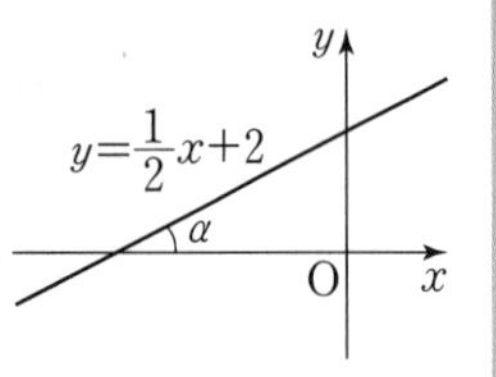

전략

직선의 방정식에서 x절편, y절편을 각각 구하여 직각삼각형의 변의 길이를 구한다.

풀이

직선 $y=\frac{1}{2}x+2$가 x축, y축과 만나는 점을 각각 A, B라 하자. $y=\frac{1}{2}x+2$에서 $y=0$일 때 $x=-4$, $x=0$일 때 $y=2$이므로 $A(-4, 0)$, $B(0, 2)$

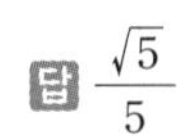

따라서 직각삼각형 AOB에서

$\overline{AO}=4$, $\overline{BO}=2$, $\overline{AB}=\sqrt{4^2+2^2}=2\sqrt{5}$

$\therefore \sin a=\frac{\overline{BO}}{\overline{AB}}=\frac{2}{2\sqrt{5}}=\frac{\sqrt{5}}{5}$

답 $\frac{\sqrt{5}}{5}$

$\tan a=\frac{\overline{BO}}{\overline{AO}}=\frac{2}{4}=\frac{1}{2}$
직선 $y=\frac{1}{2}x+2$의 기울기와 같네.
여기서 발견한 사실!
(직선의 기울기)$=\tan a$

핵심 예제 6

다음 보기에서 옳은 것을 모두 고른 것은?

보기

ㄱ $\sin 30^\circ=\cos 30^\circ\times\tan 30^\circ$

ㄴ $\sin 45^\circ+\cos 60^\circ=\cos 90^\circ$

ㄷ $\sin 90^\circ\times\tan 0^\circ+\cos 0^\circ\times\sin 90^\circ=1$

① ㄱ ② ㄱ, ㄴ ③ ㄱ, ㄷ ④ ㄴ, ㄷ ⑤ ㄱ, ㄴ, ㄷ

전략

특수한 각의 삼각비의 값을 주어진 식에 대입하여 계산한다.

풀이

ㄱ $\sin 30^\circ=\frac{1}{2}$, $\cos 30^\circ\times\tan 30^\circ=\frac{\sqrt{3}}{2}\times\frac{\sqrt{3}}{3}=\frac{1}{2}$

$\therefore \sin 30^\circ=\cos 30^\circ\times\tan 30^\circ$

ㄴ $\sin 45^\circ+\cos 60^\circ=\frac{\sqrt{2}}{2}+\frac{1}{2}=\frac{\sqrt{2}+1}{2}$, $\cos 90^\circ=0$

$\therefore \sin 45^\circ+\cos 60^\circ\neq\cos 90^\circ$

ㄷ $\sin 90^\circ\times\tan 0^\circ+\cos 0^\circ\times\sin 90^\circ=1\times 0+1\times 1=1$

따라서 옳은 것은 ㄱ, ㄷ이다.

답 ③

우리의 비를 기억하면 삼각비는 간단하다구!
잠깐! $\sin 0^\circ=0$, $\sin 90^\circ=1$, $\cos 0^\circ=1$, $\cos 90^\circ=0$, $\tan 0^\circ=0$이라는 것도 꼭 기억하자~.
$\sqrt{2}$
45°
45°
1
1
2
30°
$\sqrt{3}$
60°
1

5-1

오른쪽 그림의 △ABO는 일차방정식 $4x-3y+12=0$의 그래프와 x축, y축으로 둘러싸인 부분이다. $\angle ABO=x$라 할 때, $\cos x\times\tan x$의 값을 구하시오. (단, O는 원점이다.)

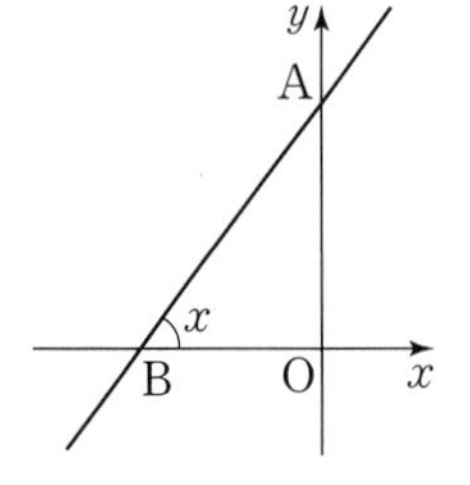

6-1

다음 중 옳지 않은 것은?

① $\sin 30^\circ+\cos 60^\circ=1$

② $\tan 0^\circ+\tan 45^\circ-\cos 0^\circ=0$

③ $\sin 60^\circ\times\cos 60^\circ\times\tan 60^\circ=\frac{3}{4}$

④ $\sin 90^\circ-\sin 45^\circ\times\cos 45^\circ=\frac{1}{2}$

⑤ $\tan 30^\circ\times\tan 60^\circ+\sin 45^\circ\times\sin 90^\circ=2$

>> 정답과 풀이 4쪽

핵심 예제 7

$\sin(2x-30^\circ)=\frac{\sqrt{3}}{2}$일 때, $2\cos x-\tan x$의 값을 구하시오. (단, $20^\circ<x<60^\circ$)

전략

$\sin 60^\circ=\frac{\sqrt{3}}{2}$임을 이용한다.

풀이

$20^\circ<x<60^\circ$에서 $40^\circ<2x<120^\circ$ $\therefore 10^\circ<2x-30^\circ<90^\circ$

$\sin 60^\circ=\frac{\sqrt{3}}{2}$이므로 $2x-30^\circ=60^\circ$, $2x=90^\circ$ $\therefore x=45^\circ$

$\therefore 2\cos x-\tan x=2\cos 45^\circ-\tan 45^\circ$

$=2\times\frac{\sqrt{2}}{2}-1=\sqrt{2}-1$

답 $\sqrt{2}-1$

7-1

$\cos(2x-10^\circ)=\frac{1}{2}$일 때, x의 크기는? (단, $5^\circ<x<50^\circ$)

① 15° ② 25° ③ 35°
④ 45° ⑤ 55°

7-2

이차방정식 $2x^2+x-1=0$의 한 근을 $\sin\alpha$라 할 때, α의 크기를 구하시오. (단, $0^\circ<\alpha<90^\circ$)

핵심 예제 8

오른쪽 그림에서 $\angle ABC=\angle BCD=90^\circ$, $\angle A=60^\circ$, $\angle D=45^\circ$이고 $\overline{AB}=\sqrt{3}$일 때, $\overline{BD}$의 길이를 구하시오.

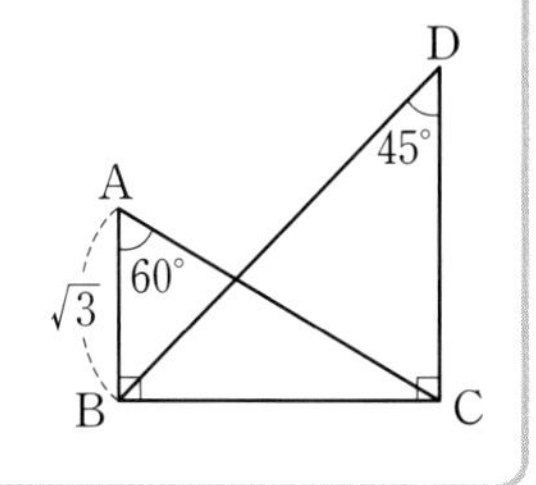

전략

$\triangle ABC$에서 $\tan 60^\circ$의 값을 이용하여 $\overline{BC}$의 길이를 구하고
$\triangle BCD$에서 $\sin 45^\circ$의 값을 이용하여 $\overline{BD}$의 길이를 구한다.

풀이

$\triangle ABC$에서 $\tan 60^\circ=\frac{\overline{BC}}{\sqrt{3}}=\sqrt{3}$이므로 $\overline{BC}=3$

$\triangle BCD$에서 $\sin 45^\circ=\frac{3}{\overline{BD}}=\frac{\sqrt{2}}{2}$이므로

$\sqrt{2}\,\overline{BD}=6$ $\therefore \overline{BD}=\frac{6}{\sqrt{2}}=3\sqrt{2}$

답 $3\sqrt{2}$

8-1

오른쪽 그림과 같이 $\angle C=90^\circ$인 직각삼각형 ABC에서 $\overline{BD}=\overline{CD}$이고 $\overline{AB}=10$ cm, $\angle B=30^\circ$일 때, 다음 중 옳은 것을 들고 있는 학생을 모두 찾으시오.

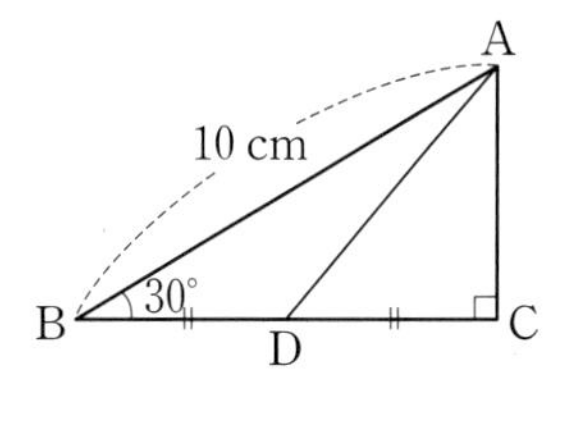

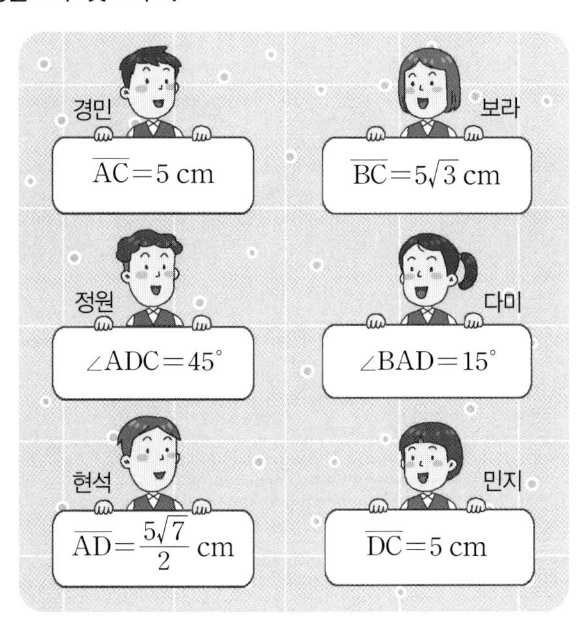

1주 2일 필수 체크 전략 2

1 오른쪽 그림과 같은 직각삼각형 ABC에서 $\tan A$의 값을 구하시오.

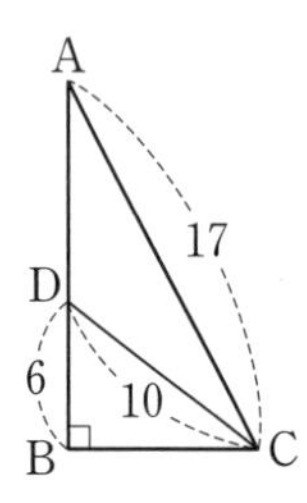

Tip

$\tan A = \frac{\boxed{❶\quad}}{\overline{AB}}$이므로 피타고라스 정리를 이용하여 $\overline{BC}$, ❷ $\boxed{\quad}$의 길이를 차례대로 구한다.

답 ❶ $\overline{BC}$ ❷ $\overline{AB}$

2 오른쪽 그림과 같은 직각삼각형 ABC에서 $\angle ADE = \angle C$일 때, $\sin B \div \sin C$의 값을 구하시오.

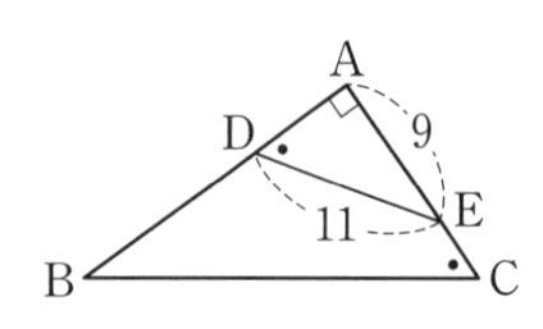

직각삼각형 ABC의 세 변의 길이를 모르는데, sin B, sin C의 값을 어떻게 구해?
세 변의 길이를 알 수 있는 직각삼각형 ADE에서 크기가 같은 대응각을 찾아봐.

Tip

1 닮음인 ❶ $\boxed{\quad}$ 삼각형을 찾는다.

2 크기가 같은 ❷ $\boxed{\quad}$을 찾아 삼각비의 값을 구한다.

답 ❶ 직각 ❷ 대응각

3 오른쪽 그림과 같이 직각삼각형 ABC의 변 AC 위의 점 D에서 $\overline{AB}$에 내린 수선의 발을 E, 점 E에서 $\overline{AC}$에 내린 수선의 발을 F라 하자. $\angle DEF = x$일 때, 다음 중 $\sin x$의 값이 아닌 것은?

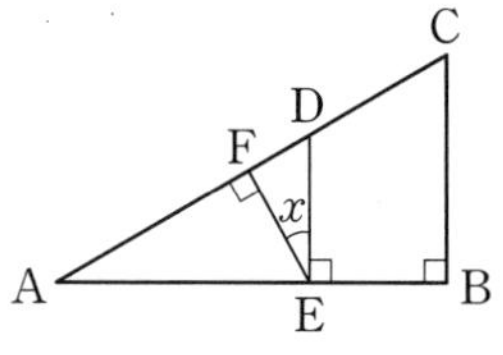

① $\frac{\overline{DF}}{\overline{DE}}$　② $\frac{\overline{EF}}{\overline{AE}}$　③ $\frac{\overline{DE}}{\overline{AD}}$

④ $\frac{\overline{BC}}{\overline{AC}}$　⑤ $\frac{\overline{AF}}{\overline{AE}}$

Tip

직각삼각형의 ❶ $\boxed{\quad}$을 이용하여 x와 크기가 같은 대응 ❷ $\boxed{\quad}$을 찾는다.

답 ❶ 닮음 ❷ 각

4 오른쪽 그림과 같이 한 모서리의 길이가 2인 정육면체에서 $\angle AGE = x$라 할 때, $\sin x \times \cos x$의 값을 구하시오.

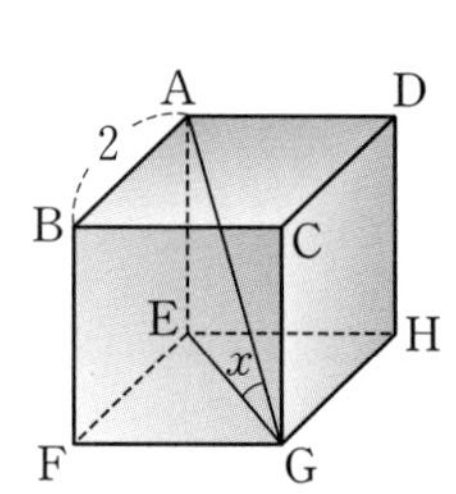

Tip

입체도형에서 삼각비의 값은 다음과 같은 순서로 구한다.

1 입체도형에서 ❶ $\boxed{\quad}$ 삼각형을 찾는다.

2 피타고라스 정리를 이용하여 ❷ $\boxed{\quad}$의 길이를 구한다.

3 삼각비의 값을 구한다.

답 ❶ 직각 ❷ 변

5

직선 $y=\frac{\sqrt{3}}{3}x-8$이 x축과 이루는 예각의 크기를 α라 할 때, $\sin\alpha\div\cos\alpha$의 값은?

① $\frac{1}{3}$ ② $\frac{\sqrt{3}}{3}$ ③ $\frac{1}{2}$
④ $\frac{\sqrt{2}}{2}$ ⑤ $\frac{3}{2}$

Tip

직선 $y=\frac{\sqrt{3}}{3}x-8$과 x축, y축으로 둘러싸인 부분인 ❶ [　　　]에서 삼각비의 값을 구한다.

답 ❶ 직각삼각형

6

계산 결과가 가장 작은 것을 들고 있는 학생을 찾으시오.

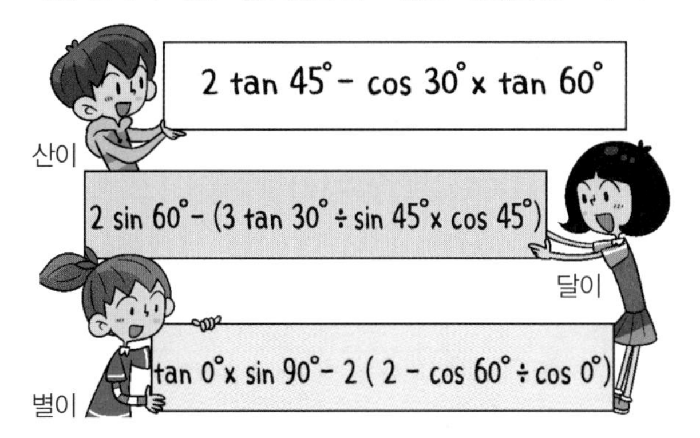

Tip

삼각비 \ A	$0°$	$30°$	$45°$	$60°$	$90°$
$\sin A$	0	❶ [　]	$\frac{\sqrt{2}}{2}$	$\frac{\sqrt{3}}{2}$	1
$\cos A$	1	$\frac{\sqrt{3}}{2}$	❷ [　]	$\frac{1}{2}$	0 (sin A의 값을 거꾸로 쓴다.)
$\tan A$	❸ [　]	$\frac{\sqrt{3}}{3}$	1	$\sqrt{3}$	정할 수 없다.

답 ❶ $\frac{1}{2}$ ❷ $\frac{\sqrt{2}}{2}$ ❸ 0

7

세 내각의 크기의 비가 $3:5:10$인 삼각형에서 가장 작은 내각의 크기를 A라 할 때, $\sin A:\cos A:\tan A$는?

① $1:2:\sqrt{3}$ ② $2:1:\sqrt{3}$
③ $3:\sqrt{3}:2$ ④ $1:3\sqrt{3}:2\sqrt{3}$
⑤ $\sqrt{3}:3:2$

Tip

삼각형의 세 내각의 크기를 각각 $3a$, $5a$, ❶ [　　]$a\ (a>0°)$로 놓고, 삼각형의 세 내각의 크기의 합은 ❷ [　　]임을 이용한다.

답 ❶ 10 ❷ 180°

8

오른쪽 그림과 같은 직각삼각형 ABC에서 ∠A의 이등분선이 $\overline{BC}$와 만나는 점을 D라 하자. $\overline{AB}=4$, ∠B$=30°$일 때, $\overline{BD}$의 길이는?

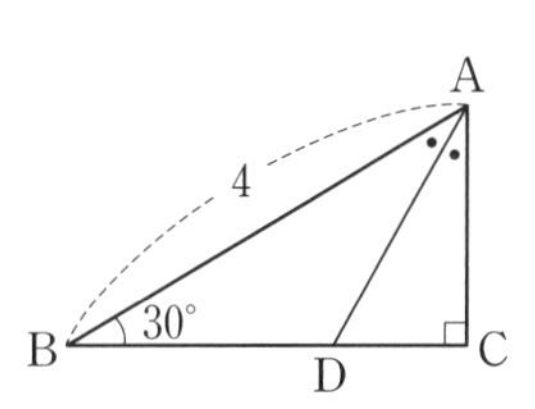

① $\frac{4\sqrt{3}}{3}$ ② $\frac{5\sqrt{3}}{3}$ ③ $\sqrt{5}$
④ $\frac{4\sqrt{5}}{3}$ ⑤ $\frac{5\sqrt{5}}{3}$

Tip

△ABC에서 $30°$의 삼각비의 값을 이용하여 $\overline{AC}$, ❶ [　　]의 길이를 구한다.
이때 ∠CAD$=$❷ [　　]이므로 △ADC에서 $\overline{DC}$의 길이를 구한다.

답 ❶ $\overline{BC}$ ❷ $30°$

1주 3일 필수 체크 전략 1

핵심 예제 1

다음 그림과 같이 $\angle C=90^\circ$인 직각삼각형 ABC에서 $\angle B=15^\circ$, $\angle ADC=30^\circ$이고 $\overline{AC}=1$일 때, $\tan 15^\circ$의 값을 구하시오.

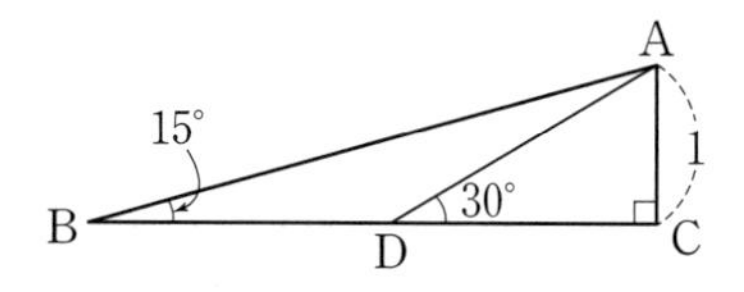

전략

$\tan 15^\circ=\dfrac{\overline{AC}}{\overline{BC}}$이므로 $\overline{BD}$와 $\overline{CD}$의 길이를 구한다.

풀이

$\triangle ADC$에서 $\sin 30^\circ=\dfrac{1}{\overline{AD}}=\dfrac{1}{2}$이므로 $\overline{AD}=2$

$\tan 30^\circ=\dfrac{1}{\overline{DC}}=\dfrac{\sqrt{3}}{3}$이므로 $\overline{DC}=\sqrt{3}$

$\triangle ABD$에서 $\angle BAD=30^\circ-15^\circ=15^\circ$

즉 $\triangle ABD$는 이등변삼각형이므로 $\overline{BD}=\overline{AD}=2$

$\therefore \tan 15^\circ=\dfrac{\overline{AC}}{\overline{BC}}=\dfrac{\overline{AC}}{\overline{BD}+\overline{DC}}=\dfrac{1}{2+\sqrt{3}}=2-\sqrt{3}$

답 $2-\sqrt{3}$

핵심 예제 2

오른쪽 그림과 같이 좌표평면 위의 원점 O를 중심으로 하고 반지름의 길이가 1인 사분원에서 $\cos 50^\circ+\tan 40^\circ$의 값을 구하시오.

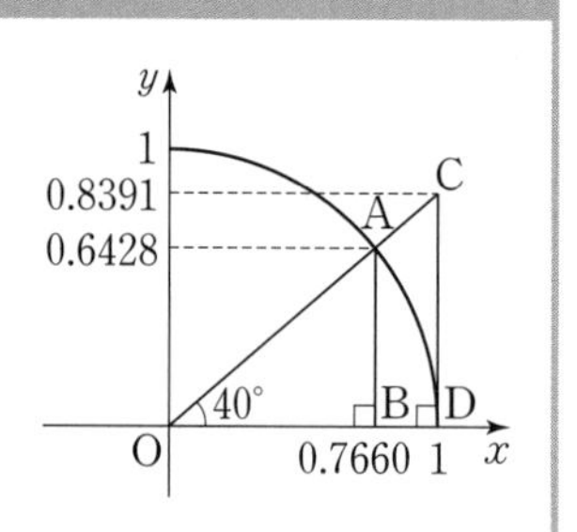

전략

삼각비에서 분모가 되는 변의 길이가 1인 직각삼각형을 찾는다.

풀이

$\triangle AOB$에서 $\angle OAB=90^\circ-40^\circ=50^\circ$이므로

$\cos 50^\circ=\dfrac{\overline{AB}}{\overline{OA}}=\dfrac{0.6428}{1}=0.6428$

$\tan 40^\circ=\dfrac{\overline{CD}}{\overline{OD}}=\dfrac{0.8391}{1}=0.8391$

$\therefore \cos 50^\circ+\tan 40^\circ=0.6428+0.8391=1.4819$

답 1.4819

1-1

다음 그림과 같이 반지름의 길이가 2인 반원 O에서 $\angle AOB=135^\circ$, $\angle ACB=90^\circ$일 때, $\tan x$의 값은?

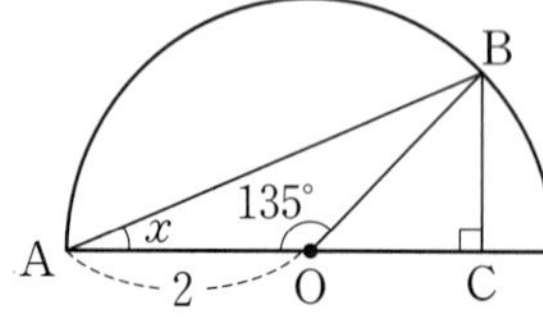
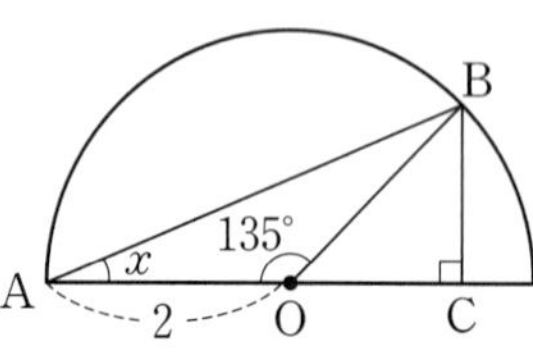

① $\sqrt{2}$　② $\sqrt{2}-1$　③ $\sqrt{2}+1$
④ $\sqrt{2}-2$　⑤ $\sqrt{2}+2$

2-1

오른쪽 그림과 같이 좌표평면 위의 원점 O를 중심으로 하고 반지름의 길이가 1인 사분원에서 $\angle AOB=31^\circ$일 때, 다음 삼각비의 표를 이용하여 $\overline{AB}+\overline{OB}-\overline{CD}$의 길이를 구하시오.

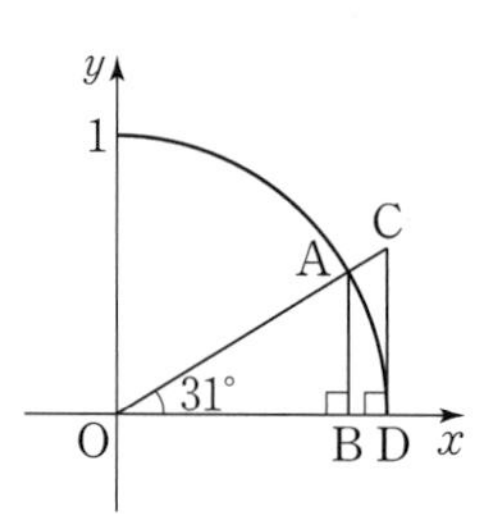

각도	sin	cos	tan
29°	0.4848	0.8746	0.5543
30°	0.5000	0.8660	0.5774
31°	0.5150	0.8572	0.6009

» 정답과 풀이 7쪽

핵심 예제 3

다음 삼각비의 값 중 세 번째로 큰 것은?

① $\sin 0°$ ② $\cos 35°$ ③ $\tan 50°$
④ $\sin 45°$ ⑤ $\tan 65°$

전략

특수한 각의 삼각비의 값을 이용하여 크기를 비교한다.

풀이

$\sin 0° = 0$, $\sin 45° = \frac{\sqrt{2}}{2}$, $\cos 35° > \cos 45° = \frac{\sqrt{2}}{2}$,
$1 = \tan 45° < \tan 50° < \tan 65°$
이므로 크기가 큰 것부터 차례대로 나열하면
$\tan 65°, \tan 50°, \cos 35°, \sin 45°, \sin 0°$
따라서 세 번째로 큰 것은 ② $\cos 35°$이다.

답 ②

핵심 예제 4

$0° < x < 90°$일 때, 다음 식을 간단히 하면?

$$\sqrt{(\sin x - 1)^2} - \sqrt{(1 - \sin x)^2}$$

① $-2-2\sin x$ ② -2
③ $-2+2\sin x$ ④ 0
⑤ $2\sin x$

전략

$0° < x < 90°$일 때, $0 < \sin x < 1$임을 이용하여 $\sin x$와 1의 크기를 비교한 후, 제곱근의 성질을 이용하여 주어진 식을 정리한다.

풀이

$0° < x < 90°$일 때, $0 < \sin x < 1$이므로
$\sin x - 1 < 0$, $1 - \sin x > 0$
$\therefore \sqrt{(\sin x - 1)^2} - \sqrt{(1 - \sin x)^2}$
$= -(\sin x - 1) - (1 - \sin x)$
$= -\sin x + 1 - 1 + \sin x$
$= 0$

답 ④

3-1

다음 중 옳지 않은 것을 모두 고르면? (정답 2개)

① $\sin 30° < \sin 75°$ ② $\cos 30° < \cos 75°$
③ $\tan 30° < \tan 75°$ ④ $\cos 60° < \cos 30°$
⑤ $\sin 45° < \cos 45°$

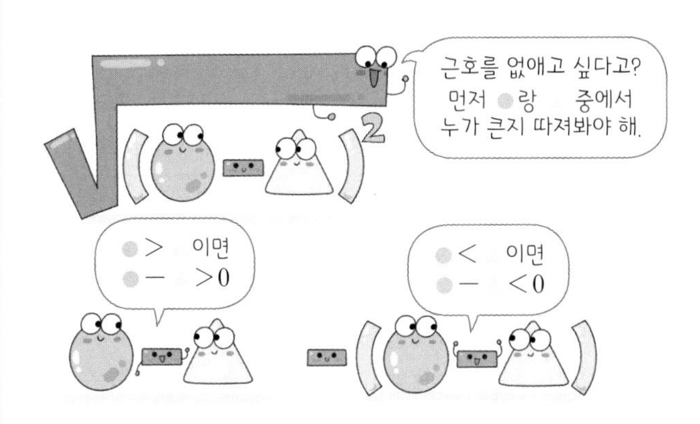
근호를 없애고 싶다고?
먼저 ●랑 중에서
누가 큰지 따져봐야 해.
● > 이면
● − >0
● < 이면
● − <0

3-2

다음 삼각비의 값 중 가장 큰 것은?

① $\sin 25°$ ② $\cos 0°$ ③ $\cos 40°$
④ $\tan 55°$ ⑤ $\sin 80°$

4-1

$0° < x < 90°$일 때, 다음 식을 간단히 하면?

$$\sqrt{(\cos x + 1)^2} - \sqrt{(\cos x - 1)^2}$$

① $-2\cos x$ ② $2\cos x$ ③ $\cos x$
④ -2 ⑤ 2

필수 체크 전략 1

핵심 예제 5

오른쪽 그림과 같이 $\angle B=45^\circ$, $\angle C=90^\circ$인 직각삼각형 ABC에서 $\overline{AB}=10\sqrt{2}$이다. $\angle BAD=18^\circ$일 때, 다음 삼각비의 표를 이용하여 $\overline{DC}$의 길이를 구하시오.

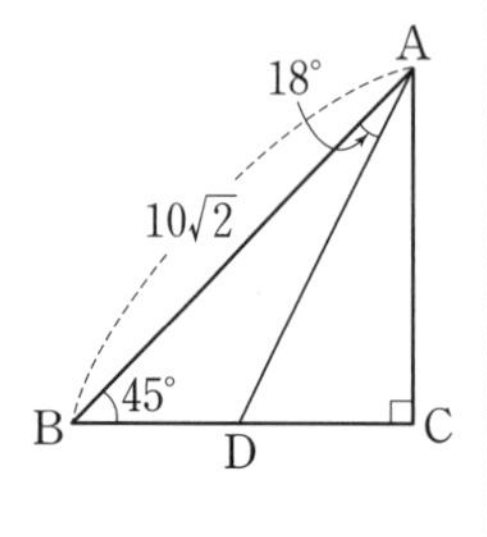

각도	sin	cos	tan
27°	0.4540	0.8910	0.5095
28°	0.4695	0.8829	0.5317

전략

$\angle DAC=45^\circ-18^\circ=27^\circ$이므로 $\tan 27^\circ=\dfrac{\overline{DC}}{\overline{AC}}$임을 이용한다.

풀이

$\sin 45^\circ=\dfrac{\overline{AC}}{10\sqrt{2}}=\dfrac{\sqrt{2}}{2}$이므로 $2\overline{AC}=20$ $\therefore \overline{AC}=10$

$\angle BAC=90^\circ-45^\circ=45^\circ$이므로 $\angle DAC=45^\circ-18^\circ=27^\circ$

$\tan 27^\circ=\dfrac{\overline{DC}}{10}=0.5095$

$\therefore \overline{DC}=10\times 0.5095=5.095$

답 5.095

핵심 예제 6

오른쪽 그림과 같이 20 m 떨어진 두 건물 (가), (나)가 있다. (가) 건물 옥상에서 (나) 건물을 올려다본 각의 크기는 30°이고 내려다본 각의 크기는 45°일 때, (나) 건물의 높이를 구하시오.

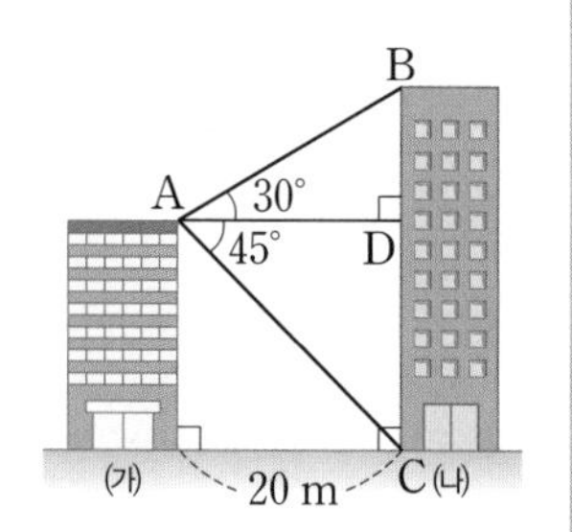

전략

(나) 건물의 높이는 $\overline{BC}$이고 $\overline{BC}=\overline{BD}+\overline{DC}$이다.
이때 $\overline{BD}=\overline{AD}\tan 30^\circ$, $\overline{DC}=\overline{AD}\tan 45^\circ$이다.

풀이

$\overline{AD}=20$ m이므로 △BAD에서

$\overline{BD}=20\tan 30^\circ=20\times\dfrac{\sqrt{3}}{3}=\dfrac{20\sqrt{3}}{3}$ (m)

△ACD에서 $\overline{DC}=20\tan 45^\circ=20\times 1=20$ (m)

따라서 (나) 건물의 높이는 $\overline{BC}=\overline{BD}+\overline{DC}=\dfrac{20\sqrt{3}}{3}+20$ (m)

답 $\left(\dfrac{20\sqrt{3}}{3}+20\right)$ m

5-1

오른쪽 그림과 같은 직각삼각형 ABC에서 $\overline{AB}=2$, $\angle B=65^\circ$일 때, 다음 삼각비의 표를 이용하여 $x+y$의 값을 구하면?

각도	sin	cos	tan
63°	0.8910	0.4540	1.9626
64°	0.8988	0.4384	2.0503
65°	0.9063	0.4226	2.1445

① 1.3214 ② 1.3372 ③ 2.6578
④ 2.5671 ⑤ 2.9897

6-1

지면에 수직으로 서 있던 나무가 오른쪽 그림과 같이 부러져 지면과 30°의 각을 이루게 되었다. 이때 부러지기 전의 나무의 높이는?

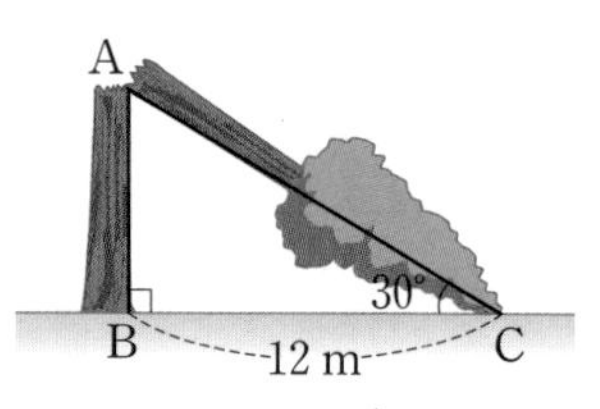

① $12\sqrt{3}$ m ② $24\sqrt{2}$ m ③ $20\sqrt{3}$ m
④ $(4\sqrt{3}+24)$ m ⑤ $(12\sqrt{3}+8\sqrt{2})$ m

핵심 예제 7

오른쪽 그림과 같이
$\overline{AB}=4\text{ cm}$, $\overline{BC}=6\text{ cm}$,
$\angle B=60^\circ$인 $\triangle ABC$에서
$\overline{AC}$의 길이는?

① $2\sqrt{5}\text{ cm}$ ② $2\sqrt{6}\text{ cm}$
③ $2\sqrt{7}\text{ cm}$ ④ $4\sqrt{2}\text{ cm}$ ⑤ 6 cm

전략

꼭짓점 A에서 $\overline{BC}$에 수선을 그어 $\overline{AC}$가 직각삼각형의 빗변이 되도록 만든다.

풀이

오른쪽 그림과 같이 꼭짓점 A에서 $\overline{BC}$에 내린 수선의 발을 H라 하면
$\triangle ABH$에서

$\overline{AH}=4\sin 60^\circ=4\times\dfrac{\sqrt{3}}{2}=2\sqrt{3}\text{ (cm)}$

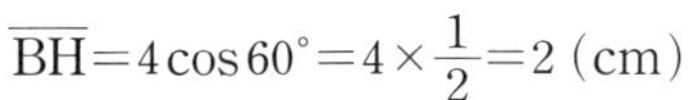

$\overline{BH}=4\cos 60^\circ=4\times\dfrac{1}{2}=2\text{ (cm)}$

$\overline{CH}=\overline{BC}-\overline{BH}=6-2=4\text{ (cm)}$이므로
$\triangle AHC$에서
$\overline{AC}=\sqrt{\overline{AH}^2+\overline{CH}^2}=\sqrt{(2\sqrt{3})^2+4^2}=2\sqrt{7}\text{ (cm)}$

답 ③

핵심 예제 8

오른쪽 그림과 같이 $\overline{BC}=6\sqrt{6}$,
$\angle B=45^\circ$, $\angle C=75^\circ$인
$\triangle ABC$에서 $\overline{AB}$의 길이는?

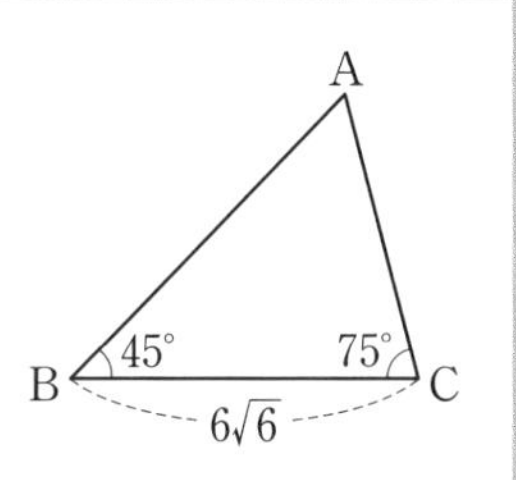

① $3\sqrt{2}+3\sqrt{6}$ ② $6+6\sqrt{3}$
③ $9\sqrt{2}+3\sqrt{6}$ ④ $18+6\sqrt{3}$
⑤ $12+12\sqrt{3}$

전략

$\angle A=60^\circ$이므로 45°, 60°의 삼각비의 값을 이용할 수 있도록 꼭짓점 C에서 $\overline{AB}$에 수선을 긋는다.

풀이

$\angle A=180^\circ-(45^\circ+75^\circ)=60^\circ$
오른쪽 그림과 같이 꼭짓점 C에서 $\overline{AB}$에 내린 수선의 발을 H라 하면 $\triangle BCH$에서

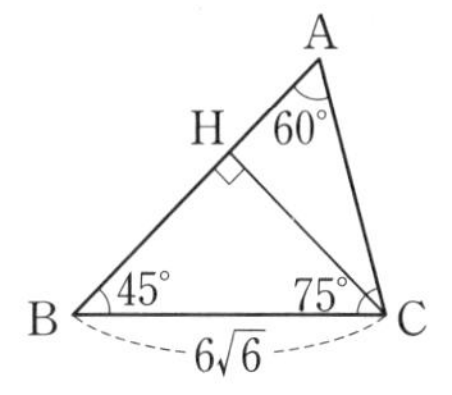

$\overline{BH}=6\sqrt{6}\cos 45^\circ=6\sqrt{6}\times\dfrac{\sqrt{2}}{2}=6\sqrt{3}$

$\overline{CH}=6\sqrt{6}\sin 45^\circ=6\sqrt{6}\times\dfrac{\sqrt{2}}{2}=6\sqrt{3}$

$\triangle AHC$에서 $\overline{AH}=\dfrac{\overline{CH}}{\tan 60^\circ}=\dfrac{6\sqrt{3}}{\sqrt{3}}=6$

$\therefore\ \overline{AB}=\overline{AH}+\overline{BH}=6+6\sqrt{3}$

답 ②

7-1

오른쪽 그림은 어느 호수의 양 끝 지점 A, B 사이의 거리를 구하기 위해 측량한 결과이다. 두 지점 A, B 사이의 거리는?

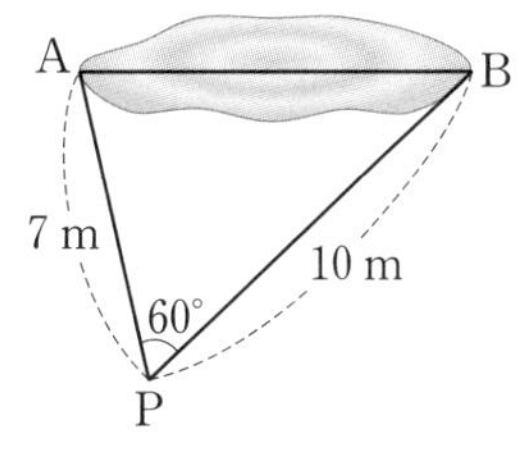

① $\sqrt{77}\text{ m}$ ② $\sqrt{79}\text{ m}$
③ 9 m ④ $\sqrt{83}\text{ m}$ ⑤ $\sqrt{85}\text{ m}$

8-1

$\overline{BC}=10\text{ m}$인 두 지점 B, C에서 A 지점에 있는 배를 바라본 각의 크기는 $\angle B=75^\circ$, $\angle C=60^\circ$이다. 이때 배가 있는 A 지점에서 B 지점까지의 거리는?

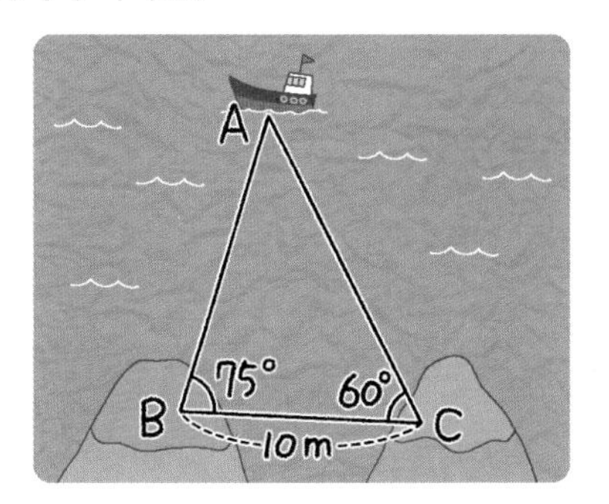

① $5\sqrt{2}\text{ m}$ ② $5\sqrt{3}\text{ m}$ ③ $5\sqrt{6}\text{ m}$
④ $(5+5\sqrt{2})\text{ m}$ ⑤ $(5+5\sqrt{3})\text{ m}$

1주 3일 필수 체크 전략 2

1 오른쪽 그림과 같은 직각삼각형 ABC에서 $\overline{AD}=\overline{BD}$이고 $\angle DBC=60°$, $\overline{BC}=1$ cm일 때, $\tan 75°$의 값을 구하시오.

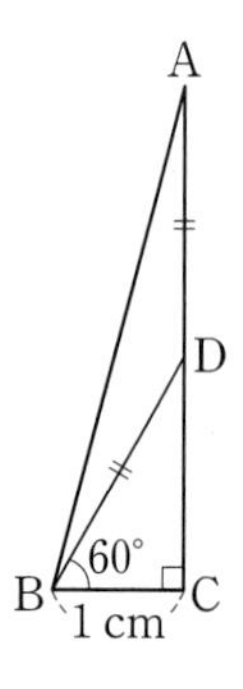

삼각형의 외각의 성질을 이용하여 한 내각의 크기가 75°인 직각삼각형을 찾아봐.

Tip

$\triangle DBC$에서 $\angle BDC=90°-60°=$ ❶ [ ]이므로 $\triangle ABD$에서 삼각형의 ❷ [ ]의 성질을 이용하여 $\angle A$와 $\angle ABD$의 크기를 구할 수 있다.

답 ❶ 30° ❷ 외각

2 다음 그림과 같이 반지름의 길이가 1인 사분원에서 $\angle AOB=60°$이고 $\overline{AB}\perp\overline{OD}$, $\overline{CD}\perp\overline{OD}$일 때, □ABDC의 넓이를 구하시오.

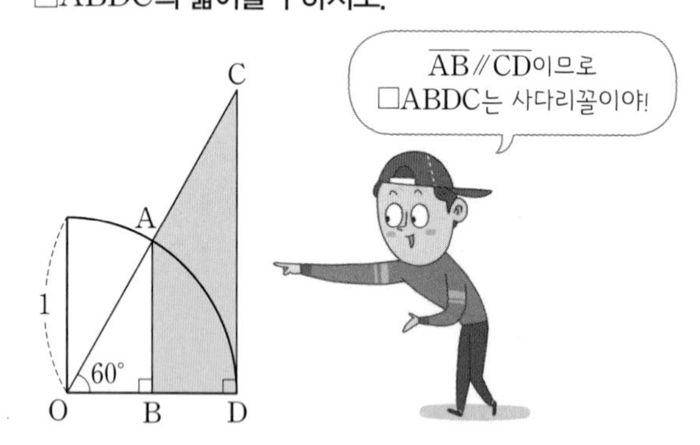

Tip

사다리꼴 ABDC의 넓이는 $\frac{1}{2}\times(\overline{AB}+\overline{CD})\times$ ❶ [ ]이므로 60°의 삼각비의 값을 이용하여 $\overline{AB}$, ❷ [ ], $\overline{BD}$의 길이를 각각 구한다.

답 ❶ $\overline{BD}$ ❷ $\overline{CD}$

3 $0°<x<45°$일 때, 다음 식을 간단히 하면?

$$\sqrt{(\sin x-\cos x)^2}+\sqrt{(1-\cos x)^2}$$

① $-\sin x-1$ ② $-\sin x+1$
③ $\sin x-1$ ④ $-\sin x+2\cos x-1$
⑤ $\sin x-2\cos x+1$

Tip

$0°<x<45°$인 범위에서 $\sin x$와 ❶ [ ], 1과 $\cos x$의 대소를 비교한 후 ❷ [ ]의 성질을 이용하여 주어진 식을 정리한다.

답 ❶ $\cos x$ ❷ 제곱근

4 오른쪽 그림과 같이 좌표평면 위의 원점 O를 중심으로 하고 반지름의 길이가 1인 사분원에 대하여 다음 중 옳지 않은 것은?

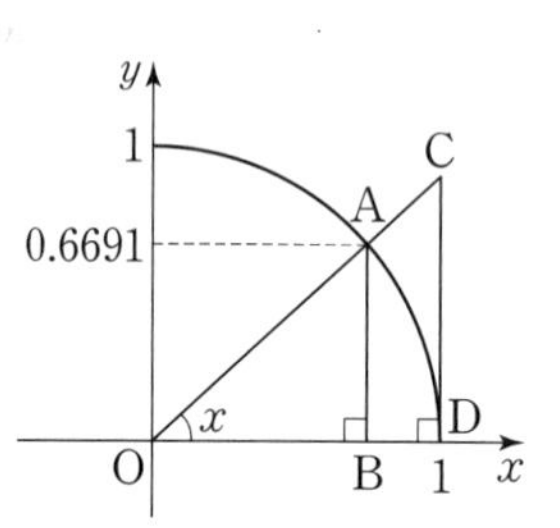

각도	sin	cos	tan
42°	0.6691	0.7431	0.9004
43°	0.6820	0.7314	0.9325
44°	0.6947	0.7193	0.9657

① $x=42°$ ② $\overline{OB}=\cos 42°$
③ $\overline{AB}=\tan 48°$ ④ $\overline{CD}=0.9004$
⑤ $\overline{BD}=0.2569$

Tip

$\sin x=\dfrac{\overline{AB}}{❶\ [\ \ ]}$임을 이용하여 x의 크기를 구한다.

답 ❶ $\overline{OA}$

>> 정답과 풀이 8쪽

5 오른쪽 그림과 같은 삼각뿔에서 $\overline{OA}$, $\overline{OB}$, $\overline{OC}$가 서로 직교하고 $\angle ABO=30°$, $\angle OCB=45°$, $\overline{OB}=4\sqrt{3}$ cm일 때, 이 삼각뿔의 부피를 구하시오.

Tip

(삼각뿔의 부피)$=\frac{1}{3}\times$(밑넓이)$\times$(❶)

이때 $45°$의 삼각비의 값을 이용하여 $\overline{OC}$의 길이를 구하고, $30°$의 삼각비의 값을 이용하여 ❷ 의 길이를 구한다.

답 ❶ 높이 ❷ $\overline{AO}$

6 다음 그림과 같이 600 m 상공에서 움직이는 열기구가 있다. P 지점에서 A 지점에 있는 열기구를 올려다본 각의 크기는 $45°$이고, B 지점에 있는 열기구를 올려다본 각의 크기는 $60°$일 때, 두 지점 A, B 사이의 거리를 구하시오.

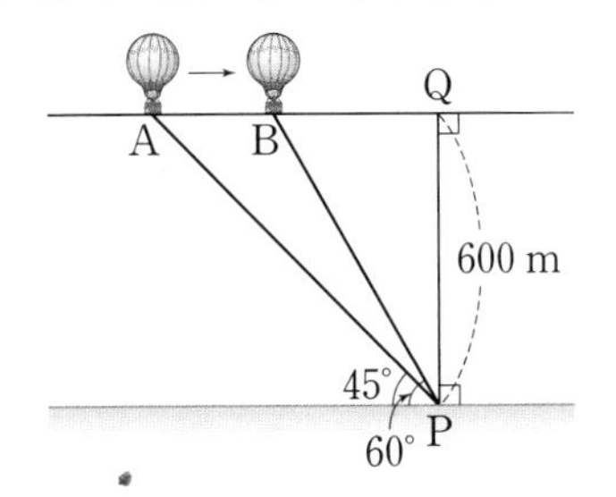

Tip

$\triangle APQ$에서 $\angle APQ=90°-45°=45°$

$\triangle BPQ$에서 $\angle BPQ=90°-60°=$ ❶

이때 $\overline{AB}=\overline{AQ}-\overline{BQ}$이고 $30°$, $45°$의 ❷ 의 값을 이용하여 $\overline{AQ}$, $\overline{BQ}$의 길이를 각각 구한다.

답 ❶ $30°$ ❷ 삼각비

7 오른쪽 그림과 같은 평행사변형 ABCD에서 $\angle A=120°$일 때, 대각선 BD의 길이를 구하시오.

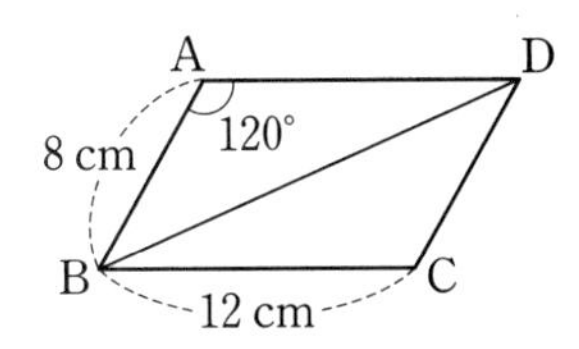

Tip

꼭짓점 D에서 $\overline{BC}$의 연장선에 ❶ 을 그어 직각삼각형을 만든다. 이때 □ABCD는 평행사변형이므로 $\overline{DC}=\overline{AB}=8$ cm이고 $\angle C=\angle A=$ ❷ 이다.

답 ❶ 수선 ❷ $120°$

8 정원이와 두 기지국 B, C는 다음 그림과 같이 위치해 있다. 정원이의 위치를 A라 하면 $\overline{BC}=1600$ m, $\angle B=45°$, $\angle C=105°$일 때, 정원이와 기지국 B 사이의 거리인 $\overline{AB}$의 길이를 구하시오.

Tip

$\angle A=180°-(45°+105°)=$ ❶

꼭짓점 C에서 $\overline{AB}$에 내린 수선의 발을 H라 하면

$\overline{AB}=\overline{AH}+$ ❷

답 ❶ $30°$ ❷ $\overline{BH}$

1주 누구나 합격 전략

01 다음 직각삼각형 ABC에 대하여 옳지 <u>않은</u> 설명을 한 학생을 찾으시오.

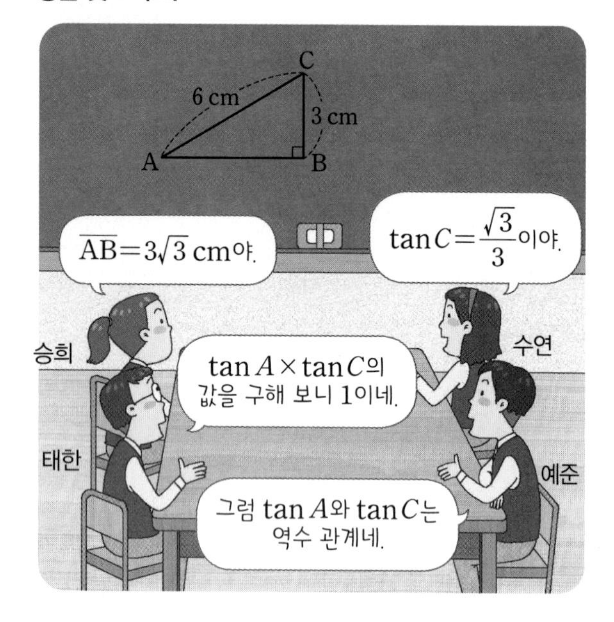

C
6 cm
3 cm
A
B
$\overline{AB}=3\sqrt{3}$ cm야.
$\tan C=\frac{\sqrt{3}}{3}$이야.
승희
수연
$\tan A\times\tan C$의 값을 구해 보니 1이네.
태한
예준
그럼 $\tan A$와 $\tan C$는 역수 관계네.

02 $\sin A=\frac{5}{6}$일 때, $30\cos A\times\tan A$의 값은? (단, $0°<A<90°$)

① 15 ② 20 ③ 25 ④ 30 ⑤ 35

03 오른쪽 그림과 같은 직각삼각형 ABC에서 $\overline{AD}\perp\overline{BC}$이고 $\angle BAD=x$, $\angle CAD=y$라 할 때, $\sin x+\sin y$의 값을 구하시오.

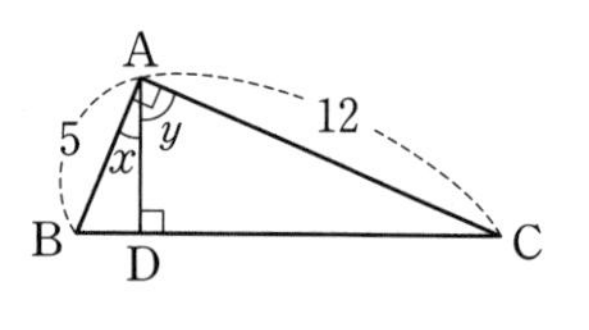

04 다음 중 옳지 <u>않은</u> 것은?

① $\sin 90°-\tan 0°=1$
② $\cos 0°\times\tan 45°-\sin 0°=0$
③ $\tan 45°\div\cos 60°-\sin 90°=1$
④ $\sin 90°\div\tan 30°-\tan 60°=0$
⑤ $\sin 30°+\cos 30°\times\tan 60°=2$

05 $\sin x=\frac{\sqrt{3}}{2}$, $\tan y=\frac{\sqrt{3}}{3}$일 때, $\cos(x+y)$의 값은? (단, $0°<x<90°$, $0°<y<90°$)

① 0 ② $\frac{1}{2}$ ③ $\frac{\sqrt{2}}{2}$ ④ $\frac{\sqrt{3}}{2}$ ⑤ 1

06 다음 그림과 같이 두 삼각자를 놓을 때, x, y의 값은?

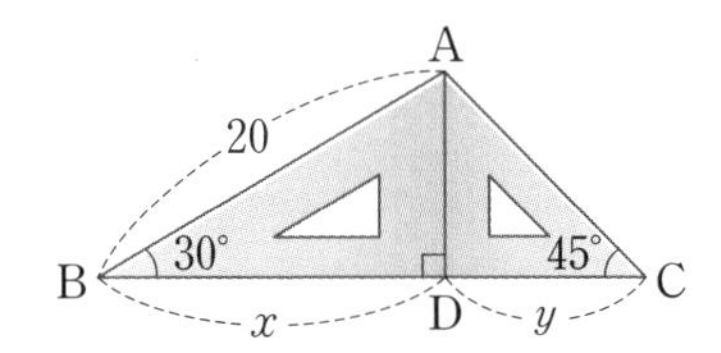

① $x=5, y=5\sqrt{3}$
② $x=5\sqrt{3}, y=5$
③ $x=10, y=10\sqrt{3}$
④ $x=10\sqrt{3}, y=10$
⑤ $x=10\sqrt{3}, y=10\sqrt{2}$

07 오른쪽 그림과 같이 반지름의 길이가 1인 사분원에 대하여 다음 보기에서 옳은 것을 모두 고른 것은?

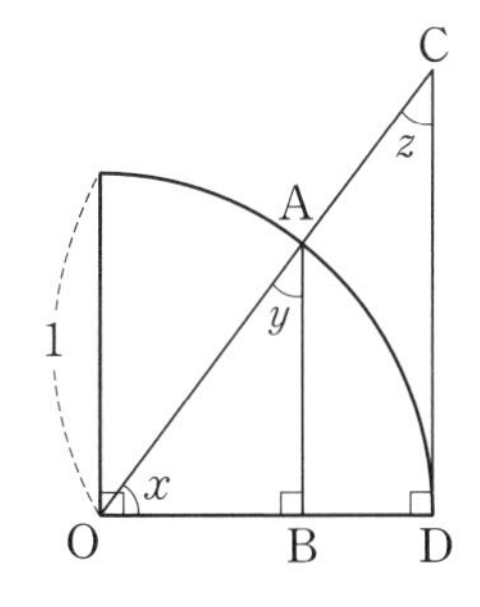

보기

ㄱ $\cos x=\overline{OB}$　　ㄴ $\tan x=\overline{BD}$

ㄷ $\sin y=\dfrac{1}{\overline{OC}}$　　ㄹ $\sin x=\overline{CD}$

① ㄱ　② ㄱ, ㄷ　③ ㄴ, ㄹ
④ ㄱ, ㄴ, ㄷ　⑤ ㄴ, ㄷ, ㄹ

08 오른쪽 그림과 같이 유영이가 나무로부터 10 m 떨어진 D 지점에서 나무의 꼭대기를 올려다본 각의 크기는 $40°$이고 유영이의 눈높이가 1.5 m일 때, 이 나무의 높이를 구하시오. (단, $\sin 40°=0.64$, $\cos 40°=0.77$, $\tan 40°=0.84$로 계산한다.)

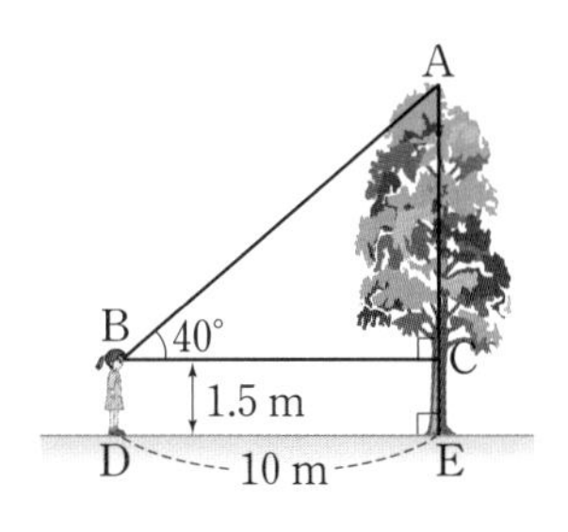

09 다음 그림과 같이 두 지점 B, C를 잇는 터널을 만들기 위하여 각의 크기와 거리를 측정하였다.
$\overline{AB}=10$ km, $\overline{AC}=8\sqrt{3}$ km, $\angle A=30°$일 때, 두 지점 B, C 사이의 거리를 구하시오.

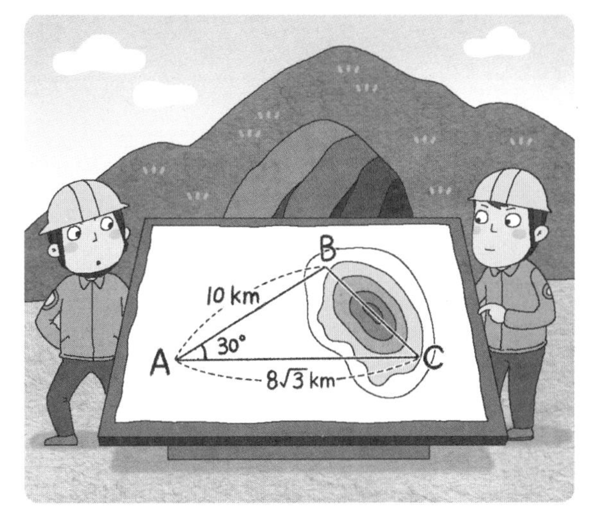

1주 창의·융합·코딩 전략 1

1 다음 그림은 높이가 $6\sqrt{2}$ m인 에스컬레이터를 타고 영호가 D 지점까지 올라간 모습을 나타낸 것이다. D 지점의 높이는 6 m이고 $\tan(\angle \mathrm{ADE})=\sqrt{6}$일 때, 물음에 답하시오.

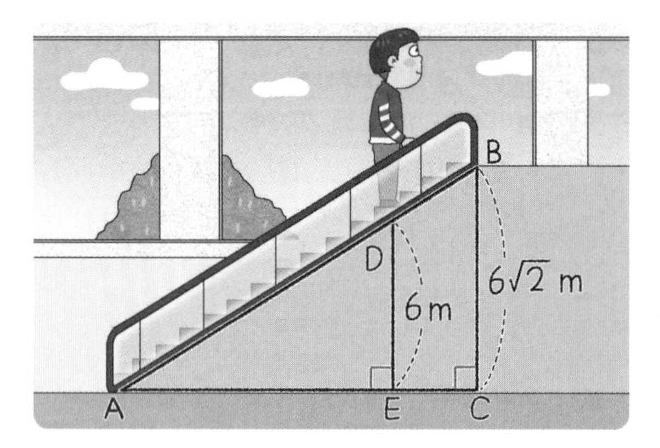

(1) $\overline{\mathrm{AE}}$의 길이를 구하시오.

(2) $\overline{\mathrm{AC}}$의 길이를 구하시오.

Tip

$\tan B=\dfrac{\overline{\mathrm{AC}}}{\overline{\mathrm{BC}}}$임을 이용하여 ❶ [ ] 의 길이를 구한다.
이때 $\overline{\mathrm{DE}}\,/\!/\,\overline{\mathrm{BC}}$이므로 $\angle \mathrm{ADE}=\angle$ ❷ [ ] (동위각)

답 ❶ $\overline{\mathrm{AC}}$ ❷ B

2 다음 그림과 같이 교통 표지판에 써 있는 10 %는 도로의 수평 거리에 대한 수직 거리의 비의 값이 $\frac{1}{10}$임을 의미한다. 물음에 답하시오.

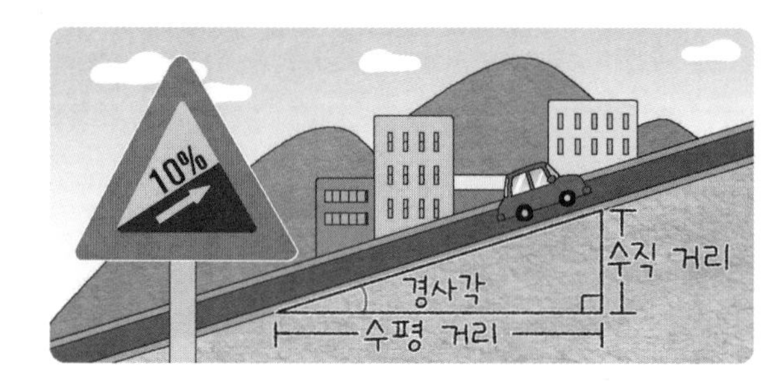

(1) 이 도로에서 수평면에 대한 도로의 경사각의 크기를 A라 할 때, $\sin A$, $\cos A$, $\tan A$의 값을 각각 구하시오.

(2) (1)에서 구한 $\tan A$의 값과 다음 삼각비의 표를 이용하여 경사각의 크기 A는 약 몇 도인지 구하시오.

각도	sin	cos	tan
5°	0.0872	0.9962	0.0875
6°	0.1045	0.9945	0.1051
7°	0.1219	0.9925	0.1228

Tip

경사각 A에 대하여 $\dfrac{(\text{수직 거리})}{(\text{수평 거리})}=\dfrac{1}{10}$이므로 $\tan A=$ ❶ [ ]
즉 $\tan A=\dfrac{1}{10}$을 만족하는 ❷ [ ] 삼각형을 그린 후 다른 삼각비의 값을 구한다.

답 ❶ $\frac{1}{10}$ ❷ 직각

3 다음은 정윤이와 민성이가 각각 7번씩 카드를 뽑아 뽑은 순서대로 그려 놓은 것이다. 그려 놓은 순서대로 카드에 적힌 삼각비와 연산기호를 사용하여 식을 세울 때, 계산 결과가 큰 사람은 누구인지 말하시오.

(단, 뽑은 카드를 다시 뽑을 수 있다.)

Tip

순서에 맞게 식을 세운 후 30°, 45°, ❶ [ ] 의 삼각비의 값을 주어진 식에 ❷ [ ] 한다.

답 ❶ 60° ❷ 대입

4 다음은 은주가 박물관에 다녀온 후 어느 조각상을 측량한 그림을 그린 것이다. 은주가 그린 그림에서 조각상의 상반신인 $\overline{BC}$의 길이를 구하시오.

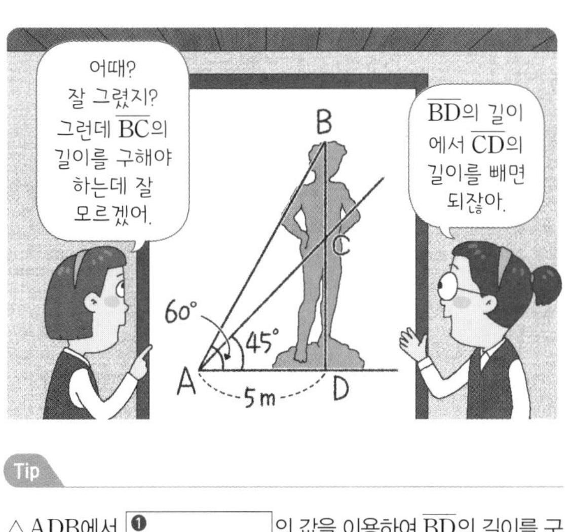

Tip

△ADB에서 ❶ [ ] 의 값을 이용하여 $\overline{BD}$의 길이를 구하고, △ADC에서 ❷ [ ] 의 값을 이용하여 $\overline{CD}$의 길이를 구한다.

답 ❶ tan 60° ❷ tan 45°

5 민주가 다음과 같이 주어진 문장이 맞으면 '예', 틀리면 '아니오'가 적힌 화살표를 따라갔을 때, 만나게 되는 동물은 무엇인지 말하시오.

Tip

$0° \le A \le 90°$일 때, A의 크기가 커지면
$\sin A$, $\tan A\,(A \ne 90°)$의 값은 모두 ❶ ☐ 하지만
$\cos A$의 값은 ❷ ☐ 한다.

답 ❶ 증가 ❷ 감소

6 기울어진 탑으로 유명한 피사의 사탑은 현재 약 $5°$ 정도 기울어져 있다고 한다. 다음 그림과 같은 피사의 사탑 미니어처를 보고 아래 삼각비의 표를 이용하여 직각삼각형 ABC에서 $\overline{BC}$의 길이를 구하시오.

각도	sin	cos	tan
3°	0.0523	0.9986	0.0524
4°	00698	0.9976	0.0699
5°	0.0872	0.9962	0.0875

Tip

$\tan 5° = \dfrac{\overline{BC}}{❶ \square}$임을 이용하여 $\overline{BC}$의 길이를 구한다.
이때 $\tan 5°$의 값은 주어진 삼각비의 ❷ ☐ 에서 구한다.

답 ❶ $\overline{AC}$ ❷ 표

7 어느 스키장의 슬로프는 다음 그림과 같이 두 직선 구간의 코스로 이루어져 있다. A 지점에서 B 지점을 올려다본 각의 크기는 $21°$, B 지점에서 C 지점을 올려다본 각의 크기는 $30°$이고 $\overline{AB}=300$ m, $\overline{BC}=200$ m이다. 지면으로부터 스키장의 정상까지의 높이인 $\overline{CE}$의 길이를 구하시오.

(단, $\sin 21°=0.36$으로 계산한다.)

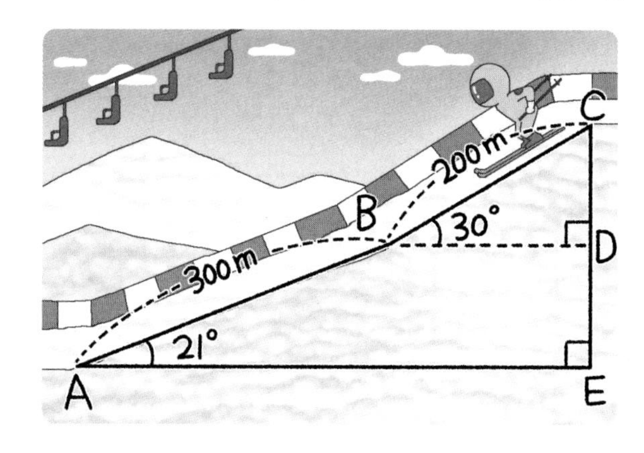

Tip

$\overline{CE}=\overline{CD}+$ ❶ ______ 이고 $\overline{CD}$, $\overline{DE}$의 길이를 $30°$, ❷ ______ 의 삼각비를 이용하여 각각 구한다.

답 ❶ $\overline{DE}$ ❷ $21°$

8 다음 글을 읽고 물음에 답하시오.

그리스 수학자 에라토스테네스는 지구의 반지름의 길이를 최초로 계산한 사람이다. 그는 두 도시 사이의 거리와 태양 고도의 차이를 바탕으로 원에서 호의 길이와 그 중심각의 크기 사이의 비례 관계를 이용하여 지구의 반지름의 길이가 7365 km라고 측정하였다.

한편 지구의 반지름의 길이 r km를 구하는 현대적인 방법은 지표면에 수직 방향으로 h km 상공 위의 점 P에 떠 있는 인공위성에서 지평선 위의 한 지점 A를 내려다본 각의 크기 x를 측정하여 삼각비를 이용하는 것이다.

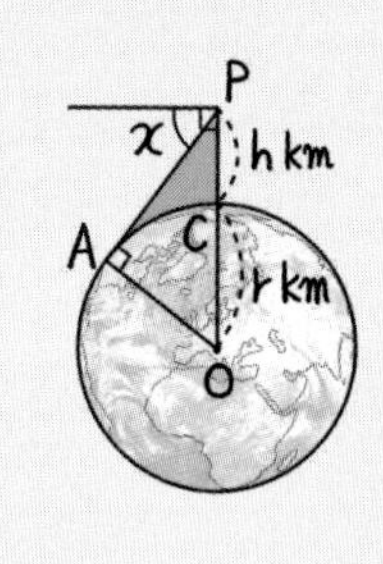

우등생 과학 10월호

(1) 위의 그림에서 $h=10000$이고 $x=67°$일 때, 지구의 반지름의 길이를 구하시오. (단, $\sin 23°=0.4$, $\cos 23°=0.9$, $\tan 23°=0.4$로 계산하고, 계산 결과는 소수점 아래 첫째 자리에서 반올림한다.)

(2) (1)에서 구한 지구의 반지름의 길이와 에라토스테네스가 구한 지구의 반지름의 길이의 차를 구하시오.

Tip

직각삼각형 AOP에서 ❶ ______ 를 이용하여 r의 값을 구한다.

$\angle APO=y$라 하면 $\overline{AO}=r$ km이므로 $\sin y=\dfrac{❷\ \square}{h+r}$

답 ❶ 삼각비 ❷ r

2주 삼각비의 활용(2), 원과 직선

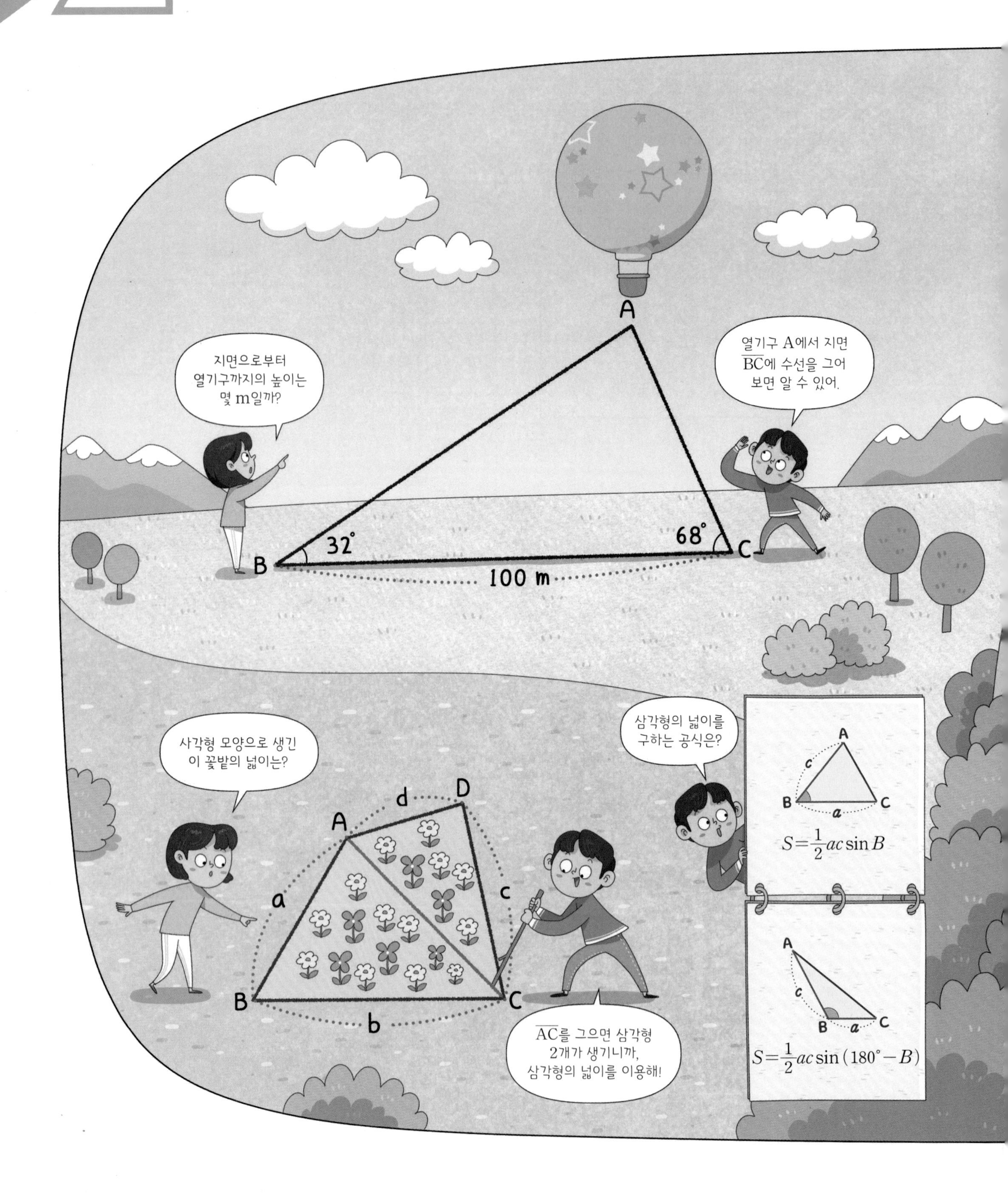

공부할 내용

❶ 삼각비를 이용하여 삼각형의 넓이 구하기
❷ 삼각비를 이용하여 사각형의 넓이 구하기
❸ 원의 현의 성질
❹ 원의 접선의 성질

나를 다 늘려도 80 cm 밖에 되지 않음.

우물이네. 이 우물의 지름의 길이를 재고 싶은데 줄자의 길이가 짧아서 잴 수가 없어.

일단 우물에서 80 cm까지 닿는 부분을 잰 후

그 자리에 막대기를 놓고 우물의 중심까지의 거리를 또 재는 거야.

80 cm

30 cm

r cm

반지름의 길이를 r cm로 놓고 피타고라스 정리를 이용하면 되겠네.

이때 원의 중심에서 현에 내린 수선은 그 현을 이등분함을 이용하면 돼.

O
A M B

각 꼭짓점 부분만 주목해서 보니 원의 접선이야!

$\overline{AF}=\overline{AD}=4$ cm

A D F O

△ABC의 둘레의 길이는 얼마일까?

아하! △ABC의 둘레의 길이는 $2\times(4+5+6)$ cm

A
4 cm
D F
6 cm 5 cm
O
B E C

$\overline{CE}=\overline{CF}=5$ cm

$\overline{BE}=\overline{BD}=6$ cm

D O B E

F O E C

2주 1일 개념 돌파 전략 1

개념 01 삼각형의 높이 – 예각이 주어진 경우

$\triangle$ABC에서 한 변의 길이 a와 그 양 끝 각 $\angle$B, $\angle$C의 크기를 알 때, 높이 h는

$a=h(\tan x+$ ❶ $\square$ $)$

$\therefore h=\dfrac{❷ \square}{\tan x+\tan y}$

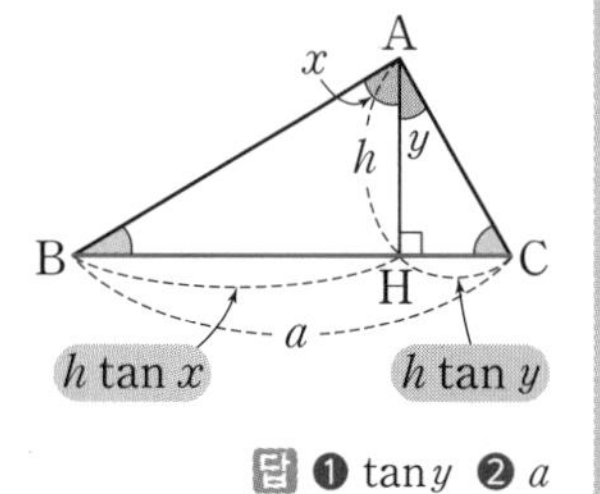

답 ❶ $\tan y$ ❷ a

확인 01 다음은 오른쪽 그림과 같은 $\triangle$ABC에서 높이 h를 구하는 과정이다. $\square$ 안에 알맞은 것을 써넣으시오.

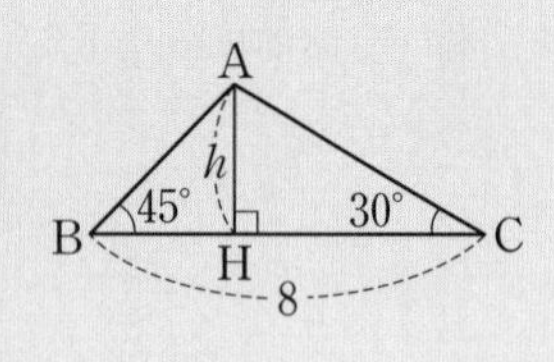

$\overline{BH}=h\tan\square°=\square$,
$\overline{CH}=h\tan\square°=\square$
$\overline{BH}+\overline{CH}=8$이므로 $h=\square$

개념 02 삼각형의 높이 – 둔각이 주어진 경우

$\triangle$ABC에서 한 변의 길이 a와 그 양 끝 각 $\angle$B, $\angle$C의 크기를 알 때, 높이 h는

$a=h(\tan x$ ❶ $\square$ $\tan y)$

$\therefore h=\dfrac{❷ \square}{\tan x-\tan y}$

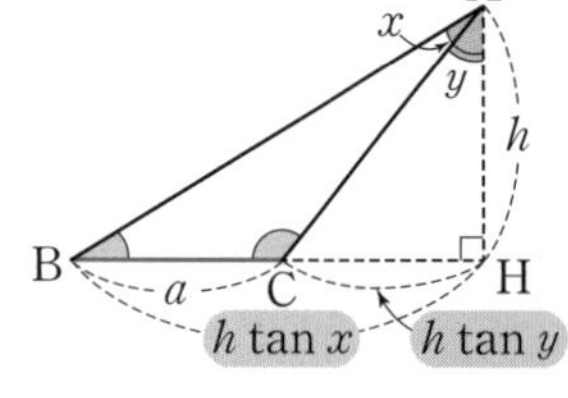

답 ❶ $-$ ❷ a

확인 02 오른쪽 그림의 $\triangle$ABC에 대하여 다음 물음에 답하시오.

(1) $\overline{BH}$와 $\overline{CH}$의 길이를 각각 h에 대한 식으로 나타내시오.

(2) h의 값을 구하시오.

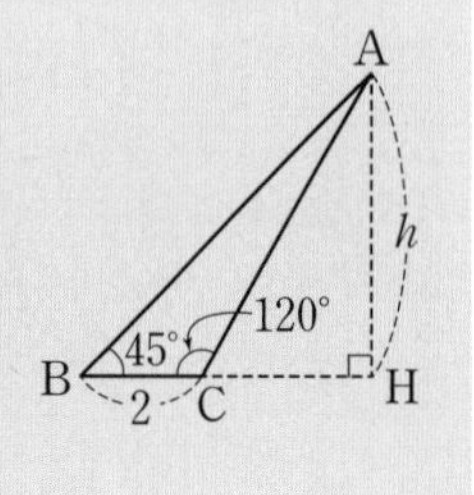

개념 03 삼각형의 넓이

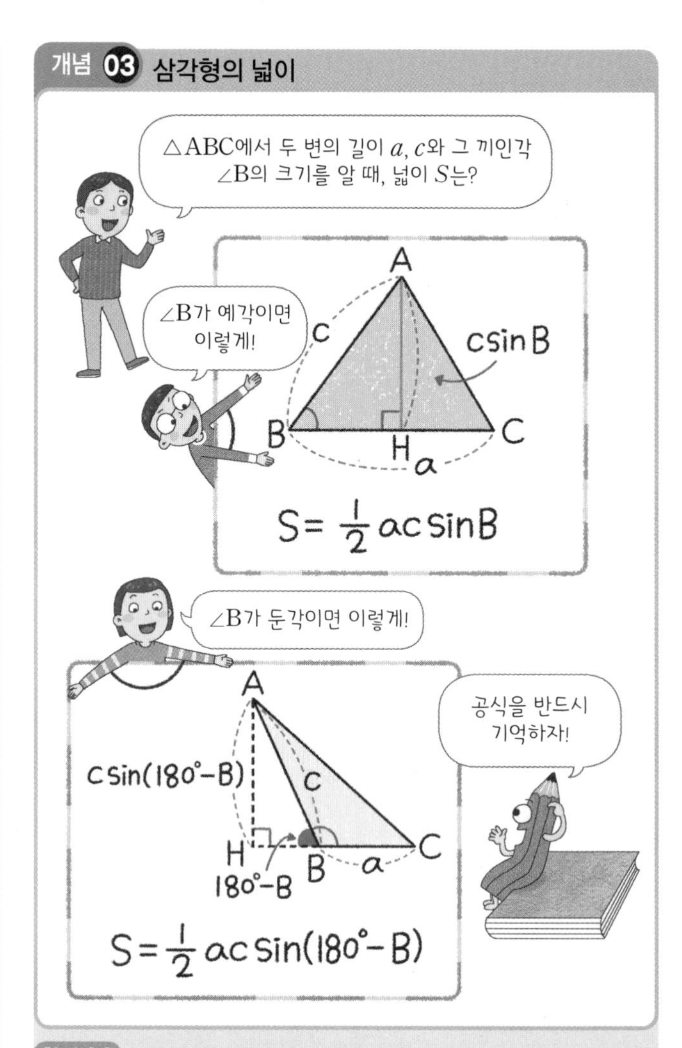

△ABC에서 두 변의 길이 a, c와 그 끼인각 ∠B의 크기를 알 때, 넓이 S는?
∠B가 예각이면 이렇게!
A
c
csinB
B
H
a
C
S= 1/2 acsinB
∠B가 둔각이면 이렇게!
공식을 반드시 기억하자!
A
csin(180°-B)
c
H
B
a
C
180°-B
S=1/2 ac sin(180°-B)

확인 03 다음 그림과 같은 $\triangle$ABC의 넓이를 구하시오.

(1)

(2)

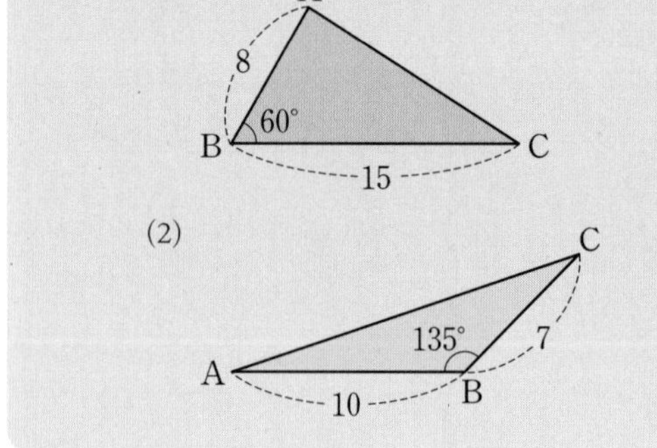

개념 04 평행사변형의 넓이

평행사변형 ABCD의 이웃하는 두 변의 길이가 a, b이고 그 끼인각 x가 예각일 때

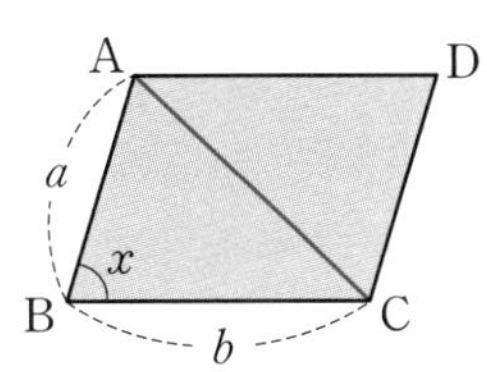

(평행사변형 ABCD의 넓이) $=2\triangle ABC$

$=2\times\frac{1}{2}ab\sin x$

$=$ ❶ 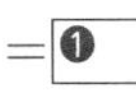

참고 x가 둔각이면

(평행사변형 ABCD의 넓이) $=ab\sin$ (❷ ☐)

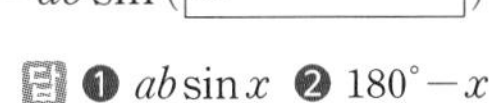
답 ❶ $ab\sin x$ ❷ $180^\circ-x$

확인 04 오른쪽 그림과 같은 평행사변형 ABCD의 넓이를 구하시오.

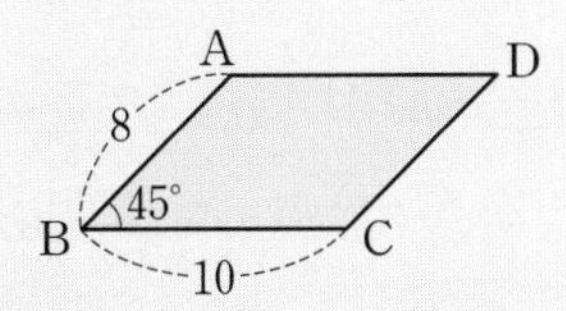

개념 05 사각형의 넓이

□ABCD의 두 대각선의 길이가 a, b이고 두 대각선이 이루는 각 x가 예각일 때, 넓이 S는

$S=$ ❶  $ab\sin x$

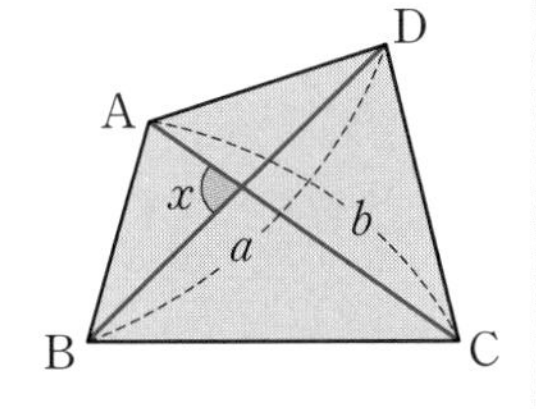

참고 x가 둔각이면 $S=\frac{1}{2}ab\sin$ (❷ ☐ $-x$)

답 ❶ $\frac{1}{2}$ ❷ 180°

확인 05 오른쪽 그림과 같은 □ABCD의 넓이를 구하시오.

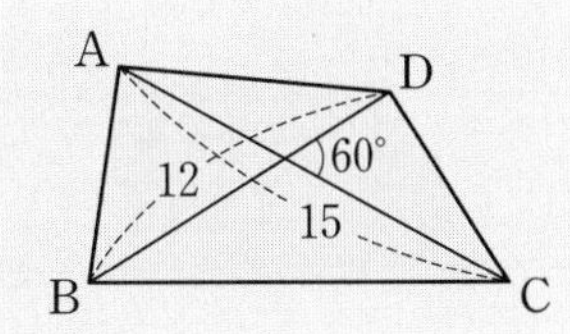

개념 06 원의 중심과 현의 수직이등분선

(1) 원의 중심에서 그 현에 내린 수선은 그 현을 ❶ ☐ 한다.

➡ $\overline{AB}\perp\overline{OM}$이면 $\overline{AM}=\overline{BM}$

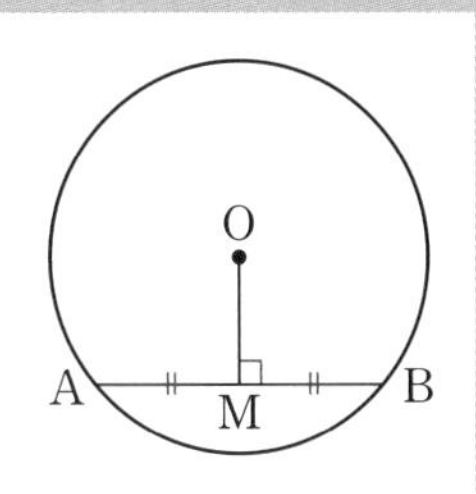

(2) 원에서 현의 수직이등분선은 그 원의 ❷ ☐ 을 지난다.

답 ❶ 이등분 ❷ 중심

확인 06 다음 그림의 원 O에서 $\overline{AB}\perp\overline{OM}$일 때, x의 값을 구하시오.

(1)

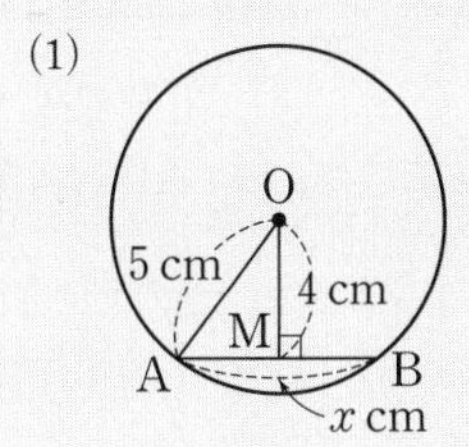

(2)

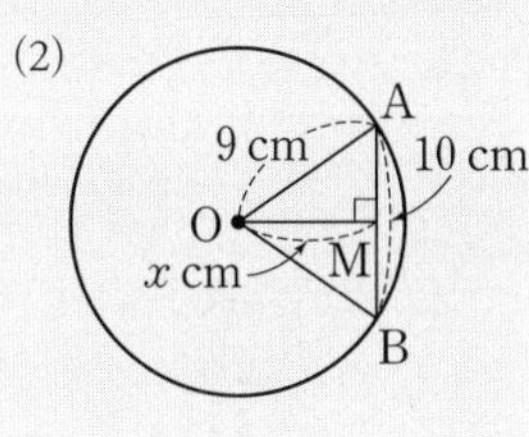

개념 07 원의 중심에서 현까지의 거리와 현의 길이

(1) 한 원에서 원의 중심으로부터 같은 거리에 있는 두 ❶ ☐ 의 길이는 같다.

➡ $\overline{OM}=\overline{ON}$이면 $\overline{AB}=\overline{CD}$

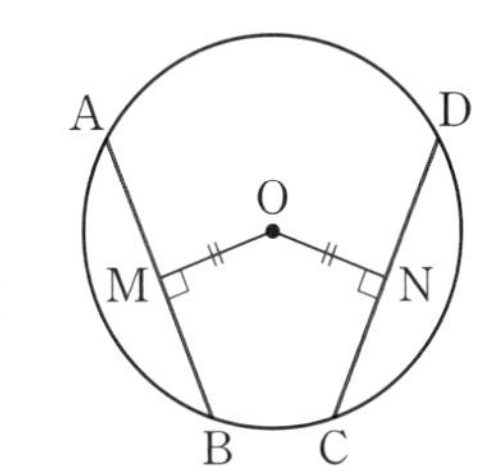

(2) 한 원에서 길이가 같은 두 현은 원의 중심으로부터 같은 거리에 있다.

➡ $\overline{AB}=\overline{CD}$이면 $\overline{OM}$ ❷ ☐ $\overline{ON}$

답 ❶ 현 ❷ =

확인 07 다음 그림의 원 O에서 x의 값을 구하시오.

(1)

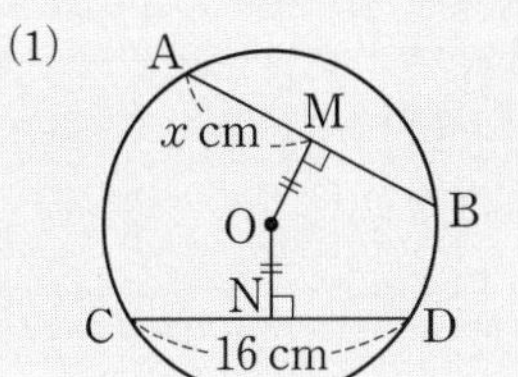

(2)

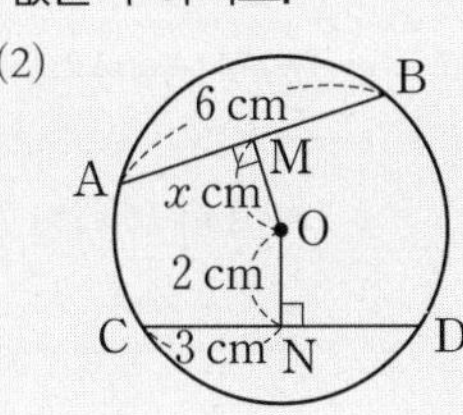

개념 08 원의 접선과 반지름

원 밖의 점 P에서 원 O에 그은 두 접선의 접점을 A, B라 하면 □PBOA의 내각의 크기의 합은 ❶ ____이므로

$\angle a+\angle b=$ ❷ ____

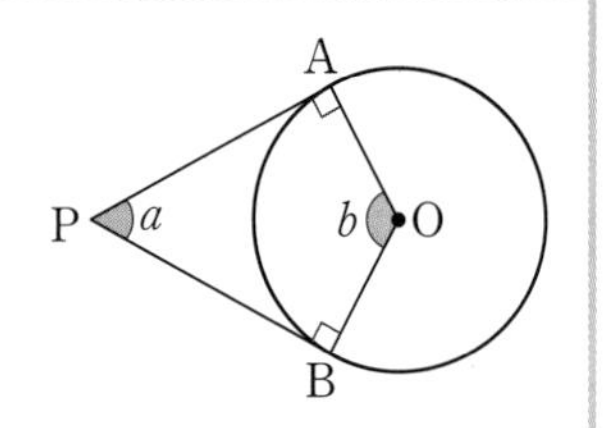

답 ❶ 360° ❷ 180°

확인 08 오른쪽 그림과 같이 원 밖의 점 P에서 원 O에 그은 두 접선의 접점을 A, B라 할 때, $\angle x$의 크기를 구하시오.

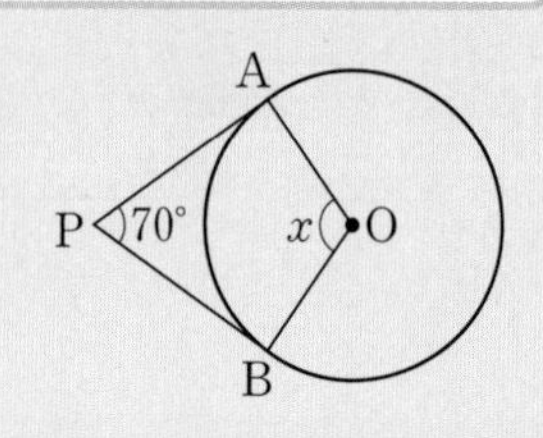

개념 09 원의 접선과 그 성질

(1) 원 밖의 점 P에서 원 O에 그은 두 접선의 접점을 각각 A, B라 하면
➡ $\overline{PA}=$ ❶ ____

(2) $\triangle PAO \equiv \triangle PBO$ (RHS 합동)
➡ $\angle APO=\angle$ ❷ ____

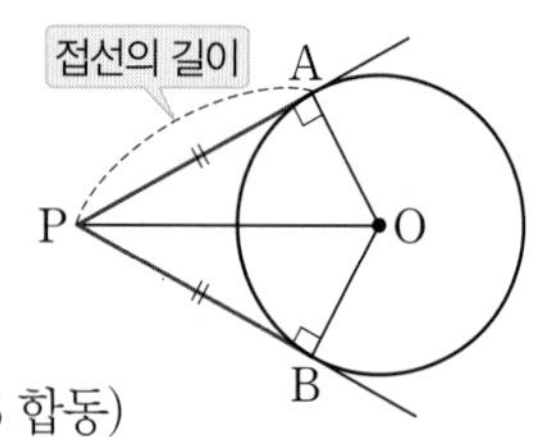

답 ❶ $\overline{PB}$ ❷ BPO

확인 09 오른쪽 그림에서 두 점 A, B는 점 P에서 원 O에 그은 두 접선의 접점일 때, $\overline{PB}$의 길이를 구하시오.

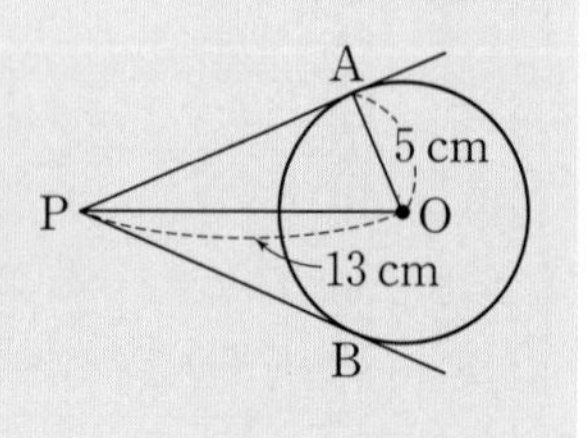

개념 10 중심이 같은 두 원의 접선의 성질

중심이 O로 같고 반지름이 길이가 다른 두 원에서 큰 원의 현 AB가 작은 원의 접선이고 점 H가 접점일 때

(1) $\overline{OH}$ ❶ ___ $\overline{AB}$

(2) $\overline{AH}$ ❷ ___ $\overline{BH}$

(3) $\triangle OAH$에서 $\overline{OA}^2=\overline{AH}^2+\overline{OH}^2$

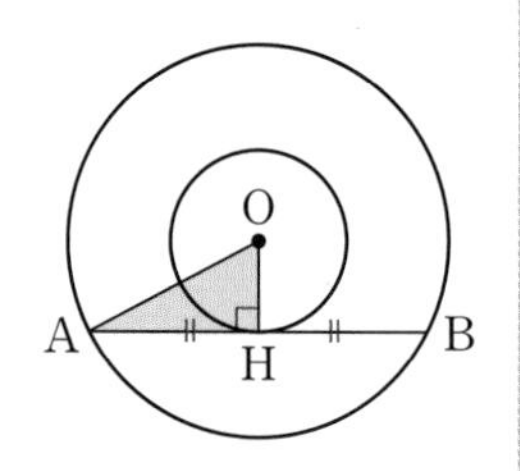

답 ❶ ⊥ ❷ =

확인 10 오른쪽 그림과 같이 중심이 O로 같은 두 원에서 큰 원의 현 AB는 작은 원의 접선이고 점 P는 접점일 때, $\overline{AB}$의 길이를 구하시오.

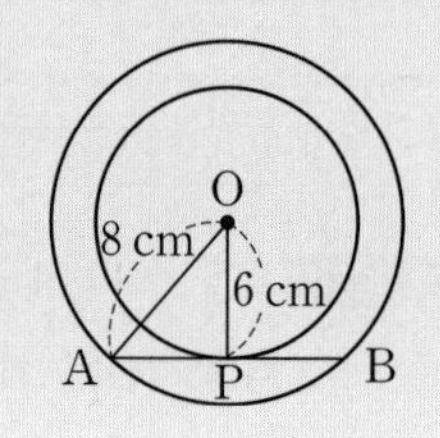

개념 11 반원에서의 접선

$\overline{AB}$, $\overline{DC}$, $\overline{AD}$가 반원 O의 접선이고 점 B, C, E가 접점일 때

(1) $\overline{AB}=\overline{AE}$, $\overline{DC}=$ ❶ ____

(2) 점 A에서 $\overline{CD}$에 내린 수선의 발을 H라 하면 직각삼각형 AHD에서
$\overline{BC}=$ ❷ ____ $=\sqrt{\overline{AD}^2-\overline{DH}^2}$

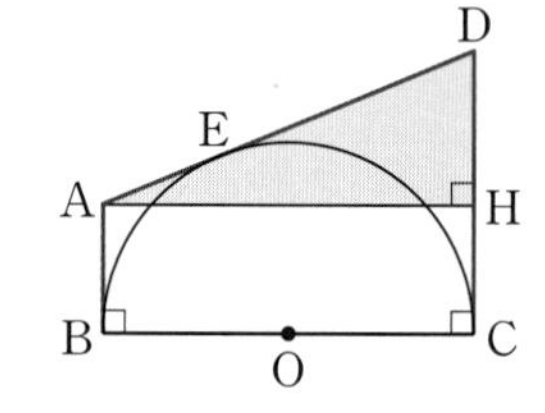

답 ❶ $\overline{DE}$ ❷ $\overline{AH}$

확인 11 오른쪽 그림에서 $\overline{BC}$는 반원 O의 지름이고 $\overline{AB}$, $\overline{DC}$, $\overline{AD}$는 반원 O의 접선이다. 점 D에서 $\overline{AB}$에 내린 수선의 발을 H라 할 때, 다음 선분의 길이를 구하시오.
(단, 점 E는 접점이다.)

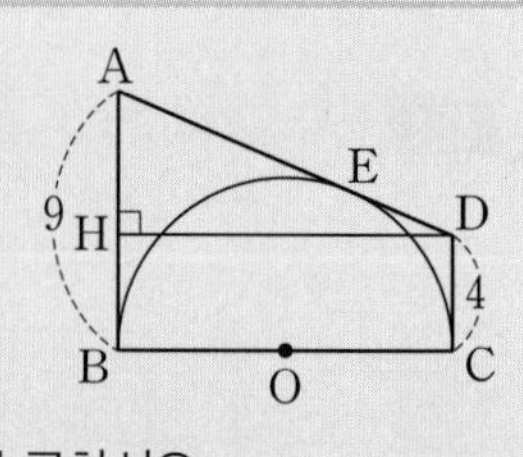

(1) $\overline{AD}$ (2) $\overline{AH}$ (3) $\overline{HD}$ (4) $\overline{BC}$

개념 12 삼각형의 내접원

원 O는 $\triangle$ABC의 내접원이고 점 D, E, F는 접점일 때

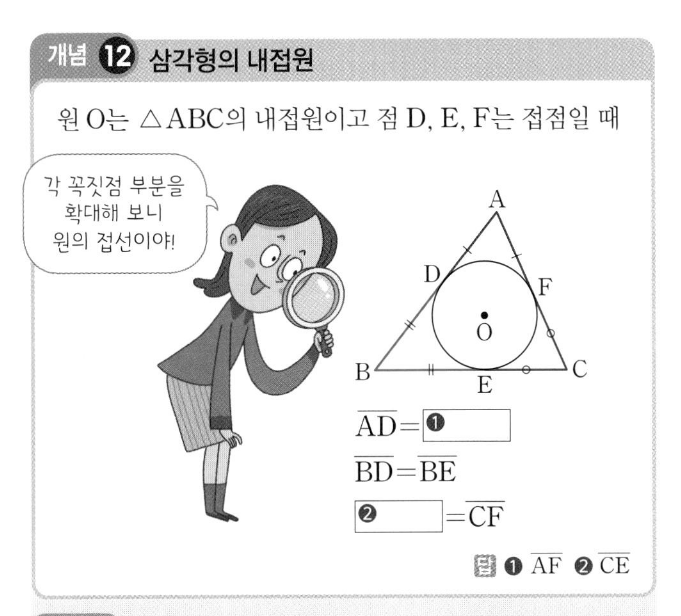

$\overline{AD}=$ ❶ [　　]

$\overline{BD}=\overline{BE}$

❷ [　　] $=\overline{CF}$

답 ❶ $\overline{AF}$ ❷ $\overline{CE}$

확인 12 오른쪽 그림에서 원 O는 $\triangle$ABC의 내접원이고 점 D, E, F는 접점일 때, $\overline{AB}$의 길이를 구하시오.

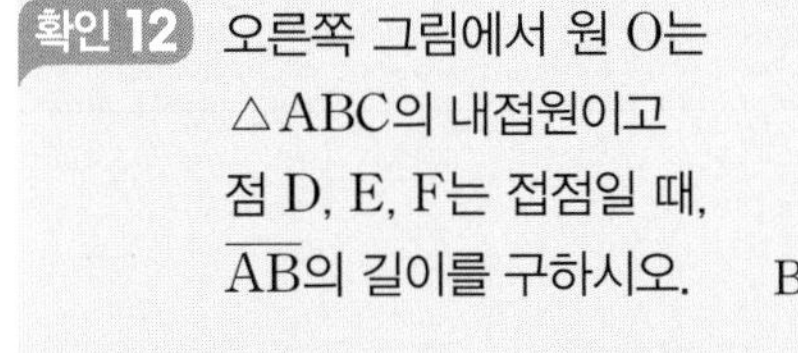

A, D, F, O, B, E, C, 9, 6, 11

개념 14 원에 외접하는 사각형의 성질

$\square$ABCD가 원 O에 외접할 때

$\overline{AB}+\overline{CD}=\overline{AD}+$ ❶ [　　]

두 쌍의 대변의 길이의 합이 서로 ❷ [　　] 는 말이야!

A, D, O, B, C

답 ❶ $\overline{BC}$ ❷ 같다

확인 14 오른쪽 그림에서 $\square$ABCD가 원 O에 외접할 때, x의 값을 구하시오.

A, 6, D, 7, O, x, B, 9, C

개념 13 직각삼각형의 내접원

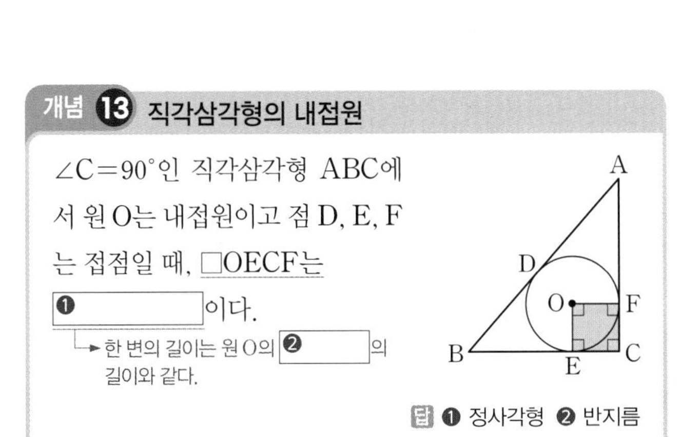

$\angle C=90^\circ$인 직각삼각형 ABC에서 원 O는 내접원이고 점 D, E, F는 접점일 때, $\square$OECF는

❶ [　　] 이다.

→ 한 변의 길이는 원 O의 ❷ [　　] 의 길이와 같다.

답 ❶ 정사각형 ❷ 반지름

확인 13 오른쪽 그림에서 원 O는 직각삼각형 ABC의 내접원이고 점 D, E, F는 접점이다. 원 O의 반지름의 길이를 r라 할 때, r의 값을 구하시오.

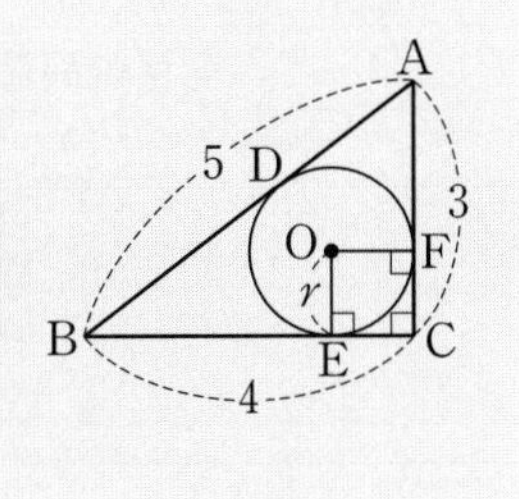

개념 15 원에 외접하는 사각형의 성질의 활용

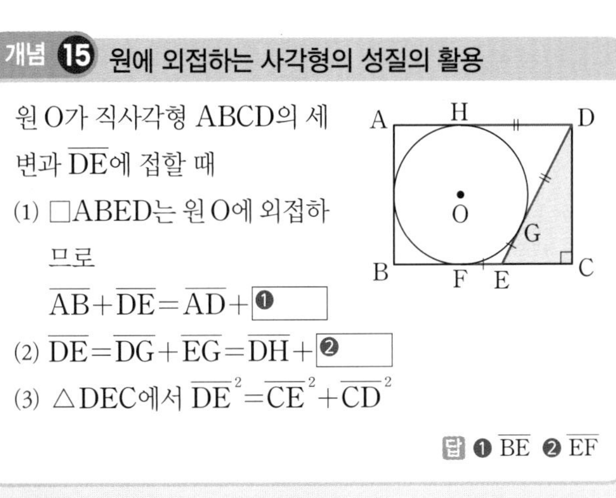

원 O가 직사각형 ABCD의 세 변과 $\overline{DE}$에 접할 때

(1) $\square$ABED는 원 O에 외접하므로

$\overline{AB}+\overline{DE}=\overline{AD}+$ ❶ [　　]

(2) $\overline{DE}=\overline{DG}+\overline{EG}=\overline{DH}+$ ❷ [　　]

(3) $\triangle$DEC에서 $\overline{DE}^2=\overline{CE}^2+\overline{CD}^2$

답 ❶ $\overline{BE}$ ❷ $\overline{EF}$

확인 15 오른쪽 그림에서 원 O가 직사각형 ABCD의 세 변과 $\overline{DE}$에 접할 때, 다음 물음에 답하시오.

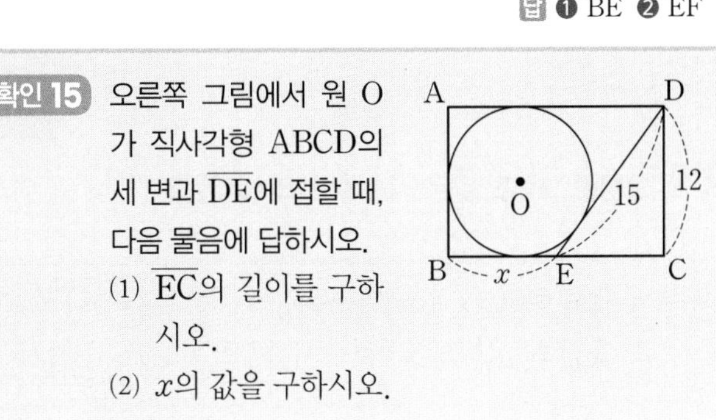

(1) $\overline{EC}$의 길이를 구하시오.

(2) x의 값을 구하시오.

2주 1일 개념 돌파 전략 2

1 열기구의 높이를 알아보기 위하여 오른쪽 그림과 같이 100 m 떨어진 두 지점 A, B에서 열기구가 있는 C 지점을 올려다본 각의 크기를 측정하였더니 각각 29°, 59°이었다. 다음 중 h의 값을 구하는 식은?

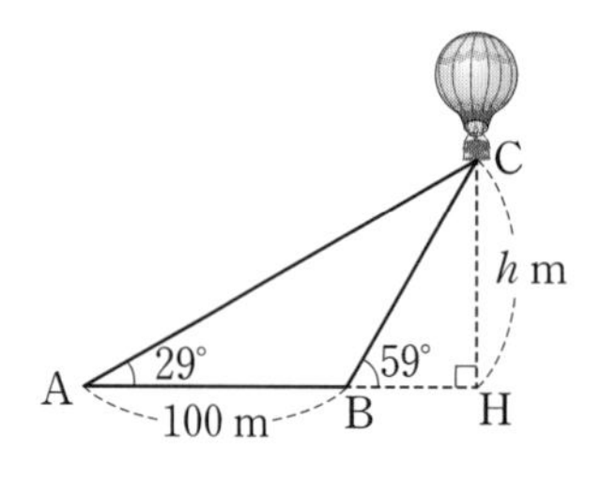

① $\dfrac{100}{\cos 61^\circ - \sin 31^\circ}$　② $\dfrac{100}{\tan 61^\circ - \tan 31^\circ}$

③ $\dfrac{100}{\cos 61^\circ - \cos 31^\circ}$　④ $\dfrac{\sin 61^\circ - \sin 31^\circ}{100}$

⑤ $\dfrac{\cos 61^\circ - \cos 31^\circ}{100}$

문제 해결 전략

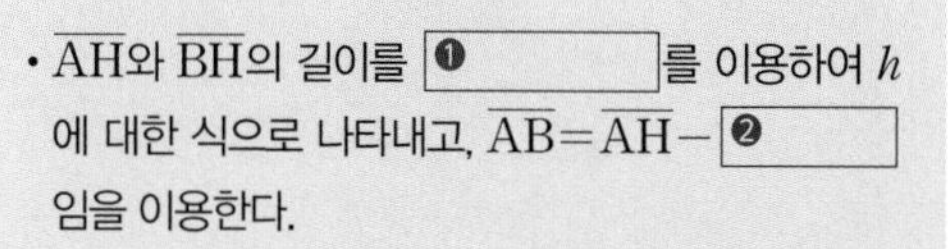

• $\overline{AH}$와 $\overline{BH}$의 길이를 ❶ [　　] 를 이용하여 h에 대한 식으로 나타내고, $\overline{AB}=\overline{AH}-$ ❷ [　　] 임을 이용한다.

답 ❶ 삼각비 ❷ $\overline{BH}$

2 오른쪽 그림과 같은 $\triangle ABC$의 넓이가 $24\sqrt{2}\ cm^2$이고 $\overline{BC}=16$ cm, $\angle B=135^\circ$일 때, $\overline{AB}$의 길이를 구하시오.

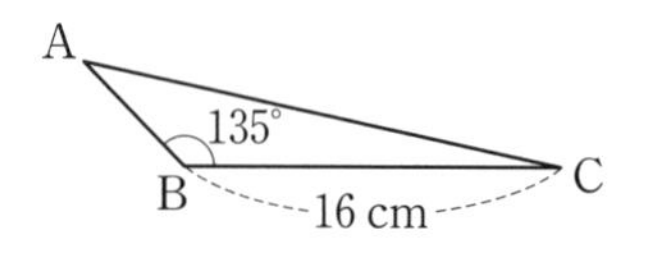

문제 해결 전략

• $\triangle ABC=\dfrac{1}{2}\times\overline{AB}\times\overline{BC}\times\sin($ ❶ [　　] $-B)$ 임을 이용하여 $\overline{AB}$의 길이를 구한다.

답 ❶ 180°

∠D의 크기를 구해 봐. □ABCD가 어떤 사각형인지 알 수 있어.

3 오른쪽 그림과 같은 □ABCD의 넓이는?

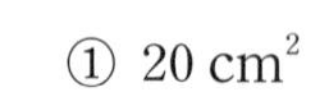

① $20\ cm^2$　② $20\sqrt{3}\ cm^2$

③ $40\sqrt{3}\ cm^2$　④ $60\ cm^2$

⑤ $80\sqrt{3}\ cm^2$

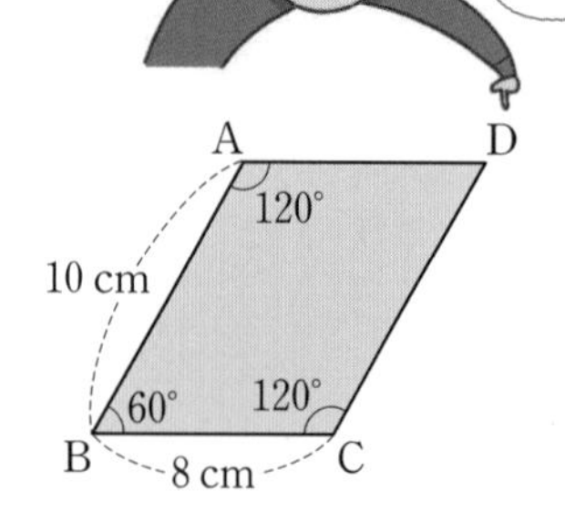

문제 해결 전략

• □ABCD의 내각의 크기의 합이 ❶ [　　] 임을 이용하여 ∠D의 크기를 구한다.
이때 두 쌍의 대각의 크기가 각각 같으면 □ABCD는 ❷ [　　] 이다.

답 ❶ 360° ❷ 평행사변형

4 오른쪽 그림과 같은 □ABCD의 넓이는?

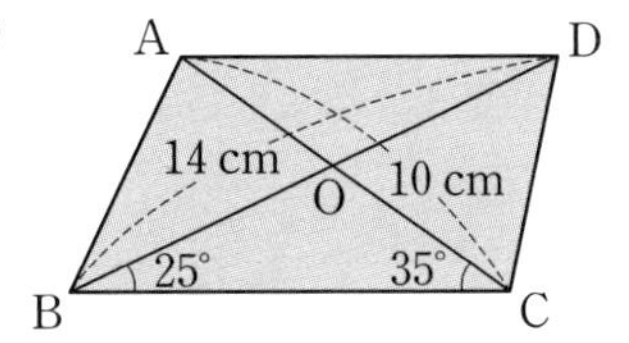

① 35 cm^2 ② $35\sqrt{2}\text{ cm}^2$
③ $35\sqrt{3}\text{ cm}^2$ ④ $45\sqrt{2}\text{ cm}^2$
⑤ $75\sqrt{3}\text{ cm}^2$

문제 해결 전략

- $\angle BOC=x$라 할 때, □ABCD의 넓이는
  $\frac{1}{2}\times\overline{AC}\times\overline{BD}\times\sin(180°-$ ❶ $)$

답 ❶ x

5 오른쪽 그림과 같이 원의 중심 O에서 $\overline{AB}$, $\overline{CD}$에 내린 수선의 발을 각각 M, N이라 하자. $\overline{CD}=14\text{ cm}$, $\overline{OM}=\overline{ON}=4\text{ cm}$일 때, x의 값은?

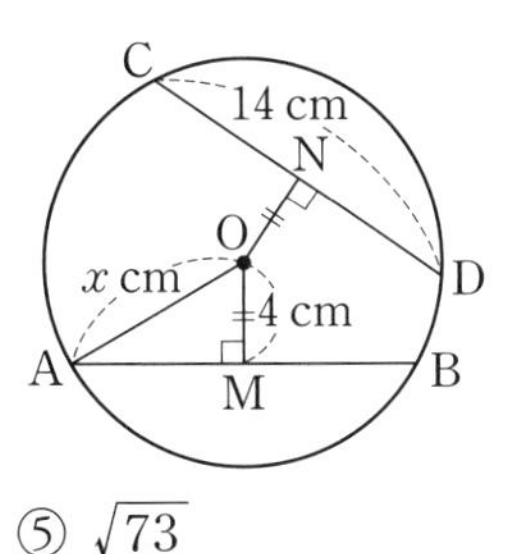

① $\sqrt{65}$ ② $\sqrt{67}$
③ $\sqrt{69}$ ④ $\sqrt{71}$ ⑤ $\sqrt{73}$

문제 해결 전략

- $\overline{OM}=\overline{ON}$이므로 $\overline{AB}=$ ❶
  이때 원의 중심에서 현에 그은 수선은 그 현을
  ❷ 함을 이용한다.

답 ❶ $\overline{CD}$ ❷ 이등분

6 오른쪽 그림과 같이 원 밖의 점 P에서 원 O에 그은 두 접선의 접점을 A, B라 하자. $\overline{PA}=5\text{ cm}$, $\angle P=30°$일 때, 다음 중 옳지 않은 것을 들고 있는 학생을 찾으시오.

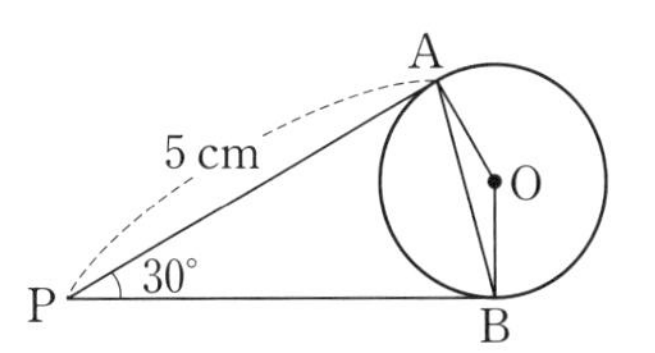

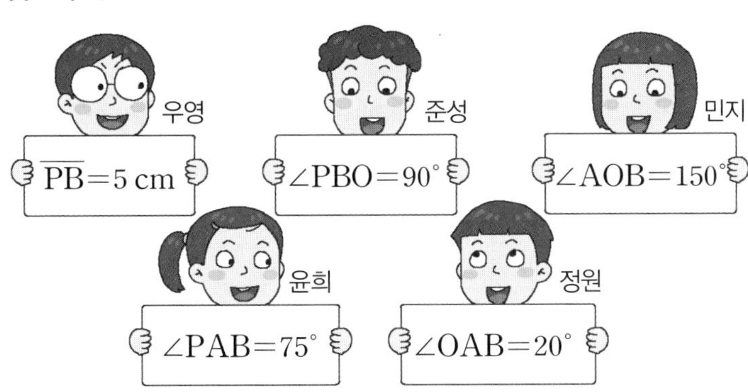

문제 해결 전략

- 다음 두 가지 성질을 이용한다.
  (1) 원의 접선은 그 접점을 지나는 반지름에 ❶ 이다.
  (2) 원 밖의 한 점에서 그은 두 ❷ 의 길이는 같다.

답 ❶ 수직 ❷ 접선

2주 2일 필수 체크 전략 1

핵심 예제 1

오른쪽 그림과 같이 2 m 떨어진 두 지점 B, C에서 건물의 꼭대기 A를 올려다본 각의 크기가 각각 $45°$와 $60°$일 때, 이 건물의 높이는?

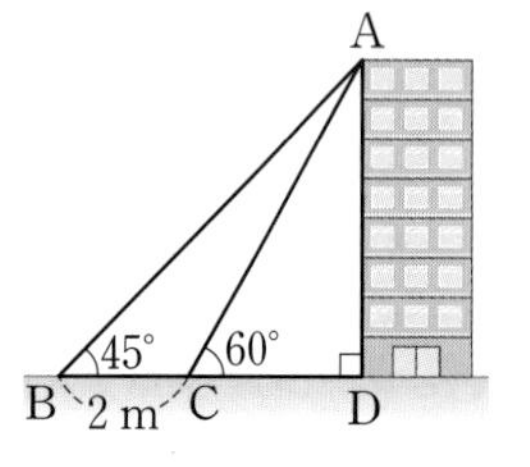

① $(\sqrt{3}-1)$ m　② $(3-\sqrt{3})$ m
③ $(1+\sqrt{3})$ m　④ $(3+\sqrt{3})$ m
⑤ $(6-2\sqrt{3})$ m

전략

$\overline{AD}=h$ m라 할 때, $\overline{BD}$와 $\overline{CD}$의 길이를 h에 대한 식으로 나타낸다.

풀이

$\overline{AD}=h$ m라 하면 $\angle BAD=45°$, $\angle CAD=30°$이므로

$\overline{BD}=h\tan 45°=h$ (m), $\overline{CD}=h\tan 30°=\frac{\sqrt{3}}{3}h$ (m)

$\overline{BC}=\overline{BD}-\overline{CD}$이므로 $2=h-\frac{\sqrt{3}}{3}h$

$\frac{3-\sqrt{3}}{3}h=2$　$\therefore h=\frac{6}{3-\sqrt{3}}=3+\sqrt{3}$

따라서 건물의 높이는 $(3+\sqrt{3})$ m이다.

답 ④

핵심 예제 2

오른쪽 그림과 같이 반지름의 길이가 10 cm인 반원 O에서 $\angle ABC=30°$일 때, 색칠한 부분의 넓이는?

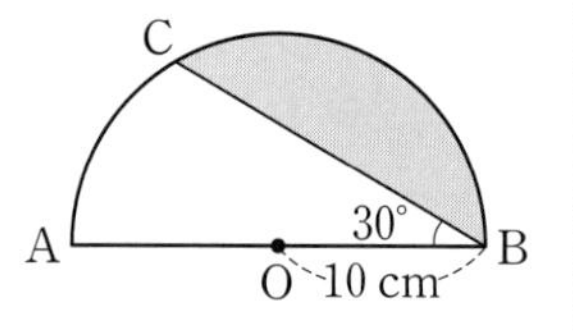

① $\frac{25}{3}\pi$ cm²　② $(25\pi-25\sqrt{3})$ cm²
③ $\frac{50}{3}\pi$ cm²　④ $\left(\frac{50}{3}\pi-25\right)$ cm²
⑤ $\left(\frac{100}{3}\pi-25\sqrt{3}\right)$ cm²

전략

$\overline{OC}$를 그으면 (색칠한 부분의 넓이)=(부채꼴 COB의 넓이)$-\triangle COB$

풀이

오른쪽 그림과 같이 $\overline{OC}$를 그으면

$\angle OCB=30°$이므로 $\angle COB=120°$

$\therefore$ (색칠한 부분의 넓이)

$=$(부채꼴 COB의 넓이)$-\triangle COB$

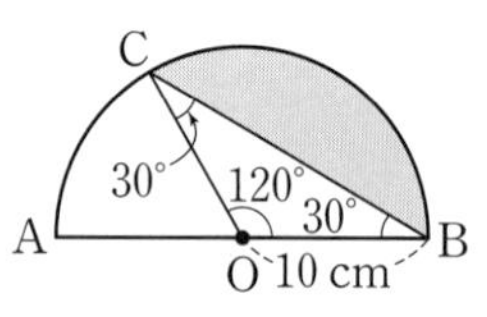

$=\pi\times10^2\times\frac{120}{360}-\frac{1}{2}\times10\times10\times\sin(180°-120°)$　→ $\sin 60°=\frac{\sqrt{3}}{2}$

$=\frac{100}{3}\pi-25\sqrt{3}$ (cm²)

답 ⑤

1-1

다음 그림과 같이 나무를 사이에 두고 두 지점 B, C에서 나무의 꼭대기 A를 올려다본 각의 크기가 각각 $45°$, $30°$이다. 두 지점 B, C 사이의 거리가 30 m일 때, 이 나무의 높이는?

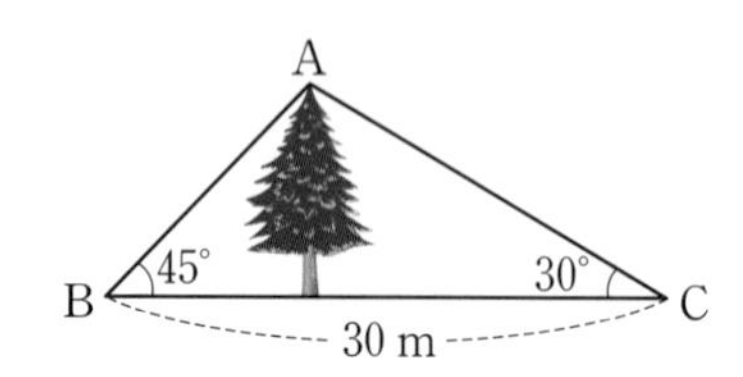

① $10(\sqrt{3}-\sqrt{2})$ m　② $2(\sqrt{3}+1)$ m
③ $15(\sqrt{3}-1)$ m　④ $8(3-\sqrt{3})$ m
⑤ $4(\sqrt{3}+\sqrt{2})$ m

2-1

오른쪽 그림과 같이 $\overline{AB}=8$, $\overline{BC}=9$인 $\triangle ABC$에서 $\cos B=\frac{1}{3}$일 때, $\triangle ABC$의 넓이를 구하시오.

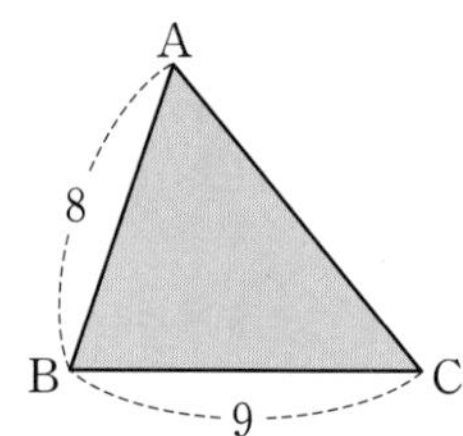

>> 정답과 풀이 14쪽

핵심 예제 3

오른쪽 그림과 같은 $\square$ABCD에서 $\overline{BC}=4$ cm, $\overline{CD}=2$ cm이고 $\angle B=90^\circ$, $\angle CAB=45^\circ$, $\angle ACD=60^\circ$일 때, $\square$ABCD의 넓이를 구하시오.

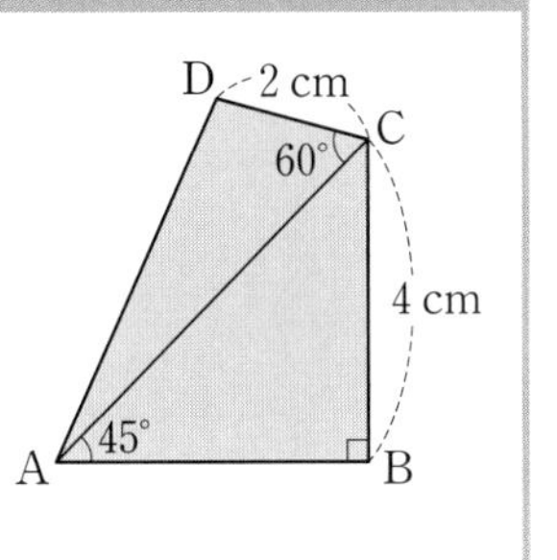

전략

$\square ABCD=\triangle ABC+\triangle ACD$

풀이

$\tan 45^\circ=\frac{4}{\overline{AB}}=1$이므로 $\overline{AB}=4$ (cm)

$\sin 45^\circ=\frac{4}{\overline{AC}}=\frac{\sqrt{2}}{2}$이므로 $\sqrt{2}\,\overline{AC}=8$ $\quad\therefore \overline{AC}=4\sqrt{2}$ (cm)

$\therefore \square ABCD=\triangle ABC+\triangle ACD$

$=\frac{1}{2}\times4\times4+\frac{1}{2}\times2\times4\sqrt{2}\times\sin 60^\circ$ ($\sin 60^\circ \to \frac{\sqrt{3}}{2}$)

$=8+2\sqrt{6}$ (cm²)

답 $(8+2\sqrt{6})$ cm²

3-1

오른쪽 그림과 같은 $\square$ABCD의 넓이는?

① $12\sqrt{3}$ cm² ② $13\sqrt{3}$ cm² ③ $14\sqrt{3}$ cm² ④ $15\sqrt{3}$ cm²

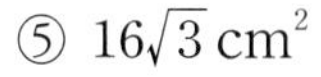

⑤ $16\sqrt{3}$ cm²

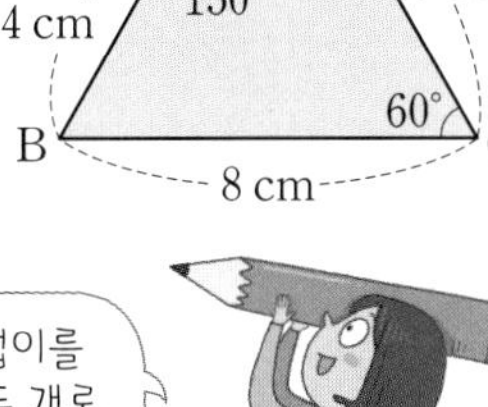

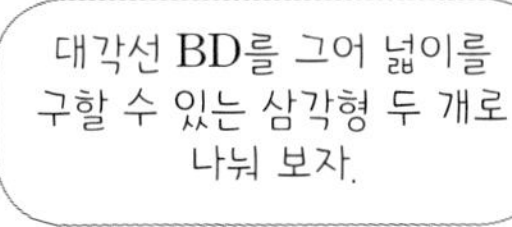

대각선 BD를 그어 넓이를
구할 수 있는 삼각형 두 개로
나눠 보자.

3-2

오른쪽 그림과 같이 $\overline{AB}=6\sqrt{3}$, $\overline{BC}=\overline{CD}=12$이고 $\angle B=90^\circ$, $\angle C=60^\circ$인 $\square$ABCD의 넓이를 구하시오.

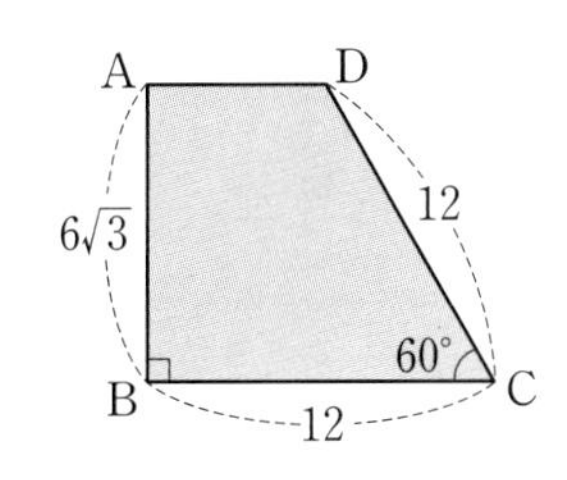

핵심 예제 4

오른쪽 그림과 같은 평행사변형 ABCD에서 점 M은 $\overline{BC}$의 중점이고 $\overline{AB}=6$ cm, $\overline{AD}=8$ cm, $\angle D=60^\circ$일 때, $\triangle$AMC의 넓이는?

① 6 cm² ② 8 cm² ③ $6\sqrt{3}$ cm²
④ 12 cm² ⑤ $8\sqrt{3}$ cm²

전략

(1) 평행사변형은 한 대각선에 의하여 넓이가 이등분된다.
(2) 높이가 같은 두 삼각형의 넓이의 비는 밑변의 길이의 비와 같다.

풀이

$\overline{DC}=\overline{AB}=6$ cm

$\therefore \triangle AMC=\frac{1}{2}\triangle ABC=\frac{1}{2}\times\frac{1}{2}\square ABCD$

$=\frac{1}{4}\square ABCD=\frac{1}{4}\times6\times8\times\sin 60^\circ$

$=\frac{1}{4}\times6\times8\times\frac{\sqrt{3}}{2}=6\sqrt{3}$ (cm²)

답 ③

대각선들아! 넓이가 같은
것끼리 분리시켜 줘.
평행사변형
우린 한 대각선에
의해 이등분!
우린 두 대각선에
의해 사등분!

4-1

오른쪽 그림과 같은 마름모 ABCD의 넓이가 $32\sqrt{2}$ cm²이고 $\angle A=135^\circ$일 때, 마름모 ABCD의 둘레의 길이를 구하시오.

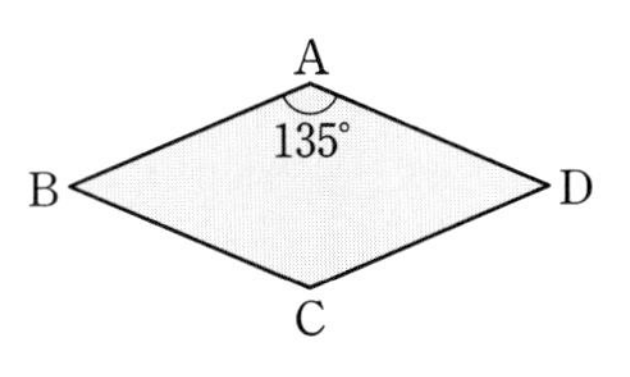

핵심 예제 5

오른쪽 그림과 같이 지름이 $\overline{AB}$인 원 O에서 $\overline{AB}\perp\overline{CD}$이고 $\overline{AM}=8$ cm, $\overline{BM}=4$ cm일 때, $\overline{CD}$의 길이를 구하시오.

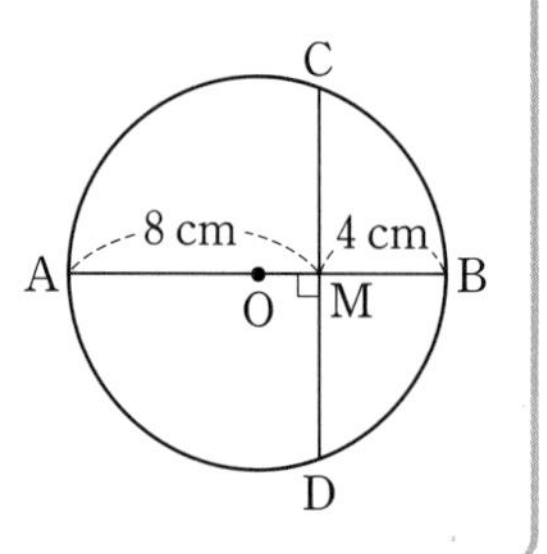

전략

원의 중심에서 현에 그은 수선은 그 현을 이등분함을 이용한다.

풀이

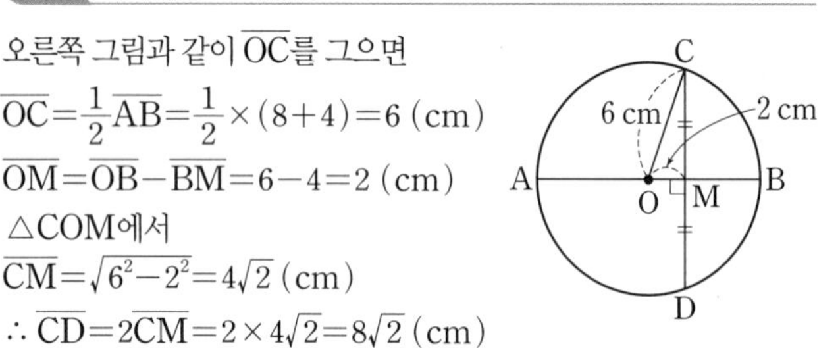

오른쪽 그림과 같이 $\overline{OC}$를 그으면

$\overline{OC}=\frac{1}{2}\overline{AB}=\frac{1}{2}\times(8+4)=6$ (cm)

$\overline{OM}=\overline{OB}-\overline{BM}=6-4=2$ (cm)

$\triangle$COM에서

$\overline{CM}=\sqrt{6^2-2^2}=4\sqrt{2}$ (cm)

$\therefore\ \overline{CD}=2\overline{CM}=2\times4\sqrt{2}=8\sqrt{2}$ (cm)

답 $8\sqrt{2}$ cm

핵심 예제 6

오른쪽 그림에서 $\overparen{AB}$는 원의 일부분이다. $\overline{AD}=\overline{BD}$, $\overline{AB}\perp\overline{CD}$이고 $\overline{AB}=8$ cm, $\overline{CD}=3$ cm일 때, 이 원의 반지름의 길이를 구하시오.

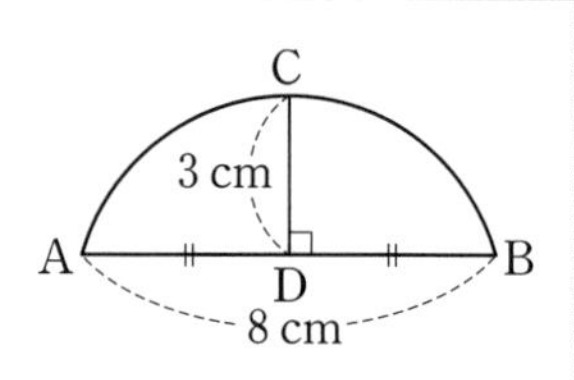

전략

원에서 현의 수직이등분선은 그 원의 중심을 지남을 이용한다.

풀이

$\overline{AB}\perp\overline{CD}$, $\overline{AD}=\overline{BD}$이므로

$\overline{CD}$의 연장선은 오른쪽 그림과 같이 원의 중심 O를 지난다.

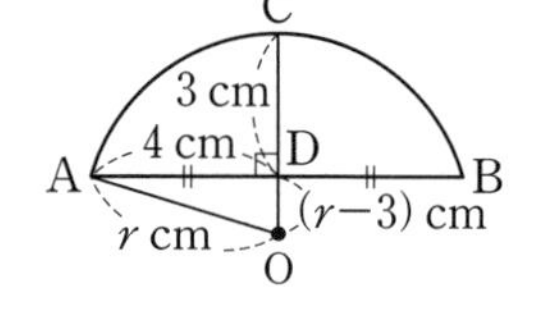

원의 반지름의 길이를 r cm라 하면

$\overline{OA}=r$ cm, $\overline{OD}=r-3$ (cm)

$\overline{AD}=\frac{1}{2}\overline{AB}=\frac{1}{2}\times8=4$ (cm)이므로 $\triangle$AOD에서

$r^2=4^2+(r-3)^2$, $6r=25$ $\quad\therefore\ r=\frac{25}{6}$

따라서 원의 반지름의 길이는 $\frac{25}{6}$ cm이다.

답 $\frac{25}{6}$ cm

5-1

오른쪽 그림의 원 O에서 $\overline{AB}\perp\overline{OC}$이고 $\overline{AB}=12$ cm, $\overline{CM}=3$ cm일 때, 원 O의 반지름의 길이를 구하시오.

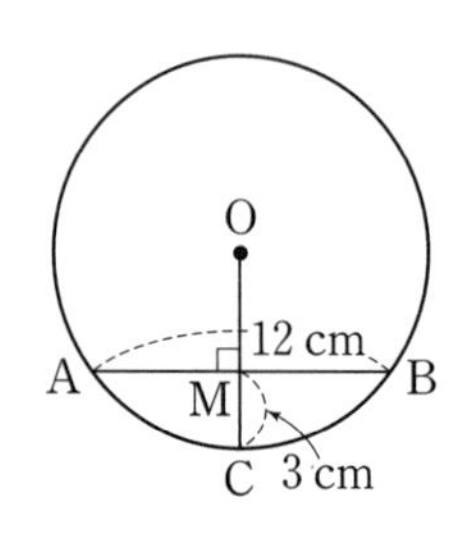

5-2

오른쪽 그림과 같이 지름이 $\overline{CD}$인 원 O에서 $\overline{AB}\perp\overline{CD}$이고 $\overline{CD}=30$ cm, $\overline{CM}=6$ cm일 때, $\overline{AB}$의 길이를 구하시오.

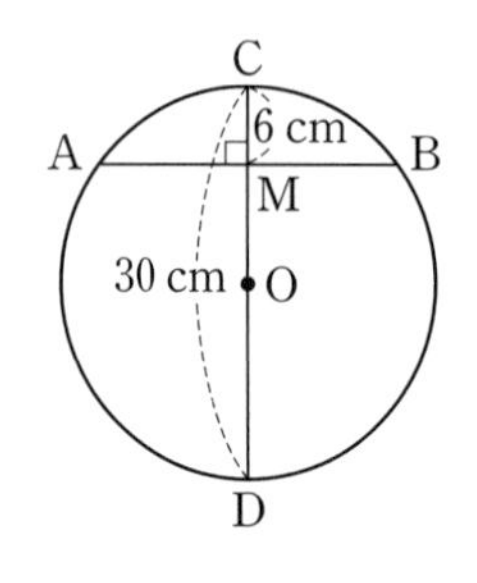

6-1

다음을 읽고 원래 원 모양이었던 접시의 반지름의 길이를 구하시오.

핵심 예제 7

오른쪽 그림과 같이 반지름의 길이가 8 cm인 원 모양의 종이를 원 위의 한 점이 원의 중심 O와 겹치도록 접었다. 이때 $\overline{AB}$의 길이를 구하시오.

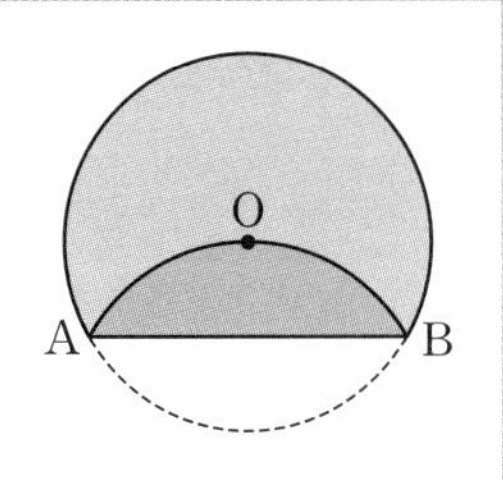

전략

원의 중심 O에서 현 AB에 수선을 그어 직각삼각형을 만든다.

풀이

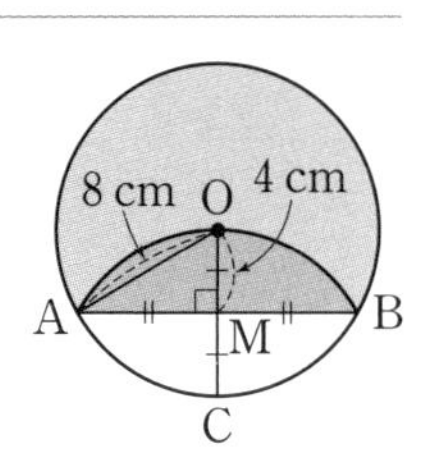

오른쪽 그림과 같이 원의 중심 O에서 $\overline{AB}$에 내린 수선의 발을 M, $\overline{OM}$의 연장선이 $\widehat{AB}$와 만나는 점을 C라 하면

$\overline{OA}=\overline{OC}=8\text{ cm}$이므로

$\overline{OM}=\overline{CM}=\frac{1}{2}\overline{OC}=\frac{1}{2}\times 8=4\ (\text{cm})$

$\triangle OAM$에서 $\overline{AM}=\sqrt{8^2-4^2}=4\sqrt{3}\ (\text{cm})$

$\therefore \overline{AB}=2\overline{AM}=2\times 4\sqrt{3}=8\sqrt{3}\ (\text{cm})$

답 $8\sqrt{3}\text{ cm}$

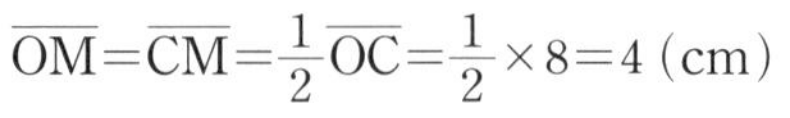

원에서 접었던 부분을 펼쳐 보면 해결 방법이 금방 보이네.

내 전부를 보여 주겠어.
짜잔~

7-1

오른쪽 그림과 같이 원 모양의 종이를 원 위의 한 점이 원의 중심 O와 겹치도록 $\overline{AB}$를 접는 선으로 하여 접었더니 $\overline{AB}=16\text{ cm}$이었다. 이때 원 모양의 종이의 반지름의 길이를 구하시오.

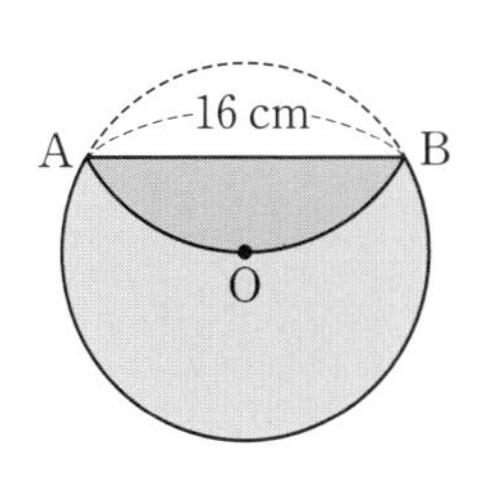

핵심 예제 8

오른쪽 그림과 같이 원 O에 $\triangle ABC$가 내접하고 있다. $\overline{OM}=\overline{ON}$이고 $\angle C=68°$일 때, $\angle B$의 크기는?

① $53°$　② $56°$　③ $60°$　④ $65°$　⑤ $70°$

전략

한 원에서 원의 중심으로부터 같은 거리에 있는 두 현의 길이는 같음을 이용한다.

풀이

$\overline{OM}=\overline{ON}$이므로 $\overline{BC}=\overline{AC}$

즉 $\triangle ABC$는 이등변삼각형이므로

$\angle B=\frac{1}{2}\times(180°-68°)=56°$

답 ②

8-1

오른쪽 그림과 같이 원의 중심 O에서 $\overline{AB}$, $\overline{CD}$에 내린 수선의 발을 각각 M, N이라 하자. $\overline{AB}=8\text{ cm}$, $\overline{OC}=5\text{ cm}$, $\overline{DN}=4\text{ cm}$일 때, $\overline{OM}$의 길이는?

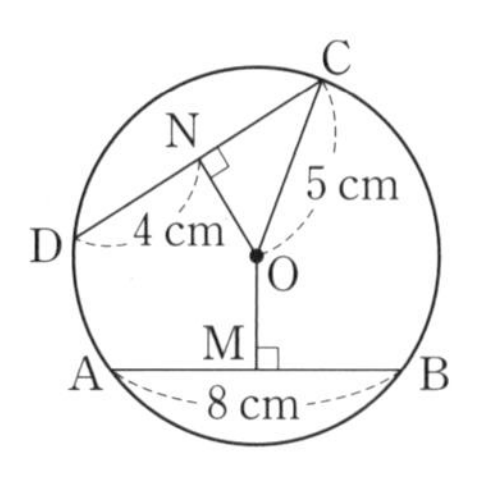

① $2\sqrt{2}\text{ cm}$　② 3 cm　③ $3\sqrt{2}\text{ cm}$
④ 4 cm　⑤ $3\sqrt{3}\text{ cm}$

8-2

오른쪽 그림의 원 O에서 $\overline{AB}\perp\overline{OM}$, $\overline{AC}\perp\overline{ON}$, $\overline{OM}=\overline{ON}$이고 $\angle MON=130°$일 때, $\angle C$의 크기를 구하시오.

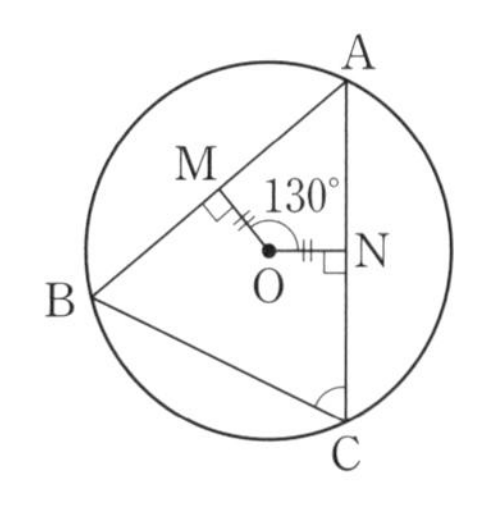

2주 2일 필수 체크 전략 2

1 오른쪽 그림과 같은 두 직각삼각형 ABC, DBC에서 $\overline{AB}=2$, $\angle DBC=45^\circ$, $\angle ACB=30^\circ$일 때, $\triangle EBC$의 넓이는?

① $3\sqrt{3}+3$　② $3\sqrt{3}-3$　③ $3+\sqrt{3}$
④ $3-\sqrt{3}$　⑤ $\sqrt{3}+1$

Tip

점 E에서 $\overline{BC}$에 내린 수선의 발을 H라 하면

$\triangle EBC=\frac{1}{2}\times\overline{BC}\times$ ❶ [　　]

이때 $\overline{BC}$의 길이는 $\triangle ABC$에서 ❷ [　　]의 삼각비를 이용하여 구한다.

답 ❶ $\overline{EH}$ ❷ 30°

2 다음 그림의 $\triangle ABC$에서 $\overline{AD}$는 $\angle A$의 이등분선이고 $\angle A=120^\circ$, $\overline{AB}=6$ cm, $\overline{AC}=4$ cm일 때, $\overline{AD}$의 길이를 구하시오.

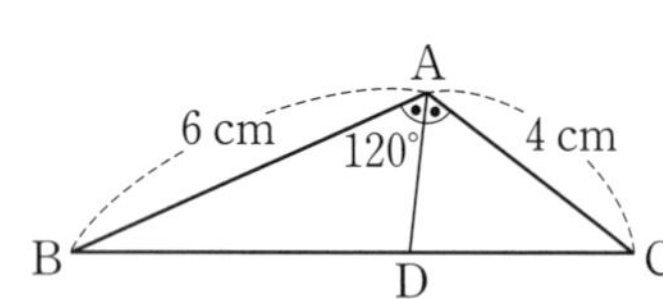

Tip

$\overline{AD}=x$ cm로 놓고 $\triangle ABC=\triangle ABD+$ ❶ [　　]임을 이용하여 x의 값을 구한다.

답 ❶ $\triangle ADC$

3 다음 그림과 같이 반지름의 길이가 10 cm인 원 O에 내접하는 정육각형 ABCDEF의 넓이를 구하시오.

Tip

원의 중심 O와 정육각형의 각 꼭짓점을 연결하면 정육각형은 합동인 이등변삼각형 ❶ [　　]개로 나누어진다.

답 ❶ 6

4 오른쪽 그림과 같은 평행사변형 ABCD에서 $\angle BAD : \angle ADC=3:1$이고 $\overline{BC}=12$ cm, $\overline{CD}=9$ cm일 때, $\triangle OCD$의 넓이를 구하시오.

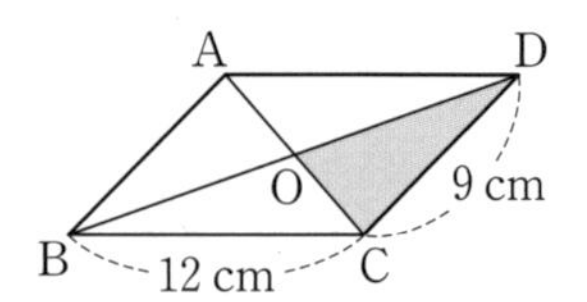

Tip

□ABCD가 평행사변형이므로 $\angle BAD+\angle ADC=$ ❶ [　　]

$\therefore \angle BAD=\frac{3}{3+1}\times180^\circ$, $\angle ADC=\frac{❷\ [\ \ ]}{3+1}\times180^\circ$

답 ❶ 180° ❷ 1

5 오른쪽 그림과 같이 $\overline{AC}=8$, $\overline{BD}=9$인 □ABCD의 넓이가 $18\sqrt{3}$일 때, 두 대각선이 이루는 예각의 크기는?

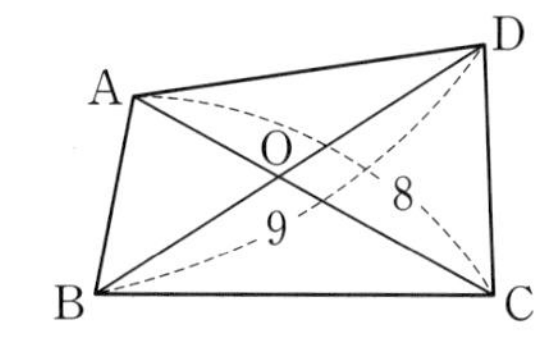

① 30° ② 45° ③ 60°
④ 75° ⑤ 80°

Tip

두 대각선이 이루는 예각의 크기를 x라 하면

□ABCD$=\frac{1}{2}\times\overline{AC}\times\overline{BD}\times$ ❶

임을 이용한다.

답 ❶ $\sin x$

6 오른쪽 그림에서 $\overline{AB}$는 원 O의 지름이다. $\overline{AB}=16$ cm, $\overline{CD}=4\sqrt{3}$ cm이고 $\overline{AB}\,/\!/\,\overline{CD}$일 때, △COD의 넓이는?

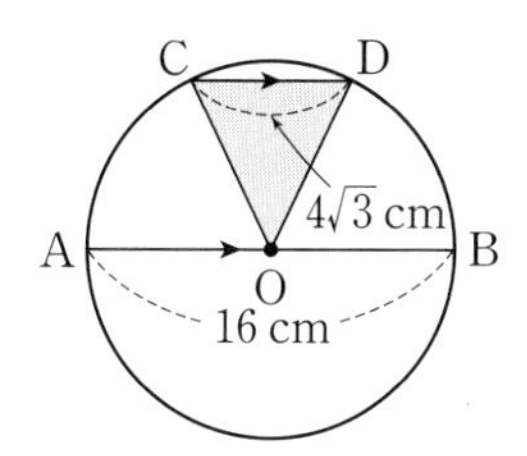

① 24 cm² ② $4\sqrt{38}$ cm² ③ $4\sqrt{39}$ cm²
④ $8\sqrt{10}$ cm² ⑤ $4\sqrt{41}$ cm²

Tip

원의 중심에서 현에 그은 수선은 그 현을 ❶ 하므로 원의 중심 O에서 $\overline{CD}$에 내린 수선의 발을 H라 하면 $\overline{CH}=$ ❷ 이다.

답 ❶ 이등분 ❷ $\overline{DH}$

7 오른쪽 그림과 같이 $\overline{AB}=\overline{AC}$인 이등변삼각형 ABC가 원 O에 내접한다. 원 O의 반지름의 길이가 5 cm이고 $\overline{BC}=8$ cm일 때, $\overline{AC}$의 길이를 구하시오.

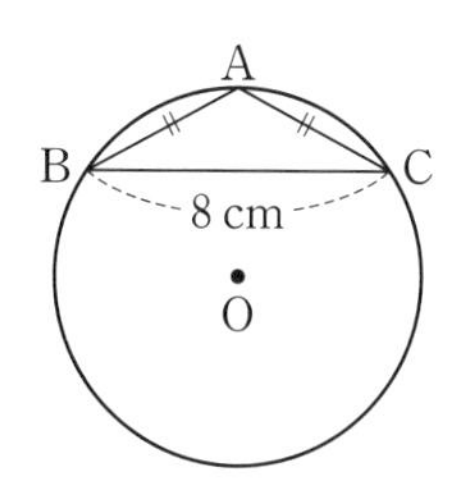

Tip

꼭짓점 A에서 $\overline{BC}$에 그은 수선은 $\overline{BC}$를 ❶ 하고, 원의 중심 ❷ 를 지난다.

답 ❶ 이등분 ❷ O

이등변삼각형에서 다음은 모두 일치해.

(꼭지각의 이등분선)
=(밑변의 수직이등분선)
=(꼭지각의 꼭짓점에서 밑변에 그은 수선)
=(꼭지각의 꼭짓점과 밑변의 중점을 이은 선분)

8 오른쪽 그림과 같이 원 O가 △ABC에 외접하고 $\overline{OL}=\overline{OM}=\overline{ON}$이다. $\overline{AC}=24$ cm일 때, 원 O의 반지름의 길이는?

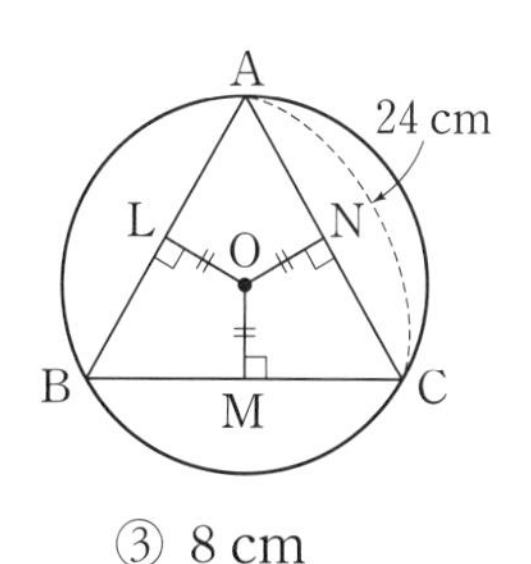

① $4\sqrt{2}$ cm ② $4\sqrt{3}$ cm ③ 8 cm
④ $8\sqrt{2}$ cm ⑤ $8\sqrt{3}$ cm

Tip

$\overline{OL}=\overline{OM}=\overline{ON}$이므로 $\overline{AB}=\overline{BC}=\overline{CA}$

즉 △ABC는 ❶ 이다.

또 $\overline{ON}\perp\overline{AC}$이므로 $\overline{AN}=$ ❷

답 ❶ 정삼각형 ❷ $\overline{CN}$

2주 3일 필수 체크 전략 1

핵심 예제 1

오른쪽 그림에서 $\overrightarrow{PA}$, $\overrightarrow{PB}$는 원 O의 접선이고 두 점 A, B는 접점이다. $\overline{AC}$가 원 O의 지름이고 $\angle BAC=24°$일 때, $\angle P$의 크기는?

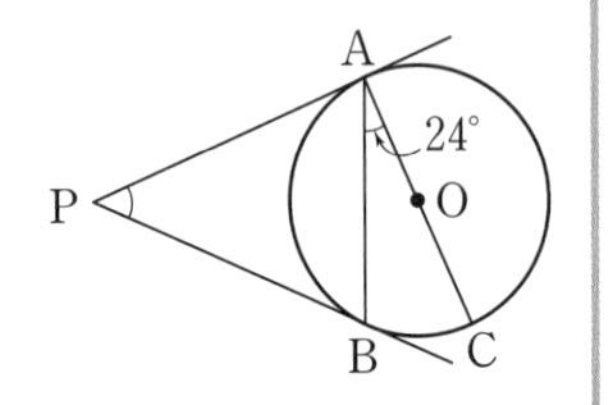

① $44°$　② $46°$　③ $48°$
④ $50°$　⑤ $52°$

전략

$\angle PAO=90°$이고 $\overline{PA}=\overline{PB}$임을 이용한다.

풀이

$\angle PAO=90°$이므로 $\angle PAB=90°-24°=66°$
$\overline{PA}=\overline{PB}$에서 $\triangle PBA$는 이등변삼각형이므로
$\angle P=180°-2\times 66°=48°$

답 ③

$\overline{PA}=\overline{PB}$이므로 $\triangle PBA$는 이등변삼각형!

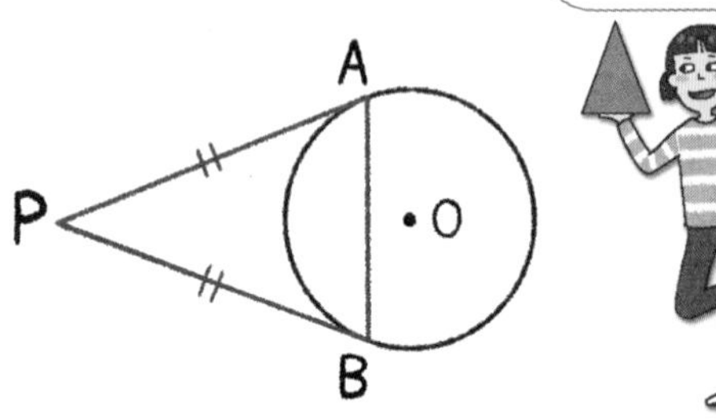

핵심 예제 2

오른쪽 그림에서 $\overrightarrow{PA}$, $\overrightarrow{PB}$는 원 O의 접선이고 두 점 A, B는 접점이다. 점 C는 원 O와 $\overline{OP}$의 교점이고 $\overline{PA}=8$, $\overline{PC}=4\sqrt{2}$일 때, 원 O의 반지름의 길이는?

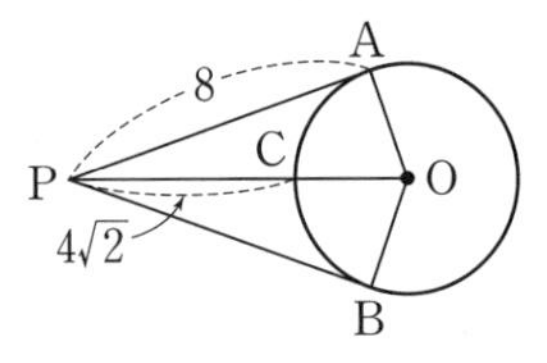

① 2　② $2\sqrt{2}$　③ 3
④ $2\sqrt{3}$　⑤ 4

전략

$\angle PAO=90°$이므로 $\triangle APO$에서 피타고라스 정리를 이용한다.

풀이

$\angle PAO=90°$이므로 $\triangle APO$는 직각삼각형이다.
원 O의 반지름의 길이를 r라 하면
$\overline{OA}=\overline{OC}=r$
$\triangle APO$에서 $8^2+r^2=(4\sqrt{2}+r)^2$
$8\sqrt{2}r=32$　$\therefore r=2\sqrt{2}$

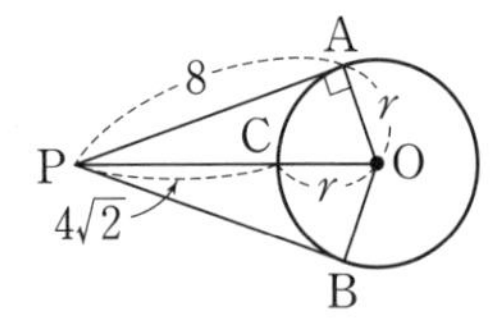

답 ②

1-1

다음 그림에서 두 점 A, B는 점 P에서 반지름의 길이가 6 cm인 원 O에 그은 두 접선의 접점이다. $\angle PAB=75°$일 때, 색칠한 부분의 넓이는?

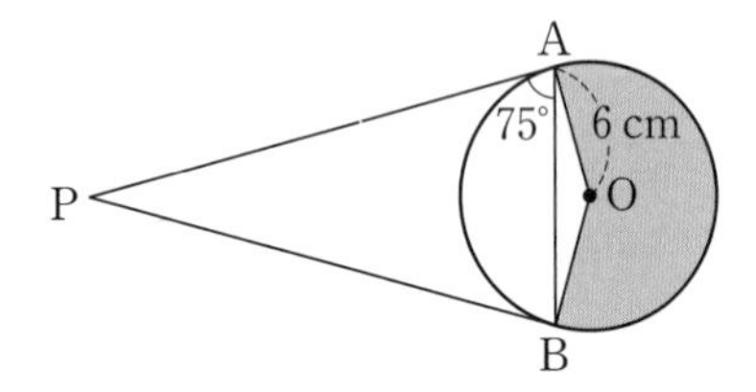

① 12π cm^2　② 15π cm^2　③ 18π cm^2
④ 21π cm^2　⑤ 24π cm^2

2-1

오른쪽 그림에서 $\overrightarrow{PA}$, $\overrightarrow{PB}$는 원 O의 접선이고 두 점 A, B는 접점이다. $\angle AOB=120°$, $\overline{OA}=12$ cm일 때, 다음 중 옳지 않은 것은?

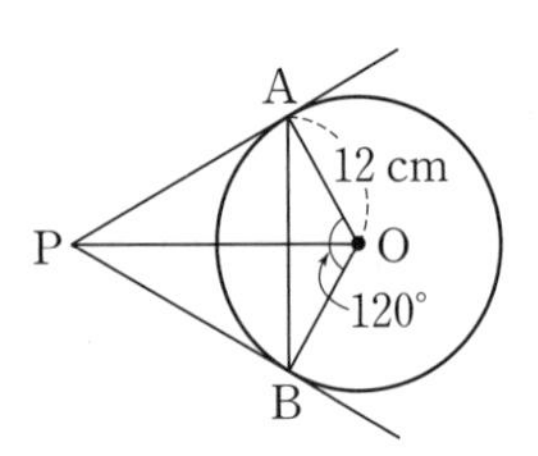

① $\angle APB=60°$
② $\angle APO=\angle OAB=30°$
③ $\overline{PO}=24$ cm
④ $\overline{PA}=12\sqrt{3}$ cm
⑤ $\overline{AB}=12\sqrt{2}$ cm

핵심 예제 3

다음 그림에서 $\overline{AD}$, $\overline{BC}$, $\overline{AF}$는 원 O의 접선이고 점 D, E, F는 접점이다. $\overline{AB}=6$ cm, $\overline{AC}=8$ cm, $\overline{BC}=4$ cm일 때, $\overline{BD}$의 길이는?

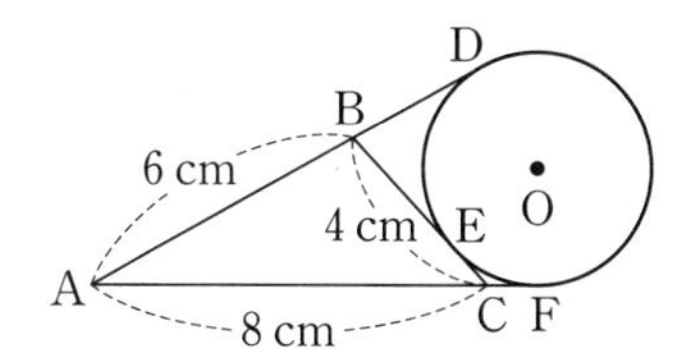

① $\frac{12}{5}$ cm ② $\frac{13}{5}$ cm ③ $\frac{14}{5}$ cm
④ 3 cm ⑤ $\frac{16}{5}$ cm

전략

원 밖의 한 점에서 그 원에 그은 두 접선의 길이는 같음을 이용한다.

풀이

$\overline{BD}=\overline{BE}$, $\overline{CE}=\overline{CF}$이므로

$$\begin{aligned}\overline{AD}+\overline{AF}&=\overline{AB}+\overline{BD}+\overline{AC}+\overline{CF}\\&=\overline{AB}+\overline{BE}+\overline{AC}+\overline{CE}\\&=\overline{AB}+\overline{BC}+\overline{AC}\\&=6+4+8=18\ (\text{cm})\end{aligned}$$

$\overline{AD}=\overline{AF}$이므로 $\overline{AD}=\frac{1}{2}\times 18=9$ (cm)

$\therefore \overline{BD}=\overline{AD}-\overline{AB}=9-6=3$ (cm)

답 ④

핵심 예제 4

오른쪽 그림에서 $\overline{AB}$는 반원 O의 지름이고 $\overline{AD}$, $\overline{BC}$, $\overline{CD}$는 반원에 접한다. $\overline{AD}=6$ cm, $\overline{BC}=3$ cm일 때, 반원 O의 지름 AB의 길이는? (단, 점 E는 접점이다.)

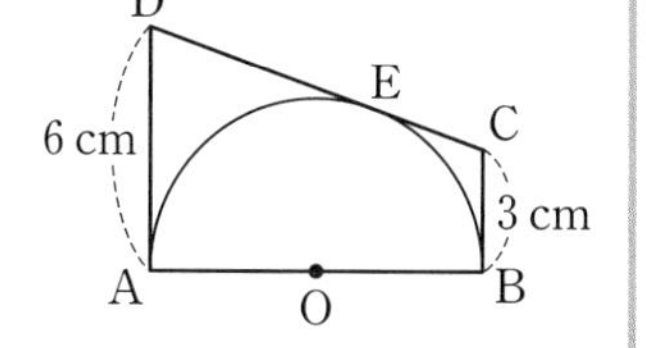

① 6 cm ② $5\sqrt{2}$ cm ③ $6\sqrt{2}$ cm
④ $6\sqrt{3}$ cm ⑤ $6\sqrt{5}$ cm

전략

꼭짓점 C에서 $\overline{AD}$에 수선을 그어 직각삼각형을 만든다.

풀이

$\overline{DE}=\overline{DA}=6$ cm, $\overline{CE}=\overline{CB}=3$ cm이므로

$\overline{CD}=\overline{CE}+\overline{DE}=3+6=9$ (cm)

오른쪽 그림과 같이 꼭짓점 C에서 $\overline{AD}$에 내린 수선의 발을 H라 하면 $\overline{HA}=\overline{BC}=3$ cm이므로

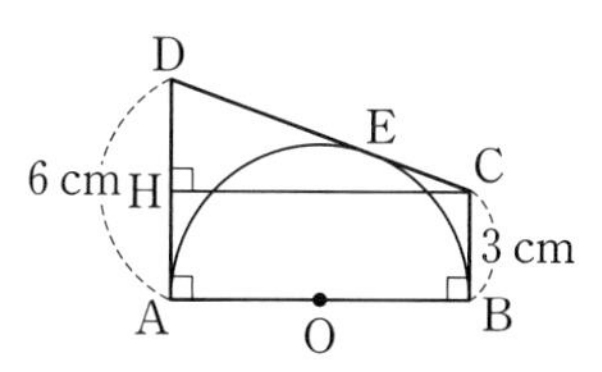

$\overline{DH}=6-3=3$ (cm)

△DHC에서

$\overline{AB}=\overline{HC}=\sqrt{9^2-3^2}=6\sqrt{2}$ (cm)

답 ③

3-1

오른쪽 그림에서 $\overrightarrow{AD}$, $\overrightarrow{AF}$, $\overline{BC}$는 원 O의 접선이고 점 D, E, F는 접점이다. $\overline{AB}=13$ cm, $\overline{AC}=11$ cm, $\overline{AF}=17$ cm일 때, $\overline{BC}$의 길이는?

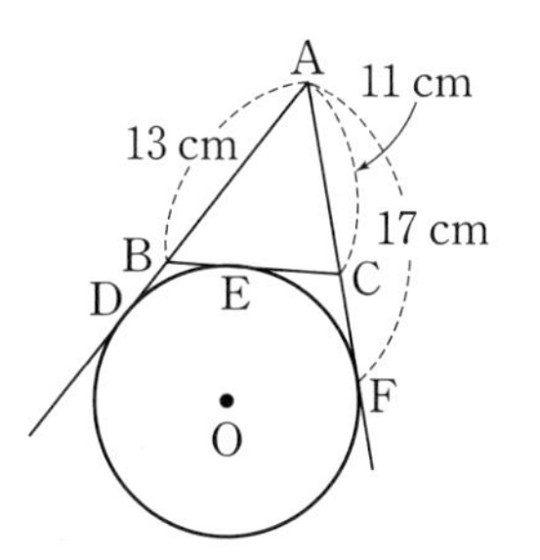

① 9 cm ② $\frac{19}{2}$ cm
③ 10 cm ④ $\frac{21}{2}$ cm
⑤ 11 cm

4-1

오른쪽 그림에서 $\overline{BC}$는 반원 O의 지름이고 $\overline{AB}$, $\overline{AD}$, $\overline{DC}$는 반원에 접한다. $\overline{AB}=8$ cm, $\overline{CD}=2$ cm일 때, □ABCD의 넓이를 구하시오.

(단, 점 E는 접점이다.)

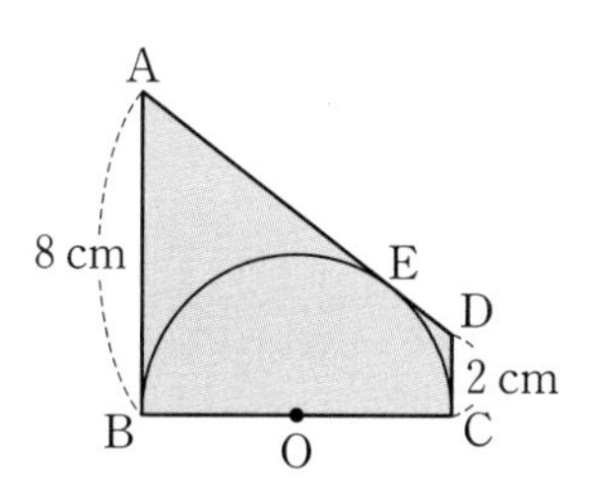

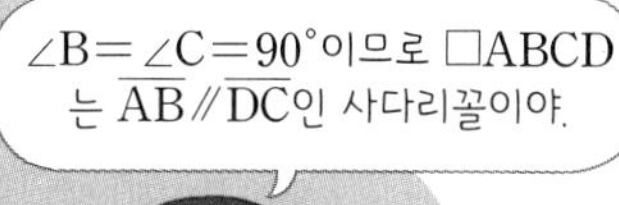

넓이를 구하려면 □ABCD가 어떤 도형인지 알아야 돼.
∠B=∠C=90°이므로 □ABCD는 $\overline{AB}$∥$\overline{DC}$인 사다리꼴이야.

핵심 예제 5

오른쪽 그림에서 원 O는 $\triangle ABC$의 내접원이고 점 D, E, F는 접점이다. $\overline{AB}=15$ cm, $\overline{BC}=16$ cm, $\overline{AC}=14$ cm일 때, $\overline{CE}$의 길이를 구하시오.

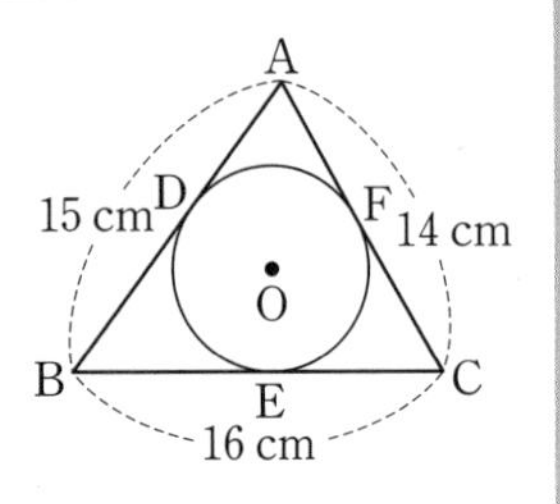

전략

$\overline{AD}=\overline{AF}$, $\overline{BD}=\overline{BE}$, $\overline{CE}=\overline{CF}$임을 이용한다.

풀이

$\overline{CE}=\overline{CF}=x$ cm라 하면

$\overline{AD}=\overline{AF}=14-x$ (cm), $\overline{BD}=\overline{BE}=16-x$ (cm)

$\overline{AB}=\overline{AD}+\overline{BD}$이므로 $15=(14-x)+(16-x)$

$2x=15 \quad \therefore x=\dfrac{15}{2}$

따라서 $\overline{CE}$의 길이는 $\dfrac{15}{2}$ cm이다.

답 $\dfrac{15}{2}$ cm

5-1

오른쪽 그림에서 원 O는 $\triangle ABC$의 내접원이고 점 D, E, F는 접점이다. $\overline{AB}=10$ cm, $\overline{BC}=12$ cm, $\overline{CA}=8$ cm일 때, $\overline{BD}$의 길이는?

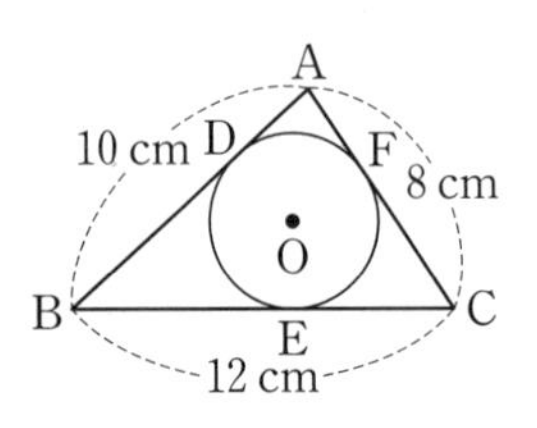

① 5 cm　② $\dfrac{11}{2}$ cm　③ 6 cm

④ $\dfrac{13}{2}$ cm　⑤ 7 cm

5-2

오른쪽 그림에서 원 O는 $\triangle ABC$의 내접원이고 점 D, E, F는 접점이다. $\triangle ABC$의 둘레의 길이가 30 cm일 때, $\overline{AD}$의 길이를 구하시오.

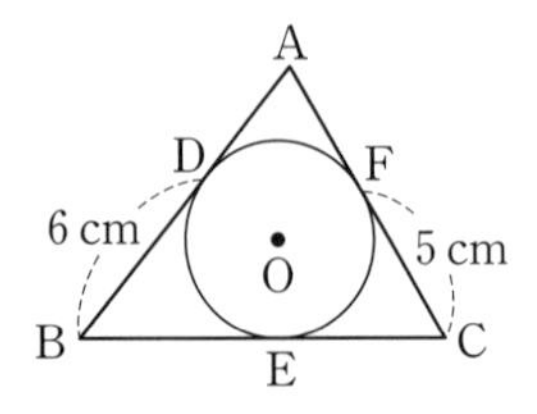

핵심 예제 6

오른쪽 그림에서 원 O는 직각삼각형 ABC의 내접원이고 점 D, E, F는 접점이다. $\overline{AB}=17$ cm, $\overline{AC}=13$ cm 일 때, 원 O의 반지름의 길이를 구하시오.

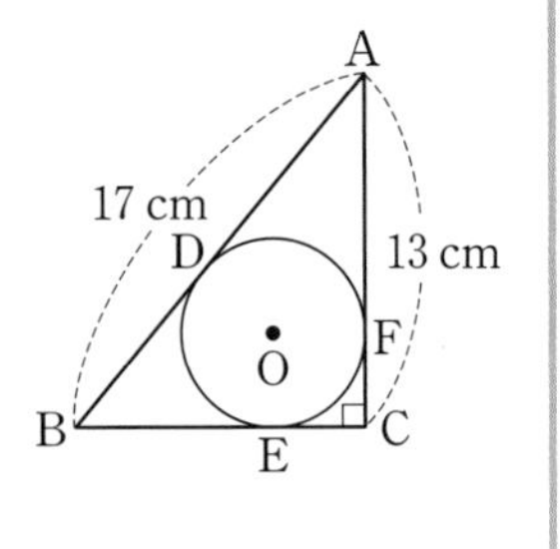

전략

$\overline{OE}$, $\overline{OF}$를 그으면 □OECF는 정사각형이다.

풀이

$\triangle ABC$에서 $\overline{BC}=\sqrt{17^2-13^2}=2\sqrt{30}$ (cm)

오른쪽 그림과 같이 $\overline{OE}$, $\overline{OF}$를 긋고

원 O의 반지름의 길이를 r cm라 하면

$\overline{CE}=\overline{CF}=r$ cm이므로

$\overline{AD}=\overline{AF}=13-r$ (cm)

$\overline{BD}=\overline{BE}=2\sqrt{30}-r$ (cm)

$\overline{AB}=\overline{AD}+\overline{BD}$이므로

$17=(13-r)+(2\sqrt{30}-r)$

$2r=2\sqrt{30}-4 \quad \therefore r=\sqrt{30}-2$

따라서 원 O의 반지름의 길이는 $(\sqrt{30}-2)$ cm이다.

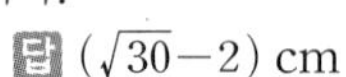

답 $(\sqrt{30}-2)$ cm

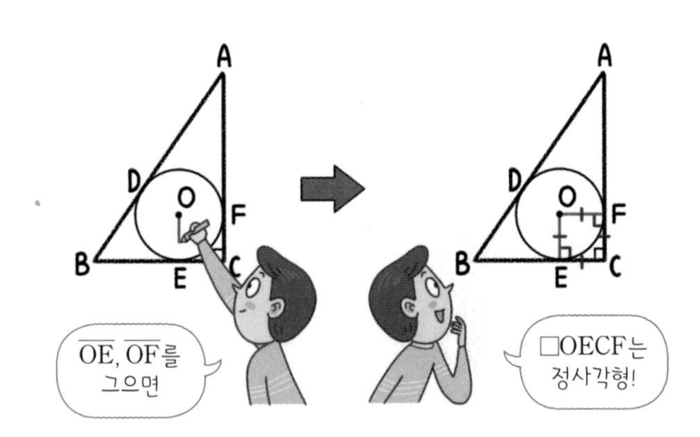

6-1

오른쪽 그림에서 원 O는 직각삼각형 ABC의 내접원이고 점 D, E, F는 접점이다. $\overline{AC}=10$ cm, $\overline{BC}=6$ cm일 때, $\overline{AO}$의 길이를 구하시오.

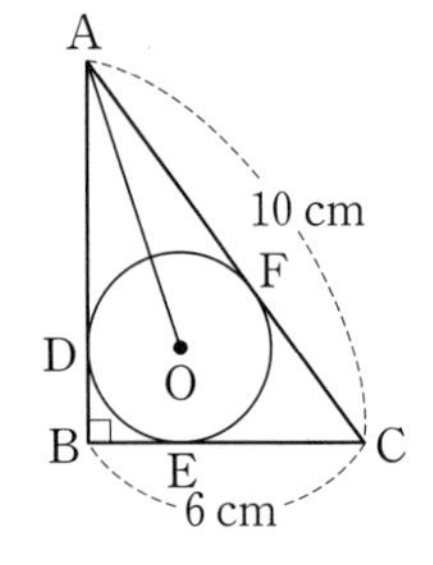

핵심 예제 7

오른쪽 그림과 같이 $\square$ABCD는 원 O에 외접하고 $\overline{AB}=7\text{ cm}$, $\overline{CD}=9\text{ cm}$이다. $\overline{AD}:\overline{BC}=1:3$일 때, $\overline{BC}$의 길이를 구하시오.

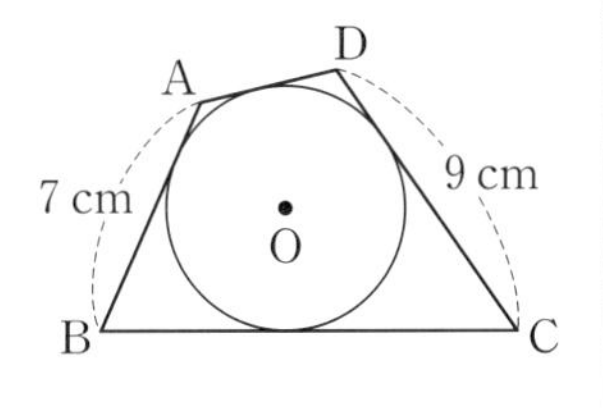

전략

원 O에 외접하는 $\square$ABCD에서 $\overline{AB}+\overline{DC}=\overline{AD}+\overline{BC}$이다.

풀이

$\overline{AD}:\overline{BC}=1:3$이므로 $\overline{BC}=3\overline{AD}$
$\square$ABCD가 원 O에 외접하므로
$\overline{AB}+\overline{DC}=\overline{AD}+\overline{BC}$
$7+9=\overline{AD}+3\overline{AD}$
$4\overline{AD}=16 \quad \therefore \overline{AD}=4\text{ (cm)}$
$\therefore \overline{BC}=3\overline{AD}=3\times4=12\text{ (cm)}$

답 12 cm

핵심 예제 8

오른쪽 그림과 같이 원 O가 직사각형 ABCD의 세 변과 $\overline{CE}$에 접한다. $\overline{AB}=5\text{ cm}$, $\overline{BC}=8\text{ cm}$일 때, $\overline{CE}$의 길이를 구하시오.

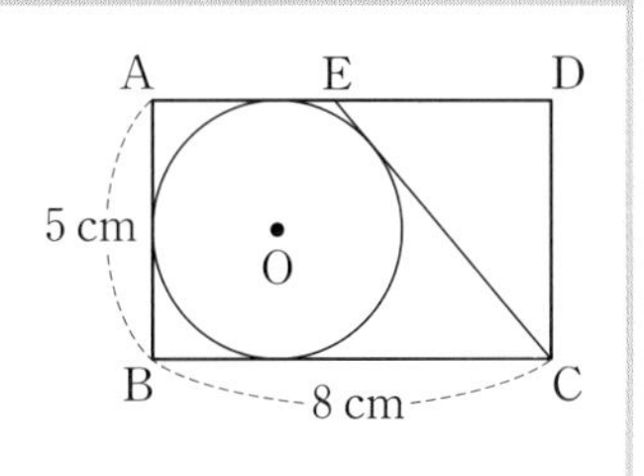

전략

$\overline{CE}=x\text{ cm}$로 놓고 원에 외접하는 사각형의 성질을 이용한다.

풀이

$\overline{CE}=x\text{ cm}$라 하면 $\square$ABCE가 원 O에 외접하므로
$5+x=\overline{AE}+8 \quad \therefore \overline{AE}=x-3\text{ (cm)}$
$\therefore \overline{DE}=\overline{AD}-\overline{AE}=8-(x-3)=11-x\text{ (cm)}$
$\triangle$ECD에서 $x^2=(11-x)^2+5^2$
$22x=146 \quad \therefore x=\frac{73}{11}$
따라서 $\overline{CE}$의 길이는 $\frac{73}{11}$ cm이다.

답 $\frac{73}{11}$ cm

7-1

오른쪽 그림과 같이 원 O에 외접하는 $\square$ABCD에서 $\angle B=90°$이고 $\overline{AB}=9\text{ cm}$, $\overline{AD}=8\text{ cm}$, $\overline{AC}=15\text{ cm}$일 때, $\overline{CD}$의 길이는?

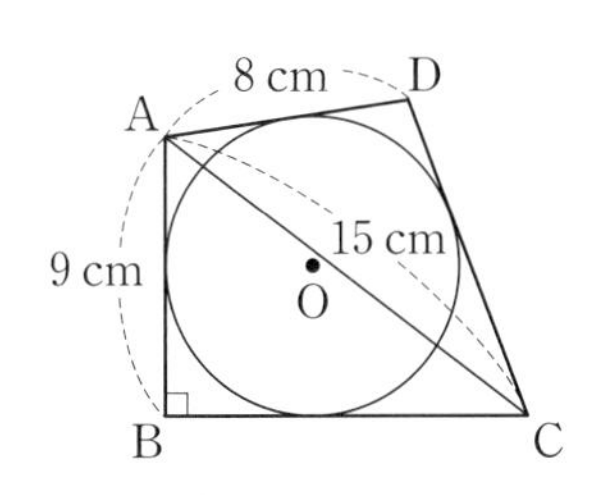

① 10 cm ② 11 cm ③ 12 cm
④ 13 cm ⑤ 14 cm

7-2

오른쪽 그림과 같이 반지름의 길이가 5 cm인 원 O에 외접하는 사다리꼴 ABCD가 있다. $\angle A=\angle B=90°$이고 $\overline{CD}=12\text{ cm}$일 때, $\square$ABCD의 넓이를 구하시오.

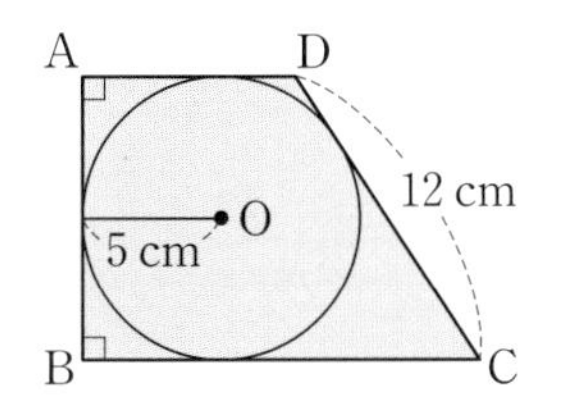

8-1

오른쪽 그림에서 원 O가 직사각형 ABCD의 세 변과 $\overline{DE}$에 접할 때, $\overline{BE}$의 길이를 구하시오.

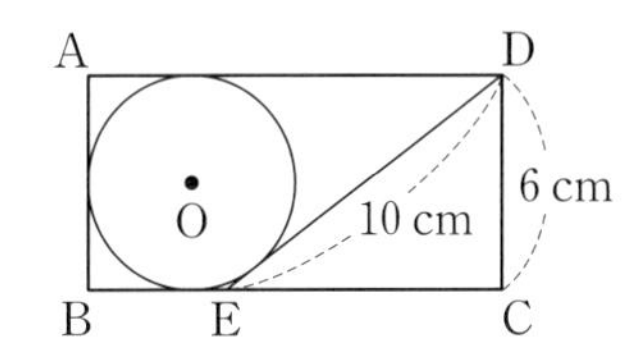

주어진 그림에서 다음 두 가지가 보여.
(1) $\square$ABED는 원 O에 외접한다.
(2) $\triangle$DEC는 직각삼각형이다.

2주 3일 필수 체크 전략 2

1 다음 그림에서 $\overline{PA}$, $\overline{PB}$는 원 O의 접선이고 두 점 A, B는 접점이다. $\overline{PA}=6\sqrt{3}$, $\angle P=60°$일 때, △OAB의 넓이를 구하시오.

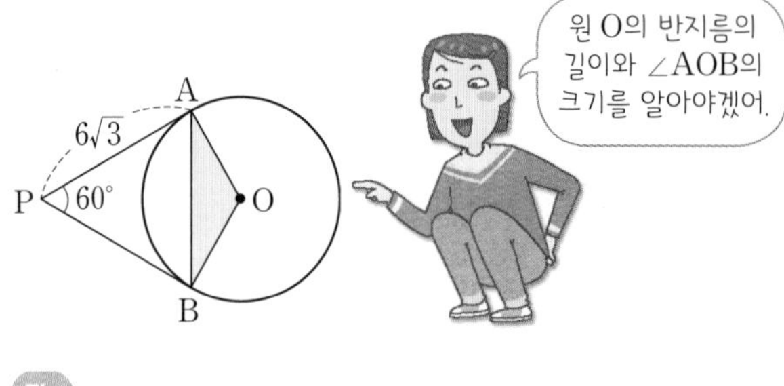

Tip

원의 접선과 반지름은 수직으로 만나므로

$\angle PAO=\angle PBO=$ ❶

$\overline{PO}$를 그으면 $\triangle PAO\equiv\triangle PBO$이므로 $\angle APO=\angle$ ❷

답 ❶ 90° ❷ BPO

2 다음 그림에서 $\overline{AD}$, $\overline{AF}$, $\overline{BC}$는 반지름의 길이가 7 cm인 원 O의 접선이고 점 D, E, F는 접점이다. $\overline{OA}=15$ cm일 때, △ABC의 둘레의 길이를 구하시오.

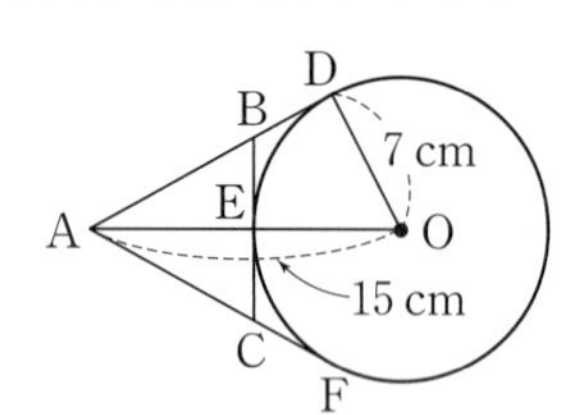

Tip

원의 접선의 성질로부터

$\overline{AD}=\overline{AF}$, $\overline{BD}=$ ❶ , $\overline{CE}=$ ❷

답 ❶ $\overline{BE}$ ❷ $\overline{CF}$

3 오른쪽 그림과 같이 중심 O로 같고 반지름의 길이가 서로 다른 두 원이 있다. 작은 원에 접하는 큰 원의 현 AB의 길이가 12 cm일 때, 두 원의 넓이의 차는 $a\pi$ cm² 이다. 이때 a의 값을 구하시오.

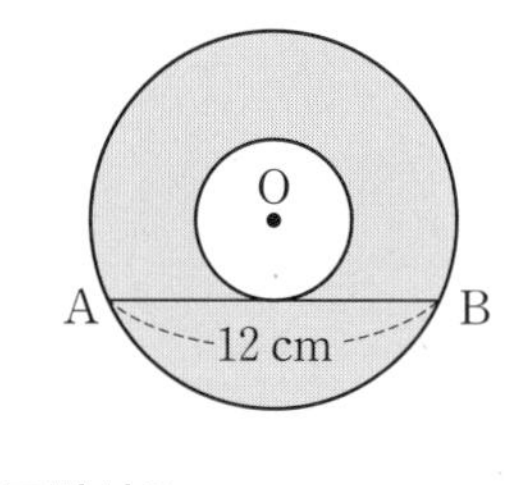

Tip

H

H

$\overline{AB}$는 작은 원의 접선이므로 반지름에 ❶ 이야!

또 큰 원의 현이므로 $\overline{AH}$ ❷ $\overline{BH}$가 되지.

답 ❶ 수직 ❷ =

4 오른쪽 그림에서 $\overline{AB}$는 반원 O의 지름이고 $\overline{AD}$, $\overline{BC}$, $\overline{CD}$는 반원 O의 접선이다. $\overline{AD}=10$ cm, $\overline{BC}=4$ cm일 때, 색칠한 부분의 넓이를 구하시오. (단, 점 E는 접점이다.)

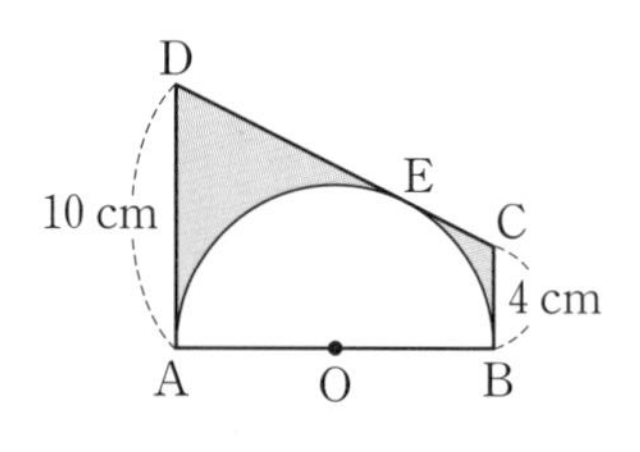

Tip

(색칠한 부분의 넓이)

=(□ABCD의 넓이)−(❶ O의 넓이)

이때 □ABCD는 ❷ 이다.

답 ❶ 반원 ❷ 사다리꼴

5 오른쪽 그림과 같이 원 O가 $\triangle ABC$의 내접원이고 점 D, E, F는 접점이다.
$\overline{AB}=6$ cm, $\overline{BC}=7$ cm, $\overline{CA}=5$ cm이고 $\overline{HI}$는 원 O와 점 G에서 접할 때, $\triangle BIH$의 둘레의 길이를 구하시오.

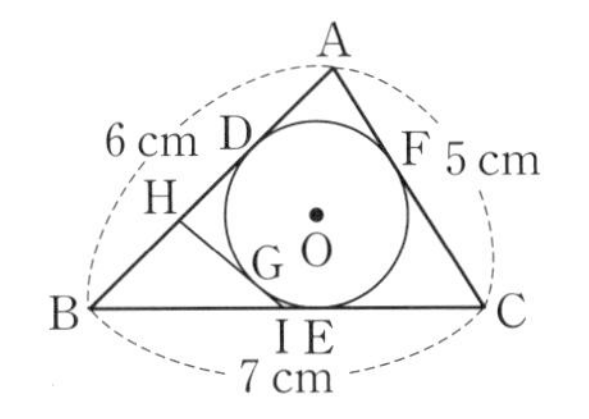

Tip

$\overline{BD}=x$ cm로 놓고 $\overline{AD}=\overline{AF}$, $\overline{BD}=$ ❶ , $\overline{CE}=$ ❷ 임을 이용하여 x의 값을 먼저 구한다.

답 ❶ $\overline{BE}$ ❷ $\overline{CF}$

6 오른쪽 그림에서 원 O는 직각삼각형 ABC의 내접원이고 점 D, E, F는 접점이다.
$\angle B=30^\circ$, $\overline{BC}=2\sqrt{3}$ cm일 때, 원 O의 반지름의 길이를 구하시오.

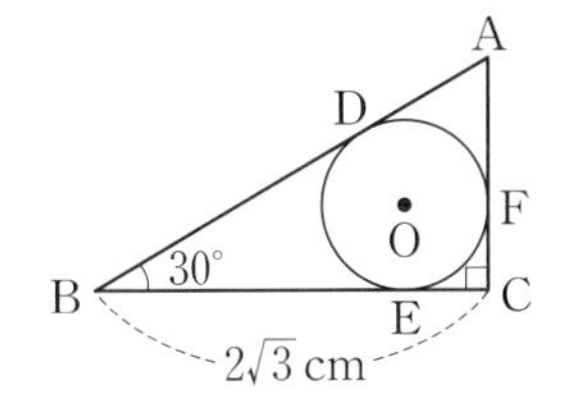

Tip

직각삼각형 ABC에서 $\overline{BC}$의 길이와 ❶ 의 삼각비의 값을 이용하여 $\overline{AB}$, $\overline{AC}$의 길이를 구한다.
또 $\overline{OE}$, $\overline{OF}$를 그으면 □OECF는 ❷ 이다.

답 ❶ 30° ❷ 정사각형

7 다음 그림과 같이 $\overline{AD} /\!/ \overline{BC}$인 등변사다리꼴 모양의 울타리를 원 모양인 정원 O에 외접하도록 설치하였다.
$\overline{AD}=8$ m, $\overline{BC}=16$ m일 때, 원 모양인 정원 O의 넓이를 구하시오.

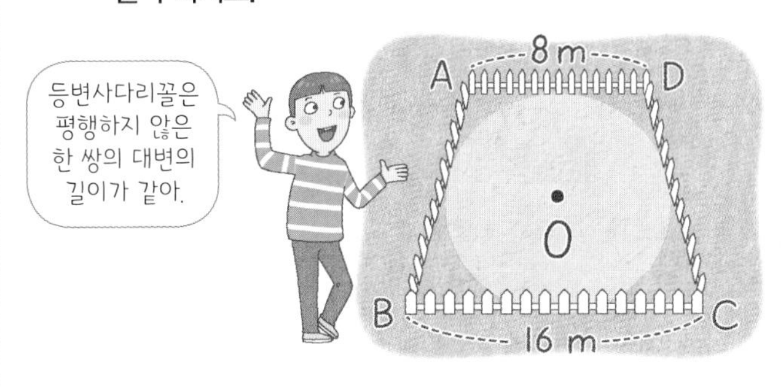

Tip

□ABCD가 등변사다리꼴이므로 $\overline{AB}=$ ❶
또 □ABCD는 원 O에 외접하므로 $\overline{AB}+\overline{DC}=\overline{AD}+$ ❷

답 ❶ $\overline{DC}$ ❷ $\overline{BC}$

8 오른쪽 그림과 같이 원 O는 직사각형 ABCD의 세 변과 $\overline{DI}$에 접하고 점 E, F, G, H는 접점이다.
$\overline{AB}=8$ cm, $\overline{AD}=12$ cm일 때, $\overline{GI}$의 길이를 구하시오.

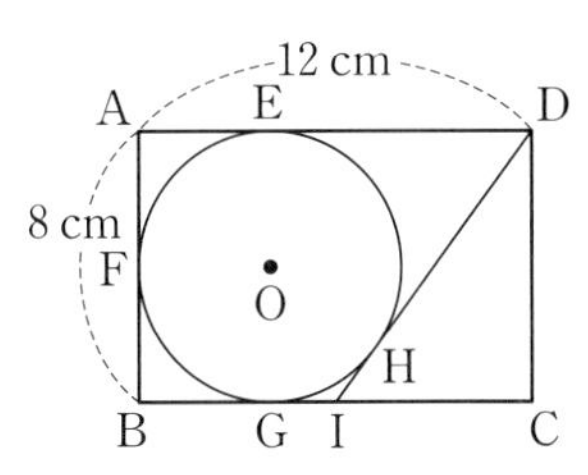

Tip

$\overline{GI}=x$ cm로 놓고 $\overline{DI}$, $\overline{CI}$의 길이를 ❶ 에 대한 식으로 나타낸 후, $\triangle DIC$에서 ❷ 정리를 이용한다.

답 ❶ x ❷ 피타고라스

2주 누구나 합격 전략

01 오른쪽 그림과 같은 $\triangle ABC$에서 $\angle B=45°$, $\angle C=60°$이고 $\overline{BC}=60$ cm이다. 꼭짓점 A에서 $\overline{BC}$에 내린 수선의 발을 H라 할 때, $\overline{AH}$의 길이는?

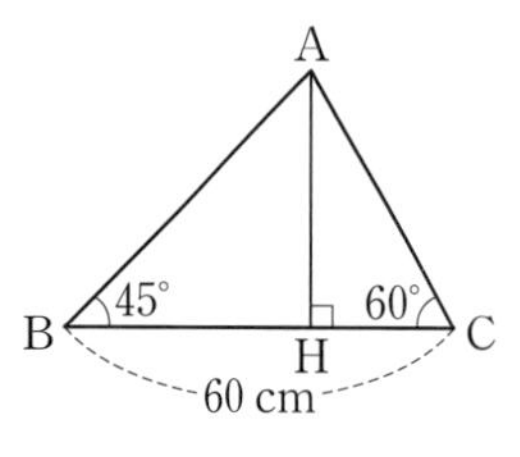

① $20(3-\sqrt{3})$ cm ② $30(3-\sqrt{3})$ cm
③ $60(3-\sqrt{3})$ cm ④ $20(3+\sqrt{3})$ cm
⑤ $30(3+\sqrt{3})$ cm

02 오른쪽 그림과 같이 $\overline{AB}=\overline{AC}=12$ cm, $\angle B=75°$인 $\triangle ABC$의 넓이는?

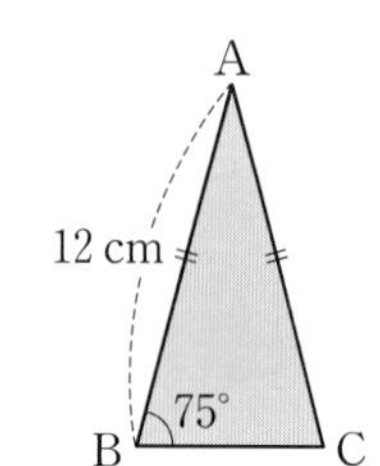

① 36 cm^2 ② $36\sqrt{2}\text{ cm}^2$
③ $36\sqrt{3}\text{ cm}^2$ ④ 72 cm^2
⑤ $72\sqrt{2}\text{ cm}^2$

03 오른쪽 그림과 같은 □ABCD의 넓이는?

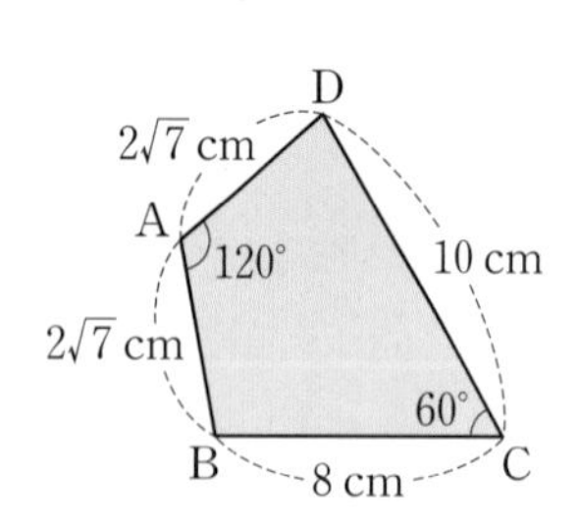

① $15\sqrt{2}\text{ cm}^2$
② 27 cm^2
③ $27\sqrt{3}\text{ cm}^2$
④ 50 cm^2
⑤ $50\sqrt{3}\text{ cm}^2$

04 오른쪽 그림과 같은 평행사변형 ABCD의 넓이가 $20\sqrt{2}\text{ cm}^2$일 때, $\angle B$의 크기는? (단, $0° < \angle B < 90°$)

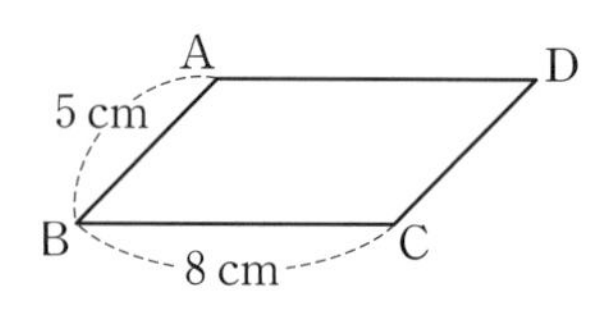

① 30° ② 45° ③ 60°
④ 75° ⑤ 80°

05 오른쪽 그림과 같이 $\overline{AD} /\!/ \overline{BC}$인 등변사다리꼴 ABCD에서 $\overline{AC}=4$ cm이고 두 대각선이 이루는 각의 크기가 120°일 때, □ABCD의 넓이는?

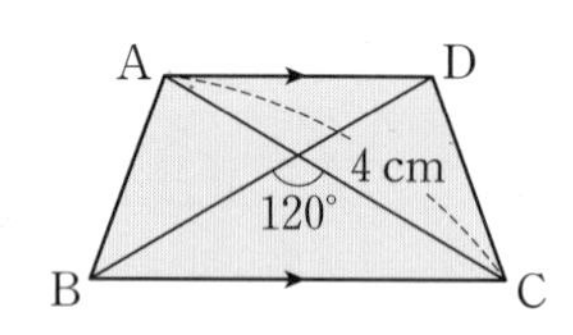

① $2\sqrt{3}\text{ cm}^2$ ② $3\sqrt{3}\text{ cm}^2$ ③ $4\sqrt{3}\text{ cm}^2$
④ $5\sqrt{3}\text{ cm}^2$ ⑤ $6\sqrt{3}\text{ cm}^2$

06 오른쪽 그림과 같이 반지름의 길이가 10 cm인 원 O에서 $\overline{AB}\perp\overline{OC}$, $\overline{OM}=\overline{CM}$일 때, $\overline{AM}$의 길이는?

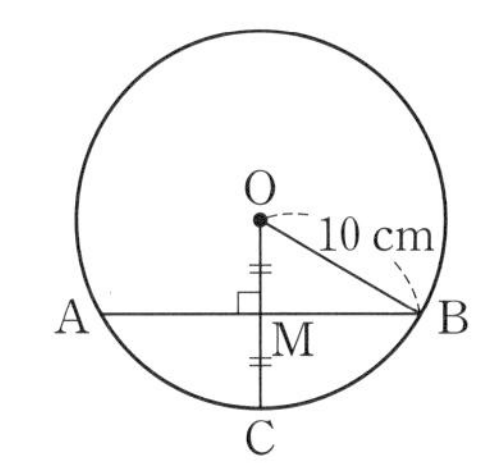

① 4 cm ② 5 cm
③ $3\sqrt{3}$ cm ④ $4\sqrt{3}$ cm
⑤ $5\sqrt{3}$ cm

07 오른쪽 그림과 같은 원 O에서 $\overline{OM}\perp\overline{AB}$, $\overline{ON}\perp\overline{CD}$이고 $\overline{OM}=\overline{ON}$일 때, 다음 중 옳지 않은 말을 한 학생을 찾으시오.

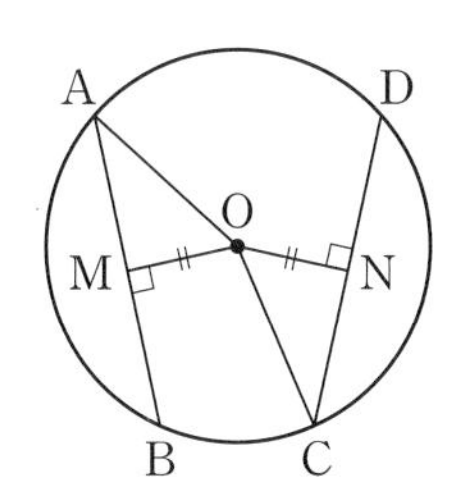

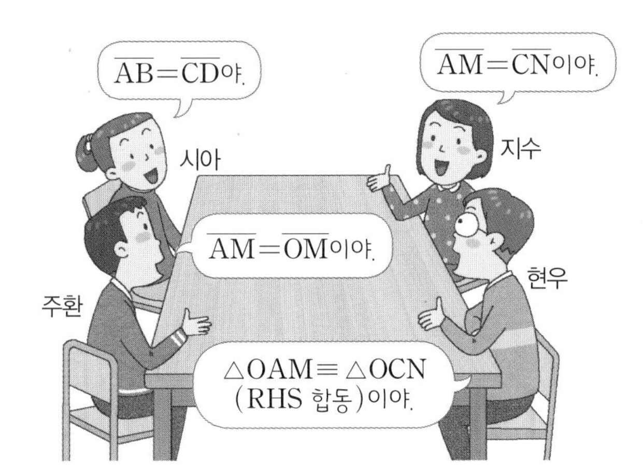

08 오른쪽 그림에서 $\overline{PA}$, $\overline{PB}$는 원 O의 접선이고 두 점 A, B는 접점이다. 점 C는 원 O와 $\overline{OP}$의 교점이고 $\overline{OB}=4$ cm, $\overline{PC}=6$ cm일 때, $\overline{PA}+\overline{PB}$의 길이는?

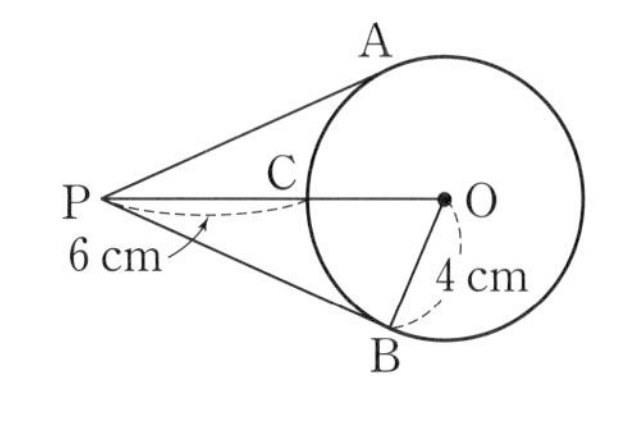

① $4\sqrt{6}$ cm ② $2\sqrt{21}$ cm ③ 12 cm
④ $4\sqrt{11}$ cm ⑤ $4\sqrt{21}$ cm

09 오른쪽 그림에서 원 O는 △ABC의 내접원이고 점 D, E, F는 접점이다. $\overline{AB}=10$ cm, $\overline{AC}=9$ cm, $\overline{AD}=6$ cm일 때, $\overline{BC}$의 길이는?

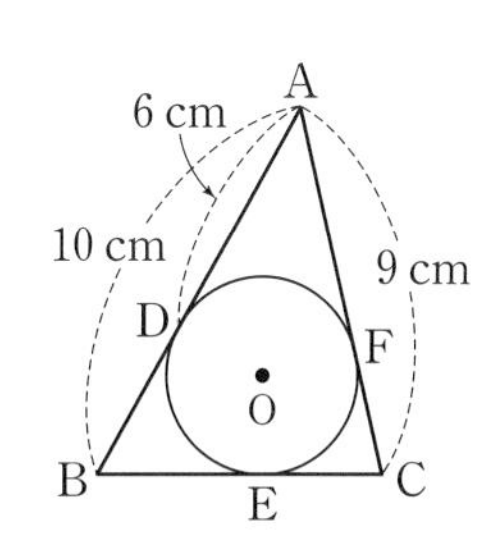

① 6 cm ② 7 cm
③ 8 cm ④ 9 cm
⑤ 10 cm

10 오른쪽 그림과 같이 □ABCD가 원 O에 외접할 때, □ABCD의 둘레의 길이는?

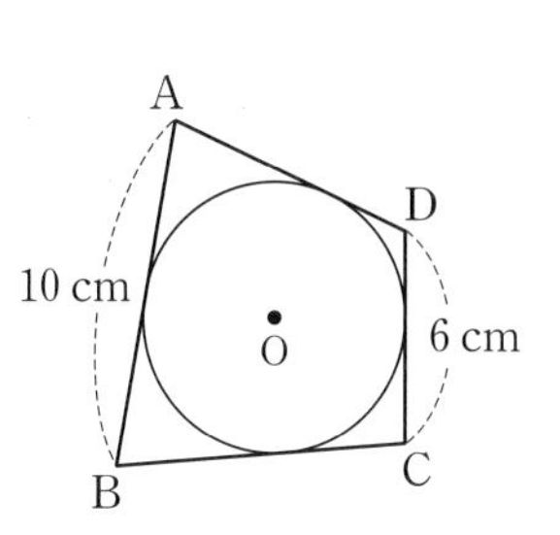

① 28 cm ② 30 cm
③ 32 cm ④ 34 cm
⑤ 36 cm

2주 창의·융합·코딩 전략 1

1 아래 그림과 같이 A 지점에서 송전탑의 꼭대기 C 지점을 올려다본 각의 크기가 $42°$이고, A 지점으로부터 송전탑 쪽으로 40 m 떨어진 B 지점에서 송전탑의 꼭대기 C 지점을 올려다본 각의 크기가 $55°$이었다. 송전탑의 높이인 $\overline{CH}$의 길이를 h m라 할 때, 다음 중 h의 값을 구하는 식을 바르게 말한 학생을 찾으시오.

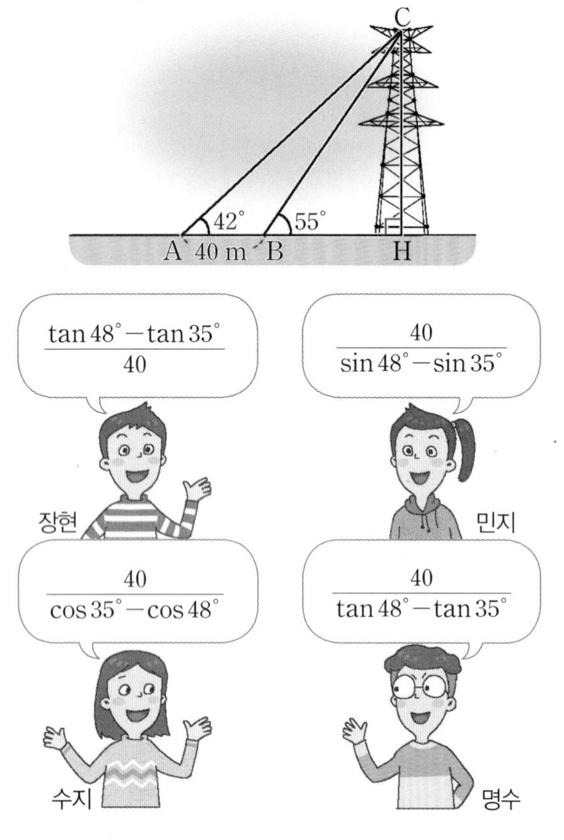

Tip

1 $\overline{AH}$, $\overline{BH}$의 길이를 삼각비를 이용하여 ❶ [ ]에 대한 식으로 나타낸다.

2 $\overline{AB}=\overline{AH}-$ ❷ [ ]임을 이용한다.

답 ❶ h ❷ $\overline{BH}$

2 다음 그림에서 나오는 배지의 넓이를 구하시오.

Tip

마름모는 네 ❶ [ ]의 길이가 모두 같은 사각형이고 마름모는 평행❷ [ ]이다.

답 ❶ 변 ❷ 사변형

3 다음은 어느 건물의 입구이다. 이 건물의 정면은 아치형으로 디자인되어 있다고 한다. 아치형 디자인의 윗부분이 원의 일부라 할 때, 이 원의 반지름의 길이를 구하시오.

(단, □ABCD는 직사각형이다.)

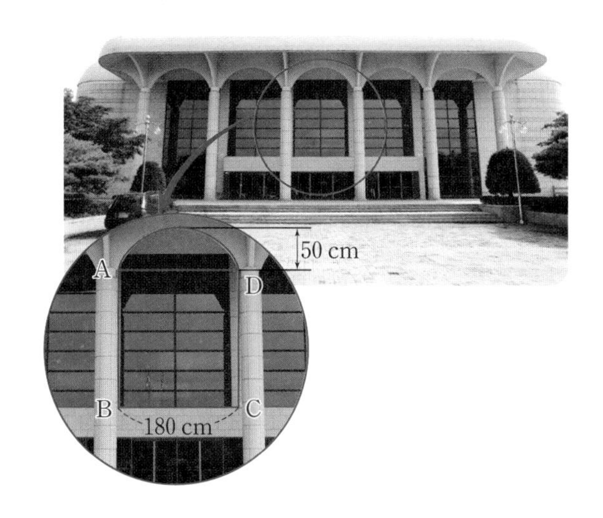

Tip

현 AD의 수직이등분선 위에서 원의 ❶ [ ] 을 찾고, 원의 반지름을 ❷ [ ] 으로 하는 직각삼각형을 그린다.

답 ❶ 중심 ❷ 빗변

4 반지름의 길이가 6 cm인 원 모양의 종이를 아래 그림과 같이 호가 원의 중심 O와 만나도록 차례로 접어서 정삼각형 ABC를 만들었다. 물음에 답하시오.

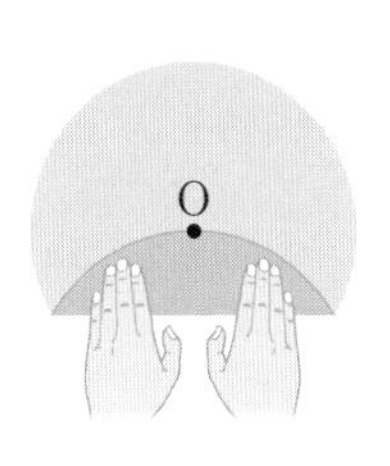

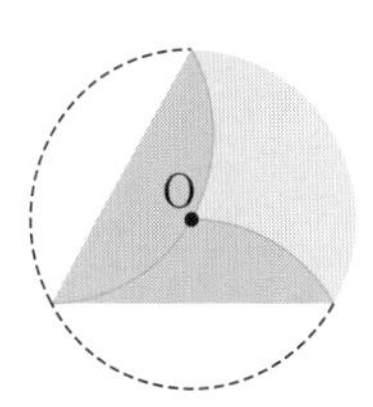

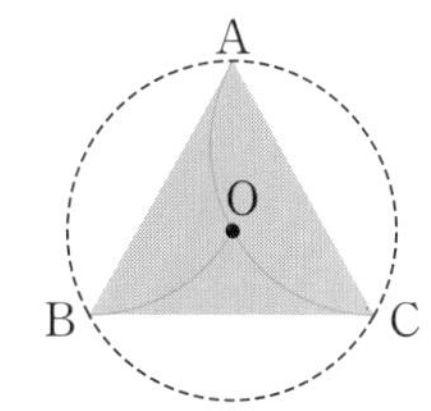

(1) 다음 중 위의 그림에서 △ABC가 정삼각형이 되는 이유를 설명할 때 이용되는 원의 성질은?

① 원의 접선은 그 접점을 지나는 반지름에 수직이다.

② 원의 중심에서 현에 그은 수선은 그 현을 수직이등분한다.

③ 한 원에서 원의 중심으로부터 같은 거리에 있는 두 현의 길이는 같다.

④ 한 원에서 길이가 같은 두 현은 원의 중심으로부터 같은 거리에 있다.

⑤ 원 밖의 한 점에서 그은 두 접선의 길이는 같다.

(2) 정삼각형 ABC의 한 변의 길이를 구하시오.

Tip

다음 두 가지 원의 성질을 이용한다.

(i) 원의 중심으로부터 같은 거리에 있는 두 현의 길이는 ❶ [ ] 다.

(ii) 원의 중심에서 현에 그은 ❷ [ ] 은 그 현을 이등분한다.

답 ❶ 같 ❷ 수선

5 다음 그림과 같이 100원, 50원, 500원짜리 동전이 서로 접해 있고, 그 접점을 각각 B, C라 하자. 또 두 접점에서 접선을 각각 그어 그 접선이 만나는 점을 P라 하고 점 P에서 그은 다른 두 접선의 접점을 각각 A, D라 하자.
$\overline{PA}=4x+3$, $\overline{PC}=3y+1$, $\overline{PD}=9-2x$일 때, x, y의 값은?

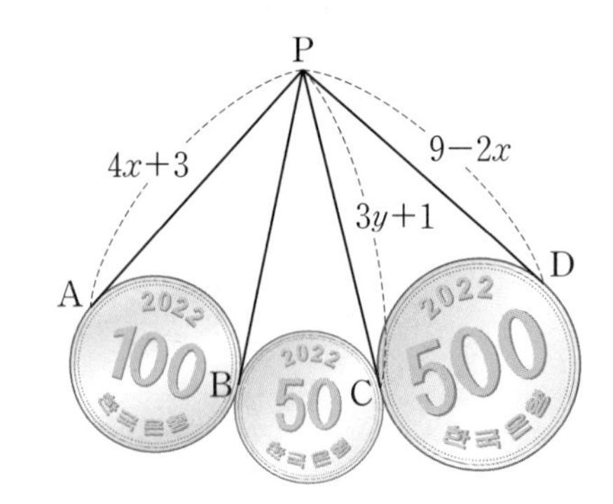

① $x=1, y=1$
② $x=1, y=2$
③ $x=1, y=3$
④ $x=2, y=1$
⑤ $x=2, y=2$

Tip

원 밖의 한 점에서 그은 두 ❶ ______ 의 길이는 같음을 이용한다.

답 ❶ 접선

6 다음 그림을 보고 물음에 답하시오.

위의 그림에서 $\overline{PB}$의 길이가 8 m일 때, $\triangle PDC$의 둘레의 길이를 구하시오. (단, 점 A, B, E는 접점이다.)

Tip

원 밖의 한 점에서 그은 두 접선의 길이는 같으므로
$\overline{PA}=\overline{PB}$, $\overline{CA}=$ ❶ ______, $\overline{DB}=$ ❷ ______

답 ❶ $\overline{CE}$ ❷ $\overline{DE}$

7 고대 중국의 수학책 '측원해경'에는 원의 모양으로 되어 있는 성의 반지름의 길이를 구하는 다음과 같은 문제가 실려 있다. 읽고 답을 구하시오.

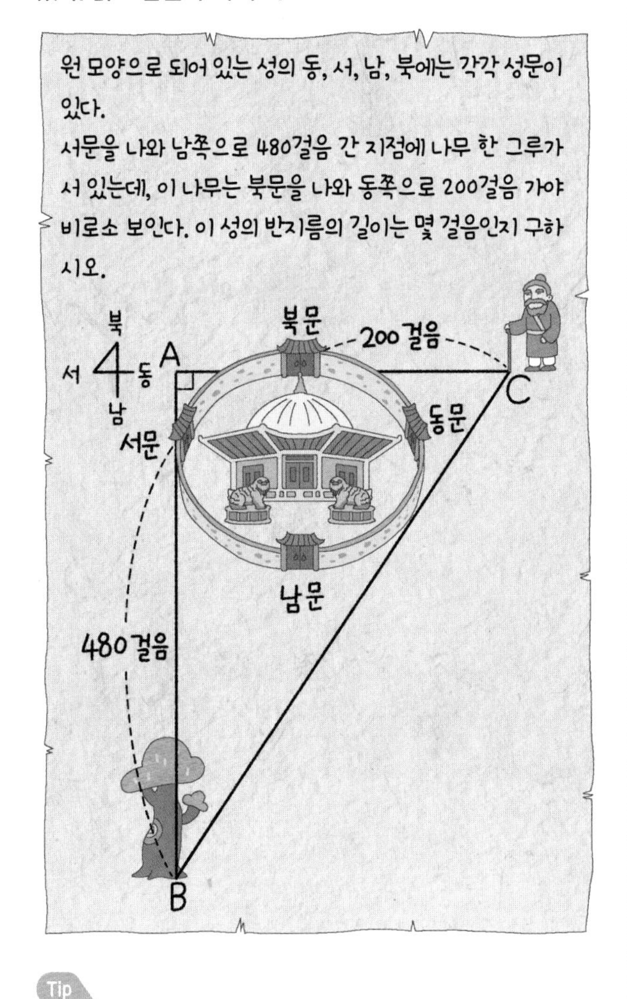

원 모양으로 되어 있는 성의 동, 서, 남, 북에는 각각 성문이 있다.
서문을 나와 남쪽으로 480걸음 간 지점에 나무 한 그루가 서 있는데, 이 나무는 북문을 나와 동쪽으로 200걸음 가야 비로소 보인다. 이 성의 반지름의 길이는 몇 걸음인지 구하시오.
북
서
동
남
A
북문
200걸음
C
서문
동문
남문
480걸음
B

Tip

원 모양인 성의 중심을 O, 서문, 북문을 각각 W, N이라 하면 □AWON은 ❶ ☐ 이다.

답 ❶ 정사각형

8 다음은 어느 공원의 안내도이다. 이 공원은 원 모양이고 산책로는 원에 접하는 사각형일 때, 아래 대화를 읽고 물음에 답하시오. (단, 산책로의 폭은 무시한다.)

여기 1분에 10 m를 걷는다고 할 때, 소요 시간이 나와 있어.

1코스 : A→B→C→D (63분)
2코스 : B→C (24분)
그럼, (거리)=(속력)×(시간)이므로 B 지점에서 C 지점까지의 거리는 10×⋯.

(1) A 지점에서 B 지점까지의 거리와 C 지점에서 D 지점까지의 거리의 합을 구하시오.

(2) A 지점에서 D 지점까지의 거리를 구하시오.

Tip

(거리)=(속력)×(❶ ☐)임을 이용하여 1코스와 2코스의 거리를 구한다. 이때 □ABCD가 원 O에 외접하므로 $\overline{AB}+\overline{DC}=\overline{AD}+$ ❷ ☐

답 ❶ 시간 ❷ $\overline{BC}$

중간고사 마무리 전략

삼각비
삼각비의 뜻을 확인해 볼까?
평
평
평
$\sin x$
$\cos x$
$\tan x$
아이스크림
여기 $\sin 30^\circ$ 아이스크림 먼저 드릴게요.
$\frac{1}{2}$
A
30°
45°
60°
삼각비
sin A
cos A
tan A
$\frac{1}{2}$
$\frac{\sqrt{2}}{2}$
$\frac{\sqrt{3}}{2}$
$\frac{\sqrt{3}}{2}$
$\frac{\sqrt{2}}{2}$
$\frac{1}{2}$
$\frac{\sqrt{3}}{3}$
1
$\sqrt{3}$
저는 $\cos 45^\circ$ 주세요.
$\sin 30^\circ$ 주세요.
넓이 S를 구하는 집
입구
$S=\frac{1}{2}ab\sin(180^\circ-x)$
$S=\frac{1}{2}ab\sin x$

이어서 공부할 내용
❶ 신유형 · 신경향 · 서술형 전략
❷ 고난도 해결 전략
$\overline{OM} \perp \overline{AB}$ 이면 $\overline{AM} = \overline{BM}$
$\overline{OM} = \overline{ON}$ 이면 $\overline{AB} = \overline{CD}$
$\overline{AB} = \overline{CD}$ 이면 $\overline{OM} = \overline{ON}$
원에서 현의 수직이등분선은 원의 중심을 지나.
접선의 성질
$\overline{PA} = \overline{PB}$이므로 $\triangle PBA$는 이등변삼각형!
$\overline{AD} = \overline{AF}$, $\overline{BD} = \overline{BE}$, $\overline{CE} = \overline{CF}$
$\angle a + \angle b = 180^\circ$
□ABCD가 원 O에 외접하므로 $\overline{AB} + \overline{DC} = \overline{AD} + \overline{BC}$

신유형·신경향·서술형 전략

01

오른쪽 그림과 같이 직사각형 모양의 종이를 점 A와 점 C가 겹치도록 접었다. $\overline{AB}=2$ cm, $\overline{AP}=3$ cm이고 $\angle CPQ=x$라 할 때, 물음에 답하시오.

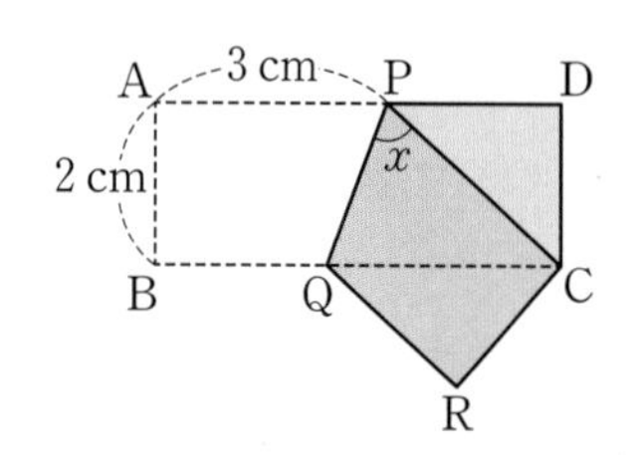

(1) $\overline{QC}$의 길이를 구하시오.

△PQC가 어떤 삼각형인지 알아봐.

(2) 다음 그림과 같이 점 P에서 $\overline{QC}$에 내린 수선의 발을 H라 할 때, $\overline{QH}$의 길이를 구하시오.

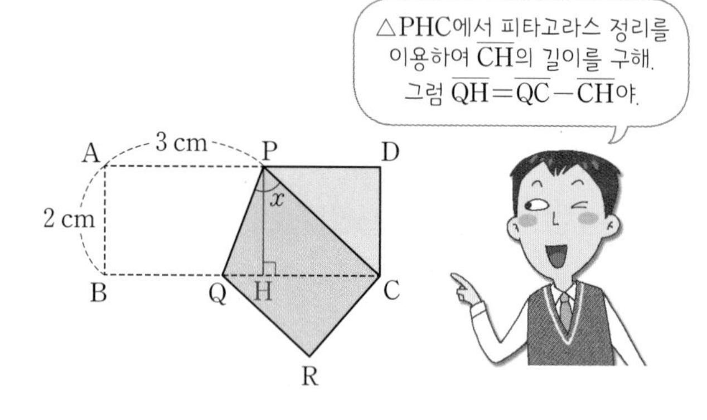

(3) $\tan x$의 값을 구하시오.

Tip

$\angle APQ=\angle QPC$ (접은 각), $\angle APQ=\angle PQC$ (❶)

이므로 $\angle QPC=\angle PQC=x$

따라서 $\triangle PQC$는 ❷ 삼각형이다.

답 ❶ 엇각 ❷ 이등변

02

지영이는 아래 그림과 같이 좌표평면 위의 원점 O를 중심으로 하고 반지름의 길이가 1인 사분원을 그려서 두 직각삼각형 AOB, COD를 그렸다. $\angle AOB=a$라 할 때, 물음에 답하시오.

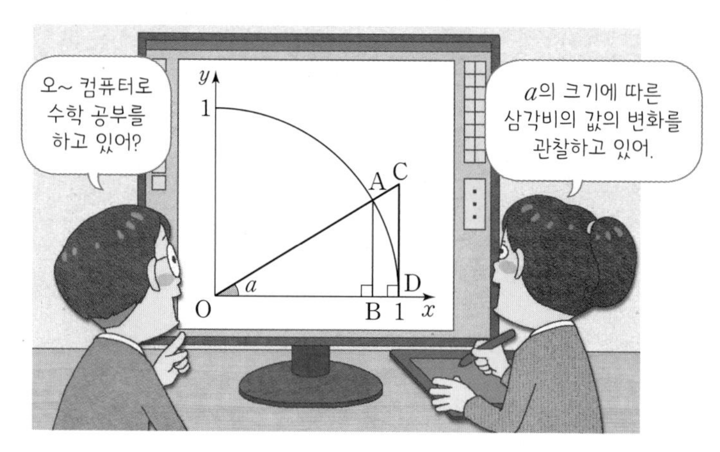

오~ 컴퓨터로 수학 공부를 하고 있어?
a의 크기에 따른 삼각비의 값의 변화를 관찰하고 있어.
y
1
A
C
a
O
B
1
D
x

다음은 위의 그림을 보고 a의 크기가 $0°$에 가까워질수록 a의 삼각비의 값이 어떻게 변하는지 적은 것이다. 밑줄 친 부분에 알맞은 것을 써넣으시오.

(1) $\sin a$의 값의 변화 ➡ $\overline{OA}=1$이므로 $\sin a=\overline{AB}$
a의 크기가 $0°$에 가까워지면 $\overline{AB}$의 길이는 0에 가까워지므로 $\sin a$의 값은 0에 가까워진다.

(2) $\cos a$의 값의 변화 ➡ $\overline{OA}=1$이므로 $\cos a=$ _____
a의 크기가 $0°$에 가까워지면 $\overline{OB}$의 길이는 _____
_____ $\cos a$의 값은 _____

(3) $\tan a$의 값의 변화 ➡ $\overline{OD}=1$이므로 $\tan a=$ _____
a의 크기가 $0°$에 가까워지면 _____
_____

Tip

$\sin a=\frac{\overline{AB}}{\overline{OA}}=\overline{AB}$, $\cos a=\frac{\overline{OB}}{\overline{OA}}=\overline{OB}$, $\tan a=\frac{\overline{CD}}{\overline{OD}}=$ ❶ 이므로 a의 크기가 $0°$에 가까워질 때, $\overline{AB}$, $\overline{OB}$, $\overline{CD}$의 ❷ 의 변화를 알아본다.

답 ❶ $\overline{CD}$ ❷ 길이

03

다음 그림과 같이 삼각비에 대한 식이 각각 적혀 있는 상자 A, B, C, D에서 사다리타기를 하려고 한다. 네 상자 A, B, C, D에서 각각 출발하여 도착한 값이 상자에 적혀 있는 식의 계산 결과와 같은 상자를 모두 구하시오. (단, 길을 따라 내려갈 때, 가로선을 만나면 그 선을 따라 옆으로 이동한 후 다시 내려간다.)

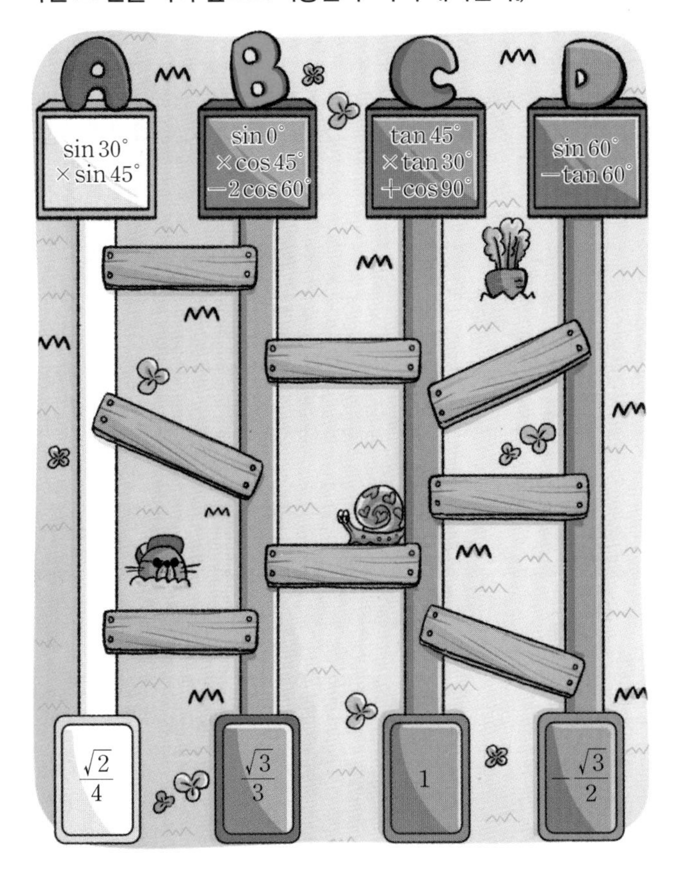

Tip

0°, 30°, 45°, 60°, 90°의 삼각비의 값을 주어진 식에 ❶ 한다.

답 ❶ 대입

04

다음 그림은 산의 높이를 구하기 위하여 산 아래쪽의 지면 위에 200 m 떨어진 두 지점 A, B에서 측량한 것이다. 물음에 답하시오.

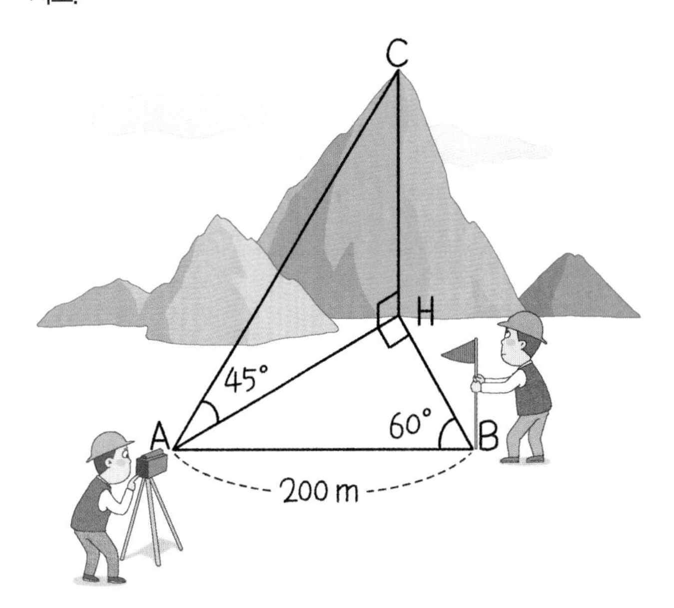

(1) $\overline{AH}$의 길이를 구하시오.

(2) 산의 높이인 $\overline{CH}$의 길이를 구하시오.

Tip

△ABH에서 sin 60°의 값을 이용하여 ❶ 의 길이를 구하고, △AHC에서 ❷ 의 값을 이용하여 $\overline{CH}$의 길이를 구한다.

답 ❶ $\overline{AH}$ ❷ tan 45°

05

다음은 컬링 경기장의 일부이다. 컬링 경기장은 중심이 같은 4개의 원으로 이루어져 있다. 가장 큰 원의 현 AB는 두 번째로 큰 원의 접선이고 점 H는 그 접점일 때, 가장 큰 원의 지름의 길이를 구하시오. (단, $\sqrt{3.4}=1.8$, $\sqrt{34}=5.8$로 계산한다.)

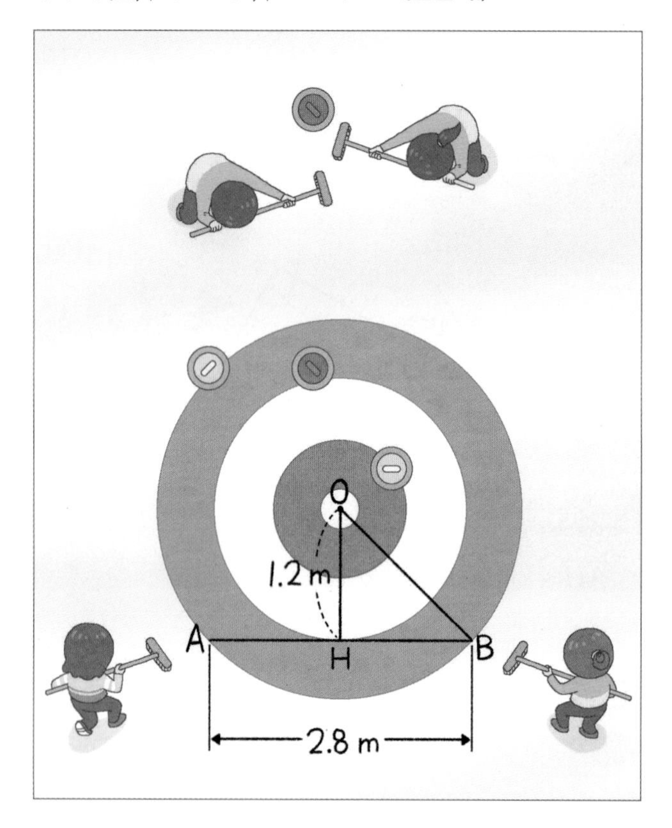

O
1.2 m
A
H
B
2.8 m

Tip

$\overline{AB}$는 두 번째로 큰 원의 접선이고 점 H는 그 접점이므로

$\overline{OH}$ ❶ $\overline{AB}$

$\overline{AB}$는 가장 큰 원의 현이고 $\overline{OH}\perp\overline{AB}$이므로 $\overline{AH}$ ❷ $\overline{BH}$

답 ❶ ⊥ ❷ =

06

다음 그림에서 태성이는 원의 내부에 여러 개의 선분을 그어 원에 가까운 모양을 만들었다. 학생들의 대화를 읽고 (가), (나)에 들어갈 현의 성질을 각각 말하시오.

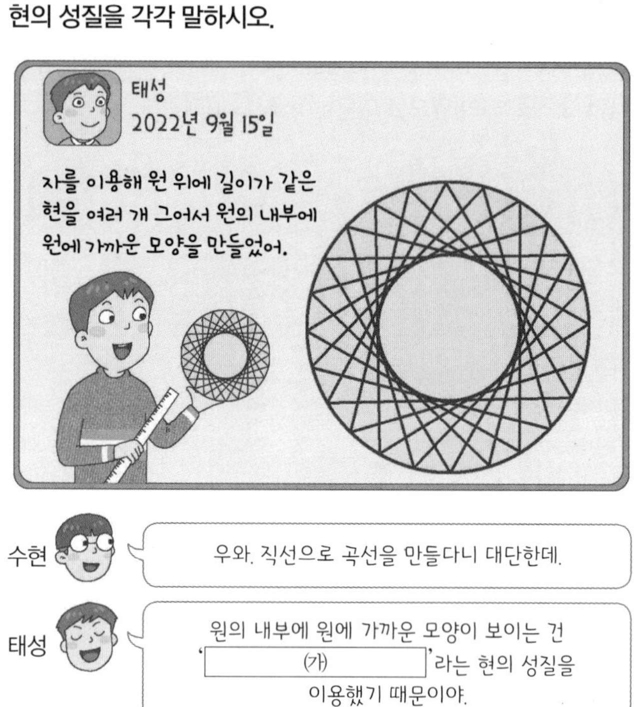

태성
2022년 9월 15일
자를 이용해 원 위에 길이가 같은 현을 여러 개 그어서 원의 내부에 원에 가까운 모양을 만들었어.

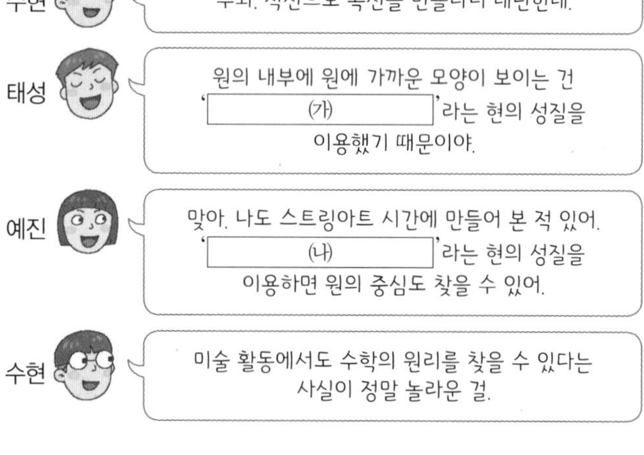

수현 우와, 직선으로 곡선을 만들다니 대단한데.
태성 원의 내부에 원에 가까운 모양이 보이는 건 '(가)'라는 현의 성질을 이용했기 때문이야.
예진 맞아. 나도 스트링아트 시간에 만들어 본 적 있어. '(나)'라는 현의 성질을 이용하면 원의 중심도 찾을 수 있어.
수현 미술 활동에서도 수학의 원리를 찾을 수 있다는 사실이 정말 놀라운 걸.

Tip

원이란 한 점으로부터 ❶ 거리에 있는 점들의 모임이다. 따라서 현들이 모두 원의 ❷ 으로부터 같은 거리에 있는 이유를 알아보면 된다.

답 ❶ 같은 ❷ 중심

07

폭이 각각 5 cm, 8 cm로 일정한 직사각형 모양의 두 종이테이프가 다음 그림과 같이 45°로 겹쳐져 있을 때, 물음에 답하시오.

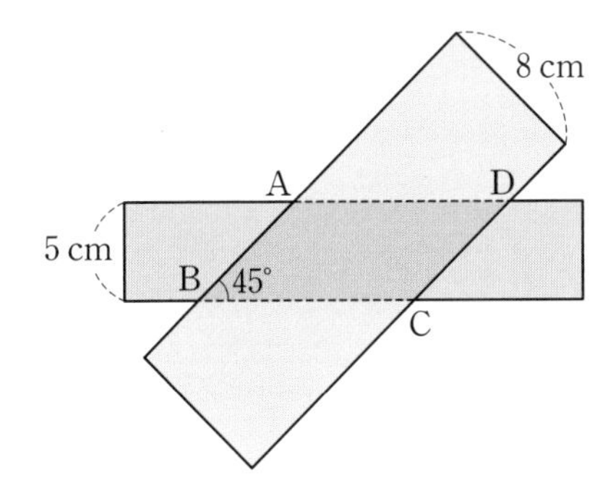

(1) 겹쳐진 부분을 □ABCD라 할 때, □ABCD가 어떤 사각형인지 말하고, 그 이유를 설명하시오.

(2) □ABCD의 넓이를 구하시오.

Tip

□ABCD의 네 변은 직사각형 모양의 종이테이프의 ❶ [   ]의 일부이고, 직사각형은 평행사변형이므로 두 쌍의 대변은 각각 ❷ [   ]하다.

답 ❶ 변 ❷ 평행

08

다음 그림과 같이 반지름의 길이가 9 cm인 원 O에서 $\overline{AB}=\overline{CD}$, $\overline{AB}/\!/\overline{CD}$이고 $\overline{AB}$와 $\overline{CD}$ 사이의 거리는 14 cm이다. $\angle COD=x$라 할 때, 물음에 답하시오. (단, $0^\circ<x<90^\circ$)

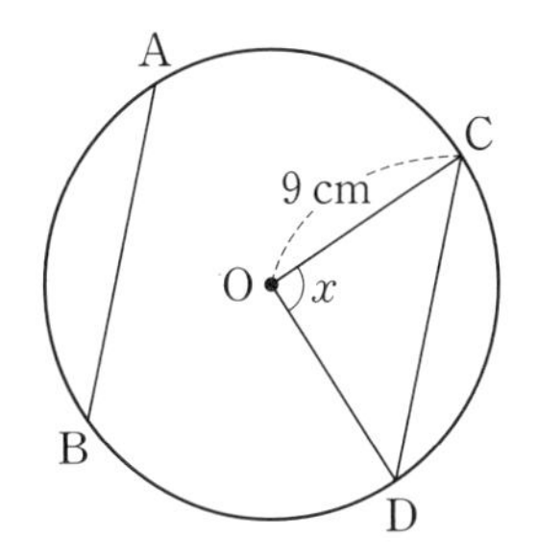

(1) 현 CD의 길이를 구하시오.

(2) △COD의 넓이를 구하시오.

(3) $\sin x$의 값을 구하시오.

Tip

원의 중심 O에서 $\overline{CD}$에 내린 수선의 발을 H라 하면

$\overline{OH}=$ ❶ [   ] $\times$($\overline{AB}$와 $\overline{CD}$ 사이의 거리)

$=$ ❷ [   ] (cm)

답 ❶ $\frac{1}{2}$ ❷ 7

고난도 해결 전략 1회

01 오른쪽 그림의 $\triangle ABC$에서 $\overline{AB}=c$, $\overline{BC}=a$, $\overline{AC}=b$이고 $\overline{AB}\perp\overline{CD}$일 때, $\dfrac{\sin A}{\sin B}$의 값은?

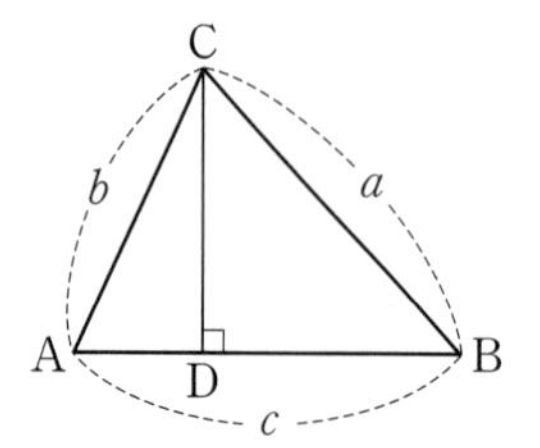

① $\dfrac{b}{a}$　② $\dfrac{a}{b}$　③ $\dfrac{c}{b}$　④ $\dfrac{a}{c}$　⑤ $\dfrac{b}{c}$

일단, $\sin A$와 $\sin B$를 식으로 나타내야겠어.

02 오른쪽 그림의 직각삼각형 ABC에서 점 D는 $\overline{BC}$의 중점이고 $\overline{AB}=4$, $\overline{AC}=2\sqrt{10}$이다. $\angle BAD=x$라 할 때, $\cos x$의 값은?

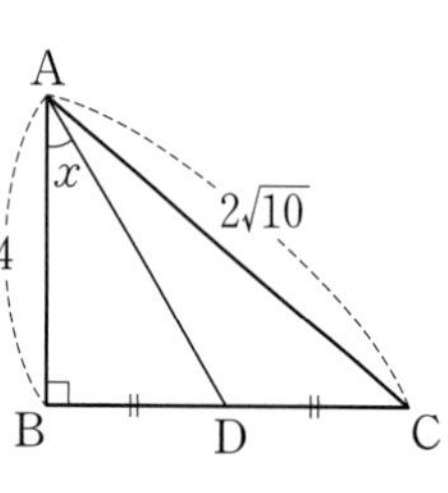

① $\dfrac{\sqrt{33}}{11}$　② $\dfrac{2\sqrt{22}}{11}$　③ $\dfrac{\sqrt{6}}{4}$　④ $\dfrac{\sqrt{22}}{4}$　⑤ $\dfrac{\sqrt{33}}{3}$

03 오른쪽 그림과 같은 $\triangle ABC$에서 $\sin B=\dfrac{2}{3}$일 때, $\tan C$의 값은?

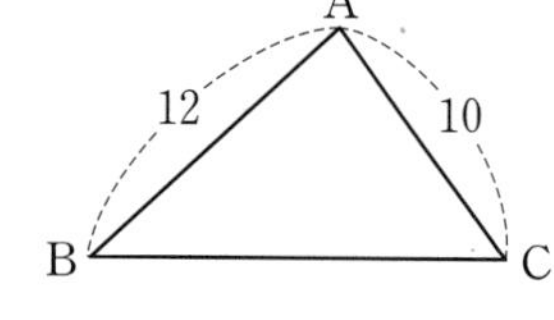

① $\dfrac{6}{5}$　② $\dfrac{\sqrt{11}}{5}$　③ $\dfrac{3}{4}$　④ $\dfrac{4}{3}$　⑤ $\dfrac{5}{3}$

04 다음 그림과 같이 $\angle A=90^\circ$인 직각삼각형 ABC에서 $\overline{BC}\perp\overline{DE}$일 때, 다음 중 옳은 것은?

닮음인 두 직각삼각형을 찾아봐.

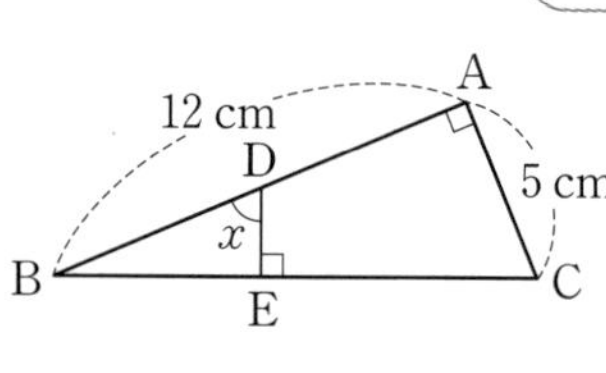

① $\tan x=\dfrac{5}{12}$　② $\cos x=\dfrac{12}{13}$　③ $\sin x=\dfrac{5}{13}$　④ $\dfrac{\overline{BD}}{\overline{BE}}=\dfrac{\overline{BC}}{\overline{BA}}$　⑤ $\angle BED+\angle C=180^\circ$

>> 정답과 풀이 24쪽

05 오른쪽 그림에서 $\angle C=\angle E=90^\circ$ 이고 $\overline{BD}=\overline{BC}=3$이다. $\angle BAC=x$, $\angle DAE=y$라 하면 $\sin x=\frac{1}{3}$일 때, $\tan y$의 값은?

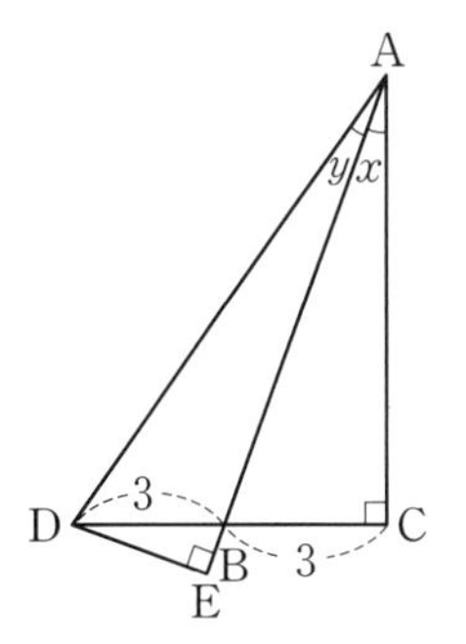

① $\frac{1}{5}$　② $\frac{\sqrt{2}}{5}$　③ $\frac{\sqrt{3}}{5}$　④ $\frac{2}{5}$　⑤ $\frac{\sqrt{5}}{5}$

06 이차방정식 $9x^2-12x+4=0$의 근이 $\cos A$일 때, $\sin A+\tan A$의 값은? (단, $0^\circ<A<90^\circ$)

① $\frac{\sqrt{5}}{6}$　② $\frac{\sqrt{5}}{3}$　③ $\frac{\sqrt{5}}{2}$　④ $\frac{2\sqrt{5}}{3}$　⑤ $\frac{5\sqrt{5}}{6}$

07 오른쪽 그림과 같이 밑면이 정사각형이고, 옆면이 정삼각형인 사각뿔의 한 모서리의 길이가 12 cm이다. $\overline{CD}$, $\overline{BE}$의 중점을 각각 M, N이라 하고 $\angle AMN=x$라 할 때, $\sin x$의 값을 구하시오.

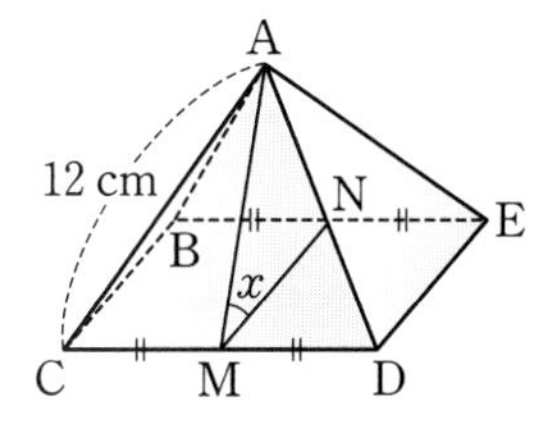

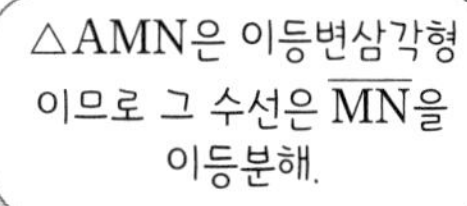

점 A에서 $\overline{MN}$에 수선을 그어 직각삼각형을 만들어야 돼.
△AMN은 이등변삼각형이므로 그 수선은 $\overline{MN}$을 이등분해.

08 다음 그림과 같이 직사각형 모양의 색종이 ABCD를 두 점 A와 C가 겹치도록 접었다. $\overline{AB}=3$ cm, $\overline{AP}=4$ cm이고 $\angle CPQ=x$라 할 때, $\tan x$의 값을 구하시오.

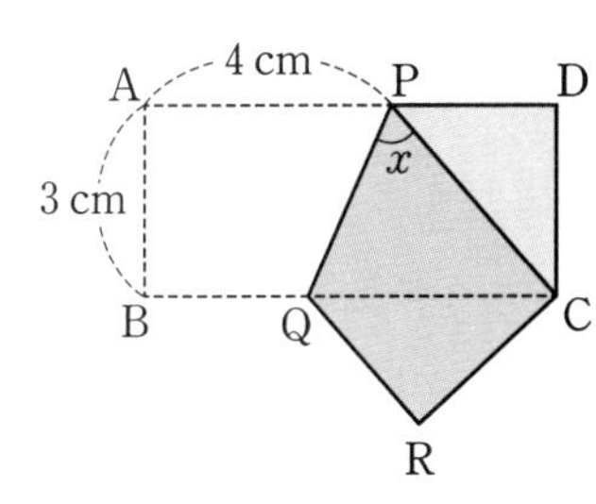

09 다음 그림에서 $\overline{AF}=16$ cm일 때, $\overline{BC}$의 길이는?

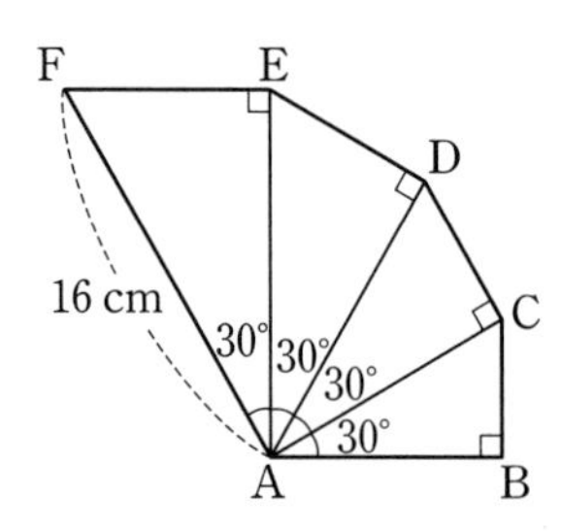

① 1 cm ② 2 cm
③ $2\sqrt{3}$ cm ④ 4 cm
⑤ $3\sqrt{3}$ cm

10 다음 그림과 같이 $\angle A=90°$인 직각삼각형 ABC와 $\angle C=90°$인 직각삼각형 BCD가 있다. $\angle ACB=45°$, $\angle D=60°$, $\overline{DC}=8$일 때, $\triangle EBC$의 넓이는?

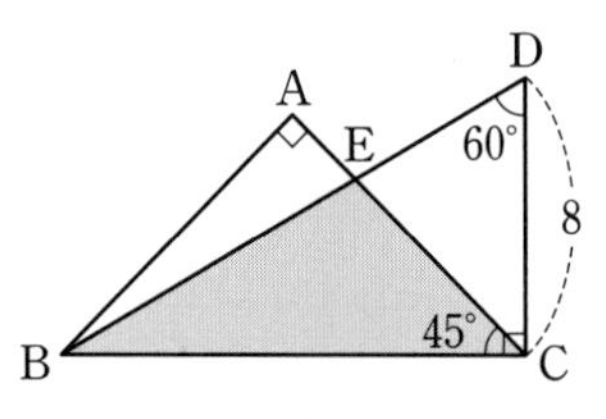

① $48(\sqrt{3}-1)$ ② $48(3-\sqrt{3})$
③ $72(\sqrt{3}-1)$ ④ $96(\sqrt{3}-1)$
⑤ $96(3-\sqrt{3})$

11 다음 그림에서 $\angle B=15°$, $\angle D=90°$이고 $\overline{AC}=\overline{BC}$일 때, $\tan 75°$의 값은?

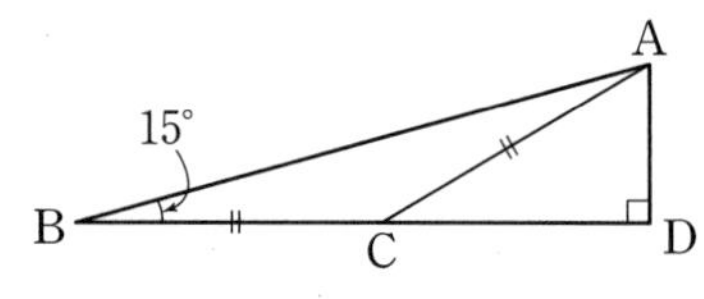

① $2-\sqrt{3}$ ② $4-2\sqrt{3}$
③ $6-3\sqrt{3}$ ④ $1+\sqrt{3}$
⑤ $2+\sqrt{3}$

12 오른쪽 그림과 같이 반지름의 길이가 1인 사분원에서 다음 중 옳지 않은 설명을 한 학생을 찾으시오.

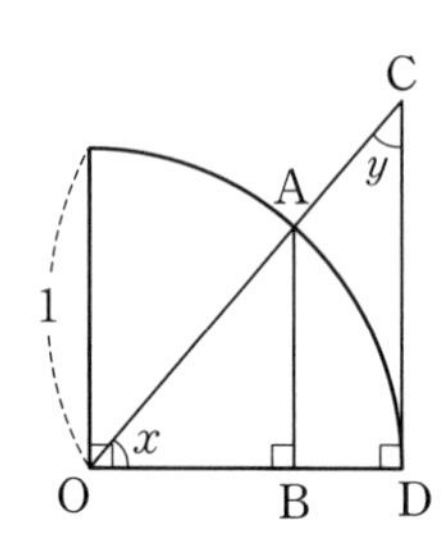

13 다음 중 옳은 것은?

① $\sin 10^\circ > \cos 10^\circ$　② $\cos 45^\circ < \tan 30^\circ$
③ $\sin 50^\circ < \tan 50^\circ$　④ $\sin 70^\circ < \cos 70^\circ$
⑤ $\cos 90^\circ > \tan 45^\circ$

14 $45^\circ < x < 90^\circ$일 때,
$\sqrt{(\sin x - \cos x)^2} + \sqrt{(\cos x - \sin x)^2}$을 간단히 하면?

① $2\cos x - 2\sin x$　② $\cos x$
③ 0　④ $2\sin x - 2\cos x$
⑤ $-\sin x$

15 다음 그림과 같이 줄의 길이가 2.5 m인 그네가 앞뒤로 40°씩 흔들렸을 때, 지점 A는 가장 낮은 지점 B보다 몇 m 더 높은가? (단, $\sin 40^\circ = 0.6$, $\cos 40^\circ = 0.7$, $\tan 40^\circ = 0.8$로 계산한다.)

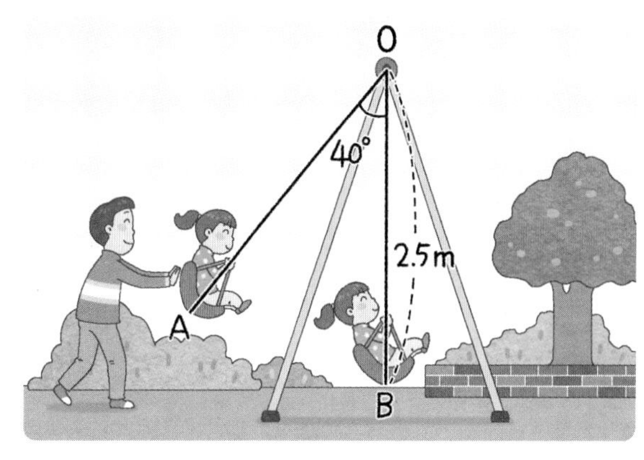

① 0.65 m　② 0.7 m　③ 0.75 m
④ 0.8 m　⑤ 0.85 m

16 오른쪽 그림과 같이 두 사람이 윈드서핑을 할 때, 같은 지점 O에서 동시에 출발하여 서로 다른 방향으로 시속 6 km, 시속 8 km로 달려서 2시간 후 두 지점 P, Q에 각각 이르렀다. $\angle PON = 20^\circ$, $\angle NOQ = 40^\circ$일 때, 다음 물음에 답하시오.

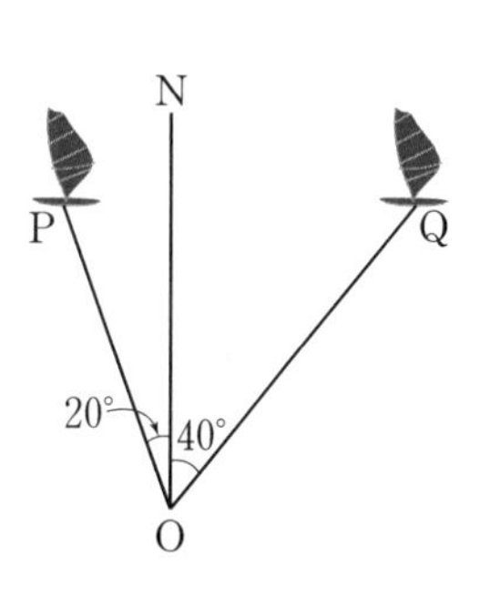

(1) $\overline{OP}$, $\overline{OQ}$의 길이를 각각 구하시오.

(2) 두 지점 P, Q 사이의 거리를 구하시오.

고난도 해결 전략 2회

01 오른쪽 그림과 같이 두 직각삼각형 ABC와 DBC가 겹쳐져 있다. $\angle A=60^\circ$, $\angle BCD=45^\circ$, $\overline{DC}=3\sqrt{2}$일 때, $\triangle EBC$의 넓이를 구하시오.

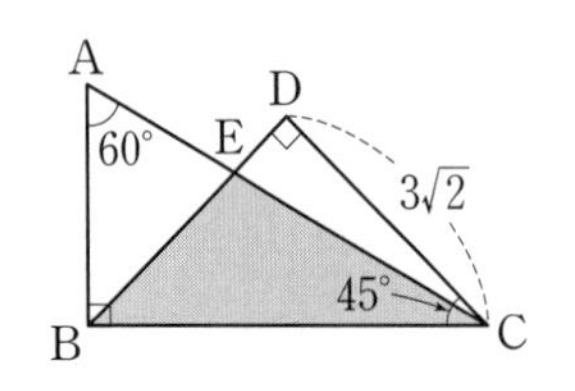

02 다음 그림과 같이 태현이가 띄운 드론이 B 지점에 도달했을 때, 태현이가 드론을 올려다본 각의 크기는 60°이었다. 드론이 높이를 유지하며 초속 25 m로 움직일 때, 6초 후 태현이가 같은 위치에서 C 지점에 있는 드론을 올려다본 각의 크기는 30°이었다. 이 드론은 태현이의 눈높이인 A 지점으로부터 몇 m의 높이에 있는지 구하시오.

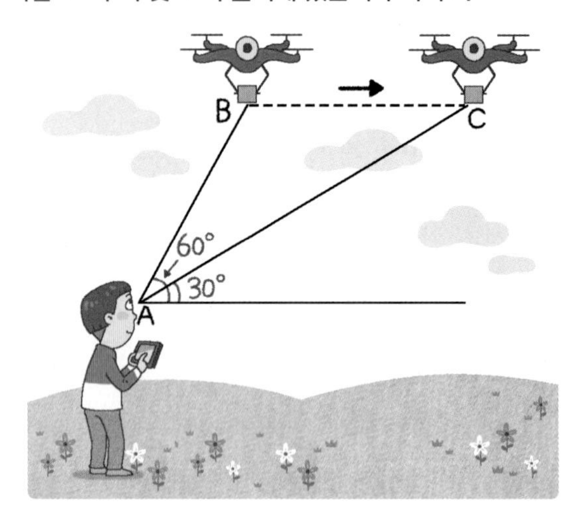

03 오른쪽 그림과 같이 삼각형 ABC에서 $\overline{AB}$의 길이를 10 % 줄이고, $\overline{BC}$의 길이를 20 % 늘여서 새로운 삼각형 DBE를 만들었을 때, 삼각형의 넓이의 변화는?

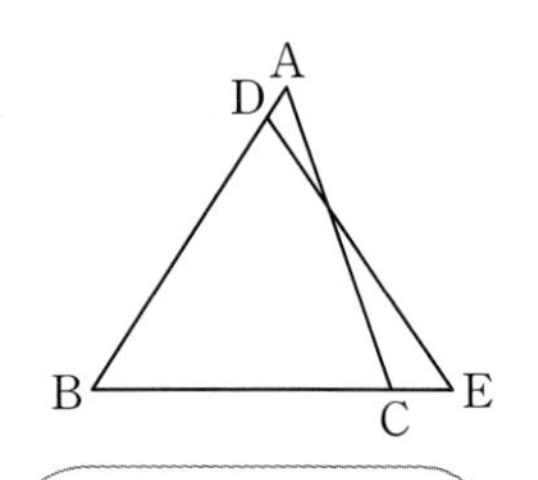

① 4 % 감소한다.

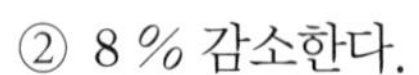

② 8 % 감소한다.

③ 4 % 증가한다.

④ 8 % 증가한다.

⑤ 변화가 없다.

△DBE에서 DB, BE의 길이를 각각 AB, BC의 길이로 나타내 봐.

04 다음 그림과 같이 폭이 6 cm로 일정한 직사각형 모양의 종이테이프를 $\overline{AC}$를 접는 선으로 하여 접었다. $\angle ABC=45^\circ$일 때, $\triangle ABC$의 넓이는?

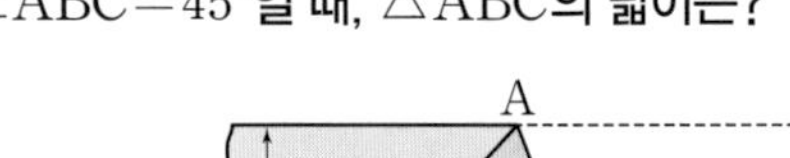

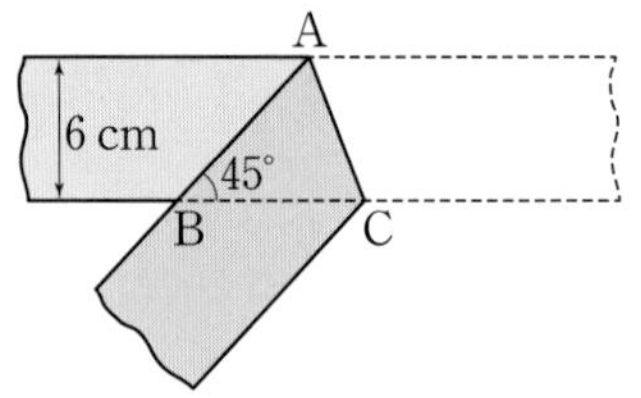

① $6\sqrt{5}\text{ cm}^2$ ② $18\sqrt{2}\text{ cm}^2$

③ 24 cm^2 ④ $12\sqrt{5}\text{ cm}^2$

⑤ $36\sqrt{2}\text{ cm}^2$

05 다음 그림과 같은 평행사변형 ABCD에서 $\overline{BE}:\overline{CE}=1:3$일 때, △AEC의 넓이는?

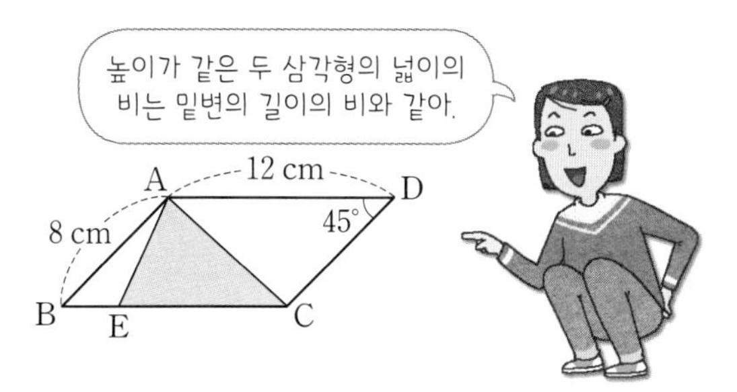

높이가 같은 두 삼각형의 넓이의
비는 밑변의 길이의 비와 같아.
A
12 cm
D
8 cm
45°
B
E
C

① $6\sqrt{2}$ cm² ② $9\sqrt{2}$ cm²
③ $12\sqrt{2}$ cm² ④ $18\sqrt{2}$ cm²
⑤ $24\sqrt{2}$ cm²

06 다음 그림과 같은 □ABCD에서 대각선 AC와 BD의 길이의 합은 18이고 △OCD의 넓이가 $6\sqrt{3}$일 때, □ABCD의 넓이는?

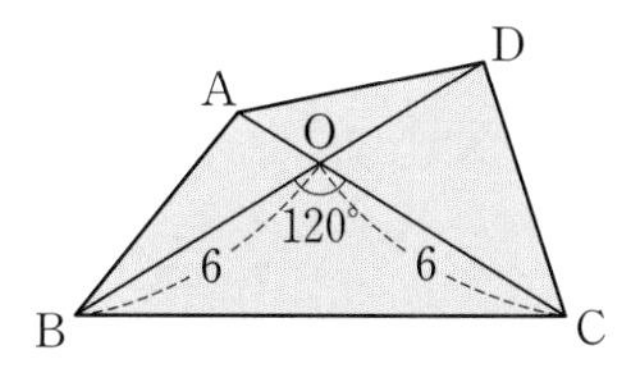

① $16\sqrt{2}$ ② $20\sqrt{2}$ ③ $16\sqrt{3}$
④ $20\sqrt{3}$ ⑤ $24\sqrt{3}$

07 오른쪽 그림과 같이 중심이 O로 같은 두 원에서 $\overline{AD}=18$ cm이고 $\overline{AB}=\overline{BC}=\overline{CD}$이다. 두 원의 반지름의 길이의 차가 4 cm일 때, 두 원의 반지름의 길이의 합은?

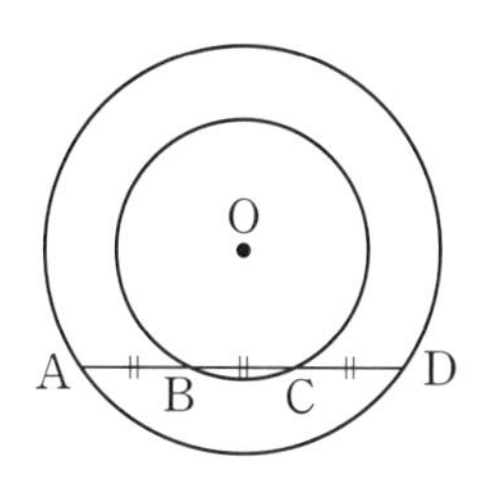

① 14 cm ② 15 cm ③ 16 cm
④ 17 cm ⑤ 18 cm

$\overline{OA}$, $\overline{OB}$를 긋고, 원의 중심
O에서 $\overline{AD}$에 수선을 그어
두 직각삼각형을 만들어 봐.

08 오른쪽 그림과 같이 반지름의 길이가 4인 원 O의 원주 위의 한 점이 원의 중심 O에 겹치도록 $\overline{AB}$를 접는 선으로 하여 접었을 때, ∠AOB의 크기를 구하시오. (단, $90° < \angle AOB < 180°$)

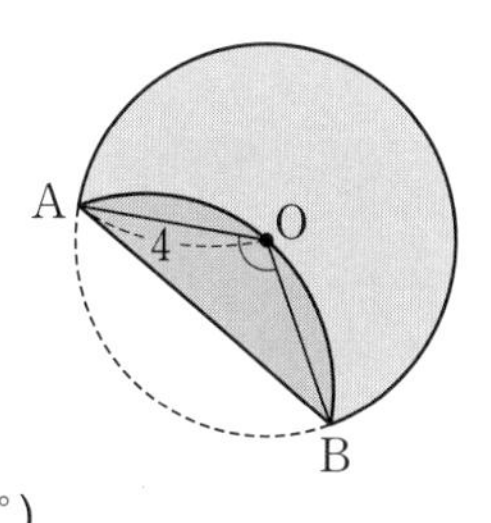

09 오른쪽 그림과 같이 원의 중심 O에서 두 현 AB, AC에 내린 수선의 발을 각각 M, N이라 하자. $\angle C=60^\circ$이고 $\overline{OM}=\overline{ON}=4\text{ cm}$일 때, $\triangle ABC$의 둘레의 길이는?

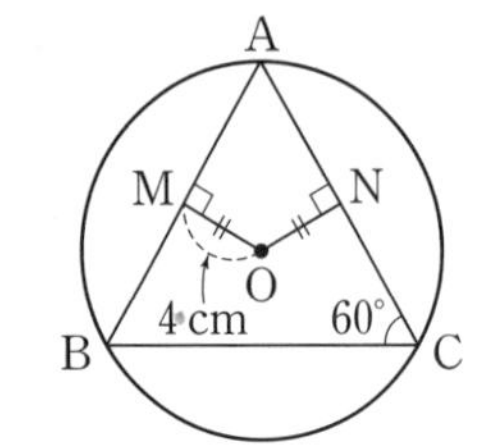

① $12\sqrt{2}$ cm ② $12\sqrt{3}$ cm
③ 24 cm ④ $24\sqrt{2}$ cm
⑤ $24\sqrt{3}$ cm

10 다음 그림에서 $\overline{PT}$는 원 O의 접선이고 점 T는 접점이다. 점 P가 원 O의 지름 AB의 연장선 위의 점일 때, $\overline{PT}$의 길이는?

① $3\sqrt{5}$ ② 8 ③ $6\sqrt{2}$
④ 9 ⑤ $6\sqrt{3}$

11 다음 그림에서 $\overline{AD}$, $\overline{BC}$, $\overline{AF}$는 원 O의 접선이고 점 D, E, F는 접점이다. 다음 중 옳지 않은 것을 모두 고르면? (정답 2개)

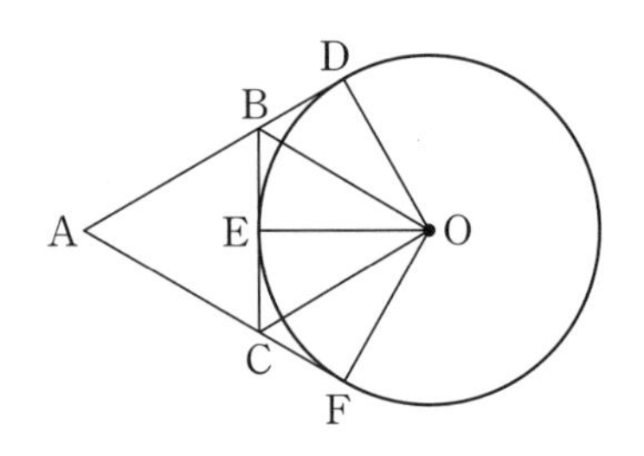

① $\overline{BC}=\overline{BD}+\overline{CF}$
② $\overline{AB}=\overline{AC}$
③ $\angle DAF+\angle DOF=180^\circ$
④ $\overline{OB}=\overline{OC}$
⑤ $\angle BOC=\frac{1}{2}\angle DOF$

12 다음 그림과 같이 $\overline{AP}$, $\overline{AQ}$, $\overline{BC}$는 원 O의 접선이고 점 B와 C는 각각 $\overline{AP}$, $\overline{AQ}$ 위의 한 점이다. $\angle A=60^\circ$이고 원 O의 반지름의 길이가 $5\sqrt{3}$ cm일 때, $\triangle ABC$의 둘레의 길이는? (단, 점 P, Q, D는 접점이다.)

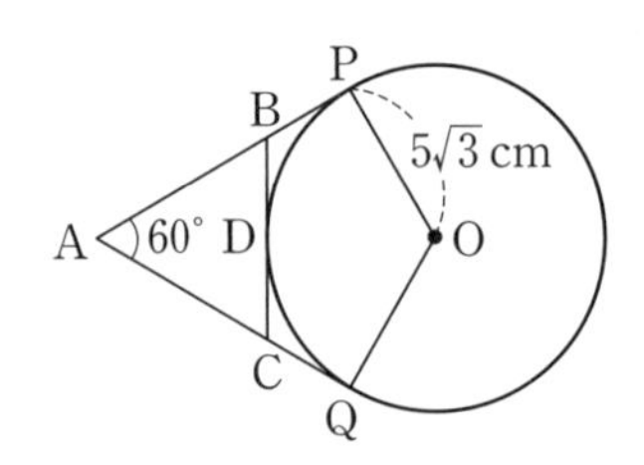

① 30 cm ② $20\sqrt{3}$ cm
③ 36 cm ④ 42 cm
⑤ $30\sqrt{3}$ cm

13 다음 그림에서 $\overline{AB}$는 반원 O의 지름이고 $\overline{AD}$, $\overline{BC}$, $\overline{CD}$는 반원 O의 접선이다. $\overline{AD}=5$ cm, $\overline{BC}=3$ cm일 때, $\triangle$DOC의 넓이는? (단, 점 E는 접점이다.)

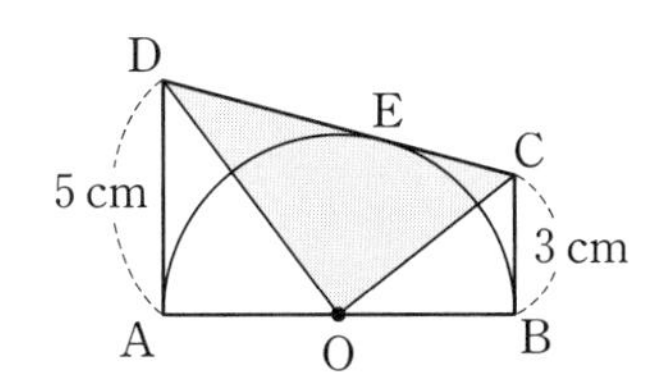

① $3\sqrt{15}$ cm^2 ② $\dfrac{7\sqrt{15}}{2}$ cm^2
③ $4\sqrt{15}$ cm^2 ④ $\dfrac{9\sqrt{15}}{2}$ cm^2
⑤ $5\sqrt{15}$ cm^2

14 다음 그림과 같이 삼각형 모양의 땅 ABC에 가능한 한 가장 큰 원 모양의 연못을 만들고, 연못에 접하는 삼각형 모양의 꽃밭 APQ를 만들었을 때, 삼각형 모양의 꽃밭 APQ의 둘레의 길이를 구하시오. (단, 점 D, E, F, G는 접점이다.)

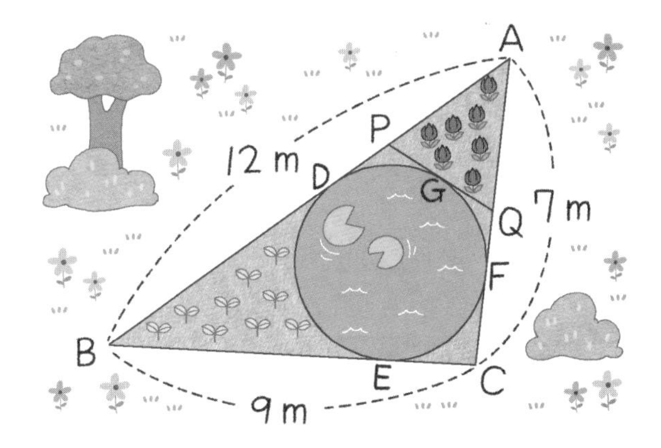

15 오른쪽 그림과 같이 빗변의 길이가 10 cm인 직각삼각형 ABC의 내접원 O의 지름의 길이가 4 cm일 때, $\triangle$ABC의 넓이는?

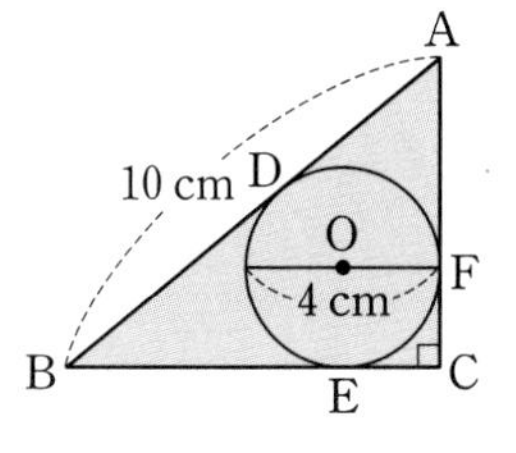

① 13 cm^2 ② 15 cm^2
③ 24 cm^2 ④ 28 cm^2
⑤ 35 cm^2

16 다음 그림에서 원 O는 직사각형 ABCD의 세 변과 $\overline{AE}$에 접하고 점 F, G, H, I는 접점이다. $\overline{AB}=10$ cm, $\overline{AD}=15$ cm일 때, $\triangle$ABE의 넓이를 구하시오.

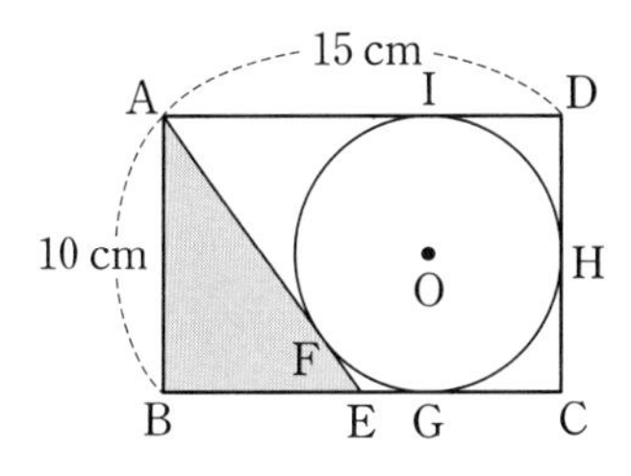

memo

book.chunjae.co.kr

교재 내용 문의 ··············· 교재 홈페이지 ▸ 중학 ▸ 교재상담
교재 내용 외 문의 ··············· 교재 홈페이지 ▸ 고객센터 ▸ 1:1문의
발간 후 발견되는 오류 ··············· 교재 홈페이지 ▸ 중학 ▸ 학습지원 ▸ 학습자료실

일등공략 필승학습!
단기간에 끝장내자!

특목고 대비

일등 전략

중학 수학 3-2

BOOK 2

기 말 고 사 대 비

book.chunjae.co.kr

시험에 잘 나오는

대표 유형 ZIP

중학 수학 3-2

BOOK 2

기 말 고 사 대 비

특목고 대비

일등 전략

시험에 잘 나오는

대표 유형 ZIP

중학 수학
3-2
기 말 고 사 대 비

이 책의
차례

시험에 잘 나오는
대표 유형을
기출 문제로 확인해 봐.

01 원주각과 중심각의 크기 (1)

오른쪽 그림에서 $\angle BAC=28^\circ$, $\angle CED=25^\circ$일 때, $\angle x$의 크기는?

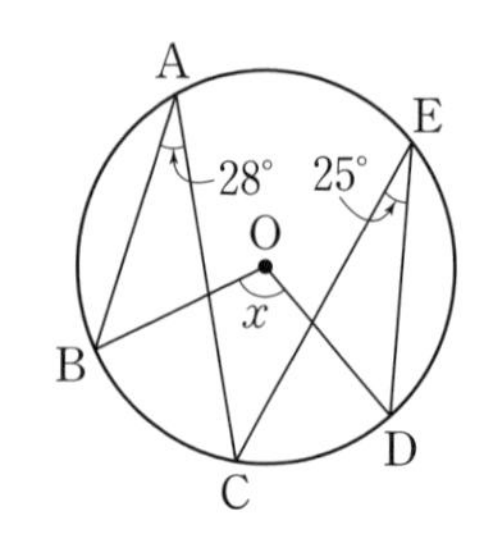

① 102° ② 103° ③ 104°

④ 105° ⑤ 106°

Tip

한 호에 대한 원주각의
크기는 그 호에 대한
중심각의 크기의 $\frac{1}{2}$이야.

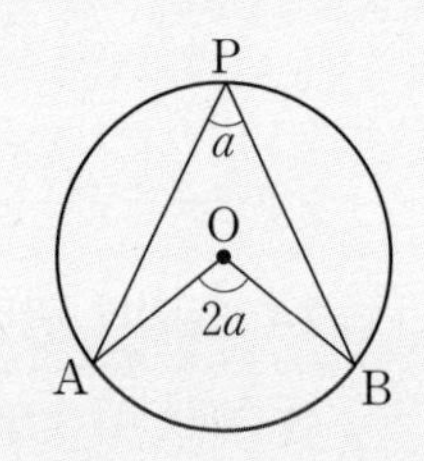

풀이 답 | ⑤

오른쪽 그림과 같이 $\overline{OC}$를 그으면

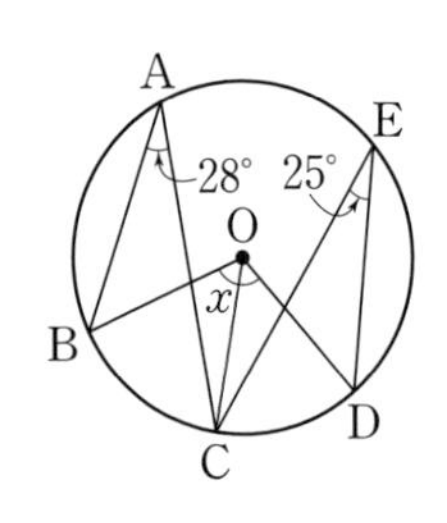

$\angle BOC=2\angle BAC=2\times28^\circ=$ ❶ $\square^\circ$

$\angle COD=2\angle CED=2\times25^\circ=50^\circ$

$\therefore \angle x=\angle BOC+\angle COD$

$=$ ❷ $\square^\circ+50^\circ$

$=$ ❸ $\square^\circ$

답 ❶ 56 ❷ 56 ❸ 106

02 원주각과 중심각의 크기 (2)

오른쪽 그림에서 $\angle BAD = 110^\circ$일 때, $\angle x + \angle y$의 크기는?

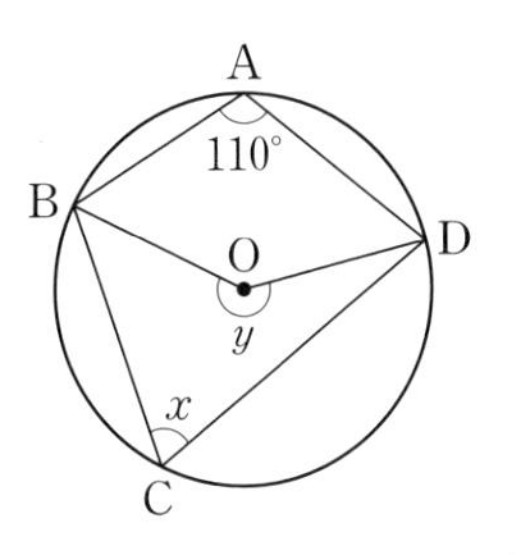

① 290°　② 300°　③ 310°
④ 320°　⑤ 330°

Tip

주어진 각이 어떤 호에 대한 원주각인지 찾고, 그 호에 대한 중심각을 찾는다.

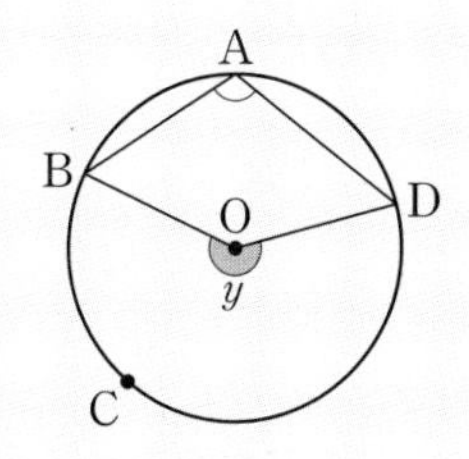

∠BAD는 $\widehat{BCD}$의 원주각이므로 $\widehat{BCD}$에 대한 중심각의 크기는 ∠y야.

풀이 답 | ①

$\angle y = 2\angle$ ❶ ____ $= 2 \times 110^\circ = 220^\circ$

$\widehat{BAD}$에 대한 중심각의 크기는 $360^\circ - \angle y = 360^\circ - 220^\circ = 140^\circ$이므로

$\angle x = \frac{1}{2} \times 140^\circ =$ ❷ ____ $^\circ$

$\therefore \angle x + \angle y = 70^\circ + 220^\circ = 290^\circ$

답 ❶ BAD ❷ 70

03 원주각과 중심각의 크기 (3) - 두 접선이 주어진 경우

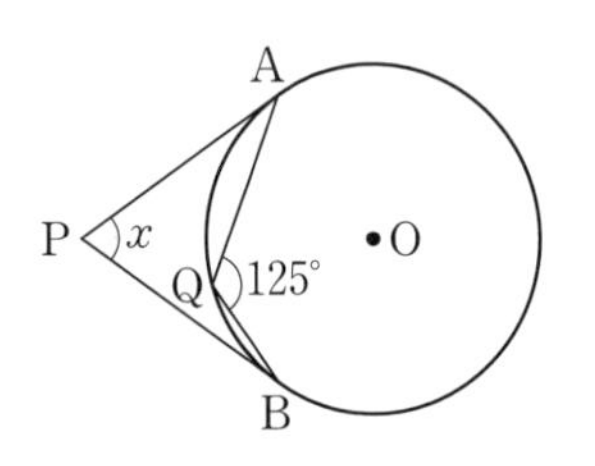

오른쪽 그림에서 $\overline{PA}$, $\overline{PB}$는 원 O의 접선이고 두 점 A, B는 접점이다. $\angle AQB=125^\circ$일 때, $\angle x$의 크기는?

① 30°　② 40°　③ 50°
④ 60°　⑤ 70°

Tip

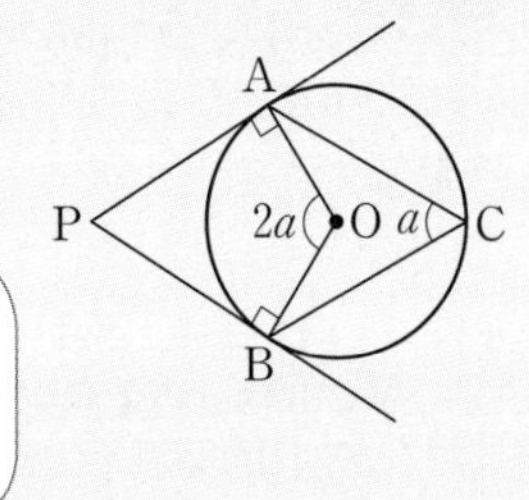

$\overrightarrow{PA}$, $\overrightarrow{PB}$가 원 O의 접선이고 두 점 A, B는 접점일 때

(1) $\angle P+\angle AOB=180^\circ$

(2) $\angle ACB=\frac{1}{2}\angle AOB$

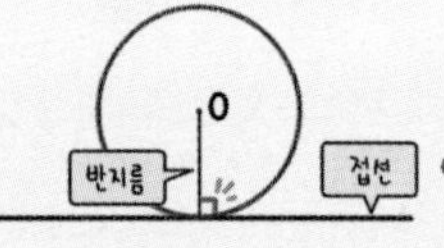

원의 접선은 그 접점을 지나는 원의 반지름과 수직이야.

풀이 답 | ⑤

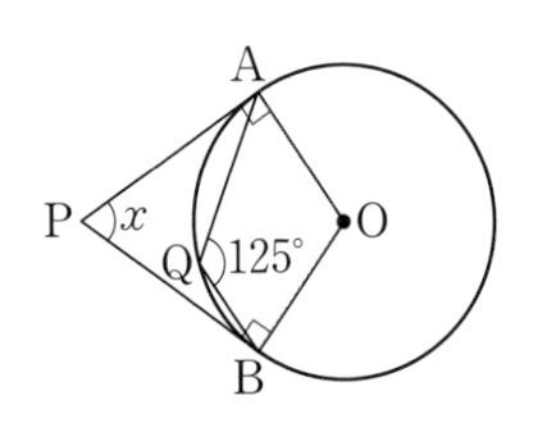

오른쪽 그림과 같이 $\overline{OA}$, $\overline{OB}$를 그으면

$\angle PAO=\angle PBO=$ ❶ $\square^\circ$

$\angle AQB=\frac{1}{2}\times(360^\circ-\angle AOB)$이므로

$125^\circ=180^\circ-\frac{1}{2}\angle AOB$　　$\therefore \angle AOB=$ ❷ $\square^\circ$

□APBO에서

$\angle x=360^\circ-(90^\circ+110^\circ+90^\circ)=$ ❸ $\square^\circ$

답 ❶ 90 ❷ 110 ❸ 70

04 한 호에 대한 원주각의 크기

오른쪽 그림에서 점 P는 두 현 AC, BD의 교점이고 $\angle CAD=45°$, $\angle ACB=60°$일 때, $\angle x$의 크기는?

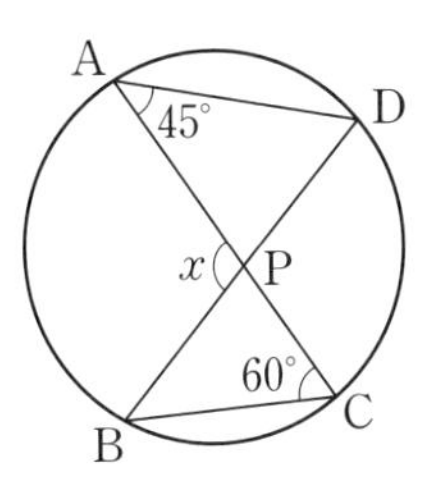

① 100° ② 105° ③ 110°
④ 115° ⑤ 120°

Tip

한 원에서 한 호에 대한 원주각의 크기는 모두 같다.

➡ $\angle APB=\angle AQB=\angle ARB$

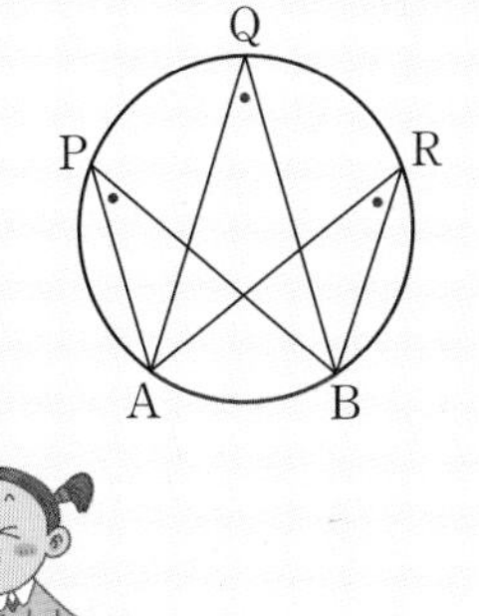

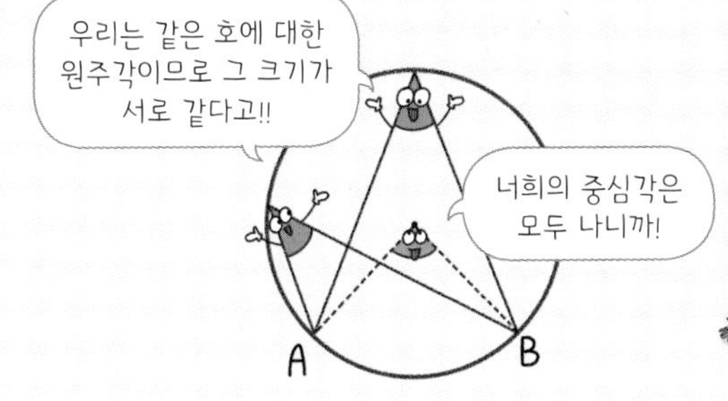

우리는 같은 호에 대한 원주각이므로 그 크기가 서로 같다고!!
너희의 중심각은 모두 나니까!
A
B

풀이 답 | ②

$\angle DBC=\angle$ ❶ $=45°$

$\triangle PBC$에서 $\angle APB=\angle PBC+\angle PCB$이므로

$\angle x=45°+60°=$ ❷ °

답 ❶ DAC ❷ 105

05 반원에 대한 원주각

오른쪽 그림에서 $\overline{AC}$는 원 O의 지름이고 $\angle ADB=26^\circ$일 때, $\angle BAC$의 크기는?

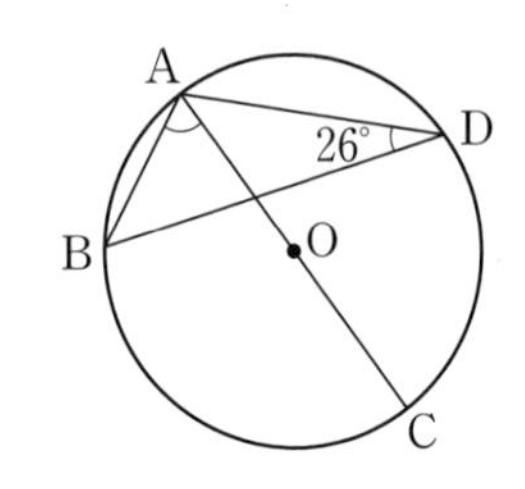

① 60° ② 62° ③ 64°
④ 66° ⑤ 68°

Tip

반원에 대한 원주각의 크기는 90°이다.
➡ $\overline{AB}$가 지름이면 $\angle APB=90^\circ$이다.

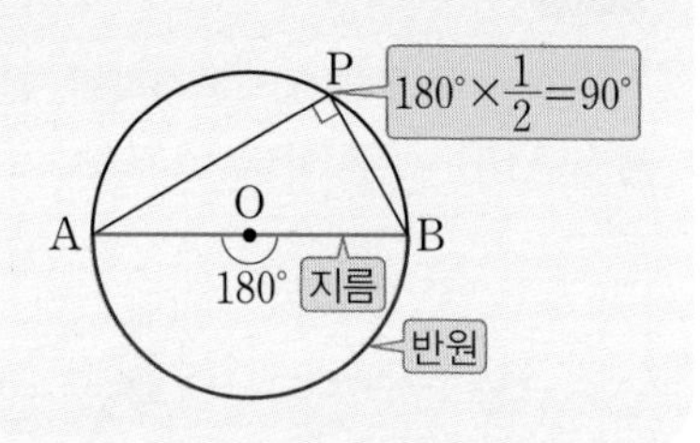

풀이 답 | ③

오른쪽 그림과 같이 $\overline{BC}$를 그으면
$\overline{AC}$가 원 O의 지름이므로
$\angle ABC=$ ❶ $^\circ$
$\angle ACB=\angle ADB=$ ❷ $^\circ$이므로
$\triangle ABC$에서
$\angle BAC=180^\circ-(90^\circ+26^\circ)=$ ❸ $^\circ$

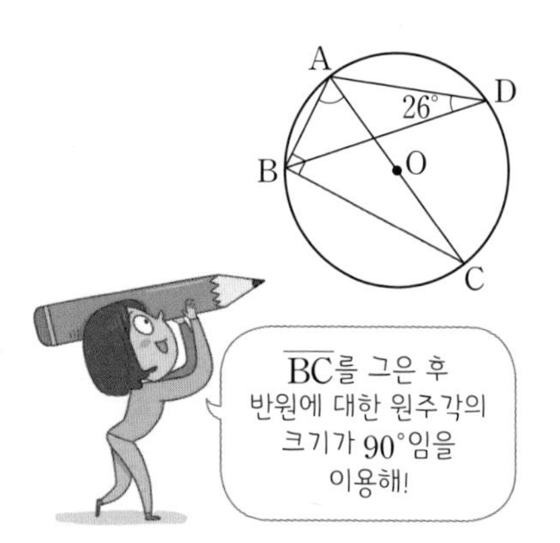

A
D
26°
B
O
C
$\overline{BC}$를 그은 후
반원에 대한 원주각의
크기가 90°임을
이용해!

답 ❶ 90 ❷ 26 ❸ 64

06 원주각과 삼각비의 값 (1)

오른쪽 그림과 같이 반지름의 길이가 5인 원 O에 내접하는 △ABC에서 $\overline{BC}=6$일 때, $\tan A$의 값은?

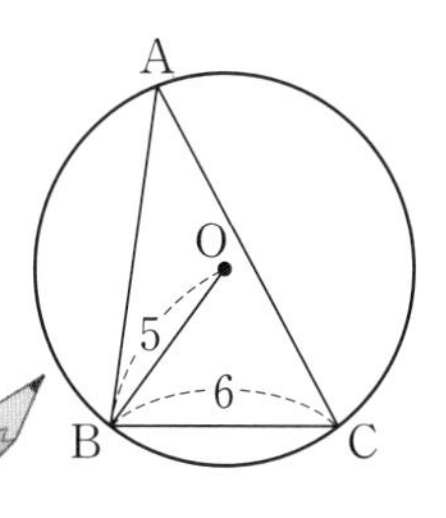

① $\frac{3}{5}$　② $\frac{3}{4}$　③ $\frac{4}{5}$

④ $\frac{4}{3}$　⑤ $\frac{5}{3}$

∠A와 크기가 같은 각을 한 내각으로 갖는 직각삼각형을 만들어야 해.

Tip

△ABC가 원 O에 내접할 때, ∠A=∠A′이고 △A′BC는 ∠C=90°인 직각삼각형이므로

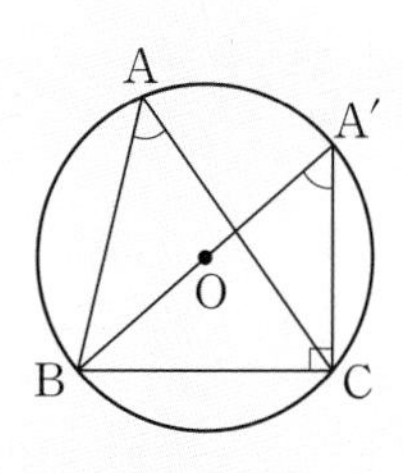

(1) $\sin A=\sin A'=\frac{\overline{BC}}{\overline{A'B}}$　(2) $\cos A=\cos A'=\frac{\overline{A'C}}{\overline{A'B}}$

(3) $\tan A=\tan A'=\frac{\overline{BC}}{\overline{A'C}}$

풀이 답 | ②

오른쪽 그림과 같이 $\overline{BO}$의 연장선이 원 O와 만나는 점을 A′이라 하면 $\overline{A'B}$가 원 O의 지름이므로

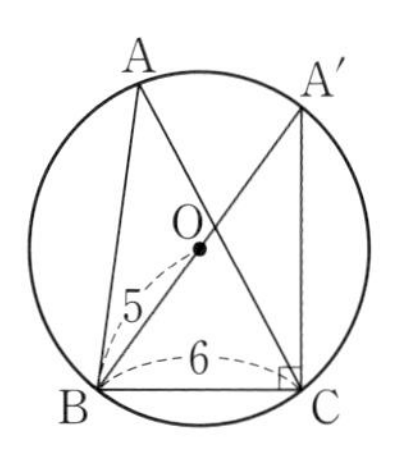

∠BCA′= ❶ [　　]°

△A′BC에서 $\overline{A'B}=2\overline{OB}=2\times5=10$이므로

$\overline{A'C}=\sqrt{10^2-6^2}=$ ❷ [　　]

$\therefore \tan A=\tan A'=\frac{\overline{BC}}{\overline{A'C}}=\frac{6}{8}=\frac{3}{4}$

답 ❶ 90 ❷ 8

07 원주각과 삼각비의 값 (2)

오른쪽 그림과 같이 원 O에 내접하는 $\triangle ABC$에서 $\angle A=45°$, $\overline{BC}=4$일 때, 원 O의 반지름의 길이는?

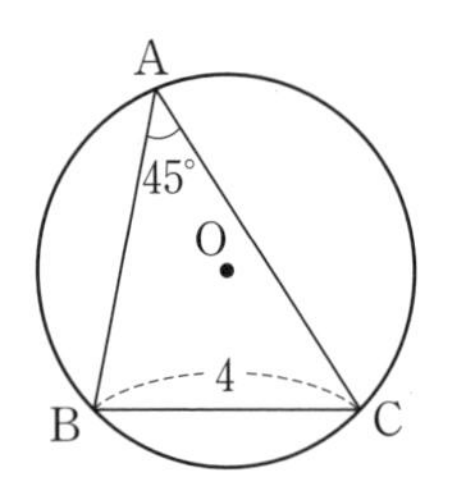

① $\sqrt{2}$　② 2　③ $2\sqrt{2}$
④ $3\sqrt{2}$　⑤ $4\sqrt{2}$

Tip

$\angle A$와 크기가 같은 각을 한 내각으로 갖는 직각삼각형을 만든 후, 특수한 각의 삼각비의 값을 이용하여 선분의 길이를 구한다.

풀이 답 | ③

오른쪽 그림과 같이 원의 중심을 지나는 $\overline{A'B}$를 긋고, $\overline{A'C}$를 그으면

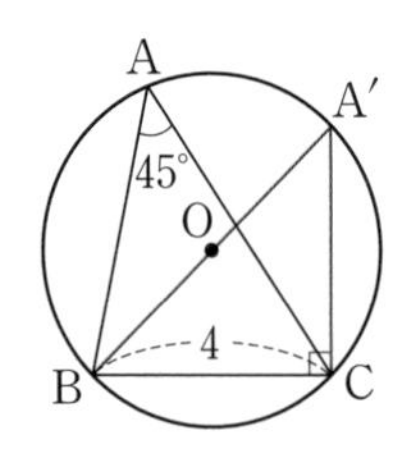

$\angle BCA'=90°$, $\angle BA'C=\angle$ ❶ $\square$ $=45°$

$\triangle A'BC$에서

$\overline{A'B}=\dfrac{\overline{BC}}{\sin 45°}=4\div\dfrac{\sqrt{2}}{2}=$ ❷ $\square$

따라서 원 O의 반지름의 길이는 $\frac{1}{2}\overline{A'B}=\frac{1}{2}\times 4\sqrt{2}=2\sqrt{2}$

답 ❶ BAC ❷ $4\sqrt{2}$

08 길이가 같은 호에 대한 원주각의 크기

오른쪽 그림에서 $\overset{\frown}{AB}=\overset{\frown}{CD}$이고 점 P는 두 현 AC, BD의 교점이다. $\angle DBC=23^\circ$일 때, $\angle x$의 크기는?

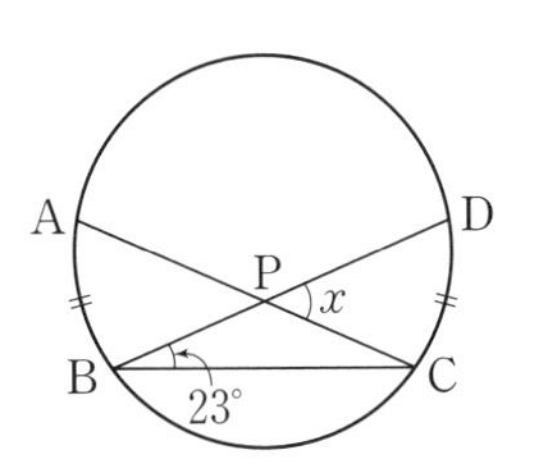

① 43° ② 44° ③ 45° ④ 46° ⑤ 47°

Tip

한 원에서

(1) 길이가 같은 호에 대한 원주각의 크기는 같다.

➡ $\overset{\frown}{AB}=\overset{\frown}{CD}$이면 $\angle APB=\angle CQD$

(2) 크기가 같은 원주각에 대한 호의 길이는 같다.

➡ $\angle APB=\angle CQD$이면 $\overset{\frown}{AB}=\overset{\frown}{CD}$

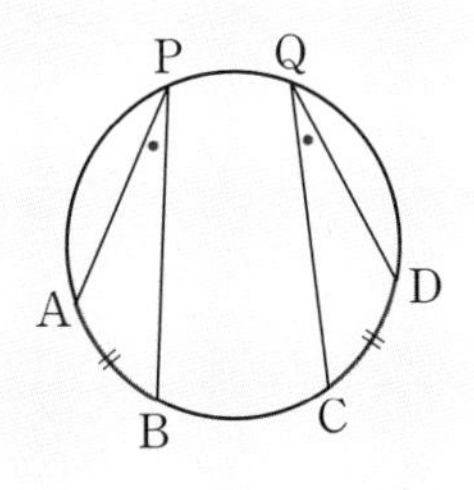

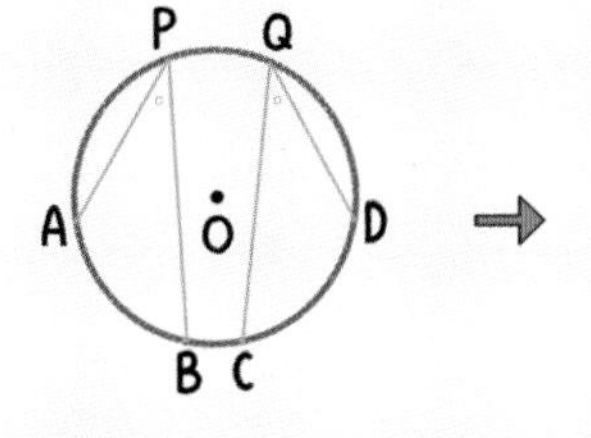

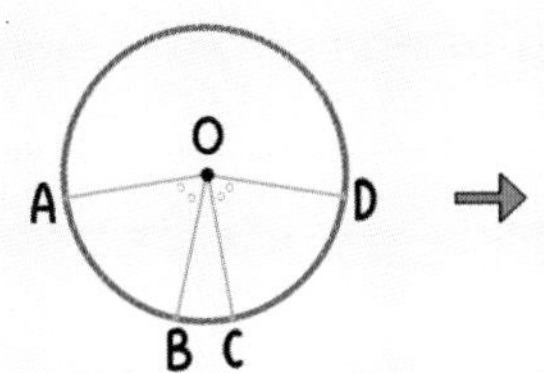

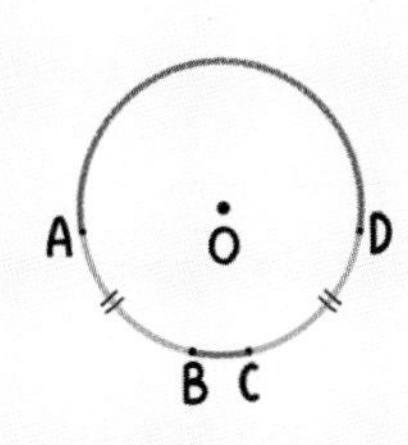

원주각의 크기가 같으면

중심각의 크기가 같으니까

풀이 답 | ④

$\overset{\frown}{AB}=\overset{\frown}{CD}$이므로 $\angle ACD=\angle DBC=$ ❶ ______ $^\circ$

△PBC에서 $\angle x=\angle PBC+\angle PCB=23^\circ+23^\circ=$ ❷ ______ $^\circ$

답 ❶ 23 ❷ 46

09 원주각의 크기와 호의 길이 (1)

우빈이는 친구들과 함께 놀이동산에서 원 모양을 그리면서 움직이는 대관람차를 타고 있다. 다음 그림과 같이 대관람차의 각 칸이 일정한 간격으로 놓여 있을 때, $\angle y - \angle x$의 크기를 구하시오.

Tip

(1) 한 원에서 호의 길이는 그 호에 대한 원주각의 크기에 정비례한다.

➡ $\widehat{AB} : \widehat{BC} = \angle APB : \angle BPC$

(2) 한 원에서 모든 호에 대한 원주각의 크기의 합은 180°이다.

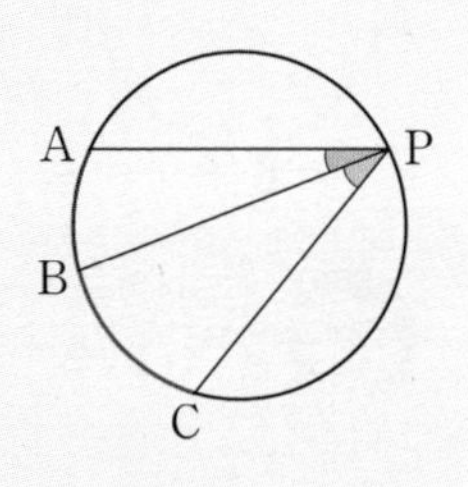

풀이 답 | 15°

$\angle x = 180^\circ \times \frac{❶\boxed{}}{12} = 30^\circ$, $\angle y = 180^\circ \times \frac{❷\boxed{}}{12} = 45^\circ$

$\therefore \angle y - \angle x = 45^\circ - 30^\circ = 15^\circ$

답 ❶ 2 ❷ 3

10 원주각의 크기와 호의 길이 (2)

오른쪽 그림에서 $\widehat{AB}:\widehat{BC}:\widehat{CA}=2:3:4$일 때, $\angle x$의 크기는?

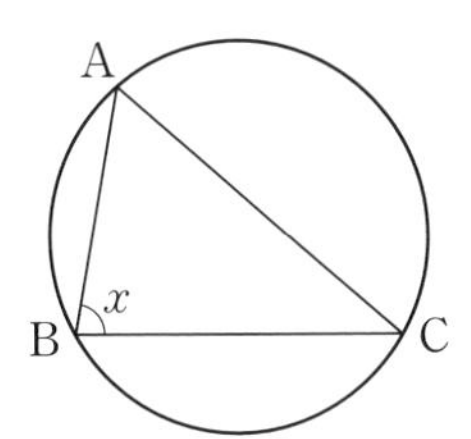

① 60° ② 65° ③ 70°
④ 75° ⑤ 80°

$\angle A+\angle B+\angle C=180°$임을 이용해.

Tip

$\widehat{AB}:\widehat{BC}:\widehat{CA}=a:b:c$이면

$\angle C:\angle A:\angle B=a:b:c$이므로

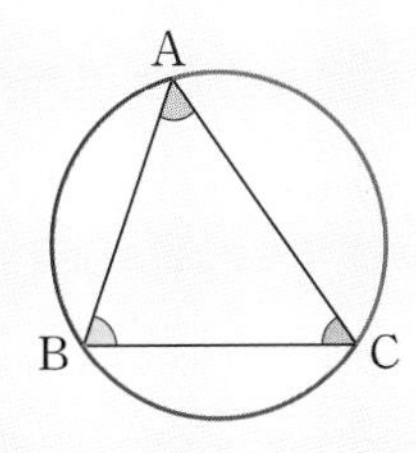

$\angle C=\dfrac{a}{a+b+c}\times 180°$

$\angle A=\dfrac{b}{a+b+c}\times 180°$

$\angle B=\dfrac{c}{a+b+c}\times 180°$

풀이 답 | ⑤

$\angle C:\angle A:\angle B=\widehat{AB}:$ ❶ $\boxed{}$ $:\widehat{CA}=2:3:4$

이때 $\angle A+\angle B+\angle C=180°$이므로

$\angle x=\dfrac{❷\boxed{}}{2+3+4}\times 180°=80°$

답 ❶ $\widehat{BC}$ ❷ 4

11 네 점이 한 원 위에 있을 조건

다음 네 학생 중에서 네 점 A, B, C, D가 한 원 위에 있는 것을 들고 있는 학생을 모두 찾으시오.

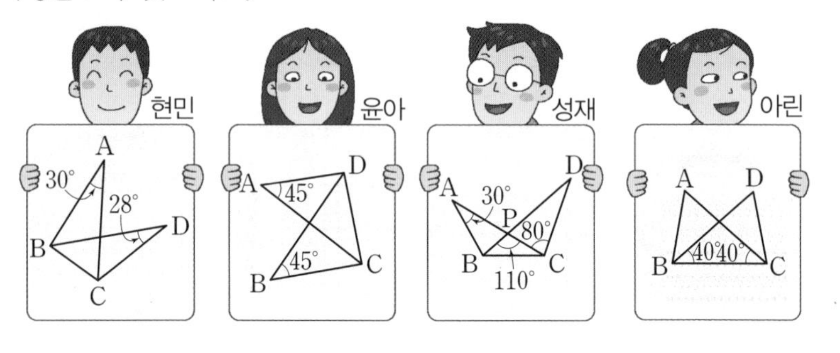

Tip

오른쪽 그림과 같이 두 점 A, D가 $\overline{BC}$에 대하여 같은 쪽에 있을 때, $\angle BAC=\angle BDC$이면 네 점 A, B, C, D는 한 원 위에 있다.

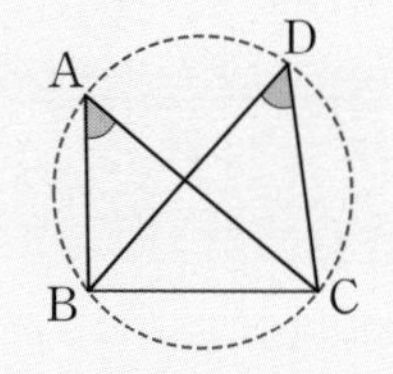

풀이 답|윤아, 성재

현민 : $\angle BAC \neq \angle BDC$이므로 네 점 A, B, C, D는 한 원 위에 있지 않다.

윤아 : $\overline{CD}$에 대하여 $\angle DAC=\angle DBC=45°$이므로 네 점 A, B, C, D는 한 ❶ ______ 위에 있다.

성재 : $\triangle PCD$에서 $\angle PDC=110°-80°=$ ❷ ______ °

$\overline{BC}$에 대하여 $\angle BAC=\angle BDC=30°$이므로 네 점 A, B, C, D는 한 원 위에 있다.

아린 : 어떤 선분에 대해서도 같은 쪽에 있는 두 각의 크기가 같은지 알 수 없으므로 네 점 A, B, C, D는 한 원 위에 있는지 알 수 없다.

답 ❶ 원 ❷ 30

12 원에 내접하는 사각형의 성질 (1)

오른쪽 그림에서 □ABCD는 원에 내접하고 $\angle BAC=60^\circ$, $\angle ACB=45^\circ$일 때, $\angle x$의 크기는?

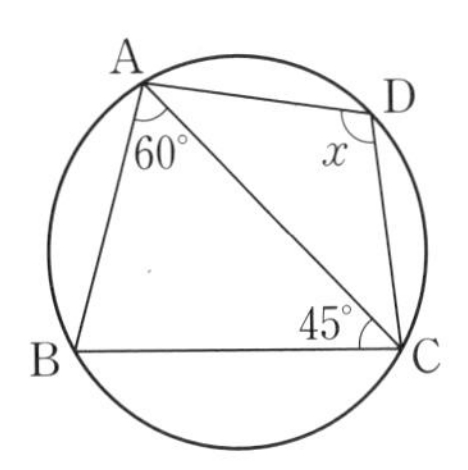

① 75° ② 85° ③ 95°
④ 105° ⑤ 115°

Tip

원에 내접하는 사각형에서 한 쌍의 대각의 크기의 합은 180°이다.

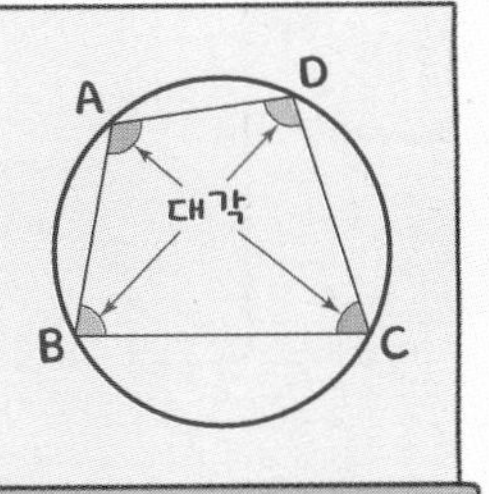

풀이 답 | ④

△ABC에서

$\angle ABC=180^\circ-(60^\circ+45^\circ)=75^\circ$

□ABCD가 원에 내접하므로 $\angle ABC+\angle ADC=$ ❶ ______ °

$75^\circ+\angle x=$ ❷ ______ ° $\therefore \angle x=105^\circ$

답 ❶ 180 ❷ 180

13 원에 내접하는 사각형의 성질 (2)

오른쪽 그림에서 □ABCD는 원에 내접하고 $\angle DBC=36°$, $\angle DCE=76°$일 때, $\angle BAC$의 크기는?

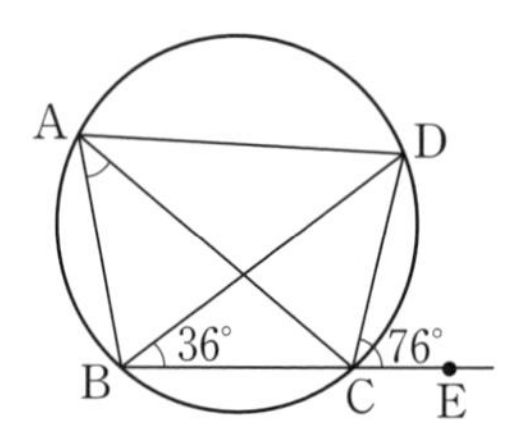

① 40°　② 42°　③ 44°
④ 46°　⑤ 48°

Tip

원에 내접하는 사각형의 성질

원에 내접하는 사각형에서 한 외각의 크기는 그 외각에 이웃한 내각의 대각의 크기와 같다.

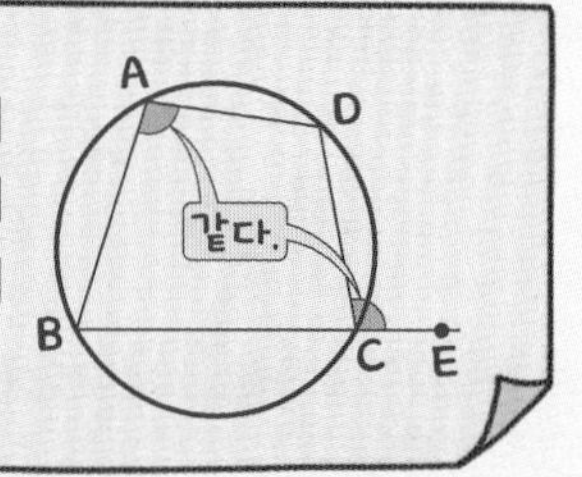

풀이 답 | ①

$\angle DAC=\angle$ ❶ ______ $=36°$

□ABCD가 원에 내접하므로

$\angle DAB=\angle$ ❷ ______ $=76°$

$\therefore \angle BAC=\angle DAB-\angle DAC$

$=76°-36°=40°$

답 ❶ DBC ❷ DCE

14 원에 내접하는 사각형과 외각의 성질

오른쪽 그림에서 □ABCD는 원에 내접하고 $\angle APB=27^\circ$, $\angle ADC=59^\circ$일 때, $\angle x$의 크기는?

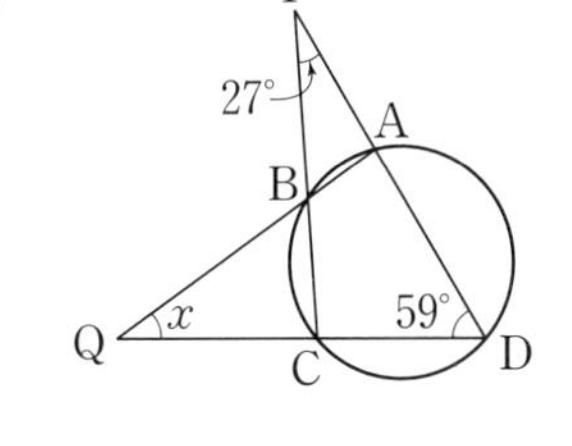

① 20° ② 25° ③ 30°

④ 35° ⑤ 40°

삼각형의 외각의 성질을 이용하면
$\angle$PCQ의 크기를 구할 수 있어!

Tip

(1) □ABCD가 원에 내접할 때
$\angle CDQ=\angle ABC=\angle x$

(2) △PBC에서 $\angle DCQ=\angle x+\angle a$

(3) △DCQ에서 $\angle x+(\angle x+\angle a)+\angle b=180^\circ$

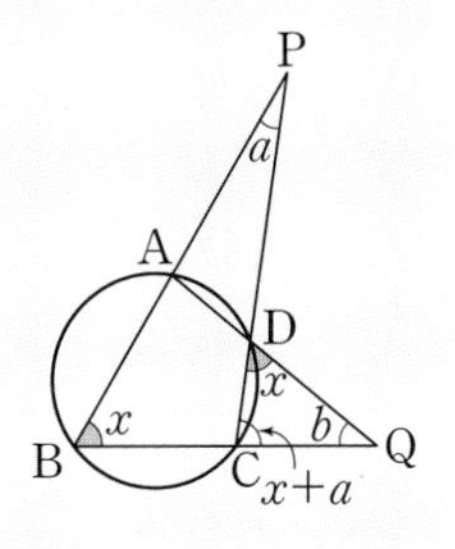

풀이 답 | ④

□ABCD가 원에 내접하므로

$\angle QBC=\angle$ ❶ $=59^\circ$

△PCD에서 $\angle PCQ=27^\circ+59^\circ=$ ❷ $^\circ$

△BQC에서 $59^\circ+\angle x+86^\circ=180^\circ$

$\therefore \angle x=35^\circ$

답 ❶ ADC ❷ 86

15 원에 내접하는 다각형

오른쪽 그림과 같이 원 O에 내접하는 오각형 ABCDE에서 $\angle BOC=50°$, $\angle D=100°$일 때, $\angle x$의 크기를 구하시오.

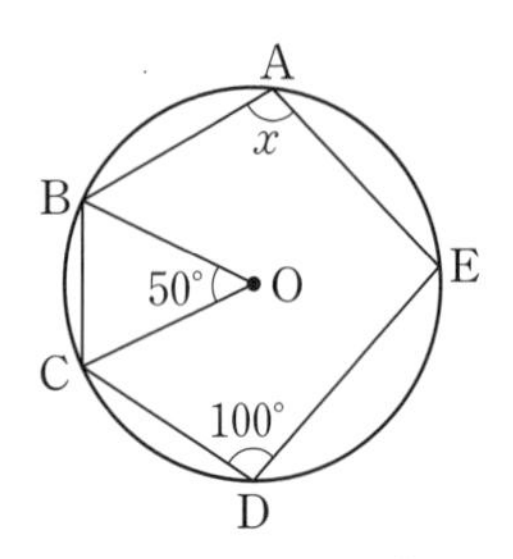

Tip

원에 내접하는 다각형이 주어질 때에는 보조선을 그어 원에 내접하는 사각형을 만든다.

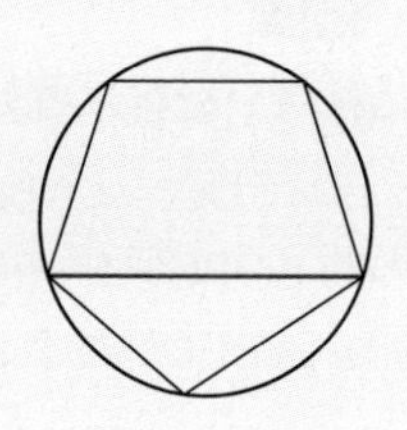

풀이 답 | 105°

오른쪽 그림과 같이 $\overline{AC}$를 그으면

$\angle BAC=\frac{1}{2}\angle$ ❶ $\boxed{}$ $=\frac{1}{2}\times 50°=25°$

□ACDE가 원 O에 내접하므로

$\angle CAE+\angle CDE=$ ❷ $\boxed{}$ °

$\therefore \angle CAE=180°-100°=80°$

$\therefore \angle x=25°+80°=105°$

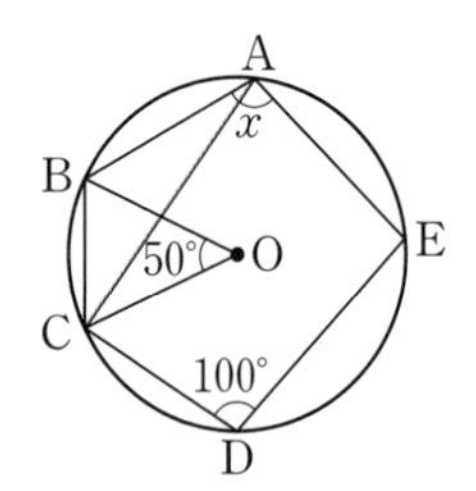

답 ❶ BOC ❷ 180

16 두 원에서 원에 내접하는 사각형

오른쪽 그림과 같이 두 원 O, O′이 두 점 P, Q에서 만날 때, 두 점 P, Q를 각각 지나는 직선이 두 원과 만나는 점을 A, B, C, D라 하자. $\angle A=98^\circ$일 때, $\angle x$의 크기는?

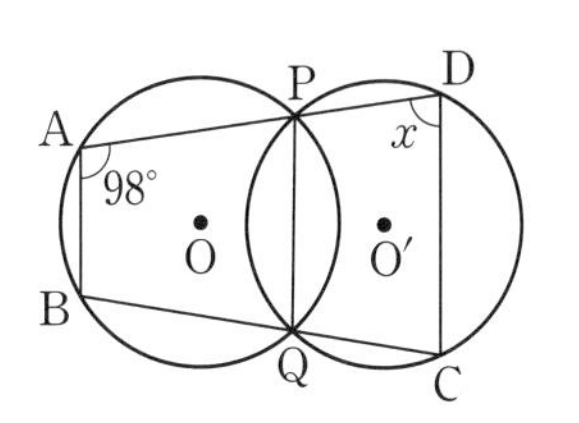

① 80°　② 81°　③ 82°

④ 83°　⑤ 84°

Tip

□ABQP와 □PQCD가 각각 원에 내접할 때

(1) $\angle BAP=\angle PQC=\angle CDF$

(2) $\angle ABQ=\angle QPD=\angle DCE$

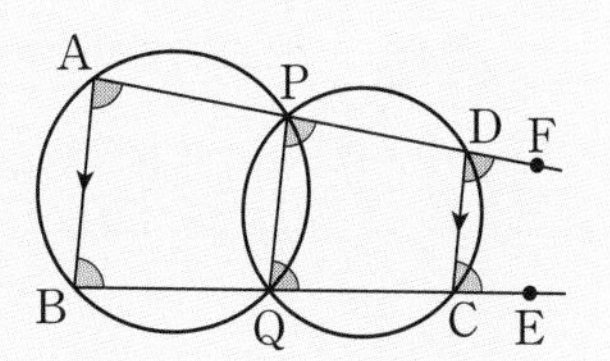

$\angle BAP=\angle CDF$(동위각)이므로 $\overline{AB}\,/\!/\,\overline{DC}$

풀이 답 | ③

□ABQP가 원 O에 내접하므로

$\angle PQC=\angle A=$ ❶ ______ °

□PQCD가 원 O′에 내접하므로

$\angle PQC+\angle D=$ ❷ ______ °

$98^\circ+\angle x=180^\circ$　$\therefore \angle x=82^\circ$

답 ❶ 98 ❷ 180

17 사각형이 원에 내접하기 위한 조건

오른쪽 그림에서 □ABCD가 원에 내접하도록 하는 $\angle x$의 크기는?

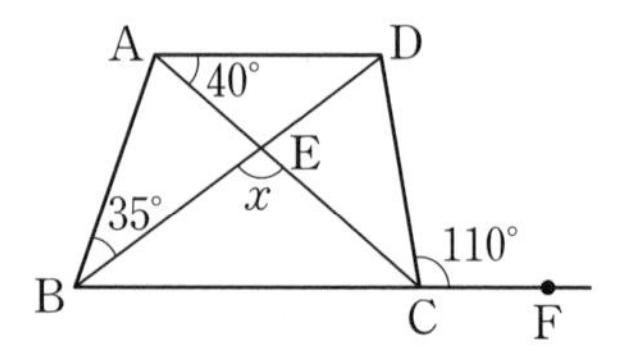

① 100°　　② 105°　　③ 110°
④ 115°　　⑤ 120°

Tip

한 변에 대하여 같은 쪽에 있는 두 각의 크기가 서로 같을 때

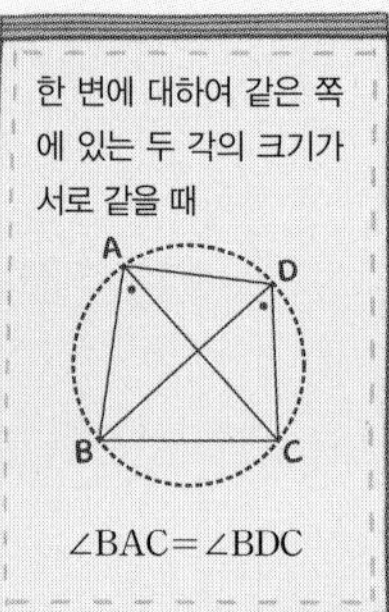

$\angle BAC = \angle BDC$

한 쌍의 대각의 크기의 합이 180°일 때

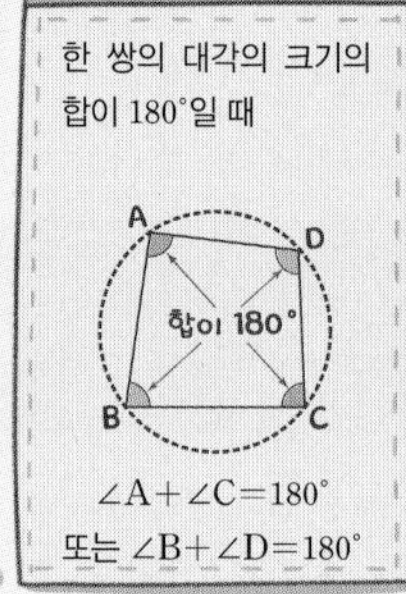

$\angle A + \angle C = 180°$
또는 $\angle B + \angle D = 180°$

한 외각의 크기가 그와 이웃한 내각의 대각의 크기와 같을 때

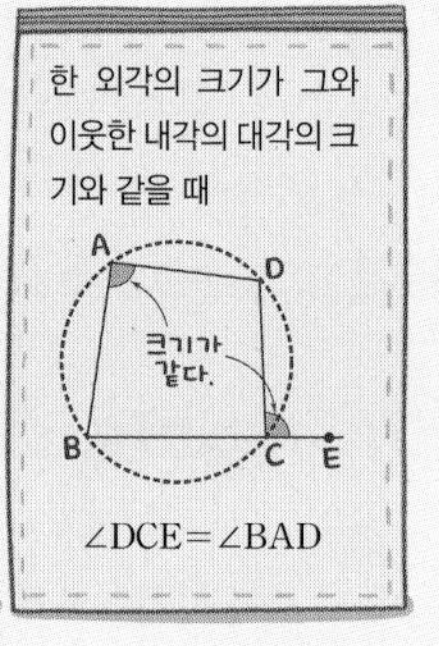

$\angle DCE = \angle BAD$

풀이 답 | ②

□ABCD가 원에 내접하려면

$\angle BAD = \angle$ ❶ ☐ $= 110°$

△ABE에서

$\angle BAE = \angle BAD - \angle DAC = 110° -$ ❷ ☐ $° = 70°$

이므로 $\angle x = 70° + 35° = 105°$

답 ❶ DCF ❷ 40

18 접선과 현이 이루는 각

오른쪽 그림에서 $\overleftrightarrow{BT}$는 원 O의 접선이고 점 B는 접점이다. $\angle CBT=40°$일 때, $\angle x$의 크기는?

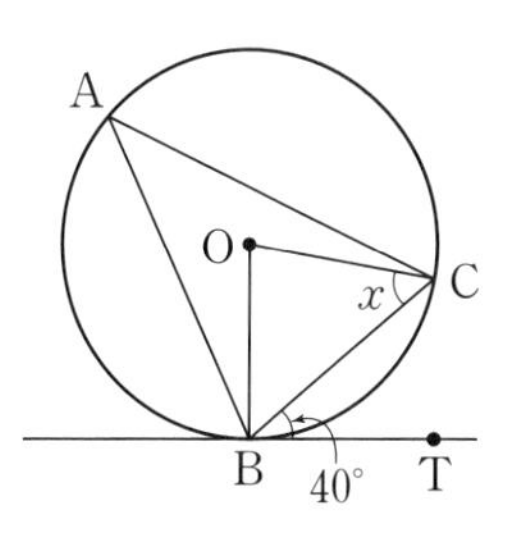

① 45° ② 50° ③ 55°
④ 60° ⑤ 65°

Tip

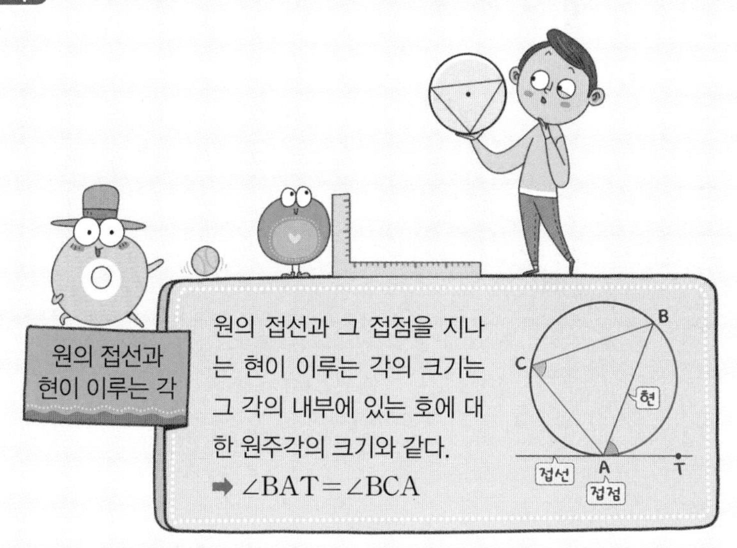

원의 접선과 현이 이루는 각
원의 접선과 그 접점을 지나는 현이 이루는 각의 크기는 그 각의 내부에 있는 호에 대한 원주각의 크기와 같다.
➡ ∠BAT=∠BCA
B
C
현
접선
A
접점
T

풀이 답 | ②

$\angle CAB=\angle$ ❶ $=40°$, $\angle COB=2\angle CAB=2\times 40°=80°$

$\triangle OBC$는 $\overline{OB}=\overline{OC}$인 ❷ 삼각형이므로

$\angle x=\dfrac{1}{2}\times(180°-80°)=50°$

답 ❶ CBT ❷ 이등변

19 접선과 현이 이루는 각의 활용 (1) – 할선이 원의 중심을 지날 때

다음 그림에서 점 P는 원 O의 지름 AC의 연장선과 원 위의 점 B에서의 접선의 교점이다. $\angle CBT = 52^\circ$일 때, $\angle x - \angle y$의 크기는?

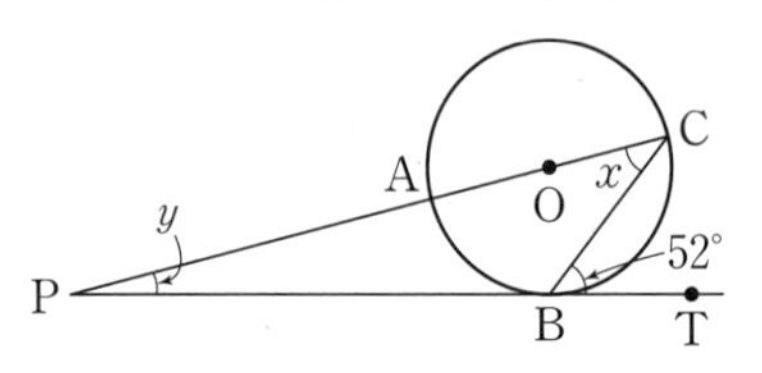

① 21°　② 22°　③ 23°　④ 24°　⑤ 25°

Tip

$\overline{AB}$를 그으면 아래 내용을 이용해서 문제를 해결할 수 있어.

$\angle APB = 90^\circ$　　$\angle BAT = \angle BCA$

풀이 답 | ④

오른쪽 그림과 같이 $\overline{AB}$를 그으면

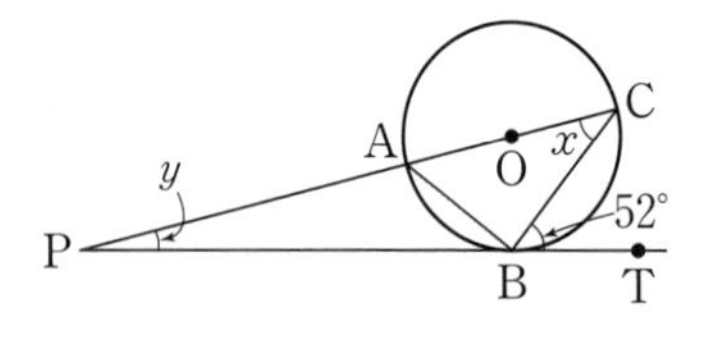

$\angle ABC =$ ❶ [　　　] $^\circ$

$\triangle ABC$에서 $\angle CAB = \angle$ ❷ [　　　] $= 52^\circ$

$\therefore \angle x = 180^\circ - (52^\circ + 90^\circ) = 38^\circ$

$\triangle APB$에서 $\angle ABP = \angle$ ❸ [　　　] $= 38^\circ$

$\therefore \angle y = 52^\circ - 38^\circ = 14^\circ$

$\therefore \angle x - \angle y = 38^\circ - 14^\circ = 24^\circ$

답 ❶ 90 ❷ CBT ❸ ACB

20 접선과 현이 이루는 각의 활용 (2)

오른쪽 그림에서 □ABCD는 원에 내접하고 $\overline{PC}$는 원의 접선이다. $\angle BAC=40^\circ$, $\angle ADC=100^\circ$일 때, $\angle P$의 크기는?

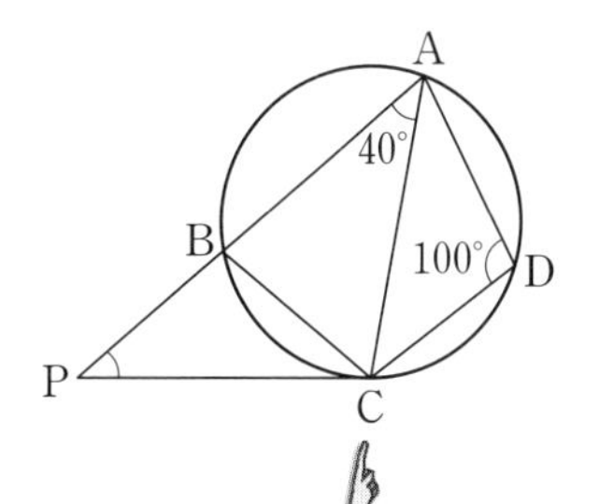

① 40°　　② 45°　　③ 50°
④ 55°　　⑤ 60°

□ABCD에서 $\angle B+\angle D=180^\circ$이고
$\angle BCP=\angle BAC$임을 이용해!

$\overleftrightarrow{BT}$는 원의 접선이고 점 B는 접점일 때, 이 원에 내접하는 □ABCD에서

(1) $\angle DAB+\angle DCB=180^\circ$, $\angle ADC+\angle ABC=180^\circ$

(2) $\angle CBT=\angle CAB$

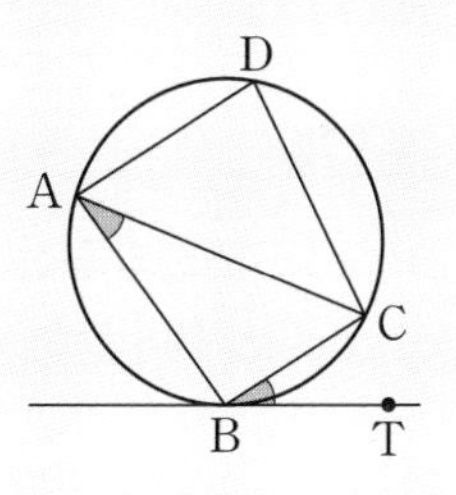

풀이 답 | ①

□ABCD는 원에 ❶ ____ 하므로

$\angle ABC+\angle ADC=180^\circ$, $\angle ABC+100^\circ=180^\circ$

$\therefore \angle ABC=80^\circ$

$\angle BCP=\angle$ ❷ ____ $=40^\circ$

△BPC에서 $\angle ABC=\angle P+\angle BCP$

$80^\circ=\angle P+40^\circ$　　$\therefore \angle P=40^\circ$

답 ❶ 내접 ❷ BAC

21 접선과 현이 이루는 각의 활용 (3)

오른쪽 그림에서 원 O는 $\triangle ABC$의 내접원이면서 $\triangle DEF$의 외접원이다.
$\angle B=50^\circ$, $\angle FDE=60^\circ$일 때, $\angle x$의 크기는?

(단, 점 D, E, F는 접점이다.)

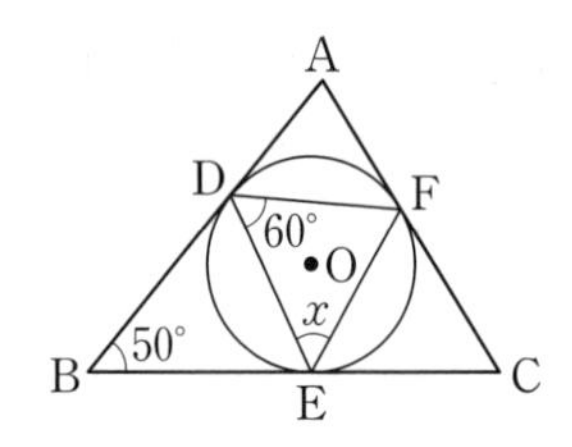

① 50° ② 55° ③ 60°
④ 65° ⑤ 70°

$\overline{BD}=\overline{BE}$이므로 $\triangle BED$는 이등변삼각형이야.

Tip

$\overrightarrow{PA}$, $\overrightarrow{PB}$가 원의 접선이고 두 점 A, B는 접점일 때
(1) $\overline{PA}=\overline{PB}$이므로 $\triangle PBA$는 이등변삼각형이다.
(2) $\angle PAB=\angle PBA=\angle ACB$

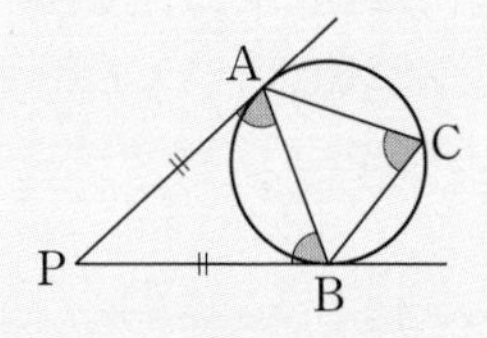

풀이 답 | ②

$\triangle BED$는 $\overline{BE}=\overline{BD}$인 이등변삼각형이므로
$\angle BED=\frac{1}{2}\times(180^\circ-$ ❶ $^\circ)=65^\circ$
이때 $\angle FEC=\angle FDE=$ ❷ $^\circ$이므로
$\angle x=180^\circ-(65^\circ+60^\circ)=55^\circ$

답 ❶ 50 ❷ 60

22 두 원에서 접선과 현이 이루는 각

오른쪽 그림에서 $\overleftrightarrow{PQ}$는 두 원에 공통으로 접하는 직선이고 점 E는 접점이다. $\angle EDC=55°$, $\angle DEC=50°$일 때, $\angle BAE$의 크기는?

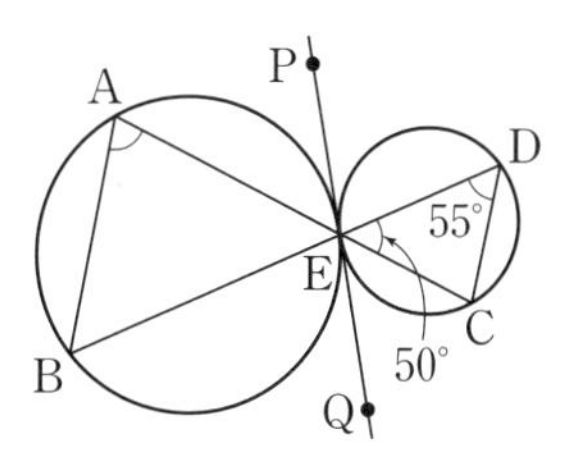

① 60° ② 65° ③ 70°

④ 75° ⑤ 80°

먼저 $\angle CEQ$의 크기를 구해 봐.

Tip

$\overleftrightarrow{PQ}$는 두 원에 공통으로 접하는 접선이고 점 T는 접점일 때

(1) $\angle BAT=\angle BTQ=\angle DTP=\angle DCT$ (맞꼭지각: $\angle BTQ=\angle DTP$)

(2) $\angle BAT=\angle DCT$(엇각)이므로 $\overline{AB} /\!/ \overline{DC}$

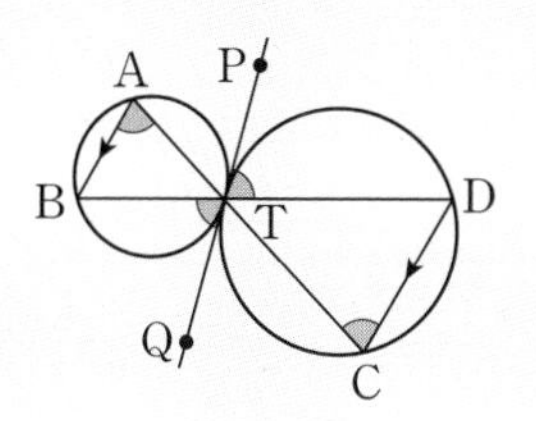

풀이 답 | ④

$\angle CEQ=\angle EDC=$ [❶]°

$\angle BEQ=180°-(\angle CEQ+\angle DEC)$

$=180°-(55°+50°)=$ [❷]°

$\therefore \angle BAE=\angle BEQ=75°$

답 ❶ 55 ❷ 75

23 평균의 뜻과 성질

3개의 변량 a, b, 9의 평균은 5이고, 3개의 변량 c, d, 35의 평균은 27일 때, 4개의 변량 a, b, c, d의 평균은?

① 11 ② 13 ③ 15
④ 17 ⑤ 19

Tip

평균 : 변량의 총합을 변량의 개수로 나눈 값

➡ $(\text{평균})=\dfrac{(\text{변량의 총합})}{(\text{변량의 개수})}$

우리 키를 모두 더한 다음,
4로 나누면 그게 우리 키의 평균!
A

풀이 답 | ②

$\dfrac{a+b+9}{3}=$ ❶ [   ] 에서 $a+b+9=15$

$\therefore a+b=6$

$\dfrac{c+d+35}{3}=$ ❷ [   ] 에서 $c+d+35=81$

$\therefore c+d=46$

따라서 4개의 변량 a, b, c, d의 평균은

$\dfrac{a+b+c+d}{4}=\dfrac{6+46}{4}=\dfrac{52}{4}=13$

답 ❶ 5 ❷ 27

24 중앙값의 뜻과 성질

5명의 학생의 몸무게를 조사하여 작은 값부터 크기순으로 나열하였더니 중앙값은 52 kg이고 4번째 학생의 몸무게는 56 kg이었다. 여기에 몸무게가 60 kg인 학생이 추가되었을 때, 6명의 학생의 몸무게의 중앙값은?

① 54 kg ② 55 kg ③ 56 kg
④ 57 kg ⑤ 58 kg

Tip

중앙값 : 자료의 변량을 작은 값부터 크기순으로 나열하였을 때 한가운데에 놓인 값
(1) 변량의 개수가 홀수이면 ➡ 한가운데에 놓인 값
(2) 변량의 개수가 짝수이면 ➡ 한가운데에 놓인 두 값의 평균

풀이 답 | ①

5명의 몸무게를 작은 값부터 a kg, b kg, c kg, 56 kg, d kg이라 하자.

중앙값이 52 kg이므로 $c=$ ❶ ☐

60 kg을 포함한 6개의 변량을 작은 값부터 크기순으로 나열하면 a kg, b kg, 52 kg, 56 kg, 60 kg, d kg 또는 a kg, b kg, 52 kg, 56 kg, d kg, 60 kg이다.

따라서 6명의 학생의 몸무게의 중앙값은 $\frac{52+56}{2}=$ ❷ ☐ (kg)

답 ❶ 52 ❷ 54

25 최빈값의 뜻과 성질

다음은 학생 8명이 일주일 동안 독서를 한 시간을 조사하여 나타낸 것이다. 이 자료의 최빈값과 중앙값이 같을 때, 평균을 구하시오.

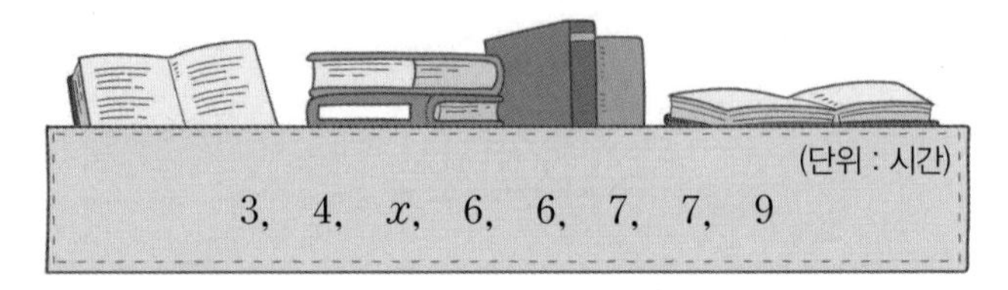

(단위 : 시간)

$3,\ 4,\ x,\ 6,\ 6,\ 7,\ 7,\ 9$

Tip

최빈값 : 자료의 변량 중 가장 많이 나타나는 값

참고 ① 최빈값은 자료가 수로 주어지지 않은 경우에도 사용할 수 있다.
② 자료에 따라 최빈값이 2개 이상일 수도 있다.

풀이 답 | 6시간

최빈값이 1개이어야 하므로 $x=6$ 또는 $x=7$이다.

$x=6$일 때, 변량을 작은 값부터 크기순으로 나열하면

3, 4, 6, 6, 6, 7, 7, 9

이때 최빈값은 6시간이고 중앙값은 $\frac{6+6}{2}=$ ❶ ☐ (시간)

최빈값과 중앙값이 같으므로 최빈값은 1개뿐이야.

$x=7$일 때, 변량을 작은 값부터 크기순으로 나열하면

3, 4, 6, 6, 7, 7, 7, 9

이때 최빈값은 7시간이고 중앙값은 $\frac{6+7}{2}=6.5$(시간)

따라서 $x=$ ❷ ☐ 일 때 최빈값과 중앙값이 같으므로 이 자료의 평균은

$\frac{3+4+6+6+6+7+7+9}{8}=\frac{48}{8}=6$(시간)

답 ❶ 6 ❷ 6

26 여러 가지 자료에서의 대푯값

오른쪽 그림은 하은이네 반 학생들의 1분 동안의 줄넘기 횟수를 조사하여 나타낸 줄기와 잎 그림이다. 중앙값을 a회, 최빈값을 b회라 할 때, $a-b$의 값은?

(3|1은 31회)

줄기	잎
3	1 2 2 3
4	4 4 5 6
5	0 3 3 3 4 5 6
6	1 2 2 3 5
7	0 1 1 2 2

① 1 ② 2 ③ 3
④ 4 ⑤ 5

Tip

줄기와 잎 그림에서도
중앙값과 최빈값을
구할 수 있어?
줄기와 잎 그림에서
변량의 개수는 잎의 개수와
같으니까 구할 수 있지.

풀이 답 | ①

전체 잎의 개수가 $4+4+7+5+5=25$이므로 변량의 개수는 25이다.

중앙값은 ❶ ______ 번째 값인 54회이므로 $a=54$

또 자료에서 ❷ ______ 회가 3번으로 가장 많이 나타나므로 $b=53$

$\therefore a-b=54-53=1$

답 ❶ 13 ❷ 53

27 중앙값을 알 때, 변량 구하기

두 자연수 x, y에 대하여 5개의 변량 9, x, y, 4, 1의 중앙값은 5이고, 4개의 변량 x, y, 8, 11의 중앙값은 7일 때, $y-x$의 값은? (단, $x<y$)

① 1 ② 2 ③ 3
④ 4 ⑤ 5

변량 9, x, y, 4, 1의 중앙값은
변량을 작은 값부터 크기순으로
나열했을 때 3번째 값이야.

$x<y$임을 이용하면
x의 값을 구할 수 있겠지.

Tip

중앙값이 주어지면

1 변량을 작은 값부터 크기순으로 나열한다.

2 자료의 개수가 홀수일 때와 짝수일 때에 따라 조건에 맞는 식을 세운다.

풀이 답 | ①

변량 9, x, y, 4, 1의 중앙값이 5이므로 변량을 작은 값부터 크기순으로 나열하였을 때 ❶ ______번째 값이 5이어야 한다.

이때 $x<y$이므로 $x=5$

또 변량 x, y, 8, 11, 즉 5, y, 8, 11의 중앙값이 7이므로 $5<y<$ ❷ ______이어야 한다.

따라서 변량을 작은 값부터 크기순으로 나열하면 5, y, 8, 11이고 중앙값이 7이므로

$\frac{y+8}{2}=7$ $\quad\therefore y=6$

$\therefore y-x=6-5=1$

답 ❶ 3 ❷ 8

28 평균과 최빈값을 알 때, 변량 구하기

다음은 선영이가 7일 동안 라디오를 청취한 시간을 조사하여 나타낸 것이다. 평균과 최빈값이 같을 때, x의 값은?

(단위 : 분)

78	92	86	88	87	85	x

① 84 ② 85 ③ 86
④ 87 ⑤ 88

미지수를 제외한 전체 변량이 모두 다르면 최빈값은 바로 그 미지수야.

Tip

평균과 최빈값이 주어지면
1 자료에서 평균에 대한 식을 세운다.
2 자료에서 최빈값, 즉 가장 많이 나타나는 수를 찾는다.
3 1, 2를 이용하여 변량을 구한다.

풀이 답 | ③

x를 제외한 변량이 모두 다르므로 x가 이 자료의 ❶ ______ 이다.
또 평균과 최빈값이 같으므로 ❷ ______ 는 최빈값이면서 평균이다.

즉 $\frac{78+92+86+88+87+85+x}{7}=x$이므로

$516+x=7x$, $6x=516$

$\therefore x=86$

답 ❶ 최빈값 ❷ x

29 적절한 대푯값 찾기

다음 자료 중에서 평균보다 중앙값을 대푯값으로 하기에 가장 적절한 것은?

① $-2, -1, 5, 8, -3, 0, 2, -10, 1$

② $0.3, 0.1, 1.2, 1, 0.7, 0.4, 0.2, 0.5$

③ $9, 10, 20, 26, 32, 33, 36$

④ $3, 4, 4, 6, 8, 9, 9, 10, 11$

⑤ $100, 2, 4, 1, 5, 2, 3, 4$

Tip

대푯값으로 가장 많이 사용하는 것은 평균이야.

변량 중에 매우 크거나 매우 작은 값이 있는 경우 평균보다는 중앙값이 대푯값으로 적절해.

풀이 답 | ⑤

변량 중에 매우 크거나 매우 작은 값이 있는 자료는 ❶ ______ 을 대푯값으로 사용하기에 적절하지 않다.

⑤ 변량 중에 극단적인 값 ❷ ______ 이 있으므로 평균보다 중앙값이 대푯값으로 적절하다.

답 ❶ 평균 ❷ 100

30 변화된 변량의 평균

4개의 변량 a, b, c, d의 평균이 6일 때, 변량 $3a-4, 3b-4, 3c-4, 3d-4$의 평균은?

① 12 ② 14 ③ 16
④ 18 ⑤ 20

Tip

n개의 변량 $x_1, x_2, x_3, \cdots, x_n$의 평균이 m일 때,
변량 $ax_1+b, ax_2+b, ax_3+b, \cdots, ax_n+b$의 평균은 $am+b$이다.

나는 평균과 표준편차에 모두 영향을 줘.
변량
x_k
난, 평균에만.
각 변량이 b씩 늘어나면 평균도 b만큼 늘어나니까 편차는 변함없지.

풀이 답 | ②

변량 a, b, c, d의 평균이 6이므로 $\frac{a+b+c+d}{4}=6$

따라서 변량 $3a-4, 3b-4, 3c-4, 3d-4$의 평균은

$$\frac{(3a-4)+(3b-4)+(3c-4)+(3d-4)}{4}$$

$$=\frac{3(a+b+c+d)-16}{4}=3\times \boxed{❶\quad} -4=14$$

다른 풀이

변량 a, b, c, d의 평균이 6이므로 변량 $3a-4, 3b-4, 3c-4, 3d-4$의 평균은

$3\times 6+(\boxed{❷\quad})=14$

답 ❶ 6 ❷ -4

31 편차

다음을 읽고 형진이가 조사한 자료에서 금요일에 보낸 문자 메시지는 몇 개인지 구하시오.

Tip

(1) 편차 : 어떤 자료의 각 변량에서 그 자료의 평균을 뺀 값

➡ (편차)=(변량)−(평균)

(2) 편차의 총합은 항상 0이다.

풀이 답 | 65개

금요일에 보낸 문자 메시지의 개수의 편차를 x개라 하면

편차의 총합은 항상 [❶] 이므로

$(-7)+3+(-20)+(-15)+x+17+12=0$

$x-10=0 \qquad \therefore x=10$

(편차)=(변량)−(평균)이므로

10=(금요일에 보낸 문자 메시지의 개수)− [❷]

∴ (금요일에 보낸 문자 메시지의 개수)=65(개)

답 ❶ 0 ❷ 55

32 편차가 주어질 때, 분산과 표준편차 구하기

다음 두 학생의 대화에서 승영이가 풀려고 했던 문제를 푸시오.

Tip

$(\text{분산})=\dfrac{\{(\text{편차})^2\text{의 총합}\}}{(\text{변량의 개수})}$임을 이용하여 분산을 구한다.

풀이 답 | 5.2

학생 E의 과학 점수의 편차를 x점이라 하면

편차의 총합은 항상 ❶ ____ 이므로

$-2+3+0+2+x=0$

$x+3=0 \qquad \therefore x=-3$

$\therefore (\text{분산})=\dfrac{(-2)^2+3^2+0^2+2^2+(-3)^2}{5}$

$=\dfrac{❷\ \_\_\_\_}{5}=5.2$

답 ❶ 0 ❷ 26

33 분산과 표준편차

다음은 수지가 5회에 걸쳐 쏜 양궁 점수를 조사하여 나타낸 표이다. 수지가 얻은 점수의 표준편차는?

회	1	2	3	4	5
점수(점)	7	5	9	8	6

① 1점　② $\sqrt{2}$점　③ 2점
④ $\sqrt{3}$점　⑤ 4점

Tip

(1) 분산 : 편차의 제곱의 총합을 변량의 개수로 나눈 값

➡ $(\text{분산})=\dfrac{\{(\text{편차})^2\text{의 총합}\}}{(\text{변량의 개수})}$

(2) 표준편차 : 분산의 음이 아닌 제곱근

➡ $(\text{표준편차})=\sqrt{(\text{분산})}$

풀이 답 | ②

$(\text{평균})=\dfrac{7+5+9+8+6}{5}=\dfrac{35}{5}=7(\text{점})$

각 변량의 편차는 차례대로 0점, -2점, ❶ ____ 점, 1점, -1점이므로

$(\text{분산})=\dfrac{0^2+(-2)^2+2^2+1^2+(-1)^2}{5}=\dfrac{10}{5}=2$

$\therefore (\text{표준편차})=\sqrt{(\text{분산})}=$ ❷ ____ (점)

답 ❶ 2 ❷ $\sqrt{2}$

34 평균과 분산을 이용하여 식의 값 구하기

5개의 변량 12, 6, 9, a, b의 평균이 8이고 표준편차가 2일 때, a^2+b^2의 값은?

① 78 ② 79 ③ 80
④ 81 ⑤ 82

먼저 평균이 8임을 이용하여
$a+b$의 값을 구해 봐.

Tip

(1) (표준편차)$=\sqrt{(분산)}$이므로 (분산)$=$(표준편차)^2
(2) 평균과 표준편차를 이용하여 a, b에 대한 식을 세운다.

풀이 답 | ②

변량 12, 6, 9, a, b의 평균이 8이므로

$$\frac{12+6+9+a+b}{5}=8 \qquad \therefore a+b=\boxed{❶\quad} \qquad \cdots\cdots ㉠$$

또 표준편차가 2, 즉 분산이 $\boxed{❷\quad}$이므로

$$\frac{(12-8)^2+(6-8)^2+(9-8)^2+(a-8)^2+(b-8)^2}{5}=4$$

$a^2+b^2-16(a+b)+129=0$

이 식에 ㉠을 대입하면

$a^2+b^2-16\times13+129=0 \qquad \therefore a^2+b^2=79$

답 ❶ 13 ❷ 4

35 변화된 변량의 표준편차

4개의 변량 a, b, c, d의 평균은 7이고 분산은 4이다. 변량 $3a-2$, $3b-2$, $3c-2$, $3d-2$의 평균을 x, 표준편차를 y라 할 때, $x+y$의 값을 구하시오.

Tip

아래 내용을 이용하면 계산을 빠르게 할 수 있지!

a, b, c의 평균이 m, 표준편차가 s일 때 (단, p, q는 상수)
$pa+q, pb+q, pc+q$의 평균은 $pm+q$, 표준편차는 $|p|s$

풀이 답 | 25

변량 a, b, c, d의 평균이 7이므로 $\frac{a+b+c+d}{4}=7$

또 분산이 4이므로 $\frac{(a-7)^2+(b-7)^2+(c-7)^2+(d-7)^2}{4}=4$

변량 $3a-2$, $3b-2$, $3c-2$, $3d-2$에서

$$(\text{평균})=\frac{(3a-2)+(3b-2)+(3c-2)+(3d-2)}{4}$$
$$=\frac{3(a+b+c+d)-8}{4}=3\times\boxed{❶\quad}-2=19$$

$$(\text{분산})=\frac{(3a-2-19)^2+(3b-2-19)^2+(3c-2-19)^2+(3d-2-19)^2}{4}$$
$$=\boxed{❷\quad}\times\frac{(a-7)^2+(b-7)^2+(c-7)^2+(d-7)^2}{4}$$
$$=9\times4=36$$

$\therefore x=19,\ y=\sqrt{36}=6$

$\therefore x+y=19+6=25$

답 ❶ 7 ❷ 9

36 두 집단 전체의 평균과 표준편차

다음 그림과 같이 진수와 혜진이가 삶은 달걀을 각각 3개, 5개 가지고 있다. 이때 진수와 혜진이가 가지고 있는 삶은 달걀 전체의 무게의 분산을 구하시오.

Tip

평균이 같은 두 집단 A, B의 변량의 개수와 표준편차가 오른쪽 표와 같을 때, 두 집단 A, B 전체의 표준편차는

$$\sqrt{\frac{\{(\text{편차})^2\text{의 총합}\}}{(\text{변량의 총개수})}}=\sqrt{\frac{ax^2+by^2}{a+b}}$$

집단	A	B
변량의 개수	a	b
표준편차	x	y

풀이 답 | 11.5

진수가 가지고 있는 삶은 달걀의 (편차)^{2}의 총합은 ❶ $\square \times 2^2=12$

혜진이가 가지고 있는 삶은 달걀의 (편차)^{2}의 총합은 $5\times$ ❷ $\square^2=80$

이때 진수가 가지고 있는 삶은 달걀의 무게의 평균과 혜진이가 가지고 있는 삶은 달걀의 무게의 평균이 같으므로 전체 삶은 달걀의 무게의 분산은

$$\frac{12+80}{3+5}=\frac{92}{8}=11.5$$

답 ❶ 3 ❷ 4

37 자료의 해석

다음은 어느 중학교 3학년 4개 학급의 음악 수행평가 점수의 평균과 표준편차를 나타낸 오른쪽 표를 보고 학생들이 나눈 대화이다. 바르게 말한 학생을 모두 찾으시오.

학급	1	2	3	4
평균(점)	72	78	76	75
표준편차(점)	3.6	4.2	3.7	2.9

Tip

(1) 분산과 표준편차가 작을수록 변량이 평균을 중심으로 가까이 모여 있으므로 자료의 분포 상태가 고르다고 할 수 있다.
(2) 분산과 표준편차가 클수록 변량이 평균을 중심으로 멀리 흩어져 있으므로 자료의 분포 상태가 고르지 않다고 할 수 있다.

풀이 **답 |** 민준, 예림

민준 : 4반의 표준편차가 가장 [❶] 으므로 점수가 가장 고르다.

지나 : 편차의 총합은 0으로 모두 같다.

예림 : [❷] 반의 평균이 가장 높으므로 점수가 가장 우수하다.

선호 : 점수가 가장 높은 학생이 어느 반에 있는지 알 수 없다.

따라서 바르게 말한 학생은 민준, 예림이다.

답 ❶ 작 ❷ 2

38 산점도의 해석 (1) – 두 변량의 비교

오른쪽 그림은 서은이네 반 학생 15명의 1차, 2차에 걸친 수학 시험 점수를 조사하여 나타낸 산점도이다. 1차 점수가 2차 점수보다 높은 학생은 전체의 몇 %인가?

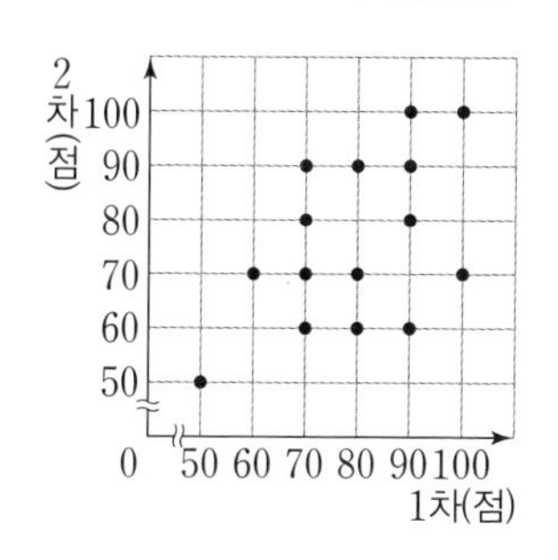

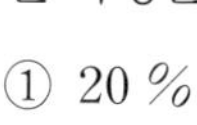

① 20 %　② 25 %　③ 30 %
④ 35 %　⑤ 40 %

Tip

산점도에서 두 변량을 비교할 때에는 대각선을 긋는다.

(1) y가 x보다 크다.　(2) x와 y가 같다.　(3) x가 y보다 크다.

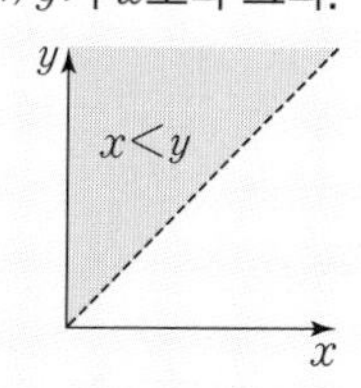

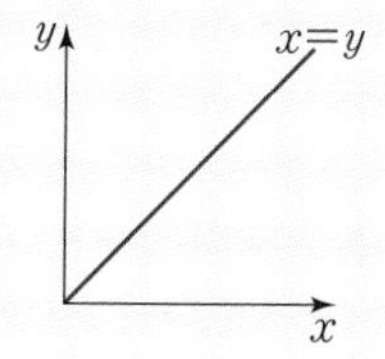

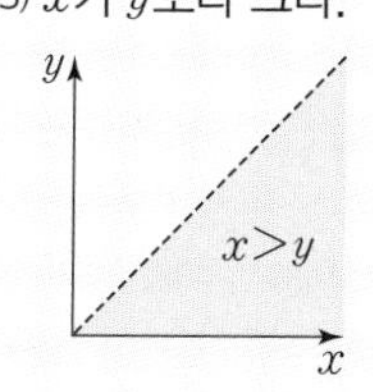

풀이 답 | ⑤

1차 점수가 2차 점수보다 높은 학생 수는 오른쪽 산점도에서 오른쪽 위로 향하는 대각선의 ❶ ☐ 쪽에 있는 점의 개수와 같으므로 ❷ ☐ 명이다.

$\therefore \frac{6}{15} \times 100 = 40\ (\%)$

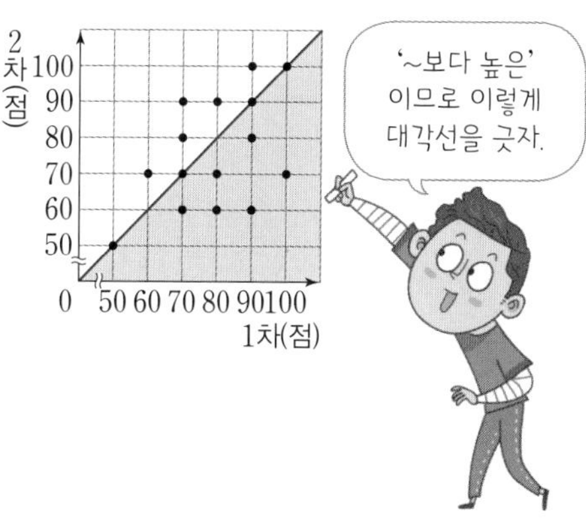

답 ❶ 아래 ❷ 6

39 산점도의 해석 (2) – '이상' 또는 '이하'

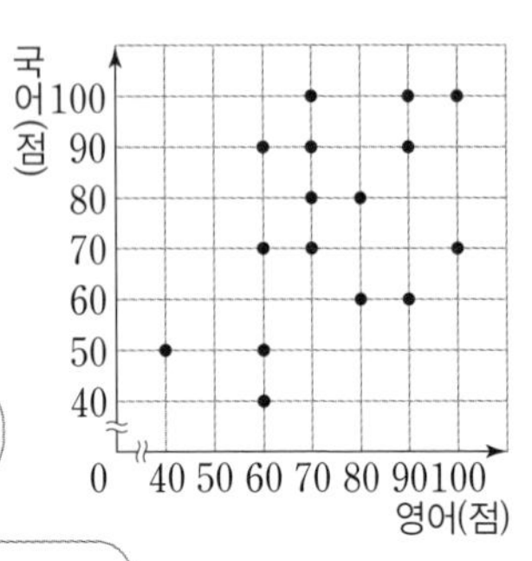

오른쪽 그림은 예서네 반 학생 16명의 영어 점수와 국어 점수를 조사하여 나타낸 산점도이다. 다음 중 옳지 않은 말을 한 학생을 찾으시오.

예서: 영어 점수가 80점 이상인 학생은 7명이야.

정욱: 영어 점수가 40점인 학생의 국어 점수는 50점이야.

성현: 영어 점수와 국어 점수가 모두 80점 이상인 학생은 3명이야.

Tip

산점도에서 '이상', '이하'인 변량을 찾을 때, 오른쪽 그림과 같이 가로선 또는 세로선을 긋는다.

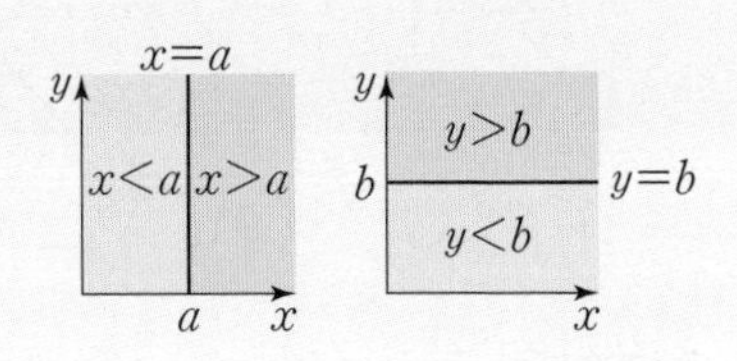

풀이 답 | 성현

예서 : 영어 점수가 80점 이상인 학생 수는 직선 l을 포함하고 직선 l의 오른쪽에 있는 점의 개수와 같으므로 ❶ 명이다.

성현 : 영어 점수와 국어 점수가 모두 80점 이상인 학생 수는 색칠한 부분과 그 경계선에 속하는 점의 개수와 같으므로 ❷ 명이다.

따라서 옳지 않은 말을 한 학생은 성현이다.

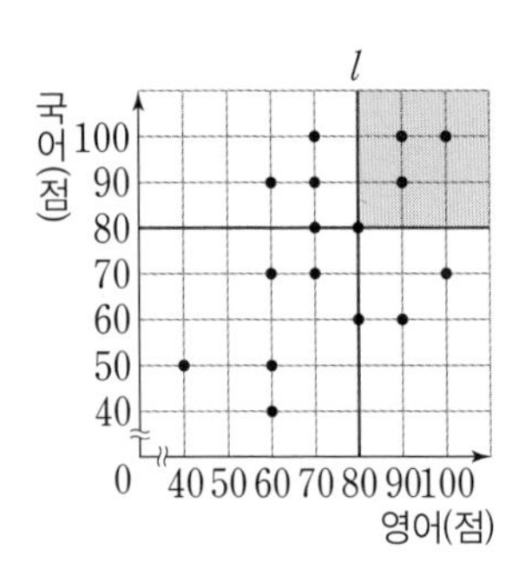

답 ❶ 7 ❷ 4

40 산점도의 해석 (3) - 두 변량의 평균

오른쪽 그림은 읽기와 듣기를 각각 10점 만점으로 평가하는 영어 능력 시험에서 응시자 15명의 점수를 조사하여 나타낸 것이다. 읽기 점수와 듣기 점수의 평균이 7점 이상인 사람을 합격시킨다고 할 때, 전체 응시자 중에서 합격자의 비율은?

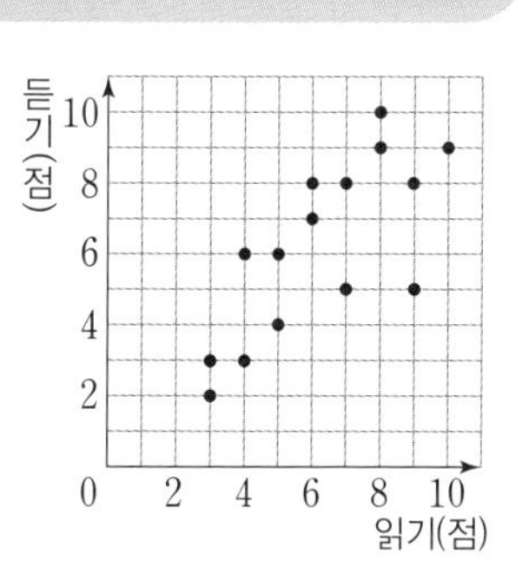

① $\frac{4}{15}$　② $\frac{1}{3}$　③ $\frac{2}{5}$　④ $\frac{7}{15}$　⑤ $\frac{8}{15}$

Tip

두 변량 x, y의 평균이 a 이상인 조건이 주어지면 산점도 위에 직선 $x+y=2a$를 긋고 생각해.

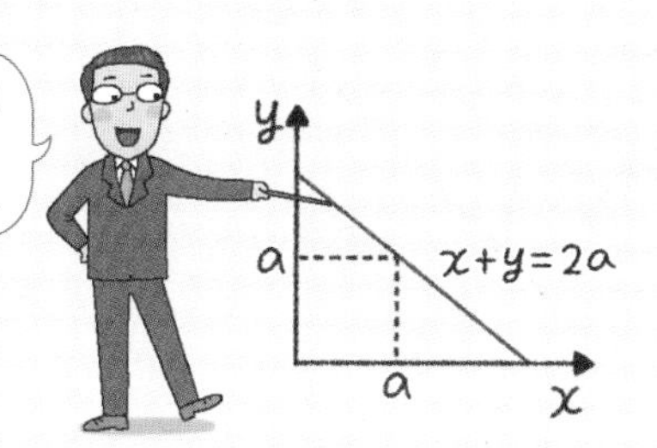

풀이 답 | ④

읽기 점수와 듣기 점수의 평균이 7점 이상, 즉 두 점수의 합이 ❶ ____ 점 이상인 학생 수는 색칠한 부분과 그 경계선에 속하는 점의 개수와 같으므로 ❷ ____ 명이다.

따라서 전체 응시자 중에서 합격자의 비율은 $\frac{7}{15}$이다.

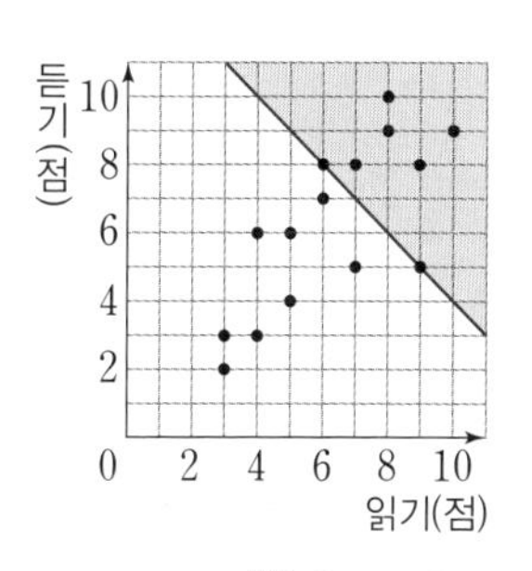

답 ❶ 14 ❷ 7

41 산점도의 해석 (4) - 두 변량의 차

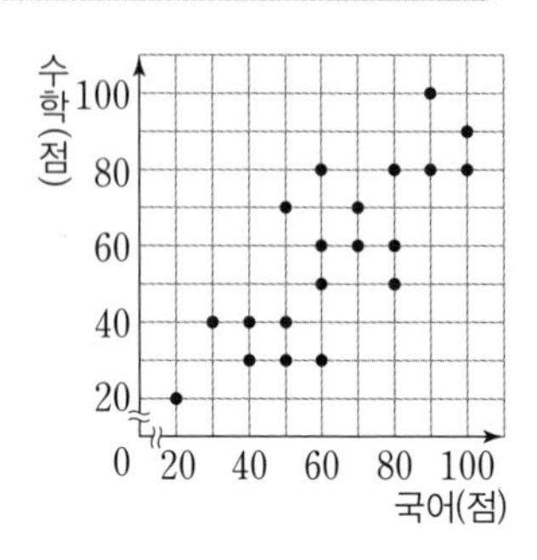

오른쪽 그림은 주혁이네 반 학생 20명의 국어 점수와 수학 점수를 조사하여 나타낸 산점도이다. 국어 점수와 수학 점수의 차가 10점 이상인 학생 수는?

① 12명 ② 13명 ③ 14명
④ 15명 ⑤ 16명

Tip

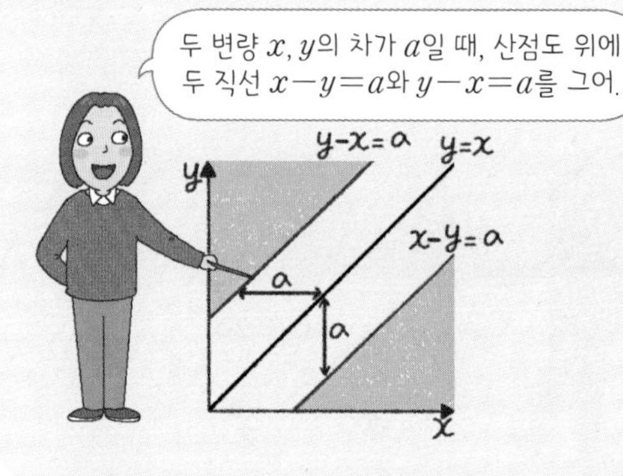

두 변량 x, y의 차가 a일 때, 산점도 위에 두 직선 $x-y=a$와 $y-x=a$를 그어.
y-x=a
y=x
x-y=a
a
a
y
x

풀이 답 | ④

국어 점수와 수학 점수의 차가 10점 이상인 학생 수는 오른쪽 산점도에서 색칠한 부분과 그 ❶ [ ] 에 속하는 점의 개수와 같으므로 ❷ [ ] 명이다.

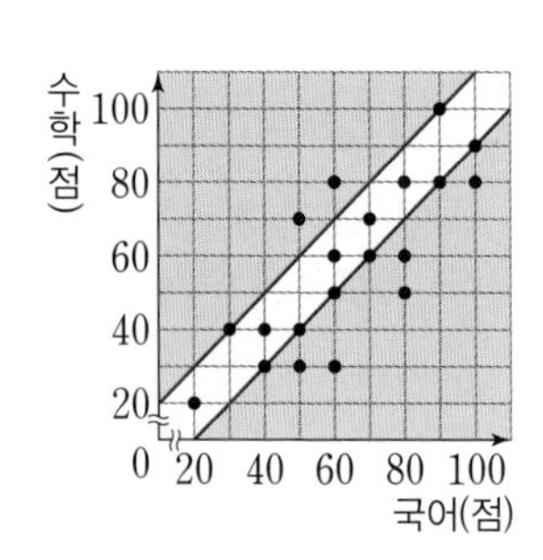

답 ❶ 경계선 ❷ 15

42 산점도의 해석 (5) – 종합

오른쪽 그림은 은희네 반 학생 12명이 4월과 5월에 각각 친구네 집에 방문한 횟수를 조사하여 나타낸 산점도이다. 다음 중 옳은 것은?

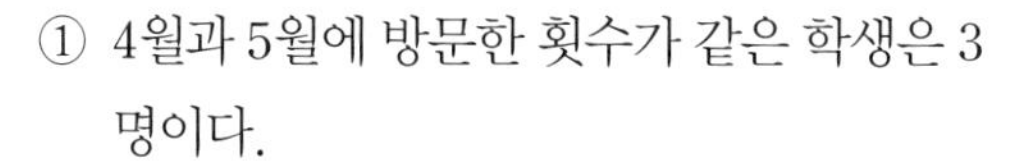

① 4월과 5월에 방문한 횟수가 같은 학생은 3명이다.

② 5월보다 4월에 방문한 횟수가 더 많은 학생은 8명이다.

③ 4월과 5월에 방문한 횟수가 모두 4회 이하인 학생은 없다.

④ 5월에 방문한 횟수가 6회 미만인 학생은 6명이다.

⑤ 두 달 동안 방문한 횟수의 합이 가장 큰 학생의 방문 횟수의 합은 24회이다.

Tip

'~ 이상', '~ 이하'의 조건이 주어지면 가로선 또는 세로선을 그어.

'~와 같은', '~보다 높은', '~보다 낮은'과 같이 두 변량을 비교하는 조건이 주어지면 대각선을 그어.

풀이 답 | ⑤

① 직선 l 위에 있는 점을 나타내므로 2명이다.

② 직선 l의 아래쪽에 있는 점을 나타내므로 ❶ [ ] 명이다.

③ 색칠한 부분과 그 경계선에 속하는 점을 나타내므로 ❷ [ ] 명이다.

④ 직선 m의 아래쪽에 있는 점을 나타내므로 4명이다.

따라서 옳은 것은 ⑤이다.

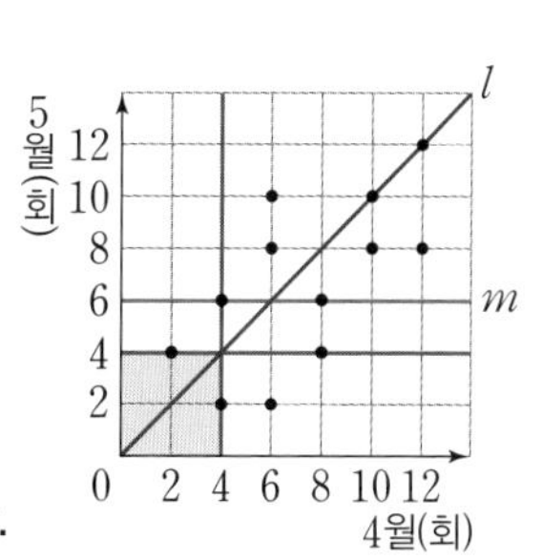

답 ❶ 6 ❷ 2

43 상관관계

다음 중 두 변량을 산점도로 나타내었을 때, 오른쪽 그림과 같은 것을 모두 고르면? (정답 2개)

① 가족 수와 생활비

② 저축과 소비

③ 독서량과 손의 크기

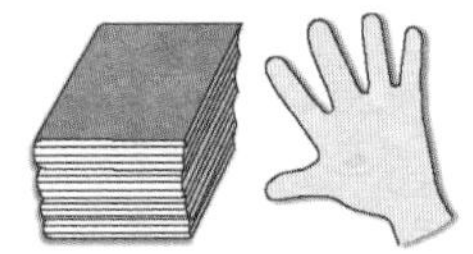

④ 산의 높이와 기온

⑤ 도시의 인구수와 쓰레기 배출량

Tip

(1) **상관관계** : 두 변량 x, y 사이에 x의 값이 증가함에 따라 y의 값도 증가하거나 감소하는 경향이 있을 때, 이 두 변량 x, y 사이에는 상관관계가 있다고 한다.

(2) **상관관계의 종류** : 두 변량 x, y에 대하여

① 양의 상관관계 : x의 값이 증가함에 따라 y의 값도 대체로 증가하는 관계

② 음의 상관관계 : x의 값이 증가함에 따라 y의 값은 대체로 감소하는 관계

③ 상관관계가 없다. : x의 값이 증가함에 따라 y의 값도 증가하는 경향이 있는지 감소하는 경향이 있는지 그 관계가 분명하지 않은 경우

풀이 답 | ②, ④

주어진 산점도는 음의 상관관계를 나타낸다.

①, ⑤ [❶] 의 상관관계

②, ④ [❷] 의 상관관계

③ 상관관계가 없다.

답 ❶ 양 ❷ 음

44 산점도의 분석

오른쪽 그림은 어느 회사 직원들의 월급과 월 저축액을 조사하여 나타낸 산점도이다. 다음 중 옳은 것은?

① B는 C보다 월급이 많다.
② 네 직원 중 월 저축액이 가장 적은 직원은 D이다.
③ 네 직원 중 월급과 월 저축액의 차가 가장 큰 직원은 C이다.
④ 네 직원 중 월급에 비하여 월 저축액이 가장 많은 직원은 A이다.
⑤ 두 변량 사이에는 음의 상관관계가 있다.

Tip

①에 있는 점은 x의 값에 비해 y의 값이 커.

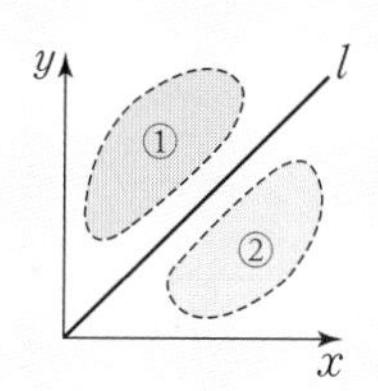

y
l
①
②
x

②에 있는 점은 x의 값에 비해 y의 값이 작아.

풀이 답 | ④

① B는 C보다 월급이 적다.
② 네 직원 중 월 저축액이 가장 적은 직원은 ❶ ______ 이다.
③ 네 직원 중 월급과 월 저축액의 차가 가장 큰 직원은 대각선에서 가장 먼 D이다.
④ 네 직원 중 월급에 비하여 월 저축액이 가장 많은 직원은 대각선 위쪽에 있는 A이다.
⑤ 두 변량 사이에는 ❷ ______ 의 상관관계가 있다.

따라서 옳은 것은 ④이다.

답 ❶ B ❷ 양

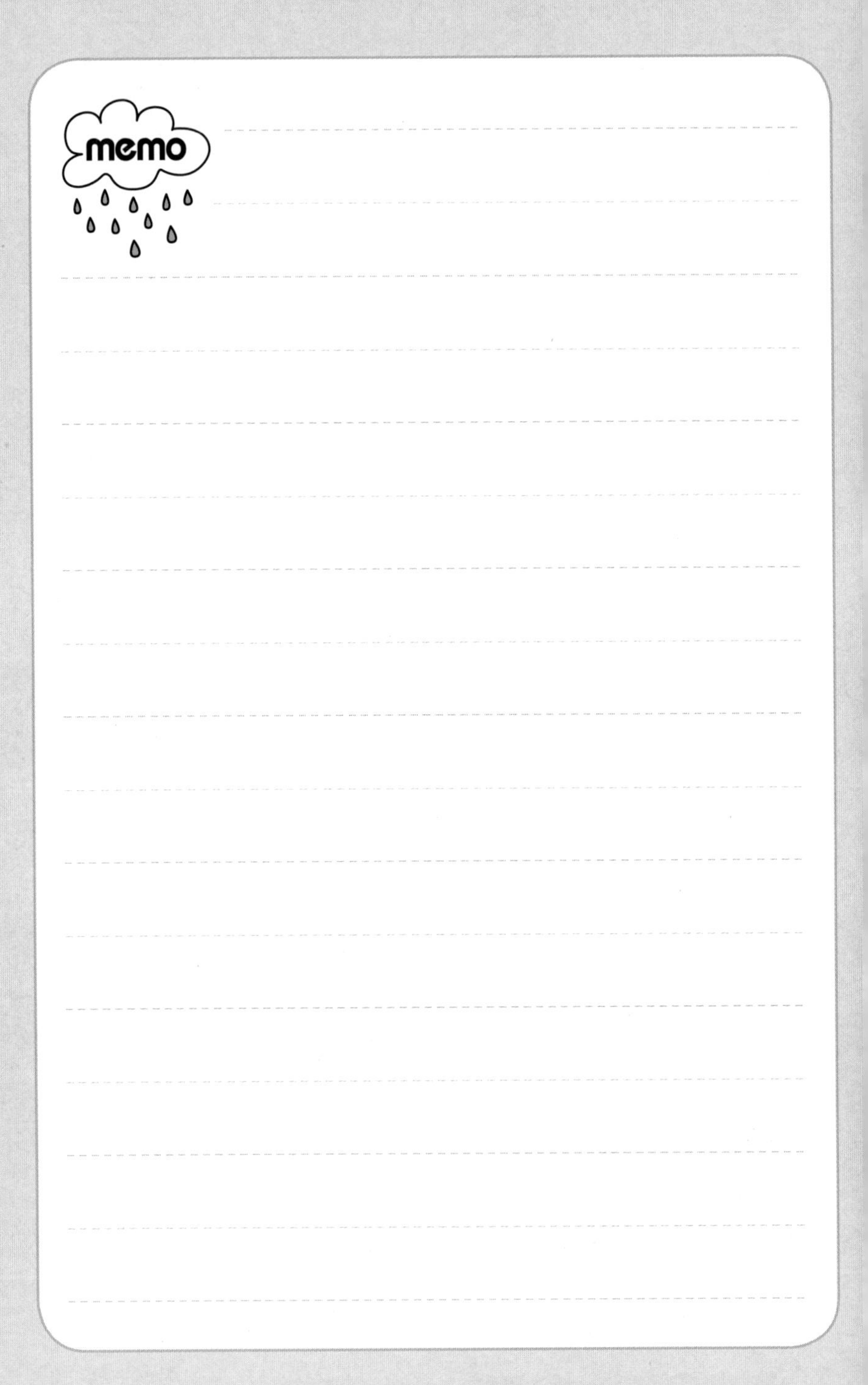
memo

시험에 잘 나오는

대표 유형 ZIP

기 말 고 사 대 비

중학 수학 3-2

BOOK 2

기말고사 대비

이 책의 구성과 활용

주 도입

이번 주에 배울 내용이 무엇인지 안내하는 부분입니다. 재미있는 만화를 통해 앞으로 배울 학습 요소를 미리 떠올려 봅니다.

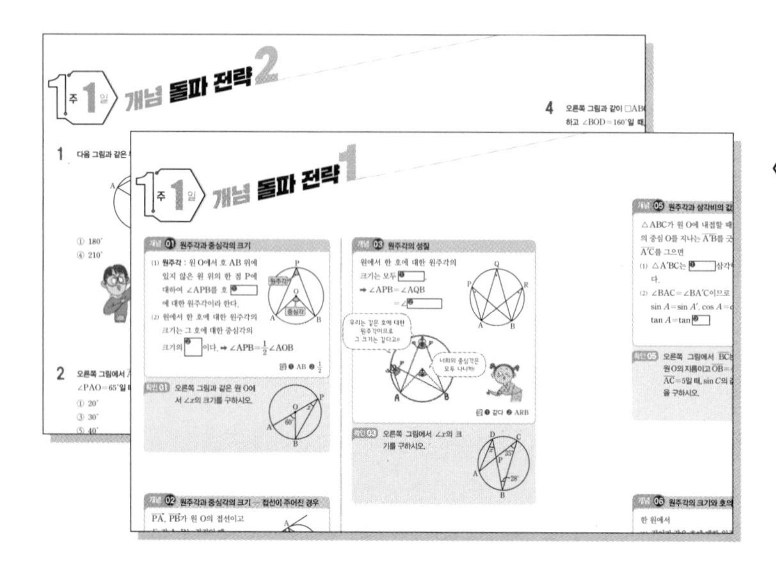

1일 개념 돌파 전략

성취기준별로 꼭 알아야 하는 핵심 개념을 익힌 뒤 문제를 풀며 개념을 잘 이해했는지 확인합니다.

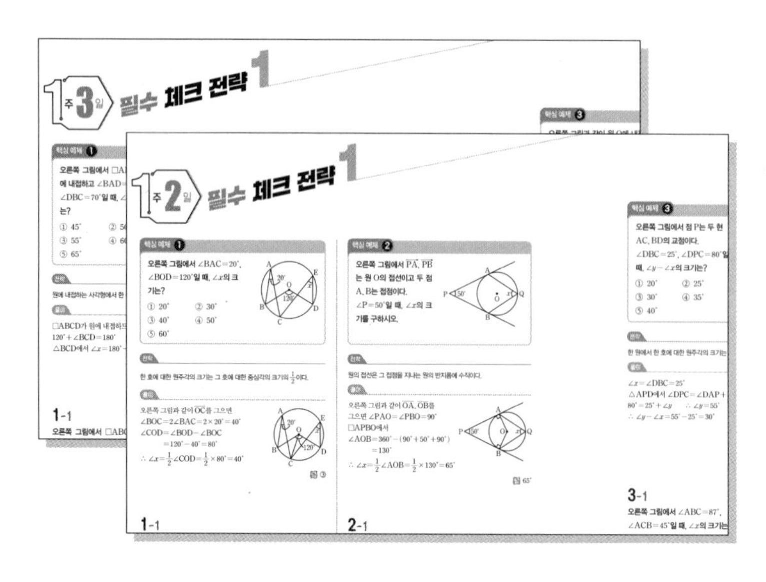

2일, 3일 필수 체크 전략

꼭 알아야 할 대표 유형 문제를 뽑아 쌍둥이 문제와 함께 풀어 보며 문제에 접근하는 과정과 방법을 체계적으로 익혀 봅니다.

부록 시험에 잘 나오는 대표 유형 ZIP

부록을 뜯으면 미니북으로 활용할 수 있습니다. 시험 전에 대표 유형을 확실하게 익혀 보세요.

주 마무리 코너

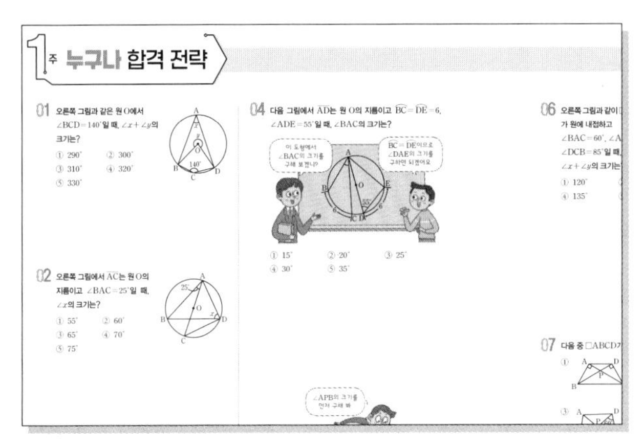

누구나 합격 전략

기말고사 종합 문제로 학습 자신감을 고취할 수 있습니다.

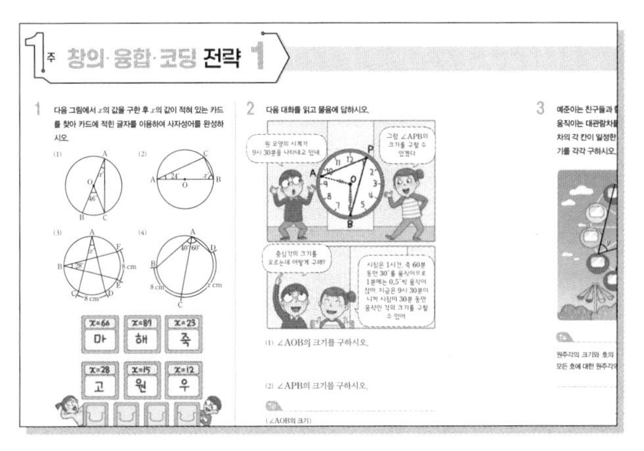

창의·융합·코딩 전략

융복합적 사고력과 문제 해결력을 길러 주는 문제로 구성하였습니다.

기말고사 마무리 코너

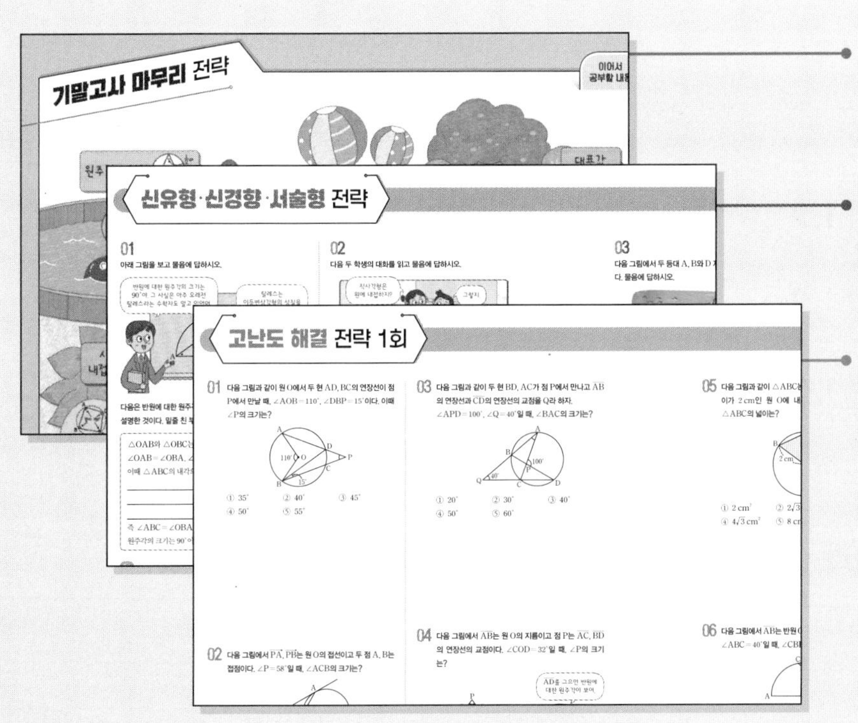

기말고사 마무리 전략

학습 내용을 만화로 정리하여 앞에서 공부한 내용을 한눈에 파악할 수 있습니다.

신유형·신경향·서술형 전략

신유형 · 서술형 문제를 집중적으로 풀며 문제 적응력을 높일 수 있습니다.

고난도 해결 전략

실제 시험에 대비할 수 있는 고난도 실전 문제를 2회로 구성하였습니다.

이 책의 차례

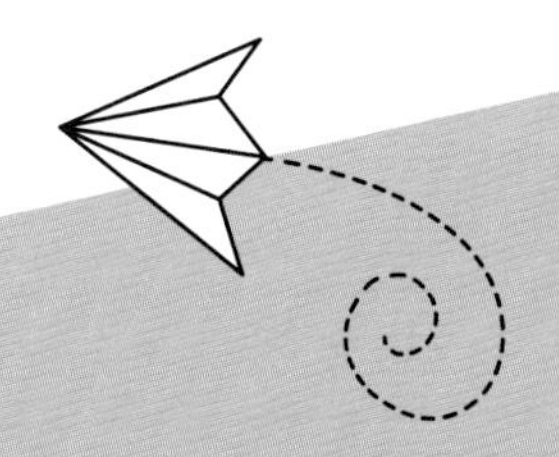

1주 원주각

호 AB에 대한 원주각은 점 P의 위치에 따라 무수히 많아.
P
원주각
O
중심각
A
B
원주각의 크기는 중심각의 크기의 $\frac{1}{2}$이므로 $\angle APB=\frac{1}{2}\angle AOB$
P
×$\frac{1}{2}$
×2
O
A
B
한 호에 대한 원주각의 크기는 모두 같아.
$\overline{CF}$를 그어 볼까?
$\angle BFC=\angle BAC$, $\angle CFD=\angle CED$이니까 $\angle x=\angle a+\angle b$
Q
P
R
A
B
F
A
E
B
C
D
이 문제는 어떻게 풀까?
P
x
65°
O
A
B
180°×$\frac{1}{2}$=90°
180°
지름
반원
반원의 원주각의 크기는 90°임을 이용하면 됩니다.

공부할 내용	❶ 원주각과 중심각의 크기	❸ 원에 내접하는 사각형의 성질
	❷ 원주각의 성질	❹ 접선과 현이 이루는 각

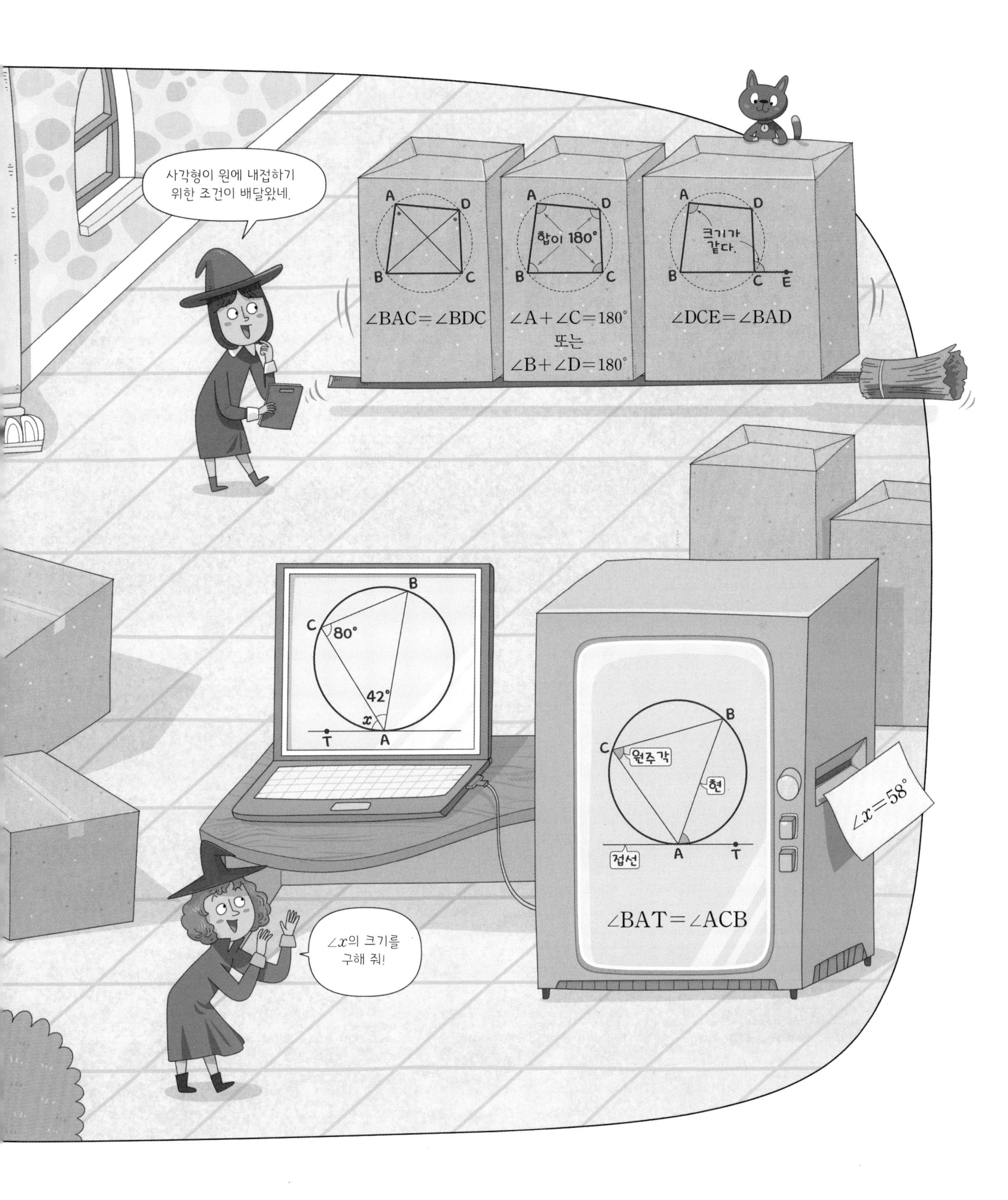

1주 1일 개념 돌파 전략 1

개념 01 원주각과 중심각의 크기

(1) **원주각** : 원 O에서 호 AB 위에 있지 않은 원 위의 한 점 P에 대하여 ∠APB를 호 ❶ ______ 에 대한 원주각이라 한다.

(2) 원에서 한 호에 대한 원주각의 크기는 그 호에 대한 중심각의 크기의 ❷ ______ 이다. ➡ $\angle APB=\frac{1}{2}\angle AOB$

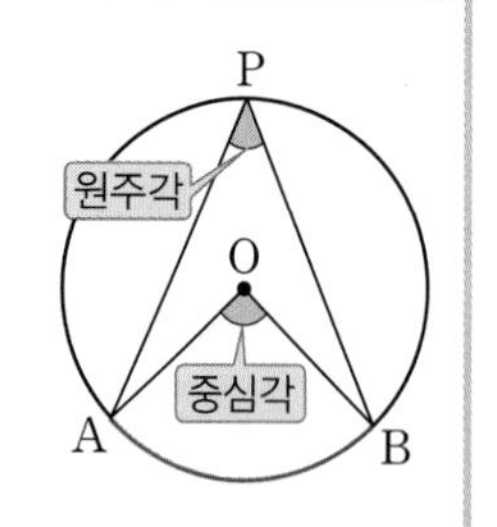

답 ❶ AB ❷ $\frac{1}{2}$

확인 01 오른쪽 그림과 같은 원 O에서 $\angle x$의 크기를 구하시오.

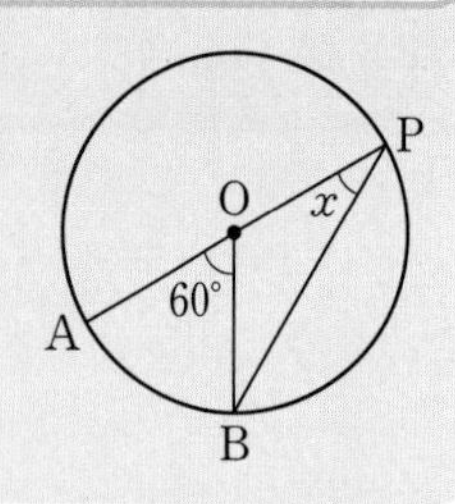

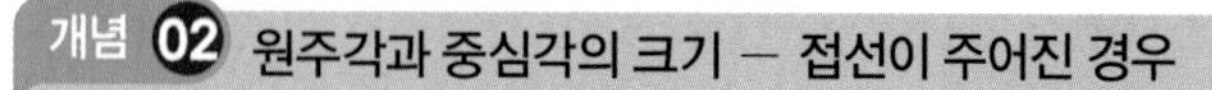

개념 02 원주각과 중심각의 크기 – 접선이 주어진 경우

$\overrightarrow{PA}$, $\overrightarrow{PB}$가 원 O의 접선이고 두 점 A, B는 접점일 때

(1) $\angle P+\angle AOB=$ ❶ ______

(2) $\angle ACB=$ ❷ ______ $\angle AOB$

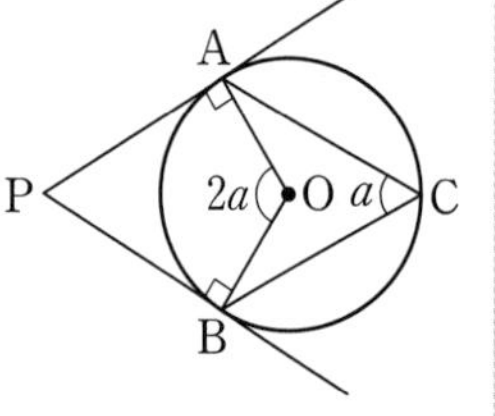

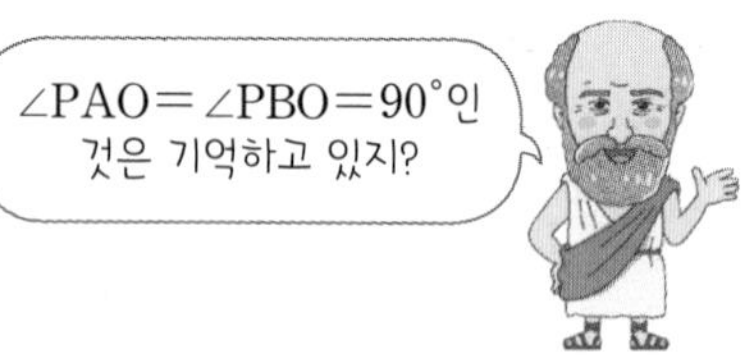

답 ❶ 180° ❷ $\frac{1}{2}$

확인 02 오른쪽 그림에서 $\overline{PA}$, $\overline{PB}$는 원 O의 접선이고 두 점 A, B는 접점이다. $\angle AOB=130^\circ$일 때, $\angle x-\angle y$의 크기를 구하시오.

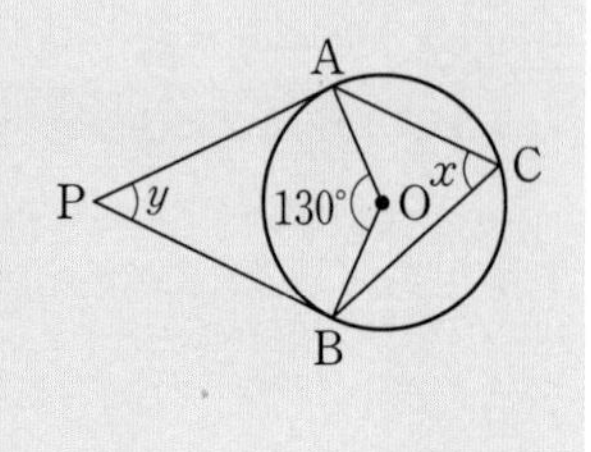

개념 03 원주각의 성질

원에서 한 호에 대한 원주각의 크기는 모두 ❶ ______.

➡ $\angle APB=\angle AQB$

$=\angle$ ❷ ______

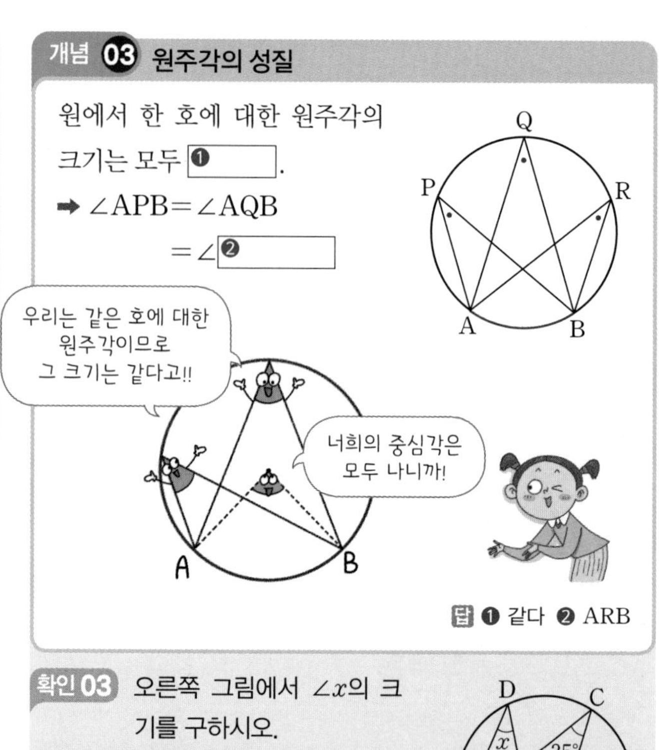

Q
P
R
A
B
우리는 같은 호에 대한 원주각이므로 그 크기는 같다고!!
너희의 중심각은 모두 나니까!
A
B

답 ❶ 같다 ❷ ARB

확인 03 오른쪽 그림에서 $\angle x$의 크기를 구하시오.

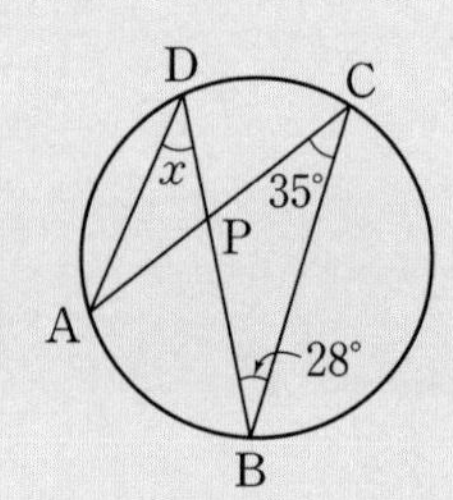

개념 04 반원에 대한 원주각의 크기

반원에 대한 원주각의 크기는 모두 ❶ ______ 이다.

➡ $\overline{AB}$가 원 O의 ❷ ______ 이면 $\angle APB=\angle AQB=90^\circ$

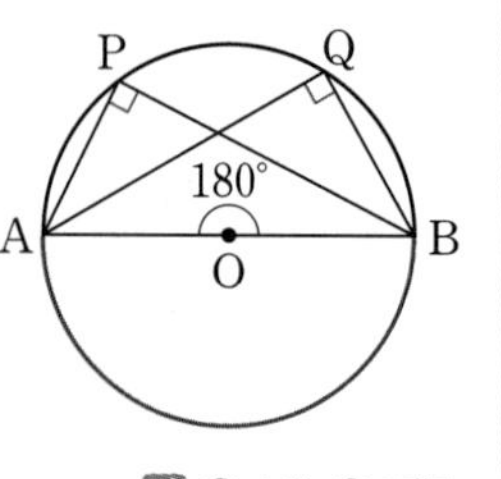

답 ❶ 90° ❷ 지름

확인 04 오른쪽 그림에서 $\overline{BC}$는 원 O의 지름이고 $\angle ABC=34^\circ$일 때, $\angle x$의 크기를 구하시오.

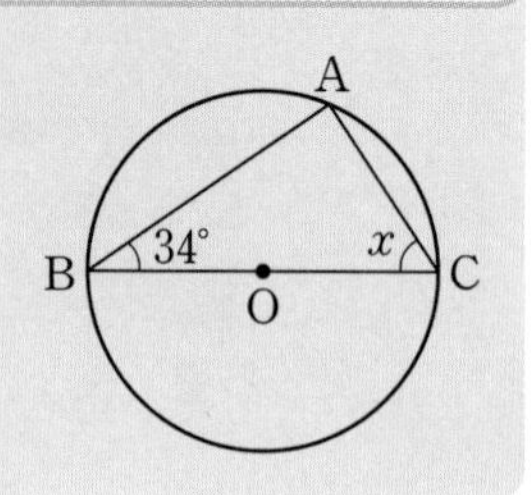

>> 정답과 풀이 32쪽

개념 05 원주각과 삼각비의 값

$\triangle ABC$가 원 O에 내접할 때, 원의 중심 O를 지나는 $\overline{A'B}$를 긋고 $\overline{A'C}$를 그으면

(1) $\triangle A'BC$는 ❶ [ ] 삼각형이다.

(2) $\angle BAC = \angle BA'C$이므로

$\sin A = \sin A'$, $\cos A = \cos A'$,

$\tan A = \tan$ ❷ [ ]

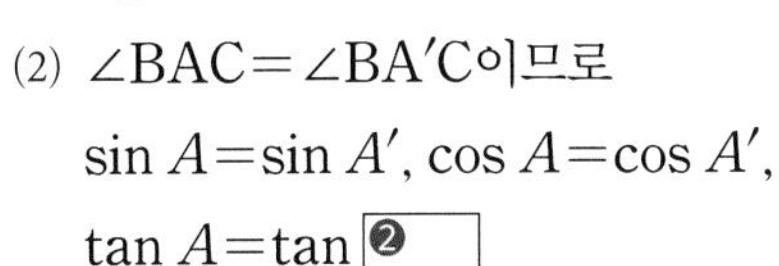

답 ❶ 직각 ❷ A'

확인 05 오른쪽 그림에서 $\overline{BC}$는 원 O의 지름이고 $\overline{OB}=4$, $\overline{AC}=5$일 때, $\sin C$의 값을 구하시오.

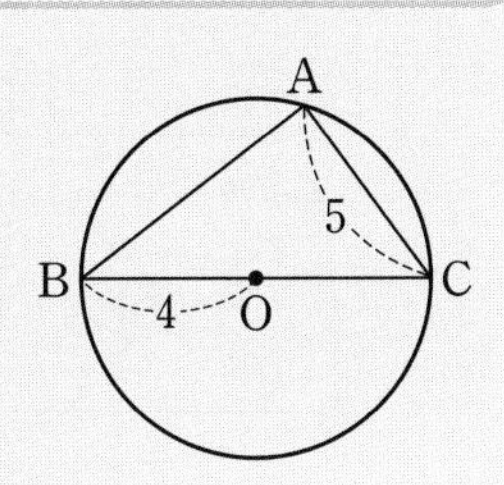

개념 06 원주각의 크기와 호의 길이 (1)

한 원에서

(1) 길이가 같은 호에 대한 원주각의 크기는 같다.

➡ $\widehat{AB} = \widehat{CD}$이면

$\angle APB = \angle$ ❶ [ ]

(2) 크기가 같은 원주각에 대한 호의 길이는 같다.

➡ $\angle APB = \angle CQD$이면 $\widehat{AB}$ ❷ [ ] $\widehat{CD}$

답 ❶ CQD ❷ =

확인 06 오른쪽 그림에서 $\angle x$의 크기를 구하시오.

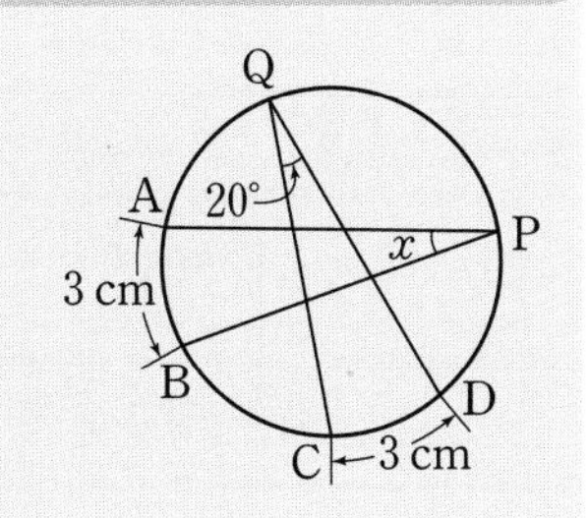

개념 07 원주각의 크기와 호의 길이 (2)

한 원에서 호의 길이는 그 호에 대한 원주각의 크기에 ❶ [ ] 비례한다.

➡ $\widehat{AB} : \widehat{BC}$

$= \angle APB : \angle$ ❷ [ ]

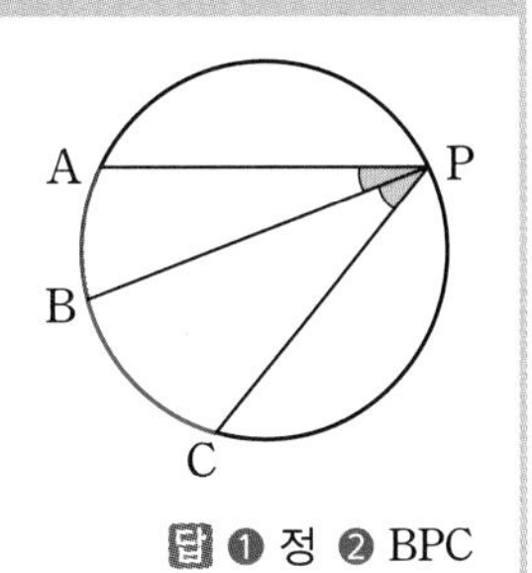

답 ❶ 정 ❷ BPC

확인 07 오른쪽 그림에서 $\angle x$의 크기를 구하시오.

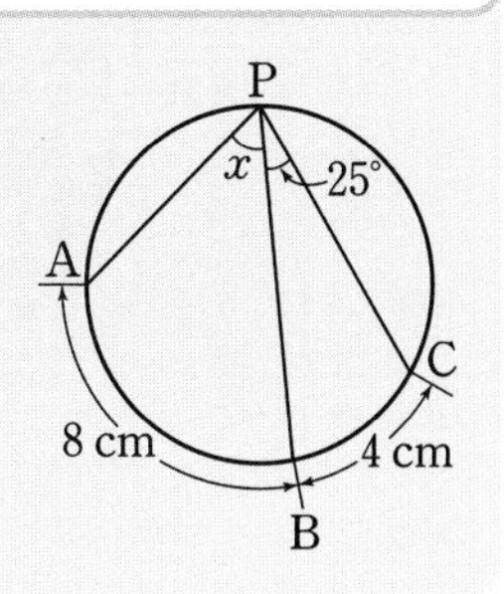

개념 08 네 점이 한 원 위에 있을 조건

두 점 C, D가 직선 AB에 대하여 ❶ [ ] 쪽에 있을 때, $\angle ACB = \angle ADB$이면 네 점 A, B, C, D는 한 ❷ [ ] 위에 있다.

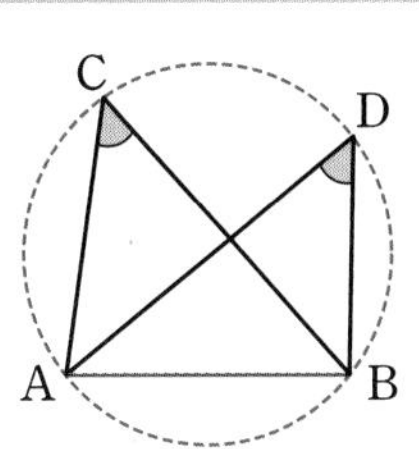

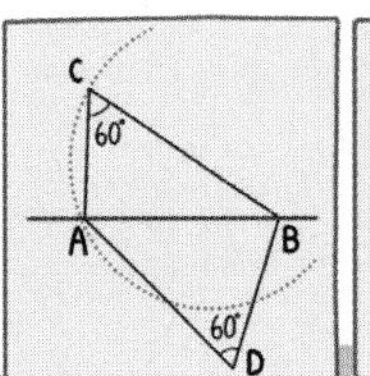

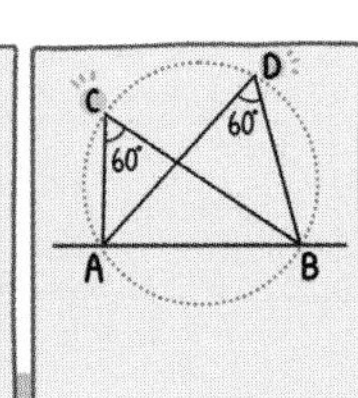

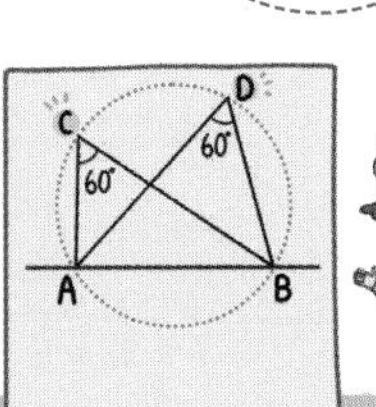

∠ACB=∠ADB이니까
네 점 A, B, C, D는
한 원 위에 있…?
아니야.
두 점 C, D가 직선 AB에
대하여 같은 쪽에 있어야 해.

답 ❶ 같은 ❷ 원

확인 08 오른쪽 그림에서 네 점 A, B, C, D가 한 원 위에 있을 때, $\angle x$의 크기를 구하시오.

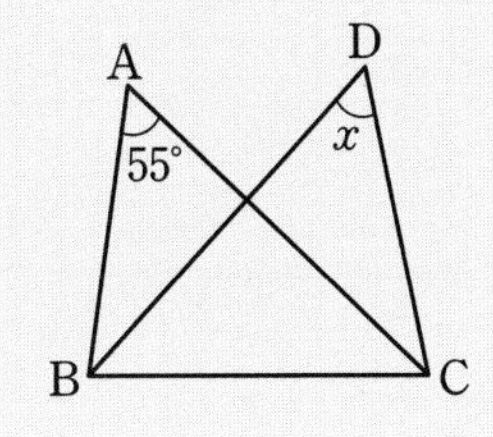

개념 09 원에 내접하는 사각형의 성질 (1)

원에 내접하는 사각형에서 한 쌍의 대각의 크기의 합은 ❶ ☐ 이다.

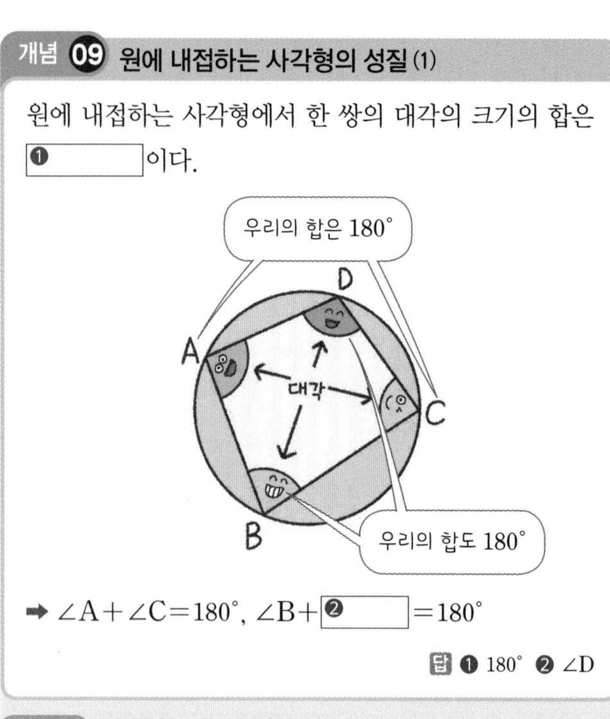

➡ $\angle A+\angle C=180^\circ$, $\angle B+$ ❷ ☐ $=180^\circ$

답 ❶ 180° ❷ ∠D

확인 09 오른쪽 그림과 같이 □ABCD가 원에 내접할 때, $\angle x$의 크기를 구하시오.

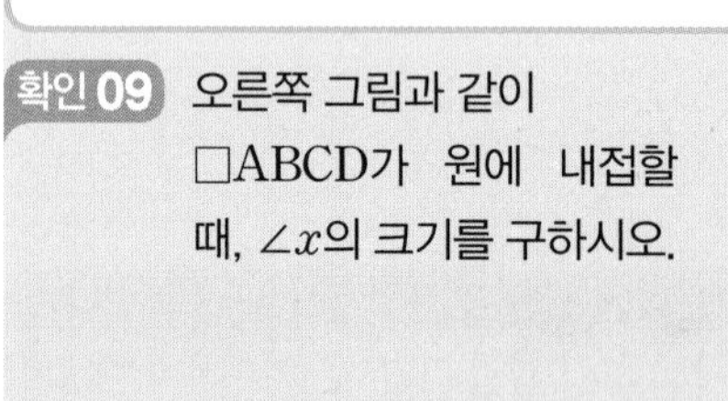

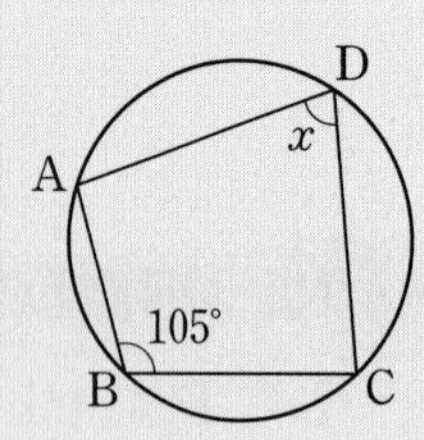

개념 10 원에 내접하는 사각형의 성질 (2)

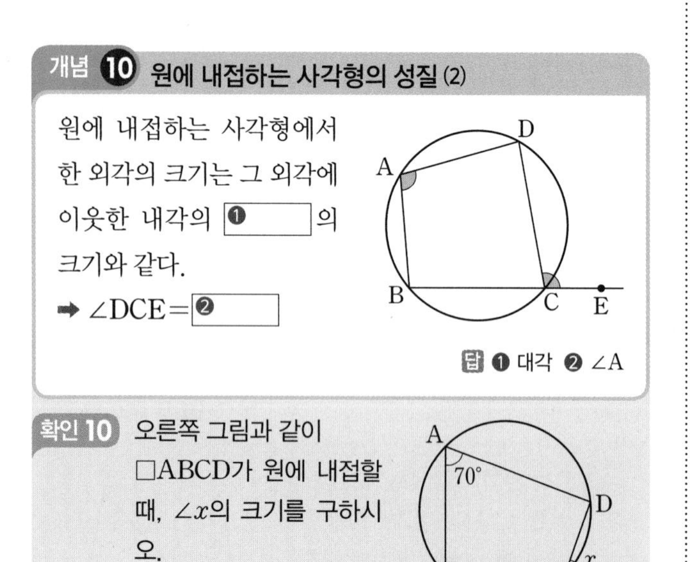

원에 내접하는 사각형에서 한 외각의 크기는 그 외각에 이웃한 내각의 ❶ ☐ 의 크기와 같다.

➡ ∠DCE= ❷ ☐

답 ❶ 대각 ❷ ∠A

확인 10 오른쪽 그림과 같이 □ABCD가 원에 내접할 때, $\angle x$의 크기를 구하시오.

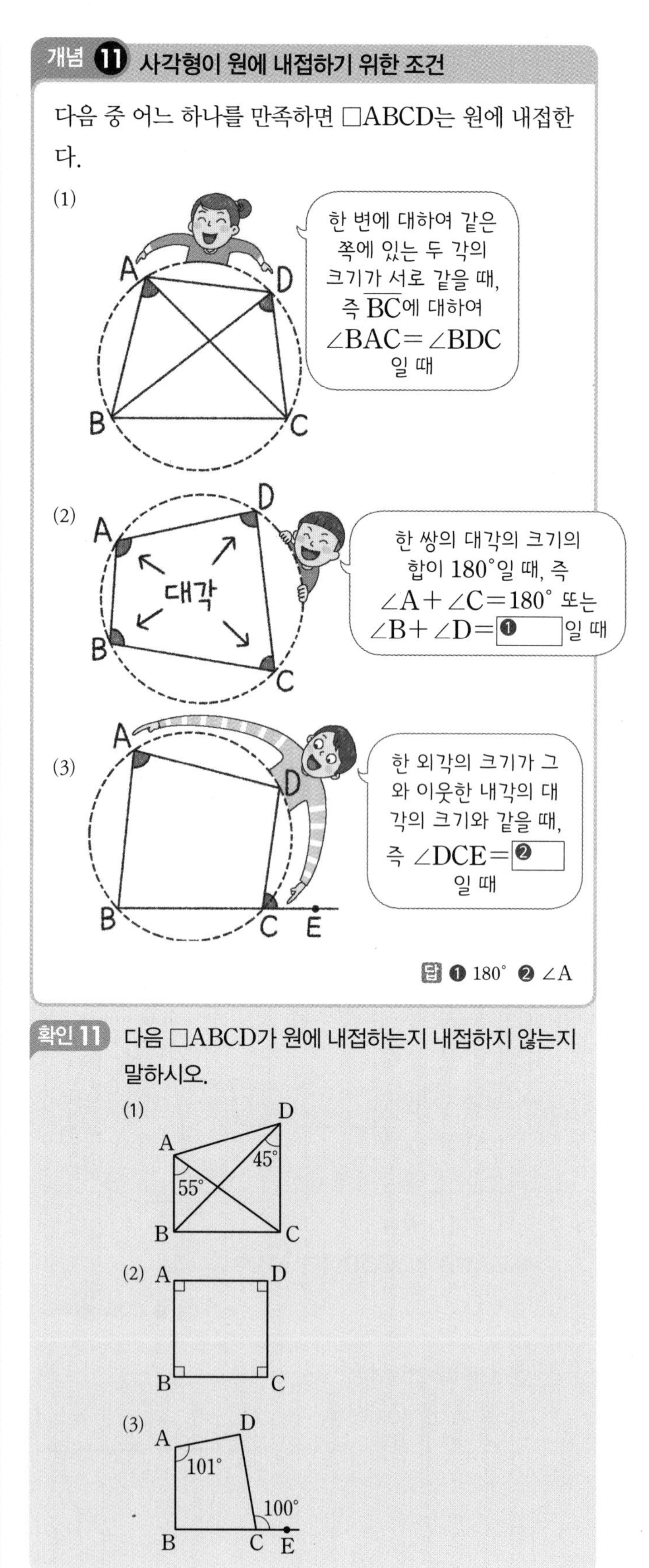

개념 11 사각형이 원에 내접하기 위한 조건

다음 중 어느 하나를 만족하면 □ABCD는 원에 내접한다.

(1)

(2)

(3)

답 ❶ 180° ❷ ∠A

확인 11 다음 □ABCD가 원에 내접하는지 내접하지 않는지 말하시오.

(1)

(2)

(3)

개념 12 원에 내접하는 사각형과 삼각형의 외각의 성질

(1) □ABCD가 원에 내접할 때
$\angle CDQ = \angle B = \angle x$

(2) △PBC에서
$\angle DCQ = \angle x +$ ❶ ______

(3) △DCQ에서
$\angle x + (\angle x + \angle a) + \angle b$
$=$ ❷ ______

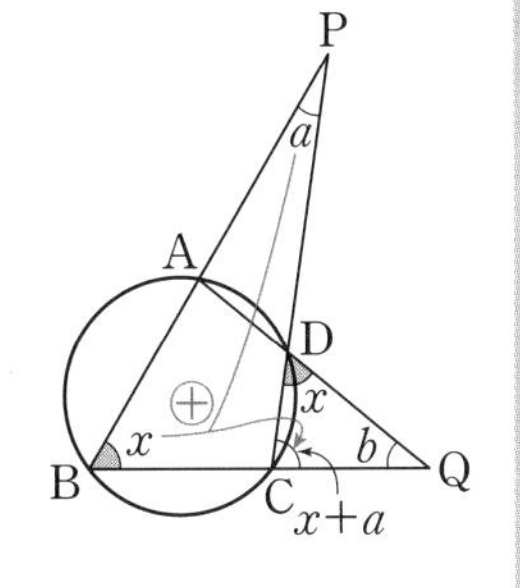

답 ❶ $\angle a$ ❷ $180°$

확인 12

오른쪽 그림과 같이 □ABCD가 원에 내접하고 $\angle B = 88°$, $\angle P = 32°$일 때, 다음을 구하시오.

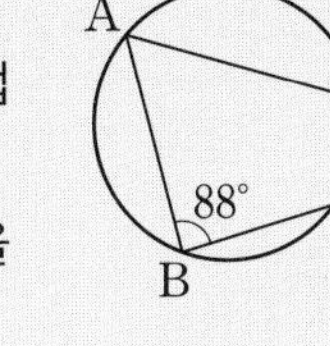

(1) $\angle x$의 크기　　(2) $\angle y$의 크기

개념 13 원의 접선과 현이 이루는 각

원의 접선과 그 접점을 지나는 현이 이루는 각의 크기는 그 각의 내부에 있는 호에 대한

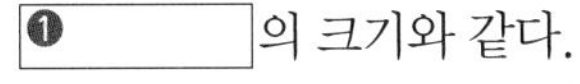
❶ ______의 크기와 같다.

➡ $\angle BAT = \angle$ ❷ ______

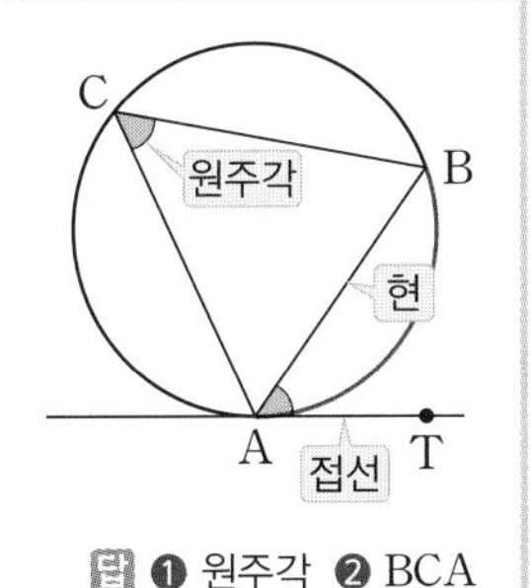

답 ❶ 원주각 ❷ BCA

확인 13

오른쪽 그림에서 직선 AT는 원 O의 접선이고 점 A는 접점일 때, $\angle x$의 크기를 구하시오.

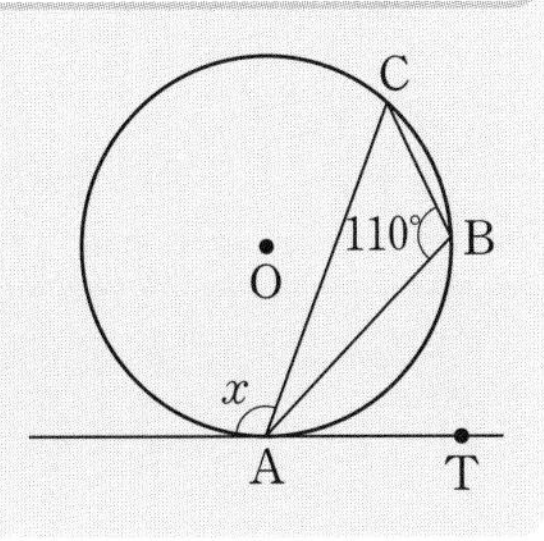

개념 14 두 원에서 접선과 현이 이루는 각

다음 그림에서 $\overleftrightarrow{PQ}$는 두 원에 공통으로 접하는 직선이고 점 T는 접점일 때

(1)

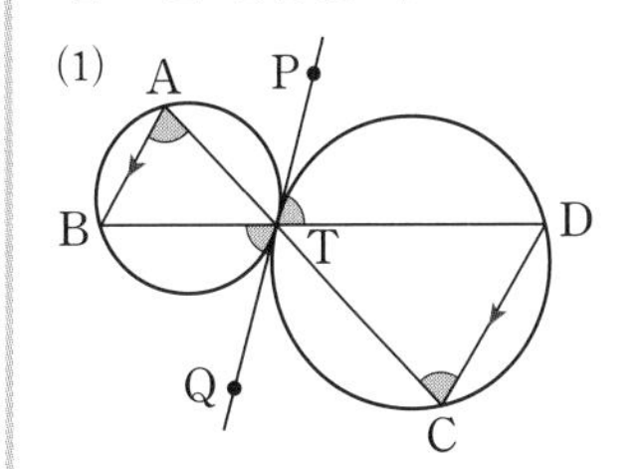

① $\angle BAT$
$= \angle BTQ$
$= \angle DTP$ (맞꼭지각)
$= \angle$ ❶ ______

② $\overline{AB} /\!/ \overline{DC}$
($\because$ $\angle BAT = \angle DCT$ 엇각)

(2)

A, D, P, T, C, B, Q

① $\angle BAT = \angle BTQ$
$= \angle CDT$

② $\overline{AB}$ ❷ ______ $\overline{DC}$
($\because$ $\angle BAT = \angle CDT$ 동위각)

서로 다른 두 직선이 한 직선과 만날 때, 두 직선이 평행할 조건은 중1때 배웠어.

① 동위각의 크기가 같으면 두 직선은 평행하다.
② 엇각의 크기가 같으면 두 직선은 평행하다.

답 ❶ DCT ❷ $/\!/$

확인 14

다음 그림에서 $\overleftrightarrow{PQ}$는 두 원에 공통으로 접하는 직선이고 점 T는 접점일 때, $\angle x$의 크기를 구하려고 한다. 물음에 답하시오.

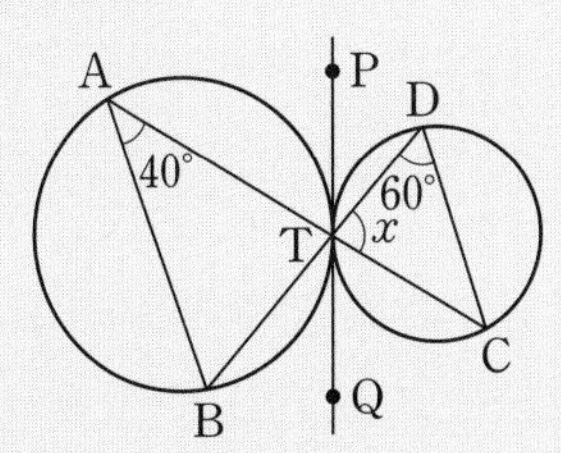

(1) $\angle BTQ$의 크기를 구하시오.
(2) $\angle CTQ$의 크기를 구하시오.
(3) $\angle x$의 크기를 구하시오.

1주 1일 개념 돌파 전략 2

1 다음 그림과 같은 두 원 O, O′에서 $\angle x+\angle y$의 크기는?

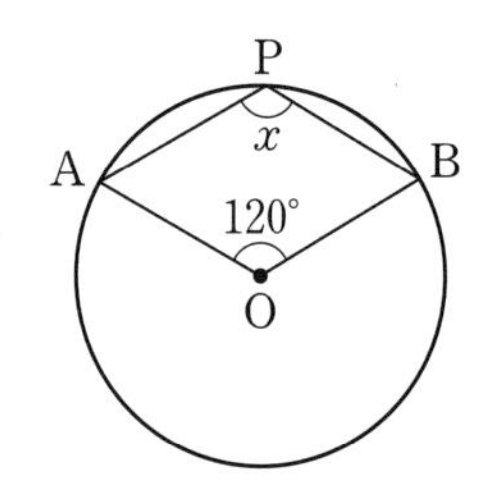

① 180° ② 190° ③ 200°
④ 210° ⑤ 220°

원 O에서 ∠APB가 어떤 호에 대한 원주각인지 알아야 돼. 그래야 그 호에 대한 중심각을 찾을 수 있거든.

문제 해결 전략

- 어떤 호에 대한 원주각인지 찾고, 그 호에 대한 ❶ [　　] 을 찾는다.
- (원주각의 크기)= ❷ [　　] ×(중심각의 크기)

답 ❶ 중심각 ❷ $\frac{1}{2}$

2 오른쪽 그림에서 $\overline{AB}$는 원 O의 지름이고 $\angle PAO=65°$일 때, $\angle x$의 크기는?

① 20° ② 25°
③ 30° ④ 35°
⑤ 40°

문제 해결 전략

- △OPA에서 $\overline{OA}$= ❶ [　　] 이고 반원에 대한 원주각의 크기는 ❷ [　　] 임을 이용한다.

답 ❶ $\overline{OP}$ ❷ 90°

3 오른쪽 그림에서 $\angle ACB=31°$, $\angle BDC=62°$이고 $\widehat{AB}=3$ cm일 때, $\widehat{BC}$의 길이는?

① 3 cm ② 6 cm
③ 9 cm ④ 12 cm
⑤ 15 cm

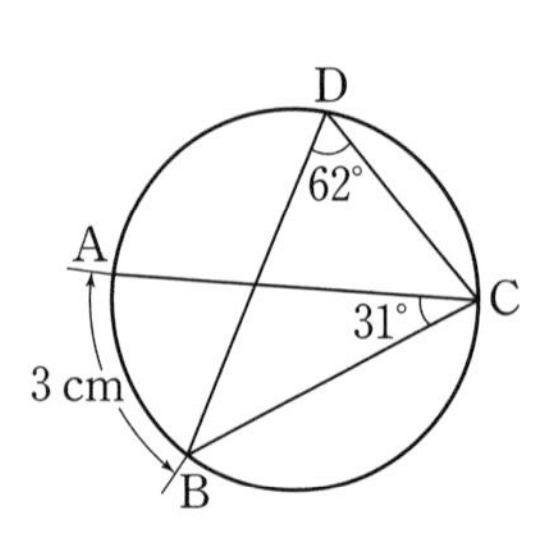

문제 해결 전략

- 한 원에서 호의 길이는 그 호에 대한 원주각의 크기에 ❶ [　　] 비례하므로
$\widehat{AB}:\widehat{BC}=\angle$ ❷ [　　] $:\angle BDC$

답 ❶ 정 ❷ ACB

>> 정답과 풀이 33쪽

4 오른쪽 그림과 같이 □ABCD가 원 O에 내접하고 $\angle BOD=160^\circ$일 때, $\angle y-\angle x$의 크기는?

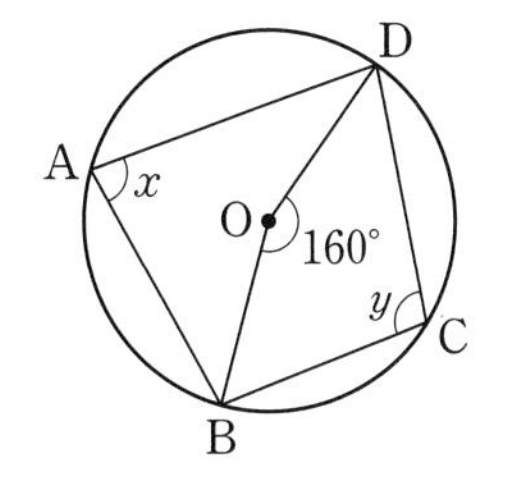

① 15° ② 20°

③ 25° ④ 30°
⑤ 35°

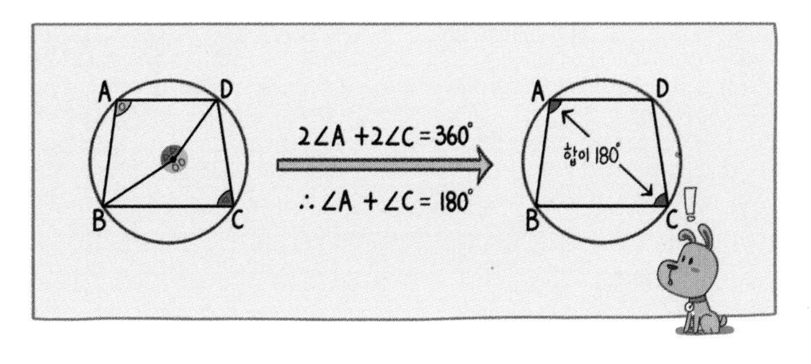

문제 해결 전략

- 원에 내접하는 □ABCD에서
  $\angle A+$ ❶ $\square$
  $=\angle B+\angle D$
  $=$ ❷ $\square^\circ$

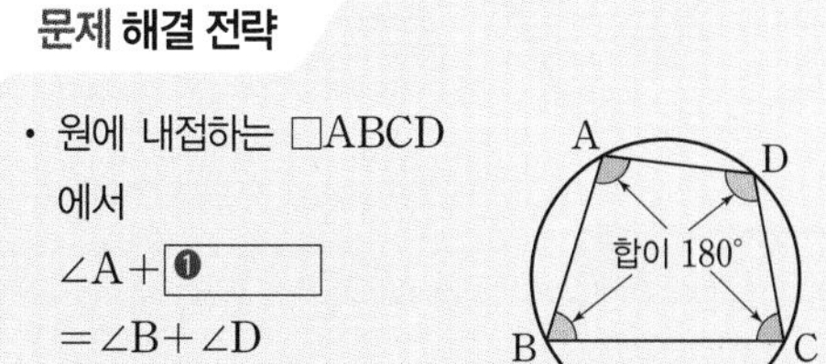

답 ❶ $\angle C$ ❷ 180

5 다음 중 항상 원에 내접하는 사각형을 모두 고르면? (정답 2개)

① 평행사변형 ② 사다리꼴 ③ 등변사다리꼴
④ 마름모 ⑤ 직사각형

문제 해결 전략

- 사각형이 원에 내접하기 위한 조건
  (1) 한 변에 대하여 같은 쪽에 있는 두 각의 크기가 서로 같다.
  (2) 한 쌍의 대각의 크기의 합이 ❶ $\square^\circ$이다.
  (3) 한 외각의 크기가 그와 이웃한 내각의 ❷ $\square$의 크기와 같다.

답 ❶ 180 ❷ 대각

6 오른쪽 그림에서 직선 TA는 원의 접선이고 점 A는 접점이다. $\angle BCA=80^\circ$, $\angle CAB=42^\circ$일 때, $\angle x$의 크기는?

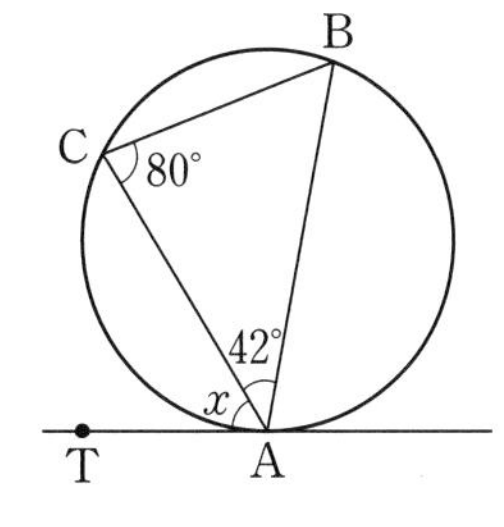

① 48° ② 52°
③ 54° ④ 56°
⑤ 58°

문제 해결 전략

- 삼각형의 내각의 크기의 합은 ❶ $\square^\circ$이고 $\angle x=\angle$ ❷ $\square$임을 이용한다.

답 ❶ 180 ❷ CBA

1주 2일 필수 체크 전략 1

핵심 예제 1

오른쪽 그림에서 $\angle BAC=20^\circ$, $\angle BOD=120^\circ$일 때, $\angle x$의 크기는?

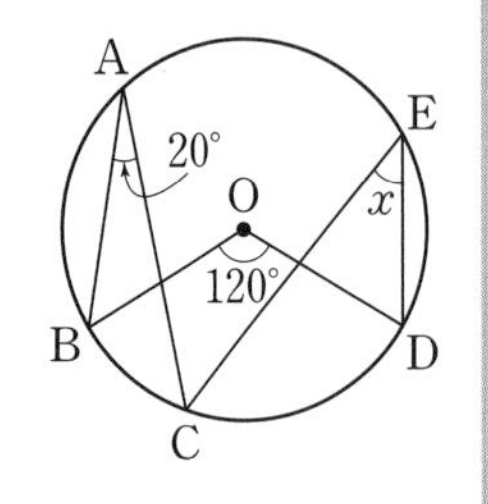

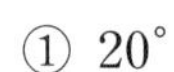
① 20° ② 30°

③ 40° ④ 50°
⑤ 60°

전략

한 호에 대한 원주각의 크기는 그 호에 대한 중심각의 크기의 $\frac{1}{2}$이다.

풀이

오른쪽 그림과 같이 $\overline{OC}$를 그으면

$\angle BOC=2\angle BAC=2\times20^\circ=40^\circ$

$\angle COD=\angle BOD-\angle BOC$

$=120^\circ-40^\circ=80^\circ$

$\therefore\ \angle x=\frac{1}{2}\angle COD=\frac{1}{2}\times80^\circ=40^\circ$

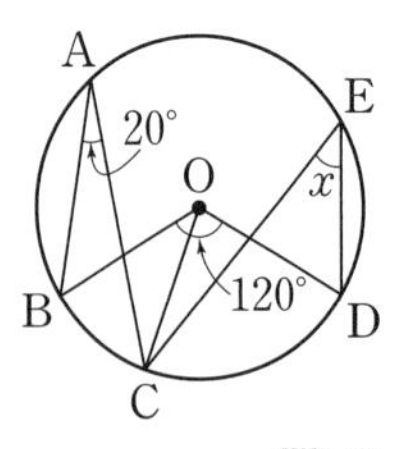

답 ③

핵심 예제 2

오른쪽 그림에서 $\overrightarrow{PA}$, $\overrightarrow{PB}$는 원 O의 접선이고 두 점 A, B는 접점이다. $\angle P=50^\circ$일 때, $\angle x$의 크기를 구하시오.

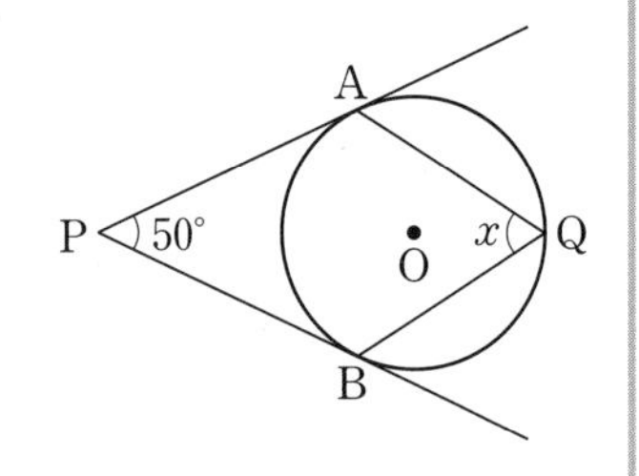

전략

원의 접선은 그 접점을 지나는 원의 반지름에 수직이다.

풀이

오른쪽 그림과 같이 $\overline{OA}$, $\overline{OB}$를 그으면 $\angle PAO=\angle PBO=90^\circ$

$\square APBO$에서

$\angle AOB=360^\circ-(90^\circ+50^\circ+90^\circ)$

$=130^\circ$

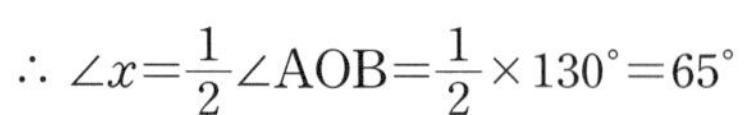
$\therefore\ \angle x=\frac{1}{2}\angle AOB=\frac{1}{2}\times130^\circ=65^\circ$

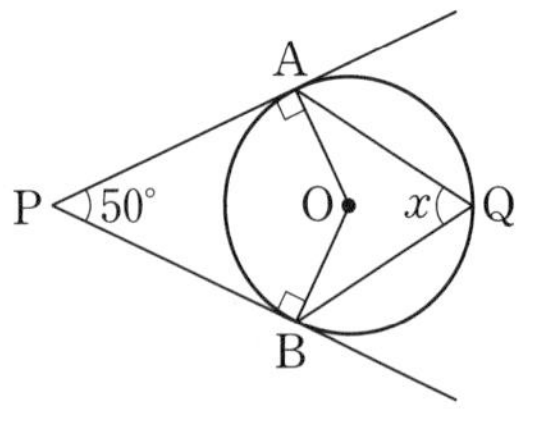

답 65°

1-1

오른쪽 그림에서 $\angle BAC=40^\circ$, $\angle CED=30^\circ$일 때, $\angle x$의 크기는?

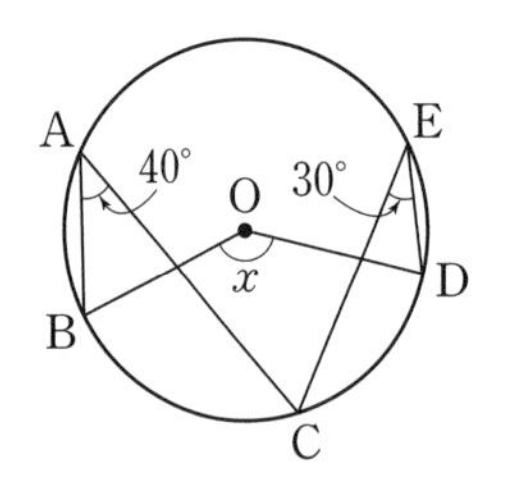

① 110° ② 120°
③ 130° ④ 140°
⑤ 150°

1-2

오른쪽 그림에서 $\angle OAB=40^\circ$일 때, $\angle APB$의 크기를 구하시오.

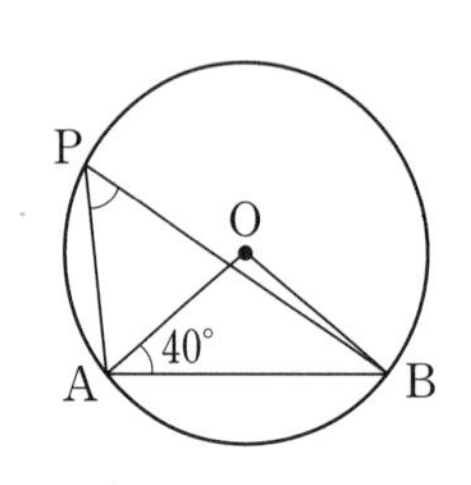

2-1

다음 그림에서 $\overline{PA}$, $\overline{PB}$는 원 O의 접선이고 두 점 A, B는 접점이다. $\angle ACB=62^\circ$일 때, $\angle x$의 크기는?

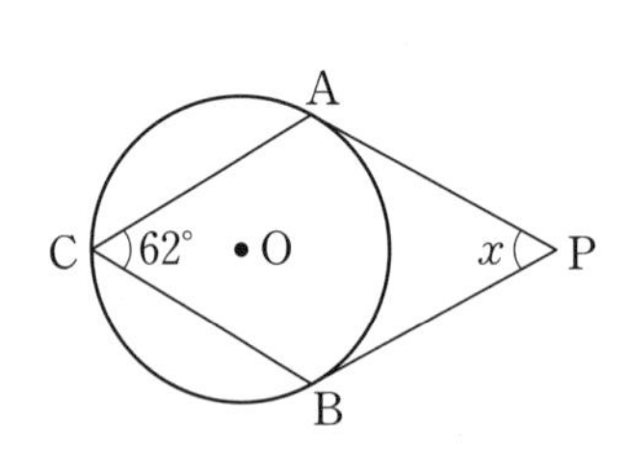

① 56° ② 58° ③ 60°
④ 62° ⑤ 64°

핵심 예제 3

오른쪽 그림에서 점 P는 두 현 AC, BD의 교점이다. $\angle DBC=25^\circ$, $\angle DPC=80^\circ$일 때, $\angle y-\angle x$의 크기는?

① 20° ② 25°
③ 30° ④ 35°
⑤ 40°

전략

한 원에서 한 호에 대한 원주각의 크기는 같음을 이용한다.

풀이

$\angle x=\angle DBC=25^\circ$
$\triangle APD$에서 $\angle DPC=\angle DAP+\angle ADP$이므로
$80^\circ=25^\circ+\angle y$ $\quad\therefore \angle y=55^\circ$
$\therefore \angle y-\angle x=55^\circ-25^\circ=30^\circ$

답 ③

핵심 예제 4

오른쪽 그림에서 $\overline{AC}$는 원 O의 지름이고 $\angle ADB=38^\circ$일 때, $\angle CAB$의 크기는?

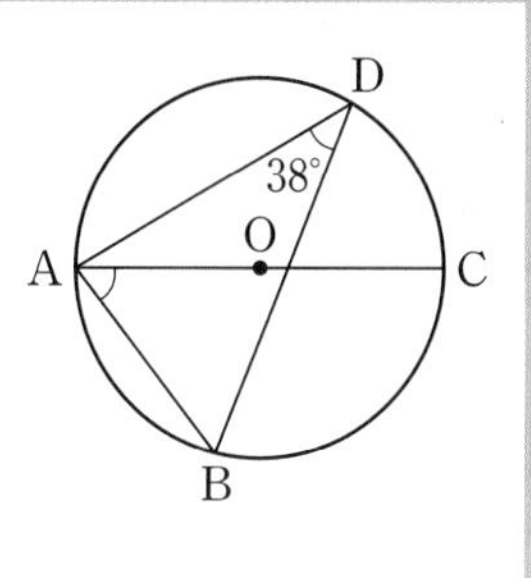

① 48° ② 50°
③ 52° ④ 54°
⑤ 56°

전략

반원에 대한 원주각의 크기는 90°임을 이용한다.

풀이

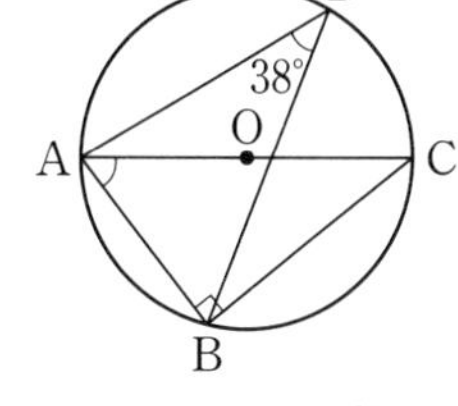

오른쪽 그림과 같이 $\overline{BC}$를 그으면 $\overline{AC}$가 원 O의 지름이므로 $\angle ABC=90^\circ$
$\angle ACB=\angle ADB=38^\circ$이므로
$\triangle ABC$에서
$\angle CAB=180^\circ-(90^\circ+38^\circ)=52^\circ$

답 ③

3-1

오른쪽 그림에서 $\angle ABC=87^\circ$, $\angle ACB=45^\circ$일 때, $\angle x$의 크기는?

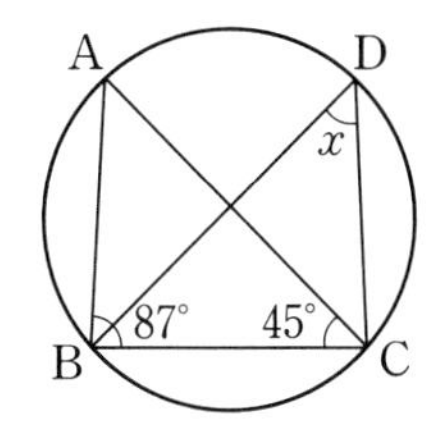

① 45° ② 46°
③ 47° ④ 48°
⑤ 49°

4-1

오른쪽 그림에서 $\overline{AC}$는 원 O의 지름이고 $\angle ABD=36^\circ$일 때, $\angle x$의 크기는?

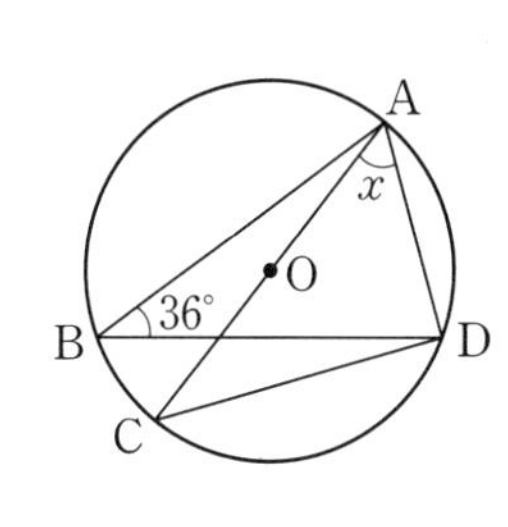

① 50° ② 51°
③ 52° ④ 53°
⑤ 54°

3-2

오른쪽 그림에서 $\angle ADC=60^\circ$, $\angle BOC=72^\circ$일 때, $\angle AEB$의 크기를 구하시오.

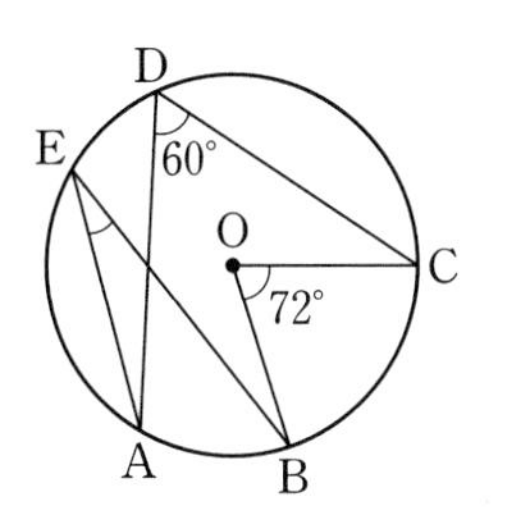

$\overline{PB}$를 그은 후 반원에 대한 원주각의 크기가 90°임을 이용하자!

4-2

오른쪽 그림에서 $\overline{AB}$는 원 O의 지름이고 $\angle RQB=50^\circ$일 때, $\angle x$의 크기를 구하시오.

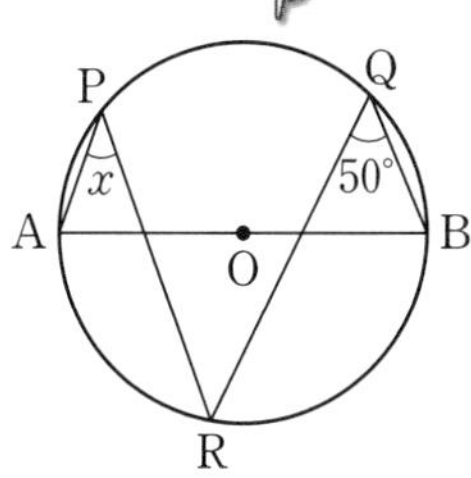

핵심 예제 5

오른쪽 그림과 같이 반지름의 길이가 5인 원 O에 내접하는 △ABC에서 $\overline{BC}=8$일 때, $\cos A$의 값을 구하시오.

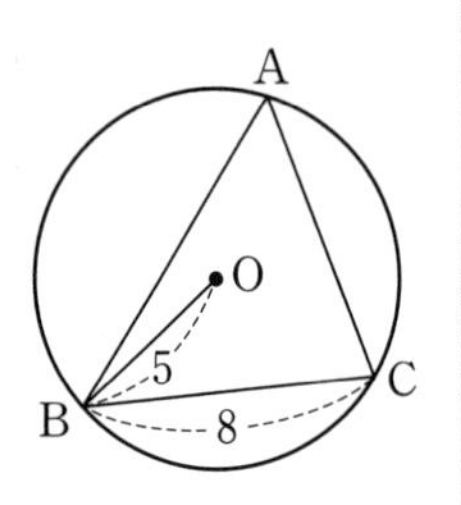

전략

∠A와 크기가 같은 각을 한 내각으로 갖는 직각삼각형을 만든다.

풀이

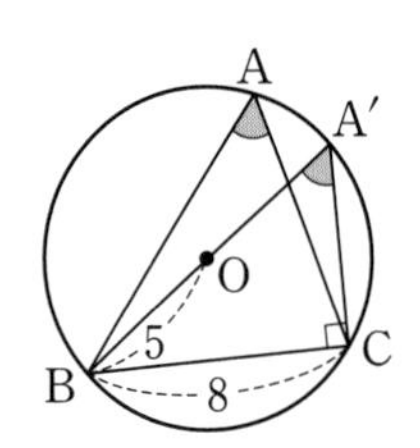

오른쪽 그림과 같이 $\overline{BO}$의 연장선이 원 O와 만나는 점을 A′이라 하면

$\angle BA'C=\angle BAC$

$\overline{A'B}$가 원 O의 지름이므로 $\angle A'CB=90^\circ$

$\overline{A'B}=2\times5=10$이므로

$\overline{A'C}=\sqrt{10^2-8^2}=6$

$\therefore \cos A=\cos A'=\dfrac{\overline{A'C}}{\overline{A'B}}=\dfrac{6}{10}=\dfrac{3}{5}$

답 $\dfrac{3}{5}$

핵심 예제 6

오른쪽 그림에서 $\widehat{AB}=\widehat{CD}$이고 점 P는 두 현 AC, BD의 교점이다. $\angle ACB=38^\circ$일 때, ∠DPC의 크기를 구하시오.

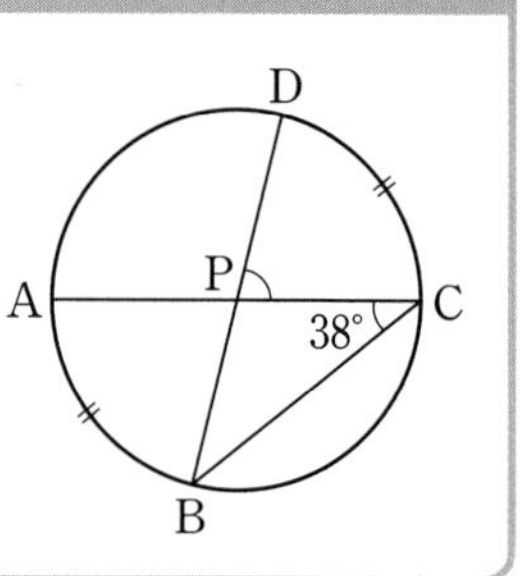

전략

길이가 같은 호에 대한 원주각의 크기는 같음을 이용한다.

풀이

$\widehat{AB}=\widehat{CD}$이므로 $\angle DBC=\angle ACB=38^\circ$

△PBC에서

$\angle DPC=\angle PBC+\angle PCB=38^\circ+38^\circ=76^\circ$

답 76°

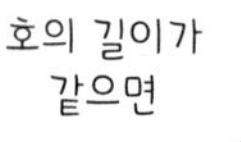

중심각의 크기가 같으므로 원주각의 크기도 같지.

5-1

다음 그림과 같이 원 O에 내접하는 △ABC에서 $\tan A=2\sqrt{3}$이고 $\overline{BC}=2\sqrt{3}$ cm일 때, 원 O의 지름의 길이는?

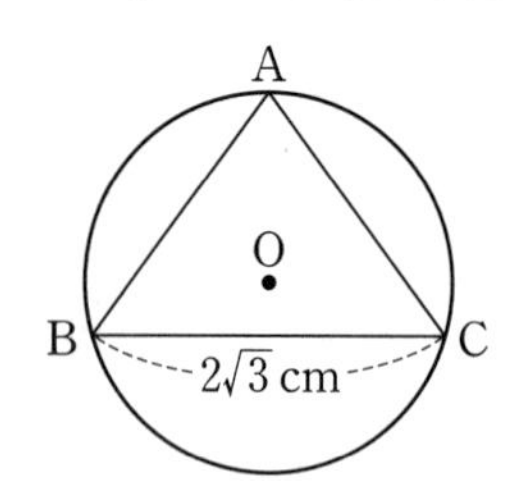

① $\sqrt{13}$ cm ② $\sqrt{14}$ cm ③ $\sqrt{15}$ cm
④ 4 cm ⑤ $\sqrt{17}$ cm

BC를 한 변으로 하고 빗변이 원의 중심을 지나는 직각삼각형을 그려 봐.

6-1

오른쪽 그림에서 $\widehat{AB}=\widehat{BC}$이고 $\angle ABD=40^\circ$, $\angle BDC=55^\circ$일 때, $\angle x$의 크기는?

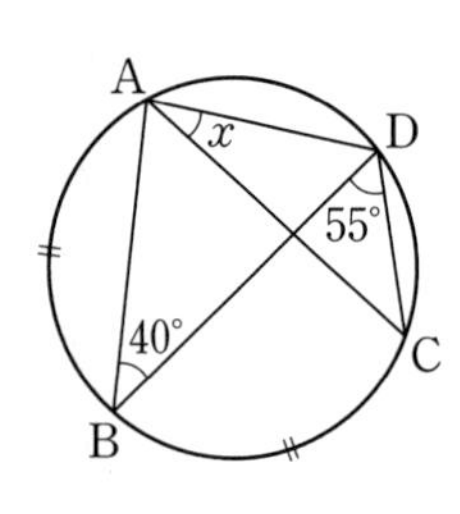

① 25° ② 30°
③ 35° ④ 40°
⑤ 45°

6-2

오른쪽 그림의 원 O에서 $\widehat{BC}=\widehat{CD}$이고 $\angle BAC=24^\circ$일 때, $\angle x+\angle y$의 크기를 구하시오.

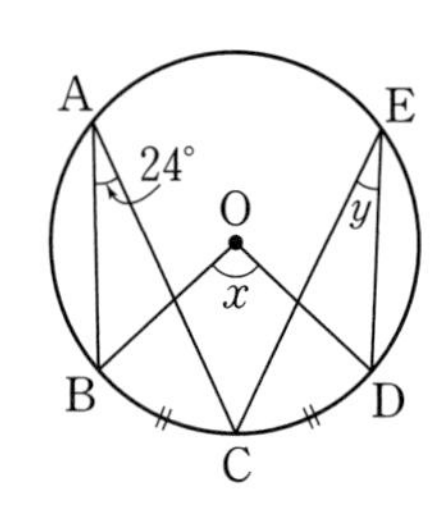

핵심 예제 7

오른쪽 그림에서 점 P는 두 현 AC, BD의 교점이다. $\widehat{BC}=3\widehat{AD}$이고 $\angle BPC=84°$일 때, $\angle x$의 크기는?

① $20°$　② $21°$　③ $22°$　④ $23°$　⑤ $24°$

전략

한 원에서 호의 길이는 그 호에 대한 원주각의 크기에 정비례한다.

풀이

$\widehat{BC}=3\widehat{AD}$이므로 $\angle BAC=3\angle ABD=3\angle x$
$\triangle ABP$에서 $\angle BPC=\angle BAP+\angle ABP$이므로
$84°=3\angle x+\angle x$, $4\angle x=84°$
$\therefore \angle x=21°$

답 ②

핵심 예제 8

오른쪽 그림에서 $\angle ACB=40°$, $\angle ADC=110°$이고 네 점 A, B, C, D가 한 원 위에 있을 때, $\angle x$의 크기는?

① $60°$　② $65°$　③ $70°$　④ $75°$　⑤ $80°$

전략

네 점 A, B, C, D가 한 원 위에 있으므로 한 선분에 대하여 같은 쪽에 있는 두 점으로 만들어진 각의 크기가 같다.

풀이

네 점 A, B, C, D가 한 원 위에 있으므로
$\angle ADB=\angle ACB=40°$
$\therefore \angle x=\angle BDC=\angle ADC-\angle ADB$
$=110°-40°=70°$

답 ③

7-1

오른쪽 그림에서 점 P는 두 현 AC, BD의 교점이다. $\widehat{CD}=12$ cm, $\angle ACB=30°$, $\angle CPD=75°$일 때, $\widehat{AB}$의 길이는?

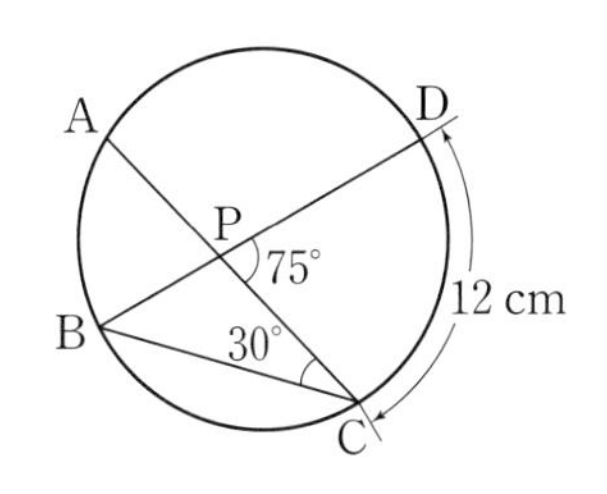

① 4 cm　② 5 cm　③ 6 cm　④ 7 cm　⑤ 8 cm

7-2

오른쪽 그림에서 $\widehat{AB}:\widehat{BC}:\widehat{CA}=4:3:3$일 때, $\angle x$의 크기를 구하시오.

한 원에서 모든 호에 대한 원주각의 크기의 합은 180°야.

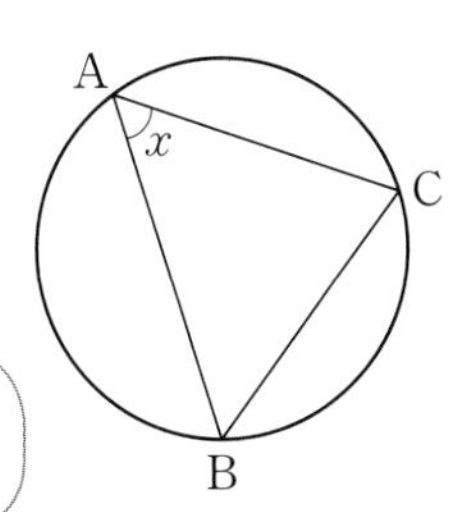

8-1

다음 중 네 점 A, B, C, D가 한 원 위에 있는 것을 들고 있는 학생을 모두 찾으시오.

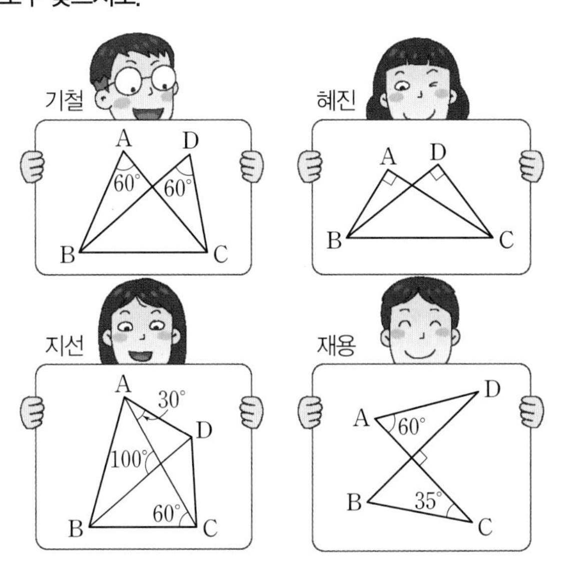

1주 2일 필수 체크 전략 2

1 오른쪽 그림과 같은 원 O에서 점 P는 두 현 AD, BC의 연장선의 교점이고 $\angle AOB=130°$, $\angle COD=50°$일 때, $\angle x$의 크기를 구하시오.

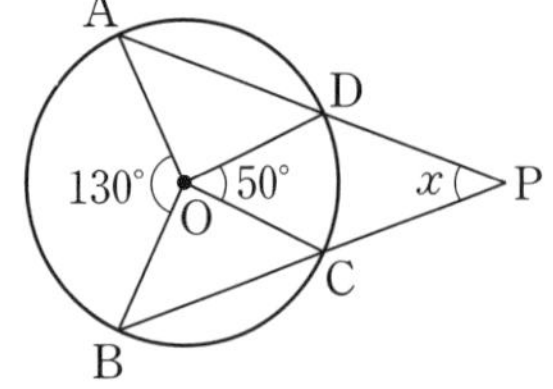

Tip

$\overline{BD}$를 그으면

$\angle ADB=\frac{1}{2}\angle$ ❶ [ ], $\angle DBC=\frac{1}{2}\angle$ ❷ [ ]

답 ❶ AOB ❷ DOC

2 오른쪽 그림에서 $\overline{PA}$, $\overline{PB}$는 원 O의 접선이고 두 점 A, B는 접점이다. $\angle P=64°$일 때, $\angle x+\angle y$의 크기를 구하시오.

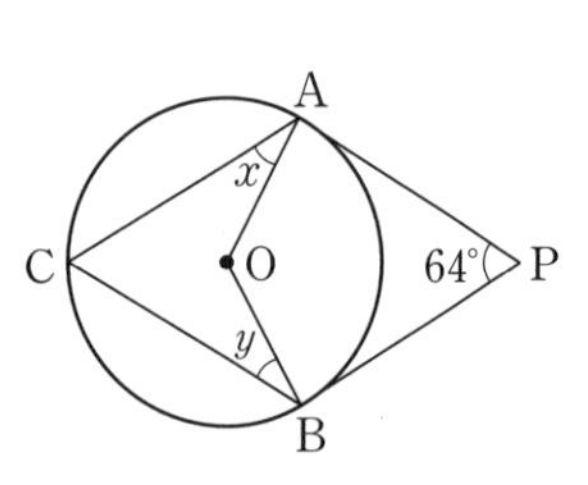

Tip

$\angle PAO=\angle PBO=$ ❶ [ ]°이고 $\angle ACB=\frac{1}{2}\angle$ ❷ [ ]

답 ❶ 90 ❷ AOB

3 오른쪽 그림에서 네 점 A, B, C, D는 원 위의 점이고 $\overline{AD}$, $\overline{BC}$의 연장선의 교점을 P, $\overline{AC}$와 $\overline{BD}$의 교점을 Q라 하자. $\angle P=30°$, $\angle DQC=80°$일 때, $\angle x$의 크기를 구하시오.

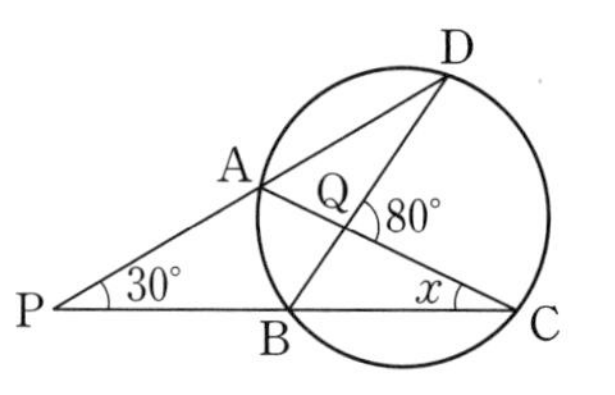

Tip

$\angle ACB$, $\angle ADB$는 호 ❶ [ ]에 대한 원주각이므로

$\angle ADB$ ❷ [ ] $\angle ACB=\angle x$

답 ❶ AB ❷ =

4 다음 그림에서 $\overline{AB}$는 원 O의 지름이고 점 P는 두 현 AD, BC의 연장선의 교점일 때, $\angle DOC$의 크기를 구하시오.

Tip

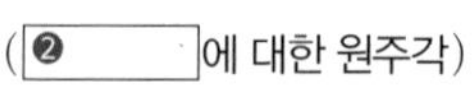

$\overline{AC}$를 그으면 $\angle ACB=$ ❶ [ ]° (❷ [ ]에 대한 원주각)

답 ❶ 90 ❷ 반원

5 오른쪽 그림과 같이 반지름의 길이가 4 cm인 반원 O 위의 점 C에서 지름 AB에 내린 수선의 발을 D라 하자. $\angle CBA=30^\circ$일 때, $\overline{CD}$의 길이는?

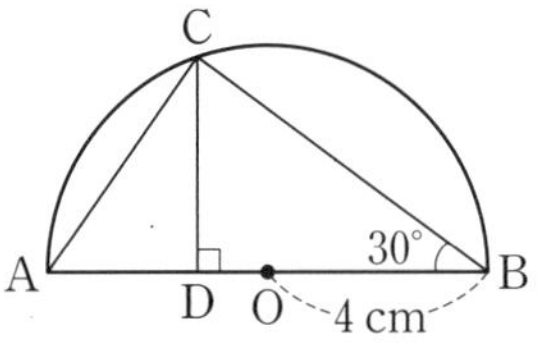

① 3 cm ② $\sqrt{10}$ cm ③ $2\sqrt{3}$ cm
④ $\sqrt{15}$ cm ⑤ 4 cm

반원에 대한 원주각의 크기는 ❶ [ ]인 것과 30°의 ❷ [ ]의 값을 이용한다.

답 ❶ 90° ❷ 삼각비

6 오른쪽 그림에서 점 P는 두 현 AC, BD의 교점이고 $\widehat{AB}$의 길이는 원주의 $\frac{1}{5}$이다. $\widehat{AB}:\widehat{CD}=3:2$일 때, $\angle DPC$의 크기를 구하시오.

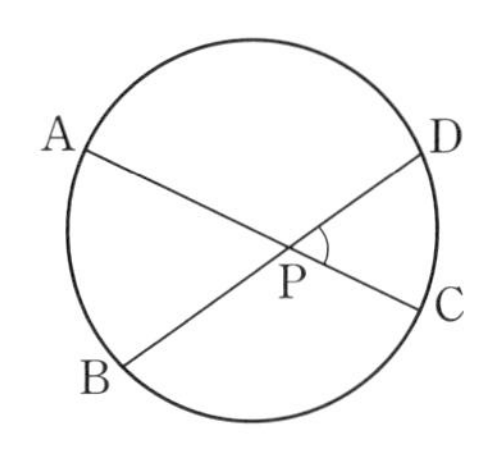

한 원에서 모든 호에 대한 원주각의 크기의 합은 180°임을 이용하여 $\widehat{AB}$에 대한 원주각의 크기를 구해 봐.

Tip

$\overline{BC}$를 그으면 원주각의 크기와 호의 길이는 서로 정비례하므로
$\angle ACB:\angle DBC=\widehat{AB}:\widehat{CD}=$ ❶ [ ] : ❷ [ ]

답 ❶ 3 ❷ 2

7 다음 그림에서 $\overline{AB}$는 원 O의 지름이고 점 F는 $\overline{AB}$와 $\overline{EC}$의 교점이다. $\widehat{AC}=\widehat{CD}=\widehat{DB}$이고 $\widehat{AE}:\widehat{EB}=5:4$일 때, $\angle CFB$의 크기는?

① 100° ② 105° ③ 110°
④ 115° ⑤ 120°

Tip

반원에 대한 ❶ [ ]의 크기는 90°인 것과 길이가 같은 호에 대한 원주각의 크기는 ❷ [ ]을 이용한다.

답 ❶ 원주각 ❷ 같음

8 오른쪽 그림과 같이 $\overline{AD}$와 $\overline{BC}$의 연장선의 교점을 P, $\overline{AC}$와 $\overline{BD}$의 교점을 Q라 하자. 네 점 A, B, C, D가 한 원 위에 있고, $\angle A=20^\circ$, $\angle P=50^\circ$일 때, $\angle x$의 크기는?

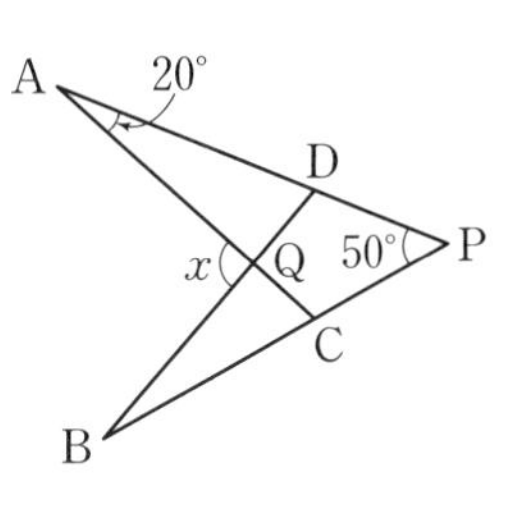

① 80° ② 90° ③ 100°
④ 110° ⑤ 120°

Tip

네 점이 한 원 위에 있는 조건을 이용하여 크기가 ❶ [ ] 각을 찾고, 삼각형의 ❷ [ ]의 성질을 이용한다.

답 ❶ 같은 ❷ 외각

1주 3일 필수 체크 전략 1

핵심 예제 1

오른쪽 그림에서 □ABCD는 원에 내접하고 $\angle BAD=120^\circ$, $\angle DBC=70^\circ$일 때, $\angle x$의 크기는?

① 45°　② 50°
③ 55°　④ 60°
⑤ 65°

전략

원에 내접하는 사각형에서 한 쌍의 대각의 크기의 합은 180°임을 이용한다.

풀이

□ABCD가 원에 내접하므로 $\angle BAD+\angle BCD=180^\circ$
$120^\circ+\angle BCD=180^\circ$　$\therefore \angle BCD=60^\circ$
△BCD에서 $\angle x=180^\circ-(70^\circ+60^\circ)=50^\circ$

답 ②

핵심 예제 2

오른쪽 그림에서 □ABCD는 원에 내접하고 $\angle P=34^\circ$, $\angle Q=28^\circ$일 때, $\angle x$의 크기는?

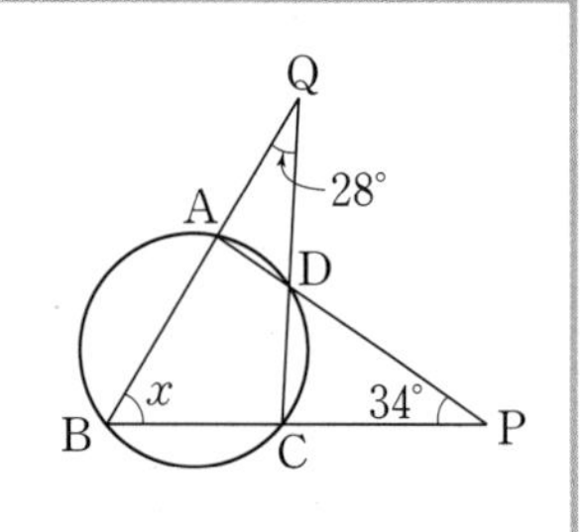

① 59°　② 60°
③ 61°　④ 62°
⑤ 63°

전략

□ABCD가 원에 내접하므로 $\angle B=\angle CDP$임을 이용한다.

풀이

□ABCD가 원에 내접하므로 $\angle CDP=\angle B=\angle x$
△QBC에서 $\angle DCP=28^\circ+\angle x$
△DCP에서 $\angle x+(28^\circ+\angle x)+34^\circ=180^\circ$
$2\angle x=118^\circ$　$\therefore \angle x=59^\circ$

답 ①

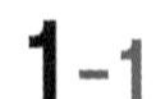

1-1

오른쪽 그림에서 □ABCD는 원에 내접하고 $\overset{\frown}{AB}=\overset{\frown}{BC}$, $\angle DAC=75^\circ$, $\angle ABC=100^\circ$일 때, $\angle x$의 크기는?

① 100°　② 105°
③ 110°　④ 115°
⑤ 120°

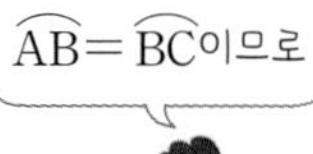

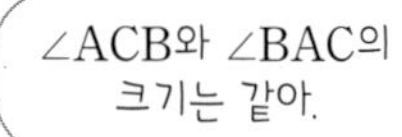

2-1

다음 그림에서 □ABCD는 원에 내접하고 $\angle B=55^\circ$, $\angle P=25^\circ$일 때, $\angle x$의 크기는?

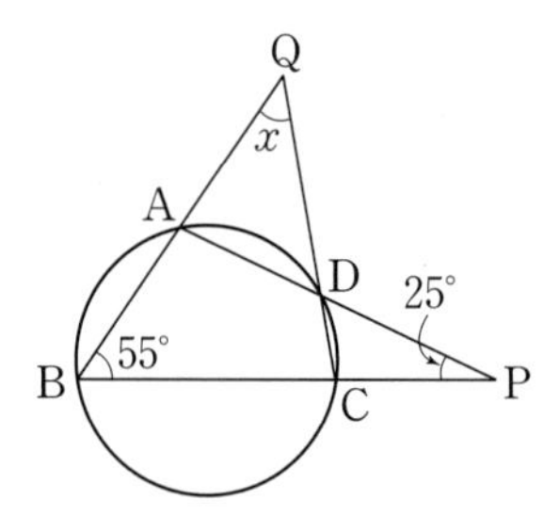

① 25°　② 30°　③ 35°
④ 40°　⑤ 45°

핵심 예제 3

오른쪽 그림과 같이 원 O에 내접하는 오각형 ABCDE에서 $\angle BOC=80°$, $\angle D=140°$일 때, $\angle x$의 크기는?

① $50°$ ② $60°$
③ $70°$ ④ $80°$
⑤ $90°$

전략

보조선을 그어 원에 내접하는 사각형을 만든다.

풀이

오른쪽 그림과 같이 $\overline{BD}$를 그으면

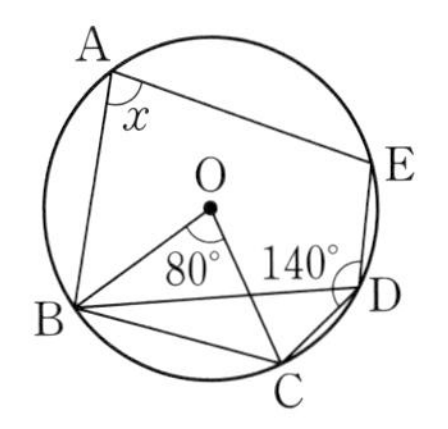

$\angle BDC=\frac{1}{2}\angle BOC=\frac{1}{2}\times 80°=40°$

$\therefore\ \angle BDE=\angle CDE-\angle BDC$
$=140°-40°=100°$

□ABDE가 원 O에 내접하므로

$\angle BAE+\angle BDE=180°$

$\angle x+100°=180°\qquad \therefore\ \angle x=80°$

답 ④

핵심 예제 4

오른쪽 그림에서 $\angle BAC=63°$, $\angle ABC=80°$, $\angle ACD=36°$일 때, $\angle x$의 크기는?

① $34°$ ② $37°$
③ $42°$ ④ $45°$
⑤ $50°$

전략

□ABCD가 원에 내접하기 위한 조건을 생각한다.

풀이

$\angle BDC=99°-36°=63°$에서 $\angle BAC=\angle BDC$이므로

□ABCD는 원에 내접한다.

이때 $\angle ABC+\angle ADC=180°$이므로

$80°+(\angle x+63°)=180°$

$\angle x+143°=180°\qquad \therefore\ \angle x=37°$

답 ②

3-1

다음 그림과 같이 원 O에 내접하는 오각형 ABCDE에서 $\angle A=56°$, $\angle C=148°$일 때, $\angle x$의 크기는?

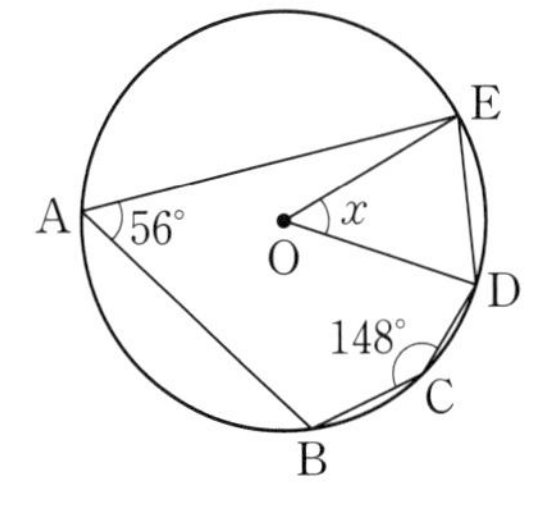

① $30°$ ② $32°$ ③ $40°$
④ $45°$ ⑤ $48°$

4-1

다음은 4명의 학생이 원에 내접하는 □ABCD를 하나씩 그린 것이다. 바르게 그리지 않은 학생을 찾으시오.

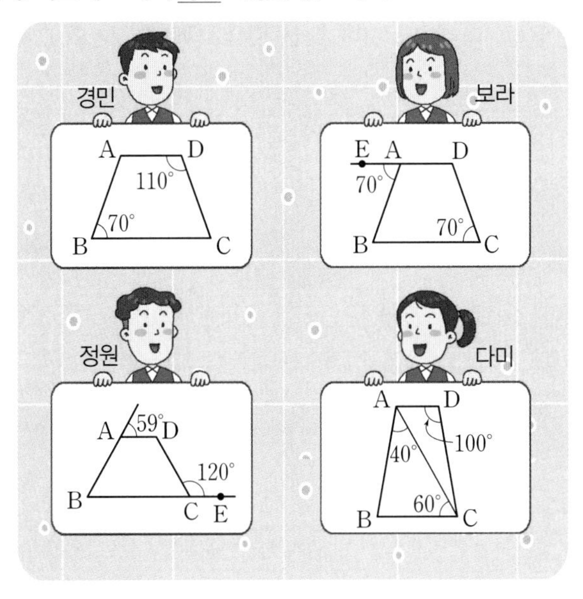

핵심 예제 5

오른쪽 그림에서 $\overleftrightarrow{AT}$는 원의 접선이고 점 A는 접점이다. $\overset{\frown}{AD}=\overset{\frown}{CD}$이고 $\angle DAT=54°$일 때, $\angle x$의 크기는?

① $100°$ ② $102°$
③ $104°$ ④ $106°$
⑤ $108°$

전략

원에 내접하는 사각형의 성질과 접선과 현이 이루는 각의 성질을 이용한다.

풀이

$\angle DCA=\angle DAT=54°$
$\overset{\frown}{AD}=\overset{\frown}{DC}$이므로 $\angle DAC=\angle DCA=54°$
$\triangle DAC$에서 $\angle CDA+54°+54°=180°$이므로
$\angle CDA=72°$
$\square ABCD$가 원에 내접하므로 $\angle CDA+\angle B=180°$
$72°+\angle x=180°$ $\therefore \angle x=108°$

답 ⑤

핵심 예제 6

오른쪽 그림에서 $\overrightarrow{PC}$는 원 O의 접선이고 점 T는 접점이다. $\overline{PB}$가 원 O의 중심을 지나고 $\angle BTC=64°$일 때, $\angle x$의 크기는?

① $30°$ ② $32°$ ③ $34°$
④ $36°$ ⑤ $38°$

전략

$\overline{AT}$를 그어 반원에 대한 원주각의 크기와 접선과 현이 이루는 각의 성질을 이용한다.

풀이

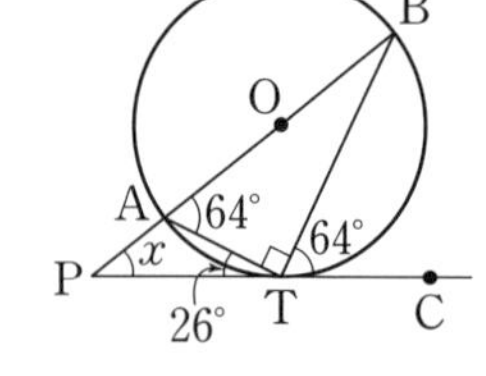

오른쪽 그림과 같이 $\overline{AT}$를 그으면
$\angle BAT=\angle BTC=64°$
$\overline{AB}$가 원 O의 지름이므로 $\angle ATB=90°$
$\angle ATP+\angle ATB+\angle BTC=180°$
이므로 $\angle ATP+90°+64°=180°$
$\therefore \angle ATP=26°$
$\triangle APT$에서 $64°=\angle x+26°$ $\therefore \angle x=38°$

답 ⑤

5-1

다음 그림에서 $\square ABCD$는 원에 내접하고 $\overleftrightarrow{TT'}$은 원의 접선, 점 C는 접점이다. $\angle A=103°$, $\angle BDC=41°$일 때, $\angle x$의 크기는?

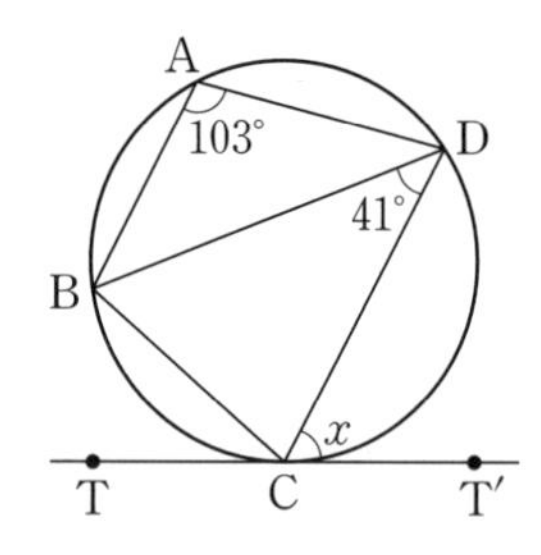

① $54°$ ② $56°$ ③ $58°$
④ $60°$ ⑤ $62°$

6-1

오른쪽 그림에서 $\overrightarrow{PC}$는 원 O의 접선이고 점 T는 접점이다. $\angle BTC=70°$일 때, $\angle x-\angle y$의 크기는?

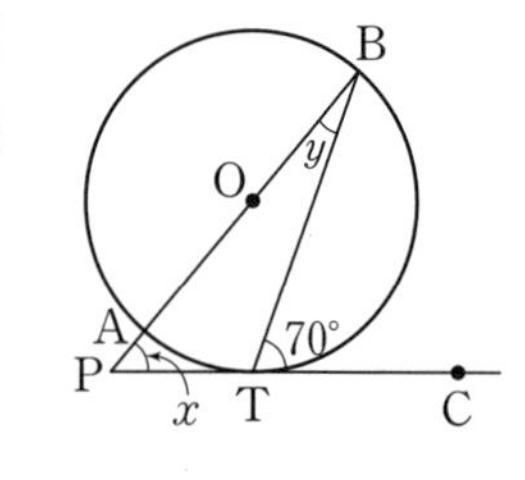

① $30°$ ② $32°$
③ $35°$ ④ $40°$
⑤ $45°$

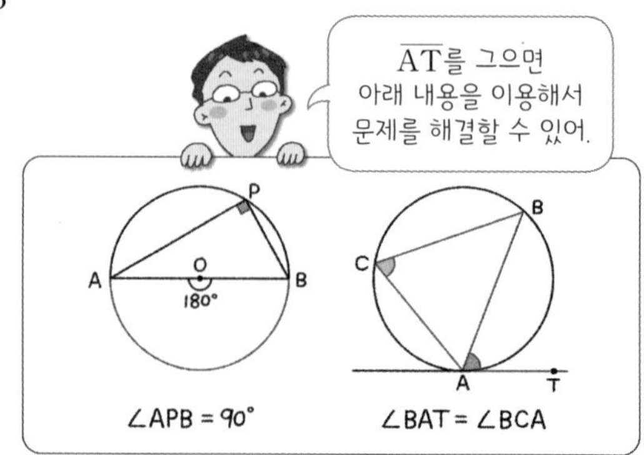
AT를 그으면
아래 내용을 이용해서
문제를 해결할 수 있어.
∠APB = 90°
∠BAT = ∠BCA

핵심 예제 7

오른쪽 그림에서 원 O는 $\triangle ABC$의 내접원이면서 $\triangle DEF$의 외접원이다. $\angle A=50°$, $\angle DFE=55°$일 때, $\angle x$의 크기를 구하시오.
(단, 점 D, E, F는 접점이다.)

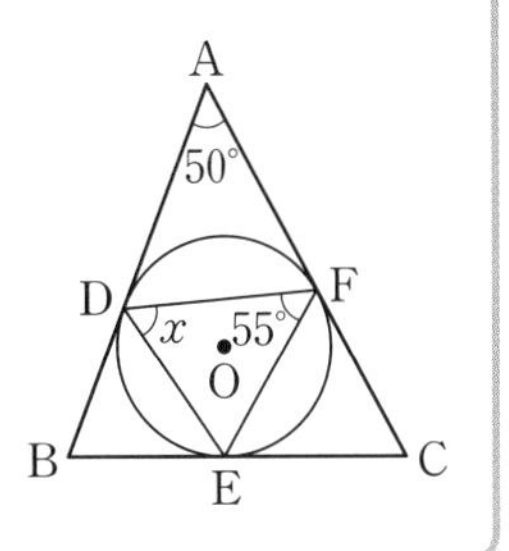

전략

원 밖의 한 점에서 그 원에 그은 두 접선의 길이는 같음을 이용한다.

풀이

$\triangle ADF$는 $\overline{AD}=\overline{AF}$인 이등변삼각형이므로

$\angle ADF=\frac{1}{2}\times(180°-50°)=65°$

이때 $\angle DEF=\angle ADF=65°$이므로 $\triangle DEF$에서

$\angle x=180°-(\angle DEF+\angle DFE)$

$=180°-(65°+55°)=60°$

답 $60°$

핵심 예제 8

오른쪽 그림에서 $\overleftrightarrow{PQ}$는 두 원 O, O′에 공통으로 접하는 직선이고 점 T는 접점이다. $\angle CAT=70°$, $\angle BDT=52°$일 때, $\angle x$의 크기를 구하시오.

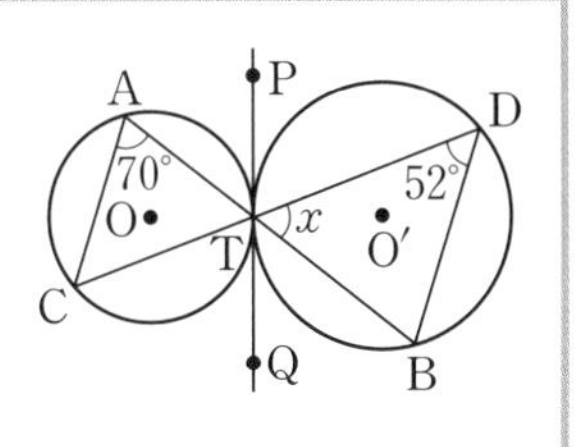

전략

각 원에서 접선과 현이 이루는 각의 성질을 이용하여 크기가 같은 각을 찾는다.

풀이

원 O에서 $\angle CTQ=\angle CAT=70°$

원 O′에서 $\angle BTQ=\angle BDT=52°$

$\angle CTQ+\angle BTQ+\angle DTB=180°$이므로

$70°+52°+\angle x=180°$ $\quad\therefore \angle x=58°$

답 $58°$

7-1

오른쪽 그림에서 원 O는 $\triangle ABC$의 내접원이면서 $\triangle DEF$의 외접원이다. $\angle A=46°$, $\angle EDF=50°$일 때, $\angle x+\angle y$의 크기는?
(단, 점 D, E, F는 접점이다.)

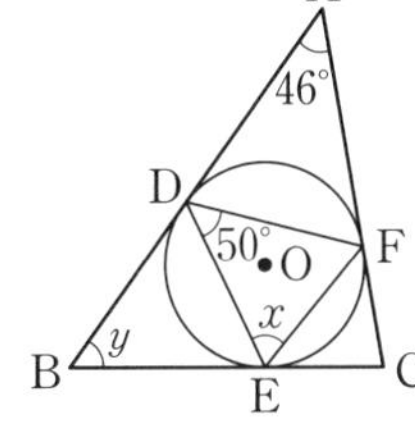

① $120°$ ② $121°$ ③ $122°$ ④ $123°$ ⑤ $124°$

7-2

오른쪽 그림에서 $\overrightarrow{PA}$, $\overrightarrow{PB}$는 원의 접선이고 두 점 A, B는 접점이다. $\angle P=56°$, $\widehat{AC}=\widehat{BC}$일 때, $\angle x$의 크기를 구하시오.

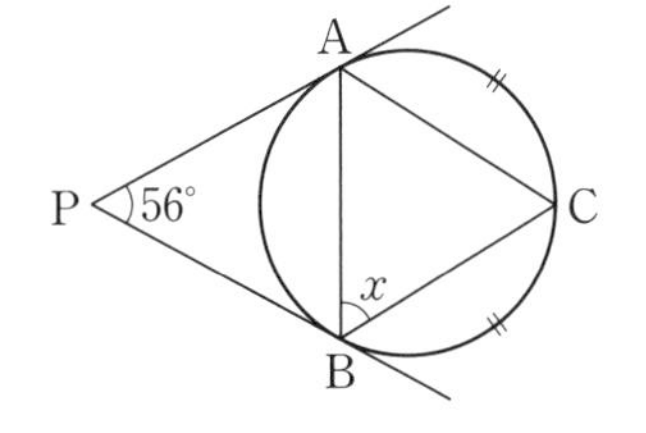

8-1

다음 그림에서 $\overleftrightarrow{PQ}$는 두 원 O, O′에 공통으로 접하는 직선이고 점 T는 접점이다. $\angle ABT=70°$일 때, $\angle x$의 크기는?

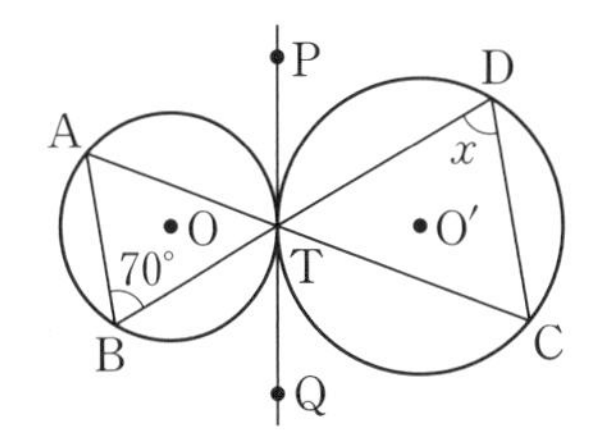

① $60°$ ② $65°$ ③ $70°$ ④ $75°$ ⑤ $80°$

접선과 현이 이루는 각의 성질을 이용하는 건 알겠는데.
맞꼭지각의 크기가 같음도 이용해야 해!

1주 3일 필수 체크 전략 2

1 오른쪽 그림에서 □ABCD는 원 O에 내접하고 $\overline{AB}$는 원 O의 지름이다. ∠CAB=35°, ∠DCE=60°일 때, ∠x−∠y의 크기를 구하시오.

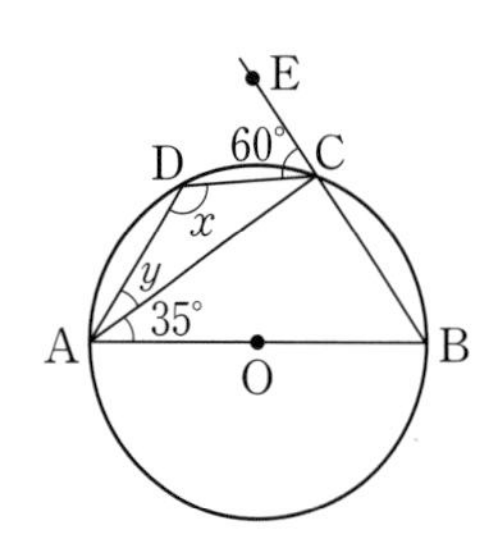

Tip

□ABCD가 원 O에 내접하므로
∠B+∠D=❶ [　　], ∠DAB=∠❷ [　　]

답 ❶ 180° ❷ DCE

2 오른쪽 그림과 같이 □ABCD가 원에 내접하고 ∠P=65°, ∠Q=23°일 때, ∠ABC의 크기는?

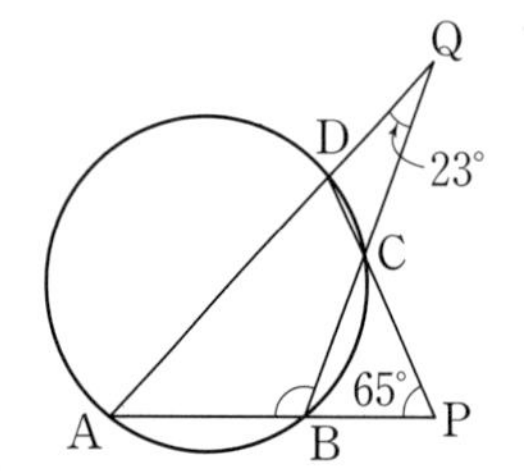

① 78°　② 92°
③ 98°　④ 102°
⑤ 111°

Tip

원에 내접하는 ❶ [　　]의 성질과 삼각형의 ❷ [　　]의 성질을 이용한다.

답 ❶ 사각형 ❷ 외각

3 오른쪽 그림과 같이 두 원 O, O′이 두 점 P, Q에서 만날 때, 두 점 P, Q를 각각 지나는 직선이 두 원과 만나는 점을 A, B, C, D라 하자. ∠D=95°일 때, ∠BOP의 크기를 구하시오.

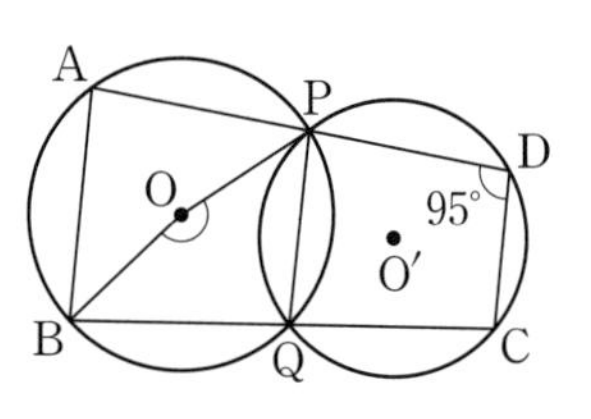

Tip

□PQCD가 원 O′에 내접하므로 ∠BQP=∠❶ [　　]
□ABQP가 원 O에 내접하므로 ∠A+∠BQP=❷ [　　]

답 ❶ D ❷ 180°

4 다음 중 오른쪽 그림과 같은 □ABCD가 원에 내접할 조건이 아닌 것을 말한 학생을 찾으시오.

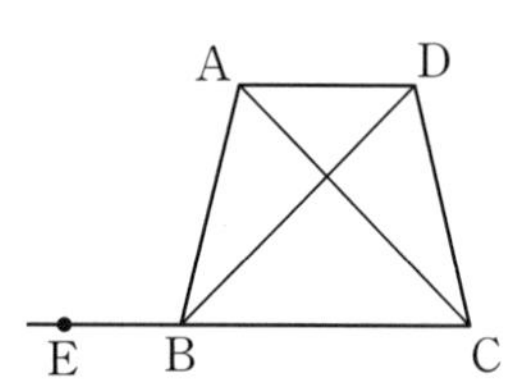

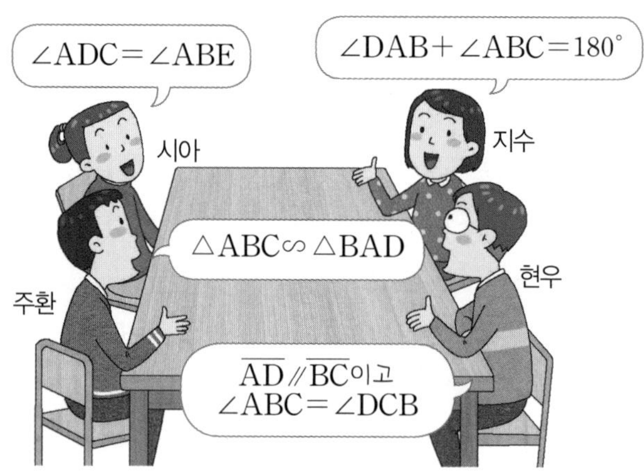

Tip

각 조건이 사각형이 원에 내접하기 위한 조건을 ❶ [　　]시키는지 확인한다.

답 ❶ 만족

5 오른쪽 그림과 같이 $\triangle$ABC의 외접원 O에서 지름 AB의 연장선과 점 C에서 원에 그은 접선의 교점을 P라 하자. $\angle$CPB의 이등분선이 $\overline{BC}$와 만나는 점을 Q라 할 때, $\angle$CQP의 크기를 구하시오.

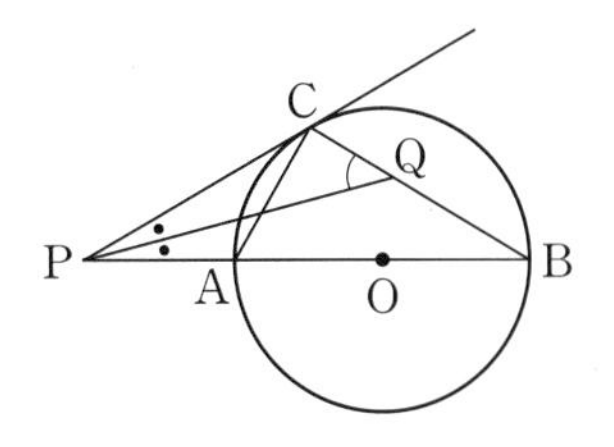

∠ACB의 크기는 구할 수 있겠어. 그 다음은?
∠CPQ=∠a, ∠CBA=∠b 라 하면 ∠CQP=∠a+∠b 임을 이용해.
C
Q
P
A
O
B

Tip

(1) 반원에 대한 원주각의 크기는 ❶ 이다.
(2) 접선과 현이 이루는 각의 성질에 의해 $\angle$PCA$=\angle$ ❷

답 ❶ 90° ❷ CBA

6 오른쪽 그림에서 □ABCD는 원에 내접하고 $\overleftrightarrow{TA}$는 원의 접선, 점 A는 접점이다. $\widehat{AB}:\widehat{AD}=3:4$, $\angle$DAT$=48°$일 때, $\angle$C의 크기를 구하시오.

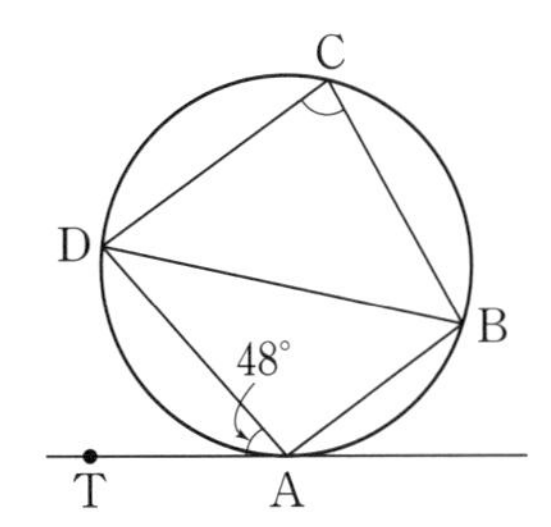

Tip

$\widehat{AB}:\widehat{AD}=3:4$이므로 $\angle$ADB : $\angle$ABD= ❶ : ❷

답 ❶ 3 ❷ 4

7 오른쪽 그림에서 $\overrightarrow{PA}$, $\overrightarrow{PB}$는 원의 접선이고 두 점 A, B는 접점이다. $\widehat{AC}:\widehat{CB}=3:2$일 때, $\angle$ABC의 크기는?

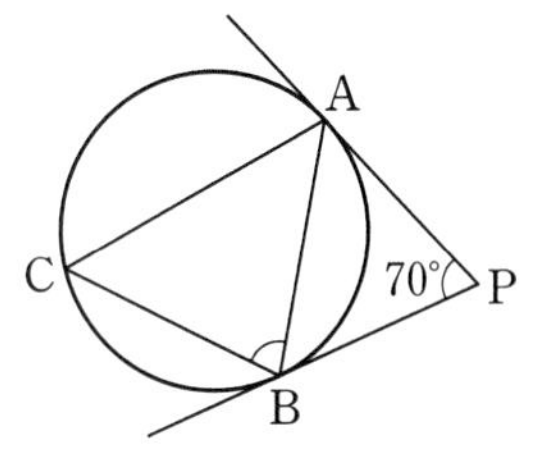

① 55° ② 60°
③ 65° ④ 70°
⑤ 75°

Tip

원 밖의 한 점으로부터 그 원에 그은 두 접선의 길이는 같으므로
$\overline{PA}=$ ❶
즉 $\triangle$PAB는 ❷ 삼각형임을 이용한다.

답 ❶ $\overline{PB}$ ❷ 이등변

8 오른쪽 그림에서 $\overleftrightarrow{PQ}$는 두 원에 공통으로 접하는 접선이고 점 T는 접점이다. $\angle$BAT$=70°$, $\angle$BCD$=130°$일 때, $\angle x$의 크기를 구하시오.

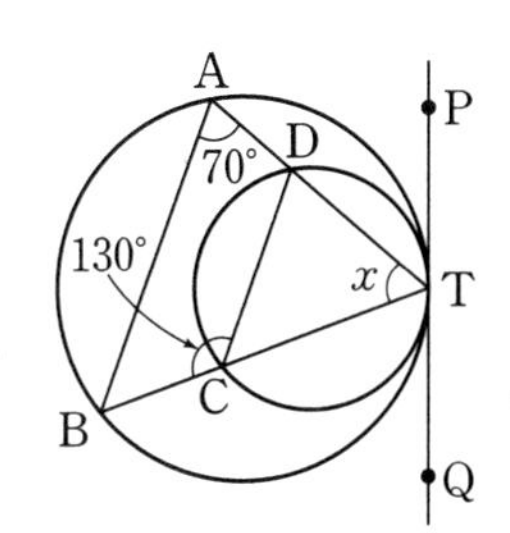

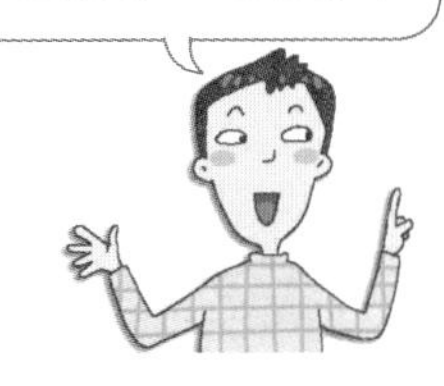

작은 원에서 접선과 현이 이루는 각의 성질에 의해 ∠CDT=∠CTQ야.

큰 원에서도 접선과 현이 이루는 각의 성질을 이용할 수 있어.

Tip

각 원에서 접선과 ❶ 이 이루는 각의 성질을 이용하여 크기가 ❷ 은 각을 찾는다.

답 ❶ 현 ❷ 같

1주 누구나 합격 전략

01 오른쪽 그림과 같은 원 O에서 $\angle BCD=140^\circ$일 때, $\angle x+\angle y$의 크기는?

① 290° ② 300° ③ 310° ④ 320° ⑤ 330°

02 오른쪽 그림에서 $\overline{AC}$는 원 O의 지름이고 $\angle BAC=25^\circ$일 때, $\angle x$의 크기는?

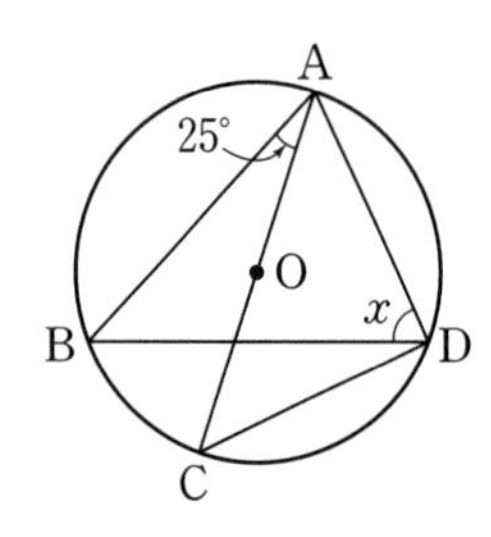

① 55° ② 60° ③ 65° ④ 70° ⑤ 75°

03 오른쪽 그림에서 $\overline{AB}$는 원 O의 지름이고 $\overline{OA}=2$, $\angle CAB=60^\circ$일 때, $\triangle ABC$의 둘레의 길이는?

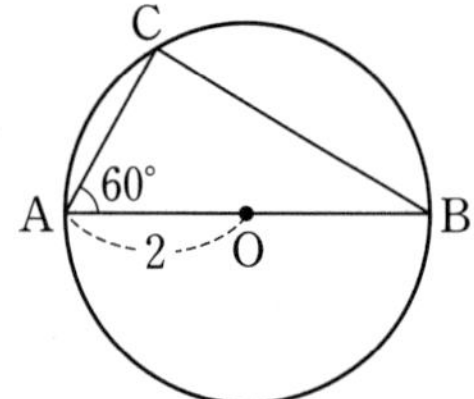
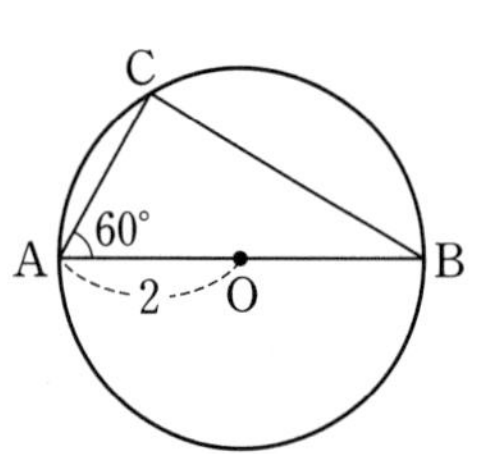

① 6
② $6+\sqrt{3}$
③ $6+2\sqrt{3}$
④ $6+3\sqrt{3}$
⑤ $6+4\sqrt{3}$

04 다음 그림에서 $\overline{AD}$는 원 O의 지름이고 $\widehat{BC}=\widehat{DE}=6$, $\angle ADE=55^\circ$일 때, $\angle BAC$의 크기는?

① 15° ② 20° ③ 25° ④ 30° ⑤ 35°

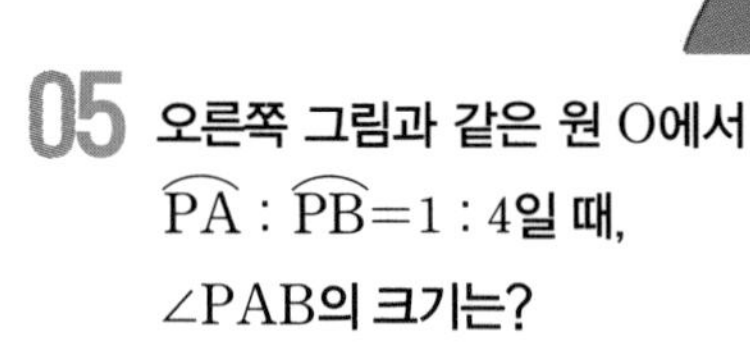
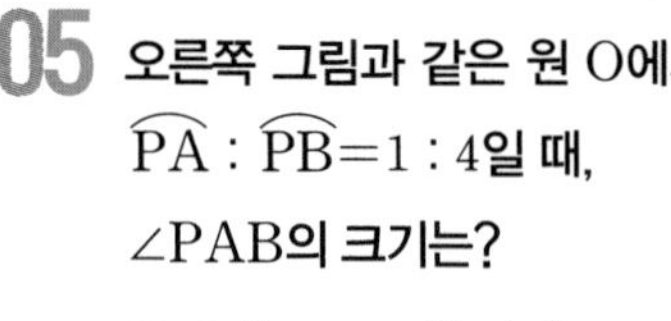

05 오른쪽 그림과 같은 원 O에서 $\widehat{PA}:\widehat{PB}=1:4$일 때, $\angle PAB$의 크기는?

① 54° ② 64° ③ 72° ④ 78° ⑤ 84°

06 오른쪽 그림과 같이 □ABCD가 원에 내접하고 $\angle BAC=60°$, $\angle ADB=40°$, $\angle DCB=85°$일 때, $\angle x+\angle y$의 크기는?

① 120° ② 125° ③ 130° ④ 135° ⑤ 140°

07 다음 중 □ABCD가 원에 내접하지 않는 것은?

①
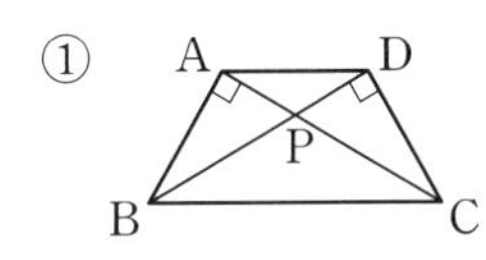

②
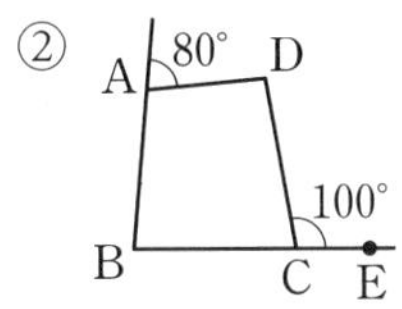

③
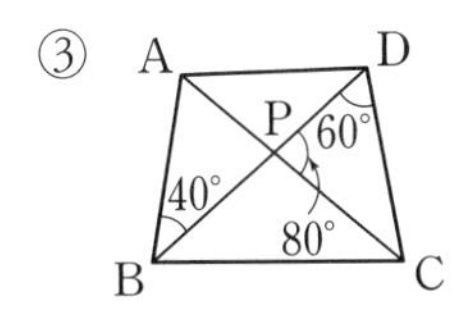

④
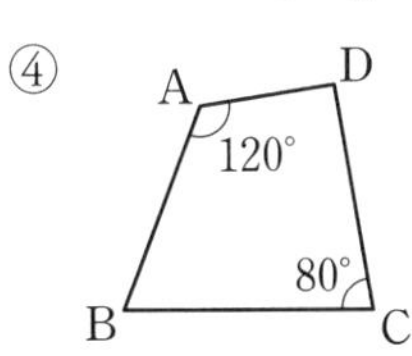

⑤
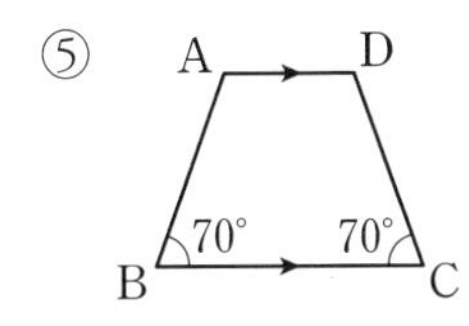

08 다음 그림과 같이 원 O에 내접하는 오각형 ABCDE에서 $\angle AOE=70°$일 때, $\angle B+\angle D$의 크기는?

① 190° ② 215° ③ 230° ④ 245° ⑤ 260°

09 오른쪽 그림에서 $\overleftrightarrow{TA}$는 원 O의 접선이고 점 A는 접점이다. $\angle BAT=35°$일 때, $\angle x$의 크기는?

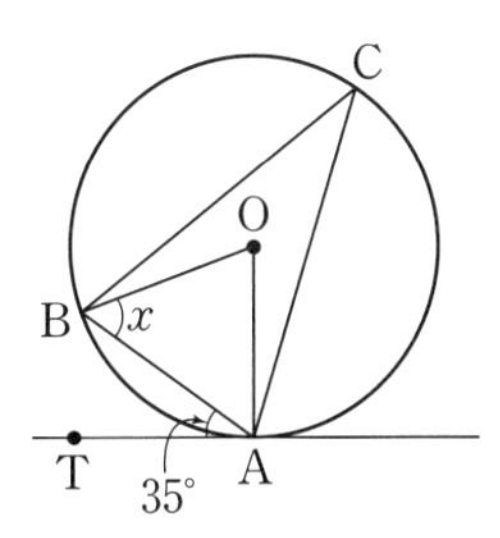

① 35° ② 40° ③ 45° ④ 50° ⑤ 55°

10 오른쪽 그림에서 □ABCD는 원에 내접하고 $\overleftrightarrow{TT'}$은 원의 접선, 점 C는 접점이다. $\angle BCT=30°$, $\angle DCT'=35°$일 때, $\angle x+\angle y$의 크기는?

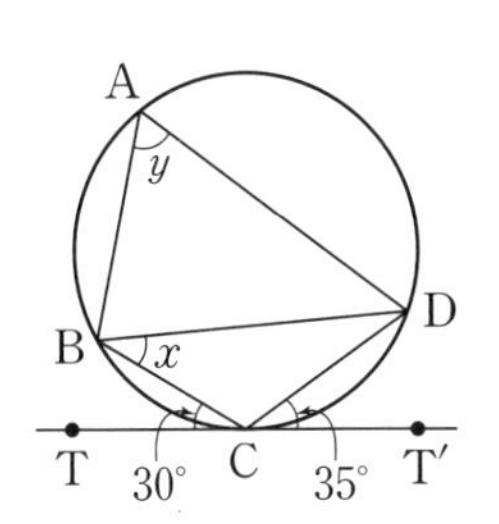

① 70° ② 80° ③ 90° ④ 100° ⑤ 110°

1주 창의·융합·코딩 전략 1

1 다음 그림에서 x의 값을 구한 후 x의 값이 적혀 있는 카드를 찾아 카드에 적힌 글자를 이용하여 사자성어를 완성하시오.

(1)
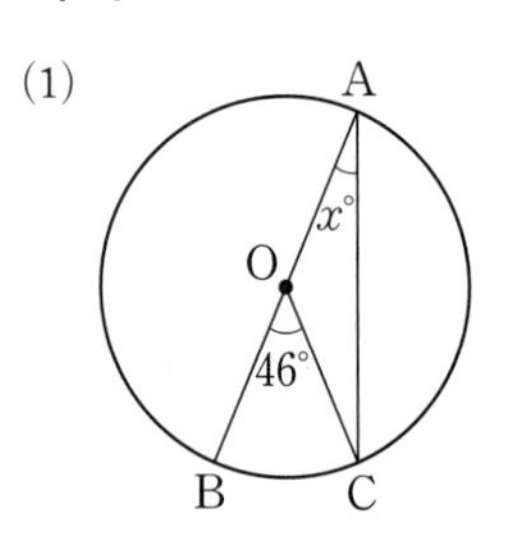

(2)
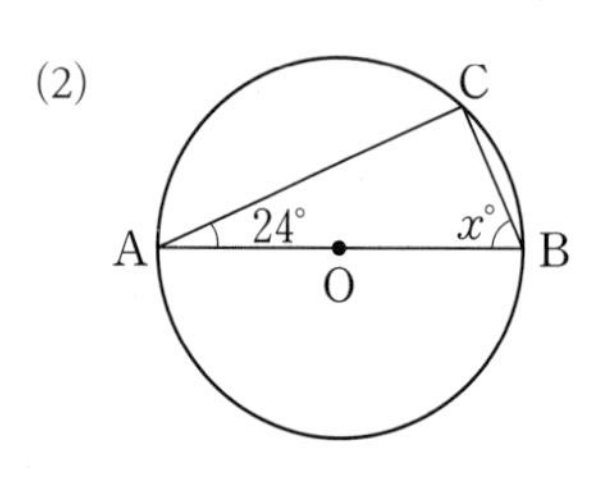

(3)
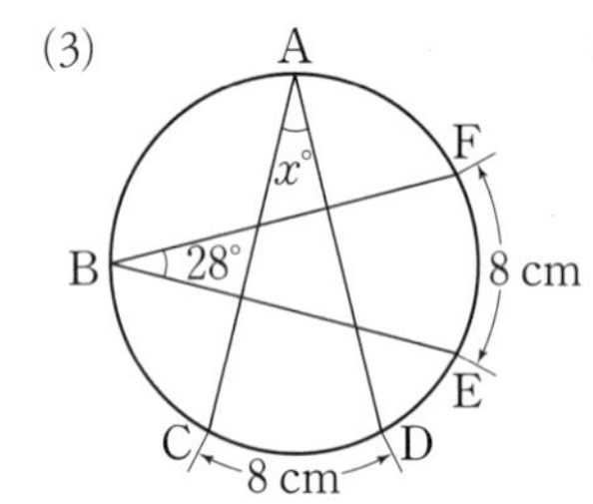

(4)
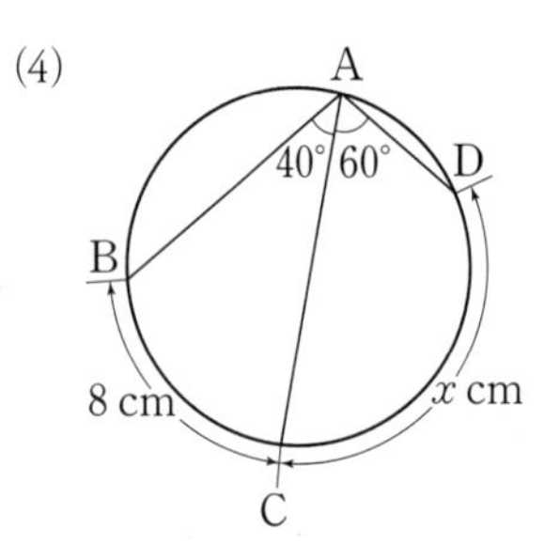

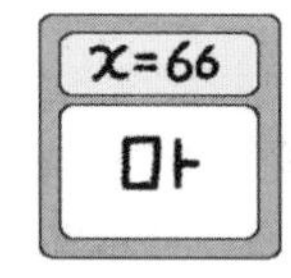

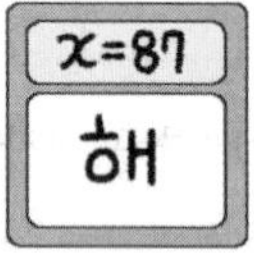

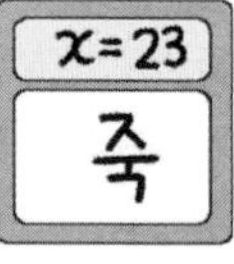

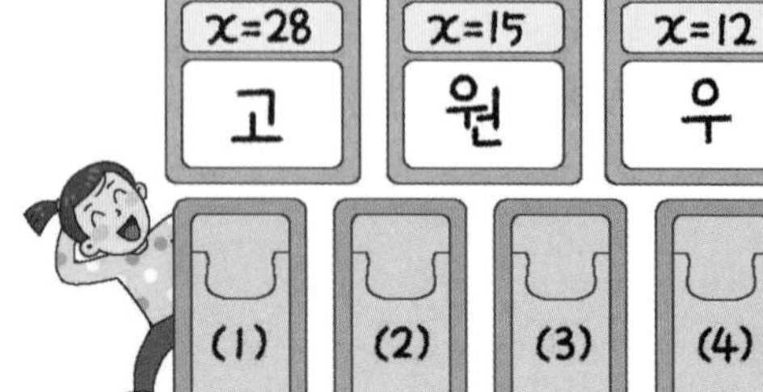

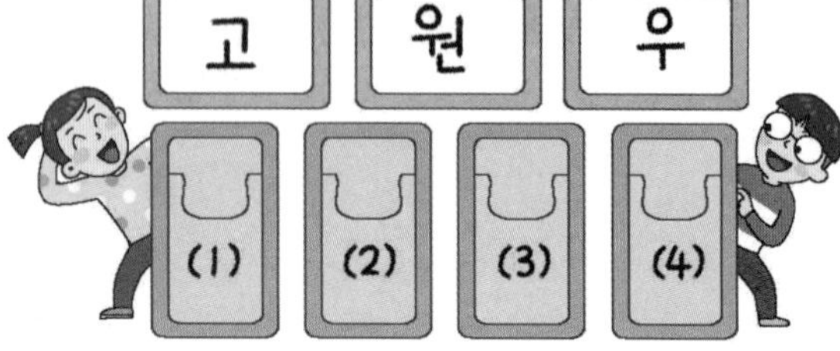

Tip

원주각의 크기는 중심각의 크기의 ❶  이고

원주각의 크기와 호의 길이는 서로 ❷ 한다.

답 ❶ $\frac{1}{2}$ ❷ 정비례

2 다음 대화를 읽고 물음에 답하시오.

(1) ∠AOB의 크기를 구하시오.

(2) ∠APB의 크기를 구하시오.

Tip

(∠AOB의 크기)
=(시침이 ❶ 시간 동안 움직인 각의 크기)
+(시침이 ❷ 분 동안 움직인 각의 크기)

답 ❶ 3 ❷ 30

3 예준이는 친구들과 함께 놀이동산에서 원 모양을 그리면서 움직이는 대관람차를 타고 있다. 다음 그림과 같이 대관람차의 각 칸이 일정한 간격으로 놓여 있을 때, $\angle x$, $\angle y$의 크기를 각각 구하시오.

Tip

원주각의 크기와 호의 길이는 서로 ❶ ______ 하고, 한 원에서 모든 호에 대한 원주각의 크기의 합은 ❷ ______ 이다.

답 ❶ 정비례 ❷180°

4 다음 그림과 같이 원 모양의 공연장의 한쪽에 무대가 설치되어 있다. C 지점에서 무대의 양 끝 A 지점과 B 지점을 바라본 각의 크기가 45°이고 A 지점과 B 지점 사이의 거리가 10 m일 때, 물음에 답하시오.

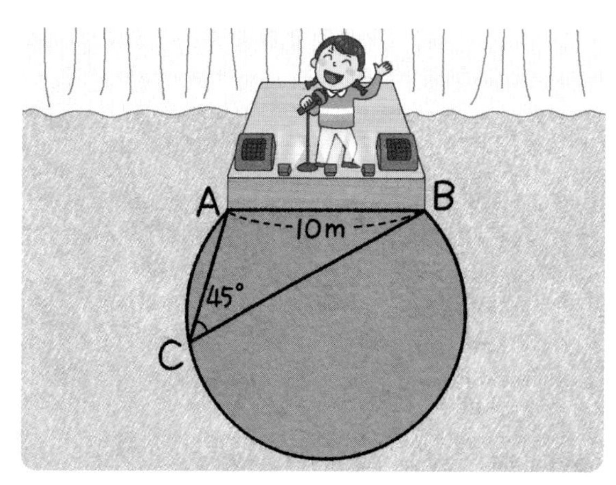

(1) 원 모양의 공연장의 반지름의 길이를 구하시오.

(2) 무대를 제외한 공연장의 넓이를 구하시오.

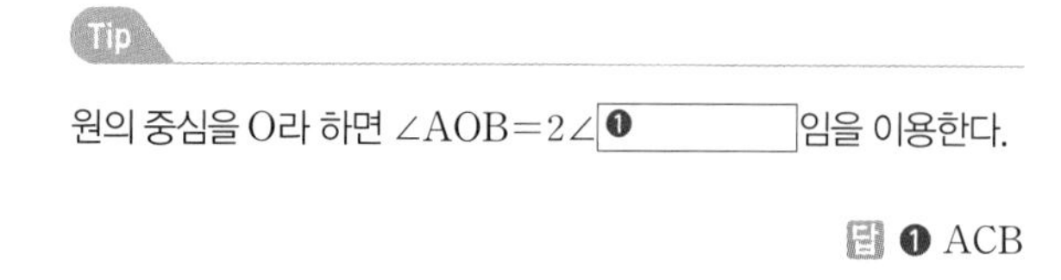
Tip

원의 중심을 O라 하면 $\angle AOB=2\angle$ ❶ ______ 임을 이용한다.

답 ❶ ACB

5 고대 그리스의 수학자 피타고라스와 그의 철학을 계승하려는 제자들로 구성된 피타고라스학파는 정오각형의 대각선을 이어서 그린 별 모양을 그들의 상징으로 정했다고 한다. 다음 그림은 원 O에 내접하는 정오각형과 그 대각선을 이어서 그린 별 모양을 보며 두 사람이 나눈 대화이다. 물음에 답하시오.

(1) $\angle COD$의 크기를 이용하여 $\angle CAD$의 크기를 구하시오.

(2) $\widehat{BC}=\widehat{CD}=\widehat{DE}$임을 이용하여 $\angle CAD$의 크기를 구하시오.

Tip

(1) 정오각형은 합동인 이등변삼각형 ❶ [   ]개로 나누어진다.

(2) 정n각형의 한 내각의 크기는 $\frac{180^\circ \times (n-❷\ [\ \ ])}{n}$이다.

답 ❶ 5 ❷ 2

6 다음을 읽고 물음에 답하시오.

위 그림과 같이 평행사변형 ABCD를 대각선 AC를 따라 접었다. 네 점 A, B′, D, C가 한 원 위에 있음을 설명하시오.

Tip

평행사변형에서 두 쌍의 ❶ [   ]의 크기는 각각 같음을 이용하여 $\angle AB'C=\angle$ ❷ [   ]임을 보인다.

답 ❶ 대각 ❷ ADC

7 다음 그림과 같이 원 모양의 수레바퀴의 중심을 점 O라 하고 바퀴와 지면이 접하는 점을 C, 수레가 지면에 닿는 점을 D라 하자. $\angle BAC=30°$일 때, $\angle BDC$의 크기를 구하시오.

Tip

반원의 원주각의 크기는 ❶ [ ] 이고 원의 접선과 ❷ [ ] 이 이루는 각의 성질을 이용하여 크기가 같은 각을 찾는다.

답 ❶ 90° ❷ 현

8 다음 그림과 같이 인공위성 P는 지구의 지름인 $\overline{BC}$의 연장선 위에 있고, $\angle P=30°$가 되는 지점까지 지구를 관측할 수 있다고 한다. $\angle CAT=60°$일 때, 물음에 답하시오. (단, 지구는 반지름의 길이가 6400 km인 구로 생각한다.)

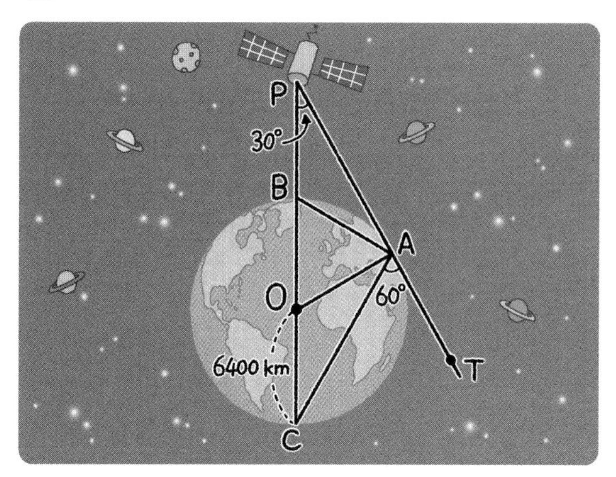

(1) $\angle CBA$의 크기를 구하시오.

(2) $\overline{AB}$의 길이를 구하시오.

(3) $\angle PAB$의 크기를 구하시오.

(4) $\overline{PB}$의 길이를 구하여 인공위성이 지구의 표면으로부터 몇 km 상공에 떠 있는지 구하시오.

Tip

원의 접선과 현이 이루는 각의 성질에 의해 $\angle CBA=\angle$ ❶ [ ] 이고 $\overline{OA}=$ ❷ [ ] 임을 이용하여 $\triangle OAB$가 어떤 삼각형인지 파악한다.

답 ❶ CAT ❷ $\overline{OB}$

2주 통계

<태균이네 조의 수학 점수>
(단위 : 점)
25, 65, 70, 75, 75, 80, 100
$(\text{평균})=\frac{25+65+70+75+75+80+100}{7}=70(\text{점})$
우리 조 수학 점수의 평균은 70점이야!
우리 조의 중앙값은 75점이지.
25점이 평균에 영향을 많이 줘서 평균을 대푯값으로 하기 어려워.
중앙값이 우리 조의 대표 점수로 더 적절해 보여.
분산과 표준편차는 어떻게 구하지?
평균을 먼저 구해야지.
평균을 구하고 나면 편차를 구할 수 있어.
이제 분산을 구할 수 있어.
표준편차는 분산의 음이 아닌 제곱근이지.
$(\text{평균})=\frac{(\text{변량의 총합})}{(\text{변량의 개수})}$
$(\text{편차})=(\text{변량})-(\text{평균})$
$(\text{분산})=\frac{\{(\text{편차})^2\text{의 총합}\}}{(\text{변량의 개수})}$
$(\text{표준편차})=\sqrt{(\text{분산})}$

공부할 내용

❶ 평균, 중앙값, 최빈값
❷ 분산과 표준편차
❸ 산점도
❹ 상관관계

두 변량 x, y를 순서쌍으로 하는 점 (x, y)를 좌표평면 위에 나타낸 그림이 산점도야.

(키, 몸무게)
$(\underset{x}{165\text{ cm}}, \underset{y}{55\text{ kg}})$

y(kg)
60
55
50
45
40
0
145 150 155 160 165 170 x(cm)

'같은', '높은', '낮은'과 같이 두 변량을 비교하는 조건이 주어지면 대각선을 그어.

$x=y$

$x>y$

$x<y$

$x\le a$ $x\ge a$

$y\ge b$ $y\le b$

'이상', '이하'의 조건이 주어지면 가로선 또는 세로선을 그으면 되겠네요.!

2주 1일 개념 돌파 전략1

개념 01 대푯값과 평균

(1) **대푯값** : 자료 전체의 특징을 ❶ ☐ 적으로 나타내는 값

참고 대푯값에는 평균, 중앙값, 최빈값 등의 여러 가지가 있지만 가장 많이 사용하는 것은 평균이다.

(2) **평균** : 변량의 총합을 변량의 ❷ ☐ 로 나눈 값

➡ $(\text{평균})=\dfrac{(\text{변량의 총합})}{(\text{변량의 개수})}$

우리 키를 모두 더한 다음,
4로 나누면 그게 우리 키의 평균!

답 ❶ 대표 ❷ 개수

확인 01 다음 자료 A, B 중 평균이 큰 것을 구하시오.

[자료 A] 8, 13, 9, 10, 25
[자료 B] 5, 8, 4, 10, 6, 9

개념 02 중앙값

(1) **중앙값** : 자료의 변량을 작은 값부터 ❶ ☐ 순으로 나열하였을 때, 한가운데에 놓인 값

(2) **중앙값을 구하는 방법**

① 변량의 개수가 홀수이면 ➡ 한가운데에 놓인 값

② 변량의 개수가 짝수이면 ➡ 한가운데에 놓인 두 값의 ❷ ☐

답 ❶ 크기 ❷ 평균

확인 02 다음 자료 A, B 중 중앙값이 큰 것을 구하시오.

[자료 A] 4, 6, 7, 9, 10
[자료 B] 5, 7, 8, 10, 13, 16

개념 03 최빈값

(1) **최빈값** : 자료의 변량 중 가장 ❶ ☐ 나타나는 값

(2) **최빈값의 특징**

① 최빈값은 자료에 따라 두 개 이상일 수도 있다.

② 최빈값은 자료가 ❷ ☐ 로 주어지지 않은 경우에도 사용할 수 있다.

A 모둠이 좋아하는 음식

A 모둠이 좋아하는 음식의 최빈값은 떡볶이야.

답 ❶ 많이 ❷ 수

확인 03 다음 자료 A, B 중 최빈값이 작은 것을 구하시오.

[자료 A] 9, 10, 9, 11, 12, 10, 9
[자료 B] 7, 8, 6, 6, 8, 8, 10

개념 04 산포도와 편차

(1) **산포도** : 변량들이 대푯값 주위에 흩어져 있는 정도를 하나의 수로 나타낸 값

참고 산포도에는 분산, 표준편차 등이 있다.

(2) **편차** : 어떤 자료의 각 변량에서 그 자료의 평균을 뺀 값

➡ (편차)=(변량)−(❶ ______)

① 편차의 총합은 항상 0이다.

② 평균보다 큰 변량의 편차는 양수이고, 평균보다 작은 변량의 편차는 ❷ ______이다.

③ 편차의 절댓값이 클수록 그 변량은 평균에서 멀리 떨어져 있고, 편차의 절댓값이 작을수록 그 변량은 평균에 가까이 있다.

답 ❶ 평균 ❷ 음수

확인 04 어떤 자료의 편차가 다음과 같을 때, x의 값을 구하시오.

$0,\quad 3,\quad x,\quad 6,\quad -1,\quad -4$

개념 05 분산과 표준편차

(1) **분산** : 각 편차의 ❶ ______의 평균

➡ $(\text{분산})=\dfrac{\{(\text{편차})^2\text{의 총합}\}}{(\text{변량의 개수})}$

(2) **표준편차** : 분산의 ❷ ______이 아닌 제곱근

➡ $(\text{표준편차})=\sqrt{(\text{분산})}$

표준편차를 구하는 순서

평균 구하기 → 편차 구하기 → 분산 구하기 → 표준편차 구하기

답 ❶ 제곱 ❷ 음

확인 05 아래 자료에 대하여 다음을 구하시오.

$6,\quad 10,\quad 8,\quad 7,\quad 4$

(1) 평균 (2) 각 변량에 대한 편차

(3) 분산 (4) 표준편차

개념 06 변화된 변량의 평균과 표준편차

n개의 변량 $x_1, x_2, x_3, \cdots, x_n$의 평균이 m, 표준편차가 s일 때, 변량 $ax_1+b, ax_2+b, ax_3+b, \cdots, ax_n+b$에 대하여

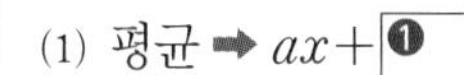

(1) 평균 ➡ $ax+$❶ ______ (2) 표준편차 ➡ ❷ ______ s

각 변량이 b씩 늘어나면 평균도 b만큼 늘어나니까 편차는 변함없어.
나는 평균과 표준편차에 모두 영향을 줘.
나는 평균에만.
변량
x_k

답 ❶ b ❷ $|a|$

확인 06 3개의 변량 a, b, c의 평균이 2이고 표준편차가 3일 때, $2a, 2b, 2c$의 평균과 표준편차를 각각 구하시오.

개념 07 두 집단 전체의 평균과 표준편차

평균이 같은 두 집단 A, B의 변량의 개수와 표준편차가 오른쪽 표와 같을 때, 두 집단 A, B 전체의 표준편차는

집단	A	B
변량의 개수	a	b
표준편차	x	y

$\sqrt{\dfrac{\{(\text{편차})^2\text{의 총합}\}}{(\text{변량의 총개수})}}=\sqrt{\dfrac{ax^2+❶\ \_\_\_\_}{❷\ \_\_\_\_}}$

답 ❶ by^2 ❷ $a+b$

확인 07 다음은 학생 20명의 수학 점수의 분산을 모둠별로 조사하여 나타낸 표이다. 두 모둠 학생들의 수학 점수의 평균이 같다고 할 때, 물음에 답하시오.

모둠	학생 수(명)	분산
A	15	7
B	5	3

(1) 모둠 A의 $(\text{편차})^2$의 총합을 구하시오.

(2) 모둠 B의 $(\text{편차})^2$의 총합을 구하시오.

(3) 전체 학생의 수학 점수의 표준편차를 구하시오.

개념 08 자료의 분석

(1) 분산과 표준편차가 작을수록 변량이 평균을 중심으로 ❶ ______ 모여 있으므로 자료의 분포 상태가 고르다고 할 수 있다.

(2) 분산과 표준편차가 클수록 변량이 평균을 중심으로 멀리 흩어져 있으므로 자료의 분포 상태가 고르지 ❷ ______ 고 할 수 있다.

답 ❶ 가까이 ❷ 않다

확인 08 다음은 광수네 학교 3학년 1반과 2반의 수학 성적의 평균과 표준편차를 조사하여 나타낸 표이다. 1반과 2반 중 수학 성적이 더 고른 반은 어느 반인지 말하시오.

반	1	2
평균(점)	68	68
표준편차(점)	8.4	10.3

개념 09 산점도

산점도 : 두 변량 x, y의 순서쌍 (x, y)를 좌표로 하는 점을 ❶ ______ 평면 위에 나타낸 그래프

예 아래는 학생 5명의 수학 점수와 과학 점수를 조사하여 나타낸 표이다. 수학 점수를 x점, 과학 점수를 y점이라 할 때, x, y의 산점도는 다음과 같다.

학생	A	B	C	D	E
수학(점)	60	70	80	80	90
과학(점)	70	60	70	80	90

순서쌍 (x, y)로 나타낸다. → $(60, 70)$, $(70, 60)$, $(80, 70)$, $(80, 80)$, $(90,$ ❷ ______ $)$

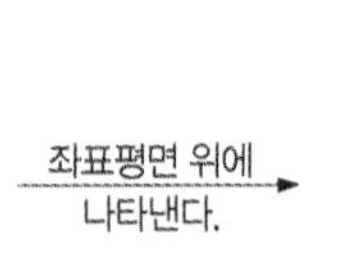

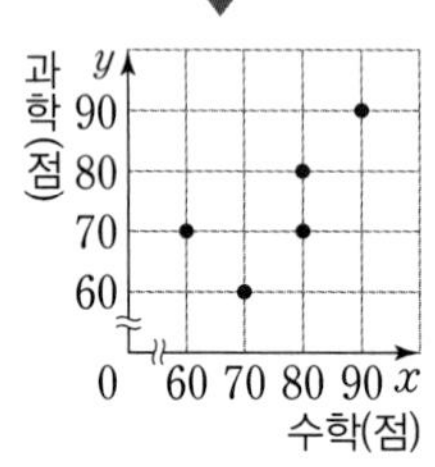

답 ❶ 좌표 ❷ 90

확인 09 위의 산점도에서 수학 점수가 높은 학생은 과학 점수가 어떻다고 할 수 있는가?

개념 10 산점도의 해석 (1)

(1) '같은', '높은', '낮은'과 같이 두 변량을 비교할 때
➡ ❶ ______ 을 긋는다.

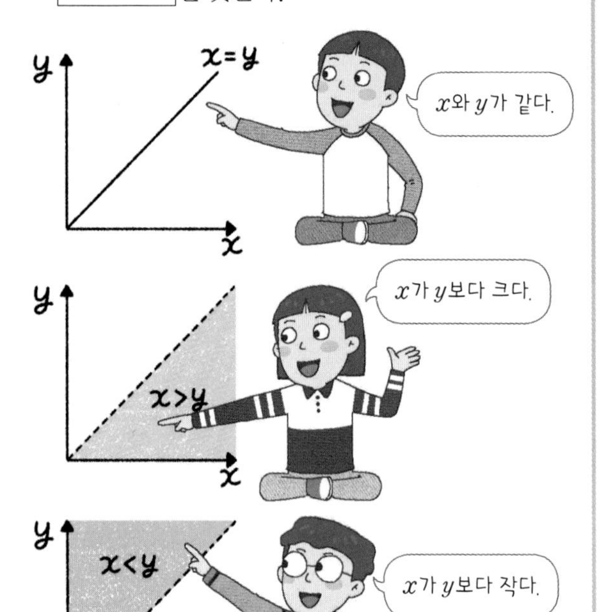

(2) '이상' 또는 '이하'의 조건이 주어질 때
➡ 가로선 또는 ❷ ______ 을 긋는다.

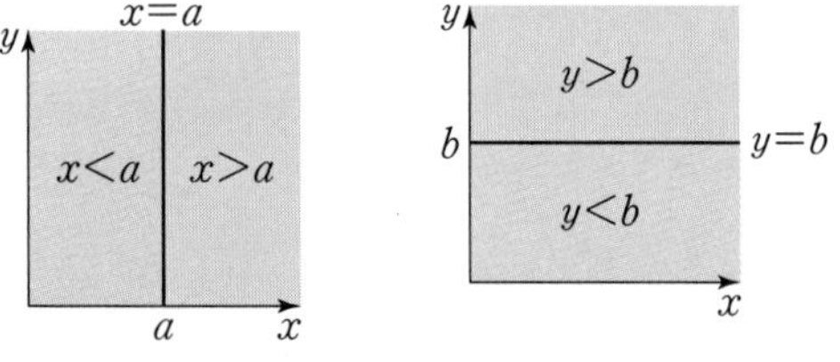

참고 이상, 이하이면 가로선과 세로선 위의 점을 포함하고 초과, 미만이면 가로선과 세로선 위의 점을 포함하지 않는다.

답 ❶ 대각선 ❷ 세로선

확인 10 오른쪽은 영준이네 반 학생 15명의 수학 성적과 영어 성적을 조사하여 나타낸 산점도이다. 영어 성적이 30점 이하인 학생 수를 구하시오.

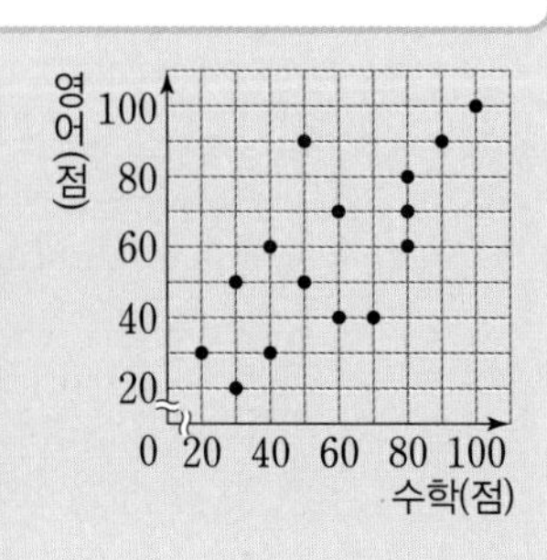

개념 11 산점도의 해석 (2)

두 변량 x, y의 합이 a 이상 또는 a 이하인 조건이 주어지면 산점도 위에 직선 $x+y=$ ❶ ☐를 긋는다.

ⓛ은 두 변량 x, y의 합이 a 이하인 경우야!

㉠은 두 변량 x, y의 합이 a ❷ ☐인 경우야.

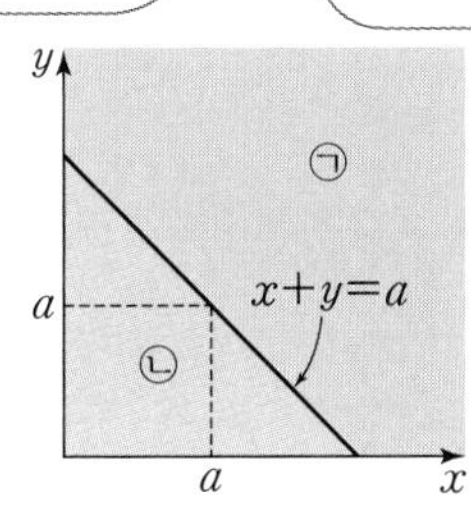

답 ❶ a ❷ 이상

확인 11 오른쪽은 육상 선수 10명의 두 차례에 걸친 100 m 달리기 기록을 조사하여 나타낸 산점도이다. 1차 기록과 2차 기록의 합이 26초 이상인 선수의 수를 구하시오.

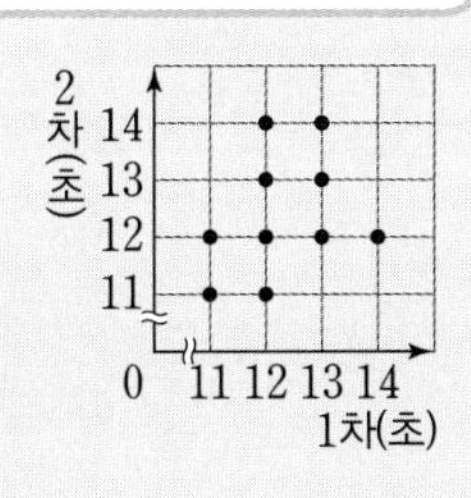

개념 12 산점도의 해석 (3)

두 변량 x, y의 차가 a 이상인 조건이 주어지면 산점도 위에 두 직선 $x-y=a$, $y-x=$ ❶ ☐를 긋는다.

답 ❶ a ❷ 차

확인 12 오른쪽 그림은 정수네 반 학생 20명의 미술 실기 점수와 필기 점수를 조사하여 나타낸 산점도이다. 미술 실기 점수가 필기 점수보다 20점 이상 높은 학생 수를 구하시오.

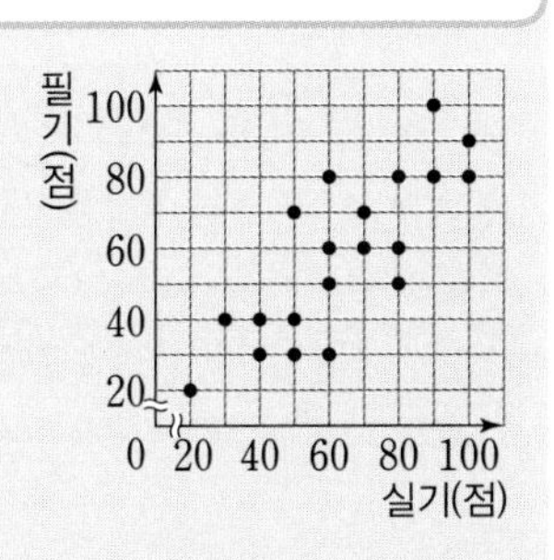

개념 13 상관관계

(1) **상관관계** : 두 변량 x, y 사이에 x의 값이 증가함에 따라 y의 값이 증가하거나 감소하는 경향이 있을 때, 두 변량 x, y 사이에 ❶ ☐가 있다고 한다.

(2) **상관관계의 종류**

① **양의 상관관계** : x의 값이 증가함에 따라 y의 값도 대체로 증가하는 관계

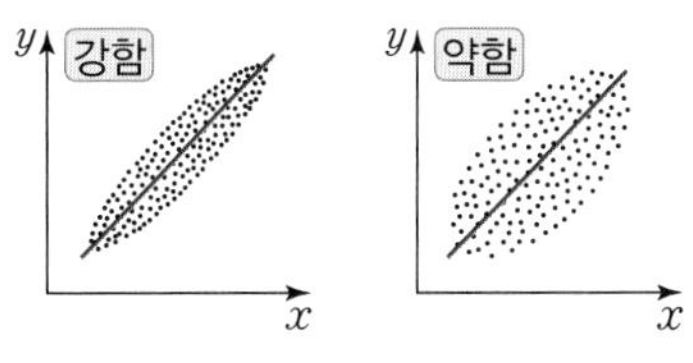

② **음의 상관관계** : x의 값이 증가함에 따라 y의 값이 대체로 ❷ ☐하는 관계

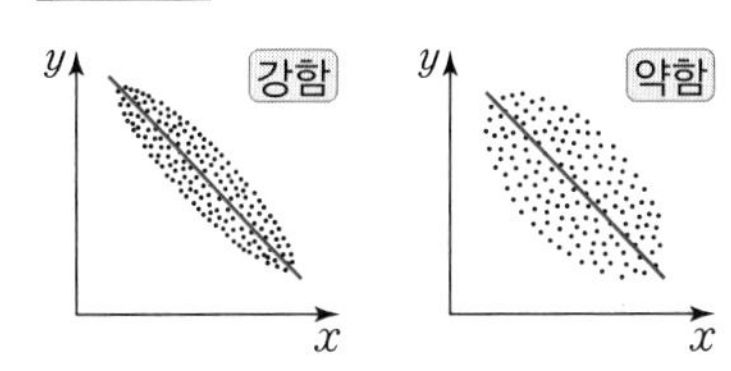

③ **상관관계가 없다** : x의 값이 증가함에 따라 y의 값이 증가하는지 감소하는지 분명하지 않은 관계

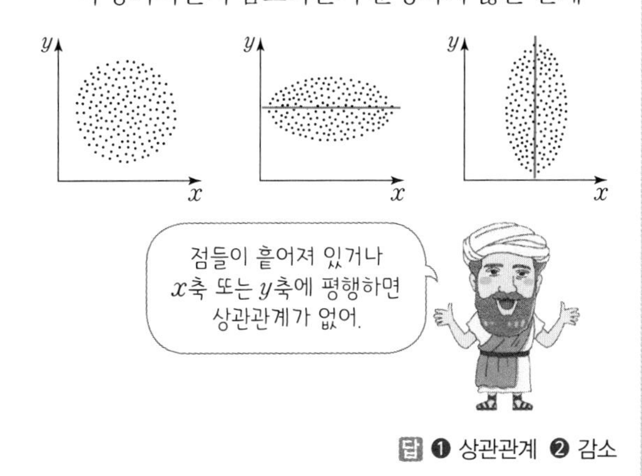

답 ❶ 상관관계 ❷ 감소

확인 13 다음 보기에서 두 변량 x, y 사이에 양의 상관관계가 있는 산점도를 고르시오.

보기

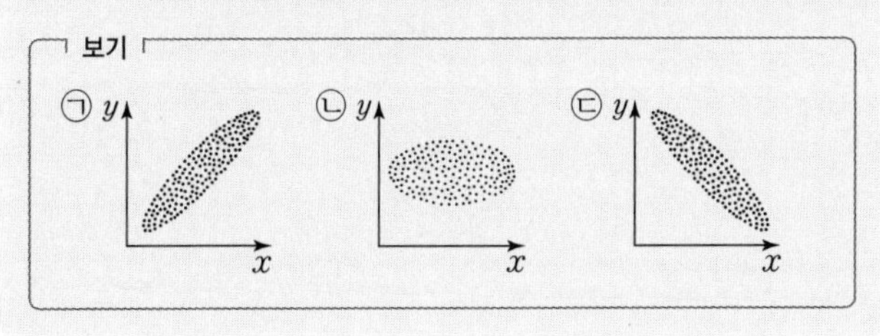

2주 1일 개념 돌파 전략 2

1 다음 자료의 평균을 a, 중앙값을 b, 최빈값을 c라 할 때, $a+b+c$의 값은?

3, 5, 7, 7, 8

① 19 ② 20 ③ 21
④ 22 ⑤ 23

문제 해결 전략

- $(평균)=\frac{(변량의 총합)}{(변량의 개수)}$
- 중앙값 : 변량을 작은 값부터 크기순으로 나열하였을 때, ❶ ______ 놓인 값
- 최빈값 : 변량 중에서 가장 ❷ ______ 나타나는 값

답 ❶ 한가운데 ❷ 많이

2 다음 그림의 학생들이 설명하는 것은?

반 학생들이 가장 좋아하는 스포츠의 대푯값으로 사용할 수 있어.

자료에 따라 그 값이 2개 이상일 수도 있어.

① 평균 ② 중앙값 ③ 최빈값
④ 최댓값 ⑤ 최솟값

문제 해결 전략

- 자료가 수로 주어지지 않은 경우에도 사용할 수 있는 대푯값은 ❶ ______이다.
- 자료의 변량 중에서 가장 많이 나오는 값이 한 개 이상이면 그 값이 ❷ ______ 최빈값이다.

답 ❶ 최빈값 ❷ 모두

3 다음은 어느 가족 6명이 1분 동안 측정한 맥박 수에 대한 편차이다. 맥박 수의 분산은?

(단위 : 회)

-3, 2, -1, 0, 2, 0

① 2 ② 3 ③ 5
④ 8 ⑤ 9

문제 해결 전략

- $(분산)=\frac{\{(❶ \_\_\_\_)^2의 총합\}}{(변량의 ❷ \_\_\_\_)}$

답 ❶ 편차 ❷ 개수

4 다음은 학생 7명의 일주일 동안의 운동 시간을 조사하여 나타낸 것이다. 운동 시간의 표준편차는?

(단위 : 시간)

2, 5, 3, 1, 4, 6, 7

① 1시간 ② 2시간 ③ 3시간
④ 4시간 ⑤ 5시간

문제 해결 전략

표준편차 구하는 순서

1 평균을 구한다.
2 ❶ [　　　]를 구한다.
3 ❷ [　　　]을 구한다.
4 표준편차를 구한다.

답 ❶ 편차 ❷ 분산

5 오른쪽은 영준이네 반 학생 10명의 하루 동안의 인터넷 방송 시청 시간과 수면 시간을 조사하여 나타낸 산점도이다. 수면 시간이 가장 짧은 학생의 인터넷 방송 시청 시간은?

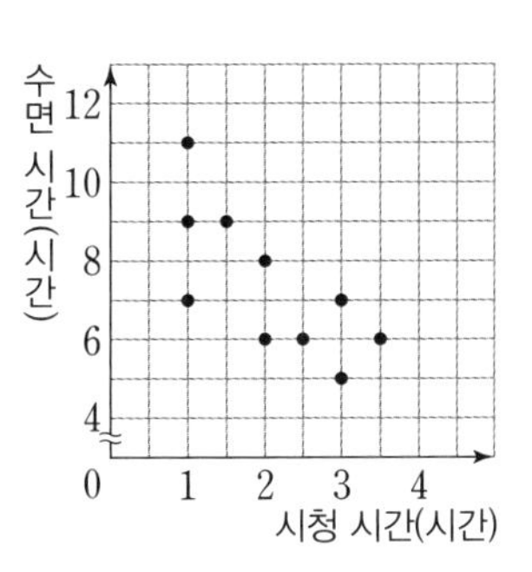

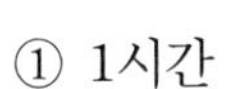

① 1시간 ② 1시간 30분
③ 2시간 ④ 2시간 30분
⑤ 3시간

문제 해결 전략

• 수면 시간이 가장 짧은 학생은 각 점의 좌표 중 세로축에 해당하는 값이 가장 ❶ [　　　] 점이 나타내므로 그때의 수면 시간은 ❷ [　　] 시간이다.

답 ❶ 작은 ❷ 5

6 다음 중 가장 강한 음의 상관관계를 갖는 산점도를 들고 있는 학생을 찾으시오.

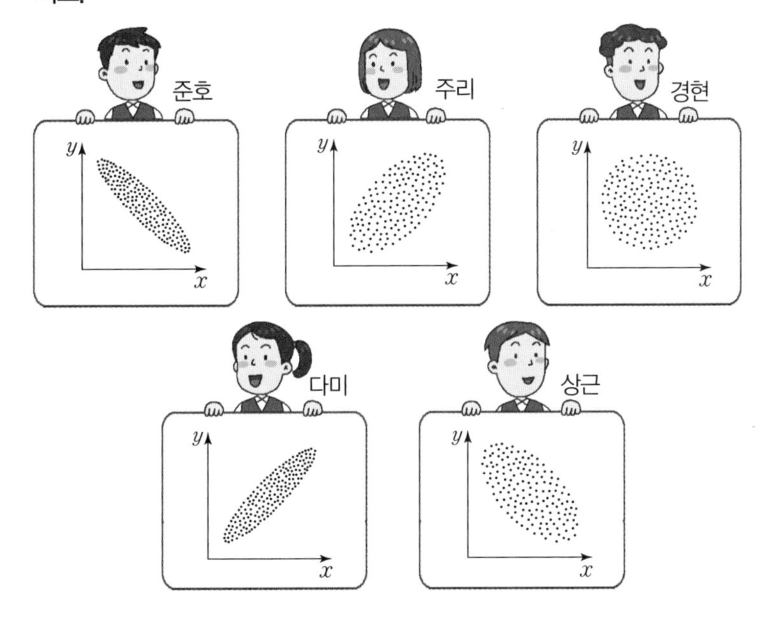

문제 해결 전략

• 음의 상관관계가 있는 산점도는 점들이 오른쪽 ❶ [　　　]로 향한다. 상관관계가 강할수록 점들은 한 직선 주위에 ❷ [　　　] 모여 있다.

답 ❶ 아래 ❷ 가까이

2주 2일 필수 체크 전략 1

핵심 예제 1

3개의 변량 a, b, 3의 평균은 7이고, 3개의 변량 x, y, 30의 평균은 20일 때, 4개의 변량 a, b, x, y의 평균은?

① 10 ② 12 ③ 14
④ 18 ⑤ 20

전략

$(\text{평균})=\frac{(\text{변량의 총합})}{(\text{변량의 개수})}$임을 이용하여 a, b와 x, y에 대한 식을 세운다.

풀이

$\frac{a+b+3}{3}=7$에서 $a+b+3=21$ $\quad\therefore a+b=18$

$\frac{x+y+30}{3}=20$에서 $x+y+30=60$ $\quad\therefore x+y=30$

따라서 변량 a, b, x, y의 평균은

$\frac{a+b+x+y}{4}=\frac{18+30}{4}=\frac{48}{4}=12$

답 ②

핵심 예제 2

$a<b$인 두 자연수 a, b에 대하여 5개의 변량 5, a, b, 1, 2의 중앙값은 4이고, 4개의 변량 8, a, b, 12의 중앙값은 7일 때, $b-a$의 값은?

① -6 ② -2 ③ 2
④ 4 ⑤ 6

전략

변량의 개수가 홀수이면 한가운데에 놓인 값이 중앙값이고,
변량의 개수가 짝수이면 한가운데에 놓인 두 값의 평균이 중앙값이다.

풀이

변량 5, a, b, 1, 2의 중앙값이 4이므로 변량을 작은 값부터 크기순으로 나열했을 때 3번째 값이 4이어야 한다. 이때 $a<b$이므로 $a=4$

또 변량 8, a, b, 12, 즉 8, 4, b, 12의 중앙값이 7이므로 변량을 작은 값부터 크기순으로 나열하면 4, b, 8, 12이다.

이때 $\frac{b+8}{2}=7$이므로 $b+8=14$ $\quad\therefore b=6$

$\therefore b-a=6-4=2$

답 ③

1-1

오른쪽은 어느 중학교 3학년 A반, B반의 학생 수와 수학 점수의 평균을 나타낸 표이다. 두 반 학생 전체의 수학 점수의 평균은?

반	A	B
학생 수(명)	30	20
평균(점)	60	70

① 60점 ② 64점 ③ 65점
④ 66점 ⑤ 68점

1-2

3개의 변량 a, b, c의 평균이 14일 때, 5개의 변량 a, b, c, 8, 10의 평균을 구하시오.

2-1

어느 모둠 학생 4명의 수학 점수를 작은 값부터 크기순으로 나열하였더니 2번째 학생의 수학 점수는 70점이었고 수학 점수의 중앙값은 72점이었다. 이 모둠에 수학 점수가 78점인 학생이 새로 들어왔다고 할 때, 이 모둠 학생 5명의 수학 점수의 중앙값은?

① 70점 ② 72점 ③ 73점
④ 74점 ⑤ 76점

핵심 예제 3

다음은 10개의 변량을 작은 값부터 크기순으로 나열한 것이다. 이 자료의 최빈값과 중앙값이 같을 때, 평균은?

6, 7, 7, 8, 10, 10, x, 12, 12, 18

① 2 ② 4 ③ 6
④ 8 ⑤ 10

전략

최빈값은 자료의 변량 중에서 가장 많이 나타나는 값임을 이용한다.

풀이

변량의 개수가 10이므로 중앙값은 5번째 값과 6번째 값의 평균이다.

$\therefore$ (중앙값)$=\dfrac{10+10}{2}=10$

최빈값과 중앙값이 같으므로 (최빈값)$=10$

이때 최빈값이 10이려면 $x=10$이어야 한다.

$\therefore$ (평균)$=\dfrac{6+7+7+8+10+10+10+12+12+18}{10}$

$=\dfrac{100}{10}=10$

답 ⑤

핵심 예제 4

다음은 어느 주차장에서 차량들의 주차 시간을 조사하여 나타낸 줄기와 잎 그림이다. 이 자료의 중앙값을 a분, 최빈값을 b분이라 할 때, $a-b$의 값을 구하시오.

(3|3은 33분)

줄기	잎
3	3 4 5 6 8 9 9
4	1 4 5 8 9
5	0 1 2 3
6	0 1 2 3 4 6 7 8

전략

줄기와 잎 그림에서 변량의 개수는 잎의 개수와 같다.

풀이

전체 잎의 개수가 $7+5+4+8=24$이므로 변량의 개수는 24이다.
이때 줄기와 잎 그림에서 변량은 크기순으로 나열되어 있으므로 중앙값은 12번째 값과 13번째 값의 평균이다. 즉

$\dfrac{49+50}{2}=49.5$(분) $\quad\therefore a=49.5$

또 자료에서 39분이 가장 많이 나타나므로 최빈값은 39분이다.

$\therefore b=39$

$\therefore a-b=49.5-39=10.5$

답 10.5

3-1

다음 자료의 평균과 최빈값이 같을 때, x의 값은?

7, 8, 10, 7, x, 7, 6

① 2 ② 4 ③ 6
④ 8 ⑤ 10

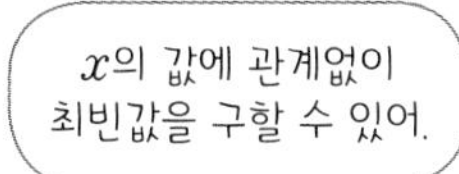

x의 값에 관계없이 최빈값을 구할 수 있어.

3-2

다음 자료의 최빈값이 9이고 $a+b=17$일 때, 중앙값을 구하시오. (단, $a<b$)

7, a, 6, 9, 12, b

4-1

오른쪽 그림은 어느 반 학생 15명의 지난 3개월 동안의 영화 관람 횟수를 조사하여 나타낸 막대그래프이다. 다음 중 옳은 설명을 한 학생을 찾으시오.

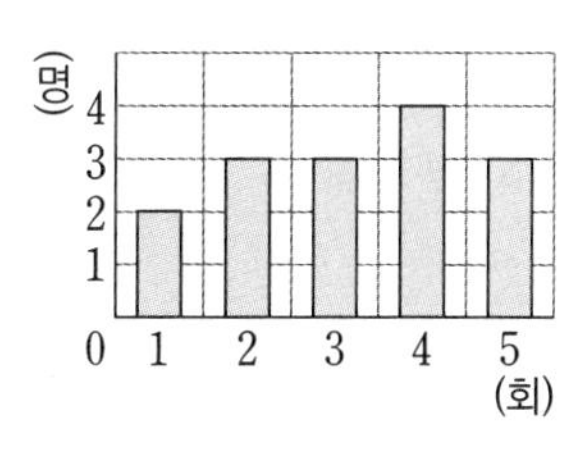

주의  중앙값은 2.5회야.

현규  평균은 최빈값보다 작아.

지나  최빈값보다 작은 변량의 개수는 7이야.

선경  평균보다 큰 변량의 개수는 10이야.

핵심 예제 5

다음 자료 중 평균을 대푯값으로 사용하기에 가장 적절하지 않은 것은?

① 2, 2, 2, 2, 2　② 1, 2, 3, 4, 5
③ 3, 4, 5, 6, 60　④ 2, 2, 2, 4, 4
⑤ 10, 20, 30, 40, 50

전략

평균은 너무 크거나 너무 작은 값에 영향을 받는다.

풀이

③ 변량 중에 60과 같이 다른 변량들과 차이가 매우 큰 값, 즉 극단적인 값이 있으므로 평균을 대푯값으로 사용하기에 적절하지 않다.

답 ③

자료의 변량 중에 극단적인 값이 있는 경우에는 평균보다는 중앙값이 대푯값으로 더 적절해.

최빈값은 상품 선호도와 같이 자료를 수로 나타내지 못하는 경우에 주로 사용하지.

5-1

다음은 어느 기차역에서 열차 10대의 출발 지연 시간을 조사하여 나타낸 자료이다. 이 자료에 대한 설명으로 옳은 것은?

(단위 : 분)

8, 9, 3, 5, 5, 7, 4, 50, 2, 7

① 최빈값은 7분이다.
② 평균이 중앙값보다 작다.
③ 평균을 대푯값으로 하는 것이 가장 적절하다.
④ 중앙값을 대푯값으로 하는 것이 가장 적절하다.
⑤ 변량 중에 극단적인 값이 없으므로 평균, 중앙값, 최빈값 중 어떤 것을 대푯값으로 해도 상관없다.

핵심 예제 6

5개의 변량 a, b, c, d, e의 평균이 100일 때, 변량 $2a+1$, $2b+1, 2c+1, 2d+1, 2e+1$의 평균은?

① 100　② 105　③ 200
④ 201　⑤ 205

전략

주어진 변량에 대한 평균을 식으로 나타낸다.

풀이

변량 a, b, c, d, e의 평균이 100이므로

$$\frac{a+b+c+d+e}{5}=100$$

따라서 변량 $2a+1, 2b+1, 2c+1, 2d+1, 2e+1$의 평균은

$$\frac{(2a+1)+(2b+1)+(2c+1)+(2d+1)+(2e+1)}{5}$$
$$=\frac{2(a+b+c+d+e)+5}{5}$$
$$=2\times\frac{a+b+c+d+e}{5}+1$$
$$=2\times100+1=201$$

답 ④

6-1

3개의 변량 a, b, c의 평균이 6일 때, 변량 $a+3, b+3, c+3$의 평균은?

① 6　② 7　③ 8
④ 9　⑤ 10

6-2

4개의 변량 a, b, c, d의 평균이 10일 때, 변량 $5a-4, 5b-4, 5c-4, 5d-4$의 평균을 구하시오.

핵심 예제 7

다음은 하율이의 4회에 걸친 과학 시험 점수에 대한 편차를 조사하여 나타낸 표이다. 하율이의 4회까지의 점수의 평균이 85점일 때, 3회의 과학 시험 점수를 구하시오.

회	1	2	3	4
편차(점)	-1	3		2

전략

편차의 총합은 항상 0임을 이용하여 3회의 편차를 구한다.

풀이

3회의 편차를 x점이라 하면 편차의 총합은 0이므로

$-1+3+x+2=0$

$x+4=0 \quad \therefore x=-4$

이때 (편차)=(변량)−(평균)이므로

$-4=$(3회의 과학 시험 점수)-85

$\therefore$ (3회의 과학 시험 점수)$=81$(점)

답 81점

핵심 예제 8

다음은 학생 5명의 체육 수행 평가 점수를 나타낸 것이다. 체육 수행 평가 점수의 분산을 구하시오.

(단위 : 점)

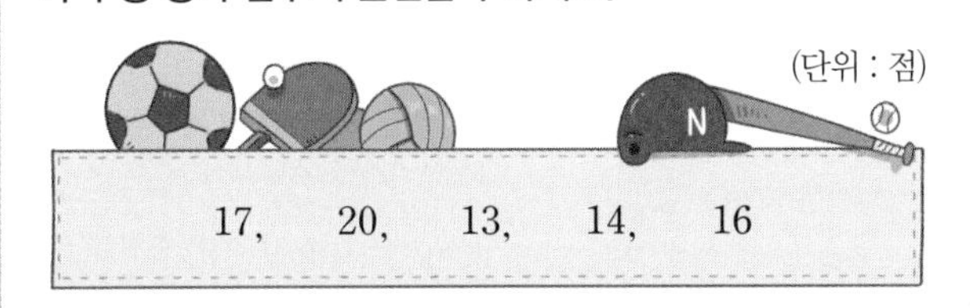

17, 20, 13, 14, 16

전략

(평균) ➡ (편차) ➡ (분산)의 순서로 구한다.

풀이

$$(\text{평균})=\frac{17+20+13+14+16}{5}=\frac{80}{5}=16(\text{점})$$

각 변량의 편차를 차례대로 구하면 1점, 4점, -3점, -2점, 0점이므로

$$(\text{분산})=\frac{1^2+4^2+(-3)^2+(-2)^2+0^2}{5}=\frac{30}{5}=6$$

답 6

7-1

다음은 어느 반 학생 5명이 일주일 동안 보낸 문자 메시지 수에 대한 편차를 조사하여 나타낸 표이다. 평균 문자 메시지 수가 71건일 때, 학생 D가 보낸 문자 메시지 수는?

학생	A	B	C	D	E
편차(건)	-5	3	1	x	2

① 66건 ② 69건 ③ 70건
④ 71건 ⑤ 73건

7-2

다음은 어느 반 학생 5명의 국어 점수의 편차를 나타낸 표이다. 이때 $A+B+C$의 값을 구하시오.

학생	기주	민희	수현	동욱	수민
점수(점)	79	A	75	85	B
편차(점)	-4	C	-8	2	3

8-1

다음은 성준이의 5회에 걸친 영어 단어 시험 점수의 편차를 조사하여 나타낸 표이다. 성준이의 5회에 걸친 시험 점수의 표준편차는?

회	1	2	3	4	5
편차(점)	2	-3		-3	3

① 6.4점 ② $\sqrt{6.4}$점 ③ 6점
④ $\sqrt{6}$점 ⑤ $4\sqrt{2}$점

8-2

4개의 변량 $4, 2a-8, 4a+10, 6a+2$의 분산이 50일 때, 양수 a의 값을 구하시오.

평균이 a에 대한 식으로 나타날 테니, 분산을 a에 대한 식으로 나타내면 되겠군.

2주 2일 필수 체크 전략 2

1 다음 중 대푯값에 대하여 옳지 않은 설명을 한 학생을 모두 찾으시오.

평균은 극단적인 값에 영향을 많이 받아.
작은 값부터 크기순으로 나열한 변량의 개수가 7이면 3번째 값과 4번째 값의 평균이 중앙값이야.
평균은 변량의 총합을 변량의 개수로 나누어 구해.
혜경
수연
환희
진호
석훈
중앙값을 구할 때, 반복되는 변량은 제외하고 구해.
최빈값은 자료에 따라 2개 이상일 수도 있어.

Tip

자료의 변량 중에 극단적인 값이 있으면 ❶ ☐ 은 대푯값으로 적절하지 않다. 또 변량의 개수가 ❷ ☐ 이면 중앙값은 한가운데에 놓인 값이다.

답 ❶ 평균 ❷ 홀수

2 사진반 학생 8명의 키의 평균을 구하는데 그중에서 키가 176 cm인 은호의 키를 잘못 기록하여 평균이 2 cm 낮게 구해 졌다. 이때 은호의 키를 얼마로 잘못 기록한 것인지 구하시오.

Tip

은호를 제외한 나머지 7명의 키의 합을 A cm, 잘못 기록한 ❶ ☐ 의 키를 x cm라 하고
(잘못 구한 키의 평균)=(실제 평균)−❷ ☐ 임을 이용한다.

답 ❶ 은호 ❷ 2

3 다음 두 자료 A, B에 대하여 자료 A의 중앙값은 17이고 두 자료 A, B를 섞은 자료의 중앙값은 18일 때, $x+y$의 값을 구하시오. (단, $x<y$)

[자료 A]	12,	y,	20,	x,	10
[자료 B]	21,	15,	x,	20,	$y-1$

Tip

자료 A의 변량의 개수가 ❶ ☐ 이므로 변량을 작은 값부터 크기순으로 나열하였을 때 3번째 값이 ❷ ☐ 이다.

답 ❶ 5 ❷ 17

4 다음은 수학 동호회 회원 6명의 나이에 대한 설명이다. 이때 회원 6명의 나이의 최빈값은?

(가) 나이의 중앙값은 20세이다.
(나) 3번째로 나이가 적은 회원은 18세이다.
(다) 나이가 가장 적은 회원은 16세로 유일하다.
(라) 나이가 가장 많은 회원은 25세로 유일하다.
(마) 회원 6명의 평균 나이는 20세이다.

① 16세 ② 18세 ③ 20세
④ 22세 ⑤ 25세

Tip

변량의 개수가 6이므로 변량을 작은 값부터 크기순으로 나열하였을 때, 중앙값은 ❶ ☐ 번째 값과 ❷ ☐ 번째 값의 평균이다.

답 ❶ 3 ❷ 4

5 다음은 1반, 2반 학생들이 구독 중인 인터넷 방송 수를 조사하여 꺾은선그래프로 나타낸 것이다. 보기에서 옳은 것을 모두 고르시오.

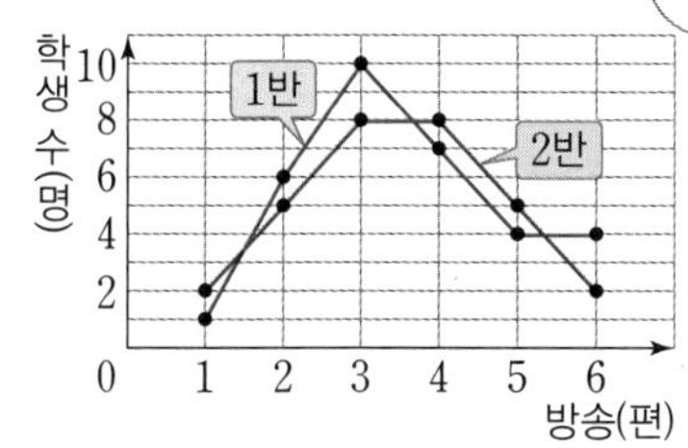

가장 큰 도수를 가지는 방송 수가 최빈값이 되겠네.

보기
㉠ 1반 학생들의 최빈값은 3편이다.
㉡ 2반 학생들의 최빈값은 모두 2개이다.
㉢ 1반과 2반 학생들의 중앙값은 모두 3편이다.
㉣ 2반 학생들의 평균과 중앙값은 같다.

Tip

자료 중에서 도수가 가장 ❶ ______ 값이 최빈값이고, 도수가 가장 큰 값이 두 개 이상이면 그 값이 모두 ❷ ______ 값이다.

답 ❶ 큰 ❷ 최빈

6 5개의 변량 $3a-4, 3b-4, 3c-4, 3d-4, 3e-4$의 평균이 23일 때, 변량 a, b, c, d, e의 평균을 구하시오.

Tip

변량 $3a-4, 3b-4, 3c-4, 3d-4, 3e-4$의 평균은

$$=\frac{(3a-4)+(3b-4)+(3c-4)+(3d-4)+(3e-4)}{❶\ \_\_\_\_}$$

$=$ ❷ ______

답 ❶ 5 ❷ 23

7 아래는 A, B, C, D, E 5명의 학생의 1분당 맥박 수의 편차를 조사하여 나타낸 표이다. 맥박 수의 평균이 60회일 때, 다음 중 옳지 않은 것은?

학생	A	B	C	D	E
편차(회)	-1	x	3	-2	5

① x의 값은 -5이다.
② A는 평균보다 맥박 수가 적다.
③ 평균보다 맥박 수가 많은 학생은 2명이다.
④ 편차의 총합은 0이다.
⑤ D의 맥박 수는 62회이다.

Tip

(편차)=(변량)−(평균)이므로 평균보다 큰 변량의 편차는 ❶ ______ 이고 평균보다 작은 변량의 편차는 ❷ ______ 이다.

답 ❶ 양수 ❷ 음수

8 다음은 용선이네 반 학생 5명의 수학 점수에서 용선이의 수학 점수를 각각 뺀 값을 나타낸 표이다. 용선이네 반 학생 5명의 수학 점수의 분산을 구하시오.

학생	A	B	C	D	E
{(수학 점수)−(용선이의 수학 점수)}(점)	1	0	-5	2	-8

Tip

용선이의 점수를 x점이라 하면 (A의 점수)−❶ ______ =1이므로
(A의 점수)=(❷ ______)(점)

답 ❶ x ❷ $x+1$

2주 3일 필수 체크 전략 1

핵심 예제 1

5개의 변량 $5, x, 9, y, 10$의 평균이 7이고 분산이 5.2일 때, xy의 값은?

① 22 ② 24 ③ 26
④ 28 ⑤ 30

전략

평균과 분산을 이용하여 x, y에 대한 두 식을 세운다.

풀이

변량 $5, x, 9, y, 10$의 평균이 7이므로

$$\frac{5+x+9+y+10}{5}=7$$

$x+y+24=35 \quad \therefore x+y=11 \quad \cdots\cdots ㉠$

또 분산이 5.2이므로

$$\frac{(5-7)^2+(x-7)^2+(9-7)^2+(y-7)^2+(10-7)^2}{5}=5.2$$

$x^2+y^2-14(x+y)+89=0$

이 식에 ㉠을 대입하면

$x^2+y^2-14\times11+89=0 \quad \therefore x^2+y^2=65 \quad \cdots\cdots ㉡$

따라서 $x^2+y^2=(x+y)^2-2xy$이므로 이 식에 ㉠, ㉡을 각각 대입하면 $65=11^2-2xy$

$2xy=56 \quad \therefore xy=28$

답 ④

여기서도 곱셈 공식의 변형이 쓰이네. 기억해 두자!

1-1

4개의 변량 $1, 5, a, b$의 평균이 4이고 분산이 5일 때, ab의 값은?

① 20 ② 21 ③ 22
④ 23 ⑤ 24

핵심 예제 2

4개의 변량 a, b, c, d의 평균이 20이고 분산이 16일 때, 변량 $2a+1, 2b+1, 2c+1, 2d+1$의 평균과 분산을 각각 구하시오.

전략

변량 a, b, c, d의 평균과 분산에 대한 식을 세운다.

풀이

변량 a, b, c, d의 평균이 20이므로 $\frac{a+b+c+d}{4}=20$

또 분산이 16이므로

$$\frac{(a-20)^2+(b-20)^2+(c-20)^2+(d-20)^2}{4}=16$$

따라서 변량 $2a+1, 2b+1, 2c+1, 2d+1$에 대하여

$$(\text{평균})=\frac{(2a+1)+(2b+1)+(2c+1)+(2d+1)}{4}$$

$$=\frac{2(a+b+c+d)}{4}+1=2\times20+1=41$$

(분산)

$$=\frac{(2a+1-41)^2+(2b+1-41)^2+(2c+1-41)^2+(2d+1-41)^2}{4}$$

$$=\frac{4\{(a-20)^2+(b-20)^2+(c-20)^2+(d-20)^2\}}{4}$$

$=4\times16=64$

답 평균 : 41, 분산 : 64

다음 내용을 이용하여 바로 계산해도 돼.

n개의 변량 $x_1, x_2, x_3, \cdots, x_n$의 평균이 m, 표준편차가 s일 때 $ax_1+b, ax_2+b, ax_3+b, \cdots, ax_n+b$의 평균은 $am+b$, 표준편차는 $|a|s$

2-1

5개의 변량 a, b, c, d, e의 평균이 5이고 분산이 10일 때, 변량 $a-1, b-1, c-1, d-1, e-1$의 평균과 분산을 차례대로 구하면?

① 4, 10 ② 4, 40 ③ 5, 10
④ 5, 20 ⑤ 9, 40

핵심 예제 3

다음은 A, B 두 반의 시험 성적의 평균과 분산을 조사하여 나타낸 것이다. 두 반 전체의 시험 성적의 분산을 구하시오.

반	학생 수(명)	평균(점)	분산
A	15	70	80
B	10	70	100

A반과 B반의 평균이
같은지 확인해야 해.

전략

{(편차)^{2}의 총합} = (분산) × (변량의 개수)임을 이용한다.

풀이

A반 학생 15명의 분산은 80이므로 A반 시험 성적의 (편차)^{2}의 총합은 $15\times80=1200$

B반 학생 10명의 분산은 100이므로 B반 시험 성적에 대한 (편차)^{2}의 총합은 $10\times100=1000$

이때 A, B 두 반의 평균이 같으므로 전체 학생의 시험 성적의 분산은

$$\frac{\{\text{A반의 (편차)}^2\text{의 총합}\}+\{\text{B반의 (편차)}^2\text{의 총합}\}}{(\text{전체 학생 수})}$$

$$=\frac{1200+1000}{15+10}=\frac{2200}{25}=88$$

답 88

핵심 예제 4

아래는 어느 중학교 3학년 학생들의 미술 성적의 평균과 표준편차를 조사하여 나타낸 표이다. 다음 중 옳은 것은?

반	1	2	3	4	5
평균(점)	67	79	68	72	57
표준편차(점)	8	9	10	9.5	8.5

① 학생 수가 가장 적은 반은 1반이다.
② 성적이 가장 높은 학생은 2반에 있다.
③ 3반의 미술 성적이 4반의 미술 성적보다 고르다.
④ 4반에는 70점 미만인 학생이 없다.
⑤ 1반 학생들의 성적이 평균에 가장 가까이 모여 있다.

전략

분산과 표준편차가 작을수록 자료는 평균 주위에 가까이 모여 있으므로 자료의 분포가 고르다고 할 수 있다.

풀이

① 학생 수는 알 수 없다.
② 성적이 가장 높은 학생이 어느 반에 있는지 알 수 없다.
③ 3반의 표준편차가 4반의 표준편차보다 크므로 3반의 미술 성적이 4반의 미술 성적보다 고르지 못하다.
④ 4반에 70점 미만인 학생이 없는지 알 수 없다.
⑤ 1반 학생들의 표준편차가 가장 작으므로 성적이 평균에 가장 가까이 모여 있다.

답 ⑤

3-1

다음은 어느 반의 남학생과 여학생의 제기차기 기록의 평균과 분산을 조사하여 나타낸 표이다. 이때 전체 학생의 제기차기 기록의 표준편차는?

	학생 수(명)	평균(개)	분산
남학생	12	8	6
여학생	8	8	1

① 1개　② $\sqrt{2}$개　③ 2개
④ 4개　⑤ 8개

4-1

오른쪽은 어느 중학교 3학년 세 반의 1학기 기말고사 수학 성적의 평균과 표준편차를 조사하여 나타낸 표이다. 다음 세 학생 중 옳은 설명을 한 학생을 모두 찾으시오.

반	1	2	3
평균(점)	75	73	79
표준편차(점)	6.3	5.2	8.3

3반 학생들의 성적이 1반과 2반 학생들의 성적보다 넓게 퍼져 있어.

세 반 중 수학 성적이 가장 우수한 학생은 3반에 있어.

2반 학생들의 성적이 가장 고르게 분포되어 있어.

하빈
승우

민서

핵심 예제 5

오른쪽은 민주네 반 학생 20명의 두 차례에 걸친 체육 실기 점수를 조사하여 나타낸 산점도이다. 1회에 받은 점수가 6점 이상이고, 2회에 받은 점수가 9점 이상인 학생 수는 전체의 몇 %인지 구하시오.

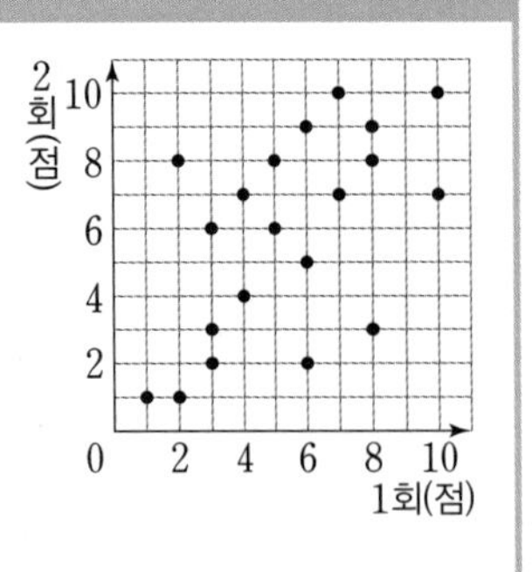

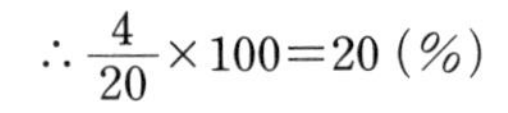

전략

'이상', '이하'인 변량을 찾을 때, 가로선 또는 세로선을 긋는다.

풀이

1회에 받은 점수가 6점 이상이고, 2회에 받은 점수가 9점 이상인 학생 수는 오른쪽 산점도에서 색칠한 부분과 그 경계선에 속하는 점의 개수와 같으므로 4명이다.

$\therefore \frac{4}{20}\times 100=20\ (\%)$

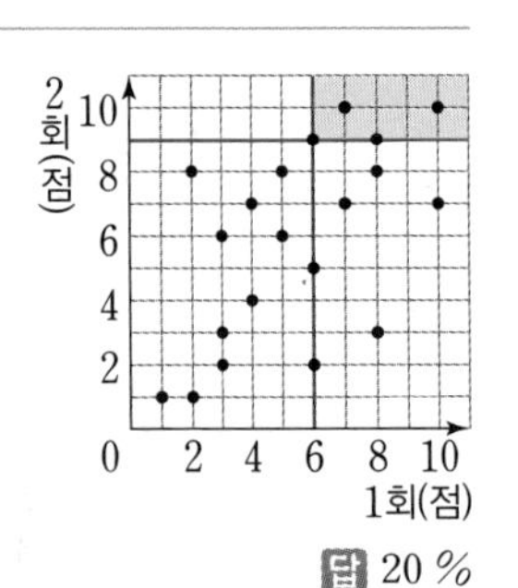

답 20 %

핵심 예제 6

오른쪽 그림은 현우네 반 학생 16명의 국어 성적과 수학 성적을 조사하여 나타낸 산점도이다. 두 과목의 평균이 75점 이하인 학생 수를 구하시오.

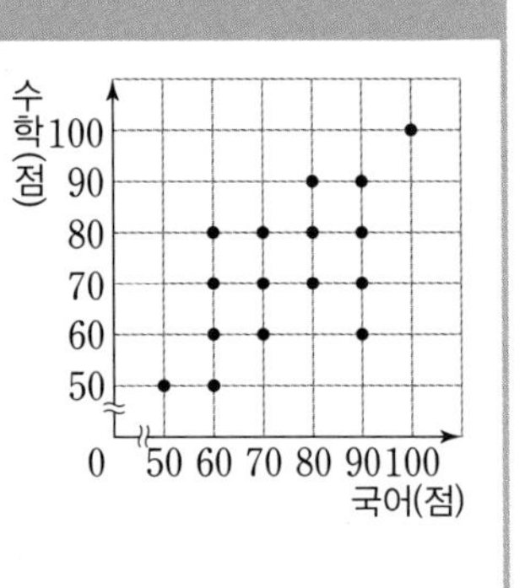

전략

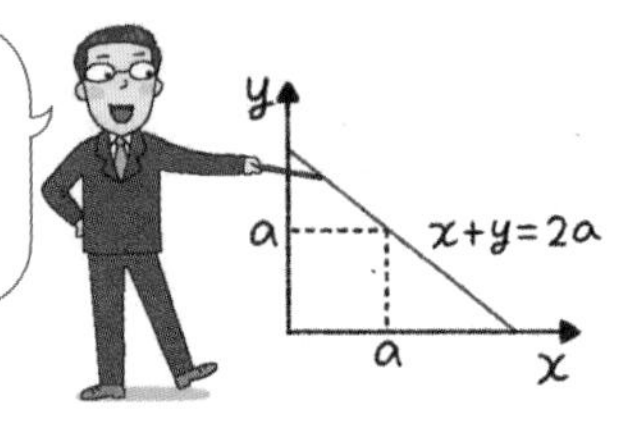
두 변량 x, y의 평균이 a이거나 총합이 $2a$로 주어지면 오른쪽 그림과 같이 직선 $x+y=2a$를 그어 봐!
y
a
x+y=2a
a
x

풀이

두 과목의 평균이 75점 이하, 즉 두 과목의 총점이 150점 이하인 학생 수는 오른쪽 산점도에서 색칠한 부분과 그 경계선에 속하는 점의 개수와 같으므로 10명이다.

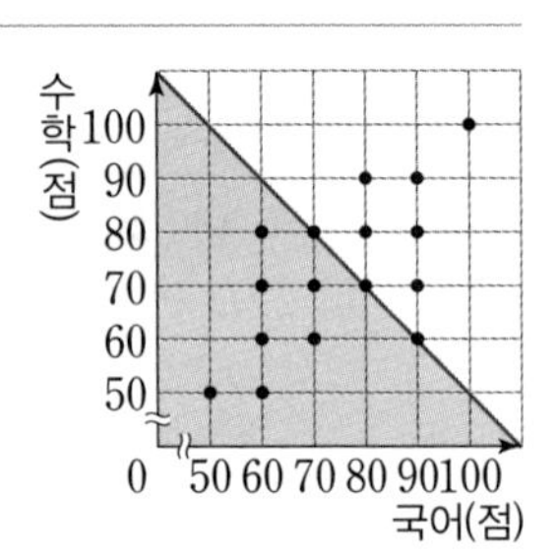

답 10명

5-1

오른쪽은 도훈이네 반 학생 10명의 영어 성적과 한문 성적을 조사하여 나타낸 산점도이다. 다음 중 옳지 않은 것은?

① 영어 성적이 90점인 학생의 한문 성적은 90점이다.

② 영어 성적이 60점 미만인 학생은 2명이다.

③ 한문 성적이 80점 이상인 학생은 3명이다.

④ 영어 성적과 한문 성적이 모두 70점 이상인 학생은 4명이다.

⑤ 영어 성적과 한문 성적이 같은 학생은 5명이다.

6-1

다음은 컴퓨터 자격증 시험에 응시한 학생 20명의 필기 점수와 실기 점수를 조사하여 나타낸 산점도이다. 필기 점수와 실기 점수의 평균이 90점 이상인 학생은 전체의 몇 %인지 구하시오.

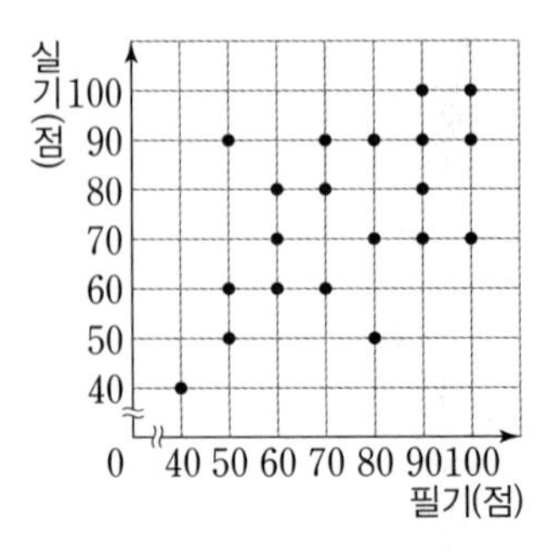

핵심 예제 7

다음 중 두 변량 사이의 상관관계가 나머지 넷과 다른 하나는?

① 자동차의 수와 대기 오염도
② TV 시청 시간과 전기 요금
③ 물건의 가격과 소비량
④ 가족의 수와 수도 사용량
⑤ 도시의 인구수와 학교 수

전략

한 변량이 커짐에 따라 다른 변량이 어떻게 변하는지 살펴봐!

풀이

① 양의 상관관계 ② 양의 상관관계
③ 음의 상관관계 ④ 양의 상관관계
⑤ 양의 상관관계
따라서 상관관계가 나머지 넷과 다른 하나는 ③이다.

답 ③

핵심 예제 8

오른쪽은 어느 중학교 학생들의 역사 성적과 사회 성적을 조사하여 나타낸 산점도이다. 다음 중 옳은 것은?

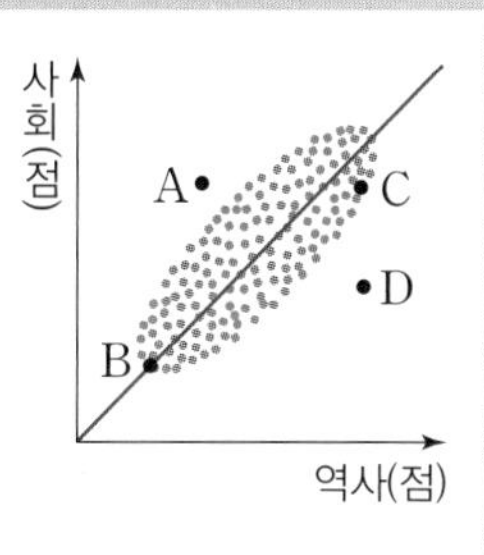

① 역사 성적이 좋은 학생은 대체로 사회 성적이 낮다.
② D는 역사 성적보다 사회 성적이 더 좋다.
③ B는 역사 성적과 사회 성적이 모두 낮은 편이다.
④ 조사한 학생 중 C의 사회 성적이 가장 좋다.
⑤ A는 사회 성적보다 역사 성적이 더 좋다.

전략

각 점이 위치한 곳의 특징을 파악한다.

풀이

① 역사 성적이 좋은 학생은 대체로 사회 성적도 좋다.
② D는 사회 성적보다 역사 성적이 더 좋다.
④ C보다 사회 성적이 높은 학생이 있다.
⑤ A는 역사 성적보다 사회 성적이 더 좋다.
따라서 옳은 것은 ③이다.

답 ③

7-1

다음 중 보기의 두 변량 사이의 상관관계에 대한 설명으로 옳은 것을 모두 고르면? (정답 2개)

보기
㉠ 여름철 기온과 에어컨 사용 시간
㉡ 도로 위의 자동차의 수와 자동차의 속력
㉢ 예금액과 이자
㉣ 시력과 1분당 윗몸일으키기 횟수
㉤ 수학 성적과 턱걸이 개수

① ㉠, ㉡은 유사한 상관관계가 있다.
② ㉢은 양의 상관관계가 있다.
③ ㉣은 음의 상관관계가 있다.
④ ㉤은 상관관계가 없다.
⑤ ㉢, ㉤은 유사한 상관관계가 있다.

8-1

오른쪽 그림은 어느 중학교 학생들의 키와 몸무게를 조사하여 나타낸 산점도이다. 다음 중 옳은 것은?

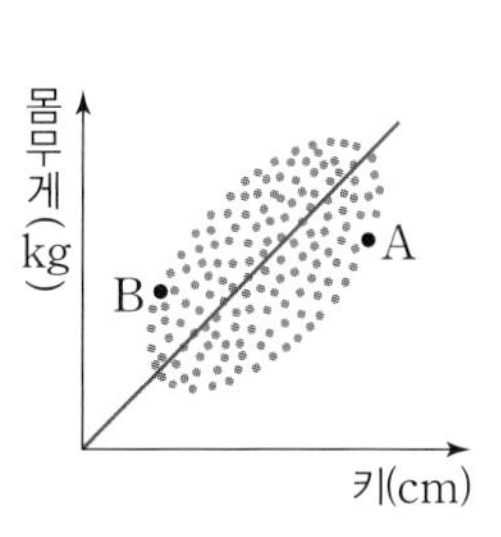

① B는 A보다 키가 크다.
② A는 B보다 몸무게가 적게 나간다.
③ B는 키에 비하여 몸무게가 가벼운 편이다.
④ A는 몸무게에 비하여 키가 큰 편이다.
⑤ 키가 큰 학생은 대체로 몸무게가 적게 나간다.

2주 3일 필수 체크 전략 2

1 5개의 변량 x, 4, 2, 5, y의 평균이 5이고 분산이 4일 때, 변량 x^2, 4^2, 2^2, 5^2, y^2의 평균을 구하시오.

Tip

변량 x, 4, 2, 5, y의 평균이 5이고 분산이 ❶ ___ 임을 이용하여 x, y에 대한 ❷ ___ 을 세운다.

답 ❶ 4 ❷ 식

2 자료 A의 변량의 개수는 5이고 평균과 분산은 각각 3, 4이다. 또 두 자료 A, B를 섞은 전체 자료의 평균과 분산이 각각 3, 8이다. 자료 B의 변량의 개수가 4일 때, 자료 B의 평균과 분산을 차례대로 구하면?

① 3, 11　② 3, 12　③ 3, 13
④ 4, 11　⑤ 4, 12

Tip

자료 B의 평균을 구해 두 자료 A, B의 평균이 같은지 ❶ ___ 한다. 이때 (변량의 총합)=(❷ ___)×(변량의 개수)

답 ❶ 확인 ❷ 평균

3 다음 그림은 평균이 5인 세 자료 A, B, C에 대한 막대그래프를 각각 그린 것이다. 세 자료의 분산의 크기를 비교하면?

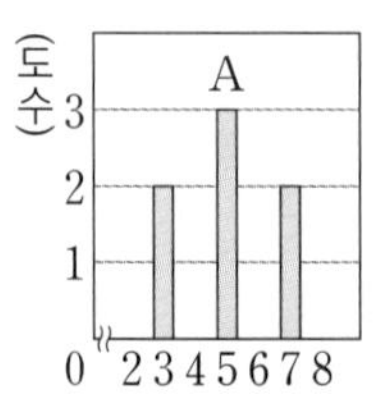

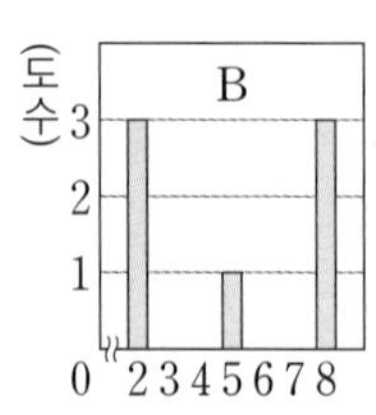

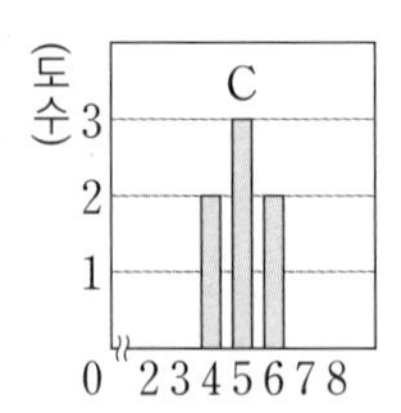

① (A의 분산)=(B의 분산)=(C의 분산)
② (A의 분산)<(B의 분산)<(C의 분산)
③ (A의 분산)<(C의 분산)<(B의 분산)
④ (C의 분산)<(A의 분산)<(B의 분산)
⑤ (C의 분산)<(B의 분산)<(A의 분산)

Tip

변량이 ❶ ___ 에 가까이 모여 있을수록 분산이 ❷ ___ .

답 ❶ 평균 ❷ 작다

4 오른쪽은 윤수네 반 학생 10명의 중간고사와 기말고사의 수학 성적을 조사하여 나타낸 산점도이다. 기말고사의 수학 성적이 중간고사의 수학 성적보다 높은 학생은 전체의 몇 %인지 구하시오.

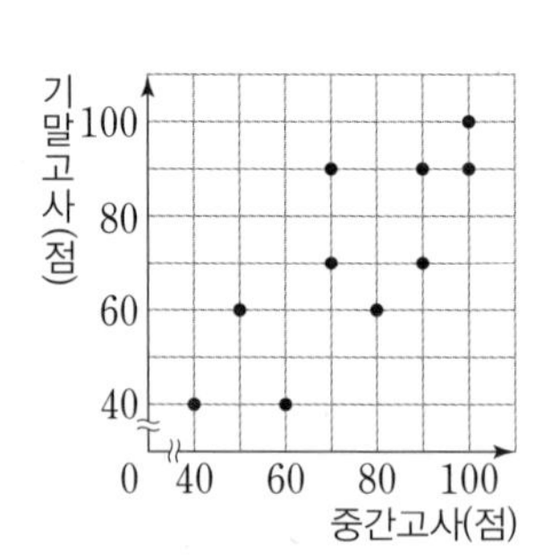

Tip

산점도에서 두 변량을 비교할 때는 오른쪽 위로 향하는 ❶ ___ 을 긋고 생각한다.

답 ❶ 대각선

5 아래는 방과 후 수업을 듣는 학생 20명의 과학 성적과 수학 성적을 조사하여 나타낸 산점도이다. 다음 중 옳은 것은?

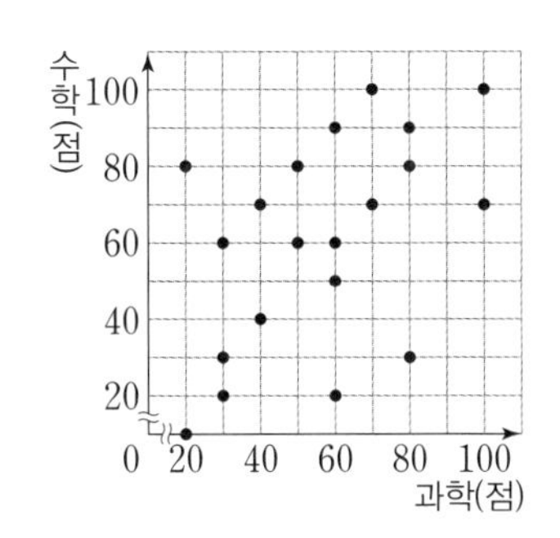

① 과학 성적이 80점인 학생은 2명이다.
② 수학 성적과 과학 성적이 같은 학생은 없다.
③ 과학 성적이 수학 성적보다 높은 학생은 5명이다.
④ 수학 성적이 80점인 학생들의 과학 성적의 평균은 30점이다.
⑤ 수학 성적과 과학 성적의 차가 20점 이상인 학생은 전체의 45 %이다.

Tip

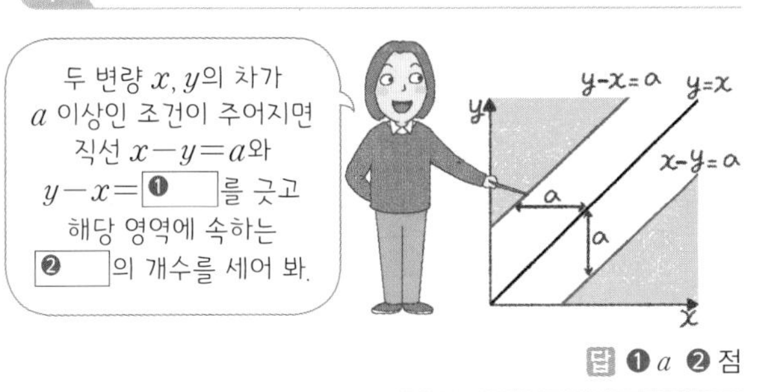

두 변량 x, y의 차가 a 이상인 조건이 주어지면 직선 $x-y=a$와 $y-x=$ ❶ 를 긋고 해당 영역에 속하는 ❷ 의 개수를 세어 봐.
y-x=a
y=x
x-y=a
a
a
y
x

답 ❶ a ❷ 점

6 아래는 어느 운동 동아리의 학생을 대상으로 100 m 달리기 기록과 멀리뛰기 기록을 조사하여 나타낸 산점도이다. 다음 중 옳은 것은?

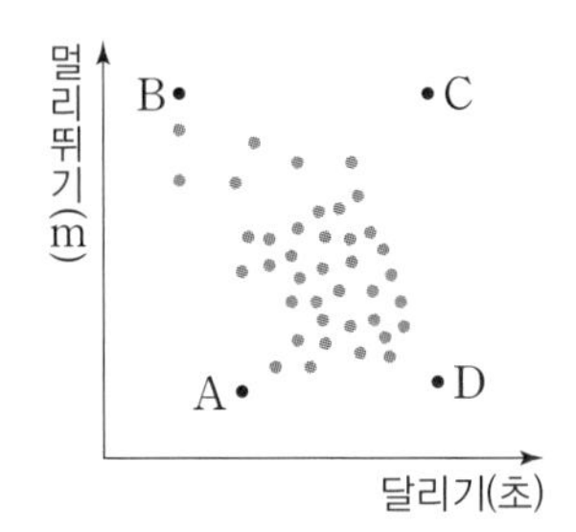

① 멀리뛰기를 잘하는 학생은 대체로 100 m 달리기 기록이 좋지 않다.
② A는 100 m 달리기와 멀리뛰기를 모두 못하는 편이다.
③ B는 100 m 달리기와 멀리뛰기를 모두 잘하는 편이다.
④ C는 100 m 달리기는 잘하지만 멀리뛰기는 못하는 편이다.
⑤ D는 100 m 달리기와 멀리뛰기를 모두 잘하는 편이다.

Tip

멀리뛰기는 뛴 거리가 ❶ 수록, 달리기는 달린 시간이 ❷ 수록 잘하는 것이다.

답 ❶ 멀 ❷ 짧을

A는 x, y의 값이 모두 작은 편이다.
B는 x, y의 값이 모두 큰 편이다.
y
B
A
x

2주 누구나 합격 전략

01 다음 자료에 대하여 옳은 설명을 한 학생을 모두 고른 것은?

4, 3, 2, 4, 1, 28

평균은 7이야.
효정
중앙값은 3이야.
연조
최빈값은 28이야.
민재
이 자료의 대푯값으로는 평균보다 중앙값이 더 적절해.
희영

① 효정, 연조 ② 효정, 민재 ③ 효정, 희영
④ 연조, 민재 ⑤ 민재, 희영

02 다음은 어느 반 학생들이 일주일 동안 시청한 OTT 서비스 프로그램 수를 조사하여 꺾은선그래프로 나타낸 것이다. 보기에서 옳은 것을 모두 고른 것은?

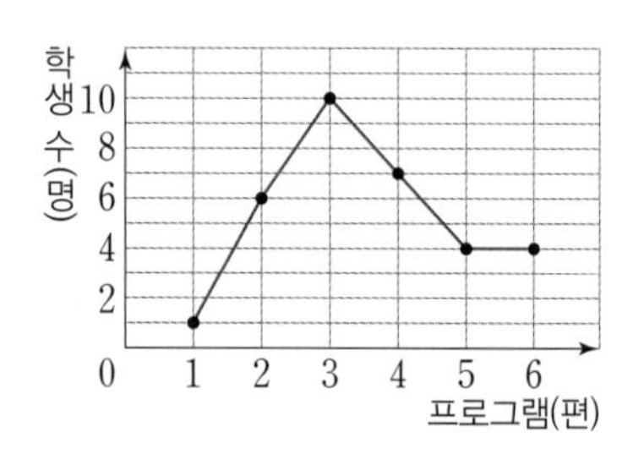

보기
㉠ 학생 수는 32명이다.
㉡ 중앙값은 4편이다.
㉢ 최빈값은 3편이다.
㉣ 평균과 중앙값은 같다.

① ㉠, ㉡ ② ㉠, ㉢ ③ ㉡, ㉢
④ ㉡, ㉣ ⑤ ㉢, ㉣

03 다음 자료의 중앙값이 7일 때, a의 값으로 적당하지 않은 것은?

a, 6, 7, 7, 8, 8

① 4 ② 5 ③ 6
④ 7 ⑤ 8

04 다음은 6명의 학생이 줄넘기를 한 횟수에 대한 편차를 나타낸 표이다. 줄넘기를 한 횟수의 평균이 150회일 때, 지우가 줄넘기를 한 횟수는?

학생	민호	수지	지우	하선	수영	윤아
편차(회)	-3	-1		4	-8	5

① 147회 ② 150회 ③ 153회
④ 156회 ⑤ 159회

05 다음은 어느 중학교 야구부 선수 5명이 연습 경기에서 안타를 친 횟수의 편차이다. 이 자료의 표준편차를 b회라 할 때, ab의 값은?

(단위 : 회)

-3, 0, a, -2, 1

① 1 ② $4\sqrt{2}$ ③ 8
④ $4\sqrt{6}$ ⑤ $2\sqrt{30}$

06 3개의 변량 a, b, c의 평균이 4이고 표준편차가 2일 때, 변량 $3a, 3b, 3c$의 표준편차는?

① 2 ② 3 ③ 4
④ 5 ⑤ 6

$(3a-12)^2=3(a-4)^2$
아니야?
$(3a-12)^2$
$=\{3(a-4)\}^2$
이니까
$9(a-4)^2$이
되지.

07 아래는 진호네 중학교 다섯 반의 수학 성적의 평균과 표준편차를 조사하여 나타낸 표이다. 다음 설명 중 옳은 것은?

반	1	2	3	4	5
평균(점)	64	65	67	63	66
표준편차(점)	8.1	7.9	9.6	10.2	5.4

① 90점 이상인 학생은 4반보다는 3반에 더 많다.
② 5반 학생들의 성적이 가장 고르게 분포되어 있다.
③ 수학 성적이 가장 높은 학생은 3반에 있다.
④ 1반에 성적이 80점 이상인 학생은 없다.
⑤ 1반 학생 수가 2반 학생 수보다 많다.

08 다음 중 두 변량 사이의 상관관계가 오른쪽 산점도와 같은 것은?

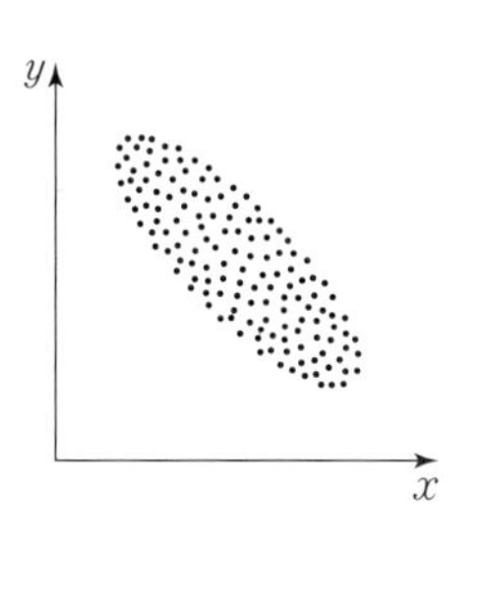

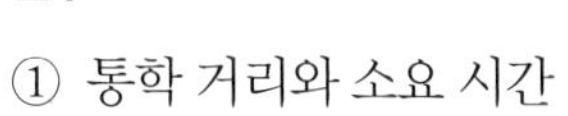
① 통학 거리와 소요 시간
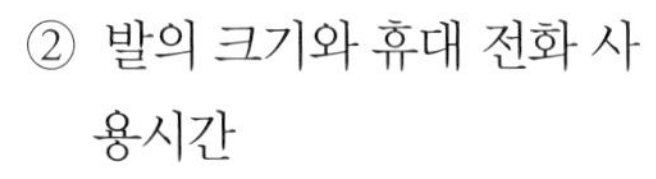
② 발의 크기와 휴대 전화 사용시간
③ 산의 높이와 기온
④ 노동 시간과 생산량
⑤ 자동차 등록 대수와 공기의 오염도

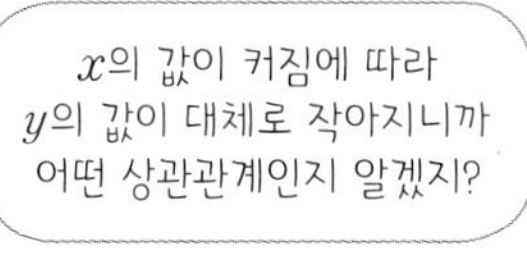

x의 값이 커짐에 따라
y의 값이 대체로 작아지니까
어떤 상관관계인지 알겠지?

09 아래 그림은 진아네 반 학생 15명의 하루 평균 수면 시간과 여가 시간에 대한 산점도이다. 다음 중 옳은 것을 모두 고르면? (정답 2개)

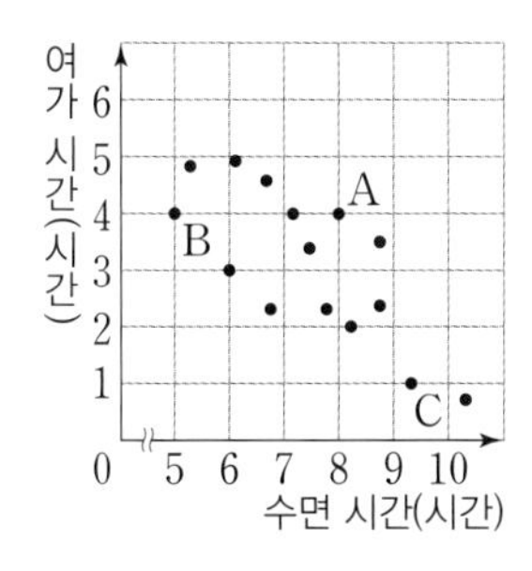

① C는 학생 A보다 여가 시간이 더 길다.
② B는 수면 시간이 여가 시간보다 더 길다.
③ A, B, C 중 수면 시간이 가장 긴 학생은 A이다.
④ 수면 시간이 길어짐에 따라 대체로 여가 시간도 길어진다고 할 수 있다.
⑤ 수면 시간과 여가 시간 사이에는 음의 상관관계가 있다.

2주 창의·융합·코딩 전략 1

1 다음 그림과 같이 45개의 동전이 9개의 접시에 나뉘어 담겨 있다.

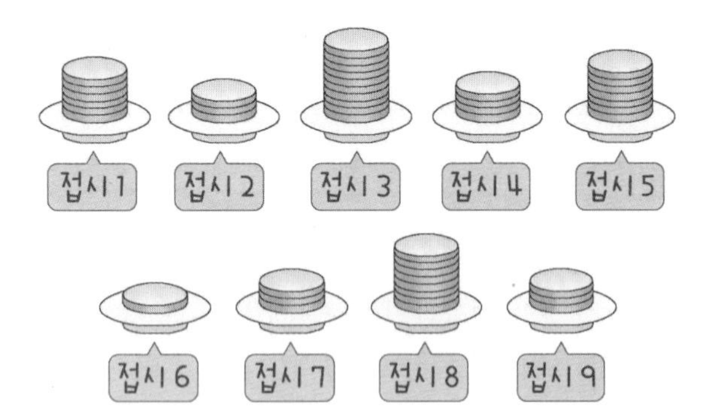

각 접시에 담긴 동전의 개수가 아래 표와 같을 때, 물음에 답하시오.

접시	1	2	3	4	5	6	7	8	9
동전의 개수(개)	6	3	10	4	7	1	3	8	3

(1) 위의 표에서 9개의 접시에 담긴 동전의 개수의 평균, 중앙값, 최빈값을 각각 구하시오.

(2) 동전을 옮겨 담아도 평균, 중앙값, 최빈값 중 변하지 않는 것은 무엇인지 말하시오.

Tip

동전을 옮겨 담아도 동전의 개수의 총합은 ❶ ☐ 로 변하지 않는다. 이때 변량의 총합을 이용하여 구하는 대푯값은 ❷ ☐ 이다.

답 ❶ 45 ❷ 평균

2 다음은 어느 중학교 1반, 2반 학생들이 어느 날 시청한 TV 프로그램 수를 조사하여 나타낸 꺾은선그래프를 보고 설명한 것이다. 바르게 설명한 학생을 모두 찾으시오.

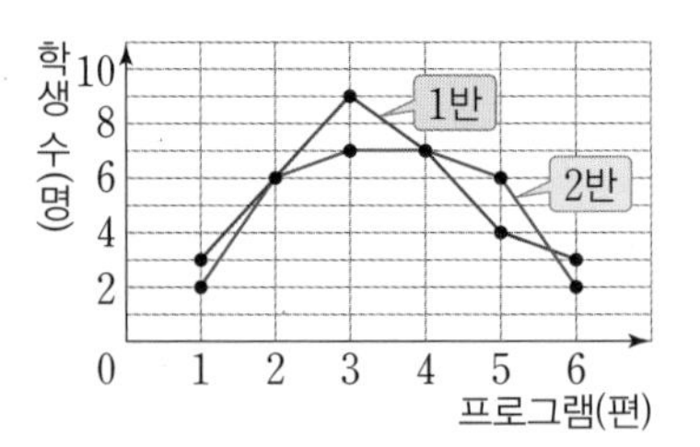

민서: 1반 학생들이 시청한 TV 프로그램 수의 최빈값은 3편이야.

소희: 1반과 2반 학생들이 시청한 TV 프로그램 수의 중앙값은 모두 3편이야.

지훈: 2반 학생들이 시청한 TV 프로그램 수의 평균과 중앙값은 같군!

민준: 2반 학생들이 시청한 TV 프로그램 수의 최빈값의 개수는 2개네.

Tip

1반 학생들은 모두 ❶ ☐ 명이고 2반 학생들은 모두 ❷ ☐ 명임을 이용하여 중앙값을 구한다.

답 ❶ 32 ❷ 30

3 민수는 보석을 찾아 모험을 떠나려고 한다. 주어진 문장이 옳으면 ○표, 옳지 않으면 ×표를 따라갈 때, 민수가 찾게 되는 보석의 이름을 말하시오.

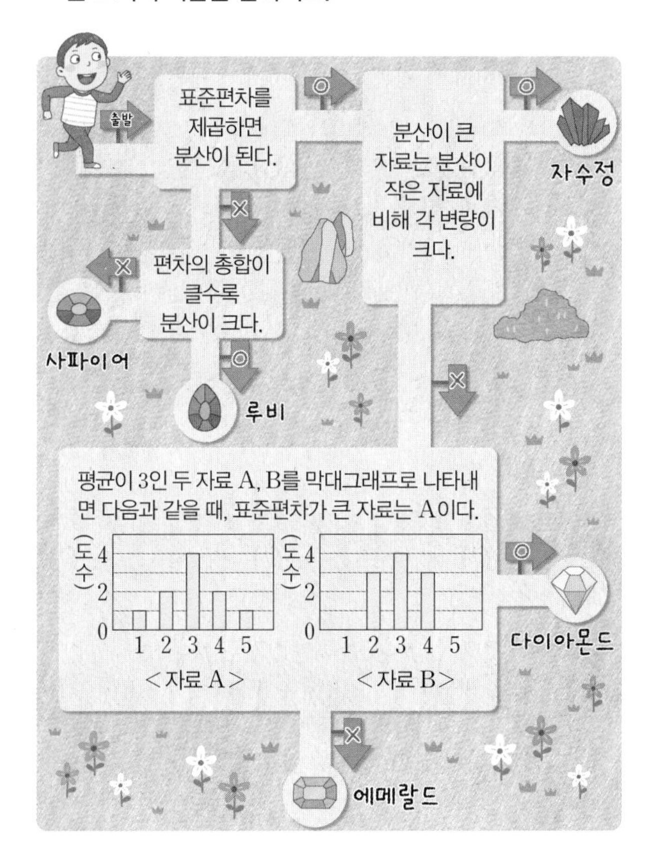

Tip

분산과 ❶ ______ 가 크면 변량이 ❷ ______ 을 중심으로 가까이 모여 있다.

답 ❶ 표준편차 ❷ 평균

4 호진이가 책에 잉크를 쏟아 다음과 같이 그래프의 일부가 보이지 않게 되었다. 물음에 답하시오.

앗! 숙제를 어떻게 하지?
다음은 청소년들의 한 달 동안의 영화 관람 횟수의 편차를 막대그래프로 나타낸 것이다. 이 자료의 표준편차를 구하시오.
(명)
(회)

(1) 편차가 1회인 청소년은 몇 명인지 구하시오.

(2) 조사 대상인 전체 청소년의 수를 구하시오.

(3) 청소년들의 한 달 동안의 영화 관람 횟수의 분산을 구하시오.

(4) 청소년들의 한 달 동안의 영화 관람 횟수의 표준편차를 구하시오.

Tip

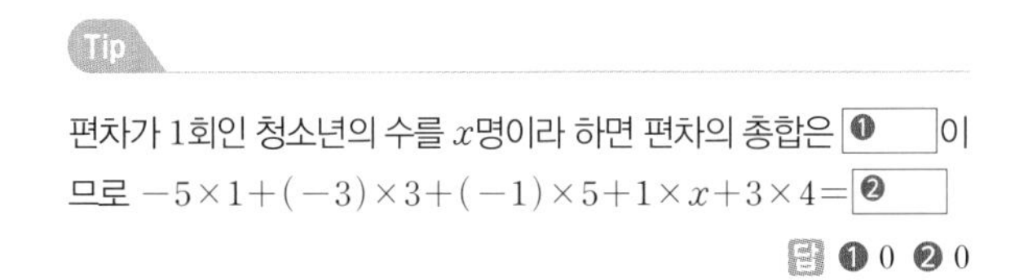

편차가 1회인 청소년의 수를 x명이라 하면 편차의 총합은 ❶ ______ 이므로 $-5\times1+(-3)\times3+(-1)\times5+1\times x+3\times4=$ ❷ ______

답 ❶ 0 ❷ 0

5 다음 대화를 읽고 물음에 답하시오.

(1) 수행 평가 점수를 올리기 전의 평균을 m점이라 할 때, 2점씩 올린 후의 수행 평가 점수의 평균을 m에 대한 식으로 나타내시오.

(2) 수행 평가 점수를 올리기 전의 표준편차를 s점이라 할 때, 2점씩 올린 후의 수행 평가 점수의 표준편차를 s에 대한 식으로 나타내시오.

Tip

수행 평가 점수를 모두 2점씩 올렸으므로 수행 평가 점수의 총합은 (수행 평가 점수를 올리기 전의 ❶ ☐)+❷ ☐×(학생 수)이다.

답 ❶ 총합 ❷ 2

6 다음은 전국 체육대회의 사격 종목에 참여한 민주와 수진이가 각각 5발씩 사격을 한 결과를 나타낸 것이다. 물음에 답하시오.

(1) 민주와 수진이의 평균을 각각 구하시오.

(2) 민주와 수진이의 표준편차를 각각 구하시오.

(3) 민주와 수진이 중에서 점수가 더 고르게 분포되어 있는 학생은 누구인지 말하시오.

Tip

민주와 수진이가 얻은 점수는 각각 다음과 같다.
민주 : 6점, 7점, 7점, ❶ ☐점, 8점
수진 : 4점, ❷ ☐점, 7점, 8점, 10점

답 ❶ 7 ❷ 6

7 다음 대화를 읽고 물음에 답하시오.

(1) 현우와 승봉이를 제외한 나머지 3명의 키를 각각 a cm, b cm, c cm로 놓고, 잘못 입력한 5명의 키의 분산을 a, b, c에 대한 식으로 나타내시오.

(2) 5명의 실제 키의 분산을 구하시오.

Tip

잘못 입력한 키의 총합과 올바르게 입력한 키의 총합이 ❶ ____ 으므로 올바르게 입력한 키의 평균은 ❷ ____ cm이다.

답 ❶ 같 ❷ 170

8 다음은 우식이의 기말고사 전 14일 동안의 공부 시간과 친구에게서 받은 SNS 메시지 개수를 조사하여 나타낸 것이다. 물음에 답하시오.

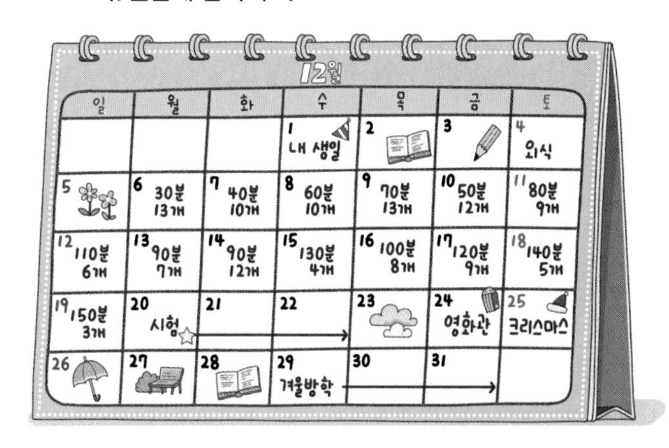

(1) 공부 시간을 x분, 친구에게서 받은 SNS 메시지 개수를 y라 할 때, 순서쌍 (x, y)를 다음 좌표평면 위에 나타내시오.

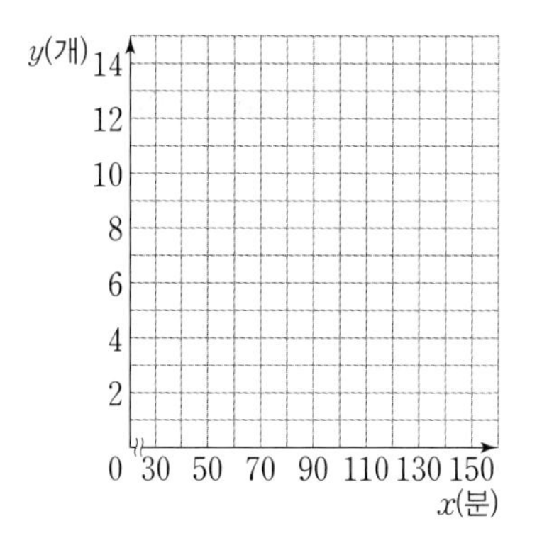

(2) 공부 시간과 친구에게서 받은 SNS 메시지 개수 사이에는 어떤 상관관계가 있는지 말하시오.

Tip

산점도에서 점들이 오른쪽 위를 향하는 모양이면 ❶ ____ 의 상관관계가 있고, 오른쪽 아래로 향하는 모양이면 ❷ ____ 의 상관관계가 있다.

답 ❶ 양 ❷ 음

기말고사 마무리 전략

원주각의 성질
P
A O B
P Q
A B C D
$\overset{\frown}{AB}=\overset{\frown}{CD}$이면 ∠APB=∠CQD
중심각의 크기는 원주각의 크기의 $\frac{1}{2}$이네.
사각형이 원에 내접하기 위한 조건
합이 180°
∠A+∠C=180° 또는 ∠B+∠D=180°
∠BAC=∠BDC
크기가 같다.
∠DCE=∠BAD
∠BAT=∠BCA

이어서 공부할 내용
❶ 신유형 · 신경향 · 서술형 전략
❷ 고난도 해결 전략
우리 키를 모두 더한 다음, 4로 나누면 그게 우리 키의 평균!!
대푯값
5명이니까 내 키가 중앙값!
내가 끼면?
우리 둘의 키의 평균이 중앙값!
우리의 키의 최빈값은 토끼의 키야!
분산과 표준편차는 다음 순서로 구해.
1 평균 구하기
2 (편차) = (변량) − (평균)
3 (분산) = $\frac{\{(\text{편차})^2 \text{ 의 총합}\}}{(\text{변량의 개수})}$
4 (표준편차) = $\sqrt{(\text{분산})}$
상관관계
하루 중 낮의 길이와 밤의 길이는 음의 상관관계야.
키와 몸무게는 양의 상관관계야.
시력과 지능 지수는 아무 상관이 없어.

신유형·신경향·서술형 전략

01

아래 그림을 보고 물음에 답하시오.

다음은 반원에 대한 원주각의 크기는 90°임을 탈레스의 방법으로 설명한 것이다. 밑줄 친 부분을 채우시오.

△OAB와 △OBC는 모두 이등변삼각형이므로
∠OAB=∠OBA, ∠OBC=∠OCB
이때 △ABC의 내각의 크기의 합이 180°이므로

____

____

____

즉 ∠ABC=∠OBA+∠OBC=90°이므로 반원에 대한 원주각의 크기는 90°이다.

Tip

이등변삼각형의 두 ❶ [　　　] 의 크기는 같음과 삼각형의 세 내각의 크기의 합은 ❷ [　　　] 임을 이용한다.

답 ❶ 밑각 ❷ 180°

02

다음 두 학생의 대화를 읽고 물음에 답하시오.

(1) 직사각형이 원에 내접하는 이유를 설명하시오.

(2) 평행사변형은 원에 내접한다고 할 수 없다. 그 이유를 설명하시오.

Tip

한 쌍의 대각의 크기의 합이 180°인 사각형은 한 원에 ❶ [　　　] 하므로 직사각형과 평행사변형의 한 쌍의 대각의 크기의 합이 ❷ [　　　] 인지 알아본다.

답 ❶ 내접 ❷ 180°

03

다음 그림에서 두 등대 A, B와 D 지점에 있는 배는 한 원 위에 있다. 물음에 답하시오.

(1) E 지점에 있는 배가 원의 중심에 있을 때, $\angle AEB$의 크기를 구하시오.

(2) $\angle ACB$의 크기는 $40°$보다 작음을 설명하시오.

(3) 원의 내부가 위험 지역이라 하자. 배에서 두 등대 A, B를 바라본 각의 크기가 다음과 같은 위치에 배가 있을 때, 위험 지역에 있는 배를 모두 구하시오.

P 배 : 39°, Q 배 : 70°, R 배 : 15°, S 배 : 45°

Tip

원주각의 크기는 중심각의 크기의 ❶ [ ] 이고, 한 호에 대한 원주각의 크기는 모두 ❷ [ ] 음을 이용한다.

답 ❶ $\frac{1}{2}$ ❷ 같

04

다음은 미나가 쓴 일기이다. 글을 읽고 물음에 답하시오.

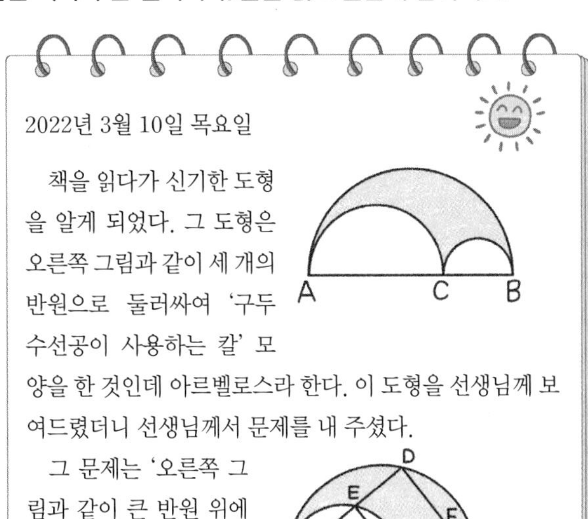

2022년 3월 10일 목요일

책을 읽다가 신기한 도형을 알게 되었다. 그 도형은 오른쪽 그림과 같이 세 개의 반원으로 둘러싸여 '구두 수선공이 사용하는 칼' 모양을 한 것인데 아르벨로스라 한다. 이 도형을 선생님께 보여드렸더니 선생님께서 문제를 내 주셨다.

그 문제는 '오른쪽 그림과 같이 큰 반원 위에 한 점 D를 잡아 두 점 A, B와 각각 연결한 선분이 작은 두 반원과 만나는 점을 각각 E, F라 할 때, 사각형 DECF는 어떤 사각형이 될까?'이다.

나는 원주각의 성질을 이용해서 [ ] 이라고 말했고, 선생님께서 잘했다고 칭찬해 주셨다.

정말 수학은 공부를 하면 할수록 재미있는 과목인 것 같다.

위의 일기에서 [ ] 안에 알맞은 도형의 이름을 써넣으시오.

Tip

반원의 원주각의 크기는 ❶ [ ] 임을 이용하여 □DECF의 ❷ [ ] 의 크기를 각각 구한다.

답 ❶ 90° ❷ 내각

05

다음은 어느 신발 가게에서 일주일 동안 판매된 신발 15켤레의 크기를 조사하여 나타낸 것이다. 물음에 답하시오.

245	230	230	235	245
235	245	245	235	240
240	240	245	250	255

(1) 이 가게에서 일주일 동안 판매된 신발의 크기의 중앙값, 최빈값을 각각 구하시오.

(2) 이 가게에서 가장 많이 준비해야 할 신발의 크기를 정하려고 할 때, 이 자료의 대푯값으로 적절한 것을 구하고 그 이유를 설명하시오.

Tip

- 자료에 극단적인 값이 있어 그 값이 대푯값에 영향을 미치지 않게 해야 하는 경우에는 평균과 중앙값 중 ❶ ______ 을 대푯값으로 하는 것이 적절하다.
- 선호도가 중요한 자료에서는 ❷ ______ 을 대푯값으로 하는 것이 적절하다.

답 ❶ 중앙값 ❷ 최빈값

06

다음은 영일이네 가족 5명의 몸무게를 조사하여 분석한 결과이다. 영일이의 몸무게를 구하시오.

(가) 중앙값은 58 kg이다.
(나) 몸무게의 평균은 61 kg이다.
(다) 최빈값은 71 kg으로 2명이다.
(라) 영일이의 형의 몸무게는 56 kg이다.
(마) 영일이가 5명 중에서 가장 가볍다.

영일이의 몸무게를 x kg으로 놓고 영일이의 가족 5명의 몸무게를 작은 값부터 크기순으로 나열해 봐.

Tip

중앙값이 58 kg이고 가족 수가 5명이므로 변량을 작은 값부터 크기순으로 나열했을 때, ❶ ______ 번째 사람의 몸무게가 ❷ ______ kg이다.

답 ❶ 3 ❷ 58

07

다음 그래프는 한 종류의 태블릿 PC의 디자인, 가격, 반응 속도에 대하여 고객 5명의 만족도를 각각 나타낸 것이다. 세 항목에 대한 만족도의 평균은 6점으로 모두 같았다.

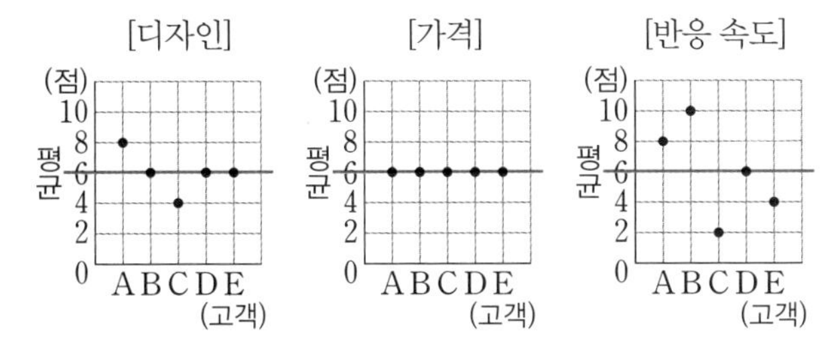

다음 세 학생 중 잘못 설명한 학생을 찾고, 바르게 고치시오.

지수: 그래프만 보고 세 항목에 대한 만족도 중 표준편차가 가장 큰 것을 찾을 수 있어.

병찬: 가격의 만족도의 표준편차는 0점이야.

우리: 디자인의 만족도의 분산은 8이야.

Tip

분산과 ❶ ______ 가 작을수록 변량은 ❷ ______ 을 중심으로 가까이에 모여 있다.

답 ❶ 표준편차 ❷ 평균

08

다음은 어느 지역의 월평균 기온과 그 지역의 한 편의점의 아이스크림, 핫 팩, 라면의 판매액을 월별로 나타낸 것이다. 물음에 답하시오.

월	1	2	3	4	5	6	7	8	9	10	11	12
기온(℃)	−4	−1.6	8.1	13	18.2	23.1	27.8	28.8	21.5	13.1	7.8	−0.6
아이스크림 판매액(만 원)	5	4	6	8	12	21	30	32	20	10	8	6
핫 팩 판매액 (만 원)	15	8	6	3	1	4	1	1	6	7	11	15
라면 판매액 (만 원)	22	19	20	22	21	17	18	23	21	18	20	19

(1) 기온과 아이스크림 판매액은 어떤 상관관계가 있는지 말하시오.

(2) 기온과 핫 팩 판매액은 어떤 상관관계가 있는지 말하시오.

(3) 기온과 라면 판매액은 어떤 상관관계가 있는지 말하시오.

Tip

두 변량 x, y에 대하여 x의 값이 증가함에 따라 y의 값도 대체로 증가하면 ❶ ______ 의 상관관계가 있고, x의 값이 증가함에 따라 y의 값은 대체로 감소하면 ❷ ______ 의 상관관계가 있다.

답 ❶ 양 ❷ 음

고난도 해결 전략 1회

01 다음 그림과 같이 원 O에서 두 현 AD, BC의 연장선이 점 P에서 만날 때, $\angle AOB=110^\circ$, $\angle DBP=15^\circ$이다. 이때 $\angle P$의 크기는?

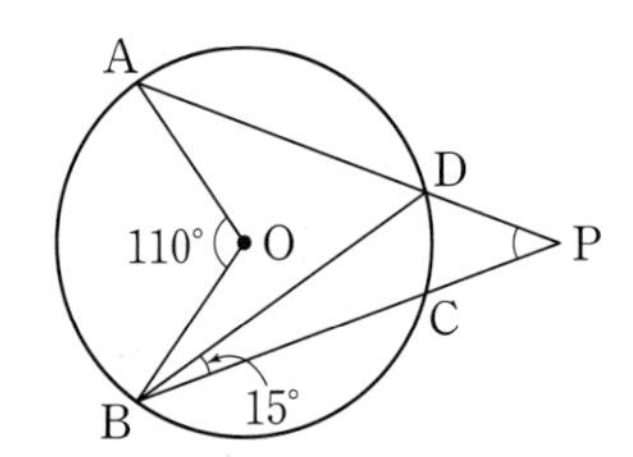

① 35° ② 40° ③ 45°
④ 50° ⑤ 55°

02 다음 그림에서 $\overrightarrow{PA}$, $\overrightarrow{PB}$는 원 O의 접선이고 두 점 A, B는 접점이다. $\angle P=58^\circ$일 때, $\angle ACB$의 크기는?

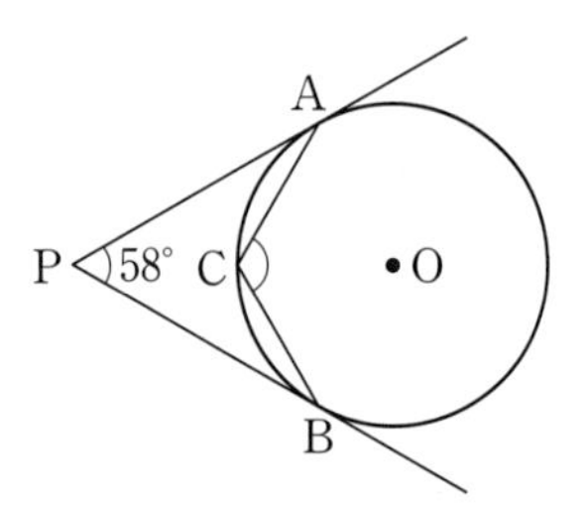

① 119° ② 120° ③ 121°
④ 122° ⑤ 123°

03 다음 그림과 같이 두 현 BD, AC가 점 P에서 만나고 $\overline{AB}$의 연장선과 $\overline{CD}$의 연장선의 교점을 Q라 하자. $\angle APD=100^\circ$, $\angle Q=40^\circ$일 때, $\angle BAC$의 크기는?

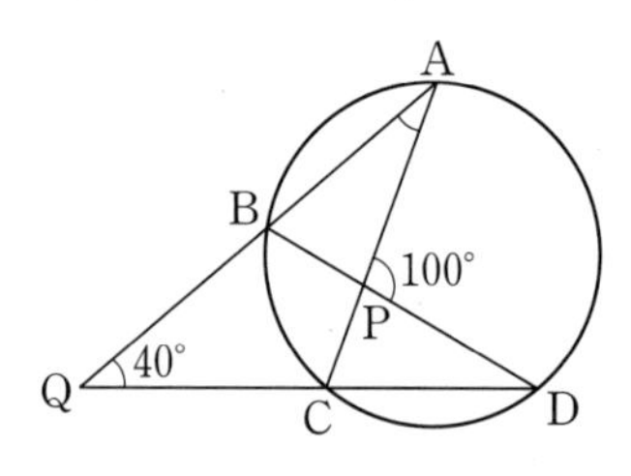

① 20° ② 30° ③ 40°
④ 50° ⑤ 60°

04 다음 그림에서 $\overline{AB}$는 원 O의 지름이고 점 P는 $\overline{AC}$, $\overline{BD}$의 연장선의 교점이다. $\angle COD=32^\circ$일 때, $\angle P$의 크기는?

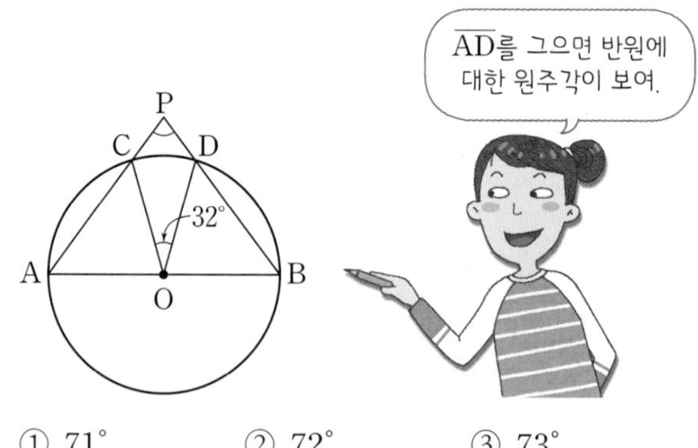

① 71° ② 72° ③ 73°
④ 74° ⑤ 75°

05 다음 그림과 같이 $\triangle ABC$는 $\overline{BC}$가 지름이고 반지름의 길이가 2 cm인 원 O에 내접한다. $\angle BCA=30°$일 때, $\triangle ABC$의 넓이는?

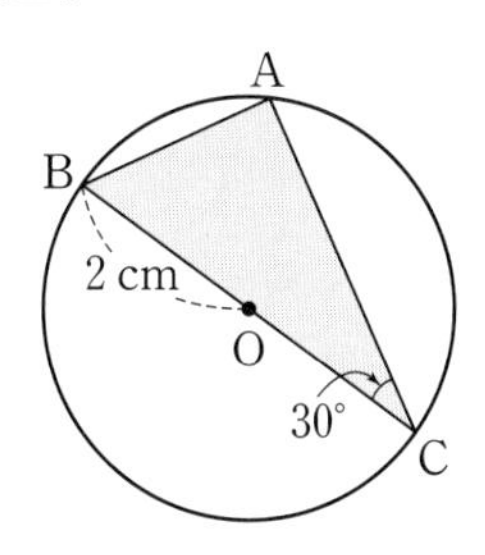

① 2 cm^2 ② $2\sqrt{3}\text{ cm}^2$ ③ 4 cm^2
④ $4\sqrt{3}\text{ cm}^2$ ⑤ 8 cm^2

06 다음 그림에서 $\overline{AB}$는 반원 O의 지름이고 $\widehat{BD}=\widehat{CD}$이다. $\angle ABC=40°$일 때, $\angle CBD$의 크기는?

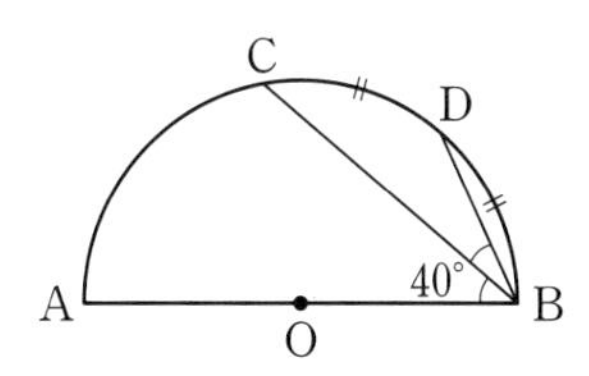

① $10°$ ② $15°$ ③ $20°$
④ $25°$ ⑤ $30°$

07 다음 그림과 같은 원 O에서 $\widehat{AB}=3\text{ cm}$, $\widehat{BC}=9\text{ cm}$일 때, $\angle x : \angle y$는?

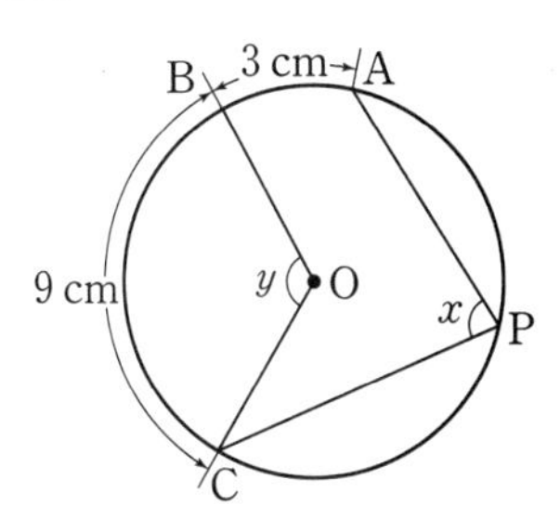

① 1 : 2 ② 1 : 3 ③ 1 : 6
④ 2 : 3 ⑤ 3 : 4

08 다음 그림의 원 O에서 두 현 AC, BD의 교점을 P라 하자. $\angle APB=40°$이고 $\widehat{AB}=5\pi\text{ cm}$, $\widehat{CD}=3\pi\text{ cm}$일 때, 원 O의 반지름의 길이를 구하시오.

09 다음 그림과 같이 원 O에 내접하는 칠각형 ABCDEFG에서 $\widehat{AB}=\widehat{BC}=\widehat{CD}$, $\angle AGF=150°$, $\angle DEF=105°$일 때, $\angle x$의 크기는?

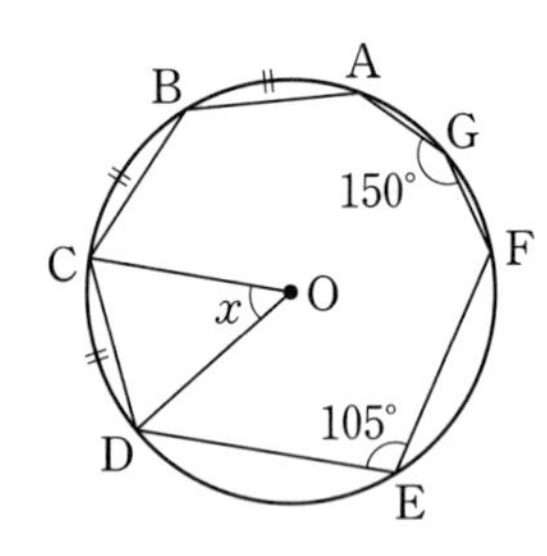

① 30° ② 35° ③ 40°
④ 45° ⑤ 50°

10 아래 그림과 같이 두 원 O, O′이 두 점 P, Q에서 만나고 두 점 P, Q를 각각 지나는 직선은 두 원과 A, B, C, D에서 만난다. 다음 보기에서 옳은 것을 모두 고른 것은?

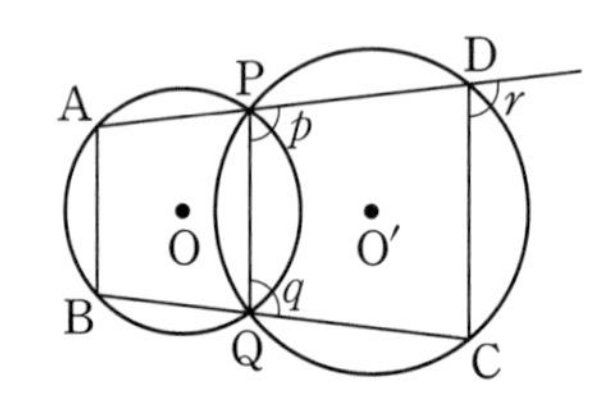

보기
ㄱ $\angle BAP=\angle r$
ㄴ $\angle BAP+\angle PDC=180°$
ㄷ $\overline{AB}\,/\!/\,\overline{DC}$
ㄹ $\overline{AB}\,/\!/\,\overline{PQ}$

① ㄱ, ㄴ ② ㄱ, ㄴ, ㄷ ③ ㄱ, ㄷ, ㄹ
④ ㄴ, ㄷ, ㄹ ⑤ ㄱ, ㄴ, ㄷ, ㄹ

11 다음 그림에서 □ABCD는 원 O에 내접하고 $\angle DPC=34°$, $\angle BQC=32°$일 때, $\angle BOD$의 크기를 구하시오.

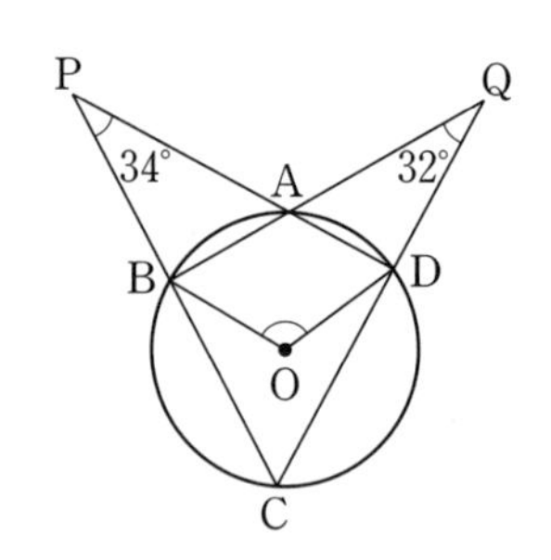

12 오른쪽 그림과 같이 △ABC의 세 꼭짓점에서 대변에 내린 수선의 발을 각각 D, E, F라 하고 세 수선의 교점을 O라 하자. 다음 중 원에 내접하는 사각형이 아닌 것을 들고 있는 학생을 찾으시오.

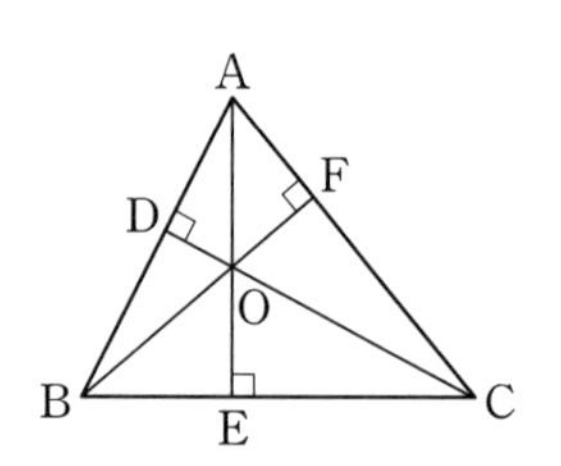

13 다음 그림에서 $\triangle ABC \equiv \triangle ADE$이고 $\angle BAD = 50°$이다. 네 점 A, B, D, E가 한 원 위에 있을 때, $\angle AED$의 크기는?

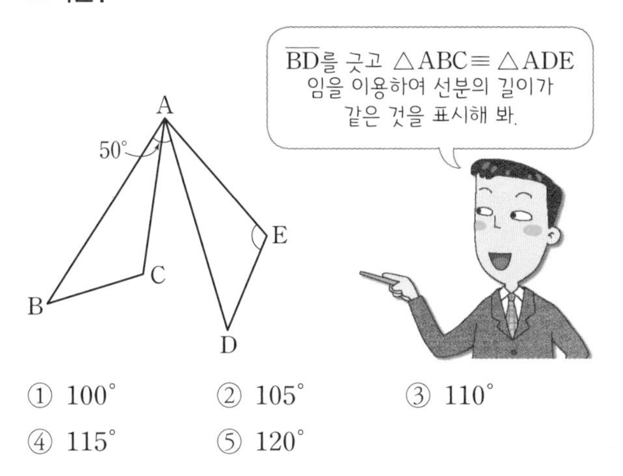

$\overline{BD}$를 긋고 $\triangle ABC \equiv \triangle ADE$
임을 이용하여 선분의 길이가
같은 것을 표시해 봐.
A
50°
E
C
B
D

① 100° ② 105° ③ 110°
④ 115° ⑤ 120°

14 다음 그림과 같이 $\triangle ABC$의 외접원에서 현 AB의 연장선과 점 C에서 그은 접선의 교점을 D라 하고 $\angle ADC$의 이등분선이 $\overline{AC}$, $\overline{BC}$와 만나는 점을 각각 E, F라 하자. $\overline{BF} = 3$, $\overline{CF} = 4$일 때, $\overline{CE}$의 길이는?

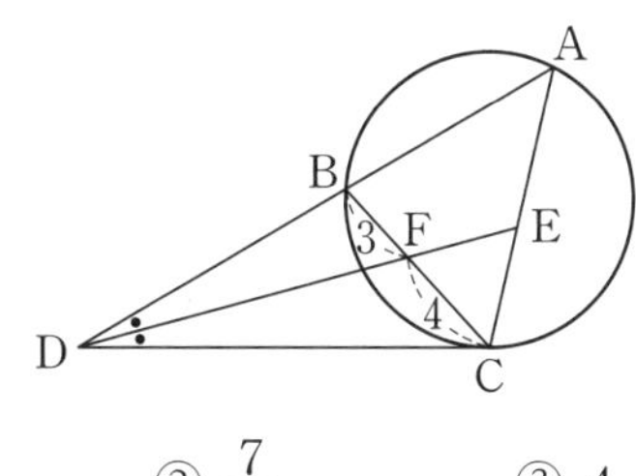

① 3 ② $\frac{7}{2}$ ③ 4
④ $\frac{9}{2}$ ⑤ 5

15 다음 그림에서 $\overleftrightarrow{BT}$는 네 점 A, B, C, D를 지나는 원 O의 접선이고 $\overline{AC}$는 원 O의 지름일 때, $\overline{AC}$와 $\overline{BD}$의 교점을 P라 하자. $\overline{AD} /\!/ \overline{BT}$이고 $\angle CBT = 20°$일 때, $\angle x$의 크기를 구하시오.

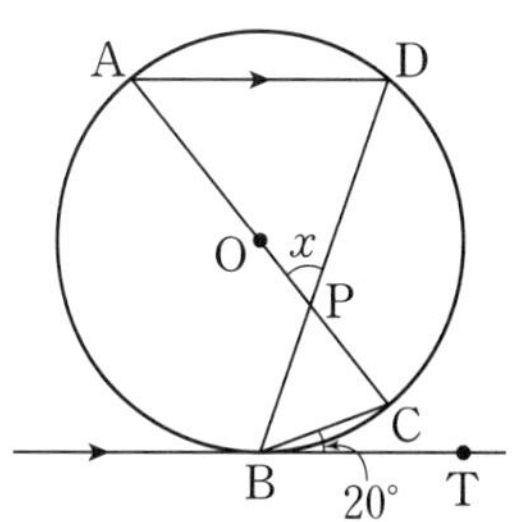

16 다음 그림에서 $\overline{XY}$, $\overline{YB}$는 네 점 A, B, C, D를 지나는 원의 접선이고 두 점 A, B는 접점이다. $\angle DBA = 25°$, $\angle BXA = 35°$일 때, $\angle x + \angle y$의 크기는?

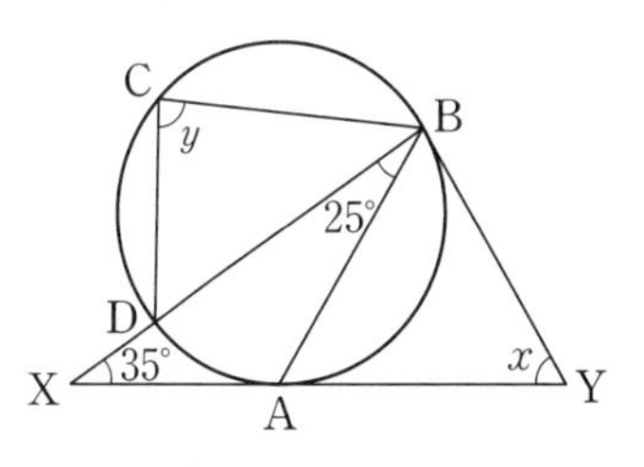

① 145° ② 150° ③ 155°
④ 160° ⑤ 165°

고난도 해결 전략 2회

01 어느 학교 배구부의 선수는 12명이고, 키의 평균은 183 cm이다. 이 중에서 키가 180 cm인 학생이 졸업하고 대신에 키가 186 cm인 학생이 새로 들어 왔다. 이때 이 학교 배구부 선수들의 키의 평균을 구하시오.

02 5개의 변량 a, b, c, d, e의 평균이 100일 때, 변량 $2a+1$, $2b+2$, $2c+3$, $2d+4$, $2e+5$의 평균은?

① 200 ② 201 ③ 203
④ 205 ⑤ 210

03 학생 10명의 과학 점수를 작은 값부터 크기순으로 나열하였을 때, 6번째 학생의 점수는 84점이고 중앙값은 80점이라 한다. 여기에 과학 점수가 75점인 학생 한 명을 추가하였을 때, 학생 11명의 과학 점수의 중앙값은?

① 74점 ② 75점 ③ 76점
④ 77점 ⑤ 78점

04 다음 자료 중 중앙값이 평균보다 대푯값으로 적절한 것은?

① $-2, -1, 5, 8, -3, 0, 2, -4, 1$
② $0.3, 0.1, 0.6, 1.1, 1, 0.7, 0.2, 0.5$
③ $9, 10, 20, 26, 32, 33, 36$
④ $3, 4, 4, 6, 8, 9, 9, 10, 11$
⑤ $500, 2, 4, 1, 5, 2, 3, 4$

05 아래 그림은 세 영화 A, B, C를 각각 관람한 관객 11명의 평점을 조사하여 꺾은선그래프로 나타낸 것이다. 다음 보기에서 옳은 것을 모두 고른 것은?

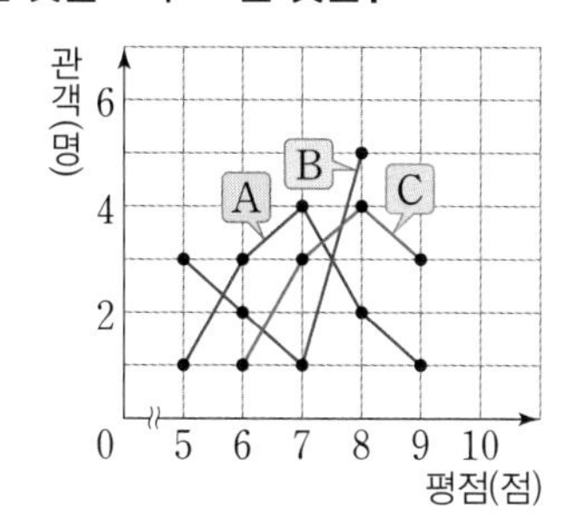

보기
㉠ 평점의 평균이 가장 높은 영화는 B이다.
㉡ 영화 C의 평점의 중앙값은 8점이다.
㉢ 세 영화의 평점의 최빈값 중 영화 A의 평점의 최빈값이 가장 낮다.

① ㉠ ② ㉢ ③ ㉠, ㉡
④ ㉡, ㉢ ⑤ ㉠, ㉡, ㉢

06 다음을 읽고, 두 사람의 대화를 모두 만족하는 a, b의 값을 각각 구하시오.

07 다음은 정수네 가족 5명의 키를 조사하여 분석한 결과이다. 정수와 정수의 동생의 키의 차는? (단, 정수의 동생은 한 명뿐이고, 정수의 가족의 키는 모두 자연수이다.)

(가) 정수의 동생의 키는 170 cm로 가장 작다.
(나) 평균은 174 cm이다.
(다) 중앙값은 176 cm이다.
(라) 최빈값은 176 cm로 2명이다.
(마) 정수의 키는 5명 중에서 가장 크다.

① 6 cm ② 7 cm ③ 8 cm
④ 9 cm ⑤ 10 cm

08 아래 표는 학생 5명의 수학 점수의 편차를 나타낸 것이다. 수학 점수의 평균이 74점일 때, 다음 중 옳은 것은?

학생	A	B	C	D	E
편차(점)	4	-2	3	x	-4

① x의 값은 2이다.
② 학생 A의 점수는 70점이다.
③ 학생 E의 점수가 가장 낮다.
④ 학생 C의 점수는 학생 5명의 수학 점수의 중앙값과 같다.
⑤ 평균보다 점수가 높은 학생은 B, E이다.

09 다음은 소율이네 모둠 학생 8명이 농구 경기에서 자유투에 성공한 횟수를 조사한 자료이다. 이 자료의 평균과 최빈값이 7회로 같을 때, 표준편차를 구하시오.

10 5개의 변량 a, b, c, d, e의 평균이 10, 분산이 5일 때, 변량 $2a+4, 2b+4, 2c+4, 2d+4, 2e+4$의 분산은?

① 10 ② 14 ③ 18
④ 20 ⑤ 24

11 다음은 어느 중학교 남학생과 여학생의 영어 점수를 조사하여 나타낸 것이다. 이때 전체 학생 30명의 영어 점수의 표준편차는?

	학생 수(명)	평균(점)	표준편차(점)
남학생	20	6	$\sqrt{10}$
여학생	10	6	$\sqrt{7}$

① $\sqrt{5}$점 ② $\sqrt{6}$점 ③ $\sqrt{7}$점
④ $2\sqrt{2}$점 ⑤ 3점

12 아래 그림은 세 모둠 A, B, C의 학생들의 일주일 동안 TV 시청 시간을 조사하여 각각 막대 그래프로 나타낸 것이다. 다음 중 옳지 않은 설명을 한 학생을 찾으시오.

[A 모둠]
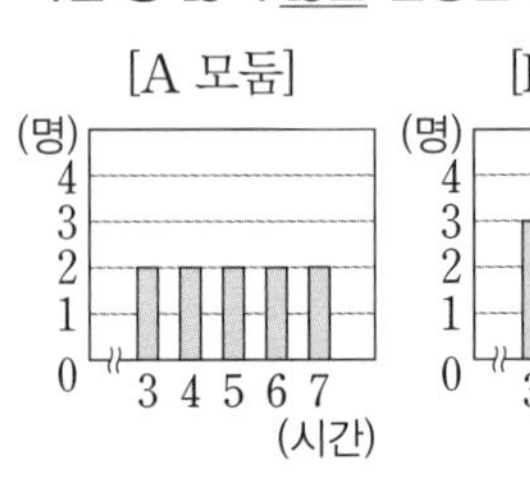

[B 모둠]
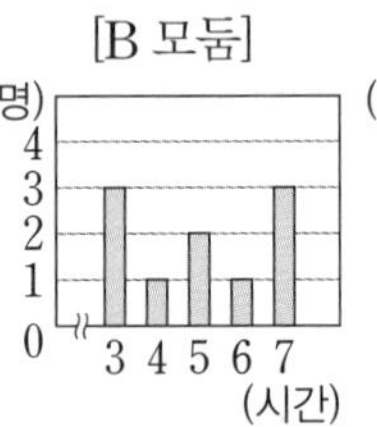

[C 모둠]
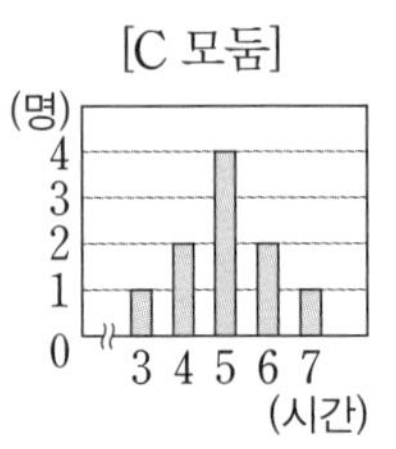

주익  세 모둠의 평균은 모두 같아.

현규  세 모둠 중 분포가 가장 고른 모둠은 A 모둠이야.

지나  B 모둠은 C 모둠보다 분산이 더 커.

선경  세 모둠 중 표준편차는 C 모둠이 가장 작아.

13 다음은 어느 반 학생 16명의 수학 점수와 과학 점수 사이의 관계를 나타낸 산점도이다. 두 과목의 점수가 같은 학생은 전체의 몇 %인지 구하시오.

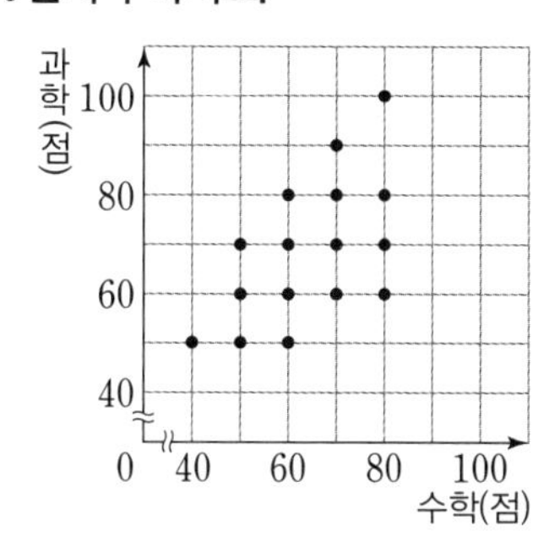

14 오른쪽 그림은 어느 반 학생 20명의 1차, 2차 음악 실기 점수를 조사하여 나타낸 산점도이다. 물음에 답하시오.

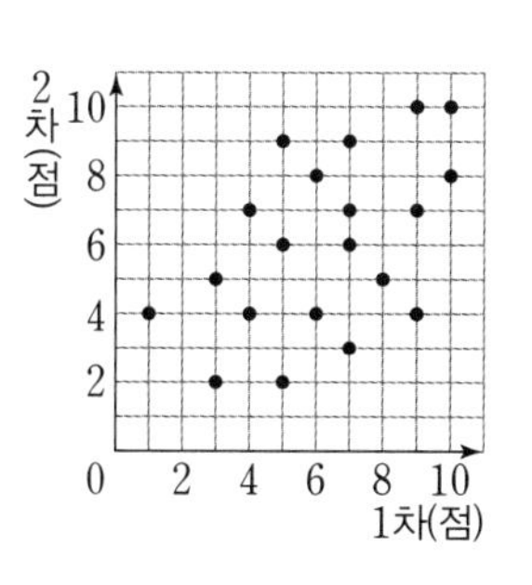

(1) 다음 조건을 모두 만족하는 학생 수를 구하시오.

> 조건
> (가) 1차와 2차 점수의 차가 2점 이상이다.
> (나) 1차와 2차 점수의 총점이 15점 이상이다.

(2) 1차 실기 점수가 상위 25 % 이내에 드는 학생의 2차 실기 점수의 평균을 구하시오.

상위 25 % 이내니까 점수가 높은 쪽에서 25 % 이내에 드는 학생을 찾으면 되겠어.

15 아래 그림은 어느 반 학생 15명의 국어 점수와 영어 점수를 조사하여 나타낸 산점도이다. 다음 보기에서 옳은 것을 모두 고르시오.

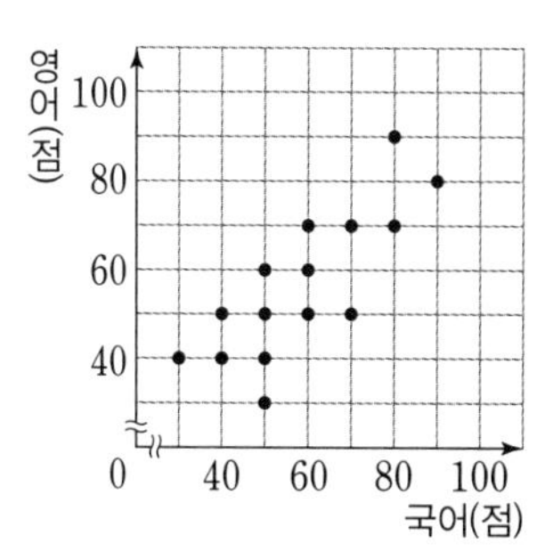

> 보기
> ㉠ 영어 점수와 국어 점수 사이에는 양의 상관관계가 있다.
> ㉡ 영어 점수보다 국어 점수가 높은 학생은 6명이다.
> ㉢ 영어 점수가 국어 점수보다 높은 학생들의 영어 점수의 평균은 60점이다.
> ㉣ 두 과목의 평균 점수가 가장 높은 학생들의 국어 점수의 평균은 85점이다.

16 오른쪽 그림은 어느 중학교 학생들의 용돈과 저축액을 조사하여 나타낸 산점도이다. 다음 중 옳지 않은 것은?

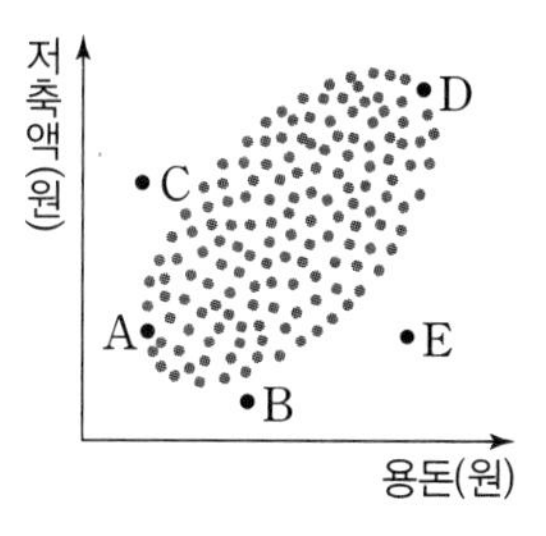

① 용돈과 저축액 사이에는 양의 상관관계가 있다.
② A는 용돈이 적은 편이다.
③ D는 용돈과 저축액이 모두 많은 편이다.
④ C는 용돈에 비해 저축액이 적은 편이다.
⑤ A, B, C, D, E 중 저축액과 용돈의 차가 가장 큰 학생은 E이다.

memo

포기와 시작

누군가는 **포기**하는 시간

누군가는 **시작**하는 시간

코앞으로 다가온 시험엔
최단기 내신 • 수능 대비서로 막판 스퍼트!

7일 끝 (중•고등)

10일 격파 (고등)

book.chunjae.co.kr

교재 내용 문의 ························ 교재 홈페이지 ▸ 중학 ▸ 교재상담
교재 내용 외 문의 ···················· 교재 홈페이지 ▸ 고객센터 ▸ 1:1문의
발간 후 발견되는 오류 ················ 교재 홈페이지 ▸ 중학 ▸ 학습지원 ▸ 학습자료실

일등공략 필승학습!
단기간에 끝장내자!

특목고 대비

일등 전략

중학 수학 3-2

BOOK 3

정답과 풀이

◀ 정답은 이안에 있어!

정답과 풀이

중간고사 대비

정답과 풀이

1주 삼각비와 삼각비의 활용(1)

1일 개념 돌파 전략 1 확인 문제 8쪽~11쪽

01 ④
02 (1) 6 (2) 8
03 $\frac{\sqrt{21}}{7}$
04 (1) ∠C
(2) $\sin x=\frac{3}{5}$, $\cos x=\frac{4}{5}$, $\tan x=\frac{3}{4}$
05 (1) $\frac{3\sqrt{34}}{34}$ (2) $\frac{5\sqrt{34}}{34}$ (3) $\frac{3}{5}$
06 (1) $\sqrt{3}$ (2) $\frac{1}{2}$
07 $x=4$, $y=4\sqrt{3}$
08 $y=x+2$
09 ⑤
10 (1) 2 (2) 0
11 (1) $<$ (2) $>$ (3) $<$
12 (1) 0.2588 (2) 0.9613
13 ④
14 (1) $2\sqrt{3}$ (2) 2 (3) 4 (4) $2\sqrt{7}$
15 (1) $5\sqrt{2}$ (2) $10\sqrt{2}$

01 ④ $\sin B=\frac{b}{c}$
따라서 옳지 않은 것은 ④이다.

02 (1) $\sin A=\frac{\overline{BC}}{10}=\frac{3}{5}$이므로 $5\overline{BC}=30$
$\therefore \overline{BC}=6$
(2) $\overline{AB}=\sqrt{10^2-6^2}=8$

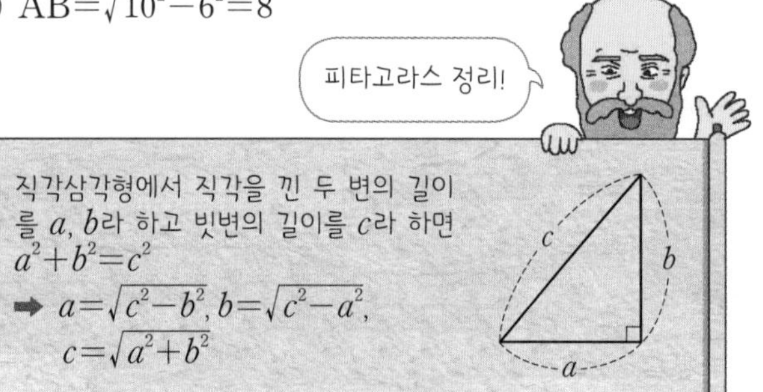

피타고라스 정리!
직각삼각형에서 직각을 낀 두 변의 길이를 a, b라 하고 빗변의 길이를 c라 하면
$a^2+b^2=c^2$
➡ $a=\sqrt{c^2-b^2}$, $b=\sqrt{c^2-a^2}$, $c=\sqrt{a^2+b^2}$
a
b
c

03 $\tan B=\frac{\sqrt{3}}{2}$이므로 오른쪽 그림과 같이 $\angle C=90°$, $\overline{BC}=2$, $\overline{AC}=\sqrt{3}$인 직각삼각형 ABC를 생각할 수 있다.

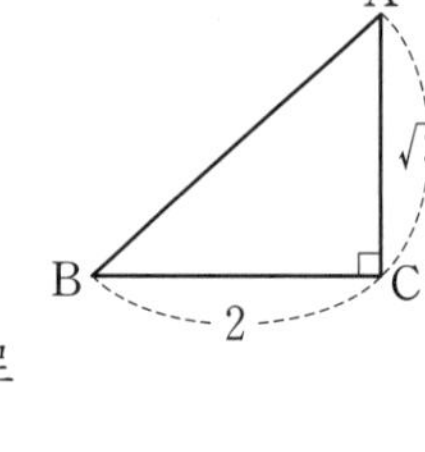

이때 $\overline{AB}=\sqrt{2^2+(\sqrt{3})^2}=\sqrt{7}$이므로
$\sin B=\frac{\sqrt{3}}{\sqrt{7}}=\frac{\sqrt{21}}{7}$

04 (1) △ABC∽△DBA (AA 닮음)
이므로 $\angle C=\angle BAD=x$

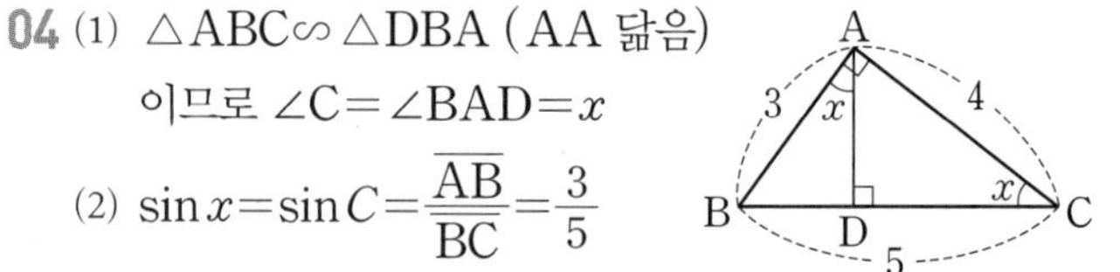

(2) $\sin x=\sin C=\frac{\overline{AB}}{\overline{BC}}=\frac{3}{5}$
$\cos x=\cos C=\frac{\overline{AC}}{\overline{BC}}=\frac{4}{5}$
$\tan x=\tan C=\frac{\overline{AB}}{\overline{AC}}=\frac{3}{4}$

05 직각삼각형 AOB에서
$\overline{AO}=5$, $\overline{BO}=3$, $\overline{AB}=\sqrt{5^2+3^2}=\sqrt{34}$
(1) $\sin a=\frac{\overline{BO}}{\overline{AB}}=\frac{3}{\sqrt{34}}=\frac{3\sqrt{34}}{34}$
(2) $\cos a=\frac{\overline{AO}}{\overline{AB}}=\frac{5}{\sqrt{34}}=\frac{5\sqrt{34}}{34}$
(3) $\tan a=\frac{\overline{BO}}{\overline{AO}}=\frac{3}{5}$

06 (1) $\sin 60°+\cos 30°=\frac{\sqrt{3}}{2}+\frac{\sqrt{3}}{2}=\frac{2\sqrt{3}}{2}=\sqrt{3}$
(2) $\tan 45°-\cos 60°=1-\frac{1}{2}=\frac{1}{2}$

07 $\sin 30°=\frac{x}{8}=\frac{1}{2}$이므로 $2x=8$ $\therefore x=4$
$\cos 30°=\frac{y}{8}=\frac{\sqrt{3}}{2}$이므로 $2y=8\sqrt{3}$ $\therefore y=4\sqrt{3}$

08 구하는 직선의 방정식을 $y=mx+n$이라 하면
$m=$(직선의 기울기)$=\tan 45°=1$
$n=(y$절편$)=2$
따라서 구하는 직선의 방정식은 $y=x+2$이다.

09 ① $\sin x=\frac{\overline{AB}}{\overline{OA}}=\frac{\overline{AB}}{1}=\overline{AB}$
② $\cos y=\frac{\overline{AB}}{\overline{OA}}=\frac{\overline{AB}}{1}=\overline{AB}$
③ $\tan x=\frac{\overline{CD}}{\overline{OD}}=\frac{\overline{CD}}{1}=\overline{CD}$
④ $\overline{AB}\,/\!/\,\overline{CD}$이므로 $y=z$ (동위각)
$\therefore \sin z=\sin y=\frac{\overline{OB}}{\overline{OA}}=\frac{\overline{OB}}{1}=\overline{OB}$

⑤ $\cos z=\cos y=\dfrac{\overline{AB}}{\overline{OA}}=\dfrac{\overline{AB}}{1}=\overline{AB}$

따라서 옳지 않은 것은 ⑤이다.

10 (1) $\sin 90^\circ+\cos 0^\circ=1+1=2$

(2) $\tan 0^\circ-\cos 90^\circ=0-0=0$

11 (1) $0^\circ\le x\le 90^\circ$인 범위에서 x의 크기가 커지면 $\sin x$의 값은 0에서 1까지 증가하므로 $\sin 50^\circ<\sin 80^\circ$

(2) $0^\circ\le x\le 90^\circ$인 범위에서 x의 크기가 커지면 $\cos x$의 값은 1에서 0까지 감소하므로 $\cos 10^\circ>\cos 40^\circ$

(3) $0^\circ\le x<90^\circ$인 범위에서 x의 크기가 커지면 $\tan x$의 값은 0에서 한없이 증가하므로 $\tan 35^\circ<\tan 65^\circ$

12 (1) $\sin 15^\circ$의 값은 삼각비의 표에서 각도 15°의 가로줄과 sin의 세로줄이 만나는 곳에 있는 수인 0.2588이다.

(2) $\cos 16^\circ$의 값은 삼각비의 표에서 각도 16°의 가로줄과 cos의 세로줄이 만나는 곳에 있는 수인 0.9613이다.

13 $\sin 55^\circ=\dfrac{6}{\overline{AB}}$이므로 $\overline{AB}=\dfrac{6}{\sin 55^\circ}$

14 (1) $\overline{AH}=4\sin 60^\circ=4\times\dfrac{\sqrt{3}}{2}=2\sqrt{3}$

(2) $\overline{BH}=4\cos 60^\circ=4\times\dfrac{1}{2}=2$

(3) $\overline{CH}=\overline{BC}-\overline{BH}=6-2=4$

(4) 직각삼각형 AHC에서 $\overline{AC}=\sqrt{(2\sqrt{3})^2+4^2}=2\sqrt{7}$

15 (1) $\overline{BH}=10\sin 45^\circ=10\times\dfrac{\sqrt{2}}{2}=5\sqrt{2}$

(2) $\angle A=180^\circ-(105^\circ+45^\circ)$
$=30^\circ$

이므로

$\sin 30^\circ=\dfrac{\overline{BH}}{\overline{AB}}=\dfrac{5\sqrt{2}}{\overline{AB}}=\dfrac{1}{2}$

$\therefore \overline{AB}=10\sqrt{2}$

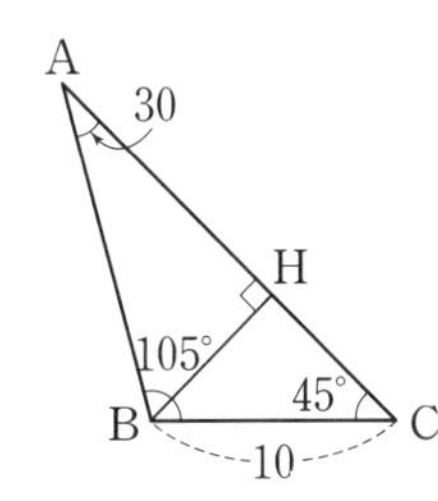

1일 개념 돌파 전략 2 (12쪽~13쪽)

1 ③	2 ④	3 ②	4 ③
5 43	6 4.1 m		

1 $\overline{BC}=\sqrt{5^2-4^2}=3$

③ $\tan A=\dfrac{\overline{BC}}{\overline{AC}}=\dfrac{3}{4}$

따라서 옳지 않은 것은 ③이다.

2 $\cos B=\dfrac{9}{\overline{AB}}=\dfrac{3}{5}$이므로 $3\overline{AB}=45$

$\therefore \overline{AB}=15\ (\mathrm{cm})$

$\therefore \overline{AC}=\sqrt{15^2-9^2}=12\ (\mathrm{cm})$

3 $\triangle ABC \backsim \triangle EBD$(AA 닮음)이므로

$\angle C=\angle BDE=x$

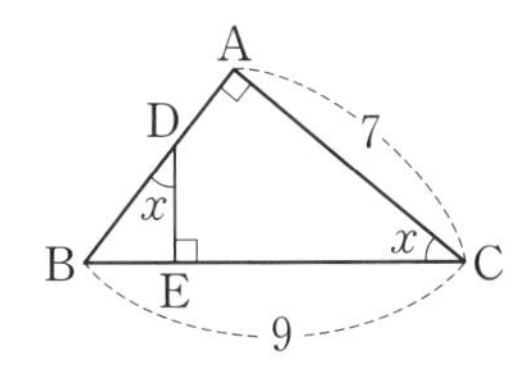

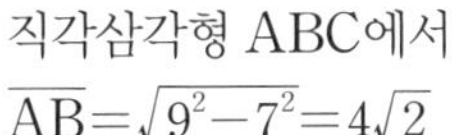
직각삼각형 ABC에서

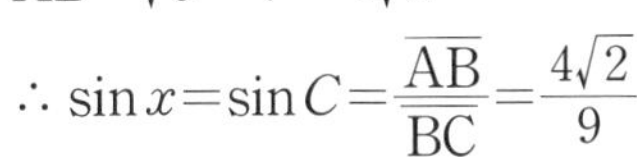
$\overline{AB}=\sqrt{9^2-7^2}=4\sqrt{2}$

$\therefore \sin x=\sin C=\dfrac{\overline{AB}}{\overline{BC}}=\dfrac{4\sqrt{2}}{9}$

4 ① $\sin 0^\circ=\tan 0^\circ=0$

② $\sin 30^\circ=\cos 60^\circ=\dfrac{1}{2}$

③ $\cos 60^\circ=\dfrac{1}{2}$, $\tan 60^\circ=\sqrt{3}$이므로 $\cos 60^\circ<\tan 60^\circ$

④ $\sin 0^\circ=0$, $\cos 0^\circ=1$, $\sin 45^\circ=\cos 45^\circ=\dfrac{\sqrt{2}}{2}$이므로

$0^\circ\le x<45^\circ$일 때, $0\le\sin x<\dfrac{\sqrt{2}}{2}$, $\dfrac{\sqrt{2}}{2}<\cos x\le 1$

$\therefore \sin x<\cos x$

⑤ $\tan 45^\circ=1$이므로 $45^\circ<x<90^\circ$일 때, $\tan x>1$

따라서 옳지 않은 것은 ③이다.

5 삼각비의 값 0.3907은 23°의 가로줄과 sin의 세로줄이 만나는 곳에 있는 수이므로 $x=23$

삼각비의 값 0.9397은 20°의 가로줄과 cos의 세로줄이 만나는 곳에 있는 수이므로 $y=20$

$\therefore x+y=23+20=43$

6 $\sin 55^\circ=\frac{\overline{BC}}{5}$이므로

$\overline{BC}=5\sin 55^\circ=5\times 0.82=4.1\ (m)$

따라서 사다리는 지면에서 4.1 m 되는 곳에 걸쳐 있다.

2일 필수 체크 전략 1 14쪽~17쪽

1-1 $\frac{\sqrt{5}}{3}$	**1-2** $\frac{1}{5}$
2-1 $\frac{\sqrt{7}}{3}$	**3-1** ③
3-2 $\frac{2\sqrt{6}}{7}$	**4-1** ④
5-1 $\frac{4}{5}$	**6-1** ⑤
7-1 ③	**7-2** 30°
8-1 경민, 보라, 현석	

1-1 $\overline{AB}=3k$, $\overline{BC}=2k(k>0)$로 놓으면

$\overline{AC}=\sqrt{(3k)^2-(2k)^2}=\sqrt{5}k$

$\therefore \sin B=\frac{\overline{AC}}{\overline{AB}}=\frac{\sqrt{5}k}{3k}=\frac{\sqrt{5}}{3}$

1-2 $\angle A=90^\circ$이고 $\overline{AD}=\overline{BC}=8$이므로 $\triangle ABD$에서

$\overline{BD}=\sqrt{8^2+6^2}=10$

따라서 $\sin x=\frac{\overline{AD}}{\overline{BD}}=\frac{8}{10}=\frac{4}{5}$,

$\cos x=\frac{\overline{AB}}{\overline{BD}}=\frac{6}{10}=\frac{3}{5}$이므로

$\sin x-\cos x=\frac{4}{5}-\frac{3}{5}=\frac{1}{5}$

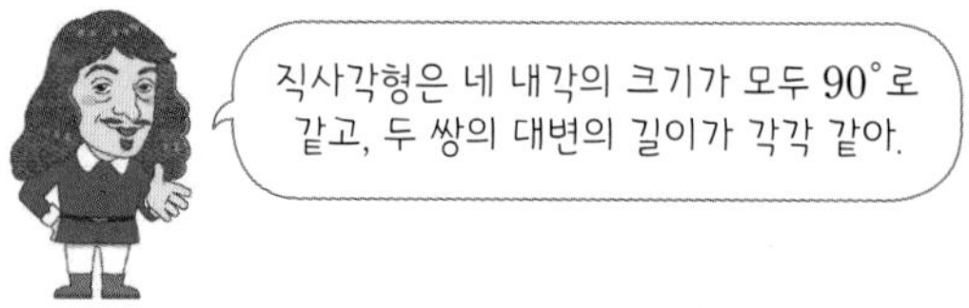

직사각형은 네 내각의 크기가 모두 90°로 같고, 두 쌍의 대변의 길이가 각각 같아.

2-1 $\cos A=\frac{4}{\overline{AC}}=\frac{\sqrt{2}}{3}$이므로 $\sqrt{2}\,\overline{AC}=12$

$\therefore \overline{AC}=\frac{12}{\sqrt{2}}=6\sqrt{2}\ (m)$

이때 $\overline{BC}=\sqrt{(6\sqrt{2})^2-4^2}=2\sqrt{14}\ (m)$이므로

$\sin A=\frac{\overline{BC}}{\overline{AC}}=\frac{2\sqrt{14}}{6\sqrt{2}}=\frac{\sqrt{7}}{3}$

3-1 $\sin A=\frac{2}{3}$이므로 오른쪽 그림과 같이 $\angle B=90^\circ$, $\overline{AC}=3$, $\overline{BC}=2$인 직각삼각형 ABC를 생각할 수 있다.

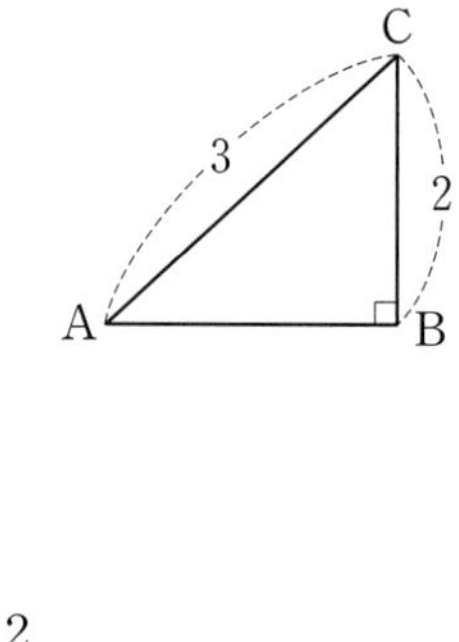

이때 $\overline{AB}=\sqrt{3^2-2^2}=\sqrt{5}$이므로

$\cos A=\frac{\sqrt{5}}{3}$, $\tan A=\frac{2}{\sqrt{5}}$

$\therefore \cos A\times\tan A=\frac{\sqrt{5}}{3}\times\frac{2}{\sqrt{5}}=\frac{2}{3}$

3-2 $7\cos A-5=0$에서 $\cos A=\frac{5}{7}$

오른쪽 그림과 같이 $\angle B=90^\circ$, $\overline{AC}=7$, $\overline{AB}=5$인 직각삼각형 ABC에서 $\overline{BC}=\sqrt{7^2-5^2}=2\sqrt{6}$이므로

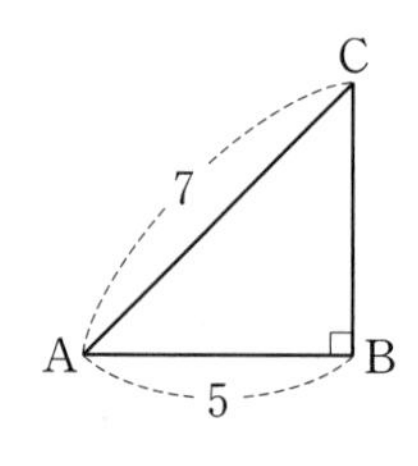

$\sin A=\frac{2\sqrt{6}}{7}$

4-1 $\angle BAD=90^\circ$이므로

$\triangle ABD\backsim\triangle HAD$ (AA 닮음)

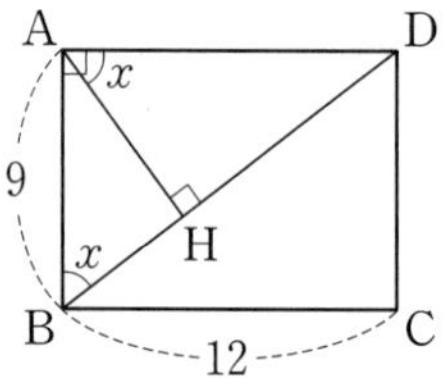

$\therefore \angle ABD=\angle HAD=x$

$\triangle ABD$에서

$\overline{BD}=\sqrt{12^2+9^2}=15$이므로

$\sin x=\sin(\angle ABD)=\frac{\overline{AD}}{\overline{BD}}=\frac{12}{15}=\frac{4}{5}$,

$\cos x=\cos(\angle ABD)=\frac{\overline{AB}}{\overline{BD}}=\frac{9}{15}=\frac{3}{5}$

$\therefore \sin x+\cos x=\frac{4}{5}+\frac{3}{5}=\frac{7}{5}$

5-1 $4x-3y+12=0$에서

$x=0$일 때, $-3y+12=0$ $\quad\therefore y=4$

$y=0$일 때, $4x+12=0$ $\quad\therefore x=-3$

$\therefore A(0, 4)$, $B(-3, 0)$

따라서 직각삼각형 ABO에서

$\overline{AO}=4$, $\overline{BO}=3$

$\overline{AB}=\sqrt{3^2+4^2}=5$이므로

$\cos x=\dfrac{\overline{BO}}{\overline{AB}}=\dfrac{3}{5}$,

$\tan x=\dfrac{\overline{AO}}{\overline{BO}}=\dfrac{4}{3}$

$\therefore \cos x\times\tan x=\dfrac{3}{5}\times\dfrac{4}{3}=\dfrac{4}{5}$

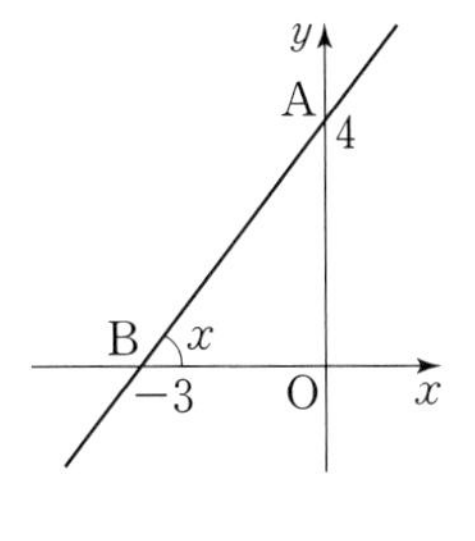

$\tan x$는 직선의 기울기로 구할 수도 있어.
$4x-3y+12=0$에서 $y=\frac{4}{3}x+4$
즉 직선의 기울기가 $\frac{4}{3}$이므로 $\tan x=\frac{4}{3}$

6-1 ① $\sin 30^\circ+\cos 60^\circ=\dfrac{1}{2}+\dfrac{1}{2}=1$

② $\tan 0^\circ+\tan 45^\circ-\cos 0^\circ=0+1-1=0$

③ $\sin 60^\circ\times\cos 60^\circ\times\tan 60^\circ=\dfrac{\sqrt{3}}{2}\times\dfrac{1}{2}\times\sqrt{3}$
$=\dfrac{3}{4}$

④ $\sin 90^\circ-\sin 45^\circ\times\cos 45^\circ=1-\dfrac{\sqrt{2}}{2}\times\dfrac{\sqrt{2}}{2}$
$=\dfrac{1}{2}$

⑤ $\tan 30^\circ\times\tan 60^\circ+\sin 45^\circ\times\sin 90^\circ$
$=\dfrac{\sqrt{3}}{3}\times\sqrt{3}+\dfrac{\sqrt{2}}{2}\times 1=1+\dfrac{\sqrt{2}}{2}$

따라서 옳지 않은 것은 ⑤이다.

7-1 $5^\circ<x<50^\circ$에서 $10^\circ<2x<100^\circ$

$\therefore 0^\circ<2x-10^\circ<90^\circ$

$\cos 60^\circ=\dfrac{1}{2}$이므로 $2x-10^\circ=60^\circ$

$2x=70^\circ$ $\quad\therefore x=35^\circ$

7-2 $2x^2+x-1=0$에서 $(x+1)(2x-1)=0$

$\therefore x=-1$ 또는 $x=\dfrac{1}{2}$

이때 $0<\sin a<1$이므로 $\sin a=\dfrac{1}{2}$

따라서 $\sin 30^\circ=\dfrac{1}{2}$이므로 $a=30^\circ$

8-1 경민 : $\sin 30^\circ=\dfrac{\overline{AC}}{10}=\dfrac{1}{2}$이므로 $2\overline{AC}=10$

$\therefore \overline{AC}=5\,(\text{cm})$

보라 : $\cos 30^\circ=\dfrac{\overline{BC}}{10}=\dfrac{\sqrt{3}}{2}$이므로

$2\overline{BC}=10\sqrt{3}$ $\quad\therefore \overline{BC}=5\sqrt{3}\,(\text{cm})$

정원 : $\angle ADC=45^\circ$인지는 알 수 없다.

다미 : $\angle BAD=15^\circ$인지는 알 수 없다.

현석, 민지 : $\triangle ADC$에서

$\overline{DC}=\dfrac{1}{2}\overline{BC}=\dfrac{5\sqrt{3}}{2}\,(\text{cm})$

$\therefore \overline{AD}=\sqrt{\left(\dfrac{5\sqrt{3}}{2}\right)^2+5^2}=\dfrac{5\sqrt{7}}{2}\,(\text{cm})$

따라서 옳은 것을 들고 있는 학생은 경민, 보라, 현석이다.

2일 필수 체크 전략 2 (18쪽~19쪽)

1 $\frac{8}{15}$	**2** $\frac{2\sqrt{10}}{9}$	**3** ⑤	**4** $\frac{\sqrt{2}}{3}$
5 ②	**6** 별이	**7** ⑤	**8** ①

1 $\triangle DBC$에서 $\overline{BC}=\sqrt{10^2-6^2}=8$

$\triangle ABC$에서 $\overline{AB}=\sqrt{17^2-8^2}=15$

$\therefore \tan A=\dfrac{\overline{BC}}{\overline{AB}}=\dfrac{8}{15}$

2 $\triangle ABC\backsim\triangle AED$ (AA 닮음)

이므로

$\angle B=\angle AED$, $\angle C=\angle ADE$

$\triangle ADE$에서

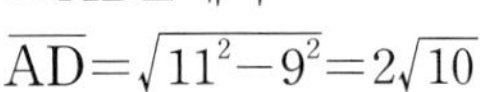
$\overline{AD}=\sqrt{11^2-9^2}=2\sqrt{10}$

이므로

$\sin B=\sin(\angle AED)=\dfrac{\overline{AD}}{\overline{DE}}=\dfrac{2\sqrt{10}}{11}$

$\sin C=\sin(\angle ADE)=\dfrac{\overline{AE}}{\overline{DE}}=\dfrac{9}{11}$

$\therefore \sin B\div\sin C=\dfrac{2\sqrt{10}}{11}\div\dfrac{9}{11}=\dfrac{2\sqrt{10}}{9}$

3 $\triangle AEF \backsim \triangle EDF$ (AA 닮음)

이므로 $\angle A = \angle DEF = x$

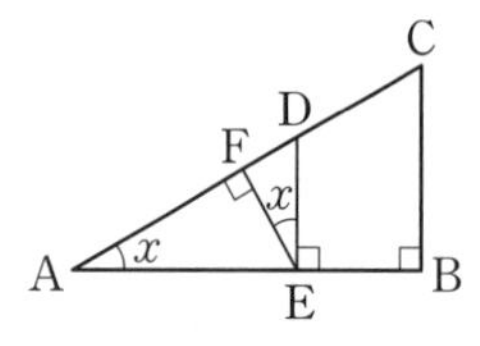

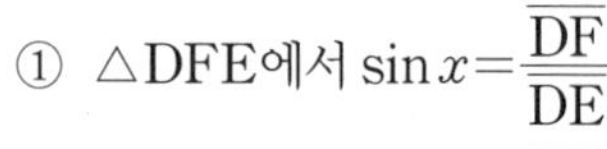

① $\triangle DFE$에서 $\sin x = \dfrac{\overline{DF}}{\overline{DE}}$

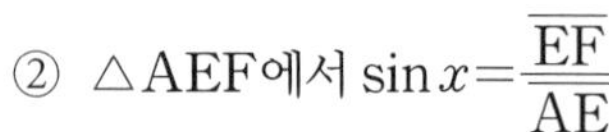

② $\triangle AEF$에서 $\sin x = \dfrac{\overline{EF}}{\overline{AE}}$

③ $\triangle AED$에서 $\sin x = \dfrac{\overline{DE}}{\overline{AD}}$

④ $\triangle ABC$에서 $\sin x = \dfrac{\overline{BC}}{\overline{AC}}$

따라서 $\sin x$의 값이 아닌 것은 ⑤이다.

4 $\triangle AEG$는 $\angle AEG = 90^\circ$인 직각삼각형이다.

이때 $\triangle EFG$에서 $\overline{EG} = \sqrt{2^2+2^2} = 2\sqrt{2}$

$\triangle AEG$에서 $\overline{AG} = \sqrt{2^2+(2\sqrt{2})^2} = 2\sqrt{3}$

따라서 $\sin x = \dfrac{\overline{AE}}{\overline{AG}} = \dfrac{2}{2\sqrt{3}} = \dfrac{\sqrt{3}}{3}$,

$\cos x = \dfrac{\overline{EG}}{\overline{AG}} = \dfrac{2\sqrt{2}}{2\sqrt{3}} = \dfrac{\sqrt{6}}{3}$이므로

$\sin x \times \cos x = \dfrac{\sqrt{3}}{3} \times \dfrac{\sqrt{6}}{3} = \dfrac{\sqrt{2}}{3}$

5 $y = \dfrac{\sqrt{3}}{3}x - 8$에 $y=0$을 대입하면 $x = 8\sqrt{3}$

$x=0$을 대입하면 $y=-8$

따라서 직선 $y = \dfrac{\sqrt{3}}{3}x - 8$은 오른쪽 그림과 같으므로 직각삼각형 AOB에서

$\overline{OA} = 8\sqrt{3}$, $\overline{OB} = 8$,

$\overline{AB} = \sqrt{(8\sqrt{3})^2 + 8^2} = 16$

$\therefore \sin a = \dfrac{\overline{OB}}{\overline{AB}} = \dfrac{8}{16} = \dfrac{1}{2}$, $\cos a = \dfrac{\overline{OA}}{\overline{AB}} = \dfrac{8\sqrt{3}}{16} = \dfrac{\sqrt{3}}{2}$

$\therefore \sin a \div \cos a = \dfrac{1}{2} \div \dfrac{\sqrt{3}}{2} = \dfrac{1}{2} \times \dfrac{2}{\sqrt{3}} = \dfrac{\sqrt{3}}{3}$

다른 풀이

$\tan a = \dfrac{\sqrt{3}}{3}$이므로 $a = 30^\circ$

$\therefore \sin a \div \cos a = \sin 30^\circ \div \cos 30^\circ = \dfrac{1}{2} \div \dfrac{\sqrt{3}}{2} = \dfrac{\sqrt{3}}{3}$

6 산이 : $2\tan 45^\circ - \cos 30^\circ \times \tan 60^\circ$

$= 2 \times 1 - \dfrac{\sqrt{3}}{2} \times \sqrt{3}$

$= 2 - \dfrac{3}{2} = \dfrac{1}{2}$

달이 : $2\sin 60^\circ - (3\tan 30^\circ \div \sin 45^\circ \times \cos 45^\circ)$

$= 2 \times \dfrac{\sqrt{3}}{2} - \left(3 \times \dfrac{\sqrt{3}}{3} \div \dfrac{\sqrt{2}}{2} \times \dfrac{\sqrt{2}}{2}\right)$

$= \sqrt{3} - \sqrt{3} = 0$

별이 : $\tan 0^\circ \times \sin 90^\circ - 2(2 - \cos 60^\circ \div \cos 0^\circ)$

$= 0 \times 1 - 2 \times \left(2 - \dfrac{1}{2} \div 1\right)$

$= -2 \times \dfrac{3}{2} = -3$

따라서 $-3 < 0 < \dfrac{1}{2}$이므로 계산 결과가 가장 작은 것을 들고 있는 학생은 별이이다.

7 삼각형의 세 내각의 크기를 $3a$, $5a$, $10a\,(a>0^\circ)$라 하면 삼각형의 세 내각의 크기의 합은 180°이므로

$3a + 5a + 10a = 180^\circ$, $18a = 180^\circ$

$\therefore a = 10^\circ$

따라서 $A = 30^\circ$이므로

$\sin A : \cos A : \tan A = \sin 30^\circ : \cos 30^\circ : \tan 30^\circ$

$= \dfrac{1}{2} : \dfrac{\sqrt{3}}{2} : \dfrac{\sqrt{3}}{3}$

$= \sqrt{3} : 3 : 2$

8 $\triangle ABC$에서

$\sin 30^\circ = \dfrac{\overline{AC}}{4} = \dfrac{1}{2}$이므로 $2\overline{AC} = 4$ $\quad \therefore \overline{AC} = 2$

$\cos 30^\circ = \dfrac{\overline{BC}}{4} = \dfrac{\sqrt{3}}{2}$이므로 $2\overline{BC} = 4\sqrt{3}$ $\quad \therefore \overline{BC} = 2\sqrt{3}$

$\angle BAC = 90^\circ - 30^\circ = 60^\circ$

이므로

$\angle CAD = \dfrac{1}{2}\angle BAC = 30^\circ$

$\triangle ADC$에서

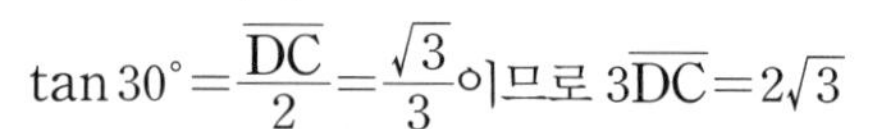

$\tan 30^\circ = \dfrac{\overline{DC}}{2} = \dfrac{\sqrt{3}}{3}$이므로 $3\overline{DC} = 2\sqrt{3}$

$\therefore \overline{DC} = \dfrac{2\sqrt{3}}{3}$

$\therefore \overline{BD} = \overline{BC} - \overline{DC} = 2\sqrt{3} - \dfrac{2\sqrt{3}}{3} = \dfrac{4\sqrt{3}}{3}$

다른 풀이

$\triangle ABC$에서

$\sin 30^\circ=\frac{\overline{AC}}{4}=\frac{1}{2}$이므로 $2\overline{AC}=4$　　$\therefore \overline{AC}=2$

$\cos 30^\circ=\frac{\overline{BC}}{4}=\frac{\sqrt{3}}{2}$이므로 $2\overline{BC}=4\sqrt{3}$　　$\therefore \overline{BC}=2\sqrt{3}$

$\overline{AD}$는 $\angle A$의 이등분선이므로 $\overline{AB}:\overline{AC}=\overline{BD}:\overline{CD}$

$\overline{BD}:\overline{CD}=4:2=2:1$

$\therefore \overline{BD}=\frac{2}{3}\overline{BC}=\frac{2}{3}\times 2\sqrt{3}=\frac{4\sqrt{3}}{3}$

3일 필수 체크 전략 1 (20쪽~23쪽)

1-1 ②	**2-1** 0.7713
3-1 ②, ⑤	**3-2** ④
4-1 ②	**5-1** ③
6-1 ①	**7-1** ②
8-1 ③	

1-1 $\overline{BO}=\overline{AO}=2$이고 $\angle BOC=180^\circ-135^\circ=45^\circ$이므로

$\triangle BOC$에서

$\sin 45^\circ=\frac{\overline{BC}}{\overline{BO}}=\frac{\overline{BC}}{2}=\frac{\sqrt{2}}{2}$　　$\therefore \overline{BC}=\sqrt{2}$

$\cos 45^\circ=\frac{\overline{OC}}{\overline{BO}}=\frac{\overline{OC}}{2}=\frac{\sqrt{2}}{2}$　　$\therefore \overline{OC}=\sqrt{2}$

따라서 $\triangle ACB$에서 $\overline{AC}=\overline{AO}+\overline{OC}=2+\sqrt{2}$이므로

$\tan x=\frac{\overline{BC}}{\overline{AC}}=\frac{\sqrt{2}}{2+\sqrt{2}}=\sqrt{2}-1$

2-1 $\triangle AOB$에서

$\sin 31^\circ=\frac{\overline{AB}}{\overline{OA}}=\frac{\overline{AB}}{1}=\overline{AB}$

$\cos 31^\circ=\frac{\overline{OB}}{\overline{OA}}=\frac{\overline{OB}}{1}=\overline{OB}$

$\triangle COD$에서 $\tan 31^\circ=\frac{\overline{CD}}{\overline{OD}}=\frac{\overline{CD}}{1}=\overline{CD}$

이때 주어진 삼각비의 표에서 $\sin 31^\circ=0.5150$,

$\cos 31^\circ=0.8572$, $\tan 31^\circ=0.6009$이므로

$\overline{AB}=0.5150$, $\overline{OB}=0.8572$, $\overline{CD}=0.6009$

$\therefore \overline{AB}+\overline{OB}-\overline{CD}=0.5150+0.8572-0.6009$

$=0.7713$

3-1 ① $0^\circ\le x\le 90^\circ$인 범위에서 x의 크기가 커지면 $\sin x$의 값은 증가하므로 $\sin 30^\circ<\sin 75^\circ$

② $0^\circ\le x\le 90^\circ$인 범위에서 x의 크기가 커지면 $\cos x$의 값은 감소하므로 $\cos 30^\circ>\cos 75^\circ$

③ $0^\circ\le x<90^\circ$인 범위에서 x의 크기가 커지면 $\tan x$의 값은 한없이 증가하므로 $\tan 30^\circ<\tan 75^\circ$

④ $\cos 60^\circ=\frac{1}{2}$, $\cos 30^\circ=\frac{\sqrt{3}}{2}$이므로 $\cos 60^\circ<\cos 30^\circ$

⑤ $\sin 45^\circ=\frac{\sqrt{2}}{2}$, $\cos 45^\circ=\frac{\sqrt{2}}{2}$이므로 $\sin 45^\circ=\cos 45^\circ$

따라서 옳지 않은 것은 ②, ⑤이다.

3-2 ① $\sin 25^\circ<\sin 90^\circ=1$

② $\cos 0^\circ=1$

③ $\cos 40^\circ<\cos 0^\circ=1$

④ $\tan 55^\circ>\tan 45^\circ=1$

⑤ $\sin 80^\circ<\sin 90^\circ=1$

따라서 삼각비의 값 중 가장 큰 것은 ④ $\tan 55^\circ$이다.

4-1 $0^\circ<x<90^\circ$일 때, $0<\cos x<1$이므로

$\cos x+1>0$, $\cos x-1<0$

$\therefore \sqrt{(\cos x+1)^2}-\sqrt{(\cos x-1)^2}$

$=\cos x+1-\{-(\cos x-1)\}$

$=\cos x+1+\cos x-1=2\cos x$

5-1 $\cos 65^\circ=\frac{x}{2}=0.4226$에서 $x=0.4226\times 2=0.8452$

$\sin 65^\circ=\frac{y}{2}=0.9063$에서 $y=0.9063\times 2=1.8126$

$\therefore x+y=0.8452+1.8126=2.6578$

6-1 $\overline{AB}=12\tan 30^\circ=12\times\frac{\sqrt{3}}{3}=4\sqrt{3}\,(\text{m})$

$\overline{AC}=\frac{12}{\cos 30^\circ}=12\div\frac{\sqrt{3}}{2}=12\times\frac{2}{\sqrt{3}}=8\sqrt{3}\,(\text{m})$

$\therefore$ (부러지기 전의 나무의 높이)

$=\overline{AB}+\overline{AC}=4\sqrt{3}+8\sqrt{3}=12\sqrt{3}\,(\text{m})$

7-1 오른쪽 그림과 같이 꼭짓점 B에서 $\overline{AP}$에 내린 수선의 발을 H라 하면 △BHP에서

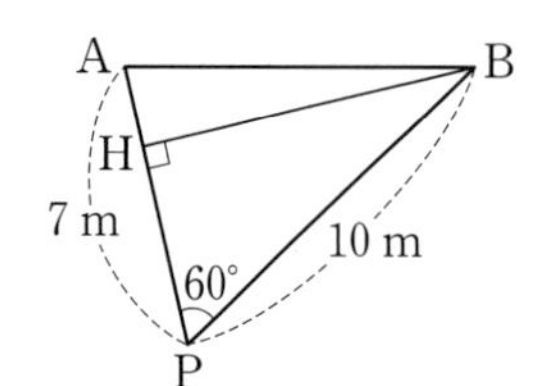

$\overline{BH}=10\sin 60°$

$=10\times\frac{\sqrt{3}}{2}$

$=5\sqrt{3}$ (m)

$\overline{PH}=10\cos 60°=10\times\frac{1}{2}=5$ (m)

$\overline{AH}=\overline{AP}-\overline{PH}=7-5=2$ (m)이므로

△AHB에서

$\overline{AB}=\sqrt{2^2+(5\sqrt{3})^2}=\sqrt{79}$ (m)

8-1 $\angle A=180°-(75°+60°)=45°$

다음 그림과 같이 꼭짓점 B에서 $\overline{AC}$에 내린 수선의 발을 H라 하자.

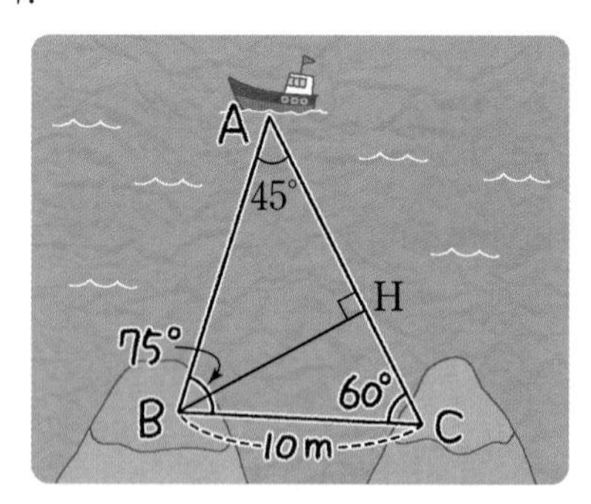

△BCH에서

$\overline{BH}=10\sin 60°=10\times\frac{\sqrt{3}}{2}=5\sqrt{3}$ (m)

따라서 △ABH에서

$\overline{AB}=\frac{\overline{BH}}{\sin 45°}=5\sqrt{3}\div\frac{\sqrt{2}}{2}$

$=5\sqrt{3}\times\sqrt{2}=5\sqrt{6}$ (m)

3일 필수 체크 전략 2 24쪽~25쪽

1 $2+\sqrt{3}$ **2** $\frac{3\sqrt{3}}{8}$ **3** ② **4** ③

5 32 cm^3 **6** $(600-200\sqrt{3})$ m **7** $4\sqrt{19}$ cm

8 $800(\sqrt{6}+\sqrt{2})$ m

1 △DBC에서 $\tan 60°=\frac{\overline{DC}}{1}=\sqrt{3}$

$\therefore \overline{DC}=\sqrt{3}$ (cm)

또 $\cos 60°=\frac{1}{\overline{BD}}=\frac{1}{2}$이므로

$\overline{BD}=2$ (cm)

△ABD는 $\overline{AD}=\overline{BD}=2$ cm인 이등변 삼각형이고 $\angle BDC=90°-60°=30°$이므로

$\angle ABD=\angle BAD=\frac{1}{2}\times 30°=15°$

△ABC에서 $\angle ABC=15°+60°=75°$이므로

$\tan 75°=\frac{\overline{AC}}{\overline{BC}}=\frac{\overline{AD}+\overline{DC}}{\overline{BC}}=\frac{2+\sqrt{3}}{1}=2+\sqrt{3}$

2 $\sin 60°=\frac{\overline{AB}}{\overline{OA}}=\overline{AB}=\frac{\sqrt{3}}{2}$

$\tan 60°=\frac{\overline{CD}}{\overline{OD}}=\overline{CD}=\sqrt{3}$

$\cos 60°=\frac{\overline{OB}}{\overline{OA}}=\overline{OB}=\frac{1}{2}$이므로

$\overline{BD}=\overline{OD}-\overline{OB}=1-\frac{1}{2}=\frac{1}{2}$

$\therefore \square ABDC=\frac{1}{2}\times(\overline{AB}+\overline{CD})\times\overline{BD}$

$=\frac{1}{2}\times\left(\frac{\sqrt{3}}{2}+\sqrt{3}\right)\times\frac{1}{2}$

$=\frac{3\sqrt{3}}{8}$

3 $0°<x<45°$일 때,

$0<\sin x<\frac{\sqrt{2}}{2}$, $\frac{\sqrt{2}}{2}<\cos x<1$

따라서 $\sin x-\cos x<0$, $1-\cos x>0$이므로

$\sqrt{(\sin x-\cos x)^2}+\sqrt{(1-\cos x)^2}$

$=-(\sin x-\cos x)+(1-\cos x)$

$=-\sin x+\cos x+1-\cos x$

$=-\sin x+1$

4 $\overline{AB}=\sin x=0.6691$

① 주어진 삼각비의 표에서 $\sin 42°=0.6691$이므로 $x=42°$

③ $\overline{AB}=\sin 42°$ 또는 $\overline{AB}=\cos 48°$

④ $\overline{CD}=\tan 42°=0.9004$

⑤ $\overline{BD}=\overline{OD}-\overline{OB}=1-\cos 42^\circ$

$=1-0.7431=0.2569$

따라서 옳지 않은 것은 ③이다.

5 △OBC에서 $\overline{OC}=\dfrac{4\sqrt{3}}{\tan 45^\circ}=\dfrac{4\sqrt{3}}{1}=4\sqrt{3}\ (\text{cm})$

△ABO에서 $\overline{AO}=4\sqrt{3}\tan 30^\circ=4\sqrt{3}\times\dfrac{\sqrt{3}}{3}=4\ (\text{cm})$

∴ (주어진 삼각뿔의 부피)$=\dfrac{1}{3}\times\triangle BCO\times\overline{AO}$

$=\dfrac{1}{3}\times\left(\dfrac{1}{2}\times4\sqrt{3}\times4\sqrt{3}\right)\times4$

$=32\ (\text{cm}^3)$

6 △APQ에서 $\angle APQ=90^\circ-45^\circ=45^\circ$이므로

$\overline{AQ}=600\tan 45^\circ=600\times1=600\ (\text{m})$

△BPQ에서 $\angle BPQ=90^\circ-60^\circ=30^\circ$이므로

$\overline{BQ}=600\tan 30^\circ=600\times\dfrac{\sqrt{3}}{3}=200\sqrt{3}\ (\text{m})$

∴ $\overline{AB}=\overline{AQ}-\overline{BQ}=600-200\sqrt{3}\ (\text{m})$

7 오른쪽 그림과 같이 꼭짓점 D에서 $\overline{BC}$의 연장선에 내린 수선의 발을 H라 하면

$\angle DCH=180^\circ-120^\circ=60^\circ$

이므로 △DCH에서

$\overline{DH}=8\sin 60^\circ=8\times\dfrac{\sqrt{3}}{2}=4\sqrt{3}\ (\text{cm})$

$\overline{CH}=8\cos 60^\circ=8\times\dfrac{1}{2}=4\ (\text{cm})$

△DBH에서

$\overline{BD}=\sqrt{(12+4)^2+(4\sqrt{3})^2}=\sqrt{304}=4\sqrt{19}\ (\text{cm})$

8 $\angle A=180^\circ-(45^\circ+105^\circ)=30^\circ$

다음 그림과 같이 꼭짓점 C에서 $\overline{AB}$에 내린 수선의 발을 H라 하자.

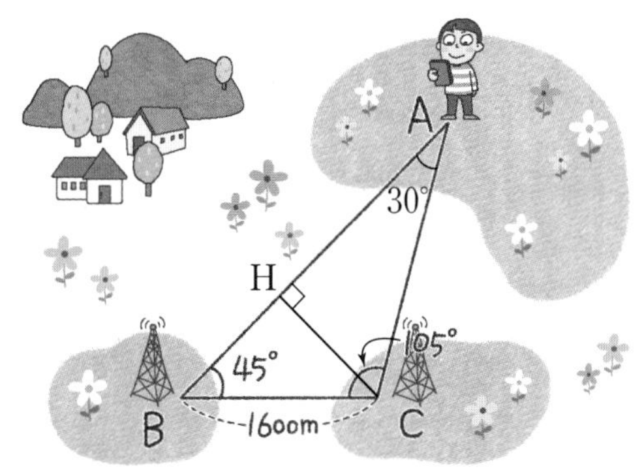

△BCH에서

$\overline{BH}=1600\cos 45^\circ=1600\times\dfrac{\sqrt{2}}{2}=800\sqrt{2}\ (\text{m})$

$\overline{CH}=1600\sin 45^\circ=1600\times\dfrac{\sqrt{2}}{2}=800\sqrt{2}\ (\text{m})$

△AHC에서

$\overline{AH}=\dfrac{\overline{CH}}{\tan 30^\circ}=800\sqrt{2}\div\dfrac{\sqrt{3}}{3}$

$=800\sqrt{2}\times\sqrt{3}=800\sqrt{6}\ (\text{m})$

∴ $\overline{AB}=\overline{AH}+\overline{BH}$

$=800\sqrt{6}+800\sqrt{2}$

$=800(\sqrt{6}+\sqrt{2})\ (\text{m})$

누구나 합격 전략 26쪽~27쪽

01 수연	02 ③	03 $\dfrac{17}{13}$	04 ②
05 ①	06 ④	07 ②	08 9.9 m
09 $2\sqrt{13}$ km			

01 승희 : $\overline{AB}=\sqrt{6^2-3^2}=3\sqrt{3}\ (\text{cm})$

수연 : $\tan C=\dfrac{\overline{AB}}{\overline{BC}}=\dfrac{3\sqrt{3}}{3}=\sqrt{3}$

태한, 예준 : $\tan A=\dfrac{\overline{BC}}{\overline{AB}}=\dfrac{3}{3\sqrt{3}}=\dfrac{\sqrt{3}}{3}$이므로

$\tan A\times\tan C=\dfrac{\sqrt{3}}{3}\times\sqrt{3}=1$

즉 $\tan A$와 $\tan C$는 역수 관계이다.

따라서 옳지 않은 설명을 한 학생은 수연이다.

02 $\sin A=\dfrac{5}{6}$이므로 오른쪽 그림과 같이 $\angle B=90^\circ$, $\overline{AC}=6$, $\overline{BC}=5$인 직각삼각형 ABC를 생각할 수 있다.

이때 $\overline{AB}=\sqrt{6^2-5^2}=\sqrt{11}$이므로

$\cos A=\dfrac{\sqrt{11}}{6}$, $\tan A=\dfrac{5}{\sqrt{11}}$

∴ $30\cos A\times\tan A=30\times\dfrac{\sqrt{11}}{6}\times\dfrac{5}{\sqrt{11}}=25$

03 $\triangle ABC \backsim \triangle DBA$ (AA 닮음)이므로

$\angle C = \angle BAD = x$

$\triangle ABC \backsim \triangle DAC$ (AA 닮음)이므로

$\angle B = \angle DAC = y$

$\triangle ABC$에서 $\overline{BC} = \sqrt{5^2+12^2} = 13$이므로

$\sin x = \sin C = \frac{\overline{AB}}{\overline{BC}} = \frac{5}{13}$

$\sin y = \sin B = \frac{\overline{AC}}{\overline{BC}} = \frac{12}{13}$

$\therefore \sin x + \sin y = \frac{5}{13} + \frac{12}{13} = \frac{17}{13}$

04 ① $\sin 90° - \tan 0° = 1 - 0 = 1$

② $\cos 0° \times \tan 45° - \sin 0° = 1 \times 1 - 0 = 1$

③ $\tan 45° \div \cos 60° - \sin 90°$

$= 1 \div \frac{1}{2} - 1 = 2 - 1 = 1$

④ $\sin 90° \div \tan 30° - \tan 60°$

$= 1 \div \frac{\sqrt{3}}{3} - \sqrt{3} = \sqrt{3} - \sqrt{3} = 0$

⑤ $\sin 30° + \cos 30° \times \tan 60°$

$= \frac{1}{2} + \frac{\sqrt{3}}{2} \times \sqrt{3} = \frac{1}{2} + \frac{3}{2} = 2$

따라서 옳지 않은 것은 ②이다.

05 $\sin 60° = \frac{\sqrt{3}}{2}$이므로 $x = 60°$

$\tan 30° = \frac{\sqrt{3}}{3}$이므로 $y = 30°$

따라서 $x + y = 90°$이므로

$\cos(x+y) = \cos 90° = 0$

06 $\triangle ABD$에서

$\cos 30° = \frac{x}{20} = \frac{\sqrt{3}}{2}$이므로 $2x = 20\sqrt{3}$ $\quad \therefore x = 10\sqrt{3}$

$\sin 30° = \frac{\overline{AD}}{20} = \frac{1}{2}$이므로 $2\overline{AD} = 20$ $\quad \therefore \overline{AD} = 10$

$\triangle ADC$에서 $\tan 45° = \frac{10}{y} = 1$이므로 $y = 10$

07 ㉠ $\cos x = \frac{\overline{OB}}{\overline{OA}} = \frac{\overline{OB}}{1} = \overline{OB}$

㉡ $\tan x = \frac{\overline{CD}}{\overline{OD}} = \frac{\overline{CD}}{1} = \overline{CD}$ 또는 $\tan x = \frac{\overline{AB}}{\overline{OB}}$

㉢ $\overline{AB} /\!/ \overline{CD}$이므로 $y = z$ (동위각)

$\therefore \sin y = \sin z = \frac{\overline{OD}}{\overline{OC}} = \frac{1}{\overline{OC}}$

㉣ $\sin x = \frac{\overline{AB}}{\overline{OA}} = \frac{\overline{AB}}{1} = \overline{AB}$ 또는 $\sin x = \frac{\overline{CD}}{\overline{OC}}$

따라서 옳은 것은 ㉠, ㉢이다.

08 $\overline{BC} = \overline{DE} = 10$ m이므로

$\overline{AC} = 10\tan 40° = 10 \times 0.84 = 8.4$ (m)

$\therefore \overline{AE} = \overline{AC} + \overline{CE} = 8.4 + 1.5 = 9.9$ (m)

따라서 나무의 높이는 9.9 m이다.

09 다음 그림과 같이 꼭짓점 B에서 $\overline{AC}$에 내린 수선의 발을 H라 하자.

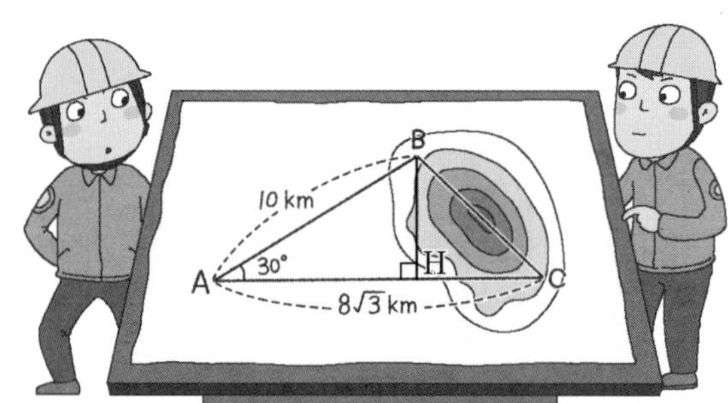

$\triangle BAH$에서

$\overline{BH} = 10\sin 30° = 10 \times \frac{1}{2} = 5$ (km)

$\overline{AH} = 10\cos 30° = 10 \times \frac{\sqrt{3}}{2} = 5\sqrt{3}$ (km)

$\therefore \overline{CH} = \overline{AC} - \overline{AH} = 8\sqrt{3} - 5\sqrt{3} = 3\sqrt{3}$ (km)

$\triangle BHC$에서 $\overline{BC} = \sqrt{5^2 + (3\sqrt{3})^2} = 2\sqrt{13}$ (km)

따라서 두 지점 B, C 사이의 거리는 $2\sqrt{13}$ km이다.

창의 • 융합 • 코딩 전략 28쪽~31쪽

1 (1) $6\sqrt{6}$ m (2) $12\sqrt{3}$ m

2 (1) $\sin A = \frac{\sqrt{101}}{101}$, $\cos A = \frac{10\sqrt{101}}{101}$, $\tan A = \frac{1}{10}$

(2) 6°

3 민성

4 $5(\sqrt{3}-1)$ m

5 토끼

6 0.4375 m

7 208 m

8 (1) 6667 km (2) 698 km

1 (1) $\triangle$AED에서 $\tan(\angle ADE)=\frac{\overline{AE}}{6}=\sqrt{6}$

$\therefore \overline{AE}=6\sqrt{6}$ (m)

(2) $\overline{DE} /\!/ \overline{BC}$이므로 $\angle ADE=\angle B$ (동위각)

$\triangle$ACB에서 $\tan B=\tan(\angle ADE)=\frac{\overline{AC}}{6\sqrt{2}}=\sqrt{6}$

$\therefore \overline{AC}=6\sqrt{12}=12\sqrt{3}$ (m)

2 (1) $\frac{(\text{수직 거리})}{(\text{수평 거리})}$의 값은 탄젠트의 값을 의미하므로

$\tan A=\frac{1}{10}$

오른쪽 그림과 같이 $\tan A=\frac{1}{10}$을 만족하는 가장 간단한 직각삼각형 ABC를 그리면

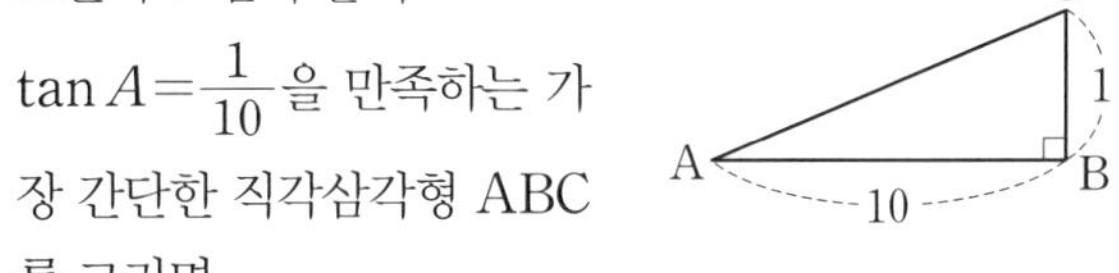

$\overline{AC}=\sqrt{10^2+1^2}=\sqrt{101}$이므로

$\sin A=\frac{1}{\sqrt{101}}=\frac{\sqrt{101}}{101}$,

$\cos A=\frac{10}{\sqrt{101}}=\frac{10\sqrt{101}}{101}$,

$\tan A=\frac{1}{10}$

(2) $\frac{1}{10}=0.1$이므로 주어진 삼각비의 표에서 0.1에 가장 가까운 tan의 값의 각도는 $6°$이다.

따라서 도로의 경사각의 크기 A는 약 $6°$이다.

3 정윤 : $\cos 30°\times\tan 60°-\tan 30°\times\sin 60°$

$=\frac{\sqrt{3}}{2}\times\sqrt{3}-\frac{\sqrt{3}}{3}\times\frac{\sqrt{3}}{2}$

$=\frac{3}{2}-\frac{1}{2}=1$

민성 : $\tan 60°\times\tan 60°+\sin 45°\div\cos 45°$

$=\sqrt{3}\times\sqrt{3}+\frac{\sqrt{2}}{2}\div\frac{\sqrt{2}}{2}$

$=3+1=4$

따라서 계산 결과가 큰 사람은 민성이다.

4 $\triangle$ADB에서 $\overline{BD}=5\tan 60°=5\times\sqrt{3}=5\sqrt{3}$ (m)

$\triangle$ADC에서 $\overline{CD}=5\tan 45°=5\times 1=5$ (m)

$\therefore \overline{BC}=\overline{BD}-\overline{CD}=5\sqrt{3}-5=5(\sqrt{3}-1)$ (m)

5 • $0°\le A\le 90°$일 때, $0\le\sin A\le 1$이므로 $\sin A$의 값 중 가장 작은 값은 0, 가장 큰 값은 1이다. (예)

• $\tan 45°=1$이므로 $45°<A<90°$일 때, $\tan A>1$ (아니오)

• $45°<A<90°$일 때,

$0<\cos A<\frac{\sqrt{2}}{2}$, $\frac{\sqrt{2}}{2}<\sin A<1$

이므로 $\cos A<\sin A$ (예)

따라서 민주가 만나게 되는 동물은 토끼이다.

6 $\triangle$ABC에서 $\tan 5°=\frac{\overline{BC}}{5}$

주어진 삼각비의 표에서 $\tan 5°=0.0875$이므로

$\frac{\overline{BC}}{5}=0.0875$

$\therefore \overline{BC}=5\times 0.0875=0.4375$ (m)

7 $\triangle$CBD에서

$\overline{CD}=200\sin 30°=200\times\frac{1}{2}=100$ (m)

오른쪽 그림과 같이 점 B에서 $\overline{AE}$에 내린 수선의 발을 F라 하면 $\triangle$BAF에서

200 m, 30°, 300 m, 21°, A, B, C, D, E, F

$\overline{BF}=300\sin 21°$

$=300\times 0.36$

$=108$ (m)

이때 $\overline{DE}=\overline{BF}=108$ m이므로

$\overline{CE}=\overline{CD}+\overline{DE}=100+108=208$ (m)

8 (1) $x=67°$이므로 $\angle APO=90°-67°=23°$

$\triangle$PAO에서 $\sin 23°=\frac{r}{h+r}=\frac{r}{10000+r}=0.4$

$r=0.4(10000+r)$, $r=4000+0.4r$

$0.6r=4000$, $6r=40000$

$\therefore r=6666.66\cdots$

따라서 계산 결과를 소수점 아래 첫째 자리에서 반올림하면 $r=6667$이므로 지구의 반지름의 길이는 6667 km이다.

(2) $7365-6667=698$ (km)

2주 삼각비의 활용(2), 원과 직선

1일 개념 돌파 전략 1 확인 문제 34쪽~37쪽

01 45, h, 60, $\sqrt{3}h$, $4(\sqrt{3}-1)$

02 (1) $\overline{BH}=h$, $\overline{CH}=\frac{\sqrt{3}}{3}h$ (2) $3+\sqrt{3}$

03 (1) $30\sqrt{3}$ (2) $\frac{35\sqrt{2}}{2}$

04 $40\sqrt{2}$

05 $45\sqrt{3}$

06 (1) 6 (2) $2\sqrt{14}$

07 (1) 8 (2) 2

08 110°

09 12 cm

10 $4\sqrt{7}$ cm

11 (1) 13 (2) 5 (3) 12 (4) 12

12 8

13 1

14 8

15 (1) 9 (2) 9

01 $\triangle ABH$에서

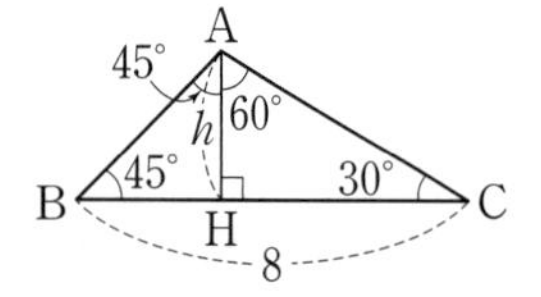

$\angle BAH=90^\circ-45^\circ=45^\circ$

이므로

$\overline{BH}=h\tan 45^\circ=h\times 1=h$

$\triangle AHC$에서 $\angle CAH=90^\circ-30^\circ=60^\circ$이므로

$\overline{CH}=h\tan 60^\circ=h\times\sqrt{3}=\sqrt{3}h$

$\overline{BC}=\overline{BH}+\overline{CH}$이므로 $8=h+\sqrt{3}h$

$(1+\sqrt{3})h=8$

$\therefore h=\frac{8}{1+\sqrt{3}}=\frac{8(\sqrt{3}-1)}{2}=4(\sqrt{3}-1)$

02 (1) $\triangle ABH$에서

$\angle BAH=90^\circ-45^\circ=45^\circ$

이므로

$\overline{BH}=h\tan 45^\circ=h\times 1=h$

$\triangle ACH$에서

$\angle CAH=120^\circ-90^\circ=30^\circ$이므로

$\overline{CH}=h\tan 30^\circ=h\times\frac{\sqrt{3}}{3}=\frac{\sqrt{3}}{3}h$

(2) $\overline{BC}=\overline{BH}-\overline{CH}$이므로 $2=h-\frac{\sqrt{3}}{3}h$

$\frac{3-\sqrt{3}}{3}h=2$

$\therefore h=\frac{6}{3-\sqrt{3}}=\frac{6(3+\sqrt{3})}{6}=3+\sqrt{3}$

03 (1) $\triangle ABC=\frac{1}{2}\times 15\times 8\times \sin 60^\circ$

$=\frac{1}{2}\times 15\times 8\times\frac{\sqrt{3}}{2}=30\sqrt{3}$

(2) $\triangle ABC=\frac{1}{2}\times 10\times 7\times \sin(180^\circ-135^\circ)$

$=\frac{1}{2}\times 10\times 7\times \sin 45^\circ$

$=\frac{1}{2}\times 10\times 7\times\frac{\sqrt{2}}{2}=\frac{35\sqrt{2}}{2}$

04 $\square ABCD=8\times 10\times \sin 45^\circ$

$=8\times 10\times\frac{\sqrt{2}}{2}$

$=40\sqrt{2}$

05 $\square ABCD=\frac{1}{2}\times 12\times 15\times \sin 60^\circ$

$=\frac{1}{2}\times 12\times 15\times\frac{\sqrt{3}}{2}$

$=45\sqrt{3}$

06 (1) $\overline{AM}=\sqrt{5^2-4^2}=3$ (cm)이므로

$\overline{AB}=2\overline{AM}=6$ (cm)

$\therefore x=6$

(2) $\overline{AM}=\frac{1}{2}\overline{AB}=\frac{1}{2}\times 10=5$ (cm)이므로

$\overline{OM}=\sqrt{9^2-5^2}=2\sqrt{14}$ (cm)

$\therefore x=2\sqrt{14}$

07 (1) $\overline{OM}=\overline{ON}$이므로 $\overline{AB}=\overline{CD}=16$ cm

따라서 $\overline{AM}=\frac{1}{2}\overline{AB}=\frac{1}{2}\times 16=8$ (cm)이므로

$x=8$

(2) $\overline{CD}=2\overline{CN}=2\times 3=6$ (cm)이므로 $\overline{AB}=\overline{CD}$

따라서 $\overline{OM}=\overline{ON}=2$ cm이므로 $x=2$

08 $\angle PAO=\angle PBO=90^\circ$이므로 □APBO에서

$90^\circ+70^\circ+90^\circ+\angle x=360^\circ$

$\therefore \angle x=110^\circ$

09 $\angle PAO=90^\circ$이므로 $\triangle PAO$에서

$\overline{PA}=\sqrt{13^2-5^2}=12$ (cm)

$\therefore \overline{PB}=\overline{PA}=12$ cm

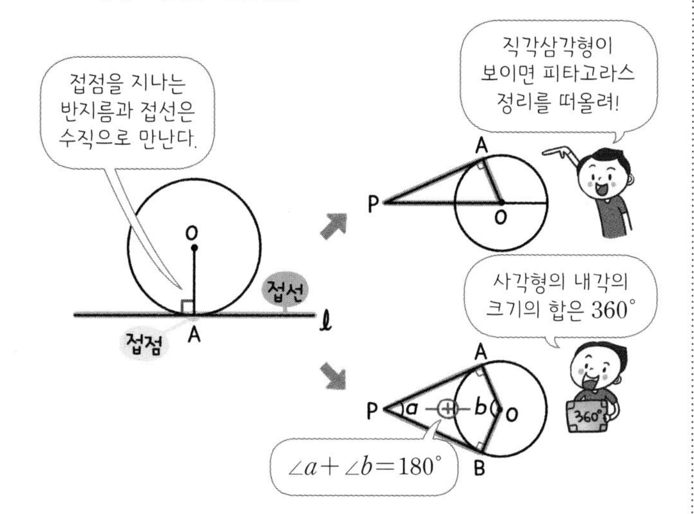

10 $\angle APO=90^\circ$이므로 $\triangle APO$에서

$\overline{AP}=\sqrt{8^2-6^2}=2\sqrt{7}$ (cm)

$\therefore \overline{AB}=2\overline{AP}=2\times2\sqrt{7}=4\sqrt{7}$ (cm)

11 (1) $\overline{AE}=\overline{AB}=9$, $\overline{DE}=\overline{DC}=4$이므로

$\overline{AD}=\overline{AE}+\overline{DE}=9+4=13$

(2) $\overline{HB}=\overline{DC}=4$이므로 $\overline{AH}=9-4=5$

(3) $\triangle AHD$에서 $\overline{HD}=\sqrt{13^2-5^2}=12$

(4) $\overline{BC}=\overline{HD}=12$

12 $\overline{CE}=\overline{CF}=6$이므로

$\overline{AD}=\overline{AF}=9-6=3$, $\overline{BD}=\overline{BE}=11-6=5$

$\therefore \overline{AB}=\overline{AD}+\overline{BD}=3+5=8$

13 $\overline{CE}=\overline{CF}=r$이므로

$\overline{AD}=\overline{AF}=3-r$, $\overline{BD}=\overline{BE}=4-r$

$\overline{AB}=\overline{AD}+\overline{BD}$이므로 $(3-r)+(4-r)=5$

$2r=2 \qquad \therefore r=1$

14 $\overline{AB}+\overline{DC}=\overline{AD}+\overline{BC}$이므로

$7+x=6+9 \qquad \therefore x=8$

15 (1) $\triangle DEC$에서 $\overline{EC}=\sqrt{15^2-12^2}=9$

(2) $\overline{AB}=\overline{DC}=12$, $\overline{AD}=\overline{BC}=\overline{BE}+\overline{EC}=x+9$

□ABED가 원 O에 외접하므로

$\overline{AB}+\overline{DE}=\overline{AD}+\overline{BE}$

$12+15=(x+9)+x$

$2x=18 \qquad \therefore x=9$

1일 개념 돌파 전략 2 — 38쪽~39쪽

1 ②	2 6 cm	3 ③	4 ③
5 ①	6 정원		

1 $\triangle CAH$에서 $\angle ACH=90^\circ-29^\circ=61^\circ$이므로

$\overline{AH}=h\tan 61^\circ$ (m)

$\triangle CBH$에서 $\angle BCH=90^\circ-59^\circ=31^\circ$이므로

$\overline{BH}=h\tan 31^\circ$ (m)

$\overline{AB}=\overline{AH}-\overline{BH}$이므로 $100=h\tan 61^\circ-h\tan 31^\circ$

$(\tan 61^\circ-\tan 31^\circ)h=100$

$\therefore h=\dfrac{100}{\tan 61^\circ-\tan 31^\circ}$

2 $\triangle ABC=\frac{1}{2}\times\overline{AB}\times16\times\sin(180^\circ-135^\circ)$

$=\frac{1}{2}\times\overline{AB}\times16\times\sin 45^\circ$

$=\frac{1}{2}\times\overline{AB}\times16\times\frac{\sqrt{2}}{2}$

$=4\sqrt{2}\,\overline{AB}$ (cm²)

따라서 $4\sqrt{2}\,\overline{AB}=24\sqrt{2}$이므로

$\overline{AB}=6$ (cm)

3 □ABCD에서

$\angle D=360^\circ-(120^\circ+60^\circ+120^\circ)=60^\circ$

즉 $\angle A=\angle C$, $\angle B=\angle D$이므로 □ABCD는 평행사변형이다.

$\therefore$ □ABCD$=10\times8\times\sin 60^\circ$

$=10\times8\times\frac{\sqrt{3}}{2}$

$=40\sqrt{3}$ (cm²)

중간

4 $\triangle$OBC에서 $\angle BOC=180^\circ-(25^\circ+35^\circ)=120^\circ$

$\therefore \square ABCD=\frac{1}{2}\times 14\times 10\times \sin(180^\circ-120^\circ)$

$=\frac{1}{2}\times 14\times 10\times \sin 60^\circ$

$=\frac{1}{2}\times 14\times 10\times \frac{\sqrt{3}}{2}$

$=35\sqrt{3}\ (\text{cm}^2)$

5 $\overline{OM}=\overline{ON}$이므로 $\overline{AB}=\overline{CD}=14$ cm

$\therefore \overline{AM}=\frac{1}{2}\overline{AB}=\frac{1}{2}\times 14=7$ (cm)

$\triangle$OAM에서 $x=\sqrt{7^2+4^2}=\sqrt{65}$

6 우영 : $\overline{PB}=\overline{PA}=5$ cm

준성, 민지 : $\angle PAO=\angle PBO=90^\circ$이므로 $\square$APBO에서

$90^\circ+30^\circ+90^\circ+\angle AOB=360^\circ$

$\therefore \angle AOB=150^\circ$

윤희 : $\triangle$PBA에서 $\overline{PA}=\overline{PB}$이므로

$\angle PAB=\frac{1}{2}\times(180^\circ-30^\circ)=75^\circ$

정원 : $\angle OAB=\angle PAO-\angle PAB=90^\circ-75^\circ=15^\circ$

따라서 옳지 않은 것을 들고 있는 학생은 정원이다.

2일 필수 체크 전략 1 (40쪽~43쪽)

1-1 ③	**2-1** $24\sqrt{2}$
3-1 ③	**3-2** $54\sqrt{3}$
4-1 32 cm	**5-1** $\frac{15}{2}$ cm
5-2 24 cm	**6-1** 15 cm
7-1 $\frac{16\sqrt{3}}{3}$ cm	**8-1** ②
8-2 65°	

1-1 오른쪽 그림과 같이 꼭짓점 A에서 $\overline{BC}$에 내린 수선의 발을 H라 하고 $\overline{AH}=h$ m라 하자.

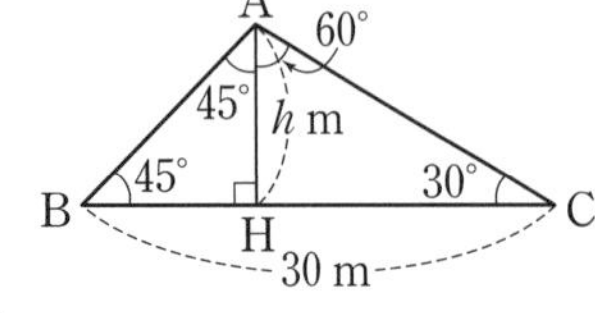

$\angle BAH=90^\circ-45^\circ=45^\circ$,

$\angle CAH=90^\circ-30^\circ=60^\circ$이므로

$\overline{BH}=h\tan 45^\circ=h$ (m), $\overline{CH}=h\tan 60^\circ=\sqrt{3}h$ (m)

$\overline{BC}=\overline{BH}+\overline{CH}$이므로 $30=h+\sqrt{3}h$

$(1+\sqrt{3})h=30 \qquad \therefore h=\frac{30}{1+\sqrt{3}}=15(\sqrt{3}-1)$

따라서 나무의 높이는 $15(\sqrt{3}-1)$ m이다.

2-1 $\cos B=\frac{1}{3}$이므로 오른쪽 그림과 같이 $\angle E=90^\circ$, $\overline{DB}=3$, $\overline{BE}=1$인 직각삼각형 DBE에서

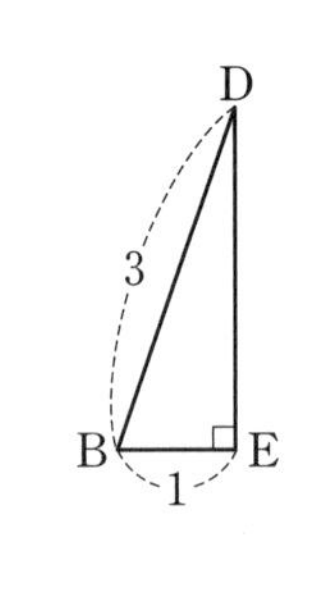

$\overline{DE}=\sqrt{3^2-1^2}=2\sqrt{2}$

따라서 $\sin B=\frac{2\sqrt{2}}{3}$이므로

$\triangle ABC=\frac{1}{2}\times 8\times 9\times \sin B$

$=\frac{1}{2}\times 8\times 9\times \frac{2\sqrt{2}}{3}=24\sqrt{2}$

다른 풀이

오른쪽 그림과 같이 꼭짓점 A에서 $\overline{BC}$에 내린 수선의 발을 H라 하면

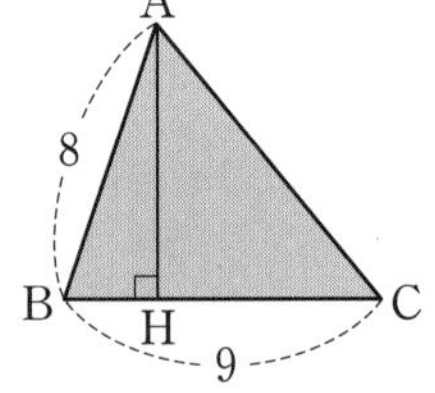

$\cos B=\frac{\overline{BH}}{8}=\frac{1}{3}$이므로

$3\overline{BH}=8 \qquad \therefore \overline{BH}=\frac{8}{3}$

$\triangle$ABH에서 $\overline{AH}=\sqrt{8^2-\left(\frac{8}{3}\right)^2}=\frac{16\sqrt{2}}{3}$

$\therefore \triangle ABC=\frac{1}{2}\times 9\times \frac{16\sqrt{2}}{3}=24\sqrt{2}$

3-1 다음 그림과 같이 $\overline{BD}$를 그으면

보조선을 이용하여 사각형을 2개의 삼각형으로 나누어 구하면 돼.

$2\sqrt{3}$ cm, D, A, 4 cm, 150°, 6 cm, 60°, B, C, 8 cm

$\square ABCD=\triangle ABD+\triangle BCD$

$=\frac{1}{2}\times 2\sqrt{3}\times 4\times \sin(180^\circ-150^\circ)$

$+\frac{1}{2}\times 6\times 8\times \sin 60^\circ$

$=\frac{1}{2}\times 2\sqrt{3}\times 4\times \frac{1}{2}+\frac{1}{2}\times 6\times 8\times \frac{\sqrt{3}}{2}$

$=2\sqrt{3}+12\sqrt{3}=14\sqrt{3}\ (\text{cm}^2)$

3-2 오른쪽 그림과 같이 $\overline{BD}$를 그으면 $\triangle BCD$는 $\overline{BC}=\overline{DC}$인 이등변삼각형이므로

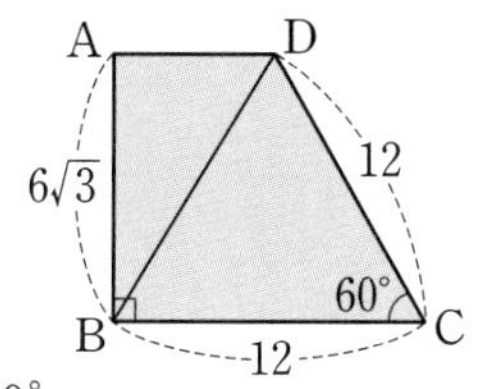

$\angle CBD=\angle CDB$

$=\frac{1}{2}\times(180°-60°)=60°$

즉 $\triangle BCD$는 정삼각형이다.

따라서 $\overline{BD}=12$, $\angle ABD=90°-60°=30°$이므로

$\square ABCD$

$=\triangle ABD+\triangle BCD$

$=\frac{1}{2}\times 6\sqrt{3}\times 12\times \sin 30°+\frac{1}{2}\times 12\times 12\times \sin 60°$

$=\frac{1}{2}\times 6\sqrt{3}\times 12\times \frac{1}{2}+\frac{1}{2}\times 12\times 12\times \frac{\sqrt{3}}{2}$

$=18\sqrt{3}+36\sqrt{3}=54\sqrt{3}$

4-1 $\overline{AB}=\overline{AD}=x$ cm라 하면 마름모는 평행사변형이므로

$\square ABCD=x\times x\times \sin(180°-135°)$

$=x\times x\times \frac{\sqrt{2}}{2}=\frac{\sqrt{2}}{2}x^2\ (\text{cm}^2)$

즉 $\frac{\sqrt{2}}{2}x^2=32\sqrt{2}$이므로 $x^2=64$

$\therefore x=8\ (\because x>0)$

따라서 마름모 ABCD의 둘레의 길이는

$4x=4\times 8=32$ (cm)

5-1 $\overline{AM}=\frac{1}{2}\overline{AB}=\frac{1}{2}\times 12=6$ (cm)

오른쪽 그림과 같이 $\overline{OA}$를 긋고 원 O의 반지름의 길이를 r cm라 하면

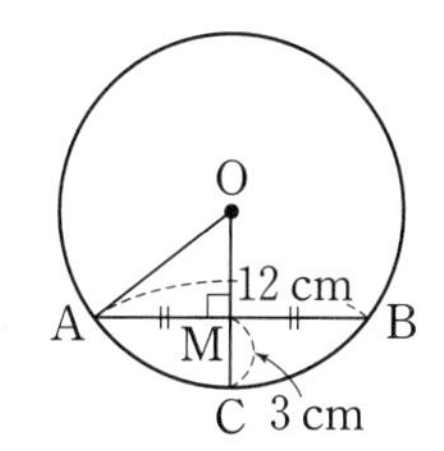

$\overline{OA}=r$ cm, $\overline{OM}=(r-3)$ cm

$\triangle OAM$에서 $r^2=6^2+(r-3)^2$

$r^2=36+r^2-6r+9$

$6r=45 \qquad \therefore r=\frac{15}{2}$

따라서 원 O의 반지름의 길이는 $\frac{15}{2}$ cm이다.

5-2 $\overline{OC}=\frac{1}{2}\overline{CD}=\frac{1}{2}\times 30=15$ (cm)

$\therefore \overline{OM}=\overline{OC}-\overline{CM}=15-6=9$ (cm)

오른쪽 그림과 같이 $\overline{OB}$를 그으면 $\overline{OB}=15$ cm이므로 $\triangle OBM$에서

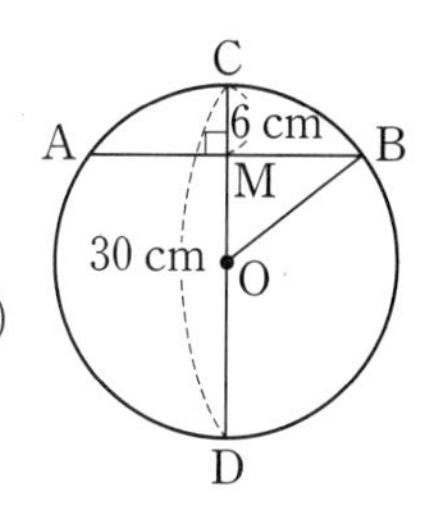

$\overline{BM}=\sqrt{15^2-9^2}=12$ (cm)

$\therefore \overline{AB}=2\overline{BM}=2\times 12=24$ (cm)

6-1 $\overline{AB}\perp\overline{CD}$, $\overline{AD}=\overline{BD}$이므로 $\overline{CD}$의 연장선은 오른쪽 그림과 같이 원의 중심 O를 지난다. 원의 반지름의 길이를 r cm라 하면

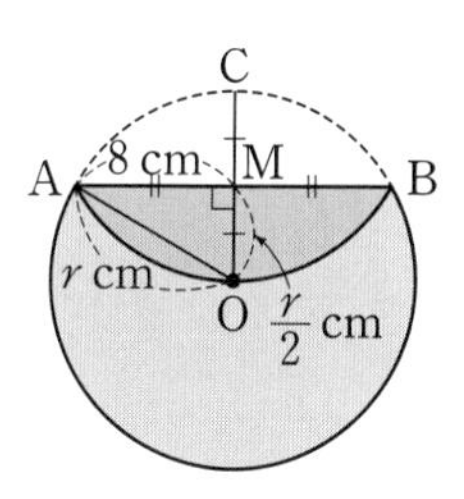

$\overline{AO}=r$ cm, $\overline{DO}=(r-6)$ cm

$\triangle ADO$에서 $r^2=(r-6)^2+12^2$

$r^2=r^2-12r+36+144$

$12r=180 \qquad \therefore r=15$

따라서 원 모양이었던 접시의 반지름의 길이는 15 cm이다.

7-1 오른쪽 그림과 같이 원의 중심 O에서 $\overline{AB}$에 내린 수선의 발을 M, $\overline{OM}$의 연장선이 $\widehat{AB}$와 만나는 점을 C라 하면

C
A 8 cm M B
r cm
O $\frac{r}{2}$ cm

$\overline{AM}=\frac{1}{2}\overline{AB}=\frac{1}{2}\times 16$

$=8$ (cm)

원 O의 반지름의 길이를 r cm라 하면

$\overline{OA}=r$ cm, $\overline{OM}=\frac{1}{2}\overline{OC}=\frac{1}{2}\times r=\frac{r}{2}$ (cm)

$\triangle AOM$에서 $r^2=\left(\frac{r}{2}\right)^2+8^2$

$r^2=\frac{r^2}{4}+64$, $\frac{3}{4}r^2=64$

$r^2=\frac{256}{3} \qquad \therefore r=\frac{16\sqrt{3}}{3}$

따라서 원 모양의 종이의 반지름의 길이는 $\frac{16\sqrt{3}}{3}$ cm이다.

8-1 $\overline{CN}=\overline{DN}=4$ cm이므로 $\triangle OCN$에서

$\overline{ON}=\sqrt{5^2-4^2}=3$ (cm)

$\therefore \overline{DC}=2\overline{DN}=2\times 4=8$ (cm)

따라서 $\overline{AB}=\overline{DC}$이므로 $\overline{OM}=\overline{ON}=3$ cm

8-2 □AMON에서

$\angle MAN = 360° - (90° + 130° + 90°) = 50°$

$\overline{OM} = \overline{ON}$이므로 $\overline{AB} = \overline{AC}$

즉 △ABC는 이등변삼각형이므로

$\angle C = \frac{1}{2} \times (180° - 50°) = 65°$

두 점 A, D가 만나면
△ABC는 이등변삼각형이야.

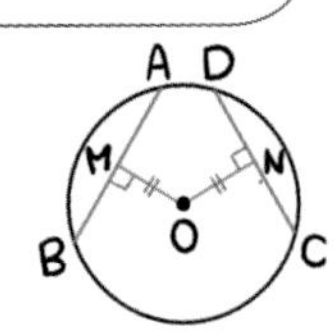

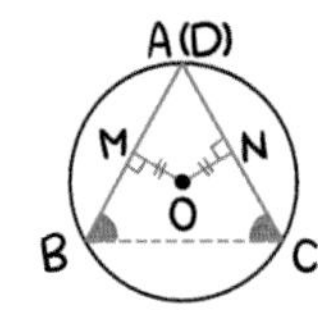

2일 필수 체크 전략 2 44쪽~45쪽

1 ②	**2** $\frac{12}{5}$ cm	**3** $150\sqrt{3}$ cm²	**4** $\frac{27\sqrt{2}}{2}$ cm²
5 ③	**6** ③	**7** $2\sqrt{5}$ cm	**8** ⑤

1 △ABC에서 $\tan 30° = \frac{2}{\overline{BC}} = \frac{\sqrt{3}}{3}$이므로

$\sqrt{3}\,\overline{BC} = 6 \quad \therefore \overline{BC} = 2\sqrt{3}$

오른쪽 그림과 같이 △EBC의 꼭짓점 E에서 $\overline{BC}$에 내린 수선의 발을 H라 하고 $\overline{EH} = h$라 하자.

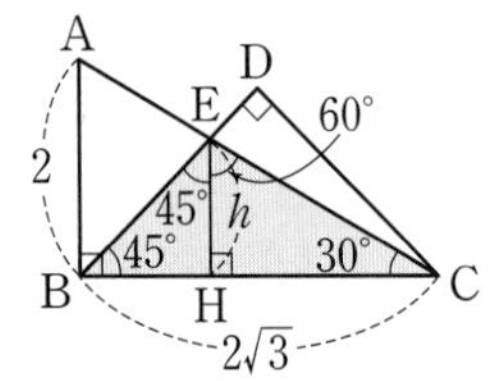

$\angle BEH = 45°$, $\angle CEH = 60°$
이므로

$\overline{BH} = h\tan 45° = h$, $\overline{CH} = h\tan 60° = \sqrt{3}h$

$\overline{BC} = \overline{BH} + \overline{CH}$이므로 $2\sqrt{3} = h + \sqrt{3}h$

$(1+\sqrt{3})h = 2\sqrt{3} \qquad \therefore h = \frac{2\sqrt{3}}{1+\sqrt{3}} = 3 - \sqrt{3}$

$\therefore \triangle EBC = \frac{1}{2} \times 2\sqrt{3} \times (3 - \sqrt{3}) = 3\sqrt{3} - 3$

2 $\triangle ABC = \frac{1}{2} \times 6 \times 4 \times \sin(180° - 120°)$

$= \frac{1}{2} \times 6 \times 4 \times \frac{\sqrt{3}}{2}$

$= 6\sqrt{3}\ (\text{cm}^2)$

$\overline{AD} = x$ cm라 하면 $\angle BAD = \angle CAD = \frac{1}{2} \times 120° = 60°$

이므로

$\triangle ABC = \triangle ABD + \triangle ADC$

$= \frac{1}{2} \times 6 \times x \times \sin 60° + \frac{1}{2} \times x \times 4 \times \sin 60°$

$= \frac{1}{2} \times 6 \times x \times \frac{\sqrt{3}}{2} + \frac{1}{2} \times x \times 4 \times \frac{\sqrt{3}}{2}$

$= \frac{3\sqrt{3}}{2}x + \sqrt{3}x = \frac{5\sqrt{3}}{2}x\ (\text{cm}^2)$

즉 $\frac{5\sqrt{3}}{2}x = 6\sqrt{3}$이므로 $x = \frac{12}{5}$

따라서 $\overline{AD}$의 길이는 $\frac{12}{5}$ cm이다.

3 정육각형은 오른쪽 그림과 같이 합동인 이등변삼각형 6개로 나누어진다.

△AOB에서 $\overline{OB} = \overline{OA} = 10$ cm,

$\angle AOB = \frac{1}{6} \times 360° = 60°$이므로

$\triangle AOB = \frac{1}{2} \times 10 \times 10 \times \sin 60°$

$= \frac{1}{2} \times 10 \times 10 \times \frac{\sqrt{3}}{2} = 25\sqrt{3}\ (\text{cm}^2)$

따라서 정육각형 ABCDEF의 넓이는

$6\triangle AOB = 6 \times 25\sqrt{3} = 150\sqrt{3}\ (\text{cm}^2)$

4 $\angle BAD + \angle ADC = 180°$이고 $\angle BAD : \angle ADC = 3 : 1$

이므로 $\angle BAD = \frac{3}{3+1} \times 180° = 135°$

이때 $\angle BCD = \angle BAD = 135°$이므로

$\square ABCD = 12 \times 9 \times \sin(180° - 135°)$

$= 12 \times 9 \times \frac{\sqrt{2}}{2} = 54\sqrt{2}\ (\text{cm}^2)$

$\therefore \triangle OCD = \frac{1}{4}\square ABCD = \frac{1}{4} \times 54\sqrt{2} = \frac{27\sqrt{2}}{2}\ (\text{cm}^2)$

5 두 대각선이 이루는 예각의 크기를 x라 하면

$\square ABCD = \frac{1}{2} \times 8 \times 9 \times \sin x = 36\sin x$

따라서 $36\sin x = 18\sqrt{3}$이므로

$\sin x = \frac{\sqrt{3}}{2} \qquad \therefore x = 60°$

6 오른쪽 그림과 같이 점 O에서 $\overline{CD}$에 내린 수선의 발을 H라 하면

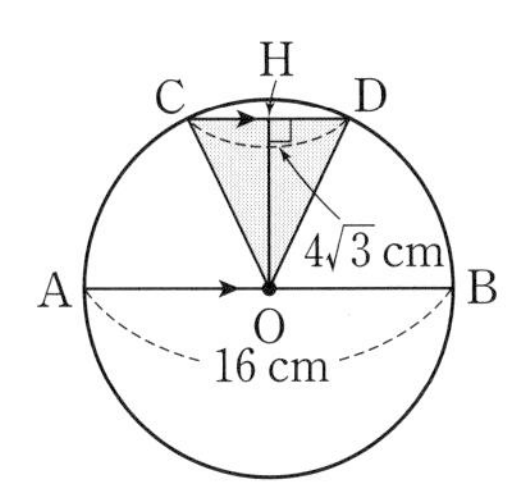

$\overline{CH}=\frac{1}{2}\overline{CD}$

$=\frac{1}{2}\times 4\sqrt{3}=2\sqrt{3}$ (cm)

$\overline{OC}=\frac{1}{2}\overline{AB}=\frac{1}{2}\times 16=8$ (cm)

$\triangle$COH에서 $\overline{OH}=\sqrt{8^2-(2\sqrt{3})^2}=2\sqrt{13}$ (cm)

$\therefore\ \triangle COD=\frac{1}{2}\times 4\sqrt{3}\times 2\sqrt{13}=4\sqrt{39}$ (cm^2)

7 다음 그림과 같이 꼭짓점 A에서 $\overline{BC}$에 내린 수선의 발을 H라 하면 $\overline{BH}=\overline{CH}$이므로 $\overline{AH}$의 연장선은 원의 중심 O를 지난다.

△ABC가 이등변삼각형이므로 꼭지각의 꼭짓점에서 밑변에 그은 수선은 그 밑변의 중점을 지나.

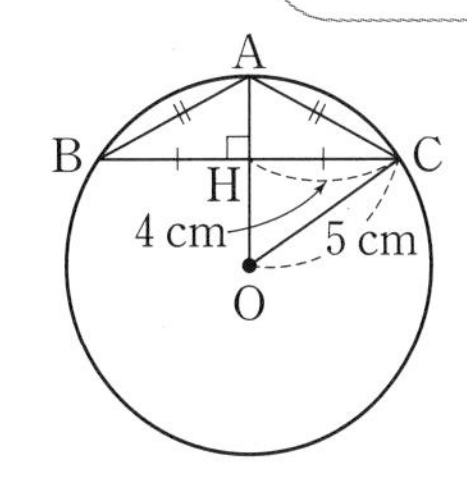

이때 $\overline{CH}=\frac{1}{2}\overline{BC}=\frac{1}{2}\times 8=4$ (cm)이므로

$\triangle$OCH에서 $\overline{OH}=\sqrt{5^2-4^2}=3$ (cm)

$\overline{OA}=5$ cm이므로 $\overline{AH}=\overline{OA}-\overline{OH}=5-3=2$ (cm)

$\triangle$AHC에서 $\overline{AC}=\sqrt{2^2+4^2}=2\sqrt{5}$ (cm)

8 $\overline{OL}=\overline{OM}=\overline{ON}$이므로 $\overline{AB}=\overline{BC}=\overline{CA}$

즉 $\triangle$ABC는 정삼각형이므로 $\angle BAC=60^\circ$

오른쪽 그림과 같이 $\overline{OA}$를 그으면 $\triangle ALO\equiv\triangle ANO$ (RHS 합동)이므로

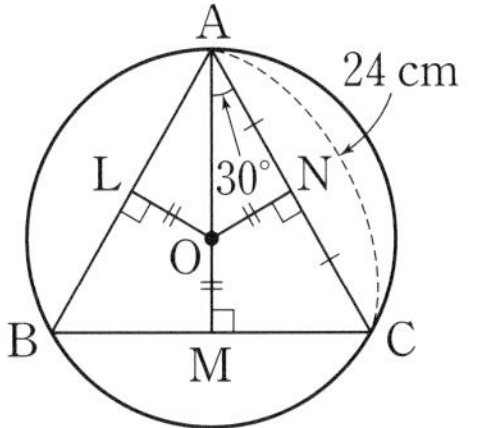

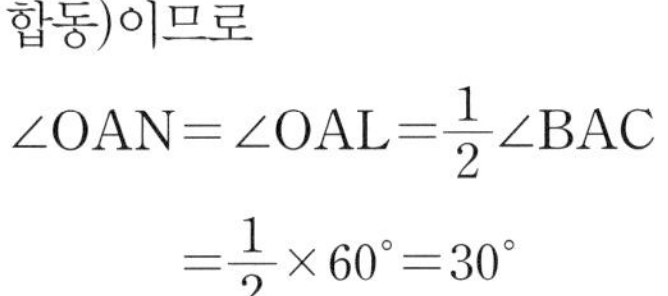

$\angle OAN=\angle OAL=\frac{1}{2}\angle BAC$

$=\frac{1}{2}\times 60^\circ=30^\circ$

$\overline{AN}=\frac{1}{2}\overline{AC}=\frac{1}{2}\times 24=12$ (cm)

$\triangle$AON에서 $\cos 30^\circ=\frac{12}{\overline{AO}}=\frac{\sqrt{3}}{2}$

$\sqrt{3}\,\overline{AO}=24\qquad\therefore\ \overline{AO}=8\sqrt{3}$ (cm)

따라서 원 O의 반지름의 길이는 $8\sqrt{3}$ cm이다.

3일 필수 체크 전략 1 46쪽~49쪽

1-1 ④	**2-1** ⑤
3-1 ③	**4-1** 40 cm^2
5-1 ⑤	**5-2** 4 cm
6-1 $2\sqrt{10}$ cm	**7-1** ②
7-2 110 cm^2	**8-1** 4 cm

1-1 $\angle PAO=90^\circ$이므로 $\angle OAB=90^\circ-75^\circ=15^\circ$

$\triangle$OAB에서 $\overline{OA}=\overline{OB}$이므로 $\angle OBA=\angle OAB=15^\circ$

$\therefore\ \angle AOB=180^\circ-(15^\circ+15^\circ)=150^\circ$

따라서 색칠한 부분은 반지름의 길이가 6 cm이고 중심각의 크기가 $360^\circ-150^\circ=210^\circ$인 부채꼴이므로 그 넓이는 $\pi\times 6^2\times\frac{210}{360}=21\pi$ (cm^2)

2-1 ① $\angle PAO=\angle PBO=90^\circ$이므로 □APBO에서

$90^\circ+\angle APB+90^\circ+120^\circ=360^\circ$

$\therefore\ \angle APB=60^\circ$

② $\triangle PAO\equiv\triangle PBO$ (RHS 합동)이므로

$\angle APO=\angle BPO=\frac{1}{2}\angle APB=\frac{1}{2}\times 60^\circ=30^\circ$

$\triangle$OAB는 $\overline{OA}=\overline{OB}$인 이등변삼각형이므로

$\angle OAB=\frac{1}{2}\times(180^\circ-120^\circ)=30^\circ$

$\therefore\ \angle APO=\angle OAB=30^\circ$

③, ④ $\triangle$APO에서

$\sin 30^\circ=\frac{12}{\overline{PO}}=\frac{1}{2}\qquad\therefore\ \overline{PO}=24$ (cm)

$\tan 30^\circ=\frac{12}{\overline{PA}}=\frac{\sqrt{3}}{3}$이므로

$\sqrt{3}\,\overline{PA}=36\qquad\therefore\ \overline{PA}=12\sqrt{3}$ (cm)

⑤ $\triangle$PBA에서 $\overline{PA}=\overline{PB}$이고 $\angle APB=60^\circ$이므로

$\angle PAB=\angle PBA=\frac{1}{2}\times(180^\circ-60^\circ)=60^\circ$

즉 $\triangle$PBA는 정삼각형이므로

$\overline{AB}=\overline{PA}=12\sqrt{3}$ cm

따라서 옳지 않은 것은 ⑤이다.

3-1 $\overline{AD}=\overline{AF}=17$ cm이므로

$\overline{BD}=\overline{AD}-\overline{AB}=17-13=4$ (cm)

$\therefore\ \overline{BE}=\overline{BD}=4$ cm

$\overline{CF}=\overline{AF}-\overline{AC}=17-11=6\ (cm)$이므로
$\overline{CE}=\overline{CF}=6\ cm$
$\therefore\ \overline{BC}=\overline{BE}+\overline{CE}=4+6=10\ (cm)$

4-1 $\overline{AE}=\overline{AB}=8\ cm,\ \overline{DE}=\overline{DC}=2\ cm$이므로
$\overline{AD}=\overline{AE}+\overline{DE}=8+2=10\ (cm)$
오른쪽 그림과 같이 꼭짓점 D에서 $\overline{AB}$에 내린 수선의 발을 H라 하면
$\overline{HB}=\overline{DC}=2\ cm$이므로
$\overline{AH}=8-2=6\ (cm)$
△AHD에서
$\overline{HD}=\sqrt{10^2-6^2}=8\ (cm)$
따라서 □ABCD의 넓이는
$\frac{1}{2}\times(\overline{AB}+\overline{DC})\times\overline{HD}=\frac{1}{2}\times(8+2)\times 8=40\ (cm^2)$

5-1 $\overline{BD}=\overline{BE}=x\ cm$라 하면
$\overline{AF}=\overline{AD}=10-x\ (cm),\ \overline{CF}=\overline{CE}=12-x\ (cm)$
$\overline{AC}=\overline{AF}+\overline{CF}$이므로 $8=(10-x)+(12-x)$
$2x=14\qquad\therefore\ x=7$
따라서 $\overline{BD}$의 길이는 7 cm이다.

5-2 $\overline{AD}=\overline{AF}=x\ cm$라 하자.
$\overline{BE}=\overline{BD}=6\ cm,\ \overline{CE}=\overline{CF}=5\ cm$이고
△ABC의 둘레의 길이는 30 cm이므로
$2(x+6+5)=30,\ x+11=15$
$\therefore\ x=4$
따라서 $\overline{AD}$의 길이는 4 cm이다.

6-1 △ABC에서 $\overline{AB}=\sqrt{10^2-6^2}=8\ (cm)$
오른쪽 그림과 같이 $\overline{OD},\ \overline{OE}$를 긋고 원 O의 반지름의 길이를 r cm라 하면 □DBEO는 정사각형이므로 $\overline{BD}=\overline{BE}=r\ cm$
$\therefore\ \overline{AF}=\overline{AD}=8-r\ (cm)$
$\quad\ \overline{CF}=\overline{CE}=6-r\ (cm)$

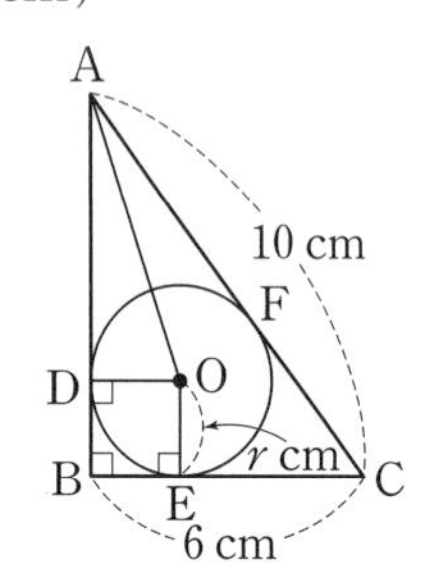

$\overline{AC}=\overline{AF}+\overline{CF}$이므로
$10=(8-r)+(6-r)$
$2r=4\qquad\therefore\ r=2$
△ADO에서 $\overline{AD}=8-2=6\ (cm),\ \overline{DO}=2\ cm$이므로
$\overline{AO}=\sqrt{6^2+2^2}=2\sqrt{10}\ (cm)$

7-1 △ABC에서
$\overline{BC}=\sqrt{15^2-9^2}=12\ (cm)$
□ABCD가 원 O에 외접하므로
$\overline{AB}+\overline{DC}=\overline{AD}+\overline{BC}$
$9+\overline{DC}=8+12\qquad\therefore\ \overline{DC}=11\ (cm)$

7-2 원 O의 반지름의 길이가 5 cm이므로
$\overline{AB}=2\times 5=10\ (cm)$
□ABCD가 원 O에 외접하므로
$\overline{AB}+\overline{DC}=\overline{AD}+\overline{BC}$
$\therefore\ \overline{AD}+\overline{BC}=10+12=22\ (cm)$
따라서 □ABCD의 넓이는
$\frac{1}{2}\times(\overline{AD}+\overline{BC})\times\overline{AB}=\frac{1}{2}\times 22\times 10$
$=110\ (cm^2)$

□ABCD에서 $\angle A=\angle B=90°$이므로 $\overline{AD}/\!/\overline{BC}$야.
즉 □ABCD는 사다리꼴이지.

8-1 △DEC에서 $\overline{EC}=\sqrt{10^2-6^2}=8\ (cm)$
$\overline{BE}=x\ cm$라 하면 $\overline{AD}=\overline{BC}=x+8\ (cm)$
□ABED가 원 O에 외접하므로
$\overline{AB}+\overline{DE}=\overline{AD}+\overline{BE},\ 6+10=(x+8)+x$
$2x=8\qquad\therefore\ x=4$
따라서 $\overline{BE}$의 길이는 4 cm이다.

3일 필수 체크 전략 2 50쪽~51쪽

1 $9\sqrt{3}\ \text{cm}^2$ **2** $8\sqrt{11}$ cm **3** 36
4 $(28\sqrt{10}-20\pi)\ \text{cm}^2$ **5** 8 cm **6** $(\sqrt{3}-1)$ cm
7 $32\pi\ \text{m}^2$ **8** 2 cm

1 $\angle PAO=\angle PBO=90^\circ$이므로 □APBO에서
$90^\circ+60^\circ+90^\circ+\angle AOB=180^\circ$ $\therefore \angle AOB=120^\circ$
오른쪽 그림과 같이 $\overline{PO}$를 그으면 $\triangle PAO\equiv\triangle PBO$ (RHS 합동)이므로
$\angle APO=\angle BPO=\frac{1}{2}\angle APB$
$=\frac{1}{2}\times 60^\circ=30^\circ$
$\triangle APO$에서
$\overline{OA}=6\sqrt{3}\tan 30^\circ=6\sqrt{3}\times\frac{\sqrt{3}}{3}=6$ (cm)
$\therefore\ \triangle OAB=\frac{1}{2}\times 6\times 6\times \sin(180^\circ-120^\circ)$
$=\frac{1}{2}\times 6\times 6\times\frac{\sqrt{3}}{2}=9\sqrt{3}\ (\text{cm}^2)$

2 $\angle ADO=90^\circ$이므로 $\triangle AOD$에서
$\overline{AD}=\sqrt{15^2-7^2}=4\sqrt{11}$ (cm)
따라서 $\triangle ABC$의 둘레의 길이는
$\overline{AB}+\overline{BC}+\overline{AC}=\overline{AB}+(\overline{BE}+\overline{CE})+\overline{AC}$
$=\overline{AB}+(\overline{BD}+\overline{CF})+\overline{AC}$
$=\overline{AD}+\overline{AF}$
$=4\sqrt{11}+4\sqrt{11}$
$=8\sqrt{11}$ (cm)

3 오른쪽 그림과 같이 작은 원과 $\overline{AB}$의 접점을 H라 하면
$\overline{OH}\perp\overline{AB}$, $\overline{AH}=\overline{BH}$
큰 원의 반지름의 길이를 R cm, 작은 원의 반지름의 길이를 r cm 라 하면 $\triangle OAH$에서

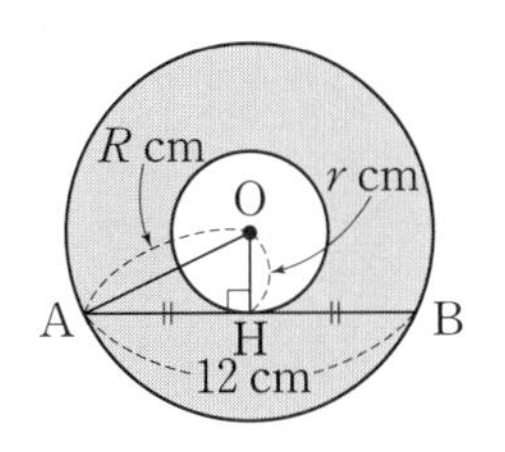

$\overline{AH}=\frac{1}{2}\overline{AB}=\frac{1}{2}\times 12=6$ (cm)이므로
$R^2=r^2+6^2$ $\therefore R^2-r^2=36$
이때 두 원의 넓이의 차는
$\pi\times R^2-\pi\times r^2=(R^2-r^2)\pi=36\pi\ (\text{cm}^2)$
$\therefore a=36$

4 $\overline{DE}=\overline{DA}=10$ cm, $\overline{CE}=\overline{CB}=4$ cm이므로
$\overline{DC}=\overline{DE}+\overline{CE}=10+4=14$ (cm)
오른쪽 그림과 같이 꼭짓점 C에서 $\overline{AD}$에 내린 수선의 발을 H라 하면

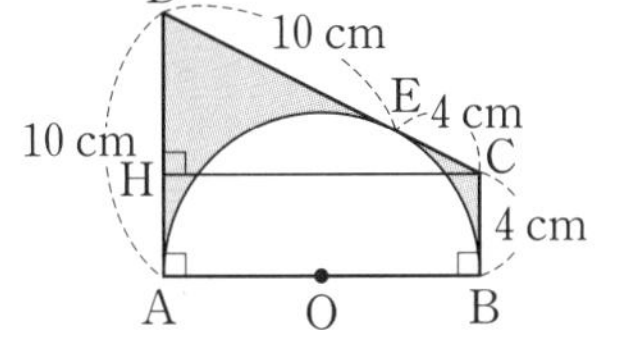

$\overline{HA}=\overline{CB}=4$ cm이므로
$\overline{DH}=10-4=6$ (cm)
$\triangle DHC$에서 $\overline{HC}=\sqrt{14^2-6^2}=4\sqrt{10}$ (cm)
따라서 $\overline{AB}=\overline{HC}=4\sqrt{10}$ cm이므로
$\overline{AO}=\frac{1}{2}\overline{AB}=\frac{1}{2}\times 4\sqrt{10}=2\sqrt{10}$ (cm)
$\therefore$ (색칠한 부분의 넓이)
$=$(□ABCD의 넓이)$-$(반원 O의 넓이)
$=\frac{1}{2}\times(10+4)\times 4\sqrt{10}-\frac{1}{2}\times(2\sqrt{10})^2\times\pi$
$=28\sqrt{10}-20\pi\ (\text{cm}^2)$

5 $\overline{BD}=\overline{BE}=x$ cm라 하면
$\overline{AF}=\overline{AD}=6-x$ (cm), $\overline{CF}=\overline{CE}=7-x$ (cm)
$\overline{AC}=\overline{AF}+\overline{CF}$이므로 $5=(6-x)+(7-x)$
$2x=8$ $\therefore x=4$
$\therefore \overline{BD}=\overline{BE}=4$ cm
따라서 $\triangle BIH$의 둘레의 길이는
$\overline{BH}+\overline{HI}+\overline{BI}=\overline{BH}+(\overline{HG}+\overline{IG})+\overline{BI}$
$=\overline{BH}+(\overline{HD}+\overline{IE})+\overline{BI}$
$=\overline{BD}+\overline{BE}=4+4=8$ (cm)

6 $\cos 30^\circ=\frac{2\sqrt{3}}{\overline{AB}}=\frac{\sqrt{3}}{2}$이므로 $\sqrt{3}\,\overline{AB}=4\sqrt{3}$
$\therefore \overline{AB}=4$ (cm)
$\tan 30^\circ=\frac{\overline{AC}}{2\sqrt{3}}=\frac{\sqrt{3}}{3}$이므로 $3\overline{AC}=6$
$\therefore \overline{AC}=2$ (cm)
오른쪽 그림과 같이 $\overline{OE}$, $\overline{OF}$를 긋고 원 O의 반지름의 길이를 r cm라 하면 □OECF는 정사각형이므로 $\overline{CE}=\overline{CF}=r$ cm

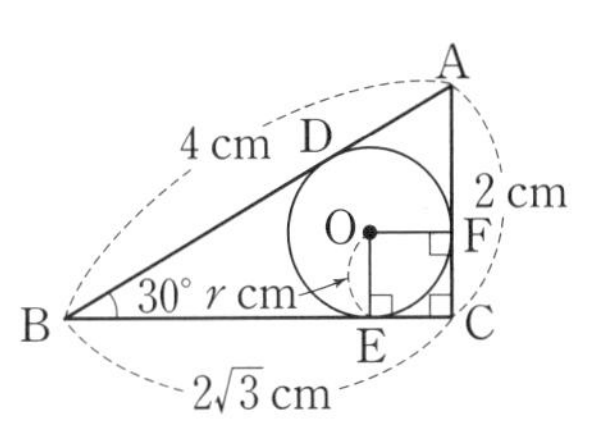

$\therefore \overline{AD}=\overline{AF}=2-r$ (cm), $\overline{BD}=\overline{BE}=2\sqrt{3}-r$ (cm)
$\overline{AB}=\overline{AD}+\overline{BD}$이므로 $4=(2-r)+(2\sqrt{3}-r)$
$2r=2\sqrt{3}-2$ $\therefore r=\sqrt{3}-1$
따라서 원 O의 반지름의 길이는 $(\sqrt{3}-1)$ cm이다.

중간

7 □ABCD가 원 O에 외접하므로
$\overline{AB}+\overline{DC}=\overline{AD}+\overline{BC}$
$\therefore \overline{AB}+\overline{DC}=8+16=24$ (m)
이때 등변사다리꼴의 평행하지 않은 한 쌍의 대변의 길이는 같으므로
$\overline{AB}=\overline{DC}=\frac{1}{2}\times 24=12$ (m)
다음 그림과 같이 두 꼭짓점 A, D에서 $\overline{BC}$에 내린 수선의 발을 각각 H, H′이라 하자.

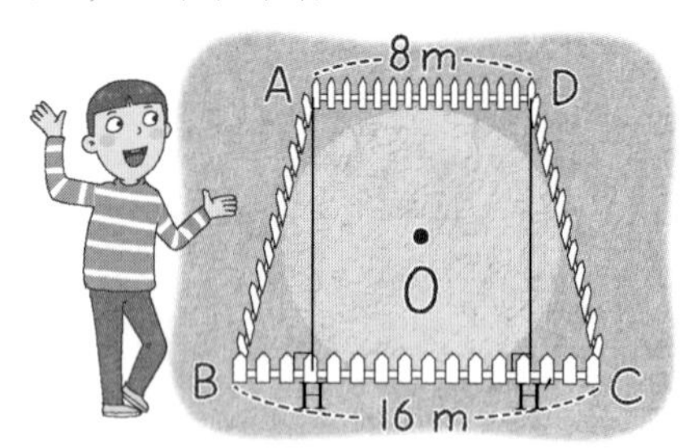

$\triangle ABH \equiv \triangle DCH'$ (RHA 합동)이므로 $\overline{BH}=\overline{CH'}$
$\therefore \overline{BH}=\frac{1}{2}\times(16-8)=4$ (m)
$\triangle ABH$에서
$\overline{AH}=\sqrt{12^2-4^2}=8\sqrt{2}$ (m)
이때 원 모양인 정원 O의 반지름의 길이는
$\frac{1}{2}\times 8\sqrt{2}=4\sqrt{2}$ (m)
따라서 원 모양인 정원 O의 넓이는
$\pi\times(4\sqrt{2})^2=32\pi$ (m^2)

8 $\overline{BG}=\overline{AE}=\overline{AF}=\frac{1}{2}\overline{AB}=\frac{1}{2}\times 8=4$ (cm)이므로
$\overline{DH}=\overline{DE}=12-4=8$ (cm)
$\overline{GI}=\overline{HI}=x$ cm라 하면 $\overline{BI}=4+x$ (cm)
$\therefore \overline{IC}=12-(4+x)=8-x$ (cm)
$\overline{DI}=8+x$ (cm)이므로 $\triangle DIC$에서
$(8+x)^2=(8-x)^2+8^2$
$64+16x+x^2=64-16x+x^2+64$
$32x=64 \quad \therefore x=2$
따라서 $\overline{GI}$의 길이는 2 cm이다.

누구나 합격 전략 52쪽~53쪽

01 ②	02 ①	03 ③	04 ②
05 ③	06 ⑤	07 주환	08 ⑤
09 ②	10 ③		

01 $\overline{AH}=h$ cm라 하면
$\angle BAH=90°-45°=45°$, $\angle CAH=90°-60°=30°$
이므로
$\overline{BH}=h\tan 45°=h$ (cm)
$\overline{CH}=h\tan 30°=\frac{\sqrt{3}}{3}h$ (cm)
$\overline{BC}=\overline{BH}+\overline{CH}$이므로 $60=h+\frac{\sqrt{3}}{3}h$
$\frac{3+\sqrt{3}}{3}h=60 \qquad \therefore h=\frac{180}{3+\sqrt{3}}=30(3-\sqrt{3})$
따라서 $\overline{AH}$의 길이는 $30(3-\sqrt{3})$ cm이다.

02 $\triangle ABC$는 $\overline{AB}=\overline{AC}$인 이등변삼각형이므로
$\angle A=180°-2\times 75°=30°$
$\therefore \triangle ABC=\frac{1}{2}\times 12\times 12\times\sin 30°$
$=\frac{1}{2}\times 12\times 12\times\frac{1}{2}$
$=36$ (cm^2)

03 오른쪽 그림과 같이 $\overline{BD}$를 그으면

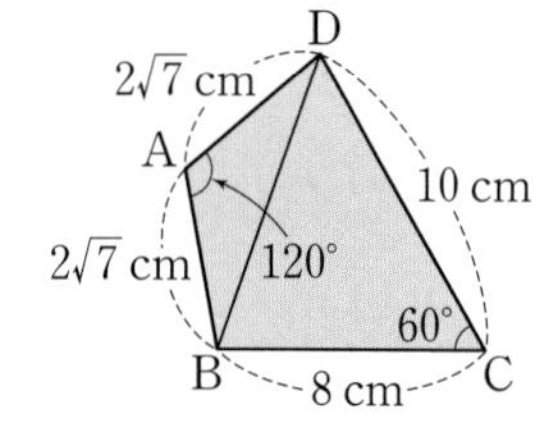

□ABCD
$=\triangle ABD+\triangle BCD$
$=\frac{1}{2}\times 2\sqrt{7}\times 2\sqrt{7}$
$\times\sin(180°-120°)+\frac{1}{2}\times 8\times 10\times\sin 60°$
$=\frac{1}{2}\times 2\sqrt{7}\times 2\sqrt{7}\times\frac{\sqrt{3}}{2}+\frac{1}{2}\times 8\times 10\times\frac{\sqrt{3}}{2}$
$=7\sqrt{3}+20\sqrt{3}=27\sqrt{3}$ (cm^2)

04 $\square ABCD=5\times 8\times\sin B=40\sin B$
따라서 $40\sin B=20\sqrt{2}$이므로 $\sin B=\frac{\sqrt{2}}{2}$
이때 $0°<\angle B<90°$이므로 $\angle B=45°$

05 등변사다리꼴의 두 대각선의 길이는 같으므로
$\overline{BD}=\overline{AC}=4$ cm
$\therefore \square ABCD=\frac{1}{2}\times4\times4\times\sin(180^\circ-120^\circ)$
$=\frac{1}{2}\times4\times4\times\frac{\sqrt{3}}{2}=4\sqrt{3}\ (\text{cm}^2)$

06 $\overline{OM}=\frac{1}{2}\overline{OC}=\frac{1}{2}\times10=5\ (\text{cm})$이므로
$\triangle OMB$에서 $\overline{MB}=\sqrt{10^2-5^2}=5\sqrt{3}\ (\text{cm})$
$\therefore \overline{AM}=\overline{BM}=5\sqrt{3}\ (\text{cm})$

07 시아 : $\overline{OM}=\overline{ON}$이므로 $\overline{AB}=\overline{CD}$
지수 : $\overline{AM}=\frac{1}{2}\overline{AB}=\frac{1}{2}\overline{CD}=\overline{CN}$
주환 : $\overline{AM}=\overline{OM}$인지는 알 수 없다.
현우 : $\triangle OAM$과 $\triangle OCN$에서
$\angle AMO=\angle CNO=90^\circ$, $\overline{OA}=\overline{OC}$ (반지름),
$\overline{OM}=\overline{ON}$이므로
$\triangle OAM\equiv\triangle OCN$ (RHS 합동)
따라서 옳지 않은 말을 한 학생은 주환이다.

08 $\overline{OC}=\overline{OB}=4$ cm이므로
$\overline{PO}=\overline{PC}+\overline{OC}=6+4=10\ (\text{cm})$
$\angle PBO=90^\circ$이므로 $\triangle PBO$에서
$\overline{PB}=\sqrt{10^2-4^2}=2\sqrt{21}\ (\text{cm})$
따라서 $\overline{PA}=\overline{PB}$이므로
$\overline{PA}+\overline{PB}=2\overline{PB}=2\times2\sqrt{21}=4\sqrt{21}\ (\text{cm})$

09 $\overline{AF}=\overline{AD}=6$ cm이므로
$\overline{BE}=\overline{BD}=10-6=4\ (\text{cm})$
$\overline{CE}=\overline{CF}=9-6=3\ (\text{cm})$
$\therefore \overline{BC}=\overline{BE}+\overline{CE}=4+3=7\ (\text{cm})$

10 $\square ABCD$가 원 O에 외접하므로
$\overline{AB}+\overline{DC}=\overline{AD}+\overline{BC}$, $10+6=\overline{AD}+\overline{BC}$
$\therefore \overline{AD}+\overline{BC}=16\ (\text{cm})$
따라서 $\square ABCD$의 둘레의 길이는
$\overline{AB}+\overline{BC}+\overline{DC}+\overline{AD}=2\times16=32\ (\text{cm})$

창의·융합·코딩 전략

54쪽~57쪽

1 명수	**2** $36\sqrt{2}$ cm^2
3 106 cm	**4** (1) ③ (2) $6\sqrt{3}$ cm
5 ②	**6** 16 m
7 120걸음	**8** (1) 390 m (2) 150 m

1 $\overline{CH}=h$ m이고
$\angle ACH=90^\circ-42^\circ=48^\circ$, $\angle BCH=90^\circ-55^\circ=35^\circ$이므로
$\overline{AH}=h\tan48^\circ$ (m), $\overline{BH}=h\tan35^\circ$ (m)
$\overline{AB}=\overline{AH}-\overline{BH}$이므로 $40=h\tan48^\circ-h\tan35^\circ$
$(\tan48^\circ-\tan35^\circ)h=40 \qquad \therefore h=\frac{40}{\tan48^\circ-\tan35^\circ}$
따라서 h의 값을 구하는 식을 바르게 말한 학생은 명수이다.

2 마름모 ABCD에서
$\overline{AB}=\overline{AD}=3$ cm,
$\angle A=\angle BCD=\frac{360^\circ}{8}=45^\circ$
이므로
$\square ABCD=3\times3\times\sin45^\circ$
$=3\times3\times\frac{\sqrt{2}}{2}$
$=\frac{9\sqrt{2}}{2}\ (\text{cm}^2)$

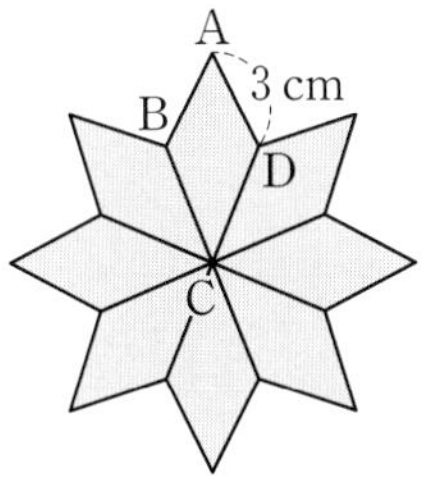

A
3 cm
B
D
C

$\therefore$ (배지의 넓이)$=8\square ABCD=8\times\frac{9\sqrt{2}}{2}=36\sqrt{2}\ (\text{cm}^2)$

3 오른쪽 그림에서 $\overline{EH}$는 현 AD의 수직이등분선이므로 원의 중심을 O라 하면 $\overline{EH}$의 연장선은 원의 중심 O를 지난다.

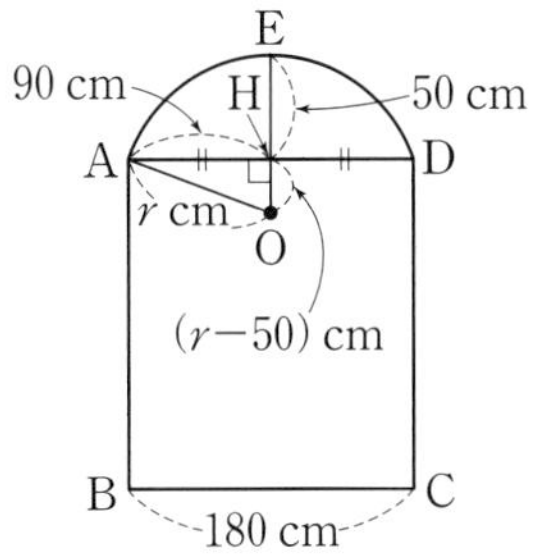

E
90 cm
H
50 cm
A
D
r cm
O
(r−50) cm
B
C
180 cm

$\overline{AD}=\overline{BC}=180$ cm이므로
$\overline{AH}=\frac{1}{2}\overline{AD}=\frac{1}{2}\times180$
$=90\ (\text{cm})$
원 O의 반지름의 길이를 r cm라 하면 $\overline{OH}=r-50$ (cm)
$\triangle AOH$에서 $r^2=(r-50)^2+90^2$
$r^2=r^2-100r+2500+8100$
$100r=10600 \qquad \therefore r=106$
따라서 원의 반지름의 길이는 106 cm이다.

4 (1) 오른쪽 그림의 $\triangle$ABC의 한 변은 원의 중심으로부터 같은 거리에 있는 현이므로 모든 변의 길이가 같다. 따라서 $\triangle$ABC는 정삼각형이다. 이때 이용되는 원의 성질은 ③ '한 원에서 원의 중심으로부터 같은 거리에 있는 두 현의 길이는 같다.'이다.

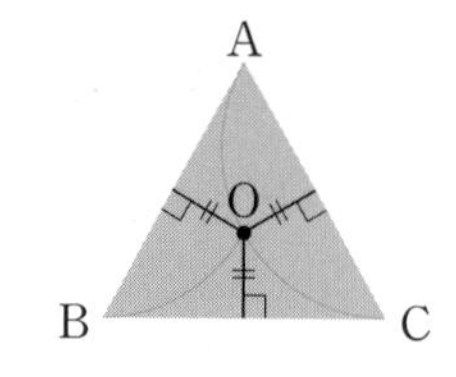

(2) $\triangle$AMO에서

$\overline{AM}=\sqrt{6^2-3^2}=3\sqrt{3}$ (cm)

$\therefore \overline{AB}=2\overline{AM}=2\times3\sqrt{3}$

$=6\sqrt{3}$ (cm)

따라서 정삼각형 ABC의 한 변의 길이는 $6\sqrt{3}$ cm이다.

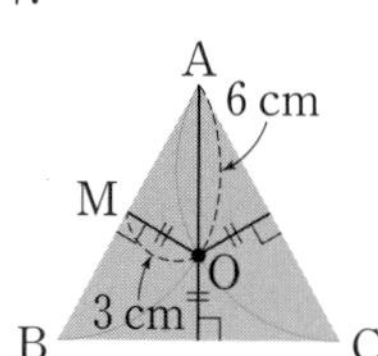

원에서 접었던 부분을 펼쳐 보면 해결 방법이 금방 보여.
내 전부를 보여 주겠어.
짜잔~
O
O

5 원 밖의 한 점에서 그 원에 그은 두 접선의 길이는 같으므로

$\overline{PA}=\overline{PB}=\overline{PC}=\overline{PD}$

$\overline{PA}=\overline{PD}$에서 $4x+3=9-2x$

$6x=6 \quad \therefore x=1$

$\overline{PA}=\overline{PC}$에서 $4x+3=3y+1$

$3y+1=7,\ 3y=6 \quad \therefore y=2$

6 $\overline{PA}=\overline{PB}=8$ m

$\therefore$ ($\triangle$PDC의 둘레의 길이)$=\overline{PC}+\overline{CD}+\overline{PD}$

$=\overline{PC}+(\overline{CE}+\overline{DE})+\overline{PD}$

$=\overline{PC}+(\overline{CA}+\overline{DB})+\overline{PD}$

$=\overline{PA}+\overline{PB}$

$=8+8=16$ (m)

7 오른쪽 그림과 같이 동문, 서문, 남문, 북문을 각각 E, W, S, N이라 하고 원 모양인 성의 중심을 O라 하자.

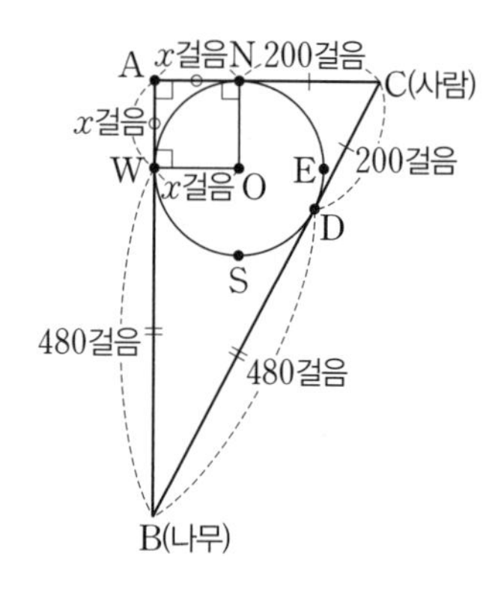

원 O의 반지름의 길이를 x걸음이라 하면

□AWON은 정사각형이므로

$\overline{AN}=\overline{AW}=\overline{OW}=x$걸음

또 북문을 나와 동쪽으로 200걸음을 가야 비로소 나무가 보인다는 것은 원 O와 $\overline{BC}$가 접한다는 뜻이므로 원 O와 $\overline{BC}$의 접점을 D라 하면

$\overline{CD}=\overline{CN}=200$걸음, $\overline{BD}=\overline{BW}=480$걸음

$\triangle$ABC에서

$(x+200)^2+(x+480)^2=(200+480)^2$

$x^2+400x+40000+x^2+960x+230400=462400$

$x^2+680x-96000=0,\ (x+800)(x-120)=0$

$\therefore x=120$ ($\because x>0$)

따라서 이 성의 반지름의 길이는 120걸음이다.

8 (1) 1코스의 소요 시간이 63분이므로

$\overline{AB}+\overline{BC}+\overline{CD}=10\times63=630$ (m)

이때 2코스의 소요 시간은 24분이므로

$\overline{BC}=10\times24=240$ (m)

$\overline{AB}+240+\overline{CD}=630 \quad \therefore \overline{AB}+\overline{CD}=390$ (m)

따라서 A 지점에서 B 지점까지의 거리와 C 지점에서 D 지점까지의 거리의 합은 390 m이다.

(2) □ABCD가 원 O에 외접하므로

$\overline{AB}+\overline{DC}=\overline{AD}+\overline{BC}$

$390=\overline{AD}+240 \quad \therefore \overline{AD}=150$ (m)

따라서 A 지점에서 D 지점까지의 거리는 150 m이다.

중간고사 마무리

신유형·신경향·서술형 전략 (60쪽~63쪽)

01 (1) 3 cm (2) $(3-\sqrt{5})$ cm (3) $\frac{3+\sqrt{5}}{2}$

02 풀이 참조

03 A, C

04 (1) $100\sqrt{3}$ m (2) $100\sqrt{3}$ m

05 3.6 m

06 (가) 한 원에서 길이가 같은 두 현은 원의 중심으로부터 같은 거리에 있다.
(나) 원에서 현의 수직이등분선은 그 원의 중심을 지난다.

07 (1) 평행사변형 / 이유 : 두 쌍의 대변이 각각 평행하다.
(2) $40\sqrt{2}\text{ cm}^2$

08 (1) $8\sqrt{2}$ cm (2) $28\sqrt{2}\text{ cm}^2$ (3) $\frac{56\sqrt{2}}{81}$

01 (1) $\angle APQ=\angle QPC$ (접은 각), $\angle APQ=\angle PQC$ (엇각)
이므로 $\angle QPC=\angle PQC=x$
즉 $\triangle PQC$는 이등변삼각형이므로
$\overline{QC}=\overline{PC}=\overline{AP}=3$ cm

(2) $\triangle PHC$에서 $\overline{PH}=\overline{AB}=2$ cm이므로
$\overline{CH}=\sqrt{3^2-2^2}=\sqrt{5}$ (cm)
$\therefore \overline{QH}=\overline{QC}-\overline{CH}=3-\sqrt{5}$ (cm)

(3) $\triangle PQH$에서
$\tan x=\tan(\angle PQH)=\frac{\overline{PH}}{\overline{QH}}=\frac{2}{3-\sqrt{5}}=\frac{3+\sqrt{5}}{2}$

02 (2) $\cos a$의 값의 변화 ➡ $\overline{OA}=1$이므로 $\cos a=\overline{OB}$
a의 크기가 0°에 가까워지면 $\overline{OB}$의 길이는 1에 가까워지므로 $\cos a$의 값은 1에 가까워진다.

(3) $\tan a$의 값의 변화 ➡ $\overline{OD}=1$이므로 $\tan a=\overline{CD}$
a의 크기가 0°에 가까워지면 $\overline{CD}$의 길이는 0에 가까워지므로 $\tan a$의 값은 0에 가까워진다.

03 네 상자 A, B, C, D에서 각각 출발하여 도착하는 값은
A : $\frac{\sqrt{2}}{4}$, B : $-\frac{\sqrt{3}}{2}$, C : $\frac{\sqrt{3}}{3}$, D : 1
이때 네 상자 A, B, C, D에 적혀 있는 식을 계산하면 다음과 같다.

A : $\sin 30^\circ\times\sin 45^\circ=\frac{1}{2}\times\frac{\sqrt{2}}{2}=\frac{\sqrt{2}}{4}$

B : $\sin 0^\circ\times\cos 45^\circ-2\cos 60^\circ=0\times\frac{\sqrt{2}}{2}-2\times\frac{1}{2}=-1$

C : $\tan 45^\circ\times\tan 30^\circ+\cos 90^\circ=1\times\frac{\sqrt{3}}{3}+0=\frac{\sqrt{3}}{3}$

D : $\sin 60^\circ-\tan 60^\circ=\frac{\sqrt{3}}{2}-\sqrt{3}=-\frac{\sqrt{3}}{2}$

따라서 각 상자에서 출발하여 도착한 값이 상자에 적혀 있는 식의 계산 결과와 같은 상자는 A, C이다.

04 (1) $\triangle ABH$에서
$\overline{AH}=200\sin 60^\circ=200\times\frac{\sqrt{3}}{2}=100\sqrt{3}$ (m)

(2) $\triangle AHC$에서
$\overline{CH}=\overline{AH}\tan 45^\circ=100\sqrt{3}\times 1=100\sqrt{3}$ (m)

05 $\overline{OH}\perp\overline{AB}$이므로
$\overline{AH}=\overline{BH}=\frac{1}{2}\overline{AB}=\frac{1}{2}\times 2.8=1.4$ (m)
가장 큰 원의 반지름의 길이를 r m라 하면
$r=\sqrt{1.2^2+1.4^2}=\sqrt{3.4}$
따라서 가장 큰 원의 지름의 길이는
$2r=2\times\sqrt{3.4}=2\times 1.8=3.6$ (m)

06 • 원의 내부에 원에 가까운 모양이 보이는 이유
➡ 한 원에서 길이가 같은 현들은 원의 중심으로부터 모두 같은 거리에 있으므로 현이 지나는 자리를 모두 나타냈을 때 생기는 영역의 경계는 원의 중심으로부터 일정한 거리에 있는 점들로 이루어져 있기 때문이다.

• 원의 중심을 찾는 방법
➡ 원에서 현의 수직이등분선은 그 원의 중심을 지나므로 원에 두 현을 그려서 그 두 현의 수직이등분선을 그리면 그 두 수직이등분선의 교점이 원의 중심이 된다.

07 (1) □ABCD에서 $\overline{AB}$, $\overline{DC}$는 폭이 8 cm인 직사각형 모양의 종이테이프의 변의 일부이므로 $\overline{AB}/\!/\overline{DC}$
또 $\overline{AD}$, $\overline{BC}$는 폭이 5 cm인 직사각형 모양의 종이테이프의 변의 일부이므로 $\overline{AD}/\!/\overline{BC}$

직사각형은 평행사변형이므로 두 쌍의 대변이 각각 평행해.

중간

따라서 두 쌍의 대변이 각각 평행하므로 □ABCD는 평행사변형이다.

(2) 다음 그림과 같이 점 A에서 $\overline{BC}$에 내린 수선의 발을 E, 점 B에서 $\overleftrightarrow{CD}$에 내린 수선의 발을 F라 하자.

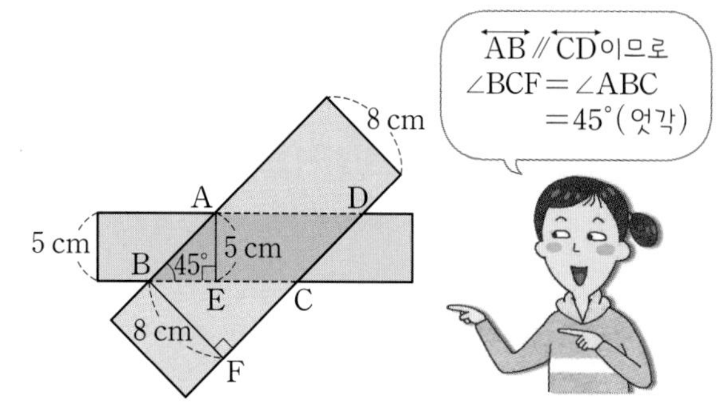

△ABE에서 $\overline{AE}$=5 cm이므로

$\sin 45° = \frac{5}{\overline{AB}} = \frac{\sqrt{2}}{2}$

$\sqrt{2}\,\overline{AB}=10 \quad \therefore \overline{AB}=5\sqrt{2}$ (cm)

△BFC에서 ∠CBF=90°−45°=45°, $\overline{BF}$=8 cm

이므로 $\cos 45° = \frac{8}{\overline{BC}} = \frac{\sqrt{2}}{2}$

$\sqrt{2}\,\overline{BC}=16 \quad \therefore \overline{BC}=8\sqrt{2}$ (cm)

$\therefore$ □ABCD$=\overline{AB}\times\overline{BC}\times\sin 45°$

$=5\sqrt{2}\times 8\sqrt{2}\times \sin 45°$

$=5\sqrt{2}\times 8\sqrt{2}\times \frac{\sqrt{2}}{2}$

$=40\sqrt{2}$ (cm²)

08 (1) 오른쪽 그림과 같이 원의 중심 O에서 $\overline{CD}$에 내린 수선의 발을 H라 하면 $\overline{AB}=\overline{CD}$, $\overline{AB}$ // $\overline{CD}$이고 $\overline{AB}$와 $\overline{CD}$ 사이의 거리가 14 cm이므로

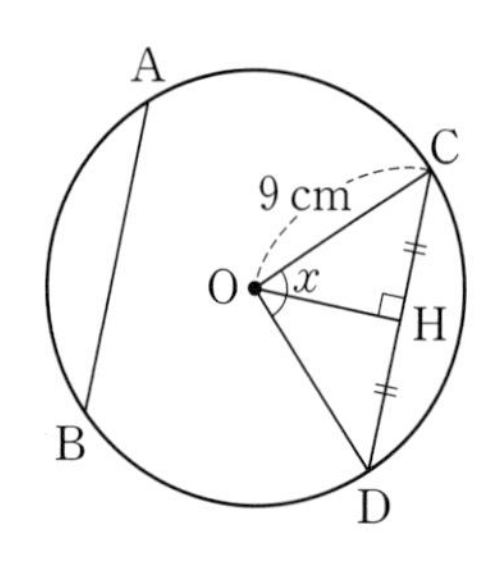

$\overline{OH}=\frac{1}{2}\times 14=7$ (cm)

△OHC에서

$\overline{CH}=\sqrt{9^2-7^2}=4\sqrt{2}$ (cm)

$\therefore \overline{CD}=2\overline{CH}=2\times 4\sqrt{2}=8\sqrt{2}$ (cm)

(2) $\triangle COD=\frac{1}{2}\times\overline{CD}\times\overline{OH}$

$=\frac{1}{2}\times 8\sqrt{2}\times 7$

$=28\sqrt{2}$ (cm²)

(3) $\triangle COD=\frac{1}{2}\times\overline{OC}\times\overline{OD}\times\sin x$

$=\frac{1}{2}\times 9\times 9\times \sin x$

$=\frac{81}{2}\sin x$ (cm²)

따라서 $\frac{81}{2}\sin x=28\sqrt{2}$이므로 $\sin x=\frac{56\sqrt{2}}{81}$

고난도 해결 전략 1회 64쪽~67쪽

01 ②	02 ②	03 ④	04 ④
05 ②	06 ⑤	07 $\frac{\sqrt{6}}{3}$	08 $\frac{4+\sqrt{7}}{3}$
09 ⑤	10 ①	11 ⑤	12 석훈
13 ③	14 ④	15 ③	

16 (1) $\overline{OP}$=12 km, $\overline{OQ}$=16 km (2) $4\sqrt{13}$ km

01 전략 직각삼각형에서 $\sin A$와 $\sin B$를 식으로 나타낸다.

△ADC에서 $\sin A=\frac{\overline{CD}}{b}$

△CDB에서 $\sin B=\frac{\overline{CD}}{a}$

$\therefore \frac{\sin A}{\sin B}=\frac{\overline{CD}}{b}\div\frac{\overline{CD}}{a}=\frac{\overline{CD}}{b}\times\frac{a}{\overline{CD}}=\frac{a}{b}$

02 전략 △ABC에서 $\overline{BC}$의 길이를 구한 후 △ABD에서 $\overline{AD}$의 길이를 구한다.

△ABC에서 $\overline{BC}=\sqrt{(2\sqrt{10})^2-4^2}=2\sqrt{6}$

$\therefore \overline{BD}=\frac{1}{2}\overline{BC}=\frac{1}{2}\times 2\sqrt{6}=\sqrt{6}$

△ABD에서 $\overline{AD}=\sqrt{4^2+(\sqrt{6})^2}=\sqrt{22}$

$\therefore \cos x=\frac{\overline{AB}}{\overline{AD}}=\frac{4}{\sqrt{22}}=\frac{2\sqrt{22}}{11}$

03 전략 꼭짓점 A에서 $\overline{BC}$에 수선을 그어 직각삼각형을 만든다.

오른쪽 그림과 같이 꼭짓점 A에서 $\overline{BC}$에 내린 수선의 발을 H라 하자. △ABH에서

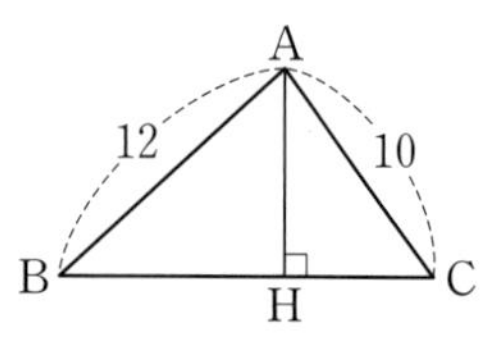

$\sin B=\frac{\overline{AH}}{12}=\frac{2}{3}$이므로

$3\overline{AH}=24 \quad \therefore \overline{AH}=8$

△AHC에서 $\overline{HC}=\sqrt{10^2-8^2}=6$이므로

$\tan C=\frac{\overline{AH}}{\overline{HC}}=\frac{8}{6}=\frac{4}{3}$

04 전략 삼각형의 닮음을 이용하여 x와 크기가 같은 각을 찾는다.

$\triangle ABC \backsim \triangle EBD$ (AA 닮음)이므로

$\angle C=\angle BDE=x$

$\triangle ABC$에서 $\overline{BC}=\sqrt{12^2+5^2}=13$ (cm)

① $\tan x=\tan C=\frac{12}{5}$

② $\cos x=\cos C=\frac{5}{13}$

③ $\sin x=\sin C=\frac{12}{13}$

⑤ $\angle BED+\angle C=90^\circ+\angle C$이고 $\angle C<90^\circ$이므로

$\angle BED+\angle C=90^\circ+\angle C\neq 180^\circ$

따라서 옳은 것은 ④이다.

05 전략 $\triangle ABC \backsim \triangle DBE$임을 이용한다.

$\triangle ABC$에서 $\sin x=\frac{3}{\overline{AB}}=\frac{1}{3}$이므로 $\overline{AB}=9$

이때 $\triangle ABC$와 $\triangle DBE$에서

$\angle C=\angle E=90^\circ$, $\angle ABC=\angle DBE$ (맞꼭지각)

이므로 $\triangle ABC \backsim \triangle DBE$ (AA 닮음)

즉 $\overline{AB}:\overline{DB}=\overline{BC}:\overline{BE}$이므로 $9:3=3:\overline{BE}$

$9\overline{BE}=9$ $\quad\therefore \overline{BE}=1$

$\triangle DEB$에서 $\overline{DE}=\sqrt{3^2-1^2}=2\sqrt{2}$

따라서 $\triangle ADE$에서 $\overline{AE}=\overline{AB}+\overline{BE}=9+1=10$이므로

$\tan y=\frac{\overline{DE}}{\overline{AE}}=\frac{2\sqrt{2}}{10}=\frac{\sqrt{2}}{5}$

06 전략 주어진 이차방정식의 근을 구하여 $\cos A$의 값을 구한다.

$9x^2-12x+4=0$에서 $(3x-2)^2=0$ $\quad\therefore x=\frac{2}{3}$

즉 $\cos A=\frac{2}{3}$이므로 오른쪽 그림과 같이 $\angle B=90^\circ$, $\overline{CA}=3$, $\overline{AB}=2$인 직각삼각형 ABC를 생각할 수 있다.

$\triangle ABC$에서 $\overline{BC}=\sqrt{3^2-2^2}=\sqrt{5}$

따라서 $\sin A=\frac{\sqrt{5}}{3}$, $\tan A=\frac{\sqrt{5}}{2}$이므로

$\sin A+\tan A=\frac{\sqrt{5}}{3}+\frac{\sqrt{5}}{2}=\frac{5\sqrt{5}}{6}$

07 전략 점 A에서 $\overline{MN}$에 수선을 그어 직각삼각형을 만든다.

$\overline{CM}=\frac{1}{2}\overline{CD}=\frac{1}{2}\times 12=6$ (cm)이고 $\triangle ACM$에서

$\angle AMC=90^\circ$이므로 $\overline{AM}=\sqrt{12^2-6^2}=6\sqrt{3}$ (cm)

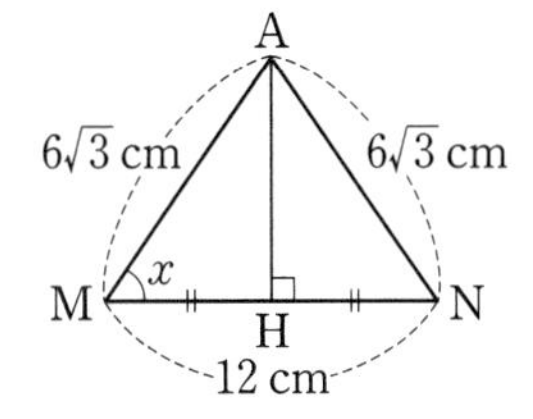

오른쪽 그림에서 $\triangle AMN$은 $\overline{AM}=\overline{AN}=6\sqrt{3}$ cm인 이등변삼각형이므로 점 A에서 $\overline{MN}$에 내린 수선의 발을 H라 하면

$\overline{MH}=\overline{NH}=\frac{1}{2}\overline{MN}$

$=\frac{1}{2}\times 12=6$ (cm)

따라서 $\triangle AMH$에서 $\overline{AH}=\sqrt{(6\sqrt{3})^2-6^2}=6\sqrt{2}$ (cm)

$\therefore \sin x=\frac{\overline{AH}}{\overline{AM}}=\frac{6\sqrt{2}}{6\sqrt{3}}=\frac{\sqrt{6}}{3}$

08 전략 점 P에서 $\overline{QC}$에 내린 수선의 발을 H라 하고, $\triangle PQC$가 이등변삼각형임을 이용한다.

$\angle APQ=\angle QPC$ (접은 각), $\angle APQ=\angle PQC$ (엇각)

이므로 $\angle QPC=\angle PQC=x$

즉 $\triangle PQC$는 이등변삼각형이므로

$\overline{QC}=\overline{PC}=\overline{AP}=4$ cm

오른쪽 그림과 같이 점 P에서 $\overline{QC}$에 내린 수선의 발을 H라 하면 $\triangle PHC$에서

$\overline{PH}=\overline{AB}=3$ cm이므로

$\overline{HC}=\sqrt{4^2-3^2}=\sqrt{7}$ (cm)

$\therefore \overline{QH}=\overline{QC}-\overline{CH}=4-\sqrt{7}$ (cm)

$\triangle PQH$에서

$\tan x=\tan(\angle PQH)=\frac{\overline{PH}}{\overline{QH}}=\frac{3}{4-\sqrt{7}}=\frac{4+\sqrt{7}}{3}$

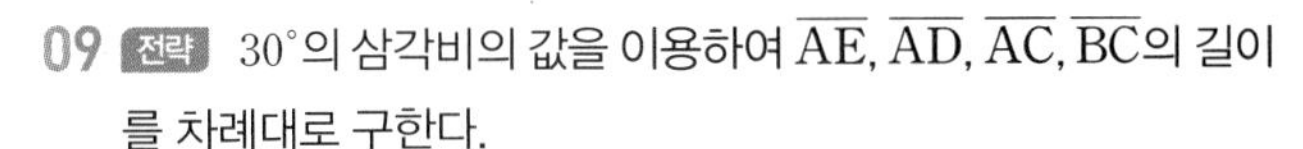

09 전략 30°의 삼각비의 값을 이용하여 $\overline{AE}$, $\overline{AD}$, $\overline{AC}$, $\overline{BC}$의 길이를 차례대로 구한다.

$\triangle FAE$에서 $\cos 30^\circ=\frac{\overline{AE}}{16}=\frac{\sqrt{3}}{2}$이므로

$2\overline{AE}=16\sqrt{3}$ $\quad\therefore \overline{AE}=8\sqrt{3}$ (cm)

$\triangle EAD$에서 $\cos 30^\circ=\frac{\overline{AD}}{8\sqrt{3}}=\frac{\sqrt{3}}{2}$이므로

$2\overline{AD}=24$ $\quad\therefore \overline{AD}=12$ (cm)

$\triangle DAC$에서 $\cos 30^\circ=\frac{\overline{AC}}{12}=\frac{\sqrt{3}}{2}$이므로

$2\overline{AC}=12\sqrt{3}$ $\quad\therefore \overline{AC}=6\sqrt{3}$ (cm)

$\triangle ABC$에서 $\sin 30^\circ=\frac{\overline{BC}}{6\sqrt{3}}=\frac{1}{2}$이므로

$2\overline{BC}=6\sqrt{3}$ $\quad\therefore \overline{BC}=3\sqrt{3}$ (cm)

10 전략 점 E에서 $\overline{BC}$에 수선을 그어 △EBC의 높이를 구한다.

△DBC에서 $\tan 60^\circ = \frac{\overline{BC}}{8} = \sqrt{3}$

$\therefore \overline{BC} = 8\sqrt{3}$

오른쪽 그림과 같이 점 E에서 $\overline{BC}$에 내린 수선의 발을 H라 하고 $\overline{EH} = x$라 하면 △EHC에서

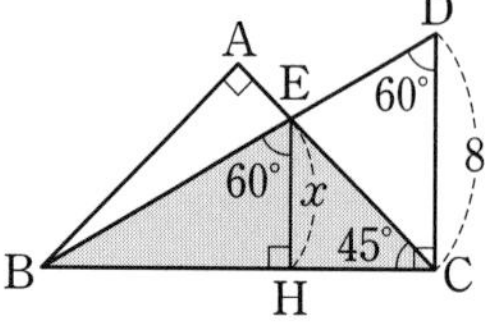

$\tan 45^\circ = \frac{x}{\overline{CH}} = 1 \qquad \therefore \overline{CH} = x$

$\therefore \overline{BH} = 8\sqrt{3} - x$

따라서 △EBH에서 ∠BEH=∠D=60°(동위각)이므로

$\tan 60^\circ = \frac{\overline{BH}}{\overline{EH}} = \frac{8\sqrt{3} - x}{x} = \sqrt{3}$

$8\sqrt{3} - x = \sqrt{3}x,\ (\sqrt{3}+1)x = 8\sqrt{3}$

$\therefore x = \frac{8\sqrt{3}}{\sqrt{3}+1} = 4(3-\sqrt{3})$

$\therefore \triangle EBC = \frac{1}{2} \times \overline{BC} \times \overline{EH}$

$= \frac{1}{2} \times 8\sqrt{3} \times 4(3-\sqrt{3})$

$= 48(\sqrt{3}-1)$

11 전략 직각삼각형에서 크기가 75°인 내각을 찾는다.

△ABC에서 ∠CAB=∠B=15°이므로

∠ACD=15°+15°=30°

△ACD에서 $\overline{AD} = a$라 하면

$\sin 30^\circ = \frac{a}{\overline{AC}} = \frac{1}{2}$이므로

$\overline{AC} = 2a \qquad \therefore \overline{BC} = \overline{AC} = 2a$

$\tan 30^\circ = \frac{a}{\overline{CD}} = \frac{\sqrt{3}}{3}$이므로

$\sqrt{3}\,\overline{CD} = 3a \qquad \therefore \overline{CD} = \sqrt{3}a$

∠CAD=90°−30°=60°이므로 △ABD에서

∠BAD=15°+60°=75°

$\therefore \tan 75^\circ = \frac{\overline{BD}}{\overline{AD}} = \frac{\overline{BC}+\overline{CD}}{\overline{AD}}$

$= \frac{2a+\sqrt{3}a}{a} = 2+\sqrt{3}$

12 전략 ∠OAB=∠OCD임을 이용하여 삼각비의 값을 선분의 길이의 비로 나타낸다.

$\overline{AB} /\!/ \overline{CD}$이므로 ∠OAB=∠OCD=$y$ (동위각)

수연 : $\cos y = \cos(\angle OAB) = \frac{\overline{AB}}{\overline{OA}} = \overline{AB}$

혜경 : $\tan x = \frac{\overline{CD}}{\overline{OD}} = \overline{CD},\ \tan y = \frac{\overline{OD}}{\overline{CD}} = \frac{1}{\overline{CD}}$

$\therefore \tan x \times \tan y = \overline{CD} \times \frac{1}{\overline{CD}} = 1$

환희 : $\cos x = \frac{\overline{OB}}{\overline{OA}} = \overline{OB}$

$\sin y = \sin(\angle OAB) = \frac{\overline{OB}}{\overline{OA}} = \overline{OB}$

$\therefore \cos x = \sin y$

석훈 : y의 크기가 커지면 x의 크기는 작아지므로 $\sin x$의 값은 작아진다.

따라서 옳지 않은 설명을 한 학생은 석훈이다.

13 전략 $0^\circ \le x \le 90^\circ$인 범위에서 $\sin x$, $\cos x$, $\tan x\,(x \ne 90^\circ)$의 값의 증가, 감소를 생각한다.

① $\sin 10^\circ < \sin 45^\circ = \cos 45^\circ < \cos 10^\circ$

② $\cos 45^\circ = \frac{\sqrt{2}}{2}$, $\tan 30^\circ = \frac{\sqrt{3}}{3}$이므로

$\cos 45^\circ > \tan 30^\circ$

③ $0 < \sin 50^\circ < 1$이고 $1 = \tan 45^\circ < \tan 50^\circ$이므로

$\sin 50^\circ < \tan 50^\circ$

④ $\cos 70^\circ < \cos 45^\circ = \sin 45^\circ < \sin 70^\circ$

⑤ $\cos 90^\circ = 1$, $\tan 45^\circ = 1$이므로 $\cos 90^\circ = \tan 45^\circ$

따라서 옳은 것은 ③이다.

14 전략 $45^\circ < x < 90^\circ$인 범위에서 $\sin x$와 $\cos x$의 크기를 비교한다.

$45^\circ < x < 90^\circ$인 범위에서 $\sin x > \cos x$이므로

$\sin x - \cos x > 0,\ \cos x - \sin x < 0$

$\therefore \sqrt{(\sin x - \cos x)^2} + \sqrt{(\cos x - \sin x)^2}$

$= \sin x - \cos x - (\cos x - \sin x)$

$= \sin x - \cos x - \cos x + \sin x$

$= 2\sin x - 2\cos x$

15 전략 지점 A에서 $\overline{OB}$에 수선을 긋고 삼각비를 이용한다.

다음 그림과 같이 지점 A에서 $\overline{OB}$에 내린 수선의 발을 H라 하자.

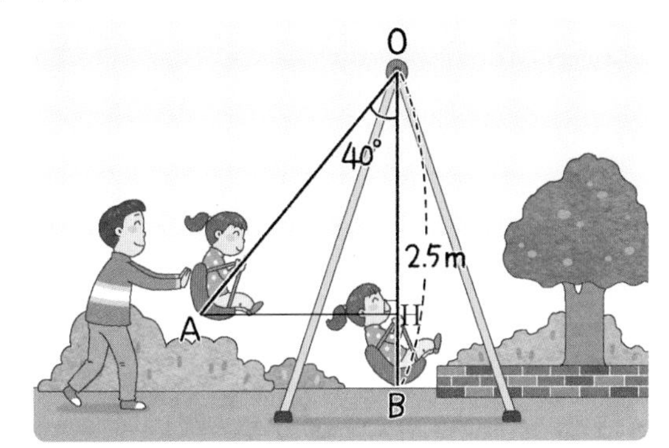

$\overline{OA}=\overline{OB}=2.5$ m이므로

$\overline{OH}=2.5\cos 40°=2.5\times 0.7=1.75$ (m)

$\therefore \overline{HB}=\overline{OB}-\overline{OH}=2.5-1.75=0.75$ (m)

따라서 지점 A는 가장 낮은 지점 B보다 0.75 m 더 높다.

16 전략 $\overline{OP}$, $\overline{OQ}$의 길이를 구한 후 직각삼각형이 만들어지도록 한 꼭짓점에서 그 대변에 수선을 긋는다.

(1) $\overline{OP}=6\times 2=12$ (km), $\overline{OQ}=8\times 2=16$ (km)

(2) 오른쪽 그림과 같이 지점 P에서 $\overline{OQ}$에 내린 수선의 발을 H라 하면

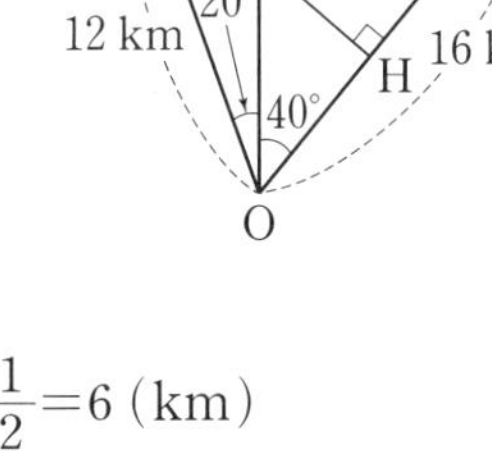

△POH에서

$\overline{PH}=12\sin 60°$

$=12\times\frac{\sqrt{3}}{2}$

$=6\sqrt{3}$ (km)

$\overline{OH}=12\cos 60°=12\times\frac{1}{2}=6$ (km)

따라서 △PHQ에서 $\overline{QH}=16-6=10$ (km)이므로

$\overline{PQ}=\sqrt{(6\sqrt{3})^2+10^2}=4\sqrt{13}$ (km)

고난도 해결 전략 2회 68쪽~71쪽

01 $9(\sqrt{3}-1)$	02 $75\sqrt{3}$ m	03 ④	04 ②
05 ④	06 ④	07 ⑤	08 120°
09 ⑤	10 ⑤	11 ②, ④	12 ①
13 ③	14 10 m	15 ③	16 $\frac{75}{2}$ cm²

01 전략 점 E에서 $\overline{BC}$에 내린 수선의 발을 H라 하면 $\overline{BC}=\overline{BH}+\overline{CH}$임을 이용한다.

△BCD에서 $\overline{BC}=\frac{3\sqrt{2}}{\cos 45°}=3\sqrt{2}\div\frac{\sqrt{2}}{2}$

$=3\sqrt{2}\times\frac{2}{\sqrt{2}}=6$

오른쪽 그림과 같이 점 E에서 $\overline{BC}$에 내린 수선의 발을 H라 하고 $\overline{EH}=h$라 하면

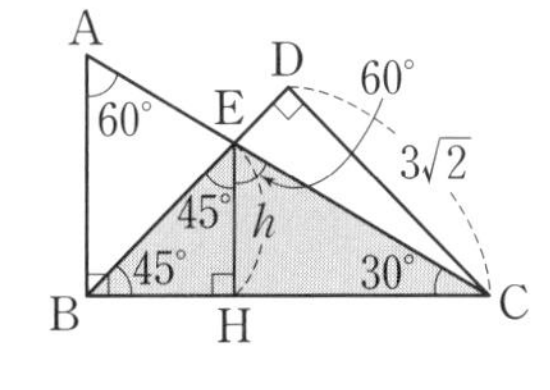

$\angle BEH=45°$, $\angle CEH=60°$ 이므로

$\overline{BH}=h\tan 45°=h$, $\overline{CH}=h\tan 60°=\sqrt{3}h$

$\overline{BC}=\overline{BH}+\overline{CH}$이므로 $h+\sqrt{3}h=6$

$(1+\sqrt{3})h=6$ $\therefore h=\frac{6}{1+\sqrt{3}}=3(\sqrt{3}-1)$

$\therefore$ △EBC$=\frac{1}{2}\times\overline{BC}\times\overline{EH}$

$=\frac{1}{2}\times 6\times 3(\sqrt{3}-1)=9(\sqrt{3}-1)$

02 전략 드론이 초속 25 m로 6초 동안 움직인 거리를 구한다.

$\overline{BC}=25\times 6=150$ (m)

다음 그림과 같이 A 지점에서 $\overline{BC}$의 연장선에 내린 수선의 발을 H라 하고 $\overline{AH}=h$ m라 하자.

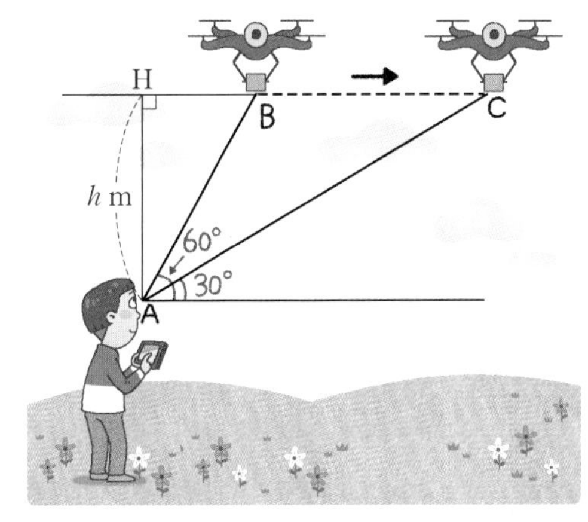

$\angle HAB=30°$, $\angle HAC=60°$이므로

$\overline{BH}=h\tan 30°=\frac{\sqrt{3}}{3}h$ (m)

$\overline{CH}=h\tan 60°=\sqrt{3}h$ (m)

$\overline{BC}=\overline{CH}-\overline{BH}$이므로 $\sqrt{3}h-\frac{\sqrt{3}}{3}h=150$

$\frac{2\sqrt{3}}{3}h=150$ $\therefore h=75\sqrt{3}$

따라서 드론은 태현이의 눈높이인 A 지점으로부터 $75\sqrt{3}$ m의 높이에 있다.

03 전략 $\triangle$DBE의 넓이를 $\triangle$ABC의 넓이의 식으로 나타낸다.

$\triangle ABC=\frac{1}{2}\times\overline{AB}\times\overline{BC}\times\sin B$

$\triangle$DBE에서 $\overline{DB}=0.9\overline{AB}$, $\overline{BE}=1.2\overline{BC}$이므로

$\triangle DBE=\frac{1}{2}\times\overline{DB}\times\overline{BE}\times\sin B$

$=\frac{1}{2}\times0.9\overline{AB}\times1.2\overline{BC}\times\sin B$

$=1.08\times\left(\frac{1}{2}\times\overline{AB}\times\overline{BC}\times\sin B\right)$

$=1.08\times\triangle ABC$

따라서 삼각형의 넓이는 8 % 증가한다.

04 전략 $\triangle$ABC가 이등변삼각형임을 이용한다.

$\angle PAC=\angle BAC$ (접은 각),

$\angle PAC=\angle BCA$ (엇각)

이므로 $\angle BAC=\angle BCA$

즉 $\triangle$ABC는 이등변삼각형

이므로 $\overline{AB}=\overline{BC}$

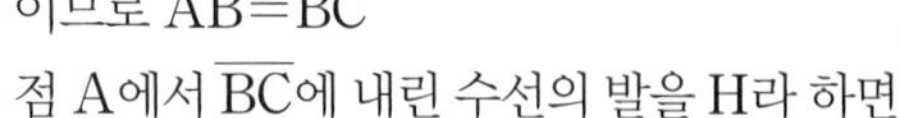

점 A에서 $\overline{BC}$에 내린 수선의 발을 H라 하면

$\triangle$ABH에서 $\overline{AH}=6$ cm이므로

$\overline{AB}=\frac{6}{\sin 45^\circ}=6\div\frac{\sqrt{2}}{2}=6\times\frac{2}{\sqrt{2}}=6\sqrt{2}$ (cm)

$\therefore \overline{BC}=\overline{AB}=6\sqrt{2}$ cm

$\therefore \triangle ABC=\frac{1}{2}\times6\sqrt{2}\times6\sqrt{2}\times\sin45^\circ$

$=\frac{1}{2}\times6\sqrt{2}\times6\sqrt{2}\times\frac{\sqrt{2}}{2}$

$=18\sqrt{2}$ (cm^2)

05 전략 높이가 같은 두 삼각형의 넓이의 비는 밑변의 길이의 비와 같음을 이용한다.

$\overline{DC}=\overline{AB}=8$ cm이므로

$\square ABCD=12\times8\times\sin45^\circ$

$=12\times8\times\frac{\sqrt{2}}{2}$

$=48\sqrt{2}$ (cm^2)

$\therefore \triangle ABC=\frac{1}{2}\square ABCD=\frac{1}{2}\times48\sqrt{2}=24\sqrt{2}$ (cm^2)

$\overline{BE}:\overline{CE}=1:3$이므로 $\triangle ABE:\triangle AEC=1:3$

$\therefore \triangle AEC=\frac{3}{1+3}\triangle ABC=\frac{3}{4}\times24\sqrt{2}=18\sqrt{2}$ (cm^2)

06 전략 $\square ABCD=\frac{1}{2}\times\overline{AC}\times\overline{BD}\times\sin(180^\circ-120^\circ)$임을 이용한다.

$\angle DOC=180^\circ-120^\circ=60^\circ$이므로

$\triangle OCD=\frac{1}{2}\times\overline{OD}\times6\times\sin60^\circ$

$=\frac{1}{2}\times\overline{OD}\times6\times\frac{\sqrt{3}}{2}$

$=\frac{3\sqrt{3}}{2}\overline{OD}$

즉 $\frac{3\sqrt{3}}{2}\overline{OD}=6\sqrt{3}$이므로 $\overline{OD}=4$

$\overline{AC}+\overline{BD}=18$이므로 $(\overline{AO}+6)+(6+4)=18$

$\therefore \overline{AO}=2$

따라서 $\overline{AC}=2+6=8$, $\overline{BD}=6+4=10$이므로

$\square ABCD=\frac{1}{2}\times8\times10\times\sin(180^\circ-120^\circ)$

$=\frac{1}{2}\times8\times10\times\frac{\sqrt{3}}{2}=20\sqrt{3}$

07 전략 $\overline{OA}$, $\overline{OB}$를 긋고, 원의 중심 O에서 $\overline{AD}$에 수선을 그어 직각삼각형을 만든다.

오른쪽 그림과 같이 $\overline{OA}$, $\overline{OB}$를 긋고, 원의 중심 O에서 $\overline{AD}$에 내린 수선의 발을 H라 하면

$\overline{AH}=\frac{1}{2}\overline{AD}=\frac{1}{2}\times18=9$ (cm)

$\overline{BH}=\frac{1}{2}\overline{BC}=\frac{1}{2}\times\frac{1}{3}\overline{AD}$

$=\frac{1}{6}\overline{AD}=\frac{1}{6}\times18=3$ (cm)

큰 원과 작은 원의 반지름의 길이를 각각 R cm, r cm라 하면 $R-r=4$

$\triangle$OAH에서 $\overline{OH}^2=\overline{OA}^2-\overline{AH}^2=R^2-9^2=R^2-81$

$\triangle$OBH에서 $\overline{OH}^2=\overline{OB}^2-\overline{BH}^2=r^2-3^2=r^2-9$

따라서 $R^2-81=r^2-9$이므로 $R^2-r^2=72$

$(R+r)(R-r)=72$, $4(R+r)=72$ $\quad\therefore R+r=18$

따라서 두 원의 반지름의 길이의 합은 18 cm이다.

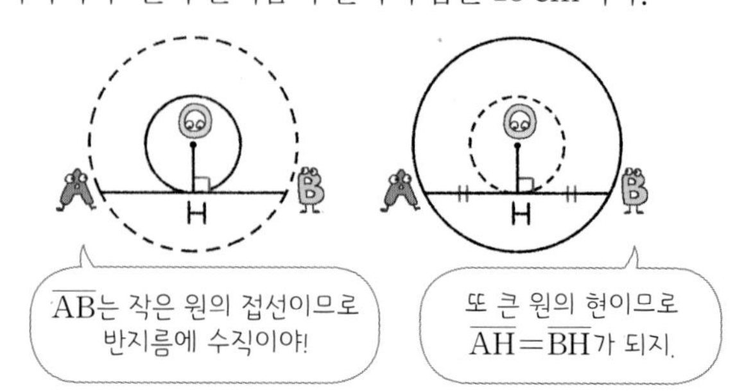

H
H
$\overline{AB}$는 작은 원의 접선이므로 반지름에 수직이야!
또 큰 원의 현이므로 $\overline{AH}=\overline{BH}$가 되지.

08 전략 $\triangle$OAB의 넓이를 이용하여 $\angle$AOB의 크기를 구한다.

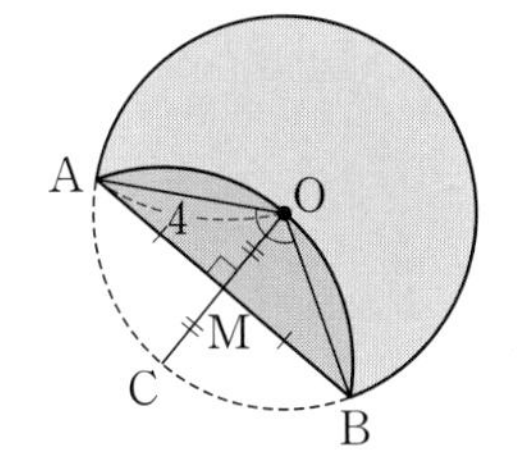

오른쪽 그림과 같이 원의 중심 O에서 $\overline{AB}$에 내린 수선의 발을 M, $\overline{OM}$의 연장선이 $\widehat{AB}$와 만나는 점을 C라 하자.

$\overline{OM}\perp\overline{AB}$이므로 $\overline{AM}=\overline{BM}$

$\overline{OM}=\frac{1}{2}\overline{OC}=\frac{1}{2}\times4=2$

$\triangle$OAM에서 $\overline{AM}=\sqrt{4^2-2^2}=2\sqrt{3}$이므로

$\overline{AB}=2\overline{AM}=2\times2\sqrt{3}=4\sqrt{3}$

$\therefore \triangle OAB=\frac{1}{2}\times4\sqrt{3}\times2=4\sqrt{3}$

또 $\triangle OAB=\frac{1}{2}\times4\times4\times\sin(180^\circ-\angle AOB)$

$=8\sin(180^\circ-\angle AOB)$

이므로 $8\sin(180^\circ-\angle AOB)=4\sqrt{3}$

$\therefore \sin(180^\circ-\angle AOB)=\frac{\sqrt{3}}{2}$

따라서 $180^\circ-\angle AOB=60^\circ$이므로 $\angle AOB=120^\circ$

다른 풀이

$\triangle$OAM에서 $\cos(\angle AOM)=\frac{2}{4}=\frac{1}{2}$이므로

$\angle AOM=60^\circ$

이때 $\triangle OAM\equiv\triangle OBM$ (SAS 합동)이므로

$\angle BOM=\angle AOM=60^\circ$

$\therefore \angle AOB=60^\circ+60^\circ=120^\circ$

09 전략 한 원에서 원의 중심으로부터 같은 거리에 있는 두 현의 길이는 같음을 이용한다.

$\overline{OM}=\overline{ON}$에서 $\overline{AB}=\overline{AC}$이므로 $\triangle$ABC는 이등변삼각형이다. $\therefore \angle BAC=180^\circ-2\times60^\circ=60^\circ$

즉 $\triangle$ABC는 정삼각형이다.

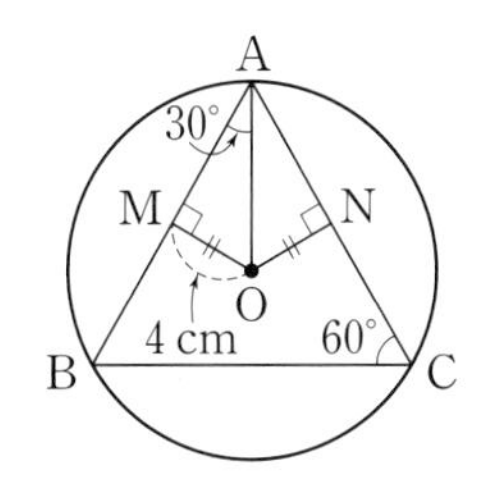

오른쪽 그림과 같은 $\overline{AO}$를 그으면

$\triangle AMO\equiv\triangle ANO$ (RHS 합동)

이므로

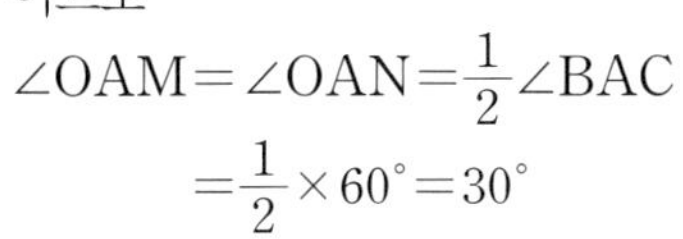

$\angle OAM=\angle OAN=\frac{1}{2}\angle BAC$

$=\frac{1}{2}\times60^\circ=30^\circ$

$\triangle$AMO에서

$\overline{AM}=\frac{4}{\tan30^\circ}=4\div\frac{\sqrt{3}}{3}=4\times\frac{3}{\sqrt{3}}=4\sqrt{3}$ (cm)

$\therefore \overline{AB}=2\overline{AM}=2\times4\sqrt{3}=8\sqrt{3}$ (cm)

따라서 $\triangle$ABC의 둘레의 길이는

$3\overline{AB}=3\times8\sqrt{3}=24\sqrt{3}$ (cm)

10 전략 원의 접선은 원의 반지름에 수직임을 이용한다.

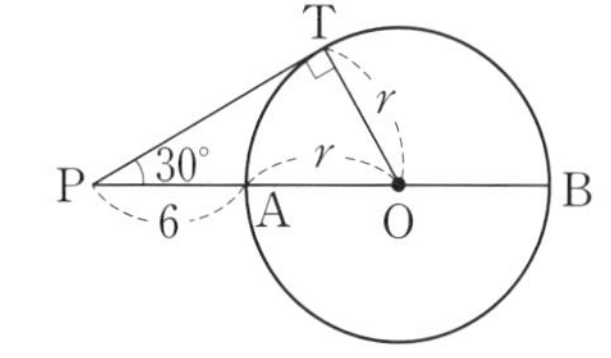

오른쪽 그림과 같이 $\overline{OT}$를 그으면 $\angle PTO=90^\circ$

원 O의 반지름의 길이를 r라 하면 $\triangle$POT에서

$\sin30^\circ=\frac{r}{6+r}=\frac{1}{2}$

$2r=6+r \qquad \therefore r=6$

$\triangle$POT에서 $\overline{PO}=6+6=12$, $\overline{OT}=6$이므로

$\overline{PT}=\sqrt{12^2-6^2}=6\sqrt{3}$

11 전략 원 밖의 한 점에서 그은 두 접선의 길이는 같음을 이용한다.

① $\overline{BD}=\overline{BE}$, $\overline{CE}=\overline{CF}$이므로

$\overline{BC}=\overline{BE}+\overline{CE}=\overline{BD}+\overline{CF}$

② $\overline{AB}=\overline{AC}$인지는 알 수 없다.

③ $\angle ADO=\angle AFO=90^\circ$이므로 □AFOD에서

$90^\circ+\angle DAF+90^\circ+\angle DOF=360^\circ$

$\therefore \angle DAF+\angle DOF=180^\circ$

④ $\overline{OB}=\overline{OC}$인지는 알 수 없다.

⑤ $\triangle ODB\equiv\triangle OEB$ (RHS 합동)이므로

$\angle DOB=\angle EOB \qquad \therefore \angle EOB=\frac{1}{2}\angle DOE$

$\triangle OEC\equiv\triangle OFC$ (RHS 합동)이므로

$\angle EOC=\angle FOC \qquad \therefore \angle EOC=\frac{1}{2}\angle EOF$

$\therefore \angle BOC=\angle EOB+\angle EOC$

$=\frac{1}{2}\angle DOE+\frac{1}{2}\angle EOF$

$=\frac{1}{2}\angle DOF$

따라서 옳지 않은 것은 ②, ④이다.

12 전략 원 밖의 한 점에서 그은 두 접선의 길이는 같음을 이용한다.

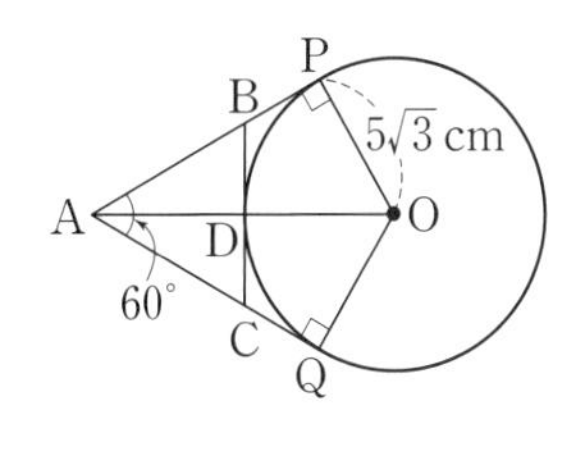

오른쪽 그림과 같이 $\overline{AO}$를 그으면

$\angle APO=\angle AQO=90^\circ$

이므로

$\triangle AOP\equiv\triangle AOQ$

(RHS 합동)

$\therefore \angle PAO=\angle QAO=\frac{1}{2}\angle BAC=\frac{1}{2}\times60^\circ=30^\circ$

$\triangle AOP$에서

$\overline{AP}=\dfrac{5\sqrt{3}}{\tan 30°}=5\sqrt{3}\div\dfrac{\sqrt{3}}{3}=5\sqrt{3}\times\dfrac{3}{\sqrt{3}}=15\ (cm)$

$\therefore \overline{AQ}=\overline{AP}=15\ cm$

이때 $\overline{BD}=\overline{BP}$, $\overline{CD}=\overline{CQ}$이므로

($\triangle ABC$의 둘레의 길이)$=\overline{AB}+\overline{BC}+\overline{AC}$

$=\overline{AB}+(\overline{BD}+\overline{CD})+\overline{AC}$

$=\overline{AB}+(\overline{BP}+\overline{CQ})+\overline{AC}$

$=\overline{AP}+\overline{AQ}$

$=15+15=30\ (cm)$

13 전략 $\overline{OE}\perp\overline{CD}$이므로 $\triangle DOC=\dfrac{1}{2}\times\overline{DC}\times\overline{OE}$이다.

$\overline{DE}=\overline{DA}=5\ cm$, $\overline{CE}=\overline{CB}=3\ cm$이므로

$\overline{DC}=\overline{DE}+\overline{CE}=5+3=8\ (cm)$

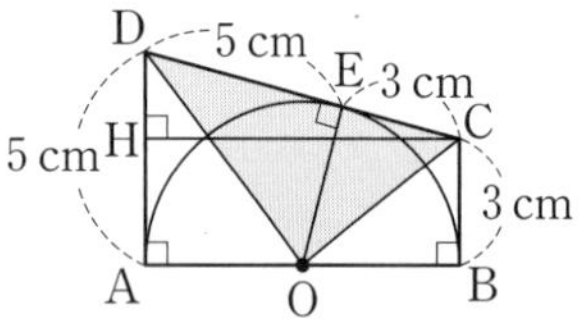

오른쪽 그림과 같이 점 C에서 $\overline{AD}$에 내린 수선의 발을 H라 하면

D, 5 cm, E, 3 cm, C, H, 5 cm, 3 cm, A, O, B

$\overline{AH}=\overline{BC}=3\ cm$이므로

$\overline{DH}=\overline{AD}-\overline{AH}=5-3=2\ (cm)$

$\triangle DHC$에서 $\overline{CH}=\sqrt{8^2-2^2}=2\sqrt{15}\ (cm)$이므로

$\overline{AB}=\overline{CH}=2\sqrt{15}\ cm$

이때 반원 O의 반지름의 길이가 $\sqrt{15}\ cm$이므로

$\overline{OE}=\sqrt{15}\ cm$

따라서 $\overline{OE}\perp\overline{CD}$이므로

$\triangle DOC=\dfrac{1}{2}\times\overline{DC}\times\overline{OE}=\dfrac{1}{2}\times 8\times\sqrt{15}=4\sqrt{15}\ (cm^2)$

14 전략 ($\triangle APQ$의 둘레의 길이)$=\overline{AD}+\overline{AF}$임을 이용한다.

$\triangle ABC$에서 $\overline{AD}=\overline{AF}=x$ m라 하면

$\overline{BE}=\overline{BD}=12-x\ (m)$, $\overline{CE}=\overline{CF}=7-x\ (m)$

$\overline{BC}=\overline{BE}+\overline{CE}$이므로 $9=(12-x)+(7-x)$

$2x=10 \qquad \therefore x=5$

이때 $\overline{PG}=\overline{PD}$, $\overline{QG}=\overline{QF}$이므로

($\triangle APQ$의 둘레의 길이)$=\overline{AP}+\overline{PQ}+\overline{AQ}$

$=\overline{AP}+(\overline{PG}+\overline{QG})+\overline{AQ}$

$=\overline{AP}+(\overline{PD}+\overline{QF})+\overline{AQ}$

$=\overline{AD}+\overline{AF}$

$=5+5=10\ (m)$

따라서 삼각형 모양의 꽃밭 APQ의 둘레의 길이는 10 m이다.

15 전략 □OECF는 정사각형임을 이용한다.

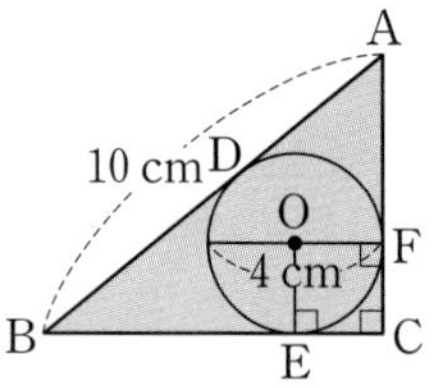

$\overline{OF}=\dfrac{1}{2}\times 4=2\ (cm)$이고

□OECF는 정사각형이므로

A, 10 cm, D, O, F, 4 cm, B, E, C

$\overline{EC}=\overline{FC}=2\ cm$

$\overline{AD}=\overline{AF}=x$ cm라 하면

$\overline{BE}=\overline{BD}=10-x\ (cm)$

$\overline{AC}=x+2\ (cm)$

$\overline{BC}=(10-x)+2=12-x\ (cm)$이므로

$\triangle ABC$에서 $(12-x)^2+(x+2)^2=10^2$

$2x^2-20x+48=0$, $x^2-10x+24=0$

$(x-4)(x-6)=0 \qquad \therefore x=4$ 또는 $x=6$

$x=4$일 때, $\overline{AC}=6\ cm$, $\overline{BC}=8\ cm$

$x=6$일 때, $\overline{AC}=8\ cm$, $\overline{BC}=6\ cm$

$\therefore \triangle ABC=\dfrac{1}{2}\times 6\times 8=24\ (cm^2)$

16 전략 $\overline{AB}$의 길이가 원 O의 지름의 길이와 같음을 이용한다.

$\overline{CH}=\overline{DH}=\dfrac{1}{2}\overline{CD}=\dfrac{1}{2}\overline{AB}=\dfrac{1}{2}\times 10=5\ (cm)$이므로

$\overline{DI}=\overline{DH}=\overline{CH}=\overline{CG}=5\ cm$

$\therefore \overline{AF}=\overline{AI}=15-5=10\ (cm)$

$\overline{EF}=\overline{EG}=x$ cm라 하면

$\overline{AE}=10+x\ (cm)$, $\overline{CE}=x+5\ (cm)$

$\therefore \overline{BE}=\overline{BC}-\overline{CE}=15-(x+5)=10-x\ (cm)$

$\triangle ABE$에서 $(10+x)^2=(10-x)^2+10^2$

$100+20x+x^2=100-20x+x^2+100$

$40x=100 \qquad \therefore x=\dfrac{5}{2}$

따라서 $\overline{BE}=10-\dfrac{5}{2}=\dfrac{15}{2}\ (cm)$이므로

$\triangle ABE=\dfrac{1}{2}\times\dfrac{15}{2}\times 10=\dfrac{75}{2}\ (cm^2)$

정답과 풀이

기말고사 대비

정답과 풀이

1주 원주각

1일 개념 돌파 전략 1 확인 문제 8쪽~11쪽

01 30° 02 15° 03 35° 04 56°

05 $\frac{\sqrt{39}}{8}$ 06 20° 07 50° 08 55°

09 75° 10 70°

11 (1) 원에 내접하지 않는다. (2) 원에 내접한다.
(3) 원에 내접하지 않는다.

12 (1) 88° (2) 60° 13 110°

14 (1) 40° (2) 60° (3) 80°

01 $\angle APB=\frac{1}{2}\angle AOB$이므로 $\angle x=\frac{1}{2}\times60°=30°$

02 $\angle ACB=\frac{1}{2}\angle AOB$이므로 $\angle x=\frac{1}{2}\times130°=65°$
$\angle PAO=\angle PBO=90°$이므로 $\square APBO$에서
$90°+\angle y+90°+130°=180°$ $\therefore \angle y=50°$
$\therefore \angle x-\angle y=65°-50°=15°$

03 $\angle ACB$와 $\angle ADB$는 모두 $\widehat{AB}$에 대한 원주각이므로 그 크기가 같다. $\therefore \angle x=\angle ACB=35°$

04 $\angle BAC$는 반원에 대한 원주각이므로 $\angle BAC=90°$
$\triangle ABC$에서 $\angle x=180°-(90°+34°)=56°$

05 $\overline{OC}=\overline{OB}=4$이고 $\angle BAC=90°$이므로 $\triangle ABC$에서
$\overline{AB}=\sqrt{\overline{BC}^2-\overline{AC}^2}=\sqrt{8^2-5^2}=\sqrt{39}$
$\therefore \sin C=\frac{\overline{AB}}{\overline{BC}}=\frac{\sqrt{39}}{8}$

06 $\widehat{AB}=\widehat{CD}=3$ cm이므로 $\angle APB=\angle CQD$
$\therefore \angle x=20°$

07 $\widehat{AB}:\widehat{BC}=\angle APB:\angle BPC$이므로
$8:4=\angle x:25°$
$2:1=\angle x:25°$ $\therefore \angle x=50°$

08 $\overline{BC}$에 대하여 같은 쪽에 있는 두 각 $\angle BAC$, $\angle BDC$의 크기가 같아야 하므로
$\angle x=55°$

09 $\square ABCD$가 원에 내접하므로 $\angle B+\angle D=180°$
$105°+\angle x=180°$ $\therefore \angle x=75°$

10 $\square ABCD$가 원에 내접하므로 $\angle DCE=\angle A$
$\therefore \angle x=70°$

11 (1) $\overline{BC}$에 대하여 $\angle BAC\neq\angle BDC$이므로 $\square ABCD$는 원에 내접하지 않는다.
(2) $\angle A+\angle C=90°+90°=180°$이므로 $\square ABCD$는 원에 내접한다.
(3) $\angle DCE\neq\angle A$이므로 $\square ABCD$는 원에 내접하지 않는다.

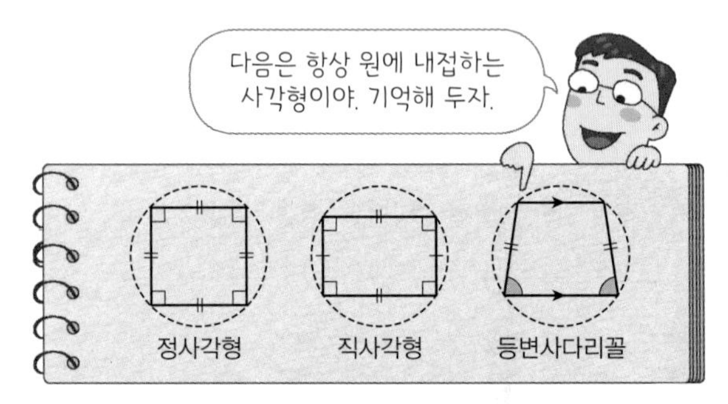
다음은 항상 원에 내접하는 사각형이야. 기억해 두자.
정사각형
직사각형
등변사다리꼴

12 (1) $\square ABCD$가 원에 내접하므로 $\angle B=\angle CDP$
$\therefore \angle x=88°$
(2) $\triangle DCP$에서 $\angle x+\angle y+32°=180°$
$88°+\angle y+32°=180°$ $\therefore \angle y=60°$

13 $\angle x=\angle ABC=110°$

14 (1) $\angle BTQ=\angle BAT=40°$
(2) $\angle CTQ=\angle CDT=60°$
(3) $\angle BTQ+\angle CTQ+\angle DTC=180°$이므로
$40°+60°+\angle x=180°$ $\therefore \angle x=80°$

1일 개념 돌파 전략 2 (12쪽~13쪽)

1 ⑤	2 ②	3 ②	4 ②
5 ③, ⑤	6 ⑤		

1 오른쪽 그림의 원 O에서 $\widehat{AEB}$에 대한 중심각의 크기는
$360^\circ-120^\circ=240^\circ$이므로
$\angle x=\frac{1}{2}\times240^\circ=120^\circ$
원 O′에서 $\angle CO'D=2\angle CQD$이므로 $\angle y=2\times50^\circ=100^\circ$
$\therefore \angle x+\angle y=120^\circ+100^\circ=220^\circ$

2 $\triangle OPA$는 $\overline{OA}=\overline{OP}$인 이등변삼각형이므로
$\angle OPA=\angle OAP=65^\circ$
$\overline{AB}$는 원 O의 지름이므로 $\angle APB=90^\circ$
$\therefore \angle x=\angle APB-\angle OPA=90^\circ-65^\circ=25^\circ$

3 $\widehat{AB}:\widehat{BC}=\angle ACB:\angle BDC$이므로
$3:\widehat{BC}=31^\circ:62^\circ$
$3:\widehat{BC}=1:2 \qquad \therefore \widehat{BC}=6\,(\mathrm{cm})$

4 $\angle x=\frac{1}{2}\angle BOD=\frac{1}{2}\times160^\circ=80^\circ$
$\square ABCD$가 원 O에 내접하므로 $\angle x+\angle y=180^\circ$
$80^\circ+\angle y=180^\circ \qquad \therefore \angle y=100^\circ$
$\therefore \angle y-\angle x=100^\circ-80^\circ=20^\circ$

5 한 쌍의 대각의 크기의 합이 180°인 사각형은 원에 내접하므로 항상 원에 내접하는 사각형은 다음과 같다.
③ 등변사다리꼴 ⑤ 직사각형

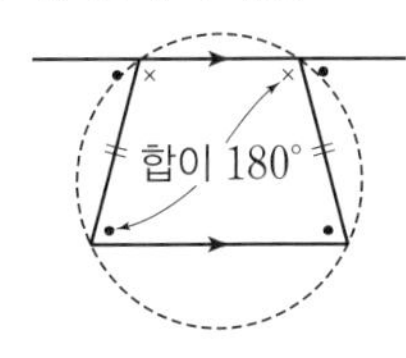

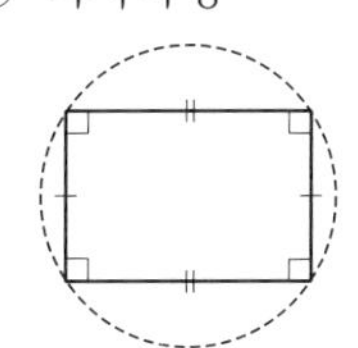

참고 평행사변형 사다리꼴 마름모

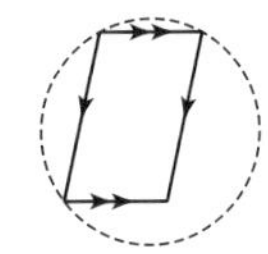

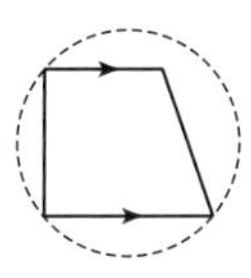

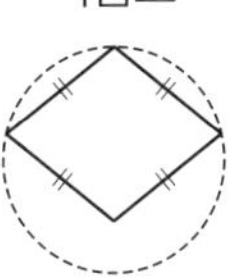

6 $\triangle ABC$에서 $\angle CBA=180^\circ-(80^\circ+42^\circ)=58^\circ$
$\therefore \angle x=\angle CBA=58^\circ$

2일 필수 체크 전략 1 (14쪽~17쪽)

1-1 ④	1-2 50°
2-1 ①	3-1 ④
3-2 24°	4-1 ⑤
4-2 40°	5-1 ①
6-1 ②	6-2 120°
7-1 ⑤	7-2 54°
8-1 기철, 혜진	

1-1 오른쪽 그림과 같이 $\overline{OC}$를 그으면
$\angle BOC=2\angle BAC$
$=2\times40^\circ=80^\circ$
$\angle COD=2\angle CED$
$=2\times30^\circ=60^\circ$
$\therefore \angle x=\angle BOC+\angle COD=80^\circ+60^\circ=140^\circ$

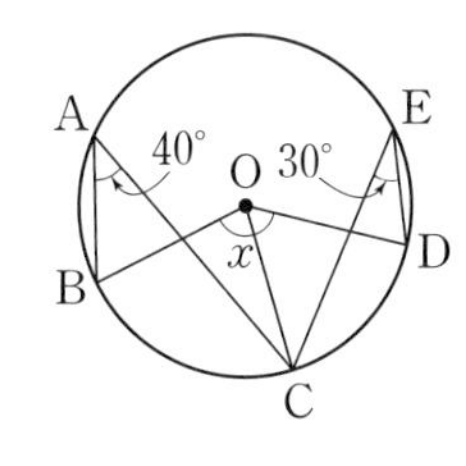

1-2 $\triangle OAB$는 $\overline{OA}=\overline{OB}$인 이등변삼각형이므로
$\angle OBA=\angle OAB=40^\circ$
$\angle AOB=180^\circ-2\times40^\circ=100^\circ$
$\therefore \angle APB=\frac{1}{2}\angle AOB=\frac{1}{2}\times100^\circ=50^\circ$

2-1 오른쪽 그림과 같이 $\overline{OA}$, $\overline{OB}$를 그으면
$\angle PAO=\angle PBO=90^\circ$
$\angle AOB=2\angle ACB$
$=2\times62^\circ=124^\circ$
$\square AOBP$에서
$\angle x=360^\circ-(90^\circ+124^\circ+90^\circ)=56^\circ$

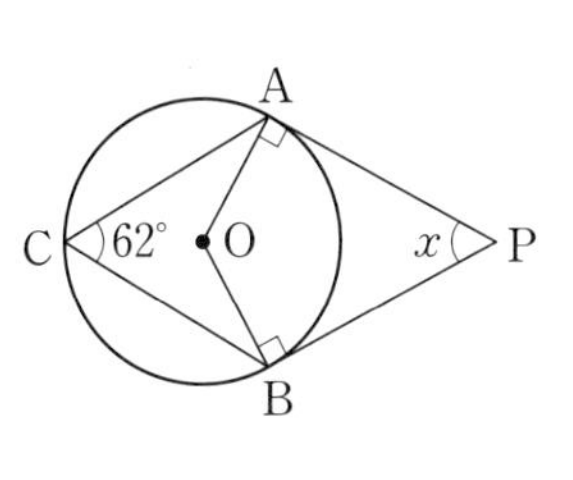

3-1 $\triangle ABC$에서 $\angle BAC=180^\circ-(87^\circ+45^\circ)=48^\circ$
$\therefore \angle x=\angle BAC=48^\circ$

3-2 오른쪽 그림과 같이 $\overline{BD}$를 그으면

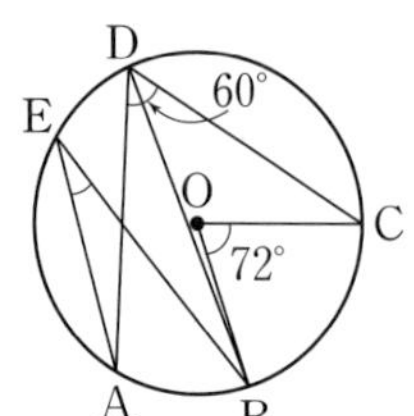

$\angle BDC=\frac{1}{2}\angle BOC$

$=\frac{1}{2}\times 72^\circ=36^\circ$

$\angle ADB=\angle ADC-\angle BDC$

$=60^\circ-36^\circ=24^\circ$

$\therefore\ \angle AEB=\angle ADB=24^\circ$

4-1 $\overline{AC}$가 원 O의 지름이므로 $\angle ADC=90^\circ$

$\angle ACD=\angle ABD=36^\circ$이므로 $\triangle ACD$에서

$\angle x=180^\circ-(36^\circ+90^\circ)=54^\circ$

4-2 오른쪽 그림과 같이 $\overline{PB}$를 그으면 $\overline{AB}$가 원 O의 지름이므로

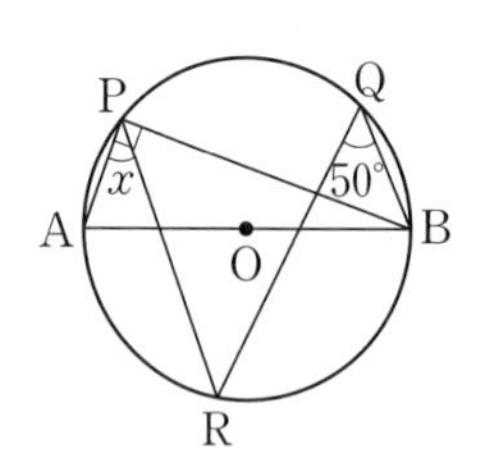

$\angle APB=90^\circ$

$\angle RPB=\angle RQB=50^\circ$이므로

$\angle x=\angle APB-\angle RPB$

$=90^\circ-50^\circ=40^\circ$

5-1 오른쪽 그림과 같이 원의 중심 O를 지나는 $\overline{A'B}$를 그으면

$\angle BAC=\angle BA'C$

$\overline{A'B}$가 원 O의 지름이므로

$\angle A'CB=90^\circ$

$\tan A=\tan A'=2\sqrt{3}$이므로

$\frac{2\sqrt{3}}{\overline{A'C}}=2\sqrt{3}\qquad \therefore\ \overline{A'C}=1\ (\text{cm})$

$\therefore\ \overline{A'B}=\sqrt{\overline{BC}^2+\overline{A'C}^2}=\sqrt{(2\sqrt{3})^2+1^2}=\sqrt{13}\ (\text{cm})$

따라서 원 O의 지름의 길이는 $\sqrt{13}$ cm이다.

6-1 $\angle BAC=\angle BDC=55^\circ$

$\widehat{AB}=\widehat{BC}$이므로 $\angle ADB=\angle BDC=55^\circ$

$\triangle ABD$에서 $(\angle x+55^\circ)+40^\circ+55^\circ=180^\circ$

$\therefore\ \angle x=30^\circ$

6-2 $\widehat{BC}=\widehat{CD}$이므로 $\angle y=24^\circ$

오른쪽 그림과 같이 $\overline{OC}$를 그으면

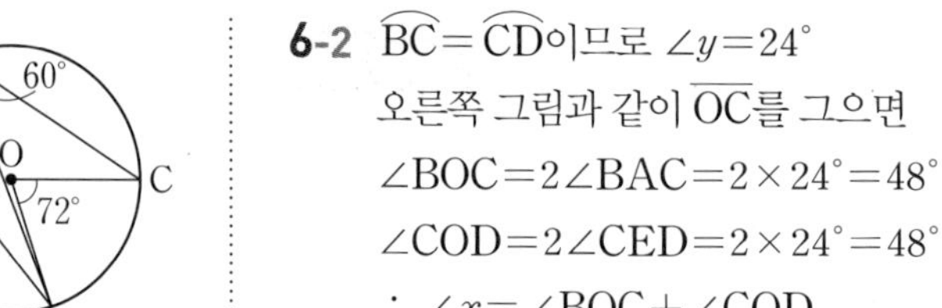

$\angle BOC=2\angle BAC=2\times 24^\circ=48^\circ$

$\angle COD=2\angle CED=2\times 24^\circ=48^\circ$

$\therefore\ \angle x=\angle BOC+\angle COD$

$=48^\circ+48^\circ=96^\circ$

$\therefore\ \angle x+\angle y=96^\circ+24^\circ=120^\circ$

7-1 $\triangle PBC$에서 $\angle DPC=\angle PBC+\angle PCB$이므로

$75^\circ=\angle PBC+30^\circ\qquad \therefore\ \angle PBC=45^\circ$

$\widehat{AB}:\widehat{CD}=\angle ACB:\angle DBC$이므로

$\widehat{AB}:12=30^\circ:45^\circ$, $\widehat{AB}:12=2:3$

$3\widehat{AB}=24\qquad \therefore\ \widehat{AB}=8\ (\text{cm})$

7-2 $\angle ACB:\angle BAC:\angle ABC=\widehat{AB}:\widehat{BC}:\widehat{CA}$

$=4:3:3$

이때 한 원에서 모든 호에 대한 원주각의 크기의 합은 180°이므로

$\angle x=\angle BAC=\frac{3}{4+3+3}\times 180^\circ=54^\circ$

지수
원을 몇 개의 호로 나눌 때, 나누어진 각 호에 대한 중심각의 크기의 합은 360°야.

병찬
그럼 원주각의 크기의 합은 180°겠네.

우리
그래서 $\widehat{AB}$의 길이가 원주의 $\frac{1}{n}$이면 $\widehat{AB}$에 대한 원주각의 크기는 $\frac{1}{n}\times 180^\circ$이지.

8-1 기철, 혜진 : $\overline{BC}$에 대하여 $\angle BAC=\angle BDC$이므로 네 점 A, B, C, D는 한 원 위에 있다.

지선 : $\angle ADB=100^\circ-30^\circ=70^\circ$

$\overline{AB}$에 대하여 $\angle ADB\neq\angle ACB$이므로 네 점 A, B, C, D는 한 원 위에 있지 않다.

재용 : $\angle ADB=90^\circ-60^\circ=30^\circ$

$\overline{AB}$에 대하여 $\angle ADB\neq\angle ACB$이므로 네 점 A, B, C, D는 한 원 위에 있지 않다.

따라서 네 점 A, B, C, D가 한 원 위에 있는 것을 들고 있는 학생은 기철, 혜진이다.

2일 필수 체크 전략 2 18쪽~19쪽

1 40°	**2** 58°	**3** 25°	**4** 50°
5 ③	**6** 60°	**7** ③	**8** ②

1 오른쪽 그림과 같이 $\overline{BD}$를 그으면

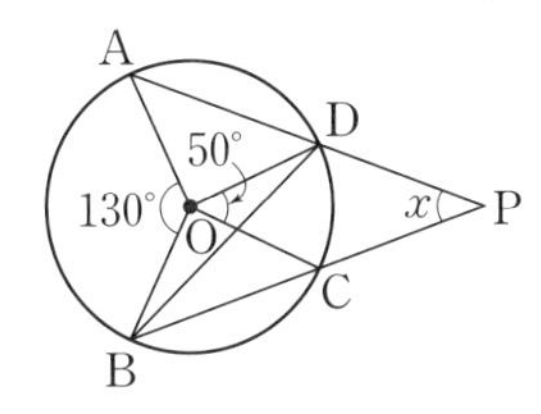

$\angle ADB=\frac{1}{2}\angle AOB$

$=\frac{1}{2}\times 130^\circ=65^\circ$

$\angle DBC=\frac{1}{2}\angle DOC=\frac{1}{2}\times 50^\circ=25^\circ$

$\triangle DBP$에서 $\angle ADB=\angle DBP+\angle P$이므로

$65^\circ=25^\circ+\angle x \quad \therefore \angle x=40^\circ$

2 $\angle PAO=\angle PBO=90^\circ$이므로

$\square AOBP$에서

$\angle AOB=360^\circ-(90^\circ+90^\circ+64^\circ)=116^\circ$

$\therefore \angle ACB=\frac{1}{2}\angle AOB=\frac{1}{2}\times 116^\circ=58^\circ$

$\square ACBP$에서

$(\angle x+90^\circ)+58^\circ+(\angle y+90^\circ)+64^\circ=360^\circ$

$\therefore \angle x+\angle y=58^\circ$

3 같은 호에 대한 원주각의 크기는 같으므로

$\angle ADB=\angle ACB=\angle x$

$\triangle DPB$에서 $\angle DBC=\angle ADB+\angle P=\angle x+30^\circ$

$\triangle QBC$에서 $\angle DQC=\angle QBC+\angle QCB$이므로

$80^\circ=(\angle x+30^\circ)+\angle x$

$2\angle x=50^\circ \quad \therefore \angle x=25^\circ$

4 오른쪽 그림과 같이 $\overline{AC}$를 그으면 $\overline{AB}$가 원 O의 지름이므로

$\angle ACB=90^\circ$

$\triangle PAC$에서

$\angle ACB=\angle P+\angle PAC$이므로

$90^\circ=65^\circ+\angle PAC$

$\therefore \angle PAC=25^\circ$

$\therefore \angle DOC=2\angle DAC=2\times 25^\circ=50^\circ$

5 반원에 대한 원주각의 크기는 90°이므로

$\angle ACB=90^\circ$

$\overline{AB}=2\times 4=8\ (\text{cm})$이므로 $\triangle ABC$에서

$\overline{BC}=\overline{AB}\cos 30^\circ=8\times\frac{\sqrt{3}}{2}=4\sqrt{3}\ (\text{cm})$

$\triangle CDB$에서

$\overline{CD}=\overline{BC}\sin 30^\circ=4\sqrt{3}\times\frac{1}{2}=2\sqrt{3}\ (\text{cm})$

6 오른쪽 그림과 같이 $\overline{BC}$를 그으면 한 원에서 모든 호에 대한 원주각의 크기의 합은 180°이고 $\widehat{AB}$의 길이는 원주의 $\frac{1}{5}$이므로

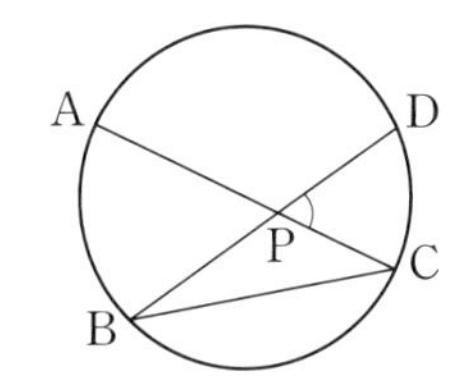

$\angle ACB=\frac{1}{5}\times 180^\circ=36^\circ$

$\angle ACB : \angle DBC=\widehat{AB} : \widehat{CD}$이므로

$36^\circ : \angle DBC=3 : 2$

$3\angle DBC=72^\circ \quad \therefore \angle DBC=24^\circ$

$\triangle PBC$에서

$\angle DPC=\angle PBC+\angle PCB=24^\circ+36^\circ=60^\circ$

7 $\overline{AB}$가 원 O의 지름이므로 $\angle AEB=90^\circ$

$\widehat{AC}=\widehat{CD}=\widehat{DB}$이므로

$\angle AEC=\angle CED=\angle DEB$

$=\frac{1}{3}\angle AEB=\frac{1}{3}\times 90^\circ=30^\circ$

또 $\triangle ABE$에서 $\angle EAB+\angle EBA=90^\circ$이고

$\angle ABE : \angle EAB=\widehat{AE} : \widehat{EB}=5 : 4$이므로

$\angle EAB=\frac{4}{5+4}\times 90^\circ=40^\circ$

따라서 $\triangle AFE$에서 $\angle AFE=180^\circ-(30^\circ+40^\circ)=110^\circ$

$\therefore \angle CFB=\angle AFE=110^\circ$ (맞꼭지각)

8 네 점 A, B, C, D가 한 원 위에 있으므로

$\angle DBC=\angle DAC=20^\circ$

$\triangle ACP$에서

$\angle ACB=\angle A+\angle P=20^\circ+50^\circ=70^\circ$

$\triangle QBC$에서 $\angle AQB=\angle B+\angle QCB$이므로

$\angle x=20^\circ+70^\circ=90^\circ$

3일 필수 체크 전략 1 20쪽~23쪽

1-1 ④	**2-1** ⑤
3-1 ⑤	**4-1** 정원
5-1 ⑤	**6-1** ①
7-1 ②	**7-2** 59°
8-1 ③	

1-1 $\widehat{AB}=\widehat{BC}$이므로 $\angle ACB=\angle BAC$
$\triangle ABC$에서 $\angle BAC=\frac{1}{2}\times(180^\circ-100^\circ)=40^\circ$
$\square ABCD$가 원에 내접하므로
$\angle x=\angle DAB=75^\circ+40^\circ=115^\circ$

2-1 $\square ABCD$가 원에 내접하므로 $\angle CDP=\angle B=55^\circ$
$\triangle QBC$에서 $\angle DCP=\angle x+55^\circ$
$\triangle DCP$에서 $55^\circ+(\angle x+55^\circ)+25^\circ=180^\circ$
$\therefore \angle x=45^\circ$

3-1 오른쪽 그림과 같이 $\overline{AD}$를 그으면 $\square ABCD$가 원에 내접하므로 $\angle BAD+\angle C=180^\circ$

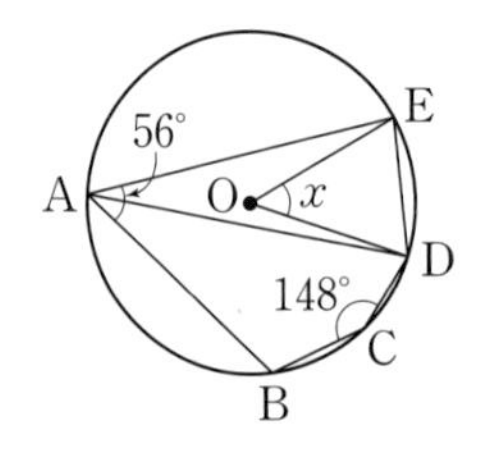

$\angle BAD+148^\circ=180^\circ$
$\therefore \angle BAD=32^\circ$
$\angle EAD=\angle EAB-\angle DAB$
$=56^\circ-32^\circ=24^\circ$
$\therefore \angle x=2\angle EAD=2\times24^\circ=48^\circ$

4-1 경민 : $\angle B+\angle D=70^\circ+110^\circ=180^\circ$이므로
$\square ABCD$는 원에 내접한다.
보라 : $\angle EAB=\angle C=70^\circ$이므로 $\square ABCD$는 원에 내접한다.
정원 : $\angle BAD=180^\circ-59^\circ=121^\circ$
즉 $\angle BAD\neq\angle DCE$이므로 $\square ABCD$는 원에 내접하지 않는다.
다미 : $\triangle ABC$에서 $\angle B=180^\circ-(40^\circ+60^\circ)=80^\circ$
즉 $\angle B+\angle D=80^\circ+100^\circ=180^\circ$이므로
$\square ABCD$는 원에 내접한다.
따라서 바르게 그리지 않은 학생은 정원이다.

5-1 $\angle BCT=\angle BDC=41^\circ$
$\square ABCD$가 원에 내접하므로 $\angle A+\angle BCD=180^\circ$
$103^\circ+\angle BCD=180^\circ$ $\quad\therefore \angle BCD=77^\circ$
$\angle BCT+\angle BCD+\angle DCT'=180^\circ$이므로
$41^\circ+77^\circ+\angle x=180^\circ$ $\quad\therefore \angle x=62^\circ$

6-1 오른쪽 그림과 같이 $\overline{AT}$를 그으면
$\angle BAT=\angle BTC=70^\circ$
$\overline{AB}$가 원 O의 지름이므로
$\angle ATB=90^\circ$
$\angle ATP+\angle ATB+\angle BTC$
$=180^\circ$이므로
$\angle ATP+90^\circ+70^\circ=180^\circ$ $\quad\therefore \angle ATP=20^\circ$
$\therefore \angle y=\angle ATP=20^\circ$
$\triangle APT$에서 $70^\circ=\angle x+20^\circ$ $\quad\therefore \angle x=50^\circ$
$\therefore \angle x-\angle y=50^\circ-20^\circ=30^\circ$

7-1 $\triangle ADF$는 $\overline{AD}=\overline{AF}$인 이등변삼각형이므로
$\angle ADF=\frac{1}{2}\times(180^\circ-46^\circ)=67^\circ$
$\therefore \angle x=\angle ADF=67^\circ$
$\angle BDE+50^\circ+67^\circ=180^\circ$이므로 $\angle BDE=63^\circ$
$\triangle BED$는 $\overline{BD}=\overline{BE}$인 이등변삼각형이므로
$\angle y=180^\circ-2\times63^\circ=54^\circ$
$\therefore \angle x+\angle y=67^\circ+54^\circ=121^\circ$

7-2 $\triangle PAB$는 $\overline{PA}=\overline{PB}$인 이등변삼각형이므로
$\angle PAB=\frac{1}{2}\times(180^\circ-56^\circ)=62^\circ$
$\therefore \angle ACB=\angle PAB=62^\circ$
$\widehat{AC}=\widehat{BC}$이므로 $\angle BAC=\angle x$
$\triangle ABC$에서
$\angle x+\angle x+62^\circ=180^\circ$
$2\angle x=118^\circ$ $\quad\therefore \angle x=59^\circ$

8-1 원 O에서 $\angle ATP=\angle ABT=70^\circ$
$\angle CTQ=\angle ATP=70^\circ$ (맞꼭지각)이므로 원 O′에서
$\angle x=\angle CTQ=70^\circ$

3일 필수 체크 전략 2 24쪽~25쪽

1 $100°$	**2** ⑤	**3** $170°$	**4** 지수
5 $45°$	**6** $84°$	**7** ⑤	**8** $60°$

1 $\overline{AB}$가 원 O의 지름이므로 $\angle ACB=90°$
$\triangle ABC$에서 $\angle B=180°-(90°+35°)=55°$
$\square ABCD$가 원 O에 내접하므로 $\angle B+\angle D=180°$
$\angle x+55°=180°$ $\therefore \angle x=125°$
또 $\angle DAB=\angle DCE$이므로
$\angle y+35°=60°$ $\therefore \angle y=25°$
$\therefore \angle x-\angle y=125°-25°=100°$

2 오른쪽 그림과 같이
$\angle A=\angle x$라 하면
$\square ABCD$가 원에 내접하므로
$\angle BCP=\angle x$
$\triangle QAB$에서
$\angle CBP=\angle x+23°$
$\triangle CBP$에서
$\angle x+(\angle x+23°)+65°=180°$
$2\angle x=92°$ $\therefore \angle x=46°$
따라서 $\triangle QAB$에서
$\angle ABC=180°-(23°+\angle x)$
$=180°-(23°+46°)=111°$

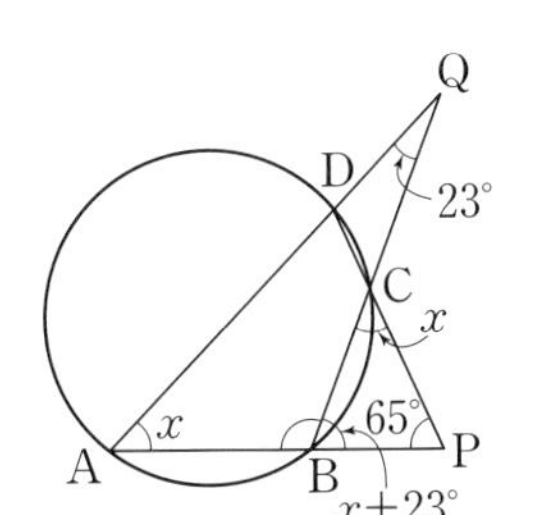

3 $\square PQCD$가 원 O′에 내접하므로
$\angle BQP=\angle D=95°$
$\square ABQP$가 원 O에 내접하므로
$\angle A+\angle BQP=180°$
$\angle A+95°=180°$ $\therefore \angle A=85°$
$\therefore \angle BOP=2\angle A=2\times 85°=170°$

4 시아 : 한 외각의 크기가 그와 이웃하는 내각의 대각의 크기와 같으므로 $\square ABCD$는 원에 내접한다.
주환 : $\triangle ABC \backsim \triangle BAD$이면 $\angle ACB=\angle ADB$이므로 $\square ABCD$는 원에 내접한다.
현우 : $\overline{AD} /\!/ \overline{BC}$이고 $\angle ABC=\angle DCB$이면 $\square ABCD$는 등변사다리꼴이다.
등변사다리꼴의 한 쌍의 대각의 크기의 합은 $180°$이므로 $\square ABCD$는 원에 내접한다.
따라서 $\square ABCD$가 원에 내접할 조건이 아닌 것을 말한 학생은 지수이다.

5 오른쪽 그림과 같이
$\angle CPQ=\angle a$, $\angle CBA=\angle b$
라 하면
$\angle QPB=\angle CPQ=\angle a$
$\angle PCA=\angle CBA=\angle b$
$\triangle CPA$에서 $\angle CAB=2\angle a+\angle b$
$\angle ACB=90°$이므로 $\triangle CAB$에서
$90°+(2\angle a+\angle b)+\angle b=180°$
$\therefore \angle a+\angle b=45°$
$\triangle QPB$에서 $\angle CQP=\angle a+\angle b=45°$

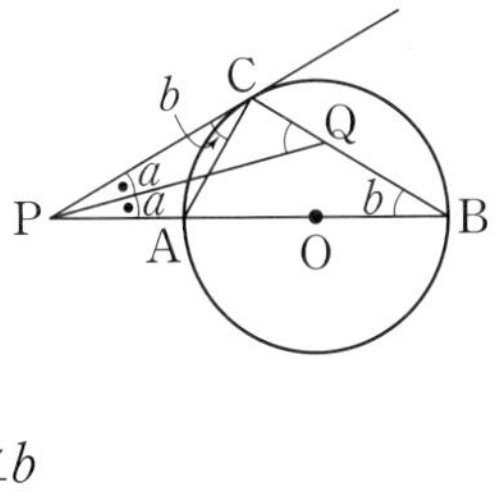

6 $\angle ABD=\angle DAT=48°$
$\angle ADB : \angle ABD=\widehat{AB} : \widehat{AD}$이므로
$\angle ADB : 48°=3 : 4$
$4\angle ADB=144°$ $\therefore \angle ADB=36°$
$\triangle ABD$에서 $\angle DAB=180°-(36°+48°)=96°$
$\square ABCD$가 원에 내접하므로 $\angle DAB+\angle C=180°$
$96°+\angle C=180°$ $\therefore \angle C=84°$

7 $\triangle PAB$는 $\overline{PA}=\overline{PB}$인 이등변삼각형이므로
$\angle PAB=\frac{1}{2}\times(180°-70°)=55°$
$\angle C=\angle PAB=55°$이므로 $\triangle ABC$에서
$\angle ABC+\angle CAB+55°=180°$
$\therefore \angle ABC+\angle CAB=125°$

기말

이때 $\angle ABC : \angle CAB = \overset{\frown}{AC} : \overset{\frown}{CB} = 3 : 2$이므로

$\angle ABC = \frac{3}{3+2} \times 125° = 75°$

8 $\angle CDT = \angle CTQ = \angle BAT = 70°$

$\angle DCT = 180° - \angle DCB = 180° - 130° = 50°$

$\triangle DCT$에서 $\angle x = 180° - (70° + 50°) = 60°$

누구나 합격 전략 26쪽~27쪽

01 ④	02 ③	03 ③	04 ⑤
05 ②	06 ④	07 ④	08 ②
09 ⑤	10 ④		

01 $\angle y = 2\angle BCD = 2 \times 140° = 280°$

$\angle x = \frac{1}{2}\angle BOD = \frac{1}{2} \times (360° - 280°) = 40°$

$\therefore \angle x + \angle y = 40° + 280° = 320°$

02 $\overline{AC}$가 원 O의 지름이므로 $\angle ADC = 90°$

$\angle BDC = \angle BAC = 25°$이므로

$\angle x = \angle ADC - \angle BDC = 90° - 25° = 65°$

03 $\overline{AB}$가 원 O의 지름이므로 $\angle ACB = 90°$

즉 $\triangle ABC$는 직각삼각형이다.

$\overline{AB} = 2\overline{OA} = 2 \times 2 = 4$이므로

$\overline{BC} = \overline{AB}\sin 60° = 4 \times \frac{\sqrt{3}}{2} = 2\sqrt{3}$

$\overline{AC} = \overline{AB}\cos 60° = 4 \times \frac{1}{2} = 2$

$\therefore$ ($\triangle ABC$의 둘레의 길이) $= \overline{AB} + \overline{BC} + \overline{CA}$

$= 4 + 2\sqrt{3} + 2$

$= 6 + 2\sqrt{3}$

직각삼각형에서 한 내각의 크기가 30° 또는 45° 또는 60°이고 한 변의 길이가 주어지면 30° 또는 45° 또는 60°의 삼각비의 값을 이용하여 다른 두 변의 길이를 구할 수 있어.

04 $\overline{AD}$가 원 O의 지름이므로 $\angle AED = 90°$

$\triangle ADE$에서 $\angle DAE = 180° - (55° + 90°) = 35°$

이때 $\overset{\frown}{BC} = \overset{\frown}{DE} = 6$이므로

$\angle BAC = \angle DAE = 35°$

05 $\angle APB = \frac{1}{2} \times 200° = 100°$

$\triangle PAB$에서 $100° + \angle PAB + \angle PBA = 180°$이므로

$\angle PAB + \angle PBA = 80°$

이때 $\angle PBA : \angle PAB = \overset{\frown}{PA} : \overset{\frown}{PB} = 1 : 4$이므로

$\angle PAB = \frac{4}{1+4} \times 80° = 64°$

06 □ABCD가 원에 내접하므로 $\angle BAD + \angle BCD = 180°$

$(60° + \angle x) + 85° = 180°$ $\quad \therefore \angle x = 35°$

$\overset{\frown}{BC}$에 대하여 $\angle BDC = \angle BAC = 60°$이므로

$\angle y = \angle ADC = 40° + 60° = 100°$

$\therefore \angle x + \angle y = 35° + 100° = 135°$

07 ① $\overline{BC}$에 대하여 $\angle BAC = \angle BDC = 90°$이므로 □ABCD는 원에 내접한다.

② $\angle DAB = 180° - 80° = 100°$
즉 $\angle DAB = \angle DCE$이므로 □ABCD는 원에 내접한다.

③ $\triangle DPC$에서 $\angle DCP = 180° - (60° + 80°) = 40°$
$\overline{AD}$에 대하여 $\angle ABD = \angle ACD$이므로 □ABCD는 원에 내접한다.

④ $\angle A + \angle C = 120° + 80° = 200° \neq 180°$이므로 □ABCD는 원에 내접하지 않는다.

⑤ □ABCD는 등변사다리꼴이므로 원에 내접한다.

따라서 □ABCD가 원에 내접하지 않는 것은 ④이다.

08 오른쪽 그림과 같이 $\overline{BE}$를 그으면

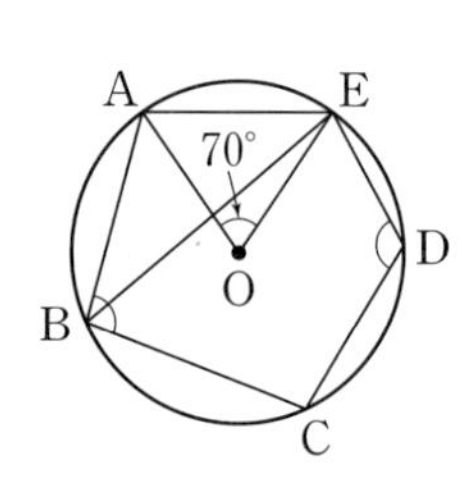

$\angle ABE = \frac{1}{2}\angle AOE$

$= \frac{1}{2} \times 70° = 35°$

□EBCD가 원에 내접하므로 $\angle EBC+\angle D=180^\circ$

$\therefore\ \angle B+\angle D=(\angle ABE+\angle EBC)+\angle D$

$=35^\circ+180^\circ=215^\circ$

09 $\angle BCA=\angle BAT=35^\circ$이므로

$\angle BOA=2\angle BCA=2\times35^\circ=70^\circ$

이때 $\triangle OBA$는 $\overline{OB}=\overline{OA}$인 이등변삼각형이므로

$\angle x=\frac{1}{2}\times(180^\circ-70^\circ)=55^\circ$

10 $\angle x=\angle DCT'=35^\circ$

$\angle BCD=180^\circ-(30^\circ+35^\circ)=115^\circ$

□ABCD가 원에 내접하므로 $\angle A+\angle BCD=180^\circ$

$\angle y+115^\circ=180^\circ \qquad \therefore\ \angle y=65^\circ$

$\therefore\ \angle x+\angle y=35^\circ+65^\circ=100^\circ$

창의 • 융합 • 코딩 전략 28쪽~31쪽

1 죽마고우

2 (1) 105° (2) 52.5°

3 $\angle x=45^\circ$, $\angle y=60^\circ$

4 (1) $5\sqrt{2}$ m (2) $\left(25+\frac{75}{2}\pi\right)$ m^2

5 (1) 풀이 참조 (2) 풀이 참조

6 풀이 참조

7 30°

8 (1) 60° (2) 6400 km (3) 30° (4) 6400 km

1 (1) $\angle BAC=\frac{1}{2}\angle BOC=\frac{1}{2}\times46^\circ=23^\circ$

$\therefore\ x=23$ ➡ 죽

(2) $\overline{AB}$가 원 O의 지름이므로 $\angle ACB=90^\circ$

$\triangle ABC$에서 $\angle B=180^\circ-(24^\circ+90^\circ)=66^\circ$

$\therefore\ x=66$ ➡ 마

(3) $\widehat{CD}=\widehat{EF}=8$ cm이므로 $\angle CAD=\angle EBF=28^\circ$

$\therefore\ x=28$ ➡ 고

(4) $\widehat{BC}:\widehat{CD}=\angle BAC:\angle CAD$이므로

$8:x=40^\circ:60^\circ$, $8:x=2:3$

$2x=24 \qquad \therefore\ x=12$ ➡ 우

따라서 사자성어를 완성하면 죽마고우이다.

2 (1) 시침이 6시부터 9시 30분까지 3시간 30분 동안 움직인 $\angle AOB$의 크기는

(시침이 3시간 동안 움직인 각의 크기)

+(시침이 30분 동안 움직인 각의 크기)

$=30^\circ\times3+0.5^\circ\times30=105^\circ$

(2) $\angle APB=\frac{1}{2}\angle AOB=\frac{1}{2}\times105^\circ=52.5^\circ$

시침이 한 시간 동안 움직인 각의 크기는 $\frac{360^\circ}{12}=30^\circ$야.

3 대관람차의 각 칸이 일정한 간격으로 놓여 있으므로

$\angle x$에 대한 호의 길이는 원주의 $\frac{3}{12}$이다.

$\therefore\ \angle x=180^\circ\times\frac{3}{12}=45^\circ$

또 $\angle y$에 대한 호의 길이는 원주의 $\frac{4}{12}$이므로

$\angle y=180^\circ\times\frac{4}{12}=60^\circ$

4 (1) 오른쪽 그림과 같이 원의 중심을 O라 하면

$\angle AOB=2\angle ACB$

$=2\times45^\circ=90^\circ$

$\triangle AOB$는 $\overline{OA}=\overline{OB}$인 이등변삼각형이므로

$\angle OAB=\angle OBA=\frac{1}{2}\times(180^\circ-90^\circ)=45^\circ$

$\therefore\ \overline{OA}=\overline{AB}\sin45^\circ=10\times\frac{\sqrt{2}}{2}=5\sqrt{2}$ (m)

따라서 원 모양의 공연장의 반지름의 길이는 $5\sqrt{2}$ m이다.

(2) 무대를 제외한 공연장은 $\triangle AOB$와 중심각의 크기가 270°인 부채꼴 AOB로 나누어진다.

이때 $\triangle AOB=\frac{1}{2}\times5\sqrt{2}\times5\sqrt{2}=25$ (m^2)

중심각의 크기가 270°인 부채꼴 AOB의 넓이는

$\pi\times(5\sqrt{2})^2\times\frac{270}{360}=\frac{75}{2}\pi$ (m^2)

따라서 무대를 제외한 공연장의 넓이는

$25+\frac{75}{2}\pi$ (m^2)

5 (1) $\overline{OA}, \overline{OB}, \overline{OC}, \overline{OD}, \overline{OE}$를 그으면 정오각형 ABCDE는 합동인 이등변삼각형 5개로 나누어지므로

$\angle COD=\frac{1}{5}\times 360^\circ=72^\circ$

$\therefore \angle CAD=\frac{1}{2}\angle COD=\frac{1}{2}\times 72^\circ=36^\circ$

(2) 정오각형의 한 내각의 크기는

$\frac{180^\circ\times(5-2)}{5}=108^\circ$

이므로 $\angle BAE=108^\circ$

$\widehat{BC}=\widehat{CD}=\widehat{DE}$이므로

$\angle BAC=\angle CAD=\angle DAE$

$\therefore \angle CAD=\frac{1}{3}\angle BAE=\frac{1}{3}\times 108^\circ=36^\circ$

6 평행사변형 ABCD를 대각선 AC를 따라 접었으므로

$\angle B=\angle AB'C$

평행사변형의 대각의 크기는 같으므로 $\angle ADC=\angle B$

$\therefore \angle AB'C=\angle ADC$

따라서 $\overline{AC}$에 대하여 $\angle AB'C=\angle ADC$이므로 네 점 A, B′, D, C는 한 원 위에 있다.

7 $\overline{AB}$가 원 O의 지름이므로 $\angle ACB=90^\circ$

$\triangle ACB$에서 $\angle ABC=180^\circ-(30^\circ+90^\circ)=60^\circ$

$\angle BCD=\angle BAC=30^\circ$이므로 $\triangle BCD$에서

$\angle ABC=\angle BCD+\angle BDC$

$60^\circ=30^\circ+\angle BDC \qquad \therefore \angle BDC=30^\circ$

8 (1) 접선과 현이 이루는 각의 성질에 의해

$\angle CBA=\angle CAT=60^\circ$

(2) $\triangle OAB$에서 $\overline{OA}=\overline{OB}$이므로

$\angle OAB=\angle OBA=60^\circ$

즉 $\triangle OAB$는 정삼각형이므로

$\overline{AB}=\overline{OA}=6400$ km

(3) $\triangle PBA$에서 $\angle OBA=\angle P+\angle PAB$이므로

$60^\circ=30^\circ+\angle PAB \qquad \therefore \angle PAB=30^\circ$

(4) $\triangle PAB$에서 $\angle P=\angle PAB=30^\circ$이므로

$\triangle PBA$는 $\overline{PB}=\overline{AB}$인 이등변삼각형이다.

$\therefore \overline{PB}=\overline{AB}=6400$ km

2주 통계

1일 개념 돌파 전략 1 확인 문제 34쪽~37쪽

01 자료 A 02 자료 B 03 자료 B 04 −4
05 (1) 7 (2) 풀이 참조 (3) 4 (4) 2
06 평균 : 4, 표준편차 : 6
07 (1) 105 (2) 15 (3) $\sqrt{6}$점 08 1반
09 대체로 수학 점수가 높은 학생은 과학 점수도 높은 경향이 있다.
10 3명 11 4명 12 5명 13 ㉠

01 (자료 A의 평균)$=\frac{8+13+9+10+25}{5}=\frac{65}{5}=13$

(자료 B의 평균)$=\frac{5+8+4+10+6+9}{6}=\frac{42}{6}=7$

따라서 평균이 큰 것은 자료 A이다.

02 자료 A의 중앙값은 3번째 값인 7이다.

자료 B의 중앙값은 3번째 값인 8과 4번째 값인 10의 평균인 $\frac{8+10}{2}=9$

따라서 중앙값이 큰 것은 자료 B이다.

03 자료 A에서 9가 3번으로 가장 많이 나타나므로 최빈값은 9이다.

자료 B에서 8이 3번으로 가장 많이 나타나므로 최빈값은 8이다.

따라서 최빈값이 작은 것은 자료 B이다.

04 편차의 총합은 0이므로

$0+3+x+6+(-1)+(-4)=0$

$x+4=0 \qquad \therefore x=-4$

05 (1) (평균)$=\frac{6+10+8+7+4}{5}=\frac{35}{5}=7$

(2) (편차)=(변량)−(평균)이므로 각 변량의 편차는 다음과 같다.

변량	6	10	8	7	4
편차	-1	3	1	0	-3

(3) $(\text{분산})=\frac{(-1)^2+3^2+1^2+0^2+(-3)^2}{5}=\frac{20}{5}=4$

(4) $(\text{표준편차})=\sqrt{4}=2$

06 변량 a, b, c의 평균이 2이므로

$\frac{a+b+c}{3}=2$

표준편차가 3, 즉 분산이 $3^2=9$이므로

$\frac{(a-2)^2+(b-2)^2+(c-2)^2}{3}=9$

따라서 변량 $2a, 2b, 2c$에 대하여

$(\text{평균})=\frac{2a+2b+2c}{3}=\frac{2(a+b+c)}{3}=2\times2=4$

$(\text{분산})=\frac{(2a-4)^2+(2b-4)^2+(2c-4)^2}{3}$

$=\frac{2^2\{(a-2)^2+(b-2)^2+(c-2)^2\}}{3}$

$=2^2\times9=36$

$\therefore (\text{표준편차})=\sqrt{36}=6$

다음과 같이 구할 수도 있어.
변량 $2a, 2b, 2c$에 대하여
$(\text{평균})=2\times2=4$
$(\text{표준편차})=|2|\times3=6$

07 (1) 모둠 A의 학생 수는 15명이고 분산은 7이므로
모둠 A의 $(\text{편차})^2$의 총합은 $15\times7=105$

(2) 모둠 B의 학생 수는 5명이고 분산은 3이므로
모둠 B의 $(\text{편차})^2$의 총합은 $5\times3=15$

(3) 모둠 A와 B의 평균이 같으므로 전체 학생의 수학 점수의 표준편차는

$\sqrt{\frac{\{\text{모둠 A의 (편차)}^2\text{의 총합}\}+\{\text{모둠 B의 (편차)}^2\text{의 총합}\}}{(\text{전체 학생 수})}}$

$=\sqrt{\frac{105+15}{20}}=\sqrt{6}\ (\text{점})$

$(\text{분산})=\frac{\{(\text{편차})^2\text{의 총합}\}}{(\text{변량의 개수})}$

➡ $\{(\text{편차})^2\text{의 총합}\}$
$=(\text{분산})\times(\text{변량의 개수})$

08 1반의 표준편차가 2반의 표준편차보다 작으므로 성적이 더 고른 반은 1반이다.

10 영어 성적이 30점 이하인 학생 수는 오른쪽 산점도에서 색칠한 부분과 그 경계선에 속하는 점의 개수와 같으므로 3명이다.

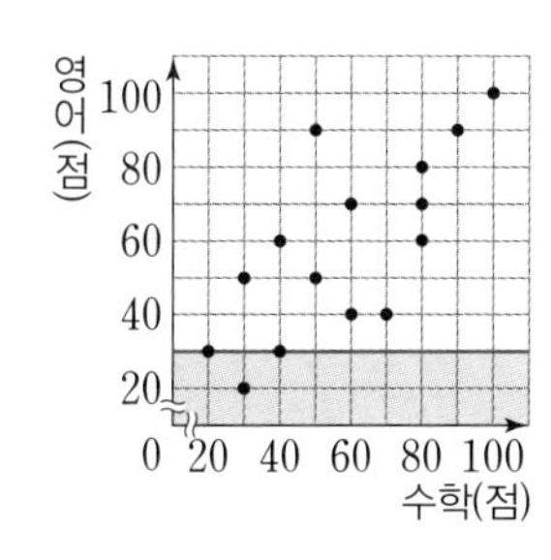

11 1차 기록과 2차 기록의 합이 26초 이상인 선수의 수는 오른쪽 산점도에서 색칠한 부분과 그 경계선에 속하는 점의 개수와 같으므로 4명이다.

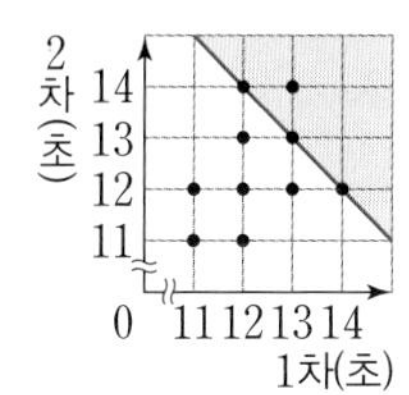

12 미술 실기 점수가 필기 점수보다 20점 이상 높은 학생 수는 오른쪽 산점도에서 색칠한 부분과 그 경계선에 속하는 점의 개수와 같으므로 5명이다.

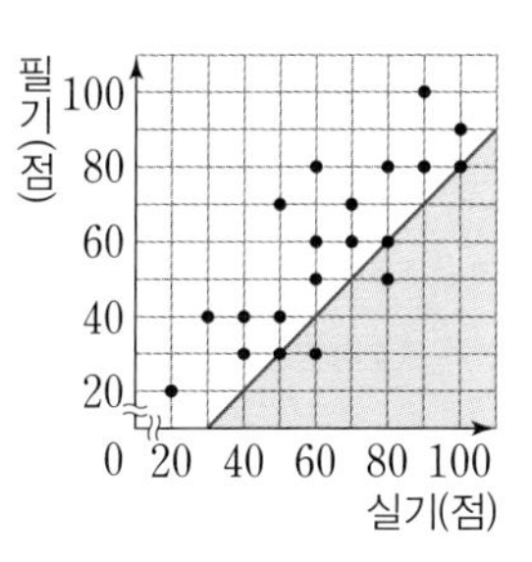

13 ㉠ 두 변량 x, y 사이에 양의 상관관계가 있다.
㉡ 두 변량 x, y 사이에 상관관계가 없다.
㉢ 두 변량 x, y 사이에 음의 상관관계가 있다.
따라서 두 변량 x, y 사이에 양의 상관관계가 있는 산점도는 ㉠이다.

1일 개념 돌파 전략 2 38쪽~39쪽

1 ②	2 ③	3 ②	4 ②
5 ⑤	6 준호		

1 $(\text{평균})=\frac{3+5+7+7+8}{5}=\frac{30}{5}=6 \quad \therefore a=6$

변량의 개수가 5이므로 중앙값은 3번째 값인 7이다.

$\therefore b=7$

7이 2번으로 가장 많이 나타나므로 최빈값은 7이다.

$\therefore c=7$

$\therefore a+b+c=6+7+7=20$

2 반 학생들이 가장 좋아하는 스포츠는 수로 주어지지 않은 자료이다. 또 자료에 따라 그 값이 2개 이상일 수도 있는 대푯값은 최빈값이다.

3 $(\text{분산})=\frac{(-3)^2+2^2+(-1)^2+0^2+2^2+0^2}{6}=\frac{18}{6}=3$

4 $(\text{평균})=\frac{2+5+3+1+4+6+7}{7}=\frac{28}{7}=4(\text{시간})$

이때 각 변량의 편차를 구하면 다음과 같다.

변량	2	5	3	1	4	6	7
편차(시간)	−2	1	−1	−3	0	2	3

$(\text{분산})=\frac{(-2)^2+1^2+(-1)^2+(-3)^2+0^2+2^2+3^2}{7}$

$=\frac{28}{7}=4$

$\therefore (\text{표준편차})=\sqrt{4}=2(\text{시간})$

5 수면 시간이 가장 짧은 학생은 수면 시간이 5시간인 점이 나타내므로 그때의 인터넷 방송 시청 시간을 구하면 3시간이다.

6 가장 강한 음의 상관관계를 갖는 산점도는 점들이 오른쪽 아래로 향하면서 한 직선에 가까이 모여 있는 산점도이므로 찾는 학생은 준호이다.

2일 필수 체크 전략 1 40쪽~43쪽

1-1 ②	1-2 12
2-1 ④	3-1 ②
3-2 8.5	4-1 현규
5-1 ④	6-1 ④
6-2 46	7-1 ③
7-2 183	8-1 ②
8-2 $\frac{4}{5}$	

1-1 A, B 두 반 학생 전체의 수학 점수의 평균은

$\frac{(\text{A반의 총점})+(\text{B반의 총점})}{(\text{두 반 전체의 학생 수})}$

$=\frac{30\times60+20\times70}{30+20}$

$=\frac{3200}{50}=64(\text{점})$

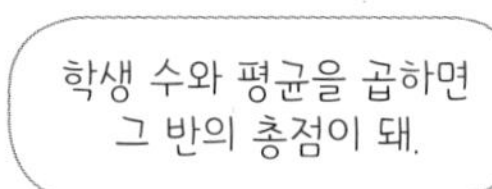

학생 수와 평균을 곱하면
그 반의 총점이 돼.

1-2 변량 a, b, c의 평균이 14이므로

$\frac{a+b+c}{3}=14 \quad \therefore a+b+c=42$

따라서 변량 a, b, c, 8, 10의 평균은

$\frac{a+b+c+8+10}{5}=\frac{42+8+10}{5}$

$=\frac{60}{5}=12$

2-1 학생 4명의 수학 점수를 작은 값부터 a점, 70점, b점, c점이라 하자.

중앙값이 72점이므로 $\frac{70+b}{2}=72$

$70+b=144 \quad \therefore b=74$

78점을 포함한 5개의 변량을 작은 값부터 크기순으로 나열하면 a점, 70점, 74점, c점, 78점 또는 a점, 70점, 74점, 78점, c점이다.

따라서 5명의 수학 점수의 중앙값은 3번째 값인 74점이다.

3-1 주어진 자료에서 7을 제외한 변량은 모두 1개씩이므로 x의 값에 관계없이 주어진 자료의 최빈값은 7이다.
이때 평균과 최빈값이 같으므로
$\frac{7+8+10+7+x+7+6}{7}=7$
$x+45=49 \quad \therefore x=4$

3-2 최빈값이 9이려면 a 또는 b가 9이어야 한다.
$a+b=17$이고 $a<b$이므로 $a=8, b=9$
따라서 주어진 자료를 작은 값부터 크기순으로 나열하면 6, 7, 8, 9, 9, 12이므로 중앙값은
$\frac{8+9}{2}=\frac{17}{2}=8.5$

4-1 주익 : 중앙값은 자료를 작은 값부터 크기순으로 나열하였을 때 8번째 값이므로 3회이다.
현규 : 주어진 자료의 평균과 최빈값을 각각 구하면
$(\text{평균})=\frac{1\times2+2\times3+3\times3+4\times4+5\times3}{15}$
$=3.2(\text{회})$
(최빈값)$=4$(회)
즉 평균은 최빈값보다 작다.
지나 : 최빈값보다 작은 변량의 개수는 8이다.
선경 : 평균보다 큰 변량의 개수는 7이다.
따라서 옳은 설명을 한 학생은 현규이다.

5-1 ① 최빈값은 5분, 7분이다.
② $(\text{평균})=\frac{8+9+3+5+5+7+4+50+2+7}{10}$
$=\frac{100}{10}=10(\text{분})$
변량을 작은 값부터 크기순으로 나열하면 2, 3, 4, 5, 5, 7, 7, 8, 9, 50이므로 중앙값은 5번째 값과 6번째 값의 평균인 $\frac{5+7}{2}=6(\text{분})$
즉 평균이 중앙값보다 크다.
③, ④, ⑤ 변량 중에 극단적인 값 50이 있으므로 중앙값을 대푯값으로 하는 것이 적절하다.
따라서 옳은 것은 ④이다.

6-1 변량 a, b, c의 평균이 6이므로
$\frac{a+b+c}{3}=6$
따라서 변량 $a+3, b+3, c+3$의 평균은
$\frac{(a+3)+(b+3)+(c+3)}{3}=\frac{a+b+c+9}{3}$
$=\frac{a+b+c}{3}+3$
$=6+3=9$

6-2 변량 a, b, c, d의 평균이 10이므로
$\frac{a+b+c+d}{4}=10$
따라서 변량 $5a-4, 5b-4, 5c-4, 5d-4$의 평균은
$\frac{(5a-4)+(5b-4)+(5c-4)+(5d-4)}{4}$
$=\frac{5(a+b+c+d)}{4}-4=5\times10-4=46$

7-1 편차의 총합은 0이므로
$-5+3+1+x+2=0$
$x+1=0 \quad \therefore x=-1$
(편차)=(변량)−(평균)이므로
$-1=$(학생 D가 보낸 문자 메시지 수)-71
∴ (학생 D가 보낸 문자 메시지 수)$=70$(건)

7-2 편차의 총합은 0이므로
$-4+C+(-8)+2+3=0$
$C-7=0 \quad \therefore C=7$
이때 (평균)=(기주의 성적)−(기주의 편차)이므로
(평균)$=79-(-4)=83$
또 (변량)=(평균)+(편차)이므로
$A=83+C=83+7=90,\ B=83+3=86$
$\therefore A+B+C=90+86+7=183$

8-1 3회의 편차를 x점이라 하면
$2+(-3)+x+(-3)+3=0$
$x-1=0 \quad \therefore x=1$
따라서 분산은
$\frac{2^2+(-3)^2+1^2+(-3)^2+3^2}{5}=\frac{32}{5}=6.4$
∴ (표준편차)$=\sqrt{6.4}$ (점)

기말

8-2 변량 4, $2a-8$, $4a+10$, $6a+2$의 평균은

$\frac{4+(2a-8)+(4a+10)+(6a+2)}{4}$

$=\frac{12a+8}{4}=3a+2$

각 변량의 편차를 차례대로 구하면

$-3a+2$, $-a-10$, $a+8$, $3a$

이때 분산은

$\frac{(-3a+2)^2+(-a-10)^2+(a+8)^2+(3a)^2}{4}=50$

$20a^2+24a-32=0$, $5a^2+6a-8=0$

$(a+2)(5a-4)=0$ $\therefore a=-2$ 또는 $a=\frac{4}{5}$

따라서 양수 a의 값은 $\frac{4}{5}$이다.

2일 필수 체크 전략 2 44쪽~45쪽

1 혜경, 진호	2 160 cm	3 37	4 ④
5 ㉠, ㉡, ㉣	6 9	7 ⑤	8 $\frac{74}{5}$

1 혜경 : 작은 값부터 크기순으로 나열한 변량의 개수가 7이면 4번째 값이 중앙값이다.

진호 : 반복되는 변량도 포함하여 중앙값을 구해야 한다.

따라서 옳지 않은 설명을 한 학생은 혜경, 진호이다.

2 은호를 제외한 나머지 7명의 키의 합을 A cm, 잘못 기록한 은호의 키를 x cm라 하면

(잘못 구한 키의 평균)=(실제 평균)−2이므로

$\frac{A+x}{8}=\frac{A+176}{8}-2$

$A+x=A+176-16$ $\therefore x=160$

따라서 은호의 키를 160 cm로 잘못 기록했다.

3 자료 A의 중앙값이 17이므로 변량을 작은 값부터 크기순으로 나열하였을 때 3번째 값이 17이다.

이때 $x<y$이므로 $x=17$

즉 두 자료 A, B의 변량은 12, y, 20, 17, 10, 21, 15, 17, 20, $y-1$이고 변량의 개수가 10이므로 중앙값은 변량을 작은 값부터 크기순으로 나열하였을 때, 5번째 값과 6번째 값의 평균이다.

이때 5번째 값이 17이고 중앙값이 18이므로 6번째 값은 $y-1$이다.

따라서 $\frac{17+(y-1)}{2}=18$이므로

$16+y=36$ $\therefore y=20$

$\therefore x+y=17+20=37$

4 동호회 회원의 나이를 작은 값부터 16세, a세, 18세, b세, c세, 25세라 하자.

이때 중앙값 20세는 3번째 값과 4번째 값의 평균이므로

$\frac{18+b}{2}=20$ $\therefore b=22$

16세, a세, 18세, 22세, c세, 25세의 평균이 20세이므로

$\frac{16+a+18+22+c+25}{6}=20$

$\therefore a+c=39$ ...... ㉠

이때 $16<a\le18$이고 a는 자연수이므로

$a=17$ 또는 $a=18$

(i) $a=17$일 때, ㉠에서 $c=22$

(ii) $a=18$일 때, ㉠에서 $c=21$

그런데 $22\le c<25$이므로 조건을 만족하지 않는다.

(i), (ii)에서 $a=17$, $c=22$이므로 회원 6명의 나이의 최빈값은 22세이다.

5 ㉠ 1반 학생들의 최빈값은 도수가 10명으로 가장 큰 3편이다.

㉡ 2반 학생들의 최빈값은 도수가 8명인 3편, 4편으로 2개이다.

㉢ 1반 학생 수는 $1+6+10+7+4+4=32$(명)이므로 중앙값은 변량을 작은 값부터 크기순으로 나열하였을 때, 16번째 값인 3편과 17번째 값인 3편의 평균이다.

$\therefore$ (1반의 중앙값)$=\frac{3+3}{2}=3$(편)

2반 학생 수는 $2+5+8+8+5+2=30$(명)이므로 중앙값은 변량을 작은 값부터 크기순으로 나열하였을 때, 15번째 값인 3편과 16번째 값인 4편의 평균이다.

$\therefore$ (2반의 중앙값)$=\frac{3+4}{2}=3.5$(편)

㉣ (2반의 평균)

$=\frac{2\times1+5\times2+8\times3+8\times4+5\times5+2\times6}{30}$

$=\frac{105}{30}=3.5$(편)

즉 2반 학생들의 평균과 중앙값은 같다.
따라서 옳은 것은 ㉠, ㉡, ㉣이다.

6 변량 $3a-4$, $3b-4$, $3c-4$, $3d-4$, $3e-4$의 평균이 23이므로

$$\frac{(3a-4)+(3b-4)+(3c-4)+(3d-4)+(3e-4)}{5}$$
$$=\frac{3(a+b+c+d+e)-20}{5}$$
$$=3\times\frac{a+b+c+d+e}{5}-4=23$$
$$\therefore \frac{a+b+c+d+e}{5}=9$$

따라서 변량 a, b, c, d, e의 평균은 9이다.

7 ①, ④ 편차의 총합은 0이므로
$-1+x+3+(-2)+5=0$
$x+5=0 \qquad \therefore x=-5$
② A의 편차는 음수이므로 평균보다 맥박 수가 적다.
③ 평균보다 맥박 수가 많은 학생은 편차가 양수인 C, E의 2명이다.
⑤ 맥박 수의 평균이 60회이므로
(D의 맥박 수)$=60+(-2)=58$(회)
따라서 옳지 않은 것은 ⑤이다.

8 용선이의 점수를 x점이라 하고 각 학생의 점수를 x를 사용하여 나타내면 다음과 같다.

학생	A	B	C	D	E
점수(점)	$x+1$	x	$x-5$	$x+2$	$x-8$

이때 5명의 점수의 평균은

$$\frac{(x+1)+x+(x-5)+(x+2)+(x-8)}{5}$$
$$=\frac{5x-10}{5}=x-2(\text{점})$$

이므로 각 학생의 점수의 편차는 다음과 같다.

학생	A	B	C	D	E
편차(점)	3	2	-3	4	-6

따라서 5명의 점수의 분산은

$$\frac{3^2+2^2+(-3)^2+4^2+(-6)^2}{5}=\frac{74}{5}$$

3일 필수 체크 전략 1 (46쪽~49쪽)

1-1 ②	**2-1** ①
3-1 ③	**4-1** 하빈, 민서
5-1 ④	**6-1** 20 %
7-1 ②, ④	**8-1** ④

1-1 변량 1, 5, a, b의 평균이 4이므로

$$\frac{1+5+a+b}{4}=4$$

$6+a+b=16 \qquad \therefore a+b=10 \qquad \cdots\cdots$ ㉠

또 분산이 5이므로

$$\frac{(1-4)^2+(5-4)^2+(a-4)^2+(b-4)^2}{4}=5$$

$a^2+b^2-8(a+b)+22=0$
이 식에 ㉠을 대입하면
$a^2+b^2-8\times10+22=0 \qquad \therefore a^2+b^2=58$
따라서 $a^2+b^2=(a+b)^2-2ab$이므로
$58=10^2-2ab \qquad \therefore ab=21$

2-1 변량 a, b, c, d, e의 평균이 5이므로

$$\frac{a+b+c+d+e}{5}=5$$

또 분산이 10이므로

$$\frac{(a-5)^2+(b-5)^2+(c-5)^2+(d-5)^2+(e-5)^2}{5}$$
$=10$

따라서 변량 $a-1$, $b-1$, $c-1$, $d-1$, $e-1$에 대하여
(평균)
$$=\frac{(a-1)+(b-1)+(c-1)+(d-1)+(e-1)}{5}$$
$$=\frac{a+b+c+d+e}{5}-1$$
$=5-1=4$
(분산)
$$=\frac{(a-1-4)^2+(b-1-4)^2+(c-1-4)^2+(d-1-4)^2+(e-1-4)^2}{5}$$
$$=\frac{(a-5)^2+(b-5)^2+(c-5)^2+(d-5)^2+(e-5)^2}{5}$$
$=10$

다른 풀이
변량 a, b, c, d, e의 평균이 5이고 분산이 10이므로 변량 $a-1$, $b-1$, $c-1$, $d-1$, $e-1$의 평균은 $5-1=4$이고 분산은 10이다.

3-1 남학생 12명의 분산은 6이므로 남학생의 제기차기 기록의 $(\text{편차})^2$의 총합은 $12\times6=72$
여학생 8명의 분산은 1이므로 여학생의 제기차기 기록의 $(\text{편차})^2$의 총합은 $8\times1=8$
이때 남학생과 여학생의 평균이 같으므로 전체 학생의 제기차기 기록의 분산은 $\dfrac{72+8}{12+8}=\dfrac{80}{20}=4$
$\therefore$ (표준편차)$=\sqrt{4}=2$(개)

4-1 하빈 : 3반의 표준편차가 가장 크므로 3반의 학생들의 성적이 1반과 2반 학생들의 성적보다 넓게 퍼져 있다.
승우 : 수학 성적이 가장 우수한 학생이 어느 반에 있는지 알 수 없다.
민서 : 2반의 표준편차가 가장 작으므로 2반의 학생들의 성적이 가장 고르게 분포되어 있다.
따라서 옳은 설명을 한 학생은 하빈, 민서이다.

5-1 ② 영어 성적이 60점 미만인 학생 수는 오른쪽 산점도에서 직선 l의 왼쪽에 있는 점의 개수와 같으므로 2명이다.
③ 한문 성적이 80점 이상인 학생 수는 직선 m을 포함하고 직선 m의 위쪽에 있는 점의 개수와 같으므로 3명이다.
④ 영어 성적과 한문 성적이 모두 70점 이상인 학생 수는 색칠한 부분과 그 경계선에 속하는 점의 개수와 같으므로 5명이다.
⑤ 영어 성적과 한문 성적이 같은 학생 수는 직선 n 위에 있는 점의 개수와 같으므로 5명이다.
따라서 옳지 않은 것은 ④이다.

조건에 맞게 대각선 또는 가로선, 세로선을 긋고 생각해 봐.

6-1 필기 점수와 실기 점수의 평균이 90점 이상, 즉 필기 점수와 실기 점수의 합이 180점 이상인 학생 수는 오른쪽 산점도에서 색칠한 부분과 그 경계선에 속하는 점의 개수와 같으므로 4명이다.
$\therefore \dfrac{4}{20}\times100=20\ (\%)$

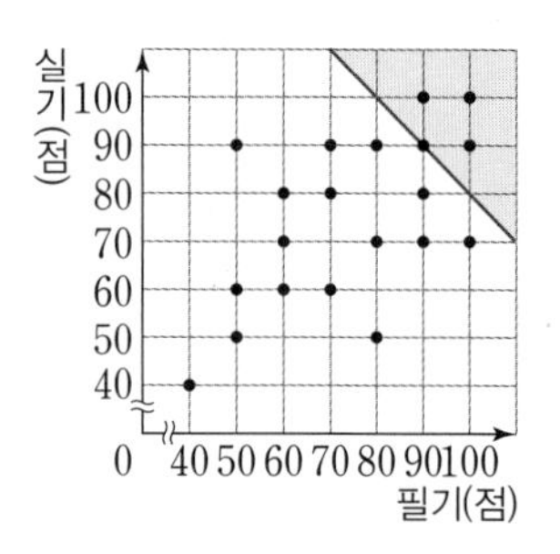

7-1 ① ㉠은 양의 상관관계가 있고, ㉡은 음의 상관관계가 있다.
③ ㉣은 상관관계가 없다.
⑤ ㉢은 양의 상관관계가 있고, ㉤은 상관관계가 없다.
따라서 옳은 것은 ②, ④이다.

8-1 ① B는 A보다 키가 작다.
② A는 B보다 몸무게가 많이 나간다.
③ B는 키에 비하여 몸무게가 많이 나가는 편이다.
⑤ 키가 큰 학생은 대체로 몸무게도 많이 나간다.
따라서 옳은 것은 ④이다.

3일 필수 체크 전략 2 50쪽~51쪽

1 29	**2** ③	**3** ④	**4** 20 %
5 ⑤	**6** ③		

1 변량 x, 4, 2, 5, y의 평균이 5이므로
$\dfrac{x+4+2+5+y}{5}=5$
$x+y+11=25 \quad \therefore x+y=14 \quad \cdots\cdots ㉠$
또 분산이 4이므로
$\dfrac{(x-5)^2+(4-5)^2+(2-5)^2+(5-5)^2+(y-5)^2}{5}=4$
$\therefore x^2+y^2-10(x+y)+40=0$
이 식에 ㉠을 대입하면
$x^2+y^2-10\times14+40=0 \quad \therefore x^2+y^2=100$

따라서 변량 $x^2, 4^2, 2^2, 5^2, y^2$의 평균은

$$\frac{x^2+4^2+2^2+5^2+y^2}{5}=\frac{x^2+y^2+45}{5}=\frac{100+45}{5}=\frac{145}{5}=29$$

2 자료 A의 평균은 3, 변량의 개수는 5이므로 변량의 총합은 $3\times5=15$

두 자료 A, B를 섞은 전체 자료의 평균은 3, 변량의 개수는 9이므로 전체 변량의 총합은 $3\times9=27$

(두 자료 A, B를 섞은 전체 자료의 변량의 총합)

=(자료 A의 변량의 총합)+(자료 B의 변량의 총합)

이므로 (자료 B의 변량의 총합)$=27-15=12$

∴ (자료 B의 평균)$=\frac{12}{4}=3$

또 자료 A의 분산은 4이므로 (편차)^{2}의 총합은 $4\times5=20$

두 자료 A, B를 섞은 전체 자료의 분산은 8이므로 (편차)^{2}의 총합은 $8\times9=72$

이때 두 자료 A, B의 평균이 같으므로 자료 B의 (편차)^{2}의 총합은 $72-20=52$

∴ (자료 B의 분산)$=\frac{52}{4}=13$

3 변량이 평균에 가까이 모여 있을수록 분산이 작다.

변량이 평균 5에 가장 가까이 모여 있는 자료를 차례대로 나열하면 C, A, B이므로 세 자료의 분산의 크기를 비교하면 (C의 분산)<(A의 분산)<(B의 분산)이다.

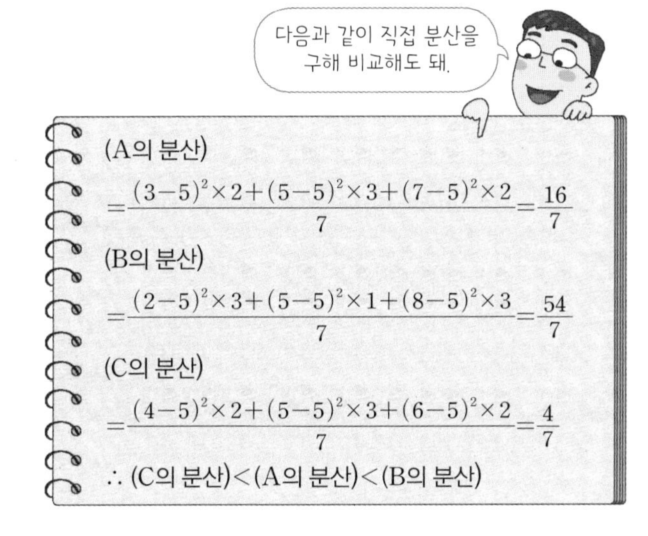

(A의 분산)

$=\frac{(3-5)^2\times2+(5-5)^2\times3+(7-5)^2\times2}{7}=\frac{16}{7}$

(B의 분산)

$=\frac{(2-5)^2\times3+(5-5)^2\times1+(8-5)^2\times3}{7}=\frac{54}{7}$

(C의 분산)

$=\frac{(4-5)^2\times2+(5-5)^2\times3+(6-5)^2\times2}{7}=\frac{4}{7}$

∴ (C의 분산)<(A의 분산)<(B의 분산)

4 기말고사의 수학 성적이 중간고사의 수학 성적보다 높은 학생 수는 오른쪽 산점도에서 오른쪽 위로 향하는 대각선보다 위쪽에 있는 점의 개수와 같으므로 2명이다.

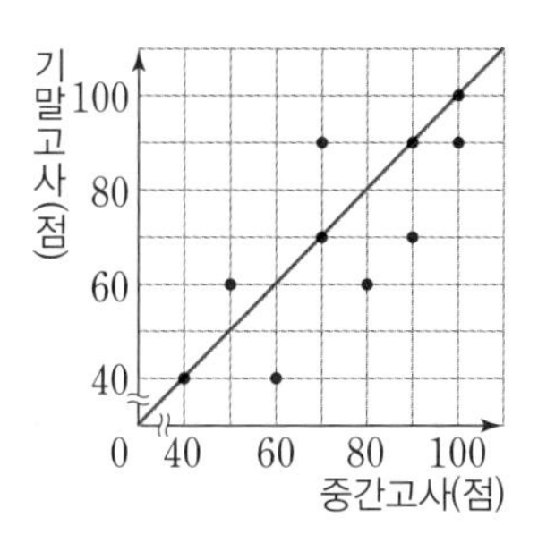

∴ $\frac{2}{10}\times100=20$ (%)

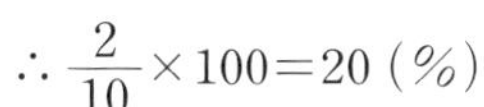

5 ① 과학 성적이 80점인 학생은 3명이다.

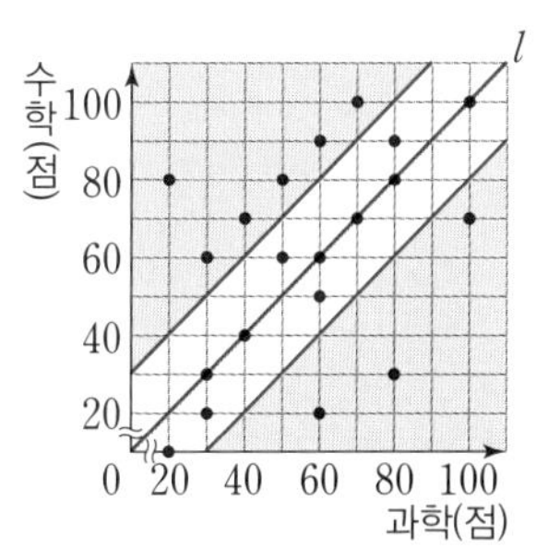

② 수학 성적과 과학 성적이 같은 학생 수는 오른쪽 산점도에서 직선 l 위에 있는 점의 개수와 같으므로 6명이다.

③ 과학 성적이 수학 성적보다 높은 학생 수는 위의 산점도에서 직선 l의 아래쪽에 있는 점의 개수와 같으므로 6명이다.

④ 수학 성적이 80점인 학생의 과학 성적은 각각 20점, 50점, 80점이므로 그 평균은

$\frac{20+50+80}{3}=\frac{150}{3}=50$(점)

⑤ 수학 성적과 과학 성적의 차가 20점 이상인 학생 수는 위의 산점도에서 색칠한 부분과 그 경계선에 속하는 점의 개수와 같으므로 9명이다.

∴ $\frac{9}{20}\times100=45$ (%)

따라서 옳은 것은 ⑤이다.

6 ① 산점도에서 달리기는 왼쪽으로 갈수록 기록이 좋고, 멀리뛰기는 위쪽으로 갈수록 기록이 좋으므로 멀리뛰기를 잘하는 학생은 대체로 100 m 달리기 기록도 좋다.

② A는 멀리뛰기는 못하지만 100 m 달리기는 잘하는 편이다.

③ B는 100 m 달리기와 멀리뛰기를 모두 잘하는 편이다.

④ C는 100 m 달리기는 못하지만 멀리뛰기는 잘하는 편이다.

⑤ D는 100 m 달리기와 멀리뛰기를 모두 못하는 편이다.

따라서 옳은 것은 ③이다.

누구나 합격 전략 52쪽~53쪽

01 ③	02 ②	03 ⑤	04 ③
05 ④	06 ⑤	07 ②	08 ③
09 ②, ⑤			

01 효정 : (평균)$=\dfrac{4+3+2+4+1+28}{6}=\dfrac{42}{6}=7$

연조 : 자료의 변량을 작은 값부터 크기순으로 나열하면 1, 2, 3, 4, 4, 28이고 변량의 개수가 6이므로 중앙값은 3번째 값과 4번째 값의 평균인 $\dfrac{3+4}{2}=3.5$

민재 : 4가 2번으로 가장 많이 나오므로 최빈값은 4이다.

희영 : 변량 중에 극단적인 값 28이 있으므로 이 자료의 대푯값으로는 평균보다 중앙값이 더 적절하다.

따라서 옳은 설명을 한 학생은 효정, 희영이다.

02 ㉠ 학생 수는 $1+6+10+7+4+4=32$(명)

㉡ 학생 수가 32명이므로 중앙값은 변량을 작은 값부터 크기순으로 나열했을 때, 16번째 값과 17번째 값의 평균이다.

$\therefore$ (중앙값)$=\dfrac{3+3}{2}=3$(편)

㉢ 최빈값은 도수가 10명으로 가장 큰 3편이다.

㉣ (평균)$=\dfrac{1\times1+2\times6+3\times10+4\times7+5\times4+6\times4}{32}$

$=\dfrac{115}{32}$

즉 평균과 중앙값은 같지 않다.

따라서 옳은 것은 ㉠, ㉢이다.

03 변량의 개수가 6이므로 중앙값은 변량을 작은 값부터 크기순으로 나열했을 때, 3번째 값과 4번째 값의 평균이다.

이때 중앙값이 7이므로 $a\le7$이어야 한다.

따라서 a의 값으로 적당하지 않은 것은 ⑤ 8이다.

04 지우의 편차를 x회라 하면 편차의 총합은 0이므로

$-3+(-1)+x+4+(-8)+5=0$

$x-3=0 \quad \therefore x=3$

따라서 지우가 줄넘기를 한 횟수는

$150+3=153$(회)

05 편차의 총합은 0이므로

$-3+0+a+(-2)+1=0$

$a-4=0 \quad \therefore a=4$

따라서 분산은

$\dfrac{(-3)^2+0^2+4^2+(-2)^2+1^2}{5}=\dfrac{30}{5}=6$

이므로 $b=\sqrt{6}$

$\therefore ab=4\sqrt{6}$

06 변량 a, b, c의 평균이 4이므로

$\dfrac{a+b+c}{3}=4$

또 표준편차가 2, 즉 분산이 $2^2=4$이므로

$\dfrac{(a-4)^2+(b-4)^2+(c-4)^2}{3}=4$

따라서 변량 $3a, 3b, 3c$에 대하여

(평균)$=\dfrac{3a+3b+3c}{3}=\dfrac{3(a+b+c)}{3}=3\times4=12$

(분산)$=\dfrac{(3a-12)^2+(3b-12)^2+(3c-12)^2}{3}$

$=\dfrac{9\{(a-4)^2+(b-4)^2+(c-4)^2\}}{3}$

$=9\times4=36$

$\therefore$ (표준편차)$=\sqrt{36}=6$

07 ① 90점 이상인 학생이 어느 반에 많은지 알 수 없다.

② 5반의 표준편차가 가장 작으므로 5반 학생들의 성적이 가장 고르게 분포되어 있다.

③ 수학 성적이 가장 높은 학생은 어느 반에 있는지 알 수 없다.

④ 1반에 80점 이상인 학생이 없는지 알 수 없다.

⑤ 학생 수는 알 수 없다.

따라서 옳은 것은 ②이다.

08 x의 값이 커짐에 따라 y의 값이 대체로 작아지므로 주어진 산점도는 음의 상관관계가 있다.

① 양의 상관관계 ② 상관관계가 없다.
③ 음의 상관관계 ④ 양의 상관관계
⑤ 양의 상관관계

따라서 주어진 산점도와 같은 상관관계인 것은 ③이다.

09 ① C는 A보다 여가 시간이 더 짧다.
② B의 수면 시간은 5시간이고 여가 시간은 4시간이므로 수면 시간이 더 길다.
③ A, B, C 중 수면 시간이 가장 긴 학생은 C이다.
④, ⑤ 수면 시간이 길어짐에 따라 대체로 여가 시간은 짧아지므로 수면 시간과 여가 시간 사이에는 음의 상관관계가 있다.

따라서 옳은 것은 ②, ⑤이다.

창의 • 융합 • 코딩 전략 54쪽~57쪽

1 (1) 평균 : 5개, 중앙값 : 4개, 최빈값 : 3개 (2) 평균
2 민서, 지훈, 민준
3 다이아몬드
4 (1) 7명 (2) 20명 (3) 5 (4) $\sqrt{5}$회
5 (1) $(m+2)$점 (2) s점
6 (1) 민주 : 7점, 수진 : 7점 (2) 민주 : $\sqrt{0.4}$점, 수진 : 2점 (3) 민주
7 (1) 풀이 참조 (2) 5.2
8 (1) 풀이 참조 (2) 음의 상관관계

1 (1) $(\text{평균})=\dfrac{45}{9}=5(\text{개})$
자료의 변량을 작은 값부터 크기순으로 나열하면 1, 3, 3, 3, 4, 6, 7, 8, 10이고 변량의 개수가 9이므로 중앙값은 5번째 값인 4개이다.
또 변량 중에 3이 3번으로 가장 많이 나왔으므로 최빈값은 3개이다.
(2) 동전을 옮겨 담으면 한가운데 놓인 값이나 가장 많이 나오는 값은 변할 수 있다.
그러나 동전의 개수의 총합은 변하지 않으므로 평균은 변하지 않는다.

2 민서 : 1반의 최빈값은 도수가 9명으로 가장 큰 3편이다.
소희 : 1반의 학생 수는 $3+6+9+7+4+3=32(\text{명})$
따라서 중앙값은 변량을 작은 값부터 크기순으로 나열했을 때, 16번째 값과 17번째 값의 평균이므로
$\dfrac{3+3}{2}=3(\text{편})$
2반의 학생 수는 $2+6+7+7+6+2=30(\text{명})$
따라서 중앙값은 변량을 작은 값부터 크기순으로 나열했을 때, 15번째 값과 16번째 값의 평균이므로
$\dfrac{3+4}{2}=3.5(\text{편})$
지훈 : (2반의 평균)
$=\dfrac{1\times2+2\times6+3\times7+4\times7+5\times6+6\times2}{30}$
$=\dfrac{105}{30}=3.5(\text{편})$
따라서 평균과 중앙값은 같다.
민준 : 2반의 최빈값은 도수가 7명인 3편, 4편으로 2개이다.
따라서 바르게 설명한 학생은 민서, 지훈, 민준이다.

3 • 표준편차를 제곱하면 분산이 된다. (○)
• 분산이 큰 자료가 분산이 작은 자료에 비해 각 변량이 큰지 알 수 없다. (×)
• 자료 A의 변량이 자료 B의 변량보다 평균을 중심으로 더 멀리 흩어져 있으므로 자료 A의 표준편차가 더 크다. (○)

따라서 민수가 찾게 되는 보석은 다이아몬드이다.

4 (1) 편차가 1회인 청소년을 x명이라 하면
$-5\times1+(-3)\times3+(-1)\times5+1\times x+3\times4=0$
$x-7=0 \quad \therefore x=7$
따라서 편차가 1회인 청소년은 7명이다.
(2) 전체 청소년의 수는 $1+3+5+7+4=20(\text{명})$
(3) (분산)
$=\dfrac{(-5)^2\times1+(-3)^2\times3+(-1)^2\times5+1^2\times7+3^2\times4}{20}$
$=\dfrac{100}{20}=5$
(4) $(\text{표준편차})=\sqrt{5}(\text{회})$

5 (1) 수행 평가 점수를 올리기 전의 수행 평가 점수의 총합은 $m\times$(학생 수)점이다.
수행 평가 점수를 2점씩 올린 후의 수행 평가 점수의 총합은 $\{m\times$(학생 수)$+2\times$(학생 수)$\}$점이므로 수행 평가 점수를 2점씩 올린 후의 평균은

$$\frac{m\times(\text{학생 수})+2\times(\text{학생 수})}{(\text{학생 수})}$$
$$=\frac{(m+2)\times(\text{학생 수})}{(\text{학생 수})}=m+2(\text{점})$$

(2) 수행 평가 점수를 모두 2점씩 올리면 평균도 2점이 올라가므로 각 변량의 편차는 변하지 않는다.
따라서 수행 평가 점수를 2점씩 올린 후의 표준편차는 s점이다.

6 민주와 수진이가 얻은 점수는 각각 다음과 같다.
민주 : 6점, 7점, 7점, 7점, 8점
수진 : 4점, 6점, 7점, 8점, 10점

(1) $(\text{민주의 평균})=\frac{6+7+7+7+8}{5}=\frac{35}{5}=7(\text{점})$

$(\text{수진이의 평균})=\frac{4+6+7+8+10}{5}=\frac{35}{5}=7(\text{점})$

(2) (민주의 분산)
$$=\frac{(6-7)^2+(7-7)^2+(7-7)^2+(7-7)^2+(8-7)^2}{5}$$
$$=\frac{2}{5}=0.4$$
$\therefore$ $(\text{표준편차})=\sqrt{0.4}\,(\text{점})$

(수진이의 분산)
$$=\frac{(4-7)^2+(6-7)^2+(7-7)^2+(8-7)^2+(10-7)^2}{5}$$
$$=\frac{20}{5}=4$$
$\therefore$ $(\text{표준편차})=\sqrt{4}=2(\text{점})$

(3) 민주의 표준편차가 수진이의 표준편차보다 작으므로 점수가 더 고르게 분포되어 있는 학생은 민주이다.

7 (1) (분산)
$$=\frac{(a-170)^2+(b-170)^2+(c-170)^2+(168-170)^2+(176-170)^2}{5}$$
$$=10$$

(2) (1)에서 세운 식에서
$(a-170)^2+(b-170)^2+(c-170)^2=10$
이때 $170+174=168+176$이므로 5명의 실제 키의 평균은 잘못 입력한 5명의 키의 평균과 같은 170 cm이다.
따라서 실제 키의 분산은
$$\frac{(a-170)^2+(b-170)^2+(c-170)^2+(170-170)^2+(174-170)^2}{5}$$
$$=\frac{10+16}{5}=\frac{26}{5}=5.2$$

8 (1) 14일 동안의 공부 시간 x분과 친구에게서 받은 SNS 메시지 개수 y를 순서쌍 (x, y)로 나타내면
(30, 13), (40 10), (60, 10), (70, 13), (50, 12), (80, 9), (110, 6), (90, 7), (90, 12), (130, 4), (100, 8), (120, 9), (140, 5), (150, 3)
이를 좌표평면 위에 나타내면 다음과 같다.

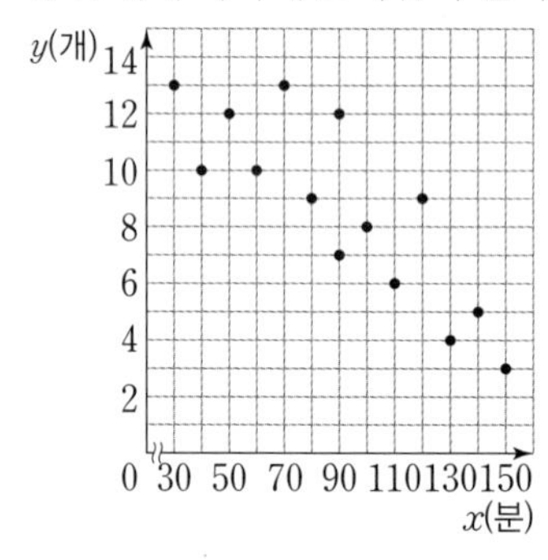

(2) 공부 시간이 증가할 때 친구에게서 받은 SNS 메시지 개수는 대체로 줄어드는 경향이 있으므로 음의 상관관계가 있다.

기말고사 마무리

신유형·신경향·서술형 전략 60쪽~63쪽

01 풀이 참조
02 (1) 풀이 참조 (2) 풀이 참조
03 (1) 80° (2) 풀이 참조 (3) Q 배, S 배
04 직사각형
05 (1) 중앙값 : 240 mm, 최빈값 : 245 mm
(2) 최빈값 245 mm, 이유는 풀이 참조
06 49 kg
07 우리 / 디자인의 만족도의 분산은 1.6이야.
08 (1) 양의 상관관계 (2) 음의 상관관계
(3) 상관관계가 없다.

01 $\triangle$OAB와 $\triangle$OBC는 모두 이등변삼각형이므로
$\angle OAB=\angle OBA$, $\angle OBC=\angle OCB$
이때 $\triangle$ABC의 내각의 크기의 합이 180°이므로
$\angle OAB+\angle OBA+\angle OBC+\angle OCB=180^\circ$
$2(\angle OBA+\angle OBC)=180^\circ$
$\therefore \angle OBA+\angle OBC=90^\circ$
즉 $\angle ABC=\angle OBA+\angle OBC=90^\circ$이므로 반원에 대한 원주각의 크기의 합은 90°이다.

02 (1) 직사각형의 네 내각의 크기는 모두 90°이므로 한 쌍의 대각의 크기의 합이 $90^\circ+90^\circ=180^\circ$이다.
따라서 직사각형은 원에 내접한다.
(2) 직사각형이 아닌 평행사변형은 한 쌍의 대각의 크기의 합이 180°가 아니므로 평행사변형은 원에 내접한다고 할 수 없다.

03 (1) $\angle AEB=2\angle ADB=2\times 40^\circ=80^\circ$
(2) 오른쪽 그림과 같이 $\overline{AC}$와 원의 교점을 F라 하고 $\overline{BF}$를 그으면
$\triangle$FCB에서
$\angle AFB=\angle ACB+\angle CBF$
이므로 $\angle ACB<\angle AFB$
이때 $\angle AFB=\angle ADB=40^\circ$이므로
$\angle ACB<40^\circ$
(3) 오른쪽 그림과 같이 원 안의 한 점을 T라 하고 $\overline{AT}$의 연장선과 원이 만나는 점을 T′이라 하자. $\triangle$TT′B에서

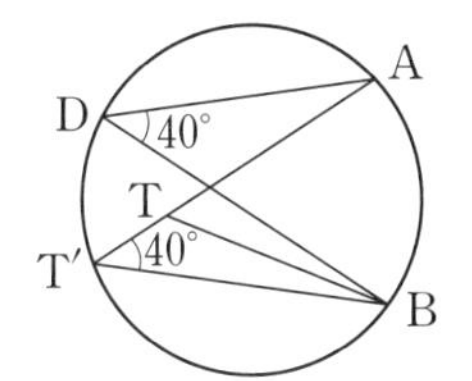

$\angle ATB=\angle AT'B+\angle TBT'$
이므로 $\angle AT'B<\angle ATB$
이때 $\angle AT'B=\angle ADB=40^\circ$이므로
$\angle ATB>40^\circ$
즉 배에서 두 등대 A, B를 바라본 각의 크기가 40°보다 크면 그 배는 위험 지역에 있으므로 Q 배, S 배가 위험 지역에 있다.

04 반원에 대한 원주각의 크기는 90°이므로

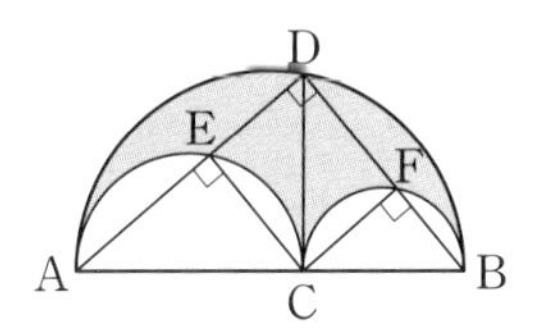

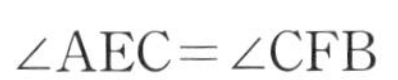
$\angle AEC=\angle CFB$

$=\angle ADB=90^\circ$
즉 $\angle DEC=\angle DFC=90^\circ$이므로 □DECF에서
$\angle ECF=360^\circ-(90^\circ+90^\circ+90^\circ)=90^\circ$
따라서 □DECF의 네 내각의 크기가 모두 90°로 같으므로 □DECF는 직사각형이다.

05 (1) 주어진 자료의 변량 15개를 작은 값부터 크기순으로 나열하면 다음과 같다.
230, 230, 235, 235, 235, 240, 240, 240, 245, 245, 245, 245, 245, 250, 255
이때 이 자료의 중앙값은 8번째 값인 240 mm이고 최빈값은 5개로 가장 많은 245 mm이다.
(2) 가장 많이 팔리는 신발의 크기를 가장 많이 준비해야 하므로 최빈값이 대푯값으로 적절하다.
따라서 최빈값 245 mm가 이 자료의 대푯값으로 적절하다.

06 영일이의 몸무게를 x kg이라 하자.
조건 (가), (다), (라), (마)로부터 영일이의 가족 5명의 몸무게를 작은 값부터 크기순으로 나열하면 x, 56, 58, 71, 71임을 알 수 있다.
조건 (나)에서 가족 5명의 평균이 61 kg이므로
$$\frac{x+56+58+71+71}{5}=61$$
$x+256=305 \qquad \therefore x=49$
따라서 영일이의 몸무게는 49 kg이다.

기말

07 
지수

변량이 평균에서 멀리 떨어져 있을수록 표준편차가 크므로 표준편차가 가장 큰 것은 반응 속도의 만족도이다.

병찬

고객 5명의 가격의 만족도는 모두 6점으로 같고 평균도 6점이므로 각 고객의 편차는 모두 0점으로 같다.

이때 $(\text{분산})=\frac{\{(\text{편차})^2\text{의 총합}\}}{5}=\frac{0}{5}=0$이므로 $(\text{표준편차})=\sqrt{(\text{분산})}=\sqrt{0}=0(\text{점})$

우리

고객 5명의 디자인의 만족도와 편차를 구하면 다음 표와 같다.

고객	A	B	C	D	E
만족도(점)	8	6	4	6	6
편차(점)	2	0	−2	0	0

$\therefore (\text{분산})=\frac{2^2+0^2+(-2)^2+0^2+0^2}{5}$
$=\frac{8}{5}=1.6$

따라서 잘못 설명한 학생은 우리이고 디자인의 만족도의 분산은 1.6이다.

08 (1) 기온이 높을수록 아이스크림 판매액이 증가하므로 기온과 아이스크림 판매액 사이에는 양의 상관관계가 있다.

(2) 기온이 높을수록 핫 팩 판매액은 감소하므로 기온과 핫 팩 판매액 사이에는 음의 상관관계가 있다.

(3) 기온이 증가할 때 라면 판매액이 증가하는지 감소하는지 분명하지 않으므로 기온과 라면 판매액 사이에는 상관관계가 없다.

고난도 해결 전략 1회 64쪽~67쪽

01 ②	02 ①	03 ②	04 ④
05 ②	06 ④	07 ④	08 18 cm
09 ⑤	10 ②	11 114°	12 정신
13 ④	14 ③	15 60°	16 ①

01 전략 원주각의 크기는 중심각의 크기의 $\frac{1}{2}$임을 이용한다.

$\angle ADB=\frac{1}{2}\angle AOB=\frac{1}{2}\times 110°=55°$

$\triangle DBP$에서 $\angle ADB=\angle DBP+\angle P$이므로

$55°=15°+\angle P \qquad \therefore \angle P=40°$

02 전략 $\overline{OA}$, $\overline{OB}$를 긋고, 사각형의 네 내각의 크기의 합은 360°임을 이용하여 $\angle AOB$의 크기를 구한다.

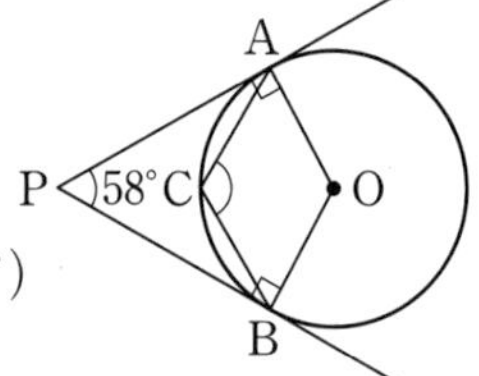

오른쪽 그림과 같이 $\overline{OA}$, $\overline{OB}$를 그으면 $\angle PAO=\angle PBO=90°$이므로 □APBO에서

$\angle AOB=360°-(90°+58°+90°)$
$=122°$

따라서 원주각 $\angle ACB$에 대한 중심각의 크기는 $360°-122°=238°$이므로

$\angle ACB=\frac{1}{2}\times 238°=119°$

03 전략 한 호에 대한 원주각의 크기는 같다는 것과 삼각형의 외각의 성질을 이용한다.

$\angle BAC=\angle x$라 하면

$\angle BDC=\angle BAC=\angle x$

$\triangle AQC$에서

$\angle ACD=40°+\angle x$

$\triangle PCD$에서

$\angle APD=\angle PCD+\angle PDC$이므로

$100°=(40°+\angle x)+\angle x$

$2\angle x=60° \qquad \therefore \angle x=30°$

$\therefore \angle BAC=30°$

04 전략 $\overline{AD}$를 긋고 반원에 대한 원주각의 크기는 90°임을 이용한다.

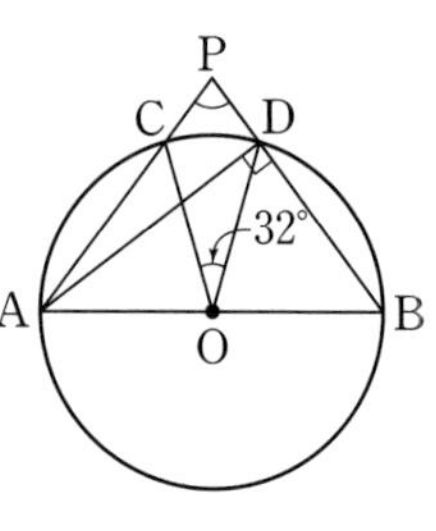

오른쪽 그림과 같이 $\overline{AD}$를 그으면 $\overline{AB}$가 원 O의 지름이므로

$\angle ADB=90°$

$\angle CAD=\frac{1}{2}\angle COD$
$=\frac{1}{2}\times 32°=16°$

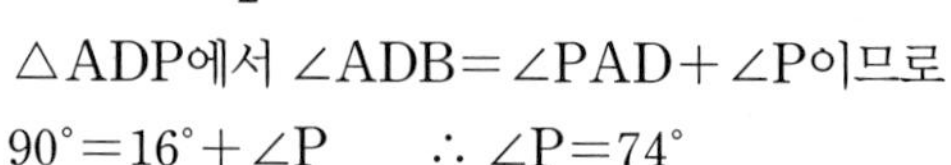

$\triangle ADP$에서 $\angle ADB=\angle PAD+\angle P$이므로

$90°=16°+\angle P \qquad \therefore \angle P=74°$

05 전략 반원에 대한 원주각의 크기는 90°임을 이용한다.

$\overline{BC}$가 원 O의 지름이므로 $\angle BAC=90°$

이때 $\overline{BC}=2\times2=4\,(\text{cm})$이므로 직각삼각형 ABC에서

$\overline{AB}=4\sin30°=4\times\frac{1}{2}=2\,(\text{cm})$

$\overline{AC}=4\cos30°=4\times\frac{\sqrt{3}}{2}=2\sqrt{3}\,(\text{cm})$

$\therefore \triangle ABC=\frac{1}{2}\times\overline{AB}\times\overline{AC}$

$=\frac{1}{2}\times2\times2\sqrt{3}$

$=2\sqrt{3}\,(\text{cm}^2)$

06 전략 길이가 같은 호에 대한 원주각의 크기는 같음을 이용한다.

오른쪽 그림과 같이 $\overline{AC}$, $\overline{AD}$를 그으면 $\overline{AB}$가 반원 O의 지름이므로

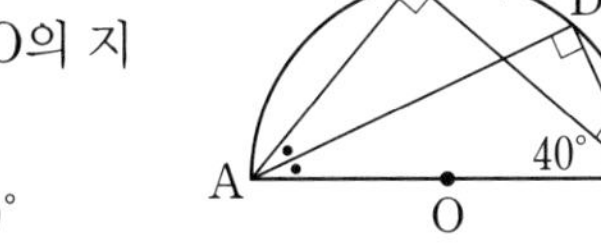

$\angle ACB=\angle ADB=90°$

$\triangle ABC$에서

$\angle CAB=180°-(90°+40°)=50°$

이때 $\widehat{BD}=\widehat{CD}$이므로

$\angle CAD=\angle DAB=\frac{1}{2}\angle CAB=\frac{1}{2}\times50°=25°$

따라서 $\triangle DAB$에서

$\angle DBA=180°-(90°+25°)=65°$

이므로 $\angle CBD=65°-40°=25°$

07 전략 원주각의 크기는 호의 길이에 정비례함을 이용한다.

오른쪽 그림과 같이 $\overline{BP}$를 그으면

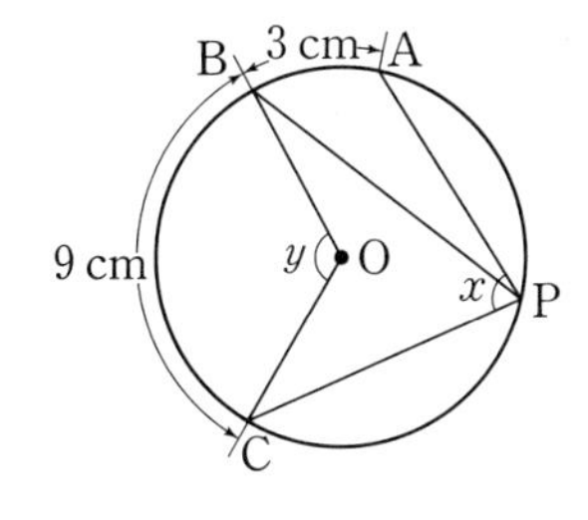

$\widehat{AB}:\widehat{BC}=3:9=1:3$

이므로

$\angle APB:\angle BPC=1:3$

$\angle APB=a$, $\angle BPC=3a$라 하면

$\angle x=a+3a=4a$, $\angle y=2\angle BPC=2\times3a=6a$

$\therefore \angle x:\angle y=4a:6a=2:3$

08 전략 $\overline{AD}$를 긋고 원주각의 크기는 호의 길이에 정비례함을 이용한다.

오른쪽 그림과 같이 $\overline{AD}$를 긋고 $\angle ADB=\angle a$, $\angle DAC=\angle b$라 하자.

$\widehat{AB}:\widehat{CD}=5\pi:3\pi$

$=5:3$

이므로 $\angle a:\angle b=5:3$

$\triangle APD$에서 $\angle a+\angle b=40°$이므로

$\angle a=\frac{5}{5+3}\times40°=25°$

$\therefore \angle AOB=2\angle a=2\times25°=50°$

원 O의 반지름의 길이를 r cm라 하면

$\widehat{AB}=2\pi r\times\frac{50}{360}=5\pi \qquad \therefore r=18$

따라서 원 O의 반지름의 길이는 18 cm이다.

09 전략 $\overline{AE}$를 긋고 □AEFG가 원 O에 내접함을 이용한다.

오른쪽 그림과 같이 $\overline{AE}$, $\overline{BE}$, $\overline{CE}$를 그으면 □AEFG가 원 O에 내접하므로

$\angle AEF+\angle AGF=180°$

$\therefore \angle AEF=180°-150°=30°$

이때 $\angle AED=105°-30°=75°$이고

$\widehat{AB}=\widehat{BC}=\widehat{CD}$이므로

$\angle AEB=\angle BEC=\angle CED$

$=\frac{1}{3}\angle AED=\frac{1}{3}\times75°=25°$

$\therefore \angle x=2\angle CED=2\times25°=50°$

10 전략 원에 내접하는 사각형의 성질을 이용한다.

㉠ □ABQP가 원 O에 내접하므로 $\angle BAP=\angle q$

□PQCD가 원 O′에 내접하므로 $\angle q=\angle r$

$\therefore \angle BAP=\angle r$

기말

ㄴ □ABQP가 원 O에 내접하므로

$\angle BAP+\angle BQP=180^\circ$

이때 □PQCD가 원 O′에 내접하므로

$\angle BQP=\angle PDC$

$\therefore \angle BAP+\angle PDC=\angle BAP+\angle BQP=180^\circ$

ㄷ ㄱ에서 $\angle BAP=\angle r$ (동위각)이므로

$\overline{AB} /\!/ \overline{DC}$

ㄹ $\overline{AB} /\!/ \overline{PQ}$인지 알 수 없다.

따라서 옳은 것은 ㄱ, ㄴ, ㄷ이다.

11 전략 □ABCD가 원 O에 내접하므로 한 외각의 크기와 그와 이웃한 내각의 대각의 크기가 같음을 이용한다.

$\angle BCD=\angle x$라 하면

□ABCD는 원 O에 내접하므로

$\angle QAD=\angle x$

△PCD에서

$\angle ADQ=34^\circ+\angle x$

△ADQ에서

$\angle x+(34^\circ+\angle x)+32^\circ=180^\circ$

$2\angle x=114^\circ \qquad \therefore \angle x=57^\circ$

$\therefore \angle BOD=2\angle x=2\times 57^\circ=114^\circ$

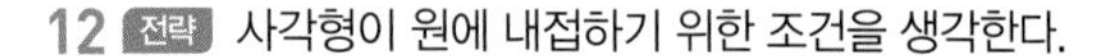
12 전략 사각형이 원에 내접하기 위한 조건을 생각한다.

지은 : □ADOF에서

$\angle ADO+\angle AFO=90^\circ+90^\circ=180^\circ$

즉 한 쌍의 대각의 크기의 합이 180°이므로

□ADOF는 원에 내접한다.

우정 : □DBEO에서

$\angle BDO+\angle BEO=90^\circ+90^\circ=180^\circ$

즉 한 쌍의 대각의 크기의 합이 180°이므로

□DBEO는 원에 내접한다.

희철 : $\overline{BC}$에 대하여 $\angle BDC=\angle BFC=90^\circ$이므로

□DBCF는 원에 내접한다.

정신 : □DBEF는 원에 내접하는지 알 수 없다.

은채 : $\overline{AC}$에 대하여 $\angle ADC=\angle AEC=90^\circ$이므로

□ADEC는 원에 내접한다.

따라서 원에 내접하는 사각형이 아닌 것을 들고 있는 학생은 정신이다.

13 전략 원에 내접하는 사각형은 한 쌍의 대각의 크기의 합이 180°이다.

$\triangle ABC\equiv\triangle ADE$이므로 $\overline{AB}=\overline{AD}$

오른쪽 그림과 같이 $\overline{BD}$를 그으면 △ABD는 $\overline{AB}=\overline{AD}$인 이등변삼각형이므로

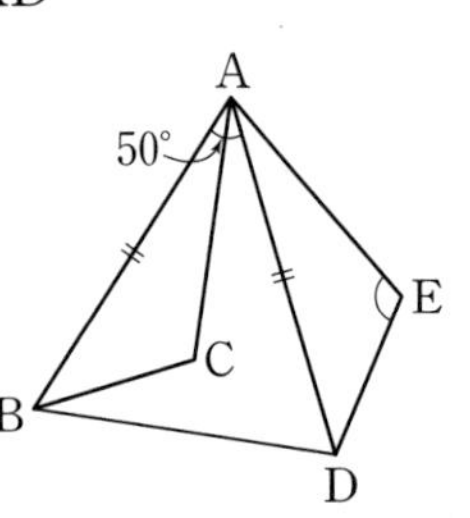

$\angle ABD=\angle ADB$

$=\frac{1}{2}\times(180^\circ-50^\circ)$

$=65^\circ$

□ABDE가 원에 내접하므로

$\angle ABD+\angle AED=180^\circ$

$65^\circ+\angle AED=180^\circ$

$\therefore \angle AED=115^\circ$

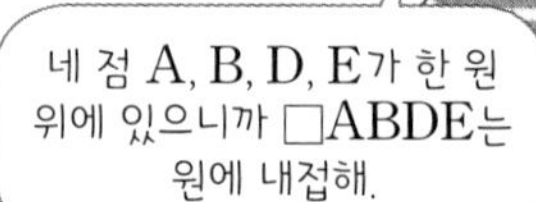

네 점 A, B, D, E가 한 원 위에 있으니까 □ABDE는 원에 내접해.

14 전략 $\angle BAC=\angle a$, $\angle ADE=\angle b$로 놓고 크기가 같은 각을 찾는다.

$\angle BAC=\angle a$,

$\angle ADE=\angle b$라 하면

$\angle BCD=\angle BAC=\angle a$,

$\angle EDC=\angle ADE$

$=\angle b$

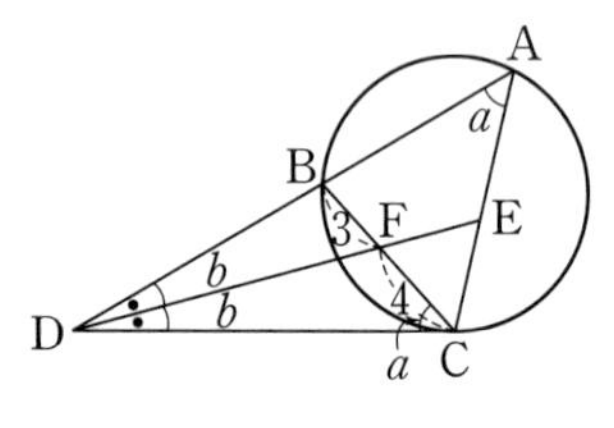

△ADE에서 $\angle DEC=\angle a+\angle b$

△FDC에서 $\angle EFC=\angle a+\angle b$

즉 △FCE에서 $\angle FEC=\angle EFC$이므로 △FCE는 이등변삼각형이다.

$\therefore \overline{CE}=\overline{CF}=4$

15 전략 $\overline{AB}$를 긋고 $\angle ABC=90^\circ$임을 이용한다.

오른쪽 그림과 같이 $\overline{AB}$를 그으면 $\overline{AB}$가 원 O의 지름이므로

$\angle ABC=90^\circ$

$\angle BAC=\angle CBT=20^\circ$이므로

△ABC에서

$\angle ACB=180^\circ-(90^\circ+20^\circ)$

$=70^\circ$

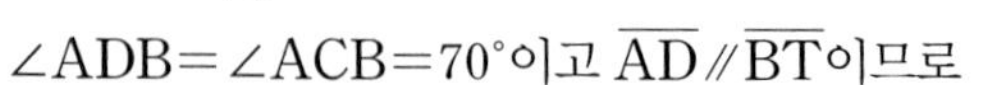
$\angle ADB=\angle ACB=70^\circ$이고 $\overline{AD} /\!/ \overline{BT}$이므로

$\angle DBT=\angle ADB=70^\circ$ (엇각)

$\therefore \angle PBC=\angle DBT-\angle CBT=70^\circ-20^\circ=50^\circ$

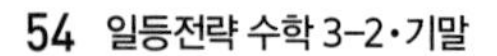

따라서 △PBC에서

$\angle BPC = 180^\circ - (50^\circ + 70^\circ) = 60^\circ$

$\therefore \angle x = \angle BPC = 60^\circ$ (맞꼭지각)

16 전략 $\overline{AD}$를 긋고, 접선과 현이 이루는 각의 성질과 원에 내접하는 사각형의 성질을 이용한다.

△BXA에서 $\angle BAY = 25^\circ + 35^\circ = 60^\circ$

이때 △BAY는 $\overline{AY} = \overline{BY}$인 이등변삼각형이므로

$\angle YBA = \angle BAY = 60^\circ$

$\therefore \angle x = 180^\circ - 2 \times 60^\circ = 60^\circ$

오른쪽 그림과 같이 $\overline{AD}$를 그으면

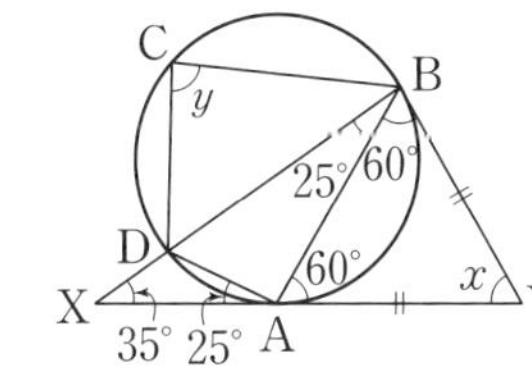

$\angle DAX = \angle DBA = 25^\circ$

$\therefore \angle DAB = 180^\circ - (\angle DAX + \angle BAY) = 180^\circ - (25^\circ + 60^\circ) = 95^\circ$

□CDAB는 원에 내접하므로

$\angle y + \angle DAB = 180^\circ$, $\angle y + 95^\circ = 180^\circ$

$\therefore \angle y = 85^\circ$

$\therefore \angle x + \angle y = 60^\circ + 85^\circ = 145^\circ$

고난도 해결 전략 2회 68쪽~71쪽

01 183.5 cm	02 ③	03 ③	04 ⑤
05 ④	06 $a=7$, $b=12$		07 ②
08 ③	09 $\frac{\sqrt{14}}{2}$회	10 ④	11 ⑤
12 현규	13 25 %	14 (1) 3명 (2) 7.8점	
15 ㉠, ㉡, ㉣	16 ④		

01 전략 주어진 평균을 이용하여 나머지 11명의 선수들의 키의 총합을 구한다.

졸업을 하는 배구 선수를 제외한 나머지 선수들의 키를 x_1 cm, x_2 cm, x_3 cm, $\cdots$, x_{11} cm라 하자.

$\frac{x_1 + x_2 + x_3 + \cdots + x_{11} + 180}{12} = 183$이므로

$x_1 + x_2 + x_3 + \cdots + x_{11} + 180 = 2196$

$\therefore x_1 + x_2 + x_3 + \cdots + x_{11} = 2016$

따라서 키가 180 cm인 학생이 졸업하고 키가 186 cm인 학생이 새로 들어왔을 때, 배구 선수들의 키의 평균은

$$\frac{x_1 + x_2 + x_3 + \cdots + x_{11} + 186}{12} = \frac{2016 + 186}{12} = \frac{2202}{12} = 183.5 \text{ (cm)}$$

02 전략 주어진 평균을 이용하여 $a+b+c+d+e$의 값을 구한다.

변량 a, b, c, d, e의 평균이 100이므로

$\frac{a+b+c+d+e}{5} = 100$

$\therefore a+b+c+d+e = 500$

따라서 변량 $2a+1$, $2b+2$, $2c+3$, $2d+4$, $2e+5$의 평균은

$$\frac{(2a+1)+(2b+2)+(2c+3)+(2d+4)+(2e+5)}{5} = \frac{2(a+b+c+d+e)+1+2+3+4+5}{5} = \frac{2 \times 500 + 15}{5} = \frac{1015}{5} = 203$$

03 전략 학생 10명의 중앙값은 5번째 학생의 점수와 6번째 학생의 점수의 평균임을 이용한다.

학생 10명의 과학 점수를 작은 값부터 크기순으로 나열했을 때, 5번째 학생의 점수를 x점이라 하면

$\frac{x+84}{2} = 80$, $x + 84 = 160$

$\therefore x = 76$

따라서 과학 점수가 75점인 학생 한 명을 추가하여 학생 11명의 과학 점수를 작은 값부터 크기순으로 나열하면

5번째 6번째 7번째

↓ ↓ ↓

$\cdots$, 75, 76, 84, $\cdots$

이므로 학생 11명의 과학 점수의 중앙값은 6번째 학생의 점수인 76점이다.

04 전략 자료의 변량 중에 매우 크거나 매우 작은 값이 있는 경우에는 중앙값이 평균보다 대푯값으로 적절하다.

변량 중에 매우 큰 값이 있는 ⑤가 중앙값이 평균보다 대푯값으로 적절하다.

05 전략 꺾은선그래프의 가로축이 변량, 세로축이 변량의 개수임을 파악한다.

㉠ (영화 A의 평점의 평균)

$=\frac{5+6\times3+7\times4+8\times2+9}{11}=\frac{76}{11}$(점)

(영화 B의 평점의 평균)

$=\frac{5\times3+6\times2+7+8\times5}{11}=\frac{74}{11}$(점)

(영화 C의 평점의 평균)

$=\frac{6+7\times3+8\times4+9\times3}{11}=\frac{86}{11}$(점)

즉 평점의 평균이 가장 높은 영화는 C이다.

㉡ 영화 C의 평점을 작은 값부터 크기순으로 나열하면 6, 7, 7, 7, 8, 8, 8, 8, 9, 9, 9이므로 중앙값은 6번째 값인 8점이다.

㉢ 영화 A의 평점의 최빈값은 7점, 영화 B의 평점의 최빈값은 8점, 영화 C의 평점의 최빈값은 8점이므로 영화 A의 평점의 최빈값이 가장 낮다.

따라서 옳은 것은 ㉡, ㉢이다.

06 전략 먼저 남학생이 말한 내용에서 a의 값의 범위를 구한다.

변량 4, 8, 16, 17, a의 중앙값이 8이므로

$a\le8$

변량 2, 15, 14, a, b의 중앙값이 12이고 $a\le8$이므로

$b=12$

즉 2, 15, 14, a, 12의 평균이 10이므로

$\frac{2+15+14+a+12}{5}=10$

$a+43=50 \quad \therefore a=7$

4, 8, 16, 17, a를 작은 값부터
크기순으로 나열했을 때 3번째
값이 8이 되어야 하잖아.
그러니까 $a\le8$이 되어야 해.

07 전략 먼저 조건 (가), (다), (라)를 이용하여 가족 3명의 키를 구한다.

조건 (가), (다), (라)에서 가족 3명의 키는 각각 170 cm, 176 cm, 176 cm이다.

정수가 아닌 나머지 한 명의 키를 x cm, 정수의 키를 y cm라 하면

$\frac{170+176+176+x+y}{5}=174$

$x+y+522=870 \quad \therefore x+y=348$ …… ㉠

이때 x는 조건 (가)에서 $x\ge171$인 자연수이므로 $x=171$, 172, 173, …일 때, y의 값을 찾으면 다음과 같다.

(i) $x=171$일 때, ㉠에서 $y=177$

(ii) $x=172$일 때, ㉠에서 $y=176$

그런데 이는 조건 (라)에 맞지 않다.

(iii) $x\ge173$일 때, ㉠에서 $y\le175$

그런데 이는 조건 (마)에 맞지 않다.

(i)~(iii)에서 정수의 키는 177 cm이고 정수와 동생의 키의 차는 $177-170=7$ (cm)이다.

08 전략 편차의 총합은 0이고 (편차)=(변량)−(평균)임을 이용한다.

① 편차의 총합은 0이므로

$4+(-2)+3+x+(-4)=0$

$x+1=0 \quad \therefore x=-1$

② (학생 A의 점수)$-74=4$이므로

(학생 A의 점수)$=78$(점)

③ (편차)=(변량)−(평균)임을 이용하여 5명의 학생의 점수를 구하면 다음 표와 같다.

학생	A	B	C	D	E
점수(점)	78	72	77	73	70

따라서 학생 E의 점수가 가장 낮다.

④ 5명의 수학 점수를 작은 값부터 크기순으로 나열하면

70, 72, 73, 77, 78

이므로 중앙값은 73점이다.

이때 학생 C의 점수는 77점이므로 중앙값과 다르다.

⑤ 평균보다 점수가 높은 학생은 편차가 양수인 학생이므로 A, C이다.

따라서 옳은 것은 ③이다.

09 전략 평균과 최빈값을 이용하여 x, y의 값을 구한다.

주어진 자료의 평균이 7회이므로

$\frac{4+10+x+7+6+y+5+8}{8}=7$

$x+y+40=56 \quad \therefore x+y=16$ …… ㉠

이때 x, y를 제외한 변량이 모두 다르므로 x 또는 y가 이 자료의 최빈값이다.

$\therefore x=7$ 또는 $y=7$

$x=7$일 때, ㉠에서 $y=9$

$y=7$일 때, ㉠에서 $x=9$

즉 주어진 자료의 변량은 4, 10, 7, 7, 6, 9, 5, 8이고, 각 변량에 대한 편차를 구하면 다음 표와 같다.

변량(회)	4	10	7	7	6	9	5	8
편차(회)	-3	3	0	0	-1	2	-2	1

이때 이 자료의 분산은

$$\frac{(-3)^2+3^2+0^2+0^2+(-1)^2+2^2+(-2)^2+1^2}{8}$$

$$=\frac{28}{8}=\frac{7}{2}$$

따라서 표준편차는

$$\sqrt{\frac{7}{2}}=\frac{\sqrt{14}}{2}(\text{회})$$

10 전략 5개의 변량 a, b, c, d, e의 평균과 분산을 각각 식으로 나타낸다.

변량 a, b, c, d, e의 평균이 10이므로

$$\frac{a+b+c+d+e}{5}=10$$

또 분산이 5이므로

$$\frac{(a-10)^2+(b-10)^2+(c-10)^2+(d-10)^2+(e-10)^2}{5}=5$$

이때 변량 $2a+4$, $2b+4$, $2c+4$, $2d+4$, $2e+4$의 평균은

$$\frac{(2a+4)+(2b+4)+(2c+4)+(2d+4)+(2e+4)}{5}$$

$$=\frac{2(a+b+c+d+e)+20}{5}$$

$$=2\times10+4=24$$

따라서 변량 $2a+4$, $2b+4$, $2c+4$, $2d+4$, $2e+4$의 분산은

$$\frac{(2a+4-24)^2+(2b+4-24)^2+(2c+4-24)^2+(2d+4-24)^2+(2e+4-24)^2}{5}$$

$$=\frac{(2a-20)^2+(2b-20)^2+(2c-20)^2+(2d-20)^2+(2e-20)^2}{5}$$

$$=\frac{4\{(a-10)^2+(b-10)^2+(c-10)^2+(d-10)^2+(e-10)^2\}}{5}$$

$$=4\times5=20$$

다른 풀이

변량 a, b, c, d, e의 평균이 10, 분산이 5이므로 변량 $2a+4$, $2b+4$, $2c+4$, $2d+4$, $2e+4$의 평균은 $2\times10+4=24$이고 분산은 $2^2\times5=20$이다.

11 전략 $\{(\text{편차})^2$의 총합$\}=(\text{분산})\times(\text{변량의 개수})$임을 이용하여 전체 학생의 $(\text{편차})^2$의 총합을 구한다.

남학생 20명의 영어 점수의 $(\text{편차})^2$의 총합은

$20\times(\sqrt{10})^2=200$

여학생 10명의 영어 점수의 $(\text{편차})^2$의 총합은

$10\times(\sqrt{7})^2=70$

이때 남학생과 여학생의 평균이 같으므로 전체 학생 30명의 영어 점수의 분산은 $\frac{200+70}{30}=9$

따라서 표준편차는 $\sqrt{9}=3$(점)

12 전략 변량이 평균에 가까이 모여 있을수록 분산과 표준편차가 작다.

주익 : (A 모둠의 평균)

$$=\frac{3\times2+4\times2+5\times2+6\times2+7\times2}{10}$$

$$=\frac{50}{10}=5(\text{시간})$$

(B 모둠의 평균)

$$=\frac{3\times3+4\times1+5\times2+6\times1+7\times3}{10}$$

$$=\frac{50}{10}=5(\text{시간})$$

(C 모둠의 평균)

$$=\frac{3\times1+4\times2+5\times4+6\times2+7\times1}{10}$$

$$=\frac{50}{10}=5(\text{시간})$$

따라서 세 모둠의 평균은 모두 같다.

현규, 지나, 선경 : 변량이 평균에 가까이 모여 있을수록 분산이 작으므로

(C 모둠의 분산) $<$ (A 모둠의 분산) $<$ (B 모둠의 분산)

세 모둠 중 분포가 가장 고른 모둠은 분산이 가장 작은 C 모둠이고, 표준편차도 C 모둠이 가장 작다.

따라서 옳지 않은 설명을 한 학생은 현규이다.

주의!
변량이 평균에 가까이 모여 있는 게 고른 것이지 그래프가 반듯한 게 고른 것이 아니야.

기말

참고

(A 모둠의 분산)

$$=\frac{(3-5)^2\times2+(4-5)^2\times2+(5-5)^2\times2+(6-5)^2\times2+(7-5)^2\times2}{10}$$

$$=\frac{20}{10}=2$$

(B 모둠의 분산)

$$=\frac{(3-5)^2\times3+(4-5)^2+(5-5)^2\times2+(6-5)^2+(7-5)^2\times3}{10}$$

$$=\frac{26}{10}=2.6$$

(C 모둠의 분산)

$$=\frac{(3-5)^2+(4-5)^2\times2+(5-5)^2\times4+(6-5)^2\times2+(7-5)^2}{10}$$

$$=\frac{12}{10}=1.2$$

$\therefore$ (C 모둠의 분산) $<$ (A 모둠의 분산) $<$ (B 모둠의 분산)

13 전략 두 과목의 점수가 같은 학생은 오른쪽 위로 향하는 대각선 위에 있는 점들이 나타낸다.

수학 점수와 과학 점수가 같은 학생 수는 오른쪽 산점도에서 오른쪽 위로 향하는 대각선 위에 있는 점의 개수와 같으므로 4명이다.

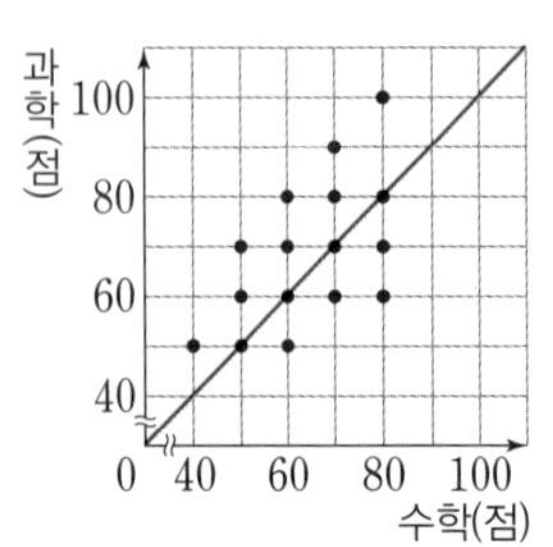

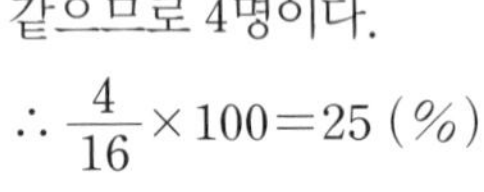

$\therefore \frac{4}{16}\times100=25\ (\%)$

14 전략 기준이 되는 보조선을 그어 생각한다.

(1) 1차와 2차 점수의 차가 2점 이상인 학생은 오른쪽 산점도에서 색칠한 부분에 속하는 점과 경계선 l, m 위의 점이다.
이 점 중에서 1차와 2차 점수의 총합이 15점 이상인 학생 수는 직선 p 위의 점과 직선 p의 위쪽에 있는 점의 개수의 합과 같으므로 3명이다.

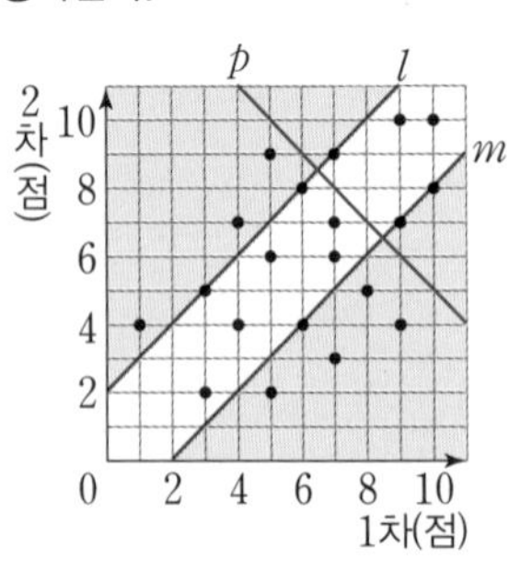

(2) 상위 25 % 이내에 드는 학생 수는

$$20\times\frac{25}{100}=5(\text{명})$$

1차 점수가 상위 25 % 이내에 드는 학생들의 1차 점수는 9점 이상이고 이 학생들의 2차 점수는 4점, 7점, 10점, 8점, 10점이므로 그 평균은

$$\frac{4+7+10+8+10}{5}=\frac{39}{5}=7.8(\text{점})$$

15 전략 왼쪽 아래에서부터 오른쪽 위로 향하는 분포를 보이면 양의 상관관계이다.

㉡ 영어 점수보다 국어 점수가 높은 학생 수는 오른쪽 산점도에서 오른쪽 위로 향하는 대각선의 아래쪽에 있는 점의 개수와 같으므로 6명이다.

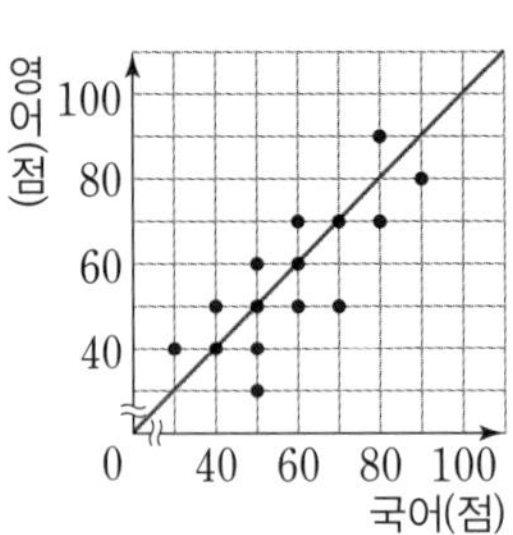

㉢ 영어 점수가 국어 점수보다 높은 학생 수는 5명이고 그 학생들의 영어 점수는 각각 40점, 50점, 60점, 70점, 90점이므로 그 평균은

$$\frac{40+50+60+70+90}{5}=\frac{310}{5}=62(\text{점})$$

㉣ 두 과목의 평균 점수가 가장 높은 학생은 두 과목의 총점이 가장 높은 학생이고 그 학생들의 국어 점수는 각각 80점, 90점이므로 그 평균은

$$\frac{80+90}{2}=\frac{170}{2}=85(\text{점})$$

따라서 옳은 것은 ㉠, ㉡, ㉣이다.

16 전략 오른쪽 위로 향하는 대각선에서 멀리 떨어져 있을수록 두 변량의 차가 크다.

④ C는 용돈에 비해 저축액이 많은 편이다.

⑤ 오른쪽 산점도에서 오른쪽 위로 향하는 대각선으로부터 멀리 떨어질수록 저축액과 용돈의 차가 크므로 차가 가장 큰 학생은 E이다.

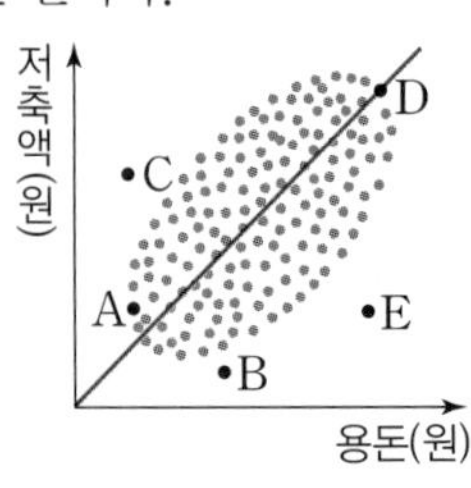

따라서 옳지 않은 것은 ④이다.

차는 큰 수에서 작은 수를 뺀 값이야.

memo

memo

정답은
이안에
있어!

배움으로 행복한 내일을 꿈꾸는

천재교육 커뮤니티 안내

교재 안내부터 구매까지 한 번에!

천재교육 홈페이지

자사가 발행하는 참고서, 교과서에 대한 소개는 물론
도서 구매도 할 수 있습니다. 회원에게 지급되는 별을 모아
다양한 상품 응모에도 도전해 보세요!

다양한 교육 꿀팁에 깜짝 이벤트는 덤!

천재교육 인스타그램

천재교육의 새롭고 중요한 소식을 가장 먼저 접하고 싶다면?
천재교육 인스타그램 팔로우가 필수!
깜짝 이벤트도 수시로 진행되니 놓치지 마세요!

수업이 편리해지는

천재교육 ACA 사이트

오직 선생님만을 위한, 천재교육 모든 교재에 대한 정보가 담긴
아카 사이트에서는 다양한 수업자료 및 부가 자료는 물론
시험 출제에 필요한 문제도 다운로드하실 수 있습니다.

https://aca.chunjae.co.kr

천재교육을 사랑하는 샘들의 모임

천사샘

학원 강사, 공부방 선생님이시라면 누구나 가입할 수 있는 천사샘!
교재 개발 및 평가를 통해 교재 검토진으로 참여할 수 있는 기회는 물론
다양한 교사용 교재 증정 이벤트가 선생님을 기다립니다.

아이와 함께 성장하는 학부모들의 모임공간

튠맘 학습연구소

튠맘 학습연구소는 초·중등 학부모를 대상으로 다양한 이벤트와 함께
교재 리뷰 및 학습 정보를 제공하는 네이버 카페입니다.
초등학생, 중학생 자녀를 둔 학부모님이라면 튠맘 학습연구소로 오세요!

book.chunjae.co.kr

교재 내용 문의 ························ 교재 홈페이지 ▸ 중학 ▸ 교재상담
교재 내용 외 문의 ····················· 교재 홈페이지 ▸ 고객센터 ▸ 1:1문의
발간 후 발견되는 오류 ················ 교재 홈페이지 ▸ 중학 ▸ 학습지원 ▸ 학습자료실

ISBN 979-11-259-7029-3

정가 15,000원